“十二五”普通高等教育本科国家级规划教材

光　学

（第二版）

主　编　王文军　刘云龙　张山彪

科学出版社
北　京

内 容 简 介

本书在“十二五”普通高等教育本科国家级规划教材《光学》第一版的基础上修订而成，也是结合地方综合大学以及高等师范院校光学教学的特点及实际情况，并且汇集了二十余年光学教学改革的新成果、新经验编著而成的新体系、立体化光学教材.

全书以光的本性为主线，内容主要包括几何光学、波动光学、量子光学，另外还涉及光度学、光与物质的相互作用、现代光学概述等内容，在精选传统光学内容的基础上，引入现代应用和科学研究，并结合新形态教材的要求，利用二维码技术增添了图片、学科前沿知识等数字资源，有效拓展了教材的深度和广度，体现了高阶性. 本书力求物理概念准确、图像清晰、取材新颖、逻辑体系严谨.

本书适应56～72学时的教学安排，可作为地方综合大学、师范院校、高职高专院校物理学、应用物理学、光电信息科学与工程等理工科专业学生的教科书或参考书，适合不同层次的教学需要，也可供其他专业与社会读者阅读. 书中带“ * ”的内容为选学部分.

图书在版编目(CIP)数据

光学 / 王文军, 刘云龙, 张山彪主编. -- 2版. -- 北京 : 科学出版社, 2025. 5. --（“十二五”普通高等教育本科国家级规划教材）. -- ISBN 978-7-03-081933-8

Ⅰ. O43

中国国家版本馆CIP数据核字第2025P7Q867号

责任编辑：窦京涛 田轶静 / 责任校对：杨聪敏
责任印制：师艳茹 / 封面设计：无极书装

科学出版社 出版
北京东黄城根北街16号
邮政编码：100717
http://www. sciencep. com
三河市骏杰印刷有限公司印刷
科学出版社发行 各地新华书店经销
*
2011年7月第 一 版 开本：720×1000 1/16
2025年5月第 二 版 印张：27
2025年5月第九次印刷 字数：544 000

定价：98. 00元

（如有印装质量问题，我社负责调换）

《光学》（第二版）编写委员会

主　编：王文军　刘云龙　张山彪

副主编：吕太国　高学喜　牟　娟　王国菊

编　委：（按姓氏笔画为序）

马紫薇　王　伟　孔光厚　任树锋

刘广强　刘婷婷　杨咏东　孟凡华

前　言

本书由聊城大学、烟台大学、泰山学院、曲阜师范大学、济宁学院、菏泽学院、九江学院、运城学院等国内多所高等院校联合编写，第一版于2011年出版，2014年被评为“十二五”普通高等教育本科国家级规划教材. 本书自出版以来便被国内多所高校选作物理学或相关专业的教材或参考教材，取得了较好的效果.

为了适应新形势下教学改革的要求，根据《高等学校物理学本科指导性专业规范》、《普通高等学校本科专业类教学质量国家标准》、教育部《关于一流本科课程建设的实施意见》等文件精神和要求，参阅国内外多部同类优秀教材，充分考虑使用本教材师生的宝贵意见，在保留第一版基本结构和特点的基础上做了如下修改.

(1) 修订第一版教材中部分表述不清、概念容易混淆以及印刷错误的部分.

(2) 根据光学学科的新发展，修改部分章节的内容，精简原有的经典章节，增加光学新现象和新应用的介绍，让学生在掌握基础知识的同时，加强光学技术的应用，培养学生的创新意识和能力.

(3) 实现了纸质教材和数字资源的有机结合. 按照新形态教材的要求，结合互联网+的发展，在书中相应位置设置了二维码，学生可扫码学习扩展内容、相关知识介绍等，加深对光学知识的理解，扩展光学知识的应用，丰富课程的内涵.

在本书的修订过程中，四川大学郭永康教授给予了精心指导，提出了宝贵的意见. 科学出版社编辑为本书的出版付出了辛勤劳动，在此深表谢意！

全书由王文军统稿定稿，刘云龙对全书内容的修订和电子资源的建设做了大量工作. 由于作者水平有限，本书虽经修订，但是书中的不当之处在所难免，敬请老前辈、同行专家和读者批评指正.

编　者

2024年6月于聊城大学

第一版前言

新编著的这套“光学”教材是适应21世纪要求的新体系、立体化教材，是按照教育部《高等教育面向21世纪教学内容和课程体系改革计划》和《国家中长期教育改革和发展规划纲要(2010—2020年)》的要求，结合地方综合大学和高等师范院校光学教学的特点及其实际情况，根据“厚基础、宽口径、大综合”的育人要求，按照系列文本教材、配套教学课件、网络课程三大部分编写而成. 同时，也是我们正在建设的山东省精品课程的配套教材.

本书由聊城大学、泰山学院、山东师范大学、曲阜师范大学、济南大学、济宁学院、山东理工大学、烟台大学、宁波大学、鲁东大学、九江学院、黑河学院、潍坊学院、菏泽学院、滨州学院、枣庄学院、运城学院联合编写，编写的原则和特色如下.

(1)按照教育部和山东省教育厅关于精品课程的建设要求，贯彻以人为本的教育教学理念，构筑高水平、科学化与规范化的光学课程新体系，即内容新、方法新、手段新、体系新、适用性强、具有信息时代特色的光学课程新体系. 具体有立体化新体系“光学”主教材和配套的光学实验教材——“基础物理实验”以及“大学物理实验”教材、网络课程、电子教案、CAI课件、教学指导书、试题库、名人轶事、师生互动在线学习平台、教学大纲、立体化新体系“光学”课程考核与测评体系等.

(2)紧密结合地方综合大学立体化教学和分层次教学与高等师范院校的办学特点，以及学生考研呼声较高的实际情况，力求物理概念准确，图像清晰，取材新颖，数学运算简洁，逻辑体系严谨. 全书包括几何光学、光度学概要、光学仪器、光波场的描述、光的干涉、光的衍射、光的偏振、光与物质的相互作用、光的量子性、现代光学概述等内容，各章都适当增加了一些例题与习题.

(3)正确把握21世纪光学教学改革的方向，力求将光学发展的最新成就与光学教学改革的最新成果融于基本概念、基本理论的阐述中，做到既系统透彻地阐述光学的基本概念、基本规律、分析方法及其重要应用，又将理论与实际、经典与现代、基础与前沿完美地结合起来. 力求以光的本性为主线，引导学生学习光学，便于学生学习掌握光学课程的核心内容、方法，为学习后续课程和开展研究工作打下坚实的基础.

为了更有效地激发学生学习的兴趣，培养学生的创新意识，结合各章的内容，适当介绍了历史上科学家是怎样发现问题，并分析提炼形成科学假说，进一步创造出新理论的，简述了这些新的理论产生的高新技术成果，推动了社会的进步发展，同时还存在局限性. 这些不仅使学生明确学习光学的价值，提高学习兴趣，而且更有利于培养学生科学的辩证唯物主义的人生观、价值观和创新能力.

(4) 为一些基础较为薄弱的学生特设了基本光学现象的分析，为有余力的学生特设了现代光学知识介绍，并适当增加了一些考研相关内容，以满足各层次学生个性化学习的需求.

精品课程的建设和与之配套的立体化教材建设是一项繁重的工作，是一项集体汗水浇铸的事业. 特别是"光学"精品课程的建设与教材编写凝聚了全国 17 所高校"光学"任课教师几代人的心血与智慧，同时得到了科学出版社的大力支持. 这套新教材是借助科学出版社"十二五"规划教材建设之机，在原教材基础上编写而成的，主要是：①李国华主编《光学》，山东教育出版社，1991 年 6 月；②刘坤英、范汝盐主编《光学》，中国科学技术出版社，1994 年 10 月；③刘杰、洪正平、李健主编《光学教程》，山东大学出版社，2000 年 9 月. 这几套书在山东省十几所高等师范院校连续使用多年，并在全国图书公司及新华书店公开发行，至今部分高校还在继续使用. 因此，本书是继往开来、与时俱进、改革创新的立体化新体系教材.

在编写过程中，作者还借鉴了北京大学、清华大学、南开大学、中国科学技术大学、复旦大学、武汉大学、四川大学、山东大学、北京师范大学、华东师范大学等高校的有关教材和教学经验，甚至引用了某些内容，在此深表谢意！

山东省教育厅、聊城大学、泰山学院的领导给我们设立了"光学"精品课程的建设与教材编写专项资金，给予我们极大的鼓励，使我们的工作得以顺利进行. 同时还有全国高等师范光学教学研究理事会(原中国物理学会师专分会光学教学研究理事会)的极大支持与关照，作为理事会的一项工作安排，使这套教材的编写能在全国 17 所高校共同展开. 在此，向他们表示衷心感谢！

本书承山东师范大学刘杰教授、济南大学苏永道教授、曲阜师范大学张树东教授主审，还经聊城大学胡海泉教授、孙长勇教授、李丽华高级实验师，宁波大学徐丙振教授，山东理工大学袁玉珍教授，烟台大学李作宏教授，鲁东大学王德法教授，潍坊学院逯怀新教授，九江学院谢卫军教授，黑河学院邱敏教授，菏泽学院孟庆苗教授，运城学院吉选芒教授，枣庄学院韩学政教授等审阅与指导，他们多次同作者讨论商榷，提出了很多宝贵意见，并指出了应作改进的具体内容，使作者受益匪浅，使本书增色很多，在此一并深致谢意！

全书由王文军、张山彪、杨兆华统稿定稿，牟娟老师修订了部分插图. 由于作者水平有限，书中难免有不妥之处，敬请教坛同行专家不吝赐教.

作　者

2011 年 5 月

目　　录

绪　论

0.1　光学研究的内容、方法和特点

为什么要学习光学？如何学好光学？光学主要包括哪些内容？这是学习光学时必须明确的首要问题.

光学是研究光的本性、发生、传播和接收，以及光与物质相互作用及其应用的学科. 它是物理学中最古老、应用性极强的基础学科之一. 随着激光的诞生与推广，它又成为当今科学领域中非常活跃的前沿阵地，对现代物理学乃至整个科学技术的发展起到了重要的作用. 学习光学的目的和意义，就是要掌握光的波粒二象性本质，发展光学应用技术，创造美好的社会和生活.

从研究方法上说：光学的研究与创新，完全符合科学的认知规律，即在观察和实验的基础上，对光学现象进行分析、抽象和综合，进而提出假说，形成理论，并不断反复经受实践的检验.

从思想方法上看：光学的研究蕴含着很多的物理精髓，值得我们学习与借鉴. 例如：几何成像的共轭近似法、等效基点基面法、费马原理的概述，波动光学的点、线、面光源模型，相干叠加与非相干叠加的处理，衍射的标量理论，偏振光的获得等，不胜枚举，用来表示光的量子性的普朗克公式和爱因斯坦光电效应方程，更是美妙绝伦.

从学习方法上讲：首先掌握光学的基本概念、基本理论和基本方法. 基本概念包括定义、名词解释、基本知识等；基本理论包括光学的基本理论体系、基本定律、基本内容等；基本方法包括实验方法、计算方法、研究方法等. 其次注重阅读、讲解、分析、理解、记忆、实验、观察、总结、上网查询、善于交流、发现问题、解决问题、创新思维等各方面能力的训练与提高. 最后注重培养学习的兴趣、学习的主动性与计划性，提高认识，戒骄戒躁、避免浮躁、减少盲目与忙乱，既能深入也能浅出，这样就有利于学习的进步、知识的掌握和创新思维的培养.

光学学科和光学课程有如下一些特点：

(1)光学是物理学的核心分支，从牛顿的微粒说和惠更斯的波动说，到麦克斯韦的电磁理论和爱因斯坦的量子力学，再到光的波粒二象性，人类对光的本质的探索贯穿了整个光学发展历程.

(2)光学作为现代科学技术的基石性学科，其多维度创新突破正持续重构人类文

明的技术图景. 从经典波动理论到光子学和光场调控，如极紫外光刻推动半导体制造工艺逼近物理极限、硅基光子芯片重构信息处理模式、量子密钥分发构筑信息安全新维度等，光学在基础理论突破与技术应用迭代间构建双向赋能机制，推动人类社会快速发展.

(3) 光学的发展趋势是波动说和量子说相结合而发展起来的光子学. 历史上，几何光学催生了放大镜、望远镜和显微镜等光学仪器；光速不变原理是相对论的一个基本出发点；黑体辐射、光电效应等吹散了物理学天空中的“乌云”，为量子力学的建立奠定了基础；激光技术的应用开拓了现代物理学的新领域. 那么，光子学作为一门新兴学科，将促进光子计算机的诞生，打开 21 世纪的一片新天地. 近年来的很多诺贝尔物理学奖与此有关就是极好的例证.

(4) 光学课程的理论基础不在课程本身而在课程之外，例如，研究几何成像的理论基础是数学，研究波动光学的理论基础是数学、力学、电磁学、原子物理学等内容. 另外，光学课程中还蕴藏着理论力学、统计力学、电动力学、量子力学的相关内容.

(5) 光学课程内容丰富而复杂，大致分为几何光学、波动光学、量子光学三大部分. 在表面上，这三部分知识相互没有多大关联，容易使学生感到多而杂、不系统. 唯一的内在主线就是：光是什么？它是怎么产生的？怎么传播？有哪些性质特点？有哪些作用和用途？所以，力求以光的本性为主线，引导学生学习光学，达到事半功倍的效果，是本书特色的体现.

(6) 光学内容里有许多时间空间图像和应用技术，如像差、时间相干与空间相干、光的散射、全息照相等，必须进行实验才能较好地理解和掌握. 所以光学是一门以实验为基础的课程，学习光学，必须重视实验，做好光学实验.

总之，光学课程是一门基础课，又兼有专业课和应用技术课的性质特点，还是中学物理中的薄弱环节. 在教与学的过程中，在光学课程的建设过程中，必须注意到这些特点，采取相应的措施，创造适应这些特点的教学条件和育人环境，确保教学质量.

0.2 光学学科的理论体系框架

为使初学者尽快了解当前光学学科学习研究的主要内容，下面列出了光学学科的理论体系框架.

普通物理中的光学课程，主要学习经典光学的内容，即几何光学、波动光学和量子光学的有关内容，同时简要学习激光技术和非线性光学的知识.

几何光学：研究方法是撇开光的波动性，以光的直线传播、反射、折射等实验定律为基础，借助光线的图示，运用几何学方法，采用新笛卡儿符号法则，研究光在透明介质中的传播及光学系统成像的规律.

- 光学
  - 经典光学
    - 几何光学
    - 物理光学
      - 波动光学
      - 量子光学
  - 现代光学
    - 全息光学
    - 傅里叶光学
    - 非线性光学
    - 激光原理及应用
    - 激光光谱学
  - 发展趋势 —— 光子学

波动光学：研究方法是以光的本性是波长较短电磁波为基础，研究光的干涉、衍射和偏振等性质.

量子光学：原本不属于传统经典光学的内容，但是由于它以把光看作光子流为基本观点，侧重研究光的粒子性，所以习惯上仍然归属于经典光学之内. 通常在分子、原子的尺度上研究光和物质的相互作用.

学好光学，既能为进一步学习原子物理、相对论、量子力学等课程准备必要的条件，又有助于进一步探讨微观和宏观世界的联系与规律，并把这些规律用于指导科学实践.

0.3　光的本性——光是什么

光是什么？光能使我们冲破黑暗看见令人振奋的蓝天、白云、彩霞，看见多彩多姿的百花齐放；光是地球生物赖以生存繁衍的三个基本条件(光、水、空气)之一. 因而，光是一种重要的自然资源，没有光，就没有五彩缤纷的世界. 自古以来，光就让人着迷：它何以有如此大的能量，能给整个地球和宇宙带来生机与活力？为此人们经历了上千年的艰辛探索，甚至流血牺牲而又前赴后继. 中国远古时代就有后羿射日、嫦娥奔月的传说. 1600 年 2 月 17 日，在罗马的鲜花广场上，意大利科学家布鲁诺(G. Bruno，1548～1600)因研究太阳光，坚持波兰天文学家哥白尼(N. Copernicus，1473～1543)的日心说被教会活活烧死. 现在的激光技术、全息技术、光纤通信等瞬息万变、日新月异的高科技应用光学无不令人感叹. 它激起了无数人的好奇心.

对于光的本性的描述最早见于我国先秦时代的《墨经》：“目以火见”，即火是光源. 这是从火的自然属性出发而对光的一种表面认识. 大约 100 年后，古希腊的欧几里得(Euclid，约公元前 330～前 275)所著《光学》中描述：光，即触须射线. 他认为：人的眼睛能够向物体发出视线，被视线触到的物体才能被看见．埃及人阿尔哈曾(Alhazen，965～1040)提出人看到物体，不是靠眼睛发射出的光线，而是光线被物体反射后进入人眼．真正对光本性的研究则始于17世纪，意大利物理学家格里马尔迪(F. M. Grimaldi，1618～1663)首先发现并提出了光的衍射现象，接着英国物理学家胡克(R. Hooke，1635～1703)与英国科学家玻意耳(R. Boyle，1627～1691)各自独立发现了薄膜产生的彩色干涉条纹．最为杰出的代表当数英国著名物理学家牛顿(I. Newton，1643～1727)和荷兰物理学家惠更斯(C. Huygens，1629～1695)，并由此引发了以牛顿为代表的微粒说和以惠更斯为代表的波动说的争论．

这场争论先是法国物理学家笛卡儿(R. Descartes，1596～1650)设计出了光的微粒模型，他把光比作小球来解释光的反射与折射．牛顿接着发展了笛卡儿的模型，提出了光是微粒流的理论．但是，用微粒说研究折射定律时，得出了水中光速大于空气中的光速这个结论．这个错误的结论在当时还无法用实验证实．当然，牛顿同时还做了一些光具有波动性的实验，如棱镜色散实验、牛顿环干涉实验等．

与此同时，惠更斯等则主张光的波动说，提出了波动论的假说——惠更斯原理，可以推导出反射定律和折射定律，得出了水中的光速小于空气中光速的正确结论，并完美解释了光在晶体中的双折射现象．然而惠更斯的波动说很不完善，他错误地把光看作与声波一样的纵波，在具有一定弹性的介质“以太”中传播．由于牛顿在物理方面伟大成就的影响，在17、18世纪，微粒说占据主导地位．

但是人们对光的本性的探索并未停止．1801年英国物理学家托马斯·杨(T. Young，1773～1829)用双缝干涉实验成功地测出了光的波长，并用波动理论做了很好的解释．1808年法国物理学家马吕斯(E. L. Malus，1775～1812)发现了光在两种介质界面上反射时的偏振现象，随后法国物理学家菲涅耳(A. J. Fresnel，1788～1827)和法国物理学家阿拉果(D. Arago，1786～1853)对光的偏振现象及其偏振光的干涉进行了研究，同时托马斯·杨在1817年提出了光波是横波的假设．这些都很好地解释了光的干涉、衍射和偏振．菲涅耳进一步完善了这一观点，形成了惠更斯-菲涅耳原理，并导出了菲涅耳公式．1850年法国物理学家傅科(J. L. Foucault，1819～1868)测得光在水中的传播速度比在空气中小，证明了波动说所得出结论的正确性．遗憾的是，他们仍把光看作“以太”中的弹性波，至于“以太”是什么物质，谁也说不清楚，不仅在实验上无法得到证实，而且理论上也显得荒唐，既没有指出光学现象与其他物理现象的联系，也没能把表征介质特性的光学常数和介质的其他参数联系起来，更无法自圆其说．

1845年英国物理学家法拉第(M. Faraday，1791～1867)发现了光的振动面在强磁场中的旋转，1856年德国物理学家韦伯(W. E. Weber，1804～1891)和德国物理学家科尔劳施通过在莱比锡做的电学实验发现了电量的电磁单位与静电单位的比值等于光在真空中的传播速度，从而揭示了光学现象和电磁现象的内在联系．1864年英国物理学家麦克斯韦(J. C. Maxwell，1831～1879)在总结法拉第、韦伯和安培(A. M. Ampère，1775～1836，法国物理学家)等的实验结果的基础上，提出了最初形成的麦克斯韦方程组，预言了电磁波的存在，并推算出电磁波在真空中的传播速度与光速相同，因此他确信地指出：光是一种电磁波. 1888 年德国物理学家赫兹(H. R. Hertz，1857～1894)通过一系列实验证实了麦克斯韦理论的正确性，从此诞生了光的电磁理论.

与此同时，美国物理学家迈克耳孙(A. A. Michelson，1852～1931)和美国物理学家莫雷(E. W. Morley，1838～1923)在 1881 年制造出一种精密干涉仪——迈克耳孙干涉仪，试图探测到地球相对于“以太”的绝对运动，结果没有观察到任何效应，从而否定了光波载体的“以太”假说. 1905 年犹太裔物理学家爱因斯坦(A. Einstein，1879～1955)提出了著名的狭义相对论理论，认为光波是一种特殊的电磁波，在真空中始终以恒定的速度传播，不需要任何介质，也与观察者的运动状态无关. 彻底推翻了以“静止以太”为背景的绝对时空观. 为认识光的本性打开了新的大门，开辟了新的道路.

后来人们普遍知道光是电磁波，它服从所有波的传播定律和相互作用的物理规律. 电磁波遍布在很宽的频率(或波长)谱上. 然而，人眼不能看到这个频谱的全部. 在真空中，可见光的波长范围约为 380～760nm，对应颜色从紫色到深红色. 例如，钠灯的黄光是 589nm，它所在的这部分频谱正好是人眼(视网膜视锥细胞和杆状体)的响应范围. 视锥细胞使我们能感受颜色，而杆状体使人能觉察到非常小的光亮度，这就是人能在黑暗中看到遥远星光的缘故. 人眼的感觉器官对波长大于 760nm(红外(IR))、小于 390nm(紫外(UV))的光不能响应，不过，某些动物眼睛的感受器官能够响应.

19 世纪末至 20 世纪初，光学已深入到研究光的发射、光与物质相互作用的微观机理上. 对于人们发现的光的吸收、散射、色散等现象，光的电磁理论无法解释清楚. 当时物理学界的权威、英国著名物理学家开尔文(Lord Kelvin，1824～1907)把这些现象和困难比作笼罩在物理学晴朗天空中的两朵“乌云”. 1900 年德国著名物理学家普朗克(M. Planck，1858～1947)为解释黑体辐射能量按波长的分布公式(瑞利-金斯公式)的矛盾，提出了能量子的假说，认为各种频率的电磁波(包括光)，只能像粒子一样以一定最小份额的能量(称为能量子 $\varepsilon = h\nu$)发生，这其实是一个“光的发射”问题. 1905 年爱因斯坦根据光电效应实验现象，提出了光量子的假说，还说明了光的量子性贯穿于光与物质相互作用的全过程中，这是一个“光的吸收”问题，从而进一步发展了普朗克的量子论. 1924 年法国物理学家德布罗意(L. V. de Broglie，1892～1987)提出了物质波($\lambda = h/p$)的假说，认为每一物质的粒子都与一定的波相联系，光是一种特殊的物质形态，具有波粒二象性. 1927 年上述这些假说被美国物理学家康普顿(A. H. Compton，1892～1962)的电子散射实验、英国物理学家戴维孙(C. J. Davisson，1881～1958)和美国物理学家革末(L. H. Germer，1896～1971)的电子衍射实验所证实.

普朗克的量子论和爱因斯坦的光子说，驱散了物理学上空的“乌云”. 德布罗意物质波正确地回答了光的本性问题，这些都使人们的认识不断提高和加深. **“近代科学实验证明，光是个十分复杂的客体. 对于它的本性问题，只能用它所表现的性质和规律来回答：光的某些方面的行为像经典的‘波动’，另一些方面的行为却像经典的‘粒子’. 这就是所谓的‘光的波粒二象性’. 任何经典的概念都不能完全概括光的本性. ”**[①]

这里说的光子就是1905年爱因斯坦提出的光量子的简称，它是光的最小度量单位($E=mc^2$)，光场是由无数个光子组成的物质场. 1940年产生的量子电动力学最新研究认为，光子是电磁波能量和动量的量子化，电磁波振幅的平方表示光子出现的概率，电磁波是光子的概率波. 因此，用光子可把光的波粒二象性很好地统一起來.

20世纪60年代激光的诞生与应用加快了光子学的研究，如今已发展成一门研究光子的产生、放大、传输、控制和探测及其应用的新学科，成为开发新能源、新材料和通信、信息技术的重要应用学科，形成了21世纪当代光学的新领域——光子学. 可见为了真正弄清光的本性，人们还在继续努力，深入探讨.

---

① 赵凯华. 新概念物理学教程——光学. 北京：高等教育出版社, 2004: 2-3.

第 1 章　几何光学基本原理

光是电磁波，也是光子流，是具有波粒二象性的一种特殊物质，但是人们最早发现的却是光的直线传播和独立传播、光的反射与折射等现象，这是光的本性的一种表现，可以近似认为是光波波长$\lambda \to 0$的极限情况. 若把光源或物体看成由许多几何点组成，并把这种点发出的光抽象成具有方向的几何线——“光线”，那么，借助于光线概念，运用几何方法来研究光的传播和成像问题，就形成了光学的重要分支——几何光学.

几何光学只是一种对真实情况作近似处理的方法，但是按这种方法解决有关光学系统的设计、成像等问题，在大多数场合下都与实际情况相符，而且简单直观，所以研究几何光学有很大的实用意义.

几何光学是光学中发展最早的一部分，是以费马原理为基础，采用符号法则，研究光在透明介质中的传播及光通过光学系统的成像规律. 本章首先分析光线在简单球面镜和薄透镜中的传播规律和物像关系，进而讨论光学系统的基点、基面及近轴光线成像问题.

1.1　几何光学的基本定律

1.1.1　光源和光线

1. *光源*

人的眼睛之所以能看到周围的物体，是因为有光从物体发出(或光被物体表面反射)进入人眼. **从物理学的观点看，任何自身能发光的物体都可以叫做光源**. 例如，太阳、烛焰、钨丝白炽灯、日光灯、高压水银荧光灯、碘钨灯、LED 灯等.

在几何光学中，凡是能发出光线的物体(不论是它本身发光或反射光线)都称为光源. 如果某光源可看成几何学上的点，它只占有空间位置而无体积和线度，则称为**点光源**. 点光源是一个理想化的模型，与力学中的质点一样，自然界中并不存在，它只是为了讨论问题方便而引入的一个抽象概念，但只要一个光源的线度可以忽略不计，它就可以看作点光源. 例如，体积超过太阳的恒星，由于它到地球的距离比它自身的线度大得多，故地球上的观察者就可把该恒星看作点光源. 如果在研究的光学问题中，光源可视为在无限远处，则其发出的光线可认为是平行光.

人们不仅使用光源来照明，在科学研究中，还使用多种类型的特殊光源来满足各种工作需要，例如：汞灯、钠光灯、氙灯等各种电弧和放电管. 1960 年问世的激光器，是一种与过去所有的光源性质完全不同的新型光源，它具有极好的单色性、相干性、方向性和高亮度等优点. 激光的出现标志着人们有能力驾驭尺度极小、数量极大、运动极混乱的分子和原子的发光过程. 激光技术的兴起使人类对光的认识和利用达到了一个崭新的水平，古老的光学又重新焕发出勃勃生机.

2. 光线和光束

光源发光是向周围空间(或某个范围)辐射光能. 为了形象地描述光源发出的光在空间的传播，常用带箭头的几何线段来表示光的传播方向，这种假想的几何线段称为**光线**. 具有一定关系的光线的集合称为**光束**. 光线和点光源一样，也是一个抽象的概念，在实际中是不存在的.

引入点光源和光线的概念以后，就可以用几何方法来讨论光学系统的成像规律，这就使问题大为简化. 对一般光学仪器而言，它的通光孔径通常都比光波波长大得多，衍射效应并不明显，用几何光学所得的结果与实际情况很好地符合，所以几何光学有着重要的实际意义，它是光学仪器设计理论的基础. 当然，对于像的一些精细问题(例如光学仪器分辨本领)的研究，需用波动理论才能解决.

3. 波面

实际上，光是电磁波，通常认为光振动可用电磁波中电场强度的变化来表示. 从能量的观点来看，光从光源向外传播的实质是能量的向外传播，习惯上常说光振动在周围空间传播. **光波是横波**，所以光振动的方向垂直于光的传播方向. 在光的传播过程中，**具有相同振动相位的点所组成的面称为波面**. 在各向同性介质中，光沿着波面法线方向传播，可以认为光波波面的法线就是几何光学中的光线. 与波面对应的法线束就是光束. 单色点光源在各向同性介质当中传播时的波面为球面，平行光束的波面是平面，如图 1.1.1 所示.

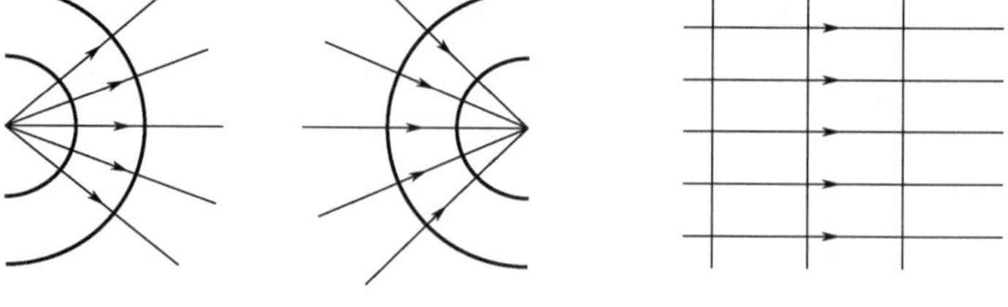

(a) (b) (c)

图 1.1.1 发散球面波(a)、会聚球面波(b)、平面波(c)

1.1.2　几何光学基本定律

人们在长期生活实践和科学实验中，运用光线的概念和几何学方法，总结出了光在均匀介质中及其界面上的传播规律，统称为几何光学基本定律，它是几何光学的理论基础.

1. 光的直线传播定律

光的直线传播定律是指：**光在各向同性的均匀透明介质中沿直线传播.** 针孔成像、不透明物体在点光源照射下阴影的产生等都是直线传播定律的例证. 早在我国战国时期的《墨经》中，就根据光的直进性思想讨论了影的产生，并解释了针孔成像实验中成倒像的成因. 根据光的直线传播定律，很容易解释日食、月食等现象. 但是，在非均匀介质中，光线的传播路径将发生弯曲. 例如，来自太阳的光线穿过地球大气层时，由于大气层密度不均匀，光线发生了弯曲，所以当太阳实际落到地平线以下后，我们有时仍然能看见它.

常见的几何光学现象

2. 光的独立传播定律

光的独立传播定律是指：**两束光波在空间某点相遇时，互不影响，各自独立传播，即每一束光的传播方向及其性质(频率、波长、相位、偏振态等)都不因两束光的重叠而发生改变.** 正因为光在传播过程中具有这种特性，所以尽管物体上各点发出的光彼此交错，但并不妨碍人们看清物体. 需要注意的是，**光的独立传播定律是在光强不太大时才成立的.** 激光出现以后，作为一种强光光源，当照射某些样品时，出现了与入射光波波长和频率不同的新光束，即出现了非线性光学现象，进而发展成为一门新的学科——非线性光学.

3. 光的反射定律和折射定律

如图 1.1.2 所示，一束入射光线 AB 照射到两种介质分界面 MM' 上，在入射点 B 处分为两部分：反射回原来介质的光线 BC，称为反射光线；透过界面进入另一种介质的光线 BD，称为折射光线. 即光在两种介质界面发生了反射和折射现象，反射光线和折射光线的传播方向分别由反射定律和折射定律决定.

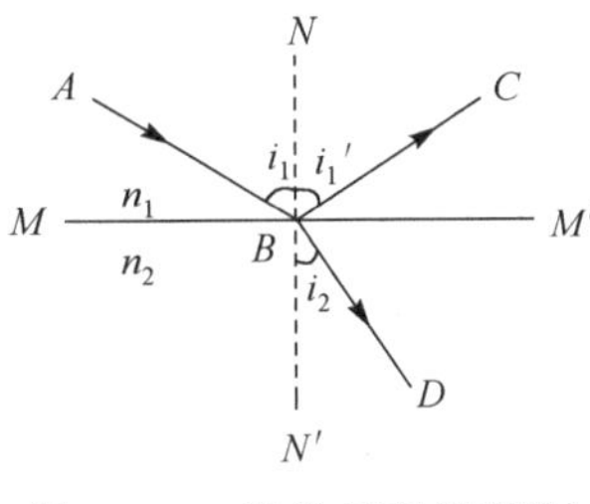

图 1.1.2　光的反射和折射

1) 反射定律

(1) 反射光线 BC 在入射光线 AB 和法线 NN' 所决定的平面内，反射光线 BC 和入射光线 AB 分别在法线 NN' 的两侧；

(2) 反射角等于入射角，即 $i_1' = i_1$.

平行光线经光滑界面反射后沿某一方向平行射出，只能在某一方向接收到反射光线. 若反射界面凹凸不平，则不会产生单向反射而是形成**漫反射**. 例如，阳光照射到镜子上，迎着反射光的方向可以看到刺眼的光. 如果阳光照射到白纸上，无论在哪个方向，都不会感到刺眼. 电影院的银幕、投影幕布都是生活中最常见的漫反射例子.

2) 折射定律

(1) 折射光线 BD 在入射光线 AB 和法线 NN' 所决定的平面内，并且折射光线 BD 和入射光线 AB 分别在法线 NN' 两侧；

(2) 对于单色光而言，入射角 i_1 的正弦与折射角 i_2 的正弦之比等于介质 2 对介质 1 的相对折射率 n_{21}，即

$$\frac{\sin i_1}{\sin i_2}=n_{21} \tag{1.1.1}$$

相对折射率 n_{21} 取决于入射光的波长和界面两侧介质的性质，与入射角无关. 式 (1.1.1) 称为光在折射时的**斯涅尔公式**. 实验和理论皆证明，**光在不同介质中传播时，其频率相同，光速不同**.

当光从真空射入某种介质时，介质对真空的相对折射率习惯上称为该介质的**绝对折射率**，简称为介质的**折射率**. 通常介质对于空气的相对折射率与其绝对折射率相差甚小，故实际上常常不加区分. 介质的折射率为

$$n=\frac{c}{v} \tag{1.1.2}$$

式中，c 为光在真空中的传播速度；v 为光在介质中的传播速度.

设 n_1 和 n_2 分别表示介质 1 和介质 2 的绝对折射率，则有

$$n_1=\frac{c}{v_1},\quad n_2=\frac{c}{v_2}$$

则 n_{21} 可表示为

$$n_{21}=\frac{\sin i_1}{\sin i_2}=\frac{v_1}{v_2}=\frac{n_2}{n_1}=\frac{1}{n_{12}} \tag{1.1.3}$$

式 (1.1.3) 可以写成更为对称的形式

$$n_1\sin i_1=n_2\sin i_2 \tag{1.1.4}$$

即为折射定律的数学表达式.

介质的折射率反映了介质的传光特性，对两种介质而言，折射率大的介质，称为**光密介质**；折射率小的介质称为**光疏介质**. 光密介质和光疏介质是相对的，单独

说某种介质是光密介质或光疏介质是毫无意义的. 从式(1.1.4)可知，当光从光疏介质折射进入光密介质时，折射角小于入射角，即 $i_2 < i_1$，光线靠近法线折射. 反之，当光从光密介质折射进入光疏介质时，折射角大于入射角，即 $i_2 > i_1$，光线远离法线折射.

反射定律可认为是折射定律在 $n_2 = -n_1$ 情况下的特例. 当 $n_2 = -n_1$ 时，由折射定律可得

$$n_1 \sin i_1 = -n_1 \sin i_1'$$

则有 $i_1 = -i_1'$，负号表示入射光线与反射光线分别在法线的两侧. 因此，在形式上可以把反射和折射统一用折射定律来表示，把反射问题看成在负折射率介质中的折射问题. 当然这是为了处理问题方便而引入的一种数学变换，自然界并不存在天然的负折射率介质.

一般情况下，**介质的折射率与入射光的频率有关**. 不同频率的光在同一种介质中的折射率略有不同，紫光的折射率要大于红光的折射率. 一束白光通过三棱镜后发生色散，各种不同颜色的光彼此分开，表明各色光在三棱镜材料中的折射率不同.

4. 光的可逆性原理

从几何光学的基本定律不难看出，如果光线逆着反射光线方向入射，则这时的反射光线将逆着原来的入射光线方向传播；如果光线逆着折射光线方向由介质 2 入射，则进入介质 1 的折射光线也将逆着原来的入射光线方向传播. 即光的传播路径不变，但是传播方向相反. 这个带有普遍性的结论，称为**光的可逆性原理**.

应当指出，作为实验规律，几何光学的基本定律是近似的，它只有在空间障碍物以及反射和折射界面的尺寸远大于光的波长时成立. 尽管如此，在很多情况下用它们来设计光学仪器，还是足够精确的.

1.2　费 马 原 理

光的直线传播定律、独立传播定律以及反射定律和折射定律等描述了光在空间传播的基本规律，而费马(P. de Fermat，1601～1665)在 1657 年从“光程”的角度深刻阐明了上述定律，即**费马原理**. 为了便于理解，在讨论费马原理之前，我们先讨论一个日常生活中的问题. 在图 1.2.1 中，x 轴以上表示河岸，x 轴以下表示河床. 设想有一个人落入水中，他正在水中的 B 点向岸上的人们呼救，假定他在水中的位置是不动的. 我们在河岸上的 A 点看到了有人落水求助，如果我们既能跑步又能游泳，那么我们应该选择一条什么样的路径，才能从 A 点尽快赶到 B 点呢？从 A 点沿直线到 B 点，因为水中的距离 $\overline{BD}$ 大于岸上的距离 $\overline{AD}$，并且通常人在水中游泳前行的

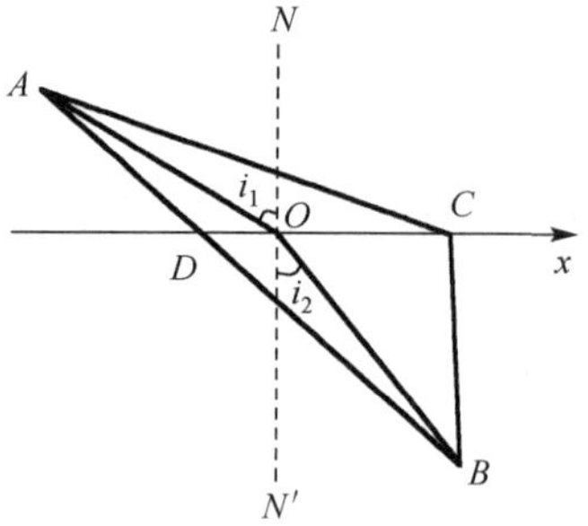

图 1.2.1 从 A 点到 B 点的几种路径

速度要小于在岸上的奔跑速度，所以选择这条路径显然不是最省时的. 再看沿着 ACB 路径，BC 与河岸垂直，虽然沿此路径时在水中路程是最短的，但岸上的路程却太长了. 到底通过哪一条路径到达 B 点所需时间最短呢？该怎样去选择呢？在讨论费马原理之后，就可以回答此问题. 为讨论费马原理，引进一个重要的概念——**光程**.

1.2.1 光程

光在均匀介质中经过的几何路程 s 与该介质折射率 n 的乘积称为光程，用 l 表示

$$l = ns \tag{1.2.1}$$

设光在介质中的速度为 v，传播时间为 t，则有 $s = vt$，由于 $n = \dfrac{c}{v}$，代入式(1.2.1)得

$$l = \frac{c}{v} \cdot vt = ct \tag{1.2.2}$$

式(1.2.2)表明**光在某种介质中经过一段几何路程 s 所对应的光程，等于在相同的时间内光在真空中经过的几何路程**. 借助于光程这一概念，可将光在介质中所走的路程折算到光在真空中的路程，这样便于比较光在不同介质中所走相同路程所需时间的长短.

如果光经过几种不同的均匀介质，则光程为

$$l = n_1 s_1 + n_2 s_2 + \cdots = \sum_i n_i s_i \tag{1.2.3}$$

如果从 A 点到 B 点介质的折射率连续变化，则光所走的几何路程不是直线，设折射率 $n(x, y, z)$ 是几何路程的函数，则式(1.2.3)的求和变为积分，即光程为

$$l = \int_A^B n(x, y, z) \mathrm{d}s \tag{1.2.4}$$

1.2.2 费马原理的内容

光程的概念对几何光学的重要意义体现在费马原理中. 光的直线传播定律、反射定律、折射定律是几何光学的基础，费马却用光程的概念把它们高度地概括为一个统一的原理：**光程为极值原理**.

费马原理具体表述为：**在 A、B 两点间光线传播的实际路径，与其他可能路径相比，其光程为极值.** 简言之，在两点之间光沿着光程为极大值、极小值或恒定值

的路径传播，即

$$\int_A^B n(x,y,z)\mathrm{d}s = \text{极值} \quad (\text{极小值、极大值或恒定值}) \tag{1.2.5}$$

用数学语言来表述，就是**在光线的实际路径上光程的变分等于零**，即

$$\delta(l) = \delta\int_A^B n(x,y,z)\mathrm{d}s = 0 \tag{1.2.6}$$

式中的变分，可以认为是函数的微分.

一般情况下，实际光程大多是取极小值，费马本人最初提出的也是最短光程.

若光从 A 点传播到 B 点这段路程 s 所需的时间为 t，则

$$t = \frac{l}{c} \tag{1.2.7}$$

式中，c 为真空中的光速，则费马原理又可表述为：**在两点之间光沿着所需时间为极值的路径传播**.

1.2.3　费马原理的应用

费马原理比几何光学的基本定律具有更高的概括性，由它可以推导出几何光学的这几个基本定律.

1. 光的直线传播定律

如图 1.2.2 所示，在折射率为 n 的均匀介质中有 A 和 B 两点，设想连接该两点有三条可能的路径，即直线 s、曲线 s' 和折线 s''，其光程分别为 ns、ns'、ns''. 根据两点间直线最短这一公理，因而光程 ns 是最短的. 由费马原理直接导出**在均匀介质或真空中光的直线传播定律**. 费马原理只涉及光传播的路径，而不管光沿哪个方向传播. 光从 A 点传到 B 点与从 B 点传到 A 点，光程为极值的条件是相同的，因此两种情况下光将沿同一路径传播，这就是说**费马原理本身包含了光的可逆性原理**.

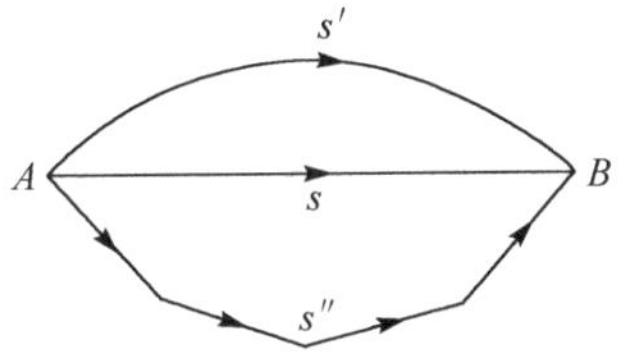

图 1.2.2　光的直线传播定律

2. 反射定律

如图 1.2.3 所示，建立 xyz 直角坐标系，水平面 xOz 面为两种介质的分界面，光由 A 点发出，经反射面 xOz 面上某点 C 反射后到达 B 点. 为了方便计算，令 A 点和 B 点位于竖直平面 xOy 面内，分界面上下两种介质的折射率分别为 n_1 和 n_2. 设 A 点的坐标为 $(x_1, y_1, 0)$，B 点的坐标为 $(x_2, y_2, 0)$，反射点 C 的坐标为 $(x, 0, z)$，则光由 A 点经反射点 C 反射后到达 B 点的光程为

$$
\begin{aligned}
l &= n_1\overline{AC} + n_1\overline{CB} \\
&= n_1\sqrt{(x-x_1)^2 + {y_1}^2 + z^2} + n_1\sqrt{(x-x_2)^2 + {y_2}^2 + z^2}
\end{aligned}
$$

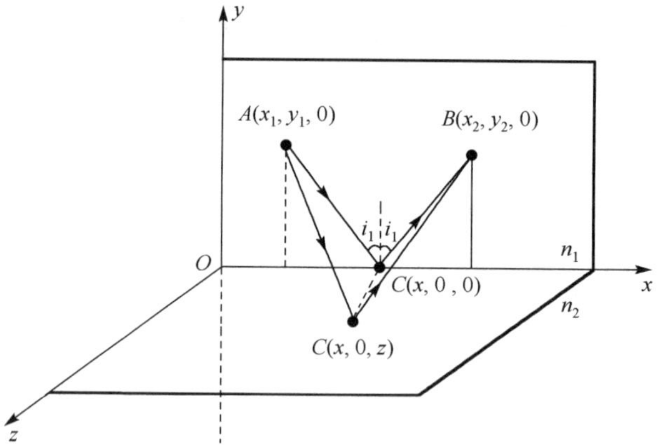

图 1.2.3　用费马原理证明反射定律

根据费马原理，光在空间中所走过的光程为极值. 因为反射点 C 是需要确定的，所以光程表达式中 x 和 z 是变量，由费马原理的数学表达式(1.2.6)可得

$$
\frac{\partial l}{\partial x} = \frac{n(x-x_1)}{\sqrt{(x-x_1)^2 + {y_1}^2 + z^2}} + \frac{n(x-x_2)}{\sqrt{(x-x_2)^2 + {y_2}^2 + z^2}} = 0 \tag{1.2.8}
$$

$$
\frac{\partial l}{\partial z} = \frac{nz}{\sqrt{(x-x_1)^2 + {y_1}^2 + z^2}} + \frac{nz}{\sqrt{(x-x_2)^2 + {y_2}^2 + z^2}} = 0 \tag{1.2.9}
$$

由式(1.2.9)可得 $z=0$，即反射点 C 的坐标为 $(x, 0, 0)$，C 位于 x 轴上. 也说明了入射光线 AC 和反射光线 CB 都在 xOy 平面内.

由式(1.2.8)和 $z=0$ 可以得出

$$
\frac{n(x-x_1)}{\sqrt{(x-x_1)^2 + {y_1}^2}} = \frac{n(x_2-x)}{\sqrt{(x-x_2)^2 + {y_2}^2}}
$$

由图 1.2.3 可知

$$
\frac{x-x_1}{\sqrt{(x-x_1)^2 + {y_1}^2}} = \sin i, \quad \frac{x_2-x}{\sqrt{(x-x_1)^2 + {y_1}^2}} = \sin i'
$$

由此可得 $i = i'$.

由此，我们用费马原理证明了光在平面上反射时遵守反射定律.

3. 折射定律

图 1.2.4 是用费马原理推导折射定律的示意图. 建立 $Oxyz$ 直角坐标系，水平面

xOz 面为两种介质的分界面，光由 A 点发出，经分界面 xOz 面上某点 C 折射后到达 B 点. 为了方便计算，令 A 点和 B 点位于竖直平面 xOy 面内，分界面上下两种介质的折射率分别为 n_1 和 n_2. 设 A 点的坐标为 $(x_1, y_1, 0)$，B 点的坐标为 $(x_2, y_2, 0)$，反射点 C 的坐标为 $(x, 0, z)$，则光由 A 点经折射点 C 折射后到达 B 点的光程为

$$\begin{aligned} l &= n_1\overline{AC} + n_2\overline{CB} \\ &= n_1\sqrt{(x-x_1)^2 + {y_1}^2 + z^2} + n_2\sqrt{(x-x_2)^2 + {y_2}^2 + z^2} \end{aligned}$$

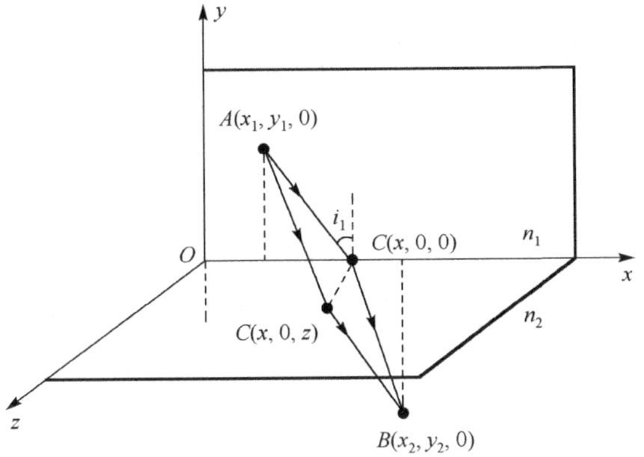

图 1.2.4　用费马原理证明折射定律

根据费马原理，光在空间中所走过的光程为极值. 因为折射点 C 是需要确定的，所以光程表达式中 x 和 z 是变量，由费马原理的数学表达式(1.2.6)可得

$$\frac{\partial l}{\partial x} = \frac{n_1(x-x_1)}{\sqrt{(x-x_1)^2 + {y_1}^2 + z^2}} + \frac{n_2(x-x_2)}{\sqrt{(x-x_2)^2 + {y_2}^2 + z^2}} = 0 \tag{1.2.10}$$

$$\frac{\partial l}{\partial z} = \frac{n_1 z}{\sqrt{(x-x_1)^2 + {y_1}^2 + z^2}} + \frac{n_2 z}{\sqrt{(x-x_2)^2 + {y_2}^2 + z^2}} = 0 \tag{1.2.11}$$

由式(1.2.11)可得 $z=0$，即折射点 C 的坐标为$(x, 0, 0)$，C 位于 x 轴上. 说明了入射光线 AC 和折射光线 CB 都在 xOy 平面内.

由式(1.2.10)和 $z=0$ 可以得出

$$\frac{n_1(x-x_1)}{\sqrt{(x-x_1)^2 + {y_1}^2}} = \frac{n_2(x_2-x)}{\sqrt{(x-x_2)^2 + {y_2}^2}}$$

由图 1.2.4 可知

$$\frac{x-x_1}{\sqrt{(x-x_1)^2 + {y_1}^2}} = \sin i_1, \quad \frac{x_2-x}{\sqrt{(x-x_1)^2 + {y_1}^2}} = \sin i_2$$

故 $n_1 \sin i_1 = n_2 \sin i_2$，于是得到光的折射定律.

现在再回到本节开头所提出的问题. 假设人在岸上跑步的速度为在水中游泳的速度的n倍，由上面的讨论可知，若路径AOB历时最短(图 1.2.1)，则此路径必须满足

$$\sin i_1 = n\sin i_2$$

式中，i_1、i_2分别为AO和OB与法线NN'的夹角；n是人在水中游泳速度与岸上跑步速度之比.

迄今为止，所讨论的都是光程取极小值的情况，但是在某些情况下光却是沿着光程为极大值或恒定值的路径传播，请各位同学自己查阅资料.

费马原理概括了光线传播的规律，是几何光学的基本原理. 不过，多数情况下在几何光学中讨论均匀介质中的成像问题时，直接用反射定律和折射定律往往更为简单.

1.3　同心光束　物与像

光在平面或球面系统中反射和折射的成像问题直接影响光学仪器的成像质量. 因此，成像问题是几何光学要研究的一个核心问题. 为此，先介绍物与像等基本概念.

1.3.1　同心光束与像散光束

如果一束光中各光线或其延长线相交于一点，则称此光束为**同心光束**，其交点称为**同心光束的心**. 光线方向从光束的心指向外的叫**发散光束**，光线方向指向光束的心的叫**会聚光束**. 根据波动光学的观点，同心光束在各向同性介质中对应于球面波，如图 1.3.1 所示. 图中(a)是会聚光束，(b)是发散光束. 点光源发出的是以其自身为中心的发散同心光束. 平行光束是同心光束的一种特殊情形，其光束的心在无限远处. 根据波动光学的观点，平行光束在各向同性介质中对应于平面波，例如，太阳光对于地球观察者来说可视为平行光束.

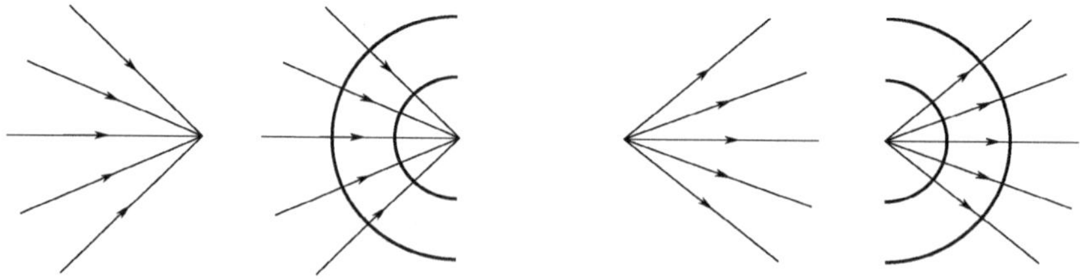

(a)　　(b)

图 1.3.1　同心光束

同心光束经光学系统反射或折射等变换后，往往不再是同心光束，其中各条光线彼此既不平行又不完全相交于一点，这种光束称为**像散光束**. 在各向同性介质中，它对应于非球面的高次波面，如图 1.3.2 所示.

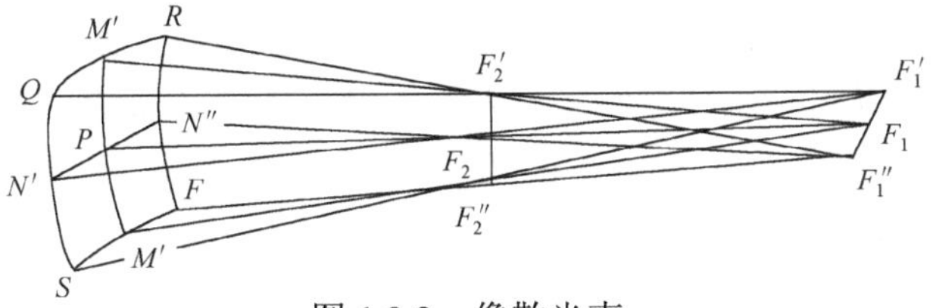

图 1.3.2　像散光束

1.3.2　物与像

一般光学仪器都是由透镜、棱镜、反射镜等光学元件按照一定要求组合而成，在讨论成像问题时，可看成若干个光轴重合的反射面或折射面的组合，这种光学元件一体组合称为**光学系统**，又称**光具组**. 具有一个反射面的面镜以及两个折射面的薄透镜是简单的光学系统，其他如望远镜、显微镜等一般是由多个透镜组成的复杂光学系统. 研究光学系统的成像过程，实际上就是变换光束的过程.

下面以简单的光学系统来讨论物与像的概念. 在图 1.3.3 中，如果一个以 P 点为心的同心光束经透镜后出射光束转化为另外一个以 P' 为心的同心光束，我们说透镜使 P 成像于 P'，在这一过程中，P 称为物点(物)，P' 称为像点(像). 通常对于一个光学系统而言：

物点是指未经过光学系统变换的入射同心光束的心；

像点是指经过光学系统变换的出射同心光束的心.

在理想成像条件下，每个发光点都有唯一一个和它相对应的像点.

具有一定形状与体积的物是无数物点的集合，相应的像也是无数个像点的集合. 在实际成像系统中，物和像都有虚实之分.

1. 实物与虚物

未经光学系统变换的发散光束的心称为实物，如图 1.3.3(a)～(c)所示，入射的同心光束是发散的，因此，这束没有经光学系统变换的发散光束的心 P 为**实物**.

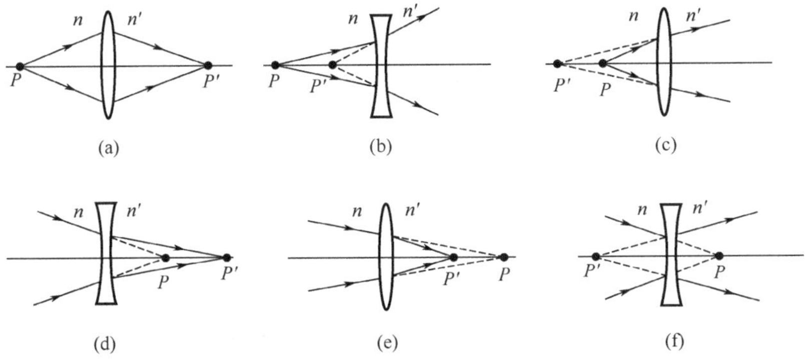

图 1.3.3　物与像

未经光学系统变换的会聚光束的心称为虚物，如图 1.3.3(d)～(f)所示，入射的同心光束是会聚的，但是在会聚之前被透镜折射后改变方向会聚在 P' 点，所以被折射之前的会聚光线的延长线相交点 P 处并没有实际光线会聚，因此这束没有经光学系统变换的会聚光束的心 P 为**虚物**.

2. 实像与虚像

物有虚实之分，同样，像也有虚实之别. **如果光束经过光学系统变换后，是一束会聚的同心光束，则出射会聚光束的交点即为实像**. 如图 1.3.3(a)、(d)、(e)所示，入射光束经透镜后，得到的出射会聚同心光束会聚于一点 P'，那么这个会聚点 P' 为**实像**，即**实像点** P' **对应着出射会聚光束的心**. 实像点 P' 总有实际光线通过它，可用屏放在像的位置来接收，也可以用眼睛迎着光线方向直接观察.

如果光束经光学系统变换后，是一束发散的同心光束，则出射发散同心光束反向延长线的交点即为虚像. 如图 1.3.3(b)、(c)、(f)所示，光束经透镜后，得到的出射同心光束是发散的，但将其光线反向延长后仍能找到一个交点 P'，那么这个交点 P' 为**虚像**. 可见，虚像点 P' 是出射同心光线反向延长后的交点. **虚像点对应着出射发散光束的心**. 此点处没有实际光线通过，所以虚像不能在屏上显现出来，但可以通过眼睛观察到.

物和像是相对某光学系统而言的. 对于较复杂的光学系统，如图 1.3.4 所示，物点 P 经过光学系统 Ⅰ 成像于 P' 点，所以对光学系统 Ⅰ 而言，P 为实物、P' 为实像；P' 经过光学系统 Ⅱ 成像于 P'' 点，所以对光学系统 Ⅱ 而言，P' 为实物、P'' 为实像. 而对于由光学系统 Ⅰ 和光学系统 Ⅱ 组成的整个光学系统而言，P 为物点，P'' 为像点. 所以，**物和像是相对的**，P' 对光学系统 Ⅰ 是像，对光学系统 Ⅱ 是物. 根据光路可逆性原理，假设 P'' 处为发光点，则 P'' 为物，让光线沿反方向射入光学系统，则对光学系统 Ⅱ 而言，P' 是 P'' 的像，对光学系统 Ⅰ 而言，P 是 P' 的像. 因此**物与像是相对于某光学系统而言的，是共轭的**.

来自实发光点(实物点)的光束，都是发散光束. 与会聚的入射光束相应的**虚物**，只出现在由几个光学元件形成的光学系统中. 如图 1.3.5 所示，实物 P 经透镜 L_1 将成

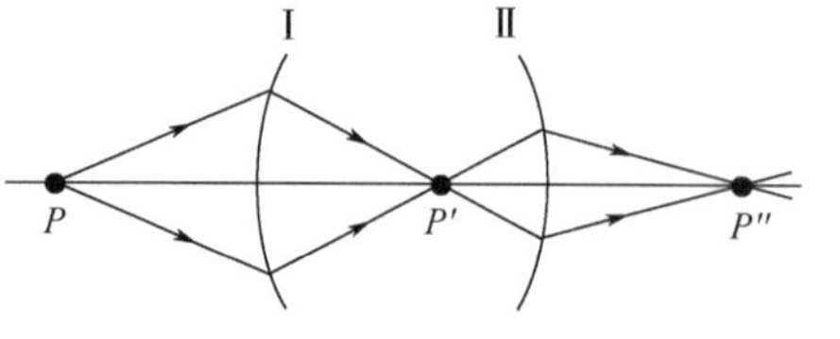

图 1.3.4　物与像的相对性

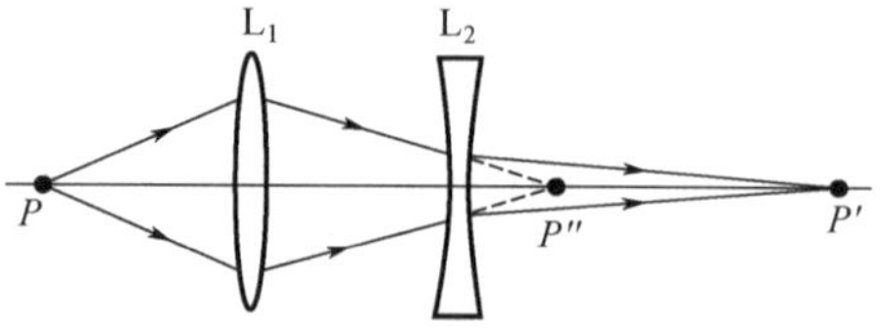

图 1.3.5　虚物成实像

像于 P''，由于透镜 L_2 的折射，出射光线会聚于 P'，对 L_2 来说，入射光线是会聚的，其会聚光束的心 P'' 即为虚物，我们说 L_2 使虚物 P'' 成实像于 P'（但对 L_1 和 L_2 组合系统来说，却是实物 P 成实像 P'）.

1.3.3　物空间和像空间

对光学系统来说，入射光线所在的空间称为**物空间或物方**，出射光线所在的空间称为**像空间或像方**. 入射光线所在空间介质的折射率 n 称为**物方折射率**，出射光线所在空间介质的折射率 n' 称为**像方折射率.**

若一个光学系统能在任意大的空间范围内用任意宽的光束成完善的像，即任何同心光束通过光学系统变换后仍能保持为同心光束，则称该系统为**理想光学系统**. 后面将讲到，**除平面镜反射系统外，任何实际的光学系统都不可能完全达到理想成像的要求**，但共轴球面系统在旁轴条件下可近似地看作理想光学系统. 一般情况下，在反射和折射时，光点发出的同心光束将遭到破坏，一个物点经过光学系统变换后所成的像就不再是一个点了，这就是实际光学系统的像差.

理想光学系统成像时，有一个重要的性质，即**从物点到像点各光线的光程相等，称为物像之间的等光程性**.

1.4　光在平面上的反射和折射

光学仪器的种类很多，结构可能很复杂，但把它们分解开，就会发现其通常是由反射镜、棱镜、透镜、光阑等光学元件组合而成的. 为了制作方便，反射镜、棱镜、透镜等光学元件基本都是由平面或球面组成，所以光在平面及球面上的反射和折射，是几何光学研究的主要问题. 平面是最简单的光学系统，本节从平面入手来研究光学系统的成像问题.

1.4.1　光在平面上的反射

在自然界中有许多天然平面，比如，静止的液面(忽略边缘因表面张力而产生的弯曲)、晶体的解理面等都呈平面. 光学仪器中则常使用精密磨制的平面，为了提高反射能力，可在平面上镀一层反光物质(如银、铝、铬等)作为平面反射镜，根据镀层情况不同，可以反射百分之几到百分之九十以上入射光.

如图 1.4.1(a)所示，从任一发光点 P 发出的光束，经平面镜反射后，反射光线的反向延长线相交于 P' 点，则 P' 就是 P 的虚像，即实物成虚像. P' 与 P 关于镜面对称. 由此可见，同心光束经平面反射后仍然为同心光束，它只是改变光束的前进方向，故**平面镜反射是最简单的理想光学系统**.

如果射向平面的是一会聚同心光束，其顶点 P 为虚物点，它经平面反射后生成

一实像点 P'，即虚物成实像，如图 1.4.1(b)所示. 因此**平面镜反射成像是实物成虚像，虚物成实像**.

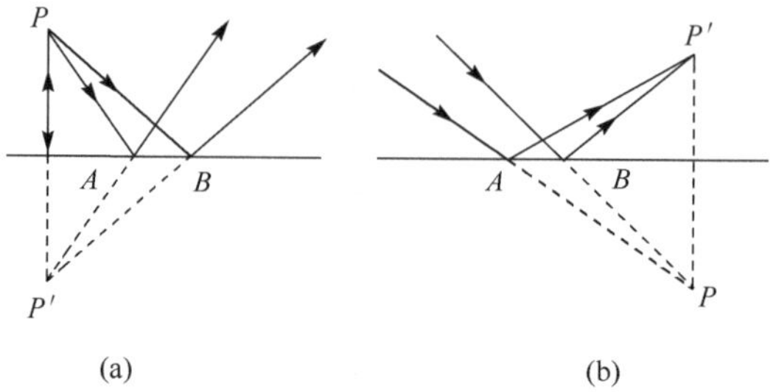

图 1.4.1　平面镜反射成像

经平面反射所成的像，与原物大小相等，且物与像相对于镜面对称，这种物像关系称为**镜像反演**.

为了说明平面镜反射成像时物像之间的等光程性，在此引入虚光程的概念. 虚物或虚像点到对应的反射(或折射)点之间的光线延长线几何路程与此光线所在介质的折射率的乘积称为虚光程，规定其光程取负值，如图 1.4.1(a)所示.

$$l_{PAP'} = n(\overline{PA} - \overline{AP'}) = 0$$

$$l_{PBP'} = n(\overline{PB} - \overline{BP'}) = 0$$

上式表明：**物像之间各光线的光程相等，反射平面是等光程面**. 同理，等光程原理也可用于虚物成实像情况.

平面镜成像还有一个性质，即如果**保持入射光线方向不变，而使平面镜转动 α 角，则反射光线转动 2α 角**. 这是因为入射角和反射角都改变 α 角. 变化无穷的万花筒就是利用三块平面反射镜多次反射的结果.

下面简单地讨论由两个平面镜相交组成的光学系统成像情况. 如图 1.4.2 所示，设两个平面镜的夹角为 θ，且满足 $k=\dfrac{360°}{\theta}$，当 k 为整数时，可以看出，物点 P 经

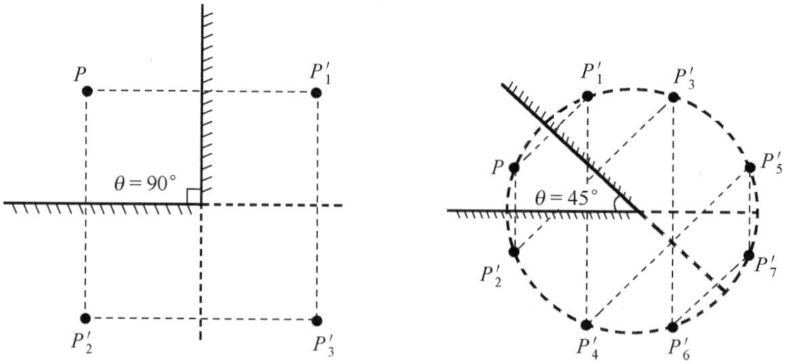

图 1.4.2　相交平面镜成像

两平面镜成 $k-1$ 个虚像. 例如 $\theta=90°$ 时，$k=4$，则可以形成 3 个虚像 P_1'、P_2' 和 P_3'；当 $\theta=45°$ 时，$k=8$，形成 7 个虚像 $P_1', P_2', \cdots, P_7'$.

1.4.2　光在平面上的折射

1. 平面折射对同心光束的破坏

光线在折射率不同的两种透明介质的平面分界面上反射时，同心光束仍然保持为同心光束. 但在折射时，除平行光束折射后仍为平行光束外，光束的同心性将被破坏.

在图 1.4.3 中，MN 表示两种透明介质的分界面，设折射率 $n>n'$，自实物点 P 发出的同心光束，经平面折射后，折射光线的方向由折射定律确定. 那折射光束是否是同心光束？即图 1.4.3(a) 中的折射光线是否能交于一点？下面讨论一条光线 PK 的折射情况，如图 1.4.3(b) 所示，设 PK 折射后的光线反向延长线与过 P 点的法线 OP 相交于 P' 点，由折射定律有

$$n\sin i = n'\sin i'$$

由图 1.4.3(b) 知

$$s=\overline{OP}=\frac{\overline{OK}}{\tan i},\qquad s'=\overline{OP'}=\frac{\overline{OK}}{\tan i'}$$

于是

$$s'=s\frac{\tan i}{\tan i'}=s\frac{\sin i\cos i'}{\sin i'\cos i}=s\frac{n'\cos i'}{n\cos i}=s\frac{n'}{n}\frac{\sqrt{1-\dfrac{n^2}{n'^2}\sin^2 i}}{\cos i}\tag{1.4.1}$$

由式 (1.4.1) 可知，s' 与入射角 i 有关，入射角不同的光线，s' 将有不同的值. 在 $n>n'$ 的情况下，入射角 i 的值越大，则 s' 越小，P' 点越接近于分界面，即向界面上的观察者移近. 故在不同的方向看到的像点 P' 的位置不同，P' 点轨迹称为焦散曲线. 焦散曲线绕法线 OP 旋转，所得的旋转面称为焦散曲面. 由分析可知，同心光束经平面折射后并不相交于一点，破坏了光束的同心性，即一个物点不能严格对应一个像点.

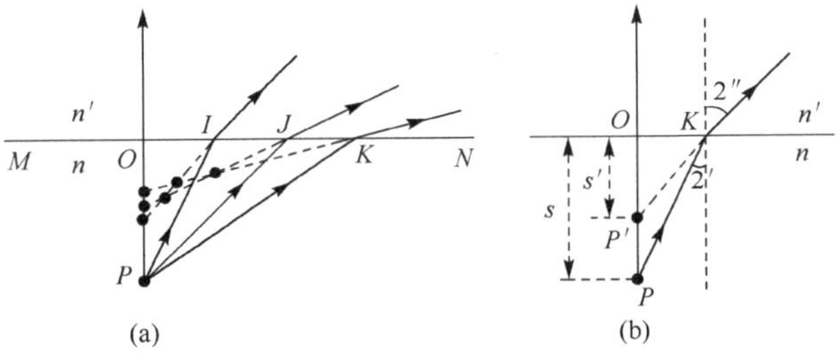

图 1.4.3　平面镜折射对光束单心性的破坏

2. 细光束近似成像

平面折射破坏了光束的同心性，那么岸上的人又是怎么看清水面下的物体呢？其原因是：人眼瞳孔很小(不同光线下直径为 2～8mm)，自物点 P 发出的光束折射后只有很细的光束进入瞳孔，其光线的入射角相差甚微，由式(1.4.1)可知，相应的 s' 几乎相等，进入瞳孔的光线延长线近似交于一点 P'，如图 1.4.4 所示. 所以，**平面折射只有在成像元件接收到的光束很细的情况下，才能近似成像.**

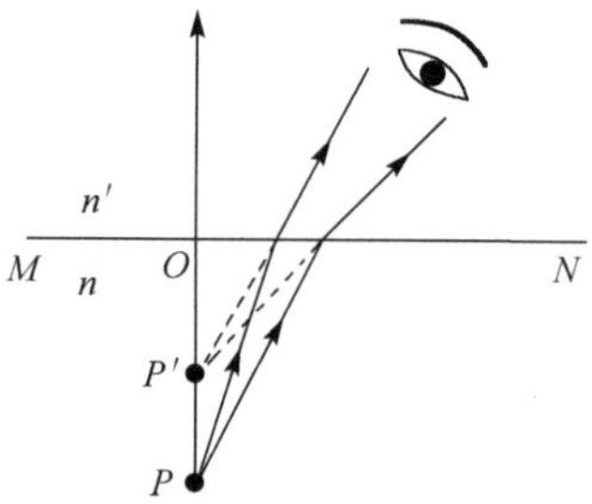

图 1.4.4　平面镜折射细光束近似成像

人眼观察到水中物体的像的位置，可由式 (1.4.1) 决定. 当 i 趋于零时，有

$$s' = \frac{n'}{n}s \tag{1.4.2}$$

式中，n 是入射光线所在介质的折射率；n' 是折射光线所在介质的折射率. 例如，岸上人俯视水中物体时，$n = \frac{4}{3}$，$n' = 1$，所以可以计算得出 $s' = \frac{3}{4}s$，即人在岸上看到水中像的深度是物深度的 $\frac{3}{4}$. 通常像深度 s' 称为**表观深度**或**视深度**，也称**像似深度**.

例 1.4.1　如例 1.4.1 图所示，一层厚 2cm、折射率 $n_2 = 1.36$ 的油，浮在厚 4cm、折射率 $n_1 = 1.33$ 的水上，从空气中沿着正入射方向向下看时，水底 P 点距油层上表面的像似深度是多少？

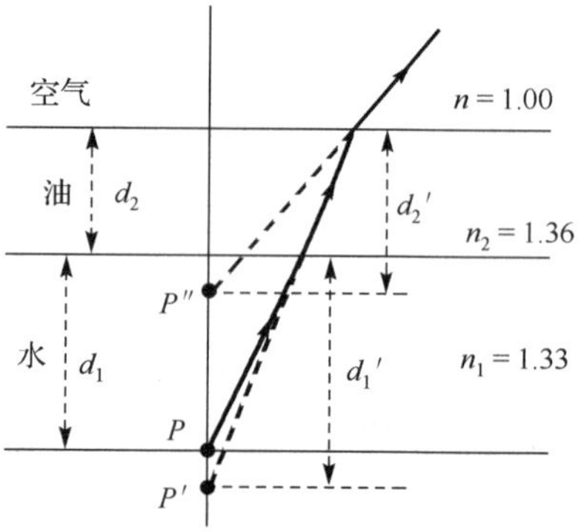

例 1.4.1 图

解　设水和油的厚度分别为 d_1 和 d_2，折射率分别为 n_1 和 n_2，空气的折射率为 n.

根据式(1.4.2)，水底的 P 点经水和油的界面折射成像于 P' 点，则 P' 点到水和油界面的距离(即油中看水底的像似深度)为

$$d_1' = \frac{n_2}{n_1}d_1$$

P' 相对于油和空气的界面而言是物点，经空气和油的界面折射后成像于 P'' 点，则 P'' 到油和空气界面的距离(即从空气中看油和水的总的像似深度)为

$$d' = (d_1' + d_2)\frac{n}{n_2}$$

故

$$d' = \frac{n}{n_2}\left(d_1\frac{n_2}{n_1} + d_2\right) = \frac{n_2 d_1 + n_1 d_2}{n_1 n_2}$$
$$= \frac{1.36\times 4 + 1.33\times 2}{1.33\times 1.36} \approx 4.48(\text{cm})$$

3. 平行平面板成像

平行平面板折射成像在光学仪器中经常遇到. 图 1.4.5 所示是一块厚度为 d、折射率为 n 的平行平面玻璃板. 玻璃板两边都是空气，折射率为 1. 从物点 P 发出的光束中任意一条光线 PB 经第一面折射后从第二面 D 点射出. 根据折射定律有

$$\sin i_1 = n\sin i_1' \tag{1.4.3}$$

$$n\sin i_2 = \sin i_2' \tag{1.4.4}$$

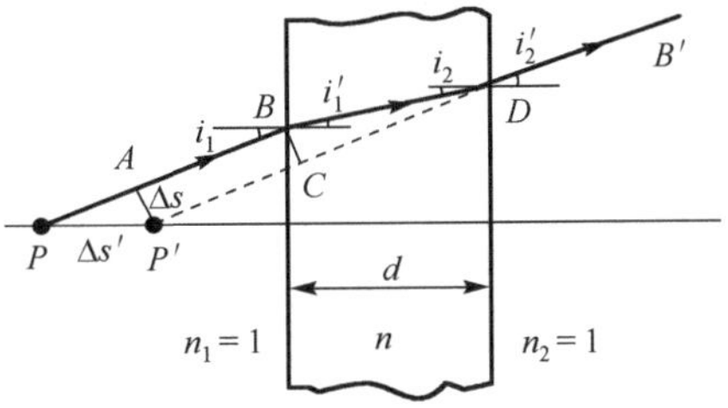

图 1.4.5　平行平面板成像

因为平行平面板的两面平行，所以 $i_2 = i_1'$，将其代入式(1.4.4)即有 $i_1 = i_2'$. 可见出射光线 DB' 与入射光线 PB 是平行的，即光线经平行平面板折射后方向不变. 但是，折射光线相对于入射光线产生了一个位移 Δs，其反映光线在垂直方向的位移量，称为**侧向位移**. 折射光线的反向延长线与过 P 点且与平面板垂直的直线交于 P' 点，则 P 与 P' 之间的距离 $\Delta s'$，反映了光线在沿轴向上的位移量，称为**轴向位移**.

1) 侧向位移

由图 1.4.5 知，在 $\triangle BCD$ 中可得侧向位移 Δs

$$\Delta s = \overline{BC} = \overline{BD}\sin(i_1 - i_1') = \overline{BD}(\sin i_1\cos i_1' - \sin i_1'\cos i_1) \tag{1.4.5}$$

因为

$$\overline{BD} = \frac{d}{\cos i_1'}$$

代入式(1.4.5)得

$$\Delta s = \overline{BC} = \overline{AP'} = d\left(\frac{\sin i_1\cos i_1'}{\cos i_1'} - \frac{\sin i_1'\cos i_1}{\cos i_1'}\right) \tag{1.4.6}$$

由折射定律 $\sin i_1 = n\sin i_1'$，式(1.4.6)可化为

$$\Delta s = \overline{BC} = \overline{AP'} = d\sin i_1\left(1 - \frac{1}{n}\frac{\cos i_1}{\cos i_1'}\right) \tag{1.4.7}$$

或

$$\Delta s=\overline{BC}=\overline{AP'}=d\sin i_1\left(1-\frac{\cos i_1}{\sqrt{n^2-\sin^2 i_1}}\right) \tag{1.4.8}$$

2) 轴向位移

由图 1.4.5 可知，从轴上物点 P 发出的光线 PB 经平面板折射后，好像是从 P' 点发出的，即 P 点好像沿轴移动到了 P' 点. 下面计算轴向距离 $\Delta s'$ 的值. 在 $\triangle APP'$ 中，有

$$\Delta s'=\overline{PP'}=\frac{\overline{AP'}}{\sin i_1}=\frac{\Delta s}{\sin i_1} \tag{1.4.9}$$

而 $\overline{AP'}=\overline{BC}$，应用式(1.4.7)得

$$\Delta s'=d\left(1-\frac{1}{n}\frac{\cos i_1}{\cos i_1'}\right) \tag{1.4.10}$$

式(1.4.10)表明，$\Delta s'$ 随 i_1 值的不同而发生变化. 也就是说，同心光束经平面板折射后变成了非同心光束. 同时，由式(1.4.10)也可以看出，不同厚度的平面板产生不同的轴向位移.

如果入射光束是沿着轴向的细光束(近轴光束)，则入射角 i_1 很小，$\dfrac{\cos i_1}{\cos i_1'}$ 的极限等于 1，所以可以计算出近轴细光束的轴向位移为

$$\Delta s'=d\left(1-\frac{1}{n}\right) \tag{1.4.11}$$

式(1.4.11)表明，对一定的平面板，若以近轴光线成像，则 $\Delta s'$ 为一定值，与入射角 i_1 无关，可以得到近似完善的像点.

必须注意：对近轴光线来说，若平面板位于透镜前发散光束中，则物点向物镜移近 $\Delta s'$. 如果平面板位于透镜后会聚光束中，则像点移远了一段距离 $\Delta s'$，计算像的位置时，要注意这一点，以免发生错误.

1.5 光在单球面上的折射和反射

绝大多数光学系统是由一系列单球面组成的共轴球面系统. 单独的球面不仅是一个简单的光学系统，而且是组成光学仪器的基本单元. 研究光经过球面的反射和折射是研究一般光学系统成像的基础. 本节研究单球面反射和折射成像时的物像关系.

1.5.1 符号法则

为了方便描述物点和相应像点的位置及其关系，首先需要选择一定的基准点和

基准线以确定点的位置和光线的方向，而且还应对距离和角度的正负加以规定.

图 1.5.1 为单球面折射成像光路图. 图中 AOB 表示球面的一部分，这部分球面的中心点 O 称为**球面顶点**，球面的球心 C 称为**曲率中心**，球面的半径 r 称为**曲率半径**，连接顶点 O 和曲率中心 C 的直线 CO 称为**主光轴**，过曲率中心 C 的其他任意直线称为**副光轴**. 通过主光轴的平面称为**主截面**，主光轴对于所有的主截面具有对称性. 因而我们只需讨论一个主截面内光线的反射和折射即可.

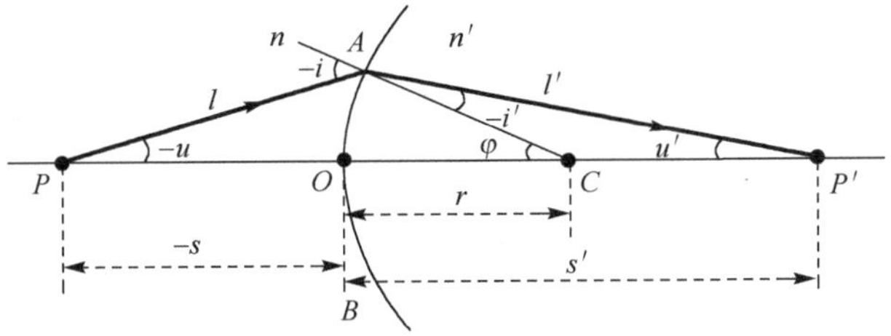

图 1.5.1　单球面折射成像光路图

研究光线经过球面反射和折射后的光路，必须先给出一些概念并规定适当的符号法则，以便在今后的应用中得到统一的结论. 目前最常见的是**新笛卡儿符号法则**，下面以单球面系统为例讲解新笛卡儿符号法则的内容.

如图 1.5.1 所示，通常选择球面顶点 O 作为基准点，主光轴或法线作为基准线，至于距离和角度的正负，对符号作如下规定.

(1) **距离.**

轴向距离(物距、像距、焦距、曲率半径等)从基准点 O 量起，顺入射光方向(通常认为光线从左到右)为正，逆入射光方向为负；物点或像点至主光轴的距离，以主光轴为测量起点，在主光轴上方为正，在主光轴下方为负.

(2) **角度**(光线与光轴或者法线的夹角).

以光轴或者法线为起始边，沿小于 90° 的方向旋转一角度，顺时针为正，逆时针为负.

(3) **光路图中符号的标记.**

在光路图中仅标记距离和角度的绝对值. 若用字母表示的量实际为负值，则在字母前加负号. 例如 s 表示的某线段值是负的，则用 $-s$ 来表示该线段的几何长度.

1.5.2　单球面折射

1. 球面折射对光束同心性的破坏

在图 1.5.1 中，球面 AOB 是折射率为 n 和 n' 两种介质的分界面，r 为球面半径，C 为球心，O 为球面顶点，OC 所在的直线为球面的**主光轴**. 假设 $n<n'$，点光源 P 发

出的光线 PA 经球面 A 点折射后与主光轴相交于 P' 点. 根据新笛卡儿符号法则，物距 $s=\overline{OP}<0$，像距 $s'=\overline{OP'}>0$，线段 $\overline{PA}=l$，线段 $\overline{AP'}=l'$，半径 $\overline{AC}$ 与主光轴的夹角为 φ，则光线 PAP' 的光程

$$\delta[PAP']=nl+n'l'$$

在 $\triangle PAC$ 和 $\triangle P'AC$ 中，应用余弦定理，并应用

$$\cos(\pi-\varphi)=-\cos\varphi$$

$$\overline{PC}=r-s,\quad \overline{CP'}=s'-r$$

从而可得

$$\begin{aligned}l=\overline{PA}&=(\overline{PC}^2+\overline{AC}^2-2\overline{PC}\times\overline{AC}\times\cos\varphi)^{\frac{1}{2}}\\&=[(r-s)^2+r^2-2(r-s)r\cos\varphi]^{\frac{1}{2}}\end{aligned}\tag{1.5.1}$$

$$\begin{aligned}l'&=[\overline{AC}^2+\overline{CP'}^2-2\overline{AC}\times\overline{CP'}\times\cos(\pi-\varphi)]^{\frac{1}{2}}\\&=[r^2+(s'-r)^2+2r(s'-r)\cos\varphi]^{\frac{1}{2}}\end{aligned}\tag{1.5.2}$$

因此，光线 PAP' 的光程可写成

$$\delta[PAP']=n[r^2+(r-s)^2-2r(r-s)\cos\varphi]^{\frac{1}{2}}+n'[r^2+(s'-r)^2+2r(s'-r)\cos\varphi]^{\frac{1}{2}}$$

显然，当点 A 在球面上移动时，r 是常数，φ 是位置的变量. 根据费马原理可知，光程 $\delta[PAP']$ 应取极值，即

$$\frac{\mathrm{d}\delta[PAP']}{\mathrm{d}\varphi}=n\frac{1}{l}[2r(r-s)\sin\varphi]+n'\frac{1}{l'}[-2r(s'-r)\sin\varphi]=0$$

由此可得

$$\frac{n(r-s)}{l}-\frac{n'(s'-r)}{l'}=0$$

或

$$\frac{n'}{l'}+\frac{n}{l}=\frac{1}{r}\left(\frac{n's'}{l'}+\frac{ns}{l}\right)\tag{1.5.3}$$

如果发光点 P 至 O 点的距离 s 为已知，由式(1.5.3)可算出任一折射光线和主轴的交点 P' 到 O 点的距离 s' 的值. 显然 s' 的值随角 φ 的变化而变化(不同的 φ 对应不同的 l 和 l')，也就是说，主光轴上的发光点 P 发出的不同倾角 u 的光线经球面折射后，相应的出射光线和主光轴的交点互不相同，因此它不可能在主光轴上形成一个完善的像点. 可见，来自点光源 P 的同心光束经球面折射后，光束的同心性遭到破坏.

2. 近轴光线条件下球面折射的物像公式

虽然球面折射会破坏光束的同心性从而不能形成完善的像，但是当入射光线靠近主光轴时，角 φ 会变得很小，此时 $\cos\varphi\approx 1$. 因此，式(1.5.1)和式(1.5.2)可变为

$$l\approx\sqrt{[r-(r-s)]^2}=-s\qquad (\text{此时 } s<0)$$

$$l'\approx\sqrt{[r+(s'-r)]^2}=s'$$

以此代入式(1.5.3)，可得

$$\frac{n'}{s'}-\frac{n}{s}=\frac{n'-n}{r}\tag{1.5.4}$$

式(1.5.4)称为球面镜折射成像的**物像关系公式**. 由式(1.5.4)可知，当介质的折射率(n 和 n')及球面半径 r 给定时，每一个 s 值都对应唯一的 s' 值. 这说明，当来自物点 P 的入射光线靠近主光轴时，通过该球面折射后仍能得到一个较为完善的像点 P'.

可以证明，式(1.5.4)对凹球面折射也适用，而且只要在近轴光线条件下，不论 s 值的大小如何都适用，只是要注意：凹球面 r 的符号与凸球面 r 的符号相反.

如果来自发光点 P 的发散光线靠近主光轴，即满足近轴光线条件，不论折射面是凹球面还是凸球面，甚至是平面，式(1.5.4)都是适用的. 当折射面是平面时，公式中的 $r=\infty$，则单球面折射成像公式(1.5.4)变为平面折射的物像关系公式(1.4.2).

在式(1.5.4)中，等式右边在给定条件下是一个常数，是由光学系统本身的条件决定的，通常称为折射球面的**光焦度**，用字母 Φ 表示，即

$$\Phi=\frac{n'-n}{r}\tag{1.5.5}$$

光焦度是用来表征介质界面光学特性的物理量，当 r 以 m 为单位时，Φ 的单位为 m^{-1}，通常用**屈光度** D(diopter)作为光焦度的单位，$1\text{D}=1\text{m}^{-1}$. 在使用上，常用 1D 的百分之一来表示光焦度的大小，称为 1 度.

若 $\Phi>0$，则球面对光束有会聚作用：Φ 大，会聚能力大；Φ 小，会聚能力小.

若 $\Phi<0$，则球面对光束有发散作用：$|\Phi|$ 大，发散作用大；$|\Phi|$ 小，发散作用小.

如果发光点的位置在 P' 点，根据光路可逆原理，它的像必然在 P 点. 换句话说，如果 P 点和 P' 点之一为物，则另一点为其相应的像. 物点和像点的这种关系称为**共轭**，对应的点称为**共轭点**，对应的光线称为**共轭光线**. 应该指出，**物像共轭是光路可逆原理的必然结果**.

根据式(1.5.4)，当 $-s=\infty$，即物点在物空间主轴上无限远处时，入射到单球面的光束为平行于主光轴的平行光束，则得

$$s'=\frac{n'}{n'-n}r$$

这时由 s' 所确定的点，称为折射球面的**像方焦点**或**第二焦点**，通常用 F' 表示. 过 F' 点所作的垂直于主光轴的平面，称为**像方焦平面**或**第二焦平面**. 顶点 O 到像方焦点 F' 的距离称为**像方焦距**或**第二焦距**，通常用 f' 表示

$$f' = \frac{n'}{n'-n}r \tag{1.5.6}$$

当 $s' = \infty$，即像点在像空间主轴上无限远处时，则得

$$s = -\frac{n}{n'-n}r$$

这时由 s 所确定的点，称为折射球面的**物方焦点**或**第一焦点**，通常用 F 表示. 过 F 点所作的垂直于主光轴的平面，称为**物方焦平面**或**第一焦平面**. 顶点 O 到物方焦点 F 的距离称为**物方焦距**或**第一焦距**，通常用 f 表示

$$f = -\frac{n}{n'-n}r \tag{1.5.7}$$

根据式(1.5.6)和式(1.5.7)，单球面的两个焦距显然满足下列关系：

$$\frac{f'}{f} = -\frac{n'}{n} \tag{1.5.8}$$

即焦距之比等于物像两方介质折射率之比的负值. 对于球面折射而言，n 和 n' 永远不相等，故 $|f| \neq |f'|$. 式中的负号表示物方焦点和像方焦点永远位于球面界面的两侧.

由式(1.5.5)～(1.5.7)得

$$f' = \frac{n'}{\Phi} \quad \left(\text{或}\Phi = \frac{n'}{f'}\right) \tag{1.5.9}$$

$$f = -\frac{n}{\Phi} \quad \left(\text{或}\Phi = -\frac{n}{f}\right) \tag{1.5.10}$$

式(1.5.9)和式(1.5.10)给出了折射面的两个焦距和光焦度之间的关系. 在实际应用中，有时希望近轴折射物像关系公式用折射面的两个特征量：物方焦距 f 和像方焦距 f' 表示. 因此用 $\dfrac{r}{n'-n}$ 乘以式(1.5.4)并化简，可得

$$\frac{f'}{s'} + \frac{f}{s} = 1 \tag{1.5.11}$$

式(1.5.11)称为近轴单球面折射成像的**高斯公式**.

在计算单球面折射成像时，如果物距和像距不以折射面的顶点 O 为测量起点，而是分别以两个焦点 F 或 F' 为测量起点，分别用 x 和 x' 表示(即物距为物方焦点 F

到物点 P 的距离，用 x 表示；像距为像方焦点 F' 到像点 P' 的距离，用 x' 表示. 物距和像距的正负还是由新笛卡儿符号法则来判断)，但是物方焦距和像方焦距还是以折射面的顶点 O 为测量起点，如图 1.5.2 所示，则有

$$(-s)=(-x)+(-f)=-x-f$$

$$s'=x'+f'$$

将以上两式代入高斯公式(1.5.11)并化简可得

$$xx'=ff' \tag{1.5.12}$$

式(1.5.12)称为近轴单球面折射成像的**牛顿公式**.

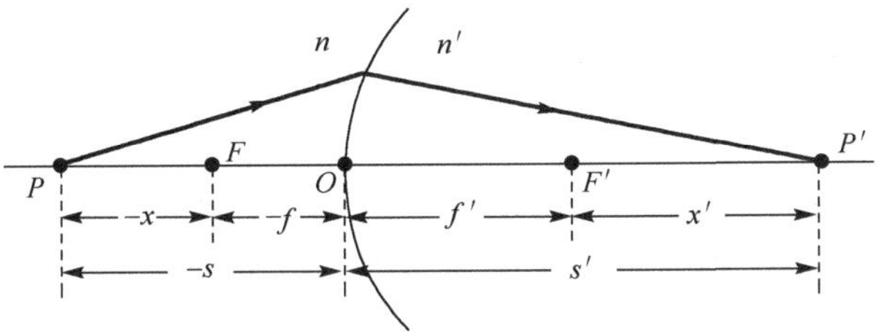

图 1.5.2　单球面折射牛顿公式

式(1.5.4)、式(1.5.11)和式(1.5.12)都是近轴条件下单球面折射物像关系公式，三者是等效的，在应用时可以根据具体情况选取. 不论 n 和 n' 哪个大，哪个小，不论是凸球面还是凹球面，均可应用以上三式，但各个量一律按新笛卡儿符号法则处理，计算所得的未知量，也应按新笛卡儿符号法则判断物或像的实际位置和性质.

例 1.5.1　有一处于空气中的玻璃棒，折射率为 1.5，其右端半圆形圆弧的半径为 15mm. 在玻璃棒内部距离玻璃棒右侧球面顶点 25mm 处有一点光源，发出的光线经玻璃棒右侧球面折射后成像于什么位置？该折射球面的焦点在什么位置？画出光路图.

解　已知光线从玻璃折射进入空气，以玻璃棒右侧球面顶点 O 为测量起点，根据新笛卡儿符号法则，有

$$n=1.5,\quad n'=1,\quad r=-15\text{mm},\quad s=-25\text{mm}$$

根据单球面折射的物像关系公式(1.5.4)

$$\frac{n'}{s'}-\frac{n}{s}=\frac{n'-n}{r}$$

将数据代入可得

$$\frac{1}{s'}-\frac{1.5}{-25}=(1-1.5)\times\frac{1}{-15}$$

解得

$$s' = -37.5\text{mm}$$

再根据式(1.5.13)和式(1.5.14)，计算两焦距，得

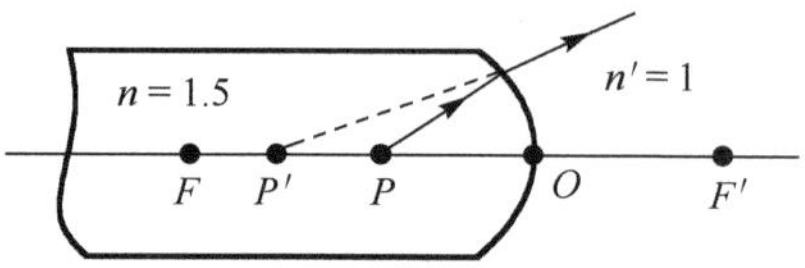

例 1.5.1 图

$$f' = \frac{n'}{n'-n} r = \frac{1}{1-1.5} \times (-15) = 30(\text{mm})$$

$$f = \frac{n}{n'-n} r = \frac{(-1.5)}{1-1.5} \times (-15) = -45(\text{mm})$$

可知像位于玻璃棒右侧球面顶点 O 左侧 37.5mm 处，为一虚像. 物方焦点 F 位于球面顶点 O 左侧 45mm 处，像方焦点 F' 位于球面顶点 O 右侧 30mm 处，如例 1.5.1 图所示.

3. 近轴条件下单球面折射成像的横向放大率

对于物体经光学系统所成的像，不仅需要确定像的位置，还需要确定像的大小. 对于一个线状物体，如果物体的高度为 y，经单球面折射后所成像的高度为 y'，则近轴条件下单球面折射成像的**横向放大率**定义为：**像的高度 y' 除以物的高度 y**，用 β 表示，即

$$\beta = \frac{y'}{y}$$

对于近轴物点，可以推导其横向放大率的公式. 如图 1.5.3 所示，Q 为近轴物点，Q' 为其共轭的像点，根据折射定律有

$$n \sin i = n' \sin i'$$

在近轴光线条件下

$$\sin i \approx i, \quad \sin i' \approx i'$$

折射定律近似为

$$ni = n'i'$$

在近轴光线条件下，从图 1.5.3 中可知

$$i \approx \tan i = \frac{y}{-s}, \quad i' \approx \tan i' = \frac{-y'}{s'}$$

由此可得

$$\beta = \frac{y'}{y} = \frac{ns'}{n's} \tag{1.5.13}$$

式(1.5.13)表明，对于给定的物体，在近轴条件下求得像距 s' 以后，像的大小即可确定. 由于 β 仅由物像位置确定，所以在同一物像平面内，放大率为常数，像必相

似于物. 可以证明，横向放大率 β 也可以由下式表示：

$$\beta=-\frac{f}{x}=-\frac{x'}{f'}$$

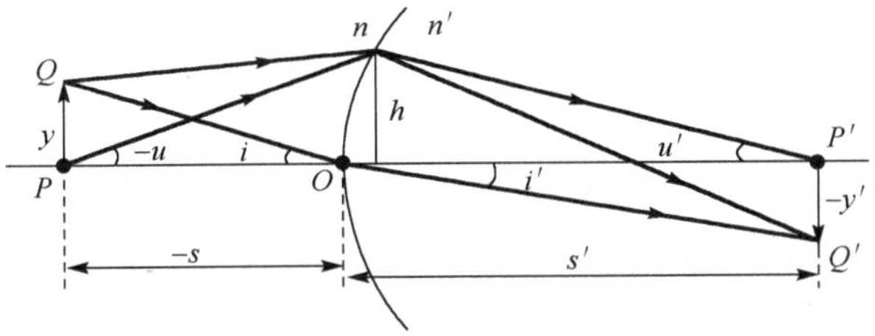

图 1.5.3　放大率

横向放大率公式
推导及性质

通常认为物是正立的，则像的倒正，可由 β 的正负来判断.

$\beta<0$，表示 y' 与 y 异号，像是倒立的，s' 与 s 异号，表示物、像处于球面的两侧，对于折射球面而言，实物成实像，虚物成虚像.

$\beta>0$，表示 y' 与 y 同号，像是正立的，s' 与 s 同号，表示物、像处于球面的同侧，实物成虚像，虚物成实像.

4. 近轴条件下单球面折射成像的角放大率

在图 1.5.3 中，P 和 P' 是主光轴上一对共轭点，若从物点 P 发出的近轴光线与主光轴的夹角为 u，其共轭的折射光线与主光轴的夹角为 u'，则这对光线的**角放大率**定义为 u' 和 u 的比值，用 γ 表示，即

$$\gamma=\frac{u'}{u}$$

如图 1.5.3 所示，在近轴条件下，近似有

$$h=(-s)\cdot\tan(-u)\approx(-s)\cdot(-u)=s'\cdot\tan u'\approx s'\cdot u'$$

所以

$$\gamma=\frac{u'}{u}=\frac{s}{s'} \tag{1.5.14}$$

将 $\beta=\dfrac{ns'}{n's}$ 代入，得

$$\gamma=\frac{u'}{u}=\frac{s}{s'}=\frac{n}{n'}\cdot\frac{1}{\beta}$$

或

$$\gamma\cdot\beta=\frac{n}{n'} \tag{1.5.15}$$

式(1.5.15)说明**角放大率 γ 与横向放大率 β 的乘积为一常数**，横向放大率 β 的增大(或减小)伴随着角放大率 γ 的减小(或增大)，这是近轴条件限制的结果. 将定义式 $\gamma=\dfrac{u'}{u}$，$\beta=\dfrac{y'}{y}$ 分别代入式(1.5.15)，则得

$$\frac{u'}{u}=\frac{n}{n'}\cdot\frac{y}{y'}\quad 或 \quad nuy=n'u'y' \tag{1.5.16}$$

式(1.5.16)称为物像空间的**拉格朗日-亥姆霍兹不变式**(拉氏不变式)，又称**拉格朗日-亥姆霍兹定理**. 它说明光线经球面折射，物空间折射率 n、入射光线与主轴的夹角 u 及物高 y 三者的乘积等于像空间折射率 n'、与角 u 共轭的角 u' 及像高 y' 三者的乘积. y 和 y' 受到近轴物点的限制，u 和 u' 受到近轴光线的限制，拉氏不变式把两个限制联系在一起，这就是**近轴条件**.

式(1.5.16)表示的关系不仅对一个折射面的物像空间成立,对整个光学系统各个折射面的每个空间都成立，即有

$$n_1u_1y_1=n_2u_2y_2=\cdots=n_iu_iy_i \tag{1.5.17}$$

式(1.5.17)给出了物空间和像空间近轴、细光束条件下物像共轭，即理想成像所遵循的关系，它是解决光学系统成像问题的基本理论和基本条件.

例 1.5.2　有一玻璃球，折射率为 1.5，半径为 R，置于空气中. (1)物在无限远时经过球成像于何处？(2)若物体在球前 1.5 R 处，求像的位置及横向放大率.

解　物体经过玻璃球左右两个折射面，会出现两次折射成像的过程.

对于第一个折射球面，$n_1=1.0$，$n_1'=1.5$，$r_1=R$；对于第二个折射球面，$n_2=1.5$，$n_2'=1.0$，$r_2=-R$.

单球面折射的物像关系公式为

$$\frac{n'}{s'}-\frac{n}{s}=\frac{n'-n}{r}$$

(1)物在无限远时，对于第一个折射球面(即球左侧的折射面)，$s_1=\infty$，有

$$\frac{1.5}{s_1'}-\frac{1.0}{\infty}=\frac{1.5-1.0}{R}$$

$$s_1'=3R$$

即无限远处的物体 P 经左侧球面后成像于距离左侧球面顶点 $3R$ 处的 P' 点，此时成一实像.

对第二个折射球面(即右侧的折射面)而言，第一个折射球面的像点 P' 为第二个折射球面的虚物点，所以 $s_2=s_1'-2R=R$，有

$$\frac{1.0}{s_2'}-\frac{1.5}{R}=\frac{1.0-1.5}{-R},\qquad s_2'=\frac{R}{2}$$

此时 P' 经第二个球面折射所成的像 P'' 在第二个球面顶点右侧 $0.5R$ 处，为虚物成实像.

总体而言，无限远处的物体经玻璃球两次折射后成一实像，位于球外离第二个折射球面 $0.5R$ 处，此点即为整个玻璃球的像方焦点，如例 1.5.2 图(a)所示.

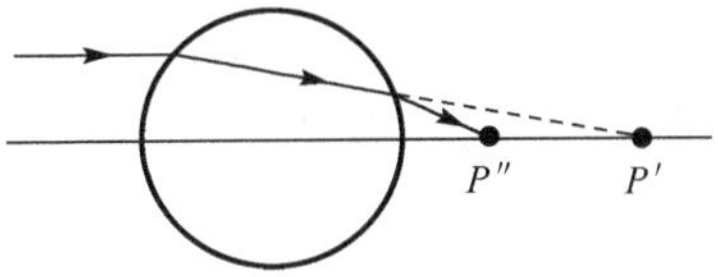

例 1.5.2 图(a)

(2) 若物在球前 $1.5R$ 处，则对第一个折射球面而言，$s_1=-1.5R$，有

$$\frac{1.5}{s_1'}-\frac{1.0}{-1.5R}=\frac{1.5-1.0}{R}$$

$$s_1'=-9R$$

$$\beta_1=\frac{n_1 s_1'}{n_1' s_1}=\frac{1.0\times(-9R)}{1.5\times(-1.5R)}=4$$

此时实物成放大、正立的虚像.

对于第二个折射球面，$s_2=s_1'-2R=-9R-2R=-11R$，有

$$\frac{1.0}{s_2'}-\frac{1.5}{-11R}=\frac{1.0-1.5}{-R}$$

$$s_2'=\frac{11}{4}R$$

$$\beta_2=\frac{n_2 s_2'}{n_2' s_2}=\frac{1.5\times\dfrac{11}{4}R}{1.0\times(-11R)}=-\frac{3}{8}$$

此时，虚物成缩小、倒立的实像.

总的横向放大率

$$\beta=\beta_1\cdot\beta_2=4\times\left(-\frac{3}{8}\right)=-\frac{3}{2}$$

所以，最终成一倒立、放大的实像，如例 1.5.2 图(b)所示.

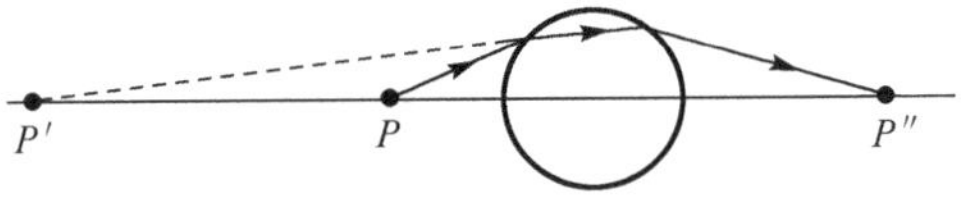

例 1.5.2 图(b)

5. 作图求像法

在近轴条件下单球面折射成像时，存在几条特殊的光线. 单球面折射物像共轭

关系除了利用以上公式定量研究外，还可以利用这几条特殊光线进行作图法求像. 作图时利用几条特殊光线，画出光路图，从而确定像的位置和性质. 这几条特殊光线为：

(1) 平行于主光轴的近轴光线，经球面折射后，出射光线(或反向延长线)必过像方焦点 F'；

(2) 通过物方焦点 F 的入射光线(或延长线)，经球面折射后，出射光线必平行于主光轴；

(3) 通过球面曲率中心 C 的光线方向不变.

如图 1.5.4 所示，从物点 Q 发出的这三条光线，经球面折射后交于 Q'，Q' 点就是所求像点. 在实际作图求像时，通常只要画出两条光线的交点，就可确定像点.

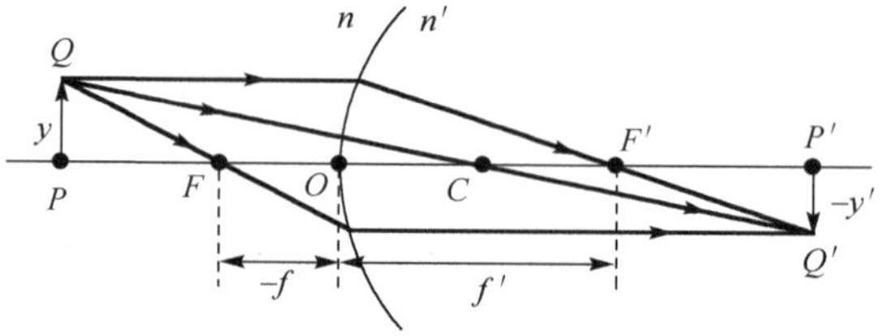

图 1.5.4　作图求像法

如果物点位于主光轴上，则上述三条可供选择的典型光线重合为一条，那该如何作图求像？此时可以利用对主光轴倾斜的光线(即利用焦平面的性质，在 1.7 节中将重点讲解). 如图 1.5.5 所示，从轴上物点 P 引斜光线 PM，过物方焦点引辅助光线 FN 平行于 PM，FN 经球面折射后成为平行于主光轴的光线，且与像方焦平面交于 Q 点，连接 MQ 与主光轴的交点 P' 即为 P 点的像. 同理，利用物方焦平面的特性作辅助线，也可求得像点 P'.

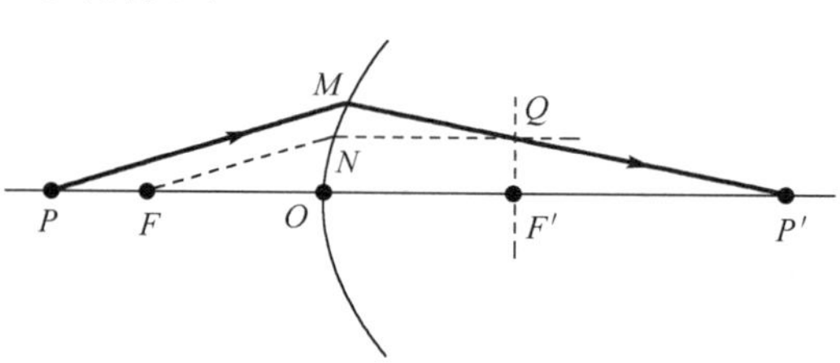

图 1.5.5　光轴上物点作图求像法

利用焦平面的性质作图

1.5.3　单球面反射

上述球面折射公式很容易推广到球面反射的情况. 用相同的方法可以证明，从物点发射的同心光束经球面反射后，光束的同心性也被破坏(平行光束入射也不例外).

对于球面镜反射，在近轴条件下，同样可以利用费马原理来推导出物像关系公式，这里只给出最终公式，具体过程同学们自己推导.

单球面反射的**物像关系公式**为

$$\frac{1}{s'}+\frac{1}{s}=\frac{2}{r} \tag{1.5.18}$$

单球面反射成像可以看作单球面折射成像的特例.

以某一入射角 i 入射的光线，只存在反射光线，根据符号法则，反射定律表示为

$$i'=-i$$

将上式代入折射定律公式，可得

$$n'=-n \quad （这仅在数学上有意义）$$

代入单球面近轴折射物像基本公式

$$\frac{n'}{s'}-\frac{n}{s}=\frac{n'-n}{r}$$

可得近轴条件下球面镜反射的物像关系公式(1.5.18).

分别令 $s'=\infty$ 或 $s=-\infty$，可得球面镜物方焦距和像方焦距的公式

$$f=\frac{r}{2} \quad 和 \quad f'=\frac{r}{2} \tag{1.5.19}$$

式(1.5.19)表明，球面镜反射光学系统的物方焦点和像方焦点是重合的，统一称为**焦点**. 对于凹面镜，焦点 F 是实的，平行光线经凹面镜反射后实际会聚于 F 点；对于凸面镜，焦点 F 是虚的，平行光线经凸面镜反射后，反射光线的反向延长线交于 F 点.

在球面反射的情况中，物空间与像空间重合，且反射光线与入射光线的方向恰恰相反. 这一情况，在数学处理上可以认为像方介质折射率 n' 等于物方介质折射率 n 的负值，即 $n'=-n$（这仅在数学上有意义），于是 $f'=f$. 所以可以认为球面镜反射成像是球面镜折射成像的特例.

将 $f=f'$ 代入单球面近轴折射高斯公式(1.5.11)和牛顿公式(1.5.12)，可得单球面近轴反射的高斯公式和牛顿公式

$$\frac{1}{s'}+\frac{1}{s}=\frac{1}{f'} \tag{1.5.20}$$

$$xx'=f^2 \tag{1.5.21}$$

近轴条件下**单球面反射成像的横向放大率**

$$\beta=\frac{y'}{y}=\frac{ns'}{n's}=-\frac{s'}{s} \quad (n'=-n)$$

例 1.5.3　一个点状物体位于凹球面镜前 5cm 处的主光轴上，凹球面镜的曲率半径为 20cm，试确定像的位置和性质.

解　假设入射光线自左向右传播，如例 1.5.3 图所示，根据新笛卡儿符号法则，物距 $s=-5\text{cm}$，球面曲率半径 $r=-20\text{cm}$，由式(1.5.18)可得

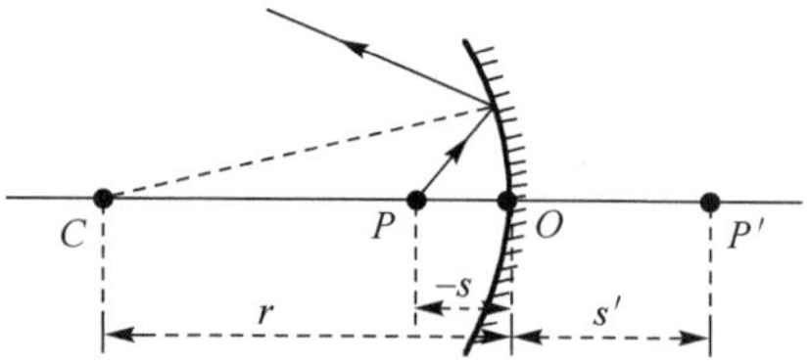

例 1.5.3 图

$$\frac{1}{s'}=\frac{2}{r}-\frac{1}{s}=\frac{2}{-20}-\frac{1}{-5}=\frac{1}{10}$$

$$s'=10\text{cm}$$

横向放大率

$$\beta=-\frac{s'}{s}=-\frac{10}{-5}=2$$

所成的像位于凹面镜后 10cm 处，是正立、放大的虚像.

例 1.5.4　一物体在曲率半径为 12cm 的凹球面镜的顶点左方 4cm 处，求像的位置及横向放大率，并作出光路图.

解　方法一：

应用单球面反射成像的高斯公式

$$\frac{1}{s'}+\frac{1}{s}=\frac{1}{f'}$$

由题意，$f=f'=\dfrac{r}{2}=-6\,\text{cm}$，$s=-4\text{cm}$，代入高斯公式，得

$$\frac{1}{s'}=\frac{2}{r}-\frac{1}{s}=-\frac{1}{6}+\frac{1}{4}=\frac{1}{12}，\quad s'=12\text{cm}$$

由单球面反射成像的横向放大率公式，得

$$\beta=-\frac{s'}{s}=-\frac{12}{-4}=3$$

方法二：

应用牛顿公式 $xx'=f^2$，把 $x=2\text{cm}$，$f=f'=-6\text{cm}$ 代入，得

$$x'=\frac{ff'}{x}=\frac{36}{2}=18\ (\text{cm})$$

由横向放大率公式得

$$\beta=-\frac{x'}{f'}=-\frac{18}{-6}=3$$

这表示像点在焦点右方 18cm 处，即在球面镜顶点右方 12cm 处，为一放大、正立的虚像. 其光路图为例 1.5.4 图.

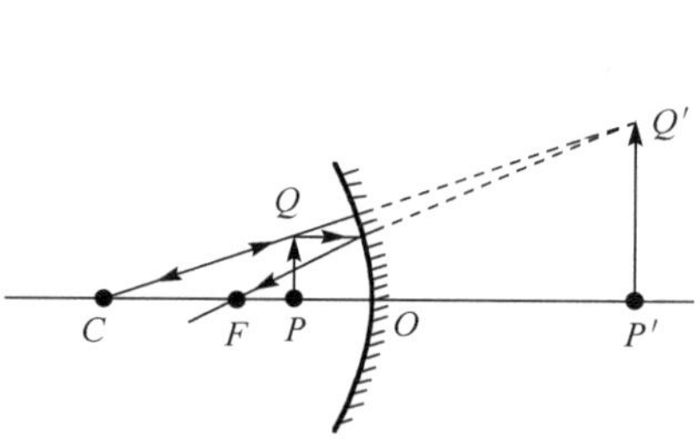

例 1.5.4 图

1.6　全反射　光纤与棱镜

1.6.1　全反射

光在两种介质界面上的反射和折射是同时发生的，入射光中的一部分被反射，另一部分被折射. 但是在一定的特殊条件下，入射光可以被全部反射回原介质中，即没有折射光，这种特殊条件下的反射称为全反射现象. 在许多光学仪器中，利用全反射可以实现光的传播方向的改变，缩短仪器的尺寸，或将倒置的图像矫正等.

根据两种介质折射率的大小不同，可将反射分成两类.

外反射：光由光疏介质入射到光密介质时发生的反射. 此时入射角大于折射角.

内反射：光由光密介质入射到光疏介质时发生的反射. 此时入射角小于折射角.

当光线从折射率为 n_1 的光密介质 1 入射到折射率为 n_2 的光疏介质 2 的界面（$n_1 > n_2$）时，发生内反射. 由折射定律可知：折射角 i_2 大于入射角 i_1，且折射角 i_2 随入射角 i_1 的增大而增大，如图 1.6.1 所示. 当 i_1 逐渐增大到某一角度 i_c 时，i_2=90°；当 $i_1 \geqslant i_c$ 时，就不再有折射光线，此时入射光全部被反射，这种**只有反射而无折射的现象**称为**全内反射**，简称**全反射**. 其对应的入射角 i_c 称为**临界角**. 临界角 i_c 的值可由折射定律得出，$n_1 \sin i_c = n_2 \sin 90°$，可得

$$i_c = \arcsin\frac{n_2}{n_1} \tag{1.6.1}$$

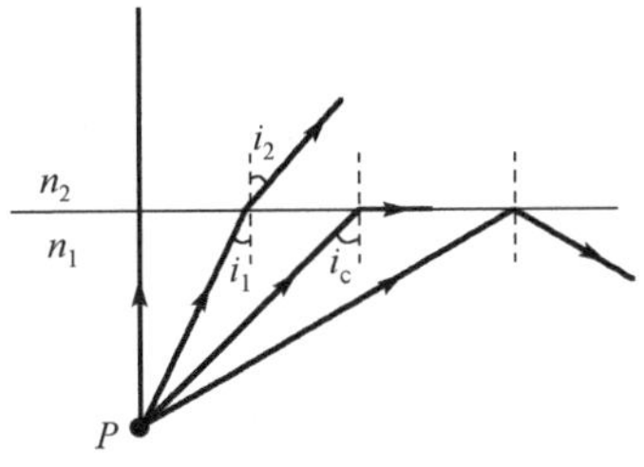

图 1.6.1　全反射

对于不同的介质，临界角的大小不同. 例如，光从水中射入空气，取水的折射率 $n_1 = 4/3$，空气的折射率 $n_2 = 1$，则相应的临界角 i_c 约为 49°；光从各种玻璃中射入空气时的临界角 i_c 在 30°～42°；钻石的折射率大（$n \approx 2.417$），相应的临界角小，容易发生全反射，如果在切割时经过特别设计，使进入钻石的光线均经全反射后自其顶部射出，钻石看起来就会光彩夺目.

按照波动理论，产生全反射时除反射波外，在光疏介质并非完全不存在透射波，只不过它沿界面方向传播，且其振幅在垂直于界面方向按指数衰减，透入深度只有波长量级. 这种在垂直于界面方向传播的光波，称为**倏逝波**. 平均说来，光波的能量全部返回光密介质，所以在光疏介质中并不形成透射光.

由式(1.6.1)可知，全反射的临界角取决于两种介质的相对折射率. 如果 n_1 和 i_c 为已知，则可得到 n_2，基于这种原理可设计各种折射计.

1.6.2　全反射的应用

全反射的应用很广，下面仅举两例加以说明.

1. 全反射棱镜

利用全反射现象而制成的各种棱镜，在光学仪器中得到广泛应用. 和平面反射镜相比，它有许多方面的优越性. 首先，全反射时光能量完全被反射回到原介质，而由镀有介质膜的平面镜反射时在反射表面上总会有一定的光能量被吸收. 其次，在研磨工艺和装校技术上，棱镜又容易制成多种组合的反射面和满足高精度的要求. 最常用的也是最简单的棱镜是截面为三角形的三棱镜. 利用各种形状的棱镜及棱镜组合对光线的全反射作用，可以改变光路，缩小光学系统的尺寸，或将倒置的图形矫正. 如图 1.6.2 所示是一组全反射棱镜，在光学仪器中常用它们来改变光路的方向. 图 1.6.2(a)称为**直角棱镜**，光线垂直入射至直角棱镜的直角边一面，经反射光线方向改变 90°；图 1.6.2(b)称为珀罗**棱镜**，使光线方向改变 180°，且使光束中光线位置上下颠倒，若将棱镜水平放置，可使光线位置左右对调.

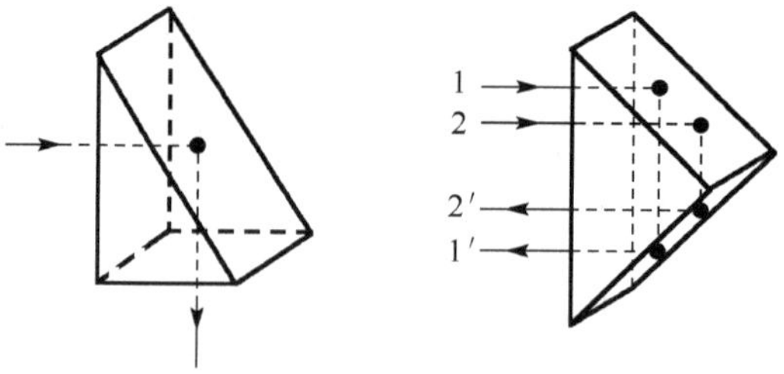

(a)　　(b)

图 1.6.2　全反射棱镜

2. 全反射型光导纤维

近年来发展很快的光导纤维(光纤)，就是利用全反射规律而使光线在其中传播的光学元件. 一般使用的光纤由直径约几微米的单根或多根玻璃纤维组成，每根纤维分内外两层：内层材料的折射率为 1.8 左右，外层材料的折射率为 1.4 左右. 当光由内层射到两层纤维之间的界面时，入射角小于临界角的那些光线，由多次反射折射后逸出纤维；而入射角大于临界角的光线，由于发生全反射，在两层界面上经历多次反射而传到光纤另一端，如图 1.6.3(a)所示. 那么，究竟有多大范围的光能进入光纤进行全反射?

设光纤内层介质的折射率为 n_1，外层介质的折射率为 n_2，光纤以外空间介质的折射率为 n_0. 如图 1.6.3(b)所示，图中的单箭头线是一条临界光线，

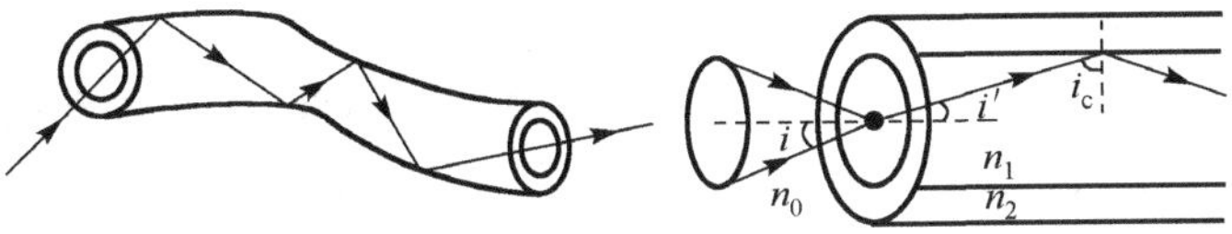

(a)　(b)

图 1.6.3　全反射型光导纤维

它在两层界面上的入射角等于临界角 i_c. 显然，光线由折射率为 n_0 的介质经端面进入纤维，而且入射角大于 i 的那些光线在 n_1、n_2 界面上的入射角就小于 i_c，这些光线都不能发生全反射. 只有在介质 n_0 中，在顶角为 $2i$ 的空间锥体内的光线才能发生全反射在光纤内传播. 根据临界角公式 $\sin i_c = n_2 / n_1$ 和折射定律 $n_0 \sin i = n_1 \sin i'$ 可得

$$
\begin{aligned}
n_0 \sin i &= n_1 \sin\left(\frac{\pi}{2} - i_c\right) \\
&= n_1 \cos i_c = n_1 \sqrt{\frac{n_1^2 - n_2^2}{n_1^2}} = \sqrt{n_1^2 - n_2^2}
\end{aligned}
$$

进而可以求出

$$
\sin i = \frac{\sqrt{n_1^2 - n_2^2}}{n_0}
$$

对于空气中的光纤，$n_0 = 1$，于是

$$
\sin i = \sqrt{n_1^2 - n_2^2}
$$

$$
i = \arcsin\sqrt{n_1^2 - n_2^2} \tag{1.6.2}
$$

由此可见，对于一定的 n_1 和 n_2，角 i 的值是一定的，因而光纤所能容许传播的那些光线所占的范围是一定的. 为了使更大范围内的光束能在光纤中传播，应选择 n_1 和 n_2 的差值较大的材料去制造光纤. 由于光纤柔软，不怕震，而且当光纤束弯曲时也能传播光线，所以它目前在国防、医学、自动控制和通信等许多领域都得到日益广泛的应用.

1.6.3　棱镜的折射

前面讨论了改变光路或使图像改变方位的棱镜，称为**转向棱镜**. 现在讨论另一种棱镜——**色散棱镜**，一束复色光经棱镜折射后，它可以使不同频率的光按照不同的折射角彼此分开成单色光. 常见的色散棱镜是三棱镜，它是由透明介质(如玻璃)

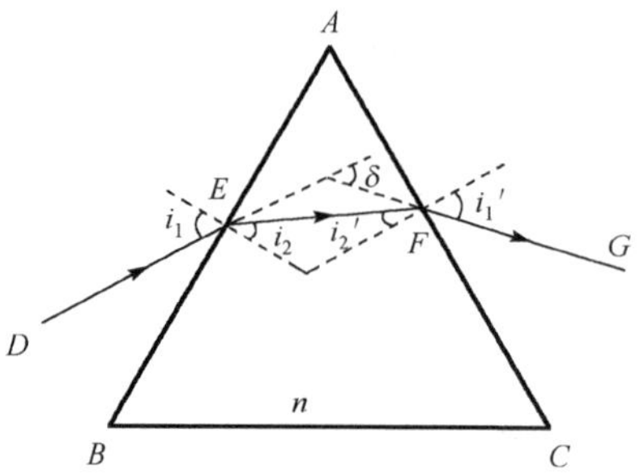

图 1.6.4　三棱镜主截面内的光路图

做成的棱柱体，截面呈三角形，与棱边垂直的面叫棱镜的**主截面**，如图 1.6.4 所示. 下面讨论光线在三棱镜主截面内折射的情况.

$\triangle ABC$ 是三棱镜的主截面，沿主截面入射的光线 DE 由空气进入三棱镜，在界面 AB 上的 E 点发生第一次折射，光线在这里由光疏介质进入光密介质，折射角 i_2 小于入射角 i_1，光线偏向底边 BC. 进入棱镜的光线 EF 在界面 AC 上的 F 点发生第二次折射，由三棱镜进入空气，光线由光密介质进入光疏介质，折射角 i_1' 大于入射角 i_2'，出射光线进一步偏向底边 BC. 光线经两次折射，传播方向总的变化可用入射光线 DE 与出射光线 FG 的夹角 δ 来表示，δ 称为**偏向角**. 由图 1.6.4 可以看出，δ 与 i_1、i_2、i_1'、i_2' 以及三棱镜顶角 A 之间有如下几何关系：$\delta=(i_1-i_2)+(i_1'-i_2')=(i_1'+i_1')-(i_2+i_2')$. 因为 $A=i_2+i_2'$，所以

$$\delta=i_1+i_1'-A \tag{1.6.3}$$

若保持入射光线的方向不变，将棱镜绕垂直于图面的轴线旋转，那么偏向角 δ 将随之改变，即偏向角 δ 随着入射角 i_1 的改变而变化. 因此，将式(1.6.3)对 i_1 求导数，并令 $\dfrac{\mathrm{d}\delta}{\mathrm{d}i_1}=0$，可求得最小偏向角 δ_{m} 的条件为 $\dfrac{\mathrm{d}\delta}{\mathrm{d}i_1}=1+\dfrac{\mathrm{d}i_1'}{\mathrm{d}i_1}=0$，即

$$\frac{\mathrm{d}i_1'}{\mathrm{d}i_1}=-1\quad（或\ \mathrm{d}i_1=-\mathrm{d}i_1'） \tag{1.6.4}$$

如图 1.6.4 所示，光在棱镜两个表面上发生折射，满足折射定律，由此可得

$$\sin i_1=n\sin i_2,\quad n\sin i_2'=\sin i_1' \tag{1.6.5}$$

式中，n 为棱镜介质折射率. 将式(1.6.5)两边微分，可得

$$\cos i_1\mathrm{d}i_1=n\cos i_2\mathrm{d}i_2,\quad n\cos i_2'\mathrm{d}i_2'=\cos i_1'\mathrm{d}i_1' \tag{1.6.6}$$

又因为 $i_2+i_2'=A$，经微分可得

$$\mathrm{d}i_2=-\mathrm{d}i_2' \tag{1.6.7}$$

结合式(1.6.4)、式(1.6.6)和式(1.6.7)可得 $\dfrac{\mathrm{d}i_1'}{\mathrm{d}i_1}=-\dfrac{\cos i_2'\cos i_1}{\cos i_1'\cos i_2}=-1$，即

$$\cos i_1\cos i_2'=\cos i_1'\cos i_2 \tag{1.6.8}$$

结合式(1.6.5)，解式(1.6.8)的三角函数方程，可得 $(n^2-1)\sin^2 i_1=(n^2-1)\sin^2 i_1'$，即 $i_1=i_1'$，这说明，当光线对称入射和出射棱镜时，偏向角 δ 取最小值，称为**最小偏向角**，用 $\delta_{\min}$ 表示，所以

$$\delta_{\min} = i_1 + i_1' - A = 2i_1 - A \tag{1.6.9}$$

在最小偏向角情况下，由 $i_1 = i_1'$， $A = i_2 + i_2'$ 及 $\delta_{\min} = i_1 + i_1' - A$，可得

$$i_2 = i_2' = \frac{A}{2}, \quad i_1 = \frac{A + \delta_{\min}}{2}$$

假定棱镜是放置在真空或空气中，按照折射定律 $\sin i_1 = n \sin i_2$，可得

$$n = \frac{\sin \dfrac{A + \delta_{\min}}{2}}{\sin \dfrac{A}{2}} \tag{1.6.10}$$

利用式(1.6.10)，在给定顶角 A 的情况下，测出最小偏向角 $\delta_{\min}$，就可以求出棱镜介质对于照射的单色光的折射率，这是测量介质折射率的一种方法.

1.7 薄　透　镜

透镜是由两个折射面包围一种折射率为 n 的透明介质而制成的最常用的光学元件，折射面可以是球面，也可以是非球面. 尽管折射球面的光学性质并不十分理想，但加工和检验较为方便，所以透镜多以球面组成. 按透镜球面形式可分为两大类共六种形状. 第一类，中央比边缘厚的称为**凸透镜**，有双凸、平凸、月凸三种形状，如图 1.7.1(a)所示；第二类，中央比边缘薄的称为**凹透镜**，有双凹、平凹、月凹三种形状，如图 1.7.1(b)所示.

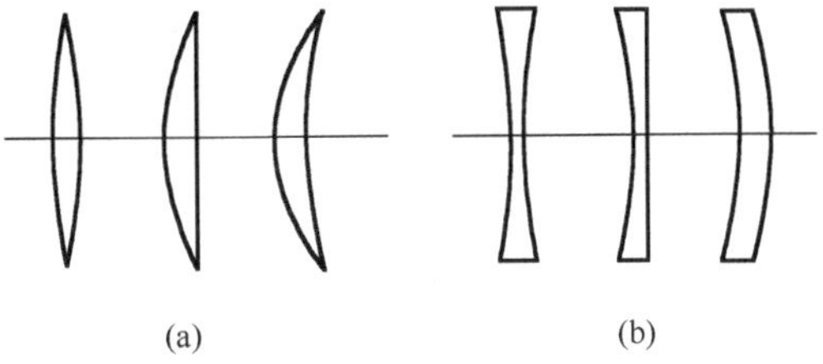

图 1.7.1　透镜的类型

两个球面顶点间的轴向距离称为**透镜的厚度**. 如果**透镜的厚度远小于组成透镜的两个球面的曲率半径**，此时可以略去透镜的厚度，即近似认为透镜厚度等于零，这样的透镜称为**薄透镜**. 如果透镜的厚度不能忽略，则称为**厚透镜**. 对于薄透镜，两个球面的顶点近似认为与其中心重合，称为薄透镜的**光心**. 通过两个球面曲率中心的直线称为**主光轴**，显然主光轴通过光心. 通过光心的其他直线称为**副光轴**.

1.7.1　薄透镜的近轴物像公式

一般情况下，同心光束经球面折射后，光束的同心性被破坏. 只有在近轴条件下，才能近似理想成像. 薄透镜是由两个折射球面组成的，其理想成像也需要满足近轴条件.

图 1.7.2 为一薄凸透镜，透镜的厚度 O_1O_2 为 t，透镜材料折射率为 n，两球面

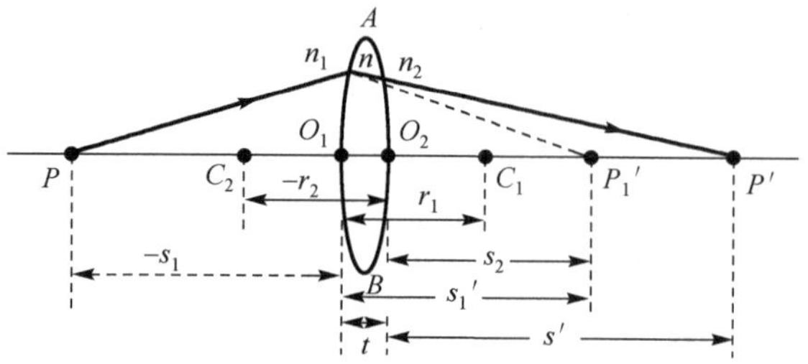

图 1.7.2　薄凸透镜成像光路

AO_1B 和 AO_2B 的曲率半径分别为 r_1、r_2，透镜物空间和像空间介质的折射率分别为 n_1、n_2. 物体通过透镜成像，就是由物体发出的光束在透镜的两个球面上相继折射的结果.

设在透镜主光轴上有一物点 P，对于第一个折射球面 AO_1B 而言，其物距为 $s_1=\overline{O_1P}=s$，它经球面 AO_1B 成像于 P_1'，像距 $s_1'=\overline{O_1P'_1}$；对于第二个折射球面 AO_2B 而言，P_1' 是物，物距为 $s_2=\overline{O_2P'_1}$，它经球面 AO_2B 成像于 P' 点，像距 $s_2'=\overline{O_2P'}=s'$. 对于整个薄透镜而言，P' 就是 P 经透镜所成的像. 上述各物距、像距的正负都由新笛卡儿符号法则确定. 应用单球面折射成像公式于透镜的两个表面.

对第一个折射球面，有

$$\frac{n}{s_1'}-\frac{n_1}{s}=\frac{n-n_1}{r_1} \tag{1.7.1}$$

对第二个折射球面，有

$$\frac{n_2}{s'}-\frac{n}{s_2}=\frac{n_2-n}{r_2} \tag{1.7.2}$$

对于薄透镜，不计透镜的厚度，则 $s_2=s_1'$，式(1.7.1)和式(1.7.2)相加得

$$\frac{n_2}{s'}-\frac{n_1}{s}=\frac{n-n_1}{r_1}+\frac{n_2-n}{r_2} \tag{1.7.3}$$

式(1.7.3)即为**薄透镜成像的物像关系公式**. 若将薄透镜置于空气中，则 $n_1=n_2=1$，式(1.7.3)变为

$$\frac{1}{s'}-\frac{1}{s}=(n-1)\left(\frac{1}{r_1}-\frac{1}{r_2}\right) \tag{1.7.4}$$

式(1.7.3)和式(1.7.4)虽然是由薄凸透镜推导出的，但同样适用于其他各种形式的薄透镜，不同薄透镜的区别在于 r_1 和 r_2 的正负和大小不一样. 式中 s、s'、r_1 和 r_2 等物理量的正负和单球面折射的符号规定是一致的，都是由新笛卡儿符号法则确定，只不过单球面折射时各物理量的测量起点是球面镜的顶点，而薄透镜成像时各物理量的测量起点是薄透镜的光心.

1.7.2　薄透镜的焦点、焦距、焦平面和光焦度

与单球面折射类似，可以引入焦距和光焦度来表征薄透镜的特性. 式(1.7.3)等号后的物理量称为透镜的**光焦度**，用 Φ 表示，即

$$\Phi=\frac{n-n_1}{r_1}+\frac{n_2-n}{r_2} \tag{1.7.5}$$

当物点在无穷远时，物点发出的光近似认为是平行光. 位于主光轴上无穷远处的物点发出的平行光平行于主光轴，经透镜折射后成像在透镜主光轴上一点，则此像点所在位置称为透镜的**像方焦点**，也称为**第二焦点**，用 F' 表示. 薄透镜光心到像方焦点 F' 的距离称为**像方焦距**，也称为**第二焦距**，用 f' 表示. 根据式(1.7.3)，令 $-s=\infty$，可得

$$s'=\frac{n_2}{\dfrac{n-n_1}{r_1}+\dfrac{n_2-n}{r_2}}$$

由 s' 确定的点，就是薄透镜的**像方焦点**，所以透镜的像方焦距

$$f'=s'=\frac{n_2}{\dfrac{n-n_1}{r_1}+\dfrac{n_2-n}{r_2}}=\frac{n_2}{\Phi} \tag{1.7.6}$$

置于主光轴上某点的物发出的同心光束，经透镜折射后成为平行于主光轴的平行光束，即成像在无穷远处，则此物点所在位置称为透镜的**物方焦点**，也称**第一焦点**，用 F 表示. 从透镜中心到物方焦点的距离称为**物方焦距**，也称为**第一焦距**，用 f 表示. 在式(1.7.3)中令 $s'=\infty$，得

$$s=\frac{-n_1}{\dfrac{n-n_1}{r_1}+\dfrac{n_2-n}{r_2}}$$

由 s 确定的点 F 就是**物方焦点**，所以透镜的物方焦距

$$f=s=\frac{-n_1}{\dfrac{n-n_1}{r_1}+\dfrac{n_2-n}{r_2}}=-\frac{n_1}{\Phi} \tag{1.7.7}$$

由式(1.7.6)和式(1.7.7)得透镜的像方焦距和物方焦距之比

$$\frac{f'}{f}=-\frac{n_2}{n_1} \tag{1.7.8}$$

式(1.7.8)表明，薄透镜的两个焦距恒异号，因此两焦点分布在透镜的两侧. 由式(1.7.6)和式(1.7.7)可知，薄透镜的焦距除了取决于透镜的几何形状(r_1，r_2)和材料(n)外，还和它两侧介质的折射率(n_1，n_2)有关.

当 $f'>0$ 时，$\Phi>0$，F、F' 是实焦点，此系统是会聚系统；

当 $f'<0$ 时，$\Phi<0$，F、F' 是虚焦点，此系统是发散系统.

通常情况下，透镜置于空气中，$n_1=n_2=1$，透镜的焦距公式变为

$$f'=-f=\frac{1}{(n-1)\left(\dfrac{1}{r_1}-\dfrac{1}{r_2}\right)} \tag{1.7.9}$$

过透镜的两个焦点 F 和 F' 分别作两个垂直于主光轴的平面，这两个平面分别称为透镜的**物方焦平面**(第一焦平面)和**像方焦平面**(第二焦平面).

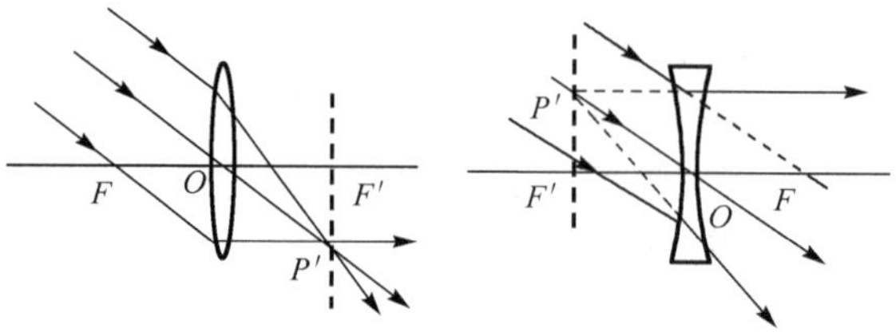

图 1.7.3　薄透镜像方焦平面

与像方焦平面相对应的物在物方无限远处，即由物方入射的平行光线，经透镜折射后，其出射光线(或延长线)必会聚于像方焦平面上一相应点，如图 1.7.3 所示.

由物方焦平面上一点发出(或会聚于该点)的光线，经透镜折射后，成为与主光轴有一定夹角的平行出射光线，如图 1.7.4 所示.

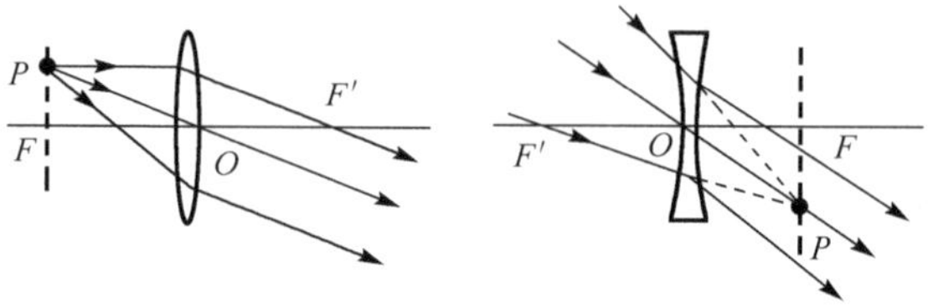

图 1.7.4　薄透镜物方焦平面

透镜的光焦度还可以用折射率与焦距的比值来表示，即

$$\Phi=\frac{n_2}{f'}=-\frac{n_1}{f}=\frac{n-n_1}{r_1}+\frac{n_2-n}{r_2} \tag{1.7.10}$$

空气中，$n_1=n_2=1$，则

$$\Phi=\frac{1}{f'}=-\frac{1}{f}=(n-1)\left(\frac{1}{r_1}-\frac{1}{r_2}\right) \tag{1.7.11}$$

注意：只有当薄透镜置于空气中时，光焦度才是焦距的倒数.

1.7.3　薄透镜近轴成像的高斯公式和牛顿公式

将式(1.7.6)和式(1.7.7)代入式(1.7.3)，得

$$\frac{f'}{s'}+\frac{f}{s}=1 \tag{1.7.12}$$

这就是薄透镜成像的**高斯公式**. 可以看出，薄透镜成像的性质是由其焦距决定的. 因此，焦距是表征透镜性质的重要参量，它与透镜的形状及介质有关.

若分别以 F 和 F' 作为计算物距和像距的测量起点，即物距为物方焦点到物点的距离，用 x 表示，像距为像方焦点到像点的距离，用 x' 表示，根据图 1.7.5 有

$$-s=-x-f\,,\quad s'=x'+f'$$

代入式(1.7.12)，得

$$xx' = ff' \tag{1.7.13}$$

式(1.7.13)称为薄透镜成像的**牛顿公式**.

由于常用的薄透镜大多置于空气中，此时 $n_1 = n_2 = 1$，则薄透镜的高斯公式和牛顿公式就变为

$$\frac{1}{s'} - \frac{1}{s} = \frac{1}{f'} \tag{1.7.14}$$

$$x'x = -f'^2 \tag{1.7.15}$$

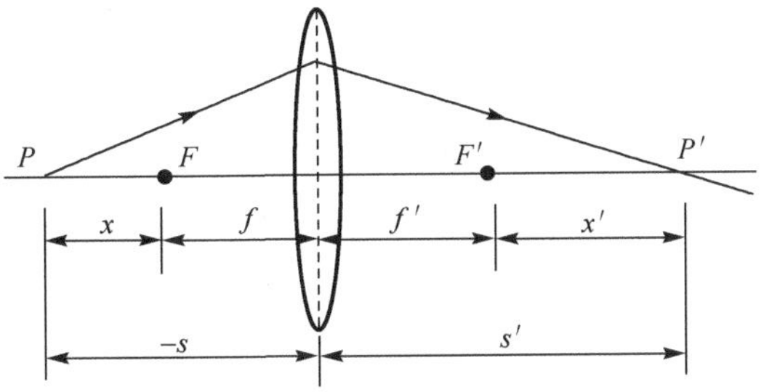

图 1.7.5　薄透镜成像牛顿公式

1.7.4　薄透镜近轴成像的放大率

1. 横向放大率

薄透镜的横向放大率 β 同样是像和物的大小 y' 和 y 之比，只不过 y' 是经过透镜两次折射后得到的像的高度. 如果物的高度为 y，经第一个球面折射后所成像的高度为 y_1'. 第一个球面折射所成像即为第二个球面折射的物，故有 $y_2 = y_1'$，经第二个球面折射后像的高度为 y'，所以薄透镜成像的横向放大率为

$$\beta = \frac{y'}{y} = \frac{y_1'}{y} \cdot \frac{y'}{y_2} = \beta_1 \beta_2$$

表明**透镜的横向放大率等于两个单球面折射成像的横向放大率乘积**.

把式 $\beta = \frac{y'}{y} = \frac{ns'}{n's}$ 代入上式，对于薄透镜有 $s_1 = s$，$s_2 = s_1'$，$s_2' = s'$ 等关系，可得

$$\beta = \beta_1 \cdot \beta_2 = \frac{n_1 s_1'}{n s_1} \cdot \frac{n s_2'}{n_2 s_2} = \frac{n_1}{n_2} \cdot \frac{s'}{s} \tag{1.7.16}$$

如果透镜物空间和像空间的折射率相等，即 $n_1 = n_2$，则式(1.7.16)变为

$$\beta = \frac{s'}{s} \tag{1.7.17}$$

即**位于同一种介质中的薄透镜成像的横向放大率等于像距与物距之比**.

至于像的倒正和虚实，同样可由 β 的正负来判断，如 $\beta<0$，像是倒立的，实物成实像，虚物成虚像；反之，$\beta>0$，像是正立的，实物成虚像，虚物成实像. $|\beta|>1$ 为放大的像，$|\beta|<1$ 为缩小的像.

如果物距以透镜的物方焦点为测量起点，像距以透镜的像方焦点为测量起点，则由图 1.7.6 可知

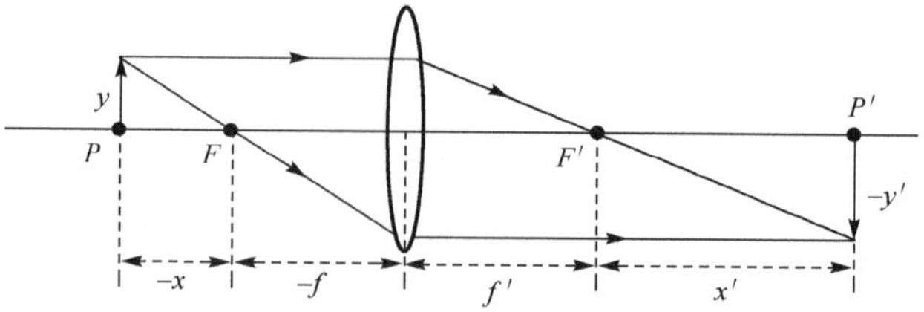

图 1.7.6　薄透镜成像的横向放大率

$$\beta=\frac{y'}{y}=-\frac{x'}{f'}=-\frac{f}{x} \tag{1.7.18}$$

式(1.7.18)的方便之处在于，当物体相对于焦点的位置 x 确定之后，无须求出像距，即可求得物体在该位置的横向放大率.

2. 角放大率

透镜的角放大率同样是两个折射面角放大率的乘积，即 $\gamma=\gamma_1\cdot\gamma_2$.

根据式(1.5.14) $\gamma=\dfrac{u'}{u}=\dfrac{s}{s'}$，对于薄透镜有 $s_1'=s_2$，$s_2'=s'$，可得

$$\gamma=\gamma_1\cdot\gamma_2=\frac{s}{s_1'}\cdot\frac{s_2}{s'}=\frac{s}{s'} \tag{1.7.19}$$

由式(1.7.16)和式(1.7.19)，得

$$\gamma=\frac{n_1}{n_2}\cdot\frac{1}{\beta}$$

所以，对于单球面折射成像成立的**拉格朗日-亥姆霍兹不变式**对于薄透镜成像同样成立，即

$$\frac{u'}{u}=\frac{n}{n'}\cdot\frac{y}{y'}\quad 或\quad nuy=n'u'y' \tag{1.7.20}$$

例 1.7.1　一薄凸透镜在空气中的焦距为 40cm，在水中的焦距为 136.8cm，问：(1)该透镜介质的折射率为多少？(2)若将该透镜放在二硫化碳(CS_2)中，其焦距又是多少？已知水的折射率为 1.33，二硫化碳的折射率为 1.62.

解　(1)薄透镜的折射率

$$f'=\frac{n_2}{\dfrac{n-n_1}{r_1}-\dfrac{n_2-n}{r_2}}$$

在空气中，$n_1=n_2=1$，所以

$$f'_{空}=\frac{1}{\dfrac{n-1}{r_1}-\dfrac{1-n}{r_2}}=\frac{1}{(n-1)\left(\dfrac{1}{r_1}+\dfrac{1}{r_2}\right)}=40\text{cm}$$

在水中，$n_1 = n_2 = 1.33$，所以

$$f'_{水} = \frac{1.33}{\frac{n-1.33}{r_1} - \frac{1.33-n}{r_2}} = \frac{1.33}{(n-1.33)\left(\frac{1}{r_1}+\frac{1}{r_2}\right)} = 136.8\text{cm}$$

所以

$$\frac{f'_{空}}{f'_{水}} = \frac{n-1.33}{1.33(n-1)} \Rightarrow n = 1.54$$

(2) 若将该透镜放在二硫化碳(CS_2)中，则焦距为

$$f'_{CS_2} = \frac{1.62}{\frac{n-1.62}{r_1} - \frac{1.62-n}{r_2}} = \frac{1.62}{(n-1.62)\left(\frac{1}{r_1}+\frac{1}{r_2}\right)}$$

式中，$n = 1.54$，$\frac{1}{r_1}+\frac{1}{r_2}$ 求解如下：

$$\frac{1}{r_1}+\frac{1}{r_2} = \frac{1}{f'_{空}(n-1)}$$

将 $f'_{空} = 40\text{cm}$ 代入，得

$$\frac{1}{r_1}+\frac{1}{r_2} = \frac{1}{40(1.54-1)} = \frac{1}{21.6}$$

可以计算出

$$f'_{CS_2} = -437.4\text{cm}$$

从上题的解答可以看出，凸透镜对光的会聚和发散与周围的介质有关，**若凸透镜介质的折射率大于周围介质的折射率，该凸透镜对光线是会聚的；若凸透镜介质的折射率小于周围介质的折射率，该凸透镜对光线是发散的.**

1.7.5　薄透镜的作图求像

研究薄透镜近轴条件下的物像关系，除用公式定量计算外，还可以利用作图法，画出成像光路图，从而确定像的大小、虚实以及倒正. 类似于单球面折射成像作图法，根据薄透镜的光心、焦点的性质，有三条特殊光线，分别如下.

(1) 平行于主光轴的入射光线，经薄透镜折射后，出射光线或其反向延长线通过像方焦点 F'.

(2) 通过物方焦点 F 的入射光线，经薄透镜折射后，出射光线与主光轴平行.

(3) 通过薄透镜光心的入射光线，经薄透镜折射后，方向不变(在物像双方介质折射率相同的情况下).

对于主光轴以外的物体，选择其中的两条，画出光路图，即可以求出像的位置、虚实、正倒，如图 1.7.7 所示.

但是对于主光轴上的物点，利用作图法求像时，上述三条直线重合为一条，这时可以利用焦平面的性质进行作图：

平行于副光轴的入射光线，经薄透镜折射后，出射光线或其反向延长线通过副光轴与像方焦平面的交点；过副光轴与物方焦平面交点的入射光线，经薄透镜折射后，出射光线与副光轴平行.

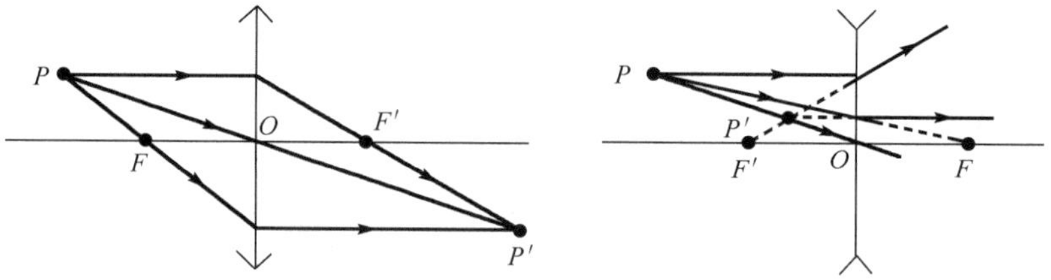

图 1.7.7　近轴物点作图法求像

这样利用焦平面的性质及副光轴和辅助光线可以对主光轴上的物点利用作图求像法画出像点. 如图 1.7.8(a)所示，透镜主轴上的物点 P 成像的作图法步骤如下：

(1) 从 P 点作任一光线 PA，与透镜交于 A 点，与物方焦平面交于 B 点；

(2) 作辅助线(副轴) BO，因为光线过透镜的光心，所以折射后光线的方向不变.

(3) 过 A 点作与 BO 平行的折射光线，光线与主轴相交的 P' 点就是物点 P 的像点.

同样也可以利用像方焦平面及副轴 OB' 作图，如图 1.7.8(b)所示.

以上两种作图法，对凹透镜也同样适用，只要注意凹透镜的像方焦平面在物空间，物方焦平面在像空间. 图 1.7.8(c)就是利用凹透镜的像方焦平面所作的成像光路图. 其作图步骤如下：

(1) PA 为从物点 P 发出的任一光线，与透镜交于 A 点；

(2) 过透镜的中心 O 作平行于 PA 的副轴 OB'，与像方焦平面交于 B' 点；

(3) 连接 A、B' 两点，它的延长线就是光的折射方向，它与主轴的交点 P' 即为所求像点.

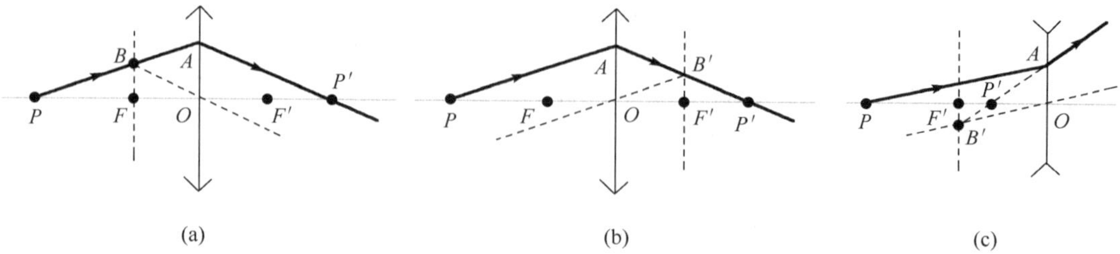

图 1.7.8　轴上物点作图求像

例 1.7.2　如例 1.7.2 图(a)所示，MM' 为薄透镜的主光轴，P 为物点，P' 为像点，用作图法求透镜的光心及焦点的位置.

解　用作图法求透镜的光心及焦点的位置，如例 1.7.2 图(b)所示.

(1)连接物点 P 和像点 P'，其连线与主光轴的交点即为透镜的光心所在位置(过光心的光线方向不变).

(2)过光心作一垂直于主光轴的垂面，即为透镜.

(3)过物点 P 作一平行于主光轴的入射光线与透镜相交于一点 A，连接 AP'，其反向延长线与主光轴的交点即为透镜的像方焦点 F'.(即过物点 P 作一平行于主光轴的入射光线，经透镜折射后一定过像点 P' 和像方焦点 F'.)

(4)过像点 P' 作一平行于主光轴的出射光线，其与透镜相交于一点 B，连接 PB，PB 与主光轴的交点即为透镜的物方焦点 F.(即过像点 P' 平行于主光轴的出射光线，其入射光线一定过物点 P 和物方焦点 F.)

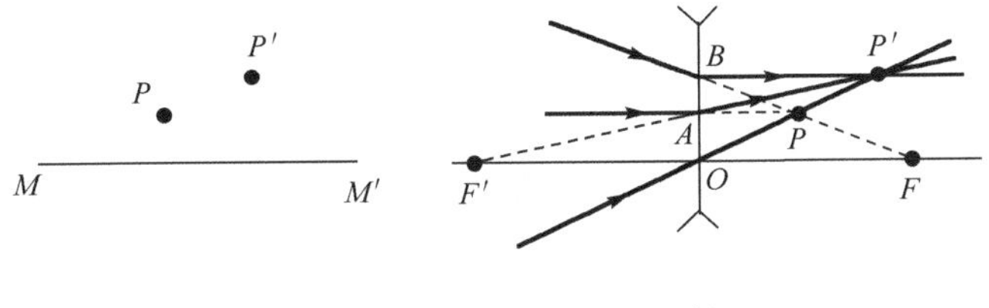

例 1.7.2 图

例 1.7.3　置于空气中的凸透镜 L_1 和凹透镜 L_2 的焦距均为 10cm，L_2 在 L_1 的右方 35cm 处，在 L_1 左方 20cm 处放一小物，试求其像的最后位置及性质，并作图.

解　方法一：

由题意知

$$s_1 = -20\text{cm},\quad f_1' = 10\text{cm},\quad f_2' = -10\text{cm}$$

由透镜成像的高斯公式(1.7.14)，对 L_1 成像于 P'，得

$$\frac{1}{s_1'} - \frac{1}{-20} = \frac{1}{10},\qquad s_1' = 20\text{cm}$$

对于透镜 L_1 而言，P' 为实像点，即实物成实像.

对透镜 L_2 而言，P' 为物点，经 L_2 后成像于 P''，即

$$s_2 = -(35-20) = -15\ (\text{cm})$$

$$\frac{1}{s_2'} - \frac{1}{-15} = \frac{1}{-10},\qquad s_2' = -6\text{cm}$$

所以此时是实物成虚像，像最后位于 L_2 左侧 6cm 处.

横向放大率

$$\beta = \beta_1\beta_2 = \frac{s_1'}{s_1}\cdot\frac{s_2'}{s_2} = \frac{20\times(-6)}{(-20)\times(-15)} = -0.4$$

成缩小、倒立的虚像.

方法二：

利用牛顿公式计算

$$x_1 = s_1 - f_1 = -10\ \text{cm}$$

由式(1.7.15)，得

$$x_1' = \frac{-f_1'^2}{x_1} = \frac{-10^2}{-10} = 10\ (\text{cm})$$

$$x_2 = -[35 + f_2 - (x_1 + f_1')] = -(35 + 10 - 20) = -25\ (\text{cm})$$

$$x_2' = -\frac{f_2'^2}{x_2} = \frac{-10^2}{-25} = 4\ (\text{cm})$$

由式(1.7.16)，得横向放大率

$$\beta = \beta_1\beta_2 = \left(-\frac{10}{10}\right)\left(-\frac{4}{-10}\right) = -0.4$$

作图法：如例 1.7.3 图所示，第一次成像用特殊光作图，第二次成像利用焦平面性质，这样可保证入射的两光线与出射光线共轭，光线在透镜组中是连续的.

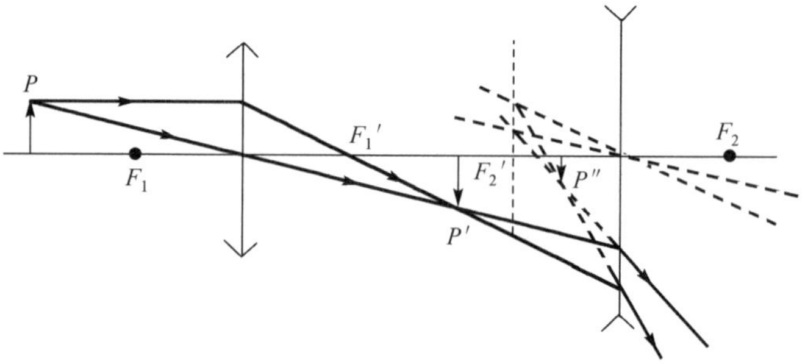

例 1.7.3 图

薄透镜的具体成像规律，大家自己分析总结.

1.8　共轴球面系统的基点和基面

在实际的光学仪器中，为了消除像差，提高像的质量，通常用多个透镜组成共轴球面系统. **共轴球面系统**是由球心在同一直线上的多个折射球面或反射球面组成的光学系统，通常称为**光具组**. 球面中心所在的直线就是系统的**主光轴**. 在共轴球面系统中，前一个折射球面所成的像当作后一个球面的物，这样用**逐次成像法**可以求出物体经整个系统后所成的像. 但是利用逐次成像法求解时，有时不仅计算量大，而且实际遇到的光学系统中各球面间的相对位置并不完全知道，从而难以求解物像关系.

1841 年，德国数学家高斯(Gauss，1777～1855)提出了光具组的一般理论：**理想光具组可以保持光束的单心性以及像和物在几何上的相似性**. 在理想光具组里，物方的任意一点都和像方的一点共轭，对应于物方的每一条直线或每一个平面，在像方都有一条共轭直线或一个共轭平面，从而形成了**点与点、直线与直线、平面与平面共轭的纯几何理论.**

在高斯理论中，把共轴球面系统当作一个整体来处理，除了要求光线仍然限于近轴外，不再要求光具组是“薄”的. 对单个球面系统，若已知球面顶点和一对共轭焦点的位置，则可以方便地解决任何光线的成像问题. 同样，对一个共轴球面系统而言，也可以只需要一些具有特殊性质的点，便可以和球面反射、折射及薄透镜成像一样，用高斯公式、牛顿公式以及作图法求出像的位置和大小，从而解决任何光线的成像问题. 这些点称为**基点**，对于光具组而言，基点包括**主点、焦点和节点**.

1.8.1　共轴球面系统的基点

基点共有三组六个点，即主点、焦点、节点各一对. 若要将它们与单球面类比，**那么主点相当于单球面的顶点(或薄透镜的光心)，焦点与单球面(或薄透镜)的焦点有相同的含义，节点相当于单球面的曲率中心(或薄透镜的光心)**.

1. 焦点和焦平面

如图 1.8.1(a)所示，平行于主光轴的光线 PA 经共轴球面系统作用后，其出射光线 $A'P'$ 与主光轴相交的点为该共轴系统的**像方焦点**(或第二焦点)，记为 F'. 过像方焦点 F' 且垂于主光轴的平面称为系统的**像方焦平面**，与主光轴斜交的平行光束经光学系统后必定会交于像方焦平面上光轴以外的一点.

如图 1.8.1(b)所示，在主光轴上总可以找到一点 F，经它发出的光线 QB 经光学系统后成为平行于主光轴的光线 $B'Q'$，则此 F 点为共轴球面系统的**物方焦点**(或第一焦点)，记为 F. 过物方焦点 F 且垂直于主光轴的平面称为系统的**物方焦平面**，从物方焦平面上任一点发出的光束，经光学系统后必成为平行光束出射.

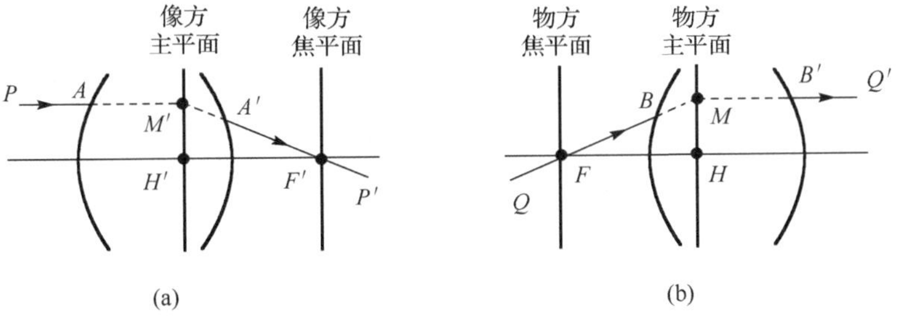

图 1.8.1　光具组的焦点和主点

光具组焦点 F 、F' 的位置完全由系统的结构决定，它既可以在系统内，也可以在系统外.

2. 主点和主平面

如图 1.8.1(a)所示，平行于共轴球面系统主光轴的入射光线 PA 与其共轭的出射光线 $A'P'$(或其反向延长线)相交于一点 M'，过 M' 点且垂直于主光轴的平面称为系统的**像方主平面**(或第二主平面). 像方主平面与主光轴的交点，称为系统的**像方主点**(或第二主点)，用 H' 表示.

如图 1.8.1(b)所示，经过共轴球面系统物方焦点 F 的光线 QB 与其共轭的出射光线 $B'Q'$(或其反向延长线)相交于一点 M，过 M 点且垂直于主光轴的平面称为系统的**物方主平面**(或第一主平面). 物方主平面与主光轴的交点，称为系统的**物方主点**(或第一主点)，用 H 表示.

物方主平面和像方主平面是一对横向放大率为 1 的共轭面，这是主平面的物理本质. 从这一性质可知，某一入射光线与光具组的物方主平面相交于 M，则出射光线必然从像方主平面上等高的 M' 点出射，即物方主平面上的 M 点和像方主平面上与其共轭的 M' 点到主轴的垂直距离相等.

从像方主点(或第二主点)到像方焦点(或第二焦点)的距离称为系统的**像方焦距**(第二焦距)，用 f' 表示；从物方主点(或第一主点)到物方焦点(或第一焦点)的距离称为系统的**物方焦距**(第一焦距)，用 f 表示. 其正负由新笛卡儿符号法则确定.

3. 节点

除上述两种基点和基面外，还有一对十分有用的基点——**节点**. 如图1.8.2所示，对于共轴球面光具组，当最后的出射光线平行于共轭的入射光线时，这两条光线和主光轴的交点 K 、K' 分别称为**物方节点**、**像方节点**. 通过物方节点的任何入射光线，都有一条通过像方节点且与入射光线平行的共轭出射光线. 所以，**节点是主光轴上角放大率等于 1 的一对共轭点**.

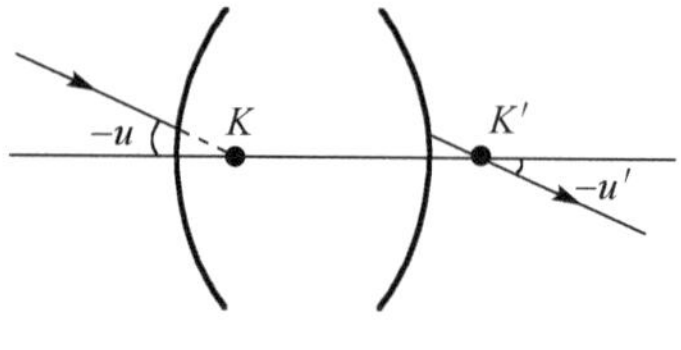

图 1.8.2　光具组的节点

如图 1.8.3 所示，无穷远处的物点 P 发出的平行光线入射到光具组，其中一条 MK 指向物方节点 K，另一条通过物方焦点 F . 根据节点的性质，与 MK 对应的共轭出射光线过像方节点 K'，且 $M'K'$ 与 MK 平行，根据主平面性质，有 $\overline{MH}=\overline{M'H'}$,$\overline{HN}=\overline{H'N'}=\overline{F'P'}$,再利用几何关系可知

$$\overline{HK}=\overline{H'K'}\ ,\quad \overline{FH}=\overline{K'F'}\ ,\ 且\ \overline{FH}=-f\ ,\quad \overline{K'F'}=f'-\overline{H'K'}$$

由此可得

$$\overline{HK}=\overline{H'K'}=f'+f$$

若物方和像方介质折射率相同（$n=n'$），则 $f'=-f$，于是节点与主点重合，即 K 与 H 重合，K' 与 H' 重合.

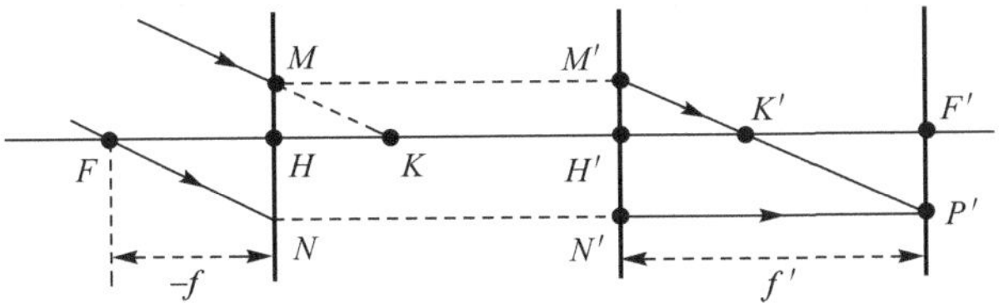

图 1.8.3　光具组基点关系

节点的特征可用于照相机上，这种照相机叫做转机，底片置于以像距(通常等于焦距)为半径的圆弧上. 当照相机绕像方节点转动时，根据节点的性质，从点物入射的平行光束所成的像点位置不变. 利用这种转机可使较大场面的景物在底片上形成清晰的像.

1.8.2　共轴球面系统的成像公式

只要确定了一个光具组的主点和焦点的位置，就可以根据光具组的物像公式，确定它的物像关系.

如图 1.8.4 所示，MH 和 $M'H'$ 分别表示光具组的两个主平面，H 和 H' 为光具组的两个主点，F 和 F' 为光具组的两个焦点. 设物体 PQ 的高度为 y，像 $P'Q'$ 的高度为 $-y'$. 根据主平面的性质，从物体上 Q 点发出的入射光线中，平行于主光轴的光线 QM，其出射光线 $M'Q'$ 过像方焦点 F'，且有 $\overline{MH}=\overline{M'H'}=\overline{PQ}=y$（因为两主平面 $\beta=+1$）；同时，从 Q 点发出的另一条过物方焦点 F 的入射光线 QG，其出射光线 $G'Q'$ 必平行于主光轴，且有 $\overline{HG}=\overline{H'G'}=\overline{P'Q'}=-y'$. 此时，出射光线 $M'F'$ 和 $G'Q'$ 的交点 Q' 就是物点 Q 的像. $\triangle PFQ$ 与 $\triangle HFG$、$\triangle P'F'Q'$ 与 $\triangle H'F'M'$ 是相似的，则可以得到

$$\frac{-f}{-x}=\frac{-y'}{y} \tag{1.8.1}$$

$$\frac{x'}{f'}=\frac{-y'}{y} \tag{1.8.2}$$

由式(1.8.1)和式(1.8.2)，消去 y 和 y'，得

$$xx'=ff' \tag{1.8.3}$$

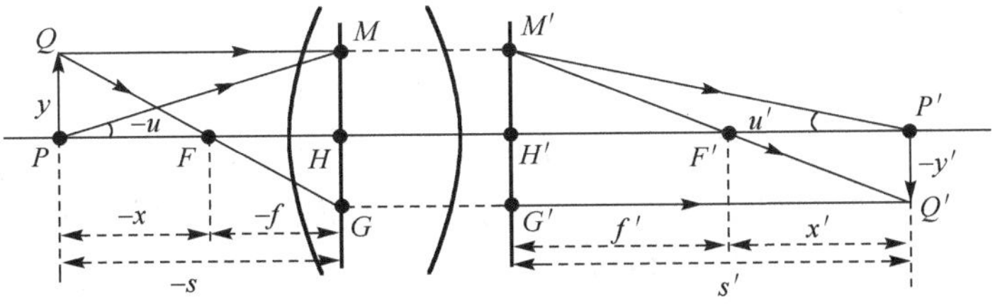

图 1.8.4　共轴球面系统的成像

式(1.8.3)即为光具组的**牛顿公式**，此式在使用上和形式上与单球面折射成像的牛顿公式完全相同. 但必须注意这个公式所用的参考点，**x 和 x' 是以相应的焦点 F 和 F' 为量度始点，f 和 f' 是以相应的主点 H 和 H' 为量度始点**.

如图 1.8.4 所示，有 $x'=s'-f'$，$x=s-f$，将这两式代入式(1.8.3)，消去 x 和 x'，得

$$\frac{f'}{s'}+\frac{f}{s}=1 \tag{1.8.4}$$

式(1.8.4)即为光具组的**高斯公式**，其中光具组中的物距 s 和像距 s' 分别以相应的主点 H 和 H' 为量度始点，即 $s=HP$，$s'=H'P'$.

若光具组两外侧介质相同，即 $n=n'$，有 $f'=-f$，则式(1.8.4)变为

$$\frac{1}{s'}-\frac{1}{s}=\frac{1}{f'} \tag{1.8.5}$$

根据拉氏不变式 $nuy=n'u'y'$，光具组的横向放大率为

$$\beta=\frac{y'}{y}=\frac{nu}{n'u'}$$

式中，n 和 n' 分别为物空间和像空间介质的折射率. 结合 $us=u's'$，则应有

$$\beta=\frac{ns'}{n's}$$

又因角放大率 $\gamma=\dfrac{u'}{u}=\dfrac{s}{s'}$，则有

$$\beta\gamma=\frac{n}{n'}$$

以上各式应用时要注意符号法则和各量的量度始点.

1.8.3　共轴球面系统基点的位置

从上面的内容可知，只要知道了光具组的主点和焦点的位置，就可以用薄透镜成像的高斯公式或牛顿公式来求解物像关系. 那如何确定光具组的物方主点、像方主点、物方焦点和像方焦点的位置？下面研究由任意多个共轴球面系统组成的复合光学系统，讨论如何求出复合光学系统的主点和焦点位置.

首先，将两个相邻的单元光学系统合并为一个光学系统，求出其基点. 然后，再与下一个单元光学系统合并，求出其基点. 依此类推，逐个合并直至最后一个单元光学系统. 这样，便可确定任意复杂光学系统的基点，其中确定主点和焦点的位置尤为重要，因为有了整个光学系统的主点和焦点后，就不用去考虑光学系统的具体结构而直接用高斯公式或牛顿公式讨论物和像的近轴成像关系即可.

图 1.8.5 是两共轴的球面系统组合，已知系统Ⅰ和Ⅱ的基点：F_1、F_1'，H_1、H_1'；F_2、F_2'，H_2、H_2'，可以用作图的方法将组合系统的主点（H、H'）和焦点（F、F'）找出来.

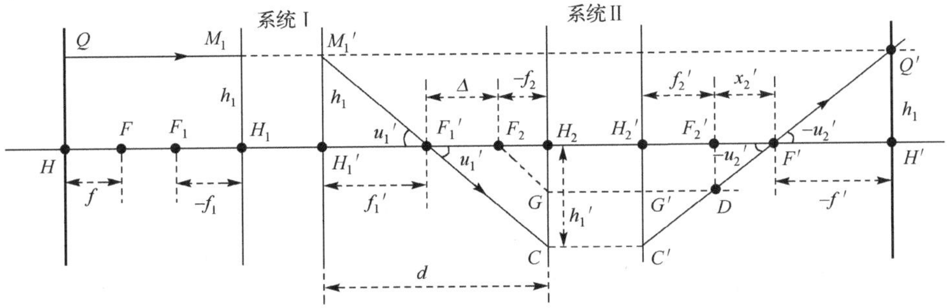

图 1.8.5　两共轴球面系统的基点

以光学系统Ⅰ的像方焦点 F_1' 和光学系统Ⅱ的物方焦点 F_2 之间的距离 Δ 来表征两个光学系统的相对位置. Δ 称为两个系统的**光学间隔**，$\Delta=\overline{F_1'F_2}$，$F_2$ 在 F_1' 的右边时，Δ 为正，F_2 在 F_1' 的左边时，Δ 为负. 也可以用光学系统Ⅰ的像方主点 H_1' 和光学系统Ⅱ的物方主点 H_2 之间的距离 d 来表征两个光学系统的相对位置，称为**系统间距**，$d=\overline{H_1'H_2}$，H_2 在 H_1' 的右边时，d 为正，H_2 在 H_1' 的左边时，d 为负. 由图 1.8.5 可知，$d=\Delta+f_1'+(-f_2)$.

作平行于主光轴的入射光线 QM_1，与系统Ⅰ的物方主平面交于 M_1，经系统Ⅰ变换后的出射光线必过 F_1'，且与系统Ⅱ的物方主平面相交于一点，设为 C 点，即出射光线为 $F_1'C$. 光线 $F_1'C$ 经系统Ⅱ变换后的出射光线的方向，可以利用焦平面的性质来确定，即过系统Ⅱ的物方焦点 F_2 作辅助线 F_2G 平行于 $F_1'C$，因 F_2G 过系统Ⅱ的物方焦点，所以其共轭出射光线必然通过系统Ⅱ像方主平面上等高的 G' 点，且平行于主光轴，其与系统Ⅱ的像方焦平面相交于一点，设为 D 点. 则光线 $F_1'C$ 经系统Ⅱ变换后的出射光线就是像方主平面上与 C 点共轭等高的 C' 点和 D 点的连线 $C'D$，也是入射光线 QM_1 经系统Ⅰ和系统Ⅱ变换后的共轭出射光线，设此共轭光线交主轴于 F' 点，则 F' 就是组合系统的像方焦点. 如果将原入射光线 QM_1 延长，与其出射光线 $C'D$ 交于 Q' 点，过 Q' 作垂直于主光轴的平面，与主光轴交于 H' 点，则**此平面就是组合系统的像方主平面，H' 就是组合系统的像方主点**（因为在此位置上物像等高）.

用类似的方法，让光从右向左入射整个光学系统，即可得到整个光学系统的物方焦点和物方主点的位置.

下面求焦点和主点的位置.

1. 焦点的位置

由图 1.8.5 中的几何关系，在近轴条件下有

$$h_1 = \overline{M_1'H_1'} \approx f_1' \cdot u_1' = (-f') \cdot (-u_2')$$

$$-h_1' = \overline{H_2C} \approx (\varDelta - f_2) \cdot u_1' = (f_2' + x_2') \cdot (-u_2')$$

两式相除，得

$$\frac{f_1'}{\varDelta - f_2} = \frac{-f'}{f_2' + x_2'}$$

即

$$f' = \overline{H'F'} = \frac{f_1'f_2' + f_1'x_2'}{f_2 - \varDelta} \tag{1.8.6}$$

对光学系统Ⅱ而言，F_1' 与 F' 为两共轭点(物点 F_1' 经光学系统Ⅱ成像在 F' 处)，由图 1.8.5 可知，$x_2 = -\varDelta$，应用牛顿公式得

$$(-\varDelta)x_2' = f_2 f_2'$$

$$x_2' = \overline{F_2'F'} = -\frac{f_2'f_2}{\varDelta} \tag{1.8.7}$$

x_2' 为系统Ⅱ的像方焦点 F_2' 到组合系统的像方焦点 F' 的距离(即为 F_1' 经光学系统所成像的像距). 根据符号法则，x_2' 是以 F_2' 为量度始点. 当 F' 在 F_2' 右侧时，x_2' 为正；当 F' 在 F_2' 左侧时，x_2' 为负.

把式(1.8.7)代入式(1.8.6)得

$$f' = \overline{H'F'} = \frac{f_1'f_2' + f_1'\left(\dfrac{-f_2'f_2}{\varDelta}\right)}{f_2 - \varDelta} = -\frac{f_1'f_2'}{\varDelta} \tag{1.8.8}$$

f' 的正负取决于 f_1'、f_2' 和 $\varDelta$ 的正负. f' 为正时，F' 在 H' 的右侧；f' 为负时，F' 在 H' 的左侧.

用类似的方法，可得系统的物方焦距为

$$f = \overline{HF} = \frac{f_1 f_2}{\varDelta} \tag{1.8.9}$$

f 为正时，H 在 F 的左侧；f 为负时，H 在 F 的右侧.

2. 主点位置

组合系统的像方主点 H' 的位置，由系统Ⅱ的像方主点 H_2' 到组合系统的像方主点 H' 的距离 p' 决定. 由图 1.8.5 知

$$p' = \overline{H_2'H'} = f_2' + x_2' - f' = f_2' + \left(-\frac{f_2f_2'}{\varDelta}\right) + \frac{f_1'f_2'}{\varDelta} = f_2'\frac{\varDelta + f_1' - f_2}{\varDelta} \tag{1.8.10}$$

而 $\varDelta + f_1' - f_2 = d$，得

$$p' = \overline{H_2'H'} = \frac{f_2'd}{\Delta} = \frac{f_1'f_2'}{\Delta} \cdot \frac{d}{f_1'} = -f'\frac{d}{f_1'} \tag{1.8.11}$$

同理，组合系统的物方主点 H 的位置，由系统Ⅰ的物方主点 H_1 到组合系统的物方主点 H 的距离 p 决定，由类似的讨论，可得

$$p = \overline{H_1H} = \frac{f_1d}{\Delta} = \frac{f_1f_2}{\Delta} \cdot \frac{d}{f_2} = f\frac{d}{f_2} \tag{1.8.12}$$

由式(1.8.8)、式(1.8.9)、式(1.8.11)和式(1.8.12)可知，只要知道了光学系统Ⅰ和光学系统Ⅱ的主点、焦点、焦距及其光学系统的相对位置(即光学间隔 Δ 或系统间距 d)，就可以确定由光学系统Ⅰ和光学系统Ⅱ组成的组合光学系统的主点、焦点和焦距.

1.8.4　共轴球面系统的作图求像

如果已知共轴球面系统的 F、F'，H、H'，K、K' 的位置，则对任一给定物，可以用作图法求出像的位置和大小. 作图法是根据基点的特性，寻求基点的共轭光线，原则如下.

(1)平行于系统主光轴入射的光，经系统折射后，出射光过系统的像方焦点 F'.

(2)经系统物方焦点 F 的入射光，经系统折射后，出射光平行于主光轴.

(3)经物方节点 K 的入射光，经系统折射后，出射光过像方节点 K'，且方向与入射光平行.

上述三条规则使用时，要注意利用主平面的性质，即**物方主平面和像方主平面是一对横向放大率等于 1 的共轭面**. 即在作图时，入射光线与物方主平面相交于 M 点，则出射光线一定从像方主平面上等高的 M' 点出射. 如：

对(1)，平行于主光轴的入射光线与物方主平面相交于 M 点，将入射光延长，交于像方主平面上 M' 点，由 M' 和 F' 引直线即为出射光；

对(2)，将过 F 的入射光延长，交于物方主平面上 M_1 点，过 M_1 点作主光轴的平行线，就是出射光；

对(3)，除了记住入射光过物方节点 K，出射光过像方节点 K' 外，还应符合(1)的原则，如图 1.8.6 所示.

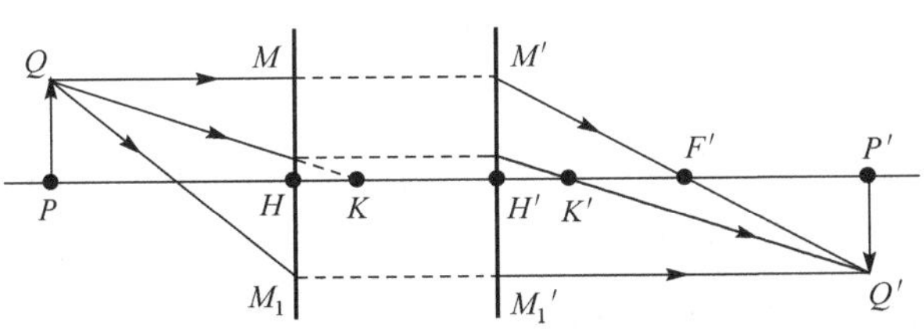

图 1.8.6　共轴球面系统的作图求像

例 1.8.1　已知两透镜的主焦距 f_1' 和 f_2' 分别为 5cm 和 10cm，两镜的光学间隔 $\Delta=10$cm，物与第一透镜的距离为 15cm，试用复合光学系统法确定最后的成像位置.

解　复合光学系统物方和像方主平面位置由式(1.8.11)和式(1.8.12)决定，即

$$p'=\overline{H_2'H'}=\frac{f_2'd}{\Delta}=\frac{10\times 25}{10}=25\ (\text{cm})$$

$$p=\frac{f_1 d}{\Delta}=\frac{(-5)\times 25}{10}=-12.5\ (\text{cm})$$

复合光学系统物方和像方焦距由式(1.8.8)和式(1.8.9)决定，即

$$f'=-\frac{f_1'f_2'}{\Delta}=-\frac{5\times 10}{10}=-5\ (\text{cm})$$

$$f=\frac{f_1 f_2}{\Delta}=\frac{(-5)\times(-10)}{10}=5\ (\text{cm})$$

运用高斯公式 $\frac{f'}{s'}+\frac{f}{s}=1$，其中 $s=-15-(-12.5)=-2.5$ (cm)，$f=5$cm，$f'=-5$cm，代入可得 $\frac{-5}{s'}+\frac{5}{-2.5}=1$，解得

$$s'\approx -1.67\ \text{cm}$$

即最后成像位于复合光学系统像方主平面左侧 1.67cm 处.

共轴球面系统在近轴条件下的物像关系，在以主点或焦点为测量起点时，可用形式十分简单的高斯公式或牛顿公式表示，但是使用它们时必须首先求出系统的基点，这往往十分繁杂. 早在 20 世纪 30 年代初，T. Simth 就提出可用矩阵运算来追踪光线相继通过各折射面路径的方法，即光线的状态、球面系统对光线的作用等都可以用矩阵的形式来表示. 这样，光线通过光学系统的变化，就可以用相应的矩阵来计算最终的状态，在 20 世纪 60 年代以后，随着电子计算机的发展，显示出了其优越性. 共轴球面系统近轴成像的矩阵方法请大家查看资料自主学习.

共轴球面系统近轴成像的矩阵方法

*1.9　变折射率光学现象

前面讨论的都是均匀介质中的光学现象，介质各处的折射率为常数，这时光线沿直线传播. 如果介质的折射率分段均匀，且各段折射率不相等，则光线沿折线传播. 如果介质的折射率连续变化，则光线沿一连续变化的曲线传播.

若光在地面(或空中)从光密介质射向光疏介质，则入射角不断增大，折射角也

不断增大，当入射角增大到临界角时光线发生全反射，不再折射进入光疏介质，而是反射回地面(或空中)，如图 1.9.1 所示.

图 1.9.1　变折射率介质中光线的传播

空气本身并不是一个均匀的介质，在一般情况下，它的密度是随高度的增大而递减的，高度越大，密度越小. 当光线穿过不同高度的空气层时，总会引起一些折射，我们在日常生活中对这种折射现象已经习惯了，所以不觉得有什么异样. 空气的密度随温度的不同而发生变化，因而空气对光的折射率也随着温度不同而变化，当温度连续变化时，空气的折射率也连续变化，光在空气中沿曲线传播，这时在自然界中会出现一些奇异的景观.

1.9.1　海市蜃楼和沙漠幻影

夏天，平静的海面、江面、湖面，以及雪原、沙漠或戈壁等地方，偶尔会在空中或“地下”出现高大楼台、城郭、树木等幻景，称海市蜃楼. 海市蜃楼，是由空气折射率连续变化，光在空中沿曲线传播时发生全反射造成的光现象.

1. 海市蜃楼

在夏季，白昼海水温度比较低，特别是有冷水流经过的海面，水温更低，下层空气受水温影响，较上层空气为冷，出现下冷上暖的反常现象(正常情况是下暖上冷，平均每升高 100m，气温降低 0.6℃左右). 下层空气本来就因气压较高而密度较大，现在再加上气温又较上层为低，密度就显得特别大，因此空气层下密上稀的差别异常显著.

因此，接近海面处空气的折射率较大，越往高空折射率越小，由海面至高空，空气的折射率由大到小连续变化. 这样从远处地面上的景物发出或反射的光线，在空中沿着一条向上弯曲到达最高处发生全反射而又返回到地面的曲线传播. 经过这样弯曲的线路，最后投入我们的眼中，我们就能看到它的像. 由于人的视觉总是感到像是来自直线方向的，因此我们所看到的景物映像比实物抬高了许多，所以叫做上现蜃景. 在雪地和江面上也会出现类似的现象.

我国渤海中有个庙岛群岛，在夏季，白昼海水温度较低，空气密度会出现显著的下密上稀的差异，在渤海南岸的蓬莱(古时又叫登州)，常可看到庙岛群岛的幻影. 宋朝时候的沈括，在他的名著《梦溪笔谈》里就有这样的记载：“登州海中，时有云气，如宫室、台观、城堞、人物、车马、冠盖，历历可见，谓之‘海市’.”这就是他在蓬莱所看到的上现蜃景.

2. 沙漠幻影

在沙漠里，白天沙石被太阳晒得灼热，接近沙层的气温升高极快. 由于空气不善于传热，所以在无风的时候，空气上下层间的热量交换极小，遂使下热上冷的气温垂直差异非常显著，并导致下层空气密度反而比上层小的反常现象. 所以由地面到高空，空气的折射率由小到大连续变化. 这样沙漠远处的景物发出的光线沿着一条向下弯曲的路径传播. 当人们迎着光线方向观察时，就会在前方看到远处景物倒立的虚像. 由于倒影位于实物的下面，所以又叫下现蜃景. 这种倒影很容易给人们以水边倒影的幻觉，人们还以为远处是一个湖.

无论哪一种海市蜃楼，只能在无风或风力极微弱的天气条件下出现. 当大风一起，引起了上下层空气的搅动混合，上下层空气密度的差异减小了，光线没有什么异常折射和全反射，那么所有的幻景就立刻消失了.

1.9.2　自聚焦光纤与 GRIN 透镜棒简介

除海市蜃楼外，还有许多变折射率光学现象，并且这些现象在近年来引起几何光学的巨大变革，变折射率光学或称为 GRIN 光学(gradient index optics)应运而生，它是研究光在折射率连续分布介质中的传播和成像规律的新兴学科. 从原则上讲，只要给定折射率分布函数 $n(x,y,z)$ 和初始条件，从费马原理 $\delta\int_A^B n(x,y,z)\mathrm{d}s=0$ 出发，即可求得光线的传播路径，并已在某些方面获得应用.

例如，激光光纤通信中使用的信息传输光纤，除反射型光纤外，还有一种直径约几十微米或几百微米，折射率沿径向逐渐变小、以中心线对称、沿轴向均匀分布的光纤. 因为在这种光纤中，光线每隔一段距离就会聚在一起，在始端的近轴物体，也就在此形成一个像面，故称自聚焦型光纤，用它可以传输图像；另外，20 世纪 80 年代蓬勃发展的 GRIN 透镜棒，其折射率分布与上述光纤相同，如图 1.9.2 所示. GRIN 也有自聚焦作用，可传递图像，且能量损耗小，分辨率高. 传统的透镜成像是通过控制透镜表面的曲率，利用产生的光程差使光线会聚成一点. GRIN 透镜同普通透镜的区别在于，GRIN 透镜材料能够使沿轴向传输的光产生折射，并使折射率的分布沿径向逐渐减小，从而实现出射光线被平滑且连续地会聚到一点，如图 1.9.3 所示. GRIN 透镜棒将革新传统的光学系统，它已广泛地应用于四个方面：照相复印机、传真系统、

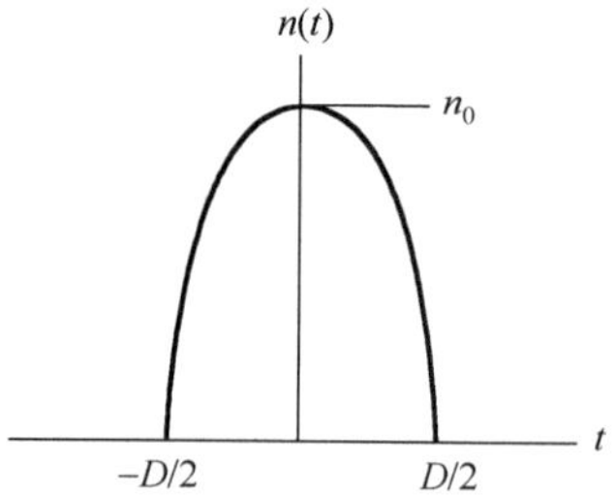

图 1.9.2　GRIN 透镜棒折射率分布曲线

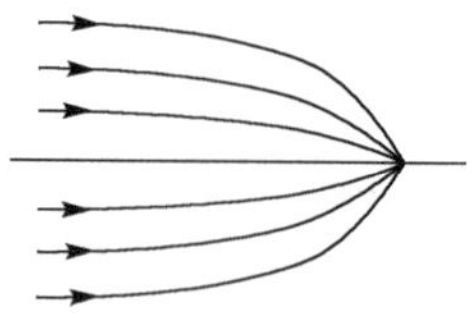

图 1.9.3　GRIN 透镜中光线轨迹

医用内窥镜和光纤通信系统中光缆的接头. 6 片照相镜头可以用 2 个 GRIN 透镜棒代替；用 GRIN 透镜棒作内窥镜，窥角大，还不会因体内液渗入使像模糊.

GRIN 光学理论的应用还不限于光学，在海洋物理、地球物理、大气物理、微波天线物理等领域，都存在信息在非均匀介质中传播的问题，因此 GRIN 光学具有很广阔的应用前景.

本 章 小 结

几何光学是基于光线的概念，以光的直线传播、折射定律和反射定律这三大实验定律为基础，以研究光线传播规律为主要线索，利用几何方法采取一定的符号法则解决光学系统的成像问题. 而成像的概念和成像的规律是几何光学着重研究的中心问题. 其中成像的概念涉及实物、实像、虚物和虚像等；成像的规律涉及几何方法，包括计算和作图，即物像公式和光线作图法.

1. 基本概念和基本公式

(1) 光的直线传播定律. 光线在各向同性的均匀透明介质中沿直线传播.

(2) 光的独立传播定律.

(3) 光路可逆原理.

(4) 光的反射定律. 反射光线在入射面内，并且与入射光线分别在法线两侧；反射角等于入射角.

(5) 光的折射定律. 折射光线在入射面内，并且折射光线和入射光线分别在法线两侧.

对于单色光而言，入射角 i_1 的正弦与折射角 i_2 的正弦之比对给定的两种介质来说是一个常数

$$\frac{\sin i_1}{\sin i_2}=n_{21}=\frac{n_2}{n_1} \quad 即 \quad n_1\sin i_1=n_2\sin i_2$$

n_{21} 称为介质 2 对介质 1 的相对折射率，n_1 和 n_2 分别表示介质 1 和介质 2 的绝对折射率. 相对折射率 $n_{21}=\dfrac{v_1}{v_2}$，介质的绝对折射率 $n=\dfrac{c}{v}$.

(6) 光程. 光在均匀介质中经过的几何路程 s 与该介质折射率 n 的乘积称为光程.

光程的计算：均匀介质中 $l=ns$；非均匀介质中 $l=n_1s_1+n_2s_2+\cdots=\sum n_is_i$；折射率连续变化的介质中 $l=\int_A^B n(x,y,z)\mathrm{d}s$.

(7) 费马原理. 在 A 、B 两点间光线传播的实际路径，与其他可能路径相比，其光程为极值，其数学表达式为

$$\delta(l)=\delta\int_A^B n(x,y,z)\mathrm{d}s=0$$

(8) 同心光束与像散光束.

同心光束：各光线或其延长线相交于一点的光束.

像散光束：各条光线彼此既不平行又不完全相交于一点的光束.

(9) 物与像、物空间与像空间.

物是未经光学系统变换的入射同心光束的心的集合，像是经光学系统变换的出射同心光束的心的集合. 物有实物与虚物之分，像有实像与虚像之分.

对光学系统来说，入射光线所在的空间称为物空间或物方，物空间的折射率称为物方折射率；出射光线所在的空间称为像空间或像方，像空间的折射率称为像方折射率.

2. 光在平面上的反射和折射

(1) 光在平面上的反射. 不改变光束的同心性，物与像相对于镜面对称.

(2) 光在平面上的折射. 除平行光束外，改变了光束的同心性. 像似深度 $s'=\dfrac{n'}{n}s$.

(3) 平行平面板成像.

侧向位移：$\Delta s=d\sin i_1\left(1-\dfrac{1}{n}\dfrac{\cos i_1}{\cos i_1'}\right)$；

轴向位移：$\Delta s'=d\left(1-\dfrac{1}{n}\dfrac{\cos i_1}{\cos i_1'}\right)=d\left(1-\dfrac{1}{n}\right)$　(近轴光束).

3. 新笛卡儿符号法则

(1) 距离.

轴向距离：从测量起点量起，顺入射光方向(通常认为光线从左到右)为正，逆入射光方向为负.（测量起点的选取：对于单球面而言，以球面顶点为测量起点；对于薄透镜而言，以光心为测量起点；对于光具组而言，以物方主点或像方主点为测量起点. 牛顿公式中的物距和像距，是以相应的焦点为测量起点来测量的.）

横向距离：以主轴为测量起点，物点或像点至主轴的距离，在主轴上方为正，在主轴下方为负.

(2) 角度. 以光轴或者法线为起始边，沿小于 90° 的方向旋转一角度，顺时针为正，逆时针为负.

(3) 在图中仅标记距离和角度的绝对值，若用字母表示的量实际为负量，则在字母前加负号.

4. 光在单球面的折射和反射

(1) 单球面折射物像关系公式：$\dfrac{n'}{s'}-\dfrac{n}{s}=\dfrac{n'-n}{r}$.

(2) 单球面折射系统的光焦度和焦距.

光焦度：$\Phi=\dfrac{n'-n}{r}$；像方焦距：$f'=\dfrac{n'}{n'-n}r$；物方焦距：$f=-\dfrac{n}{n'-n}r$.

物方焦距与像方焦距的关系：$\dfrac{f'}{f}=-\dfrac{n'}{n}$.

焦距与光焦度的关系：$f'=\dfrac{n'}{\Phi}$，$f=-\dfrac{n}{\Phi}$.

(3) 单球面折射成像的高斯公式和牛顿公式

$$\frac{f'}{s'}+\frac{f}{s}=1,\quad xx'=ff'$$

(4) 单球面折射成像的放大率.

横向放大率：$\beta=\dfrac{y'}{y}=\dfrac{ns'}{n's}$ 或 $\beta=-\dfrac{f}{x}=-\dfrac{x'}{f'}$；

角放大率：$\gamma=\dfrac{u'}{u}$；

近轴条件下 $\gamma=\dfrac{u'}{u}=\dfrac{s}{s'}=\dfrac{n}{n'}\cdot\dfrac{1}{\beta}$ 或 $\gamma\cdot\beta=\dfrac{n}{n'}$.

(5) 拉格朗日-亥姆霍兹定理：$nuy=n'u'y'$.

(6) 作图求像法. 利用特殊光线，画出光路图，从而确定像的位置和性质.

(7) 光在单球面上的反射可以认为是 $n=-n'$ 时单球面折射的特例.

$$\frac{1}{s'}+\frac{1}{s}=\frac{2}{r}$$

其中，s 为物距，s' 为像距，r 为球面半径.

5. 全反射

(1) 光线从光密介质入射到光疏介质的界面，当入射角大于全反射临界角 i_c 时只有反射而无折射的现象称为全内反射，简称全反射.

(2) 全反射临界角：$\sin i_c=\dfrac{n_2}{n_1}$.

6. 薄透镜

(1)薄透镜成像的物像公式

$$\frac{n_2}{s'}-\frac{n_1}{s}=\frac{n-n_1}{r_1}+\frac{n_2-n}{r_2}$$

(2)焦距和光焦度.

像方焦距：$f'=\dfrac{n_2}{\dfrac{n-n_1}{r_1}+\dfrac{n_2-n}{r_2}}$；物方焦距：$f=\dfrac{-n_1}{\dfrac{n-n_1}{r_1}+\dfrac{n_2-n}{r_2}}$.

光焦度：$\Phi=\dfrac{n-n_1}{r_1}+\dfrac{n_2-n}{r_2}=\dfrac{n_2}{f'}=-\dfrac{n_1}{f}$.

(3)高斯公式、牛顿公式

$$\frac{f'}{s'}+\frac{f}{s}=1,\qquad xx'=ff'$$

(4)放大率.

横向放大率：$\beta=\beta_1\cdot\beta_2=\dfrac{n_1s'}{ns}\cdot\dfrac{ns_2'}{n_2s_2}=\dfrac{s'}{s}$；

角放大率：$\gamma=\gamma_1\cdot\gamma_2=\dfrac{s}{s_1'}\cdot\dfrac{s_2}{s'}=\dfrac{s}{s'}=\dfrac{1}{\beta}$.

(5)作图求像.

作图求像是根据薄透镜的光心、焦点、焦平面的性质，选用三条特征光线中的两条，根据作图原则，画出光路图，从而确定像的大小、虚实以及倒正.

7. 共轴球面系统的基点

(1)焦点、主点、节点.

焦点：从物方焦点发出的光经共轴球面系统后变成平行于主光轴的光. 平行于主光轴的光经共轴球面系统作用后，汇集于主光轴上的像方焦点.

主点：物方主点和像方主点是一对横向放大率为 1 的共轭点.

节点：主光轴上角放大率等于 1 的一对共轭点.

(2)成像公式.

高斯公式

$$\frac{f'}{s'}+\frac{f}{s}=1$$

注意：其中光具组的物距 s 和像距 s' 分别是以相应的主点 H 和 H' 为量度始点.

牛顿公式

$$xx' = ff'$$

注意：x 和 x' 是以相应的焦点 F 和 F' 为量度始点，f 和 f' 是以相应的主点 H 和 H' 为量度始点.

(3) 作图法.

根据基点的特性，寻求基点的共轭光线.

(4) 共轴球面系统基点位置.

焦点位置：$f' = \overline{H'F'} = -\dfrac{f_1' f_2'}{\varDelta}$，$f = \overline{HF} = \dfrac{f_1 f_2}{\varDelta}$；

主点位置：$p' = \overline{H_2' H'} = -f' \dfrac{d}{f_1'}$，$p = \overline{H_1 H} = f \dfrac{d}{f_2}$.

思　考　题

1.1　什么是相对折射率?什么是绝对折射率？两者有什么关系？

1.2　当一束光从空气进入水中时，光束的截面积会发生怎样的变化？

1.3　什么是光线？什么是光程？为什么要采用这两个概念？

1.4　一束在空气中波长为 589.3nm 的钠黄光，从空气进入水中时，它的波长将如何变化？在水中观察这束光时，其颜色会改变吗？

1.5　几何光学中的符号法则是怎样规定的？为什么要规定符号法则？

1.6　平面镜为什么总是在实物情况下成虚像？

1.7　平面镜生成的像同物左右互易，为什么并不上下颠倒？

1.8　同一物体经针孔与平面镜成的像有何不同？

1.9　凸面镜在什么情况下成实像？

1.10　为什么凸面镜对实物所成的像总是缩小的虚像？

1.11　什么叫虚物？在什么条件下才能形成虚物？

1.12　我们能否拍摄虚像的照片？

1.13　下雨后，树叶上的水珠为什么显得很亮？要使光线在水珠内作全反射，问水珠内的入射光线和通过入射点的直径之间的夹角不能小于多少度？

1.14　用作图法求像时，通过薄透镜中心的光线是否总是不改变方向？

1.15　薄透镜的焦距与它所在介质是否有关？凸透镜一定是会聚透镜吗？凹透镜一定是发散透镜吗？

1.16　你能用哪些方法去测量薄凸透镜和薄凹透镜的焦距？

1.17　置于空气中的两个光焦度大于零的薄透镜，可否组成一个光焦度小于零的共轴球面系统？

1.18　水中球形气泡能起到透镜的作用，它是会聚透镜还是发散透镜？其焦距和气泡半径的关系如何？

1.19　为什么人眼在水中成为远视眼而鱼眼在空气中则成为近视眼？

1.20　下列几种情况对于凸透镜与凹透镜而言哪些是可能的？哪些不可能？

(1)实物成实像；(2)实物成虚像；(3)虚物成虚像；(4)虚物成实像.

1.21　用凹面镜成像时，在什么条件下，物与像在镜的同侧？在什么情况下在异侧？用凸面镜成像时又如何？

1.22　将凸透镜的一部分遮住，能否影响成像的位置和亮度？把中间部分横切割一块后再拼起来成像如何？

1.23　玻璃薄透镜从空气放入水中，其焦距如何变化？光线偏折得更厉害了吗？

习　题

1.1　已知玻璃相对于水的折射率为 1.18，油相对于水的折射率为 1.11，求油相对于玻璃的折射率.

1.2　站在游泳池旁的人，俯视池底的一块石头，看到石头离水面深度为 h'. 试求水池中水的实际深度 h. 设水的折射率 $n=1.33$，空气折射率 $n'=1$.

1.3　如习题 1.3 图所示，眼睛 E 和物体 PQ 之间有一块折射率为 1.5 的玻璃平板，玻璃平板的厚度 d 为 30cm，求物的像 $P'Q'$ 与物体 PQ 之间的距离 d_2.

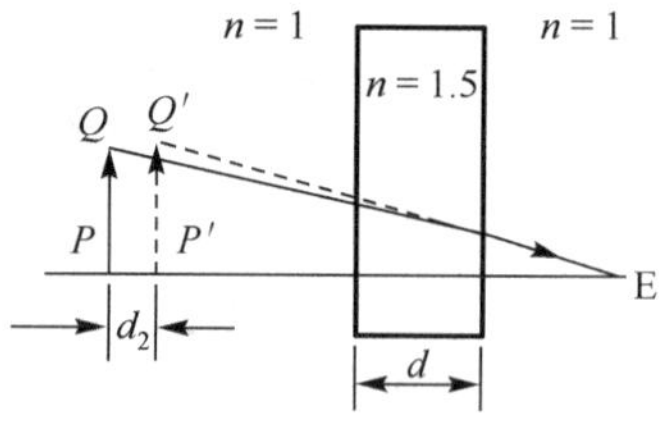

习题 1.3 图

1.4　水槽中水深 20cm，槽底放置一点光源. 水的折射率为 1.33，水面上漂浮一不透光的纸片，使人从水面上无论哪一角度去看时都看不到光，计算这纸片的最小面积应该是多少，形状应该怎样.

1.5　玻璃三棱镜的顶角 A 为 60°，对某一波长的光，其折射率 n 为 1.6. 试计算：

(1)最小偏向角；

(2)此时的入射角；

(3)能使光线掠过棱镜侧面时的最小入射角.

1.6　高 5cm 的物体距凹面镜的顶点 12cm，凹面镜的焦距是 10cm，求像的位置及高度，并作光路图.

1.7　一凸面镜的曲率半径为 25cm，在镜前 60cm 处放一物，求反射像的位置及性质.

1.8　一凹面镜浸没在水中，物在镜前 30cm 处，经凹面镜反射所成的像在镜前 9cm 处，求凹面镜的曲率半径.

1.9　物体置于凹面镜前某处. 经凹面镜反射成像时，像高是物高的 1/4，如果将物体向镜面移近 5cm，则像高是物高的 1/2，求凹面镜的焦距.

1.10　有一物体在凹面镜前 31cm 处，经凹面镜反射所成的像位于镜前 19cm 处，若物为虚物且在镜后 31cm 处，求像在何处，并画出光路图.

1.11　某观察者通过一块薄玻璃板去看凸面镜中自己的像. 他移动玻璃板，使得在玻璃板中与在凸面镜中所看到的他眼睛的像重合在一起，若凸面镜的焦距为 10cm，眼睛距凸面镜顶点的距离是 40cm，问玻璃板与观察者眼睛的距离为多少？

1.12　一直径为 4cm 的玻璃棒，折射率为 1.5，其一端磨成曲率半径为 2cm 的半球形. 高为 0.1cm 的物垂直于棒轴上距凸面顶点 8cm 处，经球面折射成像，求像的位置及大小，并画出光路图.

1.13　薄透镜的焦距 $f'=10\,\mathrm{cm}$，是用折射率为 1.5 的玻璃制成的，求透镜放在水中时的焦距. 水的折射率为 1.33.

1.14　如习题 1.14 图所示，OO' 为薄透镜的主光轴，s 为物，s' 为像. 用作图法求透镜中心和透镜焦点的位置.

1.15　如习题 1.15 图所示，L 为薄透镜，OO' 为薄透镜的主光轴，AB 和 BC 为已知的穿过透镜的一对共轭光线，试用作图法求出任一条入射光线 DE 的出射光线.

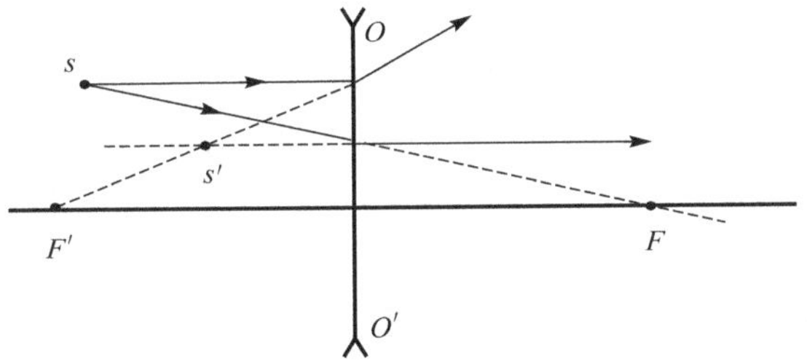

习题 1.14 图

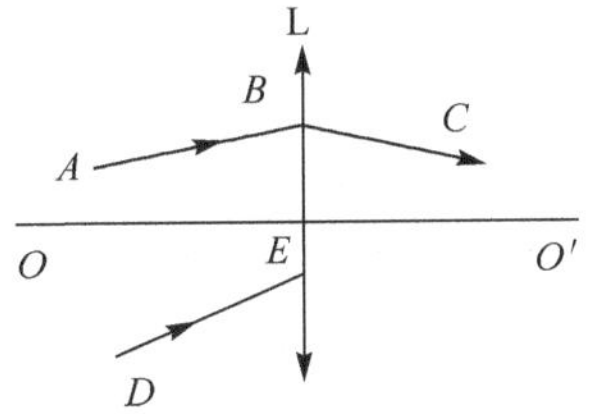

习题 1.15 图

1.16　有一折射率为 1.5、半径为 4cm 的玻璃球，物体在球外距球表面 6cm 处，求：

(1) 从物所成的像到球心的距离；

(2) 像的横向放大率.

1.17　直径为 1m 的球形玻璃鱼缸的中心处有一条小鱼，若玻璃缸壁的影响可忽略不计，求缸外观察者所看到的小鱼的表观位置和横向放大率.

1.18　如习题 1.18 图所示，一折射率为 1.5 的薄透镜，其凸面的曲率半径为 5cm，凹面的曲率半径为 15cm，且镀上银. 试证明：当光从凸表面入射时，该透镜的作用相当于一个平面镜.

习题 1.18 图

1.19　欲使由无穷远发出的近轴光线从左侧入射透明球体并成像在右半球面的顶点处，问该透明球体的折射率为多少？

1.20　两片极薄的球壳形玻璃，曲率半径分别为 20cm 和 25cm. 将两片玻璃的边缘粘起来，形成内含空气的双凸透镜，把它置于水中，求其焦距.（水的折射率为 1.33.）

1.21　双凸薄透镜折射率为 1.5，其左侧球面的曲率半径 $r_1 = -10\text{cm}$，右侧球面的曲率半径 $r_2 = 15\text{cm}$，其右侧球面镀银. 一个位于透镜左侧主轴上的物点 P，离透镜距离为 20cm，求 P 点通过透镜后所成像的位置并作出光路图.

1.22　如习题 1.22 图所示，把焦距为 10cm 的会聚透镜的中央部分 C 切去，C 的宽度为 1cm，把余下的两部分粘起来. 如在其对称轴上距透镜 5cm 处放置一点光源，试求像的位置.

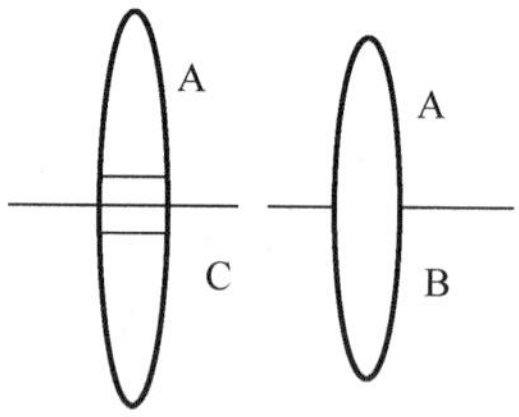

习题 1.22 图

1.23　借助于会聚薄透镜在与其距离为 10cm 处得到物体的实像，透镜的折射率 $n = 1.5$，然后把物体和透镜浸在水中，但不改变它们之间的距离，像成在距离透镜右方 60cm 处，若水的折射率 $n' = 4/3$，分别求透镜在空气中和水中的焦距.

1.24　一个会聚薄透镜和一个发散薄透镜互相接触而成一复合光具组，当物距为−80cm 时，其实像距镜 60cm，若会聚透镜的焦距为 10cm，问发散透镜的焦距为多少？

1.25　一焦距为 20cm 的薄凸透镜与一焦距为 20cm 的薄凹透镜相距 6cm.

(1) 求复合光具组焦点及主点的位置；

(2) 若物放在凸透镜前 30cm 处，求像的位置和横向放大率.

1.26　薄的平凹透镜水平地浸在水中，凹面向下，而透镜下的空间充满空气，凹面的半径 $r=15\text{cm}$，假设玻璃的折射率为 1.5，水的折射率为 4/3. 试计算该系统的焦距.

1.27　一双凸透镜在空气中的焦距为 10cm，其两个表面的曲率半径相等，折射率等于 1.5，令其一面与水 ($n = 1.33$) 接触，求此光学系统的焦点位置.

1.28　两个焦距均为 2cm 的双凸透镜，其间距为 4/3cm，组成一个目镜，求目镜焦点和节点的位置. 若它们的焦距分别为 6cm 和 2cm，间距为 4cm，再求其焦点和节点的位置.

1.29　一弯凸透镜的两个表面的半径 r_1 和 r_2 分别为−20cm 和−15cm，折射率为 1.5，在 r_2 的凸面镀银. 在距 r_1 球面左侧 40cm 处的主轴上置一高为 1cm 的物体，试求最后成像的位置和像的性质.

1.30　有一透镜组的主点 H、H'，节点 K、K' 和焦点 F、F' 的位置如习题 1.30 图所示. 有一发光点 P 在物方主平面 H 左面主轴上 20cm 处，试作光路图，并计算像的位置.

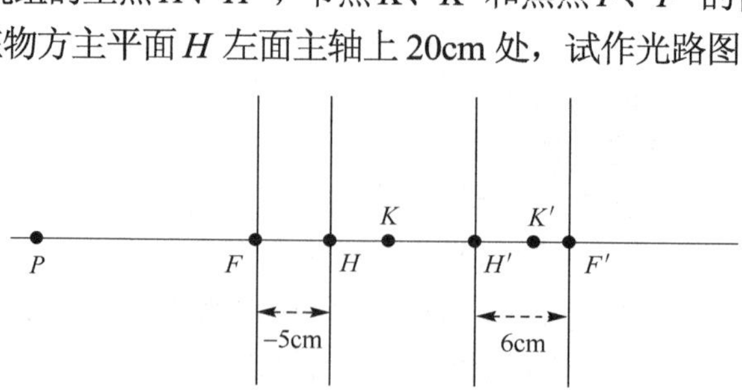

习题 1.30 图

第 2 章　光度学　光阑和像差

几何光学的研究内容是物体经光学系统成像问题，在第 1 章中我们已经学习了物体在近轴物点和近轴光线条件下的物像的位置、大小、倒正等关系，但是在实际光学系统成像时，还需要考虑像的亮度、物体成像范围、物像的相似性等问题. 像的亮度涉及光的强弱及人眼对不同波长光的敏感程度等内容，这是光度学的研究内容；物体的成像范围取决于光束在光学系统内传输时受限制的情况，而这与光学系统内的光阑有关；当物体经光学系统所成的像不清晰、与物体在几何上不相似或像与物的颜色分布不同等时，就存在像差.

本章主要介绍光度学的基本概念、实际光学系统的光阑以及像差问题.

2.1　光度学的基本概念

光度学是一门关于可见光计算和测量的学科，是依据人眼对不同频率光的敏感度来研究电磁辐射中可见光强弱的计量学. 辐射度学是与光谱范围(包括紫外、可见光和红外辐射) 内的辐射能量测量有关的学科，它研究各种电磁辐射的强弱. 在这些波长范围内，辐射行为均遵循光学定律和光学原理. 显然，光度学是辐射度学的一部分，对各种光源进行光度和辐射度的特性测量.

人类早期对太阳、月亮、星星的观察，以及对火光、烛光、月光的比较，是光度学的雏形. 1729 年，法国数学家、天文学家布格(P. Bouguer，1698～1758) 发明了第一个可以用来比较两个光源发光强度的光度计，标志着光度学的诞生. 1760 年，德国物理学家朗伯(J. H. Lambert，1728～1777) 建立了一套完整的有关光的数量关系的理论，定义了光度学中的光通量、发光强度、亮度、照度等基本概念，并给出了它们的数学表达式，标志着光度学成为一门独立的学科.

光度学的发展和照明光源的进步密切相关. 光源由蜡烛、汽灯、白炽灯到日光灯、LED 灯，再到激光光源的演进，一步步推动了光度学的发展. 近些年来，随着光源种类的日新月异，辐射度学和光度学得到了迅猛发展，广泛应用于光学工业、照明工业、遥感遥测、色度学和大气光学等领域.

2.1.1　辐射通量和光通量

1. 辐射通量

光的辐射是能量的辐射与传播. 如图 2.1.1 所示，若 S 为某一光源的表面，它向

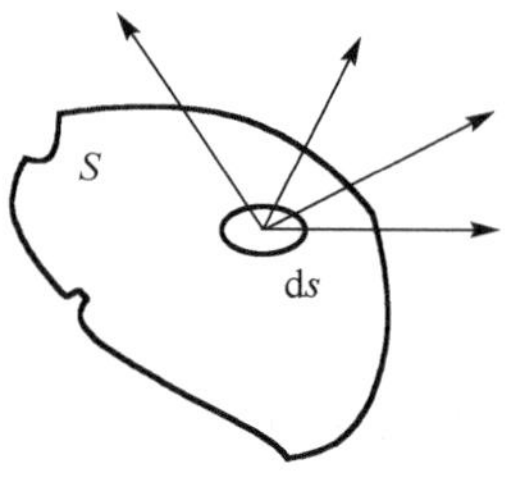

图 2.1.1　辐射通量

周围空间辐射各种不同波长的光. 其**表面上某处面元 ds 在单位时间内辐射出所有波长光的总能量**称为面元 ds 的**辐射通量**，用 ε 表示. 在国际单位制中，辐射通量的单位是瓦特(W)或焦耳/秒(J/s).

对于非单色光辐射，光源上任一面元的辐射通量中，不同波长的光所占比例不同，即辐射通量按波长有一定的分布. 其分布规律用**辐射通量谱密度** $e(\lambda)$ 来表示，它是波长的函数，等于**单位时间、某一波长附近的单位波长间隔内的辐射通量**. 若光源面元 ds 在 λ 到 λ + dλ 波段的辐射通量为 $\mathrm{d}\varepsilon_\lambda = e(\lambda)\mathrm{d}\lambda$，则面元 d$s$ 发出的所有波长的总辐射通量为

$$\varepsilon = \int_\lambda \mathrm{d}\varepsilon_\lambda = \int_0^\infty e(\lambda)\mathrm{d}\lambda \tag{2.1.1}$$

2. 视见函数

研究光的强度，离不开光探测器，而任何一种光探测器对不同波长光的感光灵敏度不同，实验证实，辐射通量相等、波长不同的光，会引起同一探测器不同的测量强度；而辐射通量和波长都不相等的光，却可能引起同一探测器相同的测量强度. 可见，辐射通量只是反映了光源发出的客观光能量的大小，并未反映出这些光能量所能引起光探测器的主观测量强度的大小.

人眼是一种典型的光探测器，因为人眼对不同波长可见光的视觉灵敏度不同，为了研究客观的辐射通量对人眼所引起的主观感觉强度之间的关系，引入视见函数.

对于光源辐射出的能量，人们关心的只是能够引起视觉(即可见光)的那一部分. 光波作用于人的眼睛，使人有颜色感和亮暗感. “色”是人眼对光波频率的响应，“亮”是人眼对通过瞳孔辐射通量的响应.

通过对大量具有正常视力的人眼所做的实验表明，在明亮环境中，人眼对波长为 555nm 的黄绿色可见光最敏感，即人眼产生同样视觉强度时，黄绿光所需要的辐射通量最少. 设任一波长的光和波长为 555nm 的黄绿光产生相同视觉所需的辐射通量分别为 $\Delta\varepsilon_\lambda$ 和 $\Delta\varepsilon_{555}$，**视见函数**定义为两者的比值，用 $V(\lambda)$ 表示，即

$$V(\lambda) = \frac{\Delta\varepsilon_{555}}{\Delta\varepsilon_\lambda} \tag{2.1.2}$$

表示人眼对波长为 λ 的光的相对视觉灵敏度，由此可见 $V(\lambda) \leqslant 1$. 例如，产生相同亮暗感觉时，波长为 650nm 的红光所需要的辐射通量是波长为 555nm 黄绿光的 10 倍，即 $V(650\mathrm{nm})=0.1$.

图 2.1.2 为视见函数曲线，图中实线和虚线分别代表明视觉和暗视觉下的视见函

数曲线. 由图可以看出，在暗视觉情况下，视见函数的极大值向蓝光方向移动，约为 505nm. 视见函数的这种差异源于视网膜上有圆锥状和圆柱状两种感光细胞. 在明亮的环境中，圆锥细胞起作用；在昏暗的环境中，圆柱细胞起作用. 两种细胞有不同的光谱响应特性.

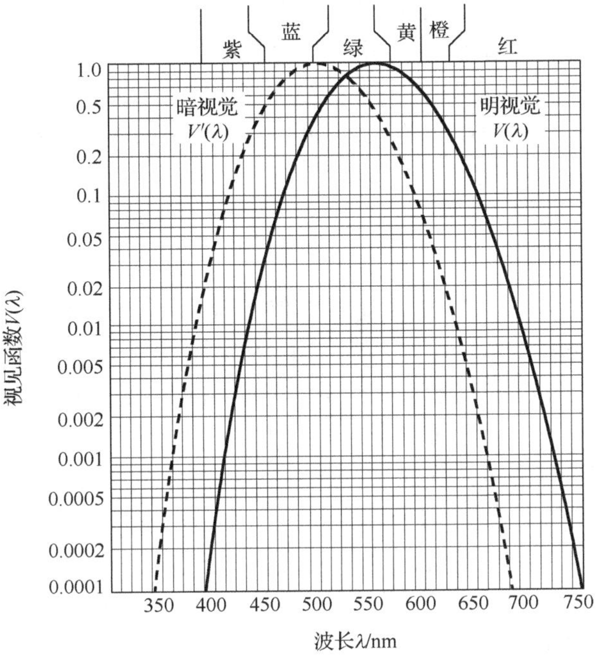

图 2.1.2　视见函数曲线

3. 光通量

在光度学中，用光通量来表征视觉强度，记作 Φ. **光通量**是指单位时间内由光源辐射出的能量中能够被人的视觉系统接收到的能量，即辐射通量是以视见函数为权重因子折算后的能量. 光通量和辐射通量具有相同的量纲，但在国际单位制中，辐射通量的单位为瓦(W)，光通量的单位为流明(lumen)，记作 lm.

波长为 λ 的单色光，其光通量正比于视见函数与辐射通量的乘积，即

$$\Delta\Phi = K_{\mathrm{m}} V(\lambda)\Delta\varepsilon_{\lambda} \tag{2.1.3}$$

式中，K_{m} 为比例系数，是波长为 555nm 的黄绿光的光谱效能，也可称为**最大光谱效能**，K_{m}=683lm/W，表示波长为 555nm 的光(视见函数 $V(\lambda)=1$)，以 1W 的辐射通量所产生的光通量，即对 555nm 的可见光，1W 相当于 683lm. 则复色光的总光通量为

$$\Phi = K_{\mathrm{m}}\int V(\lambda)\mathrm{d}\varepsilon_{\lambda} = K_{\mathrm{m}}\int V(\lambda)\varepsilon_{\lambda}\mathrm{d}\lambda \tag{2.1.4}$$

光使人的眼睛产生亮暗感觉的程度无法定量描述，但我们可以将各种波长的光引起相同亮暗感觉所需的光通量相比较.

2.1.2　发光强度

发光强度是表征光源在一定方向上辐射光通量强弱的物理量，是光源发光特性的描述. 当光源的线度足够小，或者光源的线度远小于观察距离时，该光源可看作**点光源**. 如图 2.1.3 所示，在点光源 S 的某一方向上取立体角元 $\mathrm{d}\Omega$，若 $\mathrm{d}\Omega$ 内的光通量为 $\mathrm{d}\Phi$，则该光源沿此方向的**发光强度**为

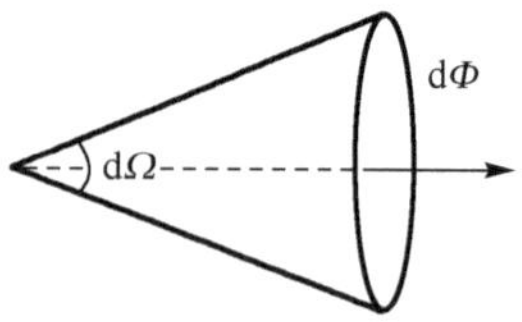

图 2.1.3　发光强度

$$I=\frac{\mathrm{d}\Phi}{\mathrm{d}\Omega} \tag{2.1.5}$$

发光强度在数值上等于单位立体角内通过的光通量. 发光强度的单位为**坎德拉**(candela)，记作 cd. 1979 年第十六届国际计量大会规定坎德拉的定义为：“坎德拉是一光源在给定方向上的发光强度，该光源发出频率为 5.40×10^{14}Hz 的单色辐射，而且在此方向上的辐射强度为(1/683) W/sr. ”其中 sr 表示球面度. **坎德拉是国际单位制中的七个基本单位之一**，光度学中其他单位均为导出单位. 1 cd=1 lm/sr.

七个基本物理量及其单位

大多数光源的发光强度随方向而异. 若用极坐标 (θ,φ) 描述选定的方向，发光强度可表示为 $I=I(\theta,\varphi)$，而 $\mathrm{d}\Omega=\sin\theta\mathrm{d}\theta\mathrm{d}\varphi$ (图 2.1.4)，所以

$$\mathrm{d}\Phi=I(\theta,\varphi)\mathrm{d}\Omega=I(\theta,\varphi)\sin\theta\mathrm{d}\theta\mathrm{d}\varphi$$

故通过有限立体角 Ω 的总光通量为

$$\Phi=\int_{\Omega}I(\theta,\varphi)\mathrm{d}\Omega=\int_{\theta}\int_{\varphi}I(\theta,\varphi)\sin\theta\mathrm{d}\theta\mathrm{d}\varphi \tag{2.1.6}$$

如果 I 不随 θ、φ 变化，即光源为均匀发光体，则 $\Phi=4\pi I$.

总光通量表征光源的特性. 对于给定的发光体，光学系统不能增加总光通量，只是将光通量重新分配. 例如薄透镜成像时，使成像方向上的光通量比较集中，而其他方向上的光通量减小.

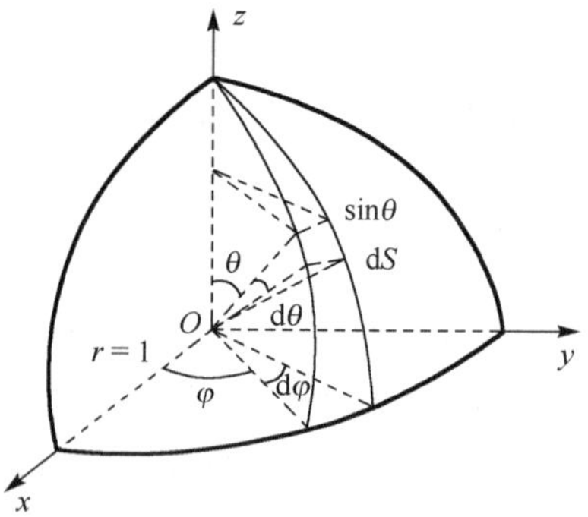

图 2.1.4　球坐标系

2.1.3　亮度

常见的实际光源大部分都有一定的发光面积，这种光源称为**面光源**，或扩展光源.

对于一般的扩展光源，可以在其表面取面元 ds，如图 2.1.5 所示，在空间某方向上取包围 ds 的立体角 dΩ，dΩ 的轴线与 ds 的法线方向成 θ 角. 现在考虑这个立体角内辐射出的光通量 dΦ. 朗伯首先由实验发现，此光通量 dΦ 正比于 dΩ 及 ds 在考察方向（dΩ 轴线方向）上的表观面积 $\mathrm{d}s\cos\theta$，即

$$\mathrm{d}\Phi = L\mathrm{d}\Omega\mathrm{d}s\cos\theta \tag{2.1.7}$$

这一结论称为**朗伯定律**. 比例系数 L 称为光源的**亮度**，与发光面的性质有关，但不随 θ 角改变.

$$L = \frac{\mathrm{d}\Phi}{\mathrm{d}\Omega\mathrm{d}s\cos\theta} \tag{2.1.8}$$

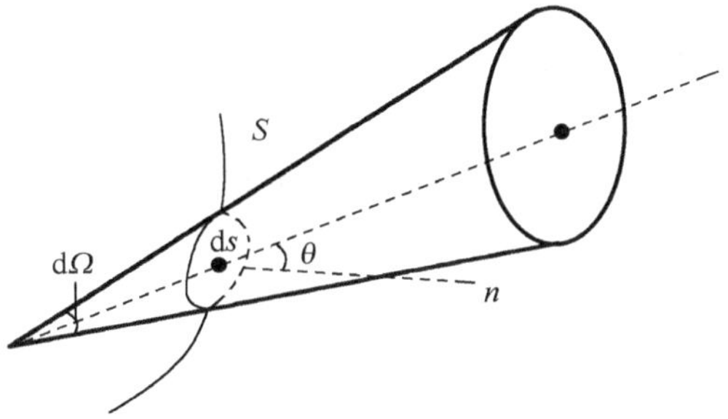

图 2.1.5　亮度

亮度 L 是表征发光强弱并与发光面特性有关的物理量，在数值上等于单位面积的光源表面在其法线方向的单位立体角内辐射的光通量. 亮度的单位是 $\mathrm{cd/m^2}$.

如果一扩展光源的亮度与方向无关，则发光强度 $\mathrm{d}I \propto \cos\theta$，这类发射体称为余弦辐射体或朗伯光源. 例如太阳的表面、一些粗糙的发光面都是近似的余弦辐射体.

2.1.4　光照度

光源辐射出的光通量投射到物体上，物体被照明. 为了表征受照物体表面上某点处被照明的程度，可以在该点处取面元 ds，若投射到 ds 上的光通量为 dΦ，则二者之比

$$E = \frac{\mathrm{d}\Phi}{\mathrm{d}s} \tag{2.1.9}$$

即照射在单位面积上的光通量，称为该点的**照度**，表征了该点被照明的程度. 照度的单位是勒克斯（lx），$1\mathrm{lx}=1\mathrm{lm/m^2}$. 它是 1lm 的光通量均匀分布在 $1\mathrm{m^2}$ 的表面上所产生的照度.

均匀照明时，照度处处相同，$E = \dfrac{\Phi}{S}$，式中 Φ 为照射于有限面积 S 上的光通量.

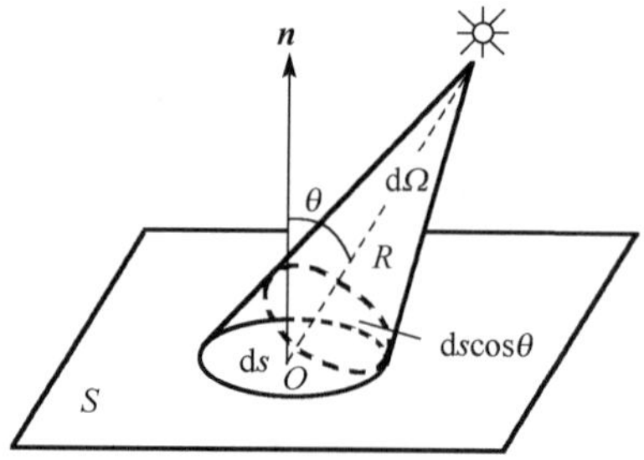

图 2.1.6　光照度

如图 2.1.6 所示，点光源照射时，若点光源的发光强度为 I，则其照度

$$E=\frac{\mathrm{d}\Phi}{\mathrm{d}s}=\frac{I\mathrm{d}\Omega}{\mathrm{d}s}=\frac{I\cos\theta}{R^2} \tag{2.1.10}$$

式中，R 为点光源与受照射物体元面积 ds 中心的距离. 它表明点光源引起的照度正比于它的发光强度及透射方向对照射面法线方向倾角的余弦，而反比于距离的平方.

只要实际光源的线度远小于它与受照面积间的距离，就可以忽略光源的大小，将其视为点光源，式(2.1.10)仍然适用.

例 2.1.1　如例 2.1.1 图所示，一发光强度为 60cd 的点光源 O 置于水平地板上方 4m 处，而一直径为 3m 的圆形平面镜水平放置，平面镜的圆心位于点光源正上方 4m 处，若光投射于平面镜时，将 80%的光反射，试求光源斜下方 6m 地板上 P 点处的照度.

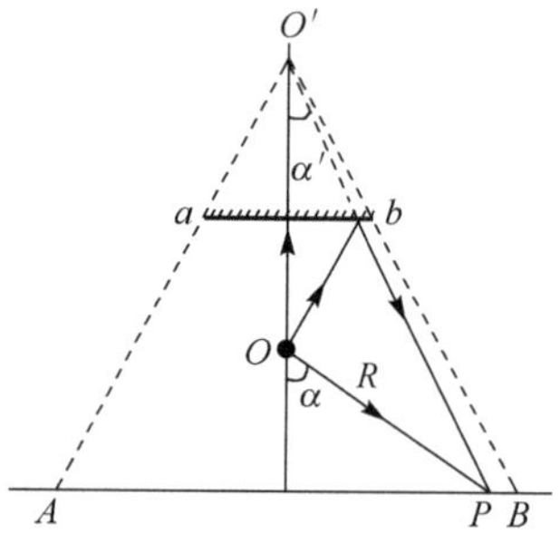

例 2.1.1 图

解　根据题意，所求点的照度应为实际光源 O 和镜像光源 O'共同贡献的，应用平方反比定律且考虑到倾斜因子$\cos\alpha$，即得

$$E=\frac{I\cos\alpha}{R^2}+\frac{I'\cos\alpha'}{R'^2}$$

$$I=60\text{cd}，\quad \cos\alpha=\frac{4}{6}，\quad I'=48\text{cd}$$

$$\cos\alpha'=\frac{12}{\sqrt{12^2+(6^2-4^2)}}$$

$$R=6\text{m}，\quad R'=\sqrt{12^2+(6^2-4^2)}$$

代入上式，得

$$E=\frac{60\times4}{6^3}+\frac{48\times12}{(\sqrt{164})^3}\approx1.385(\text{lx})$$

即光源斜下方 6m 地板上 P 点处的照度为 1.385lx.

2.2　光　　阑

在研究实际光学系统成像时，不仅要讨论共轭物像的位置和大小，还必须讨论成像的范围、像的亮度和成像的清晰度. 这些问题都与成像光束在实际光学系统中所受的限制有关. **光学系统中对光束起限制作用的光学器件**称为**光阑**，可以是透镜的边缘、框架或特别设置的带孔屏障.

光阑有限制光束和限制视场的作用，它影响着像差、景深、像的亮度. 按所起作用的不同，光阑分为**孔径光阑**、**视场光阑**和**消杂光光阑**三种. 前两种主要用来限制光学系统中的成像光束，消杂光光阑主要用来限制非成像物体的杂光(例如光学系统各折射面的反射光、仪器内壁的反射光等)，而并不限制成像光束. 本节简要讨论实际光学系统中光阑的基本问题.

2.2.1　孔径光阑

在光学系统中，各光学元件(如透镜、反射镜等)的边缘或人为放置的具有一定形状(多为圆孔状)的开孔屏，统称为光阑. 光阑的存在限定了光学系统中光束截面的大小，从而决定了通过光学系统的光能量和成像空间深度.

对于光轴上给定的物点，光学系统的诸多光阑中，只有一个光阑对光束宽度有限制作用. **对轴上物点的成像光束起实际限制作用的光阑**，称为**孔径光阑**，**或有效光阑**.

设有两个直径均为 D 的透镜，彼此间的距离为 d，如图 2.2.1(a)所示. 如果物点 P 在第一个透镜 L_1 与其物方焦点 F_1 之间，那么从 L_1 透射出的是发射光束，此光束并不能全部通过第二个透镜 L_2，只有与主轴夹角不超过 $u/2$ 的部分光线才能够通过 L_2. 所以，对于物点 P，L_2 的边缘起到了实际限制光束通过系统的作用，此时 L_2 是有效光阑. 如果增加透镜 L_2 的直径，使得透过透镜 L_1 的光都能透过透镜 L_2，则此时 L_1 变为有效光阑.

如果 P 点在 F_1 之外，如图 2.2.1(b)所示，则从 L_1 透射出的是会聚光束，它只通过 L_2 的一部分. 即通过 L_1 的光束都能通过 L_2，此时对于 P 点来说，实际限制光束通过系统的是 L_1 的边缘，所以 L_1 是有效光阑.

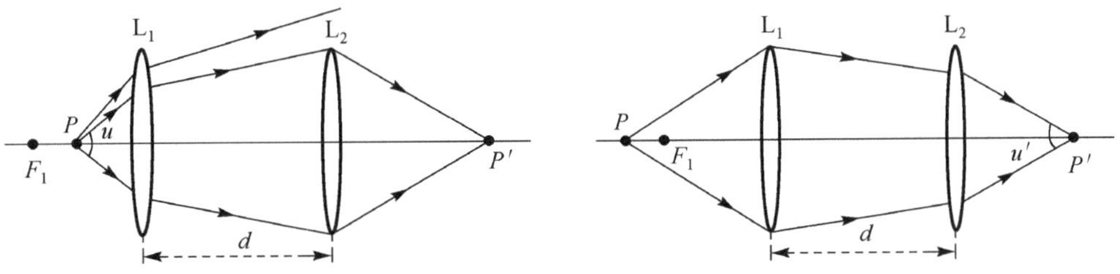

(a) P在焦点F_1以内　　(b) P在焦点F_1以外

图 2.2.1　有效光阑

所以，光学系统中，哪个光阑是有效光阑，不仅**与光阑的直径有关，还与光轴上物点 *P* 的位置有关**. 对于给定的光学系统，如何确定哪个光阑为有效光阑呢？

为了确定有效光阑，先引入前方像和后方像的概念.

在光学系统中，任一光阑由其前方所有透镜沿逆向光路方向所成的像，称为**前方像**；任一光阑由其后方所有透镜沿顺向光路方向所成的像，称为**后方像**.

对于光轴上任意物点和给定系统的所有光阑，一般都由光阑经其前面部分系统(向着物空间)成的前方像，来确定被该光阑限制光束的立体角. 在图 2.2.2 中，若 AB 为有效光阑，$A'B'$ 和 $A''B''$ 分别为 AB 的前方像和后方像. 由于边缘是共轭的，所以通过 AB 的一切光线都通过 $A'B'$ 和 $A''B''$，不能通过 AB 的光线也不能通过 $A'B'$ 和 $A''B''$. 因此，对于光轴上任意物点和给定系统的所有光阑，确定孔径光阑的方法如下：

先求出系统中每个光阑(包括透镜边缘)的前方像，然后找出所有这些前方像边缘对给定物点所张的角，其中张角最小的一个对应的光阑，即为该光学系统对给定物点的孔径光阑(有效光阑).

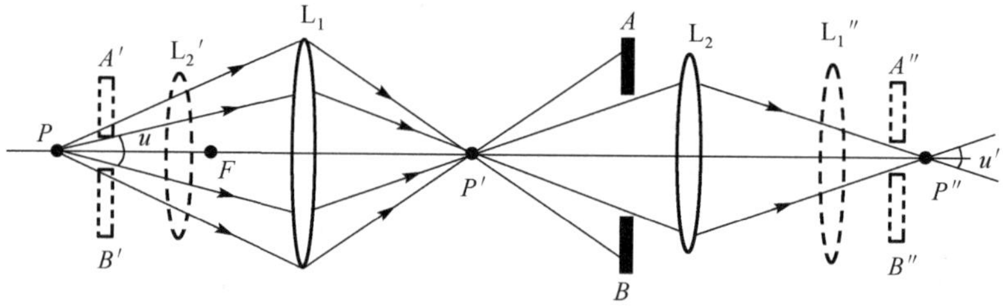

图 2.2.2　入瞳和出瞳

2.2.2　入射光瞳和出射光瞳

有效光阑的前方像称为**入射光瞳**，简称**入瞳**，如图 2.2.2 中的 $A'B'$；有效光阑的后方像称为**出射光瞳**，简称**出瞳**，如图 2.2.2 中的 $A''B''$.

实际光学系统的入射光瞳是该系统的有效光阑通过在它前面的光学系统所成的像(即前方像)；出射光瞳是有效光阑通过在它后面的光学系统所成的像(即后方像). 若有效光阑在整个光学系统的最前面，则它既是有效光阑，又是入瞳；若有效光阑在整个光学系统的最后面，则它既是有效光阑，又是出瞳；若整个光学系统只有一个单独的薄透镜，则有效光阑、入瞳和出瞳三者重合. 任何一个光瞳(入射光瞳与出射光瞳)可能是虚像，也可能是实像. 出射光瞳的位置可能在入射光瞳的前面，也可能在它的后面. 光学系统对给定物点的入射光瞳、有效光阑和出射光瞳三者共轭，且入射光瞳和出射光瞳关于整个光学系统共轭.

入射光瞳直径两端对光轴上物点的张角定义为**入射孔径角**，简称**孔径角**；出射光瞳直径两端对光轴上像点的张角定义为**出射孔径角**，简称**透射角**.

既然入射光瞳、出射光瞳对整个光学系统共轭，那么可以依次作出物点、入射光瞳、出射光瞳、像点间的连线，从而确定通过系统的光束的孔径角 u，如图 2.2.3 所示. 这样，有了光瞳，实际的有效光阑就显得不重要了，在作图时几乎可以不需要它.

在实际的光学系统中，有效光阑的位置和大小，也就是入射光瞳或出射光瞳的位置和大小是非常重要的参量. 有效光阑的大小是由光学系统对成像光能量的要求和对物体细节的分辨能力的要求而决定的. 有效光阑的位置直接影响光学系统成像的清晰度和光学系统中各个零件的尺寸. 在进行光学系统设计时，我们可以把有效光阑位置作为一个可变参量，根据一定的成像质量要求来选取最佳有效光阑的位置. 例如，对与眼睛配合使用的目视仪器，人眼瞳孔起着限制光束的作用，因此，光学系统的出射光瞳和人眼瞳孔在位置上必须重合. 如果光学系统的出射光瞳与人眼瞳孔不重合，那么从光学系统出射的光束会有部分或者全部不能被眼睛接收.

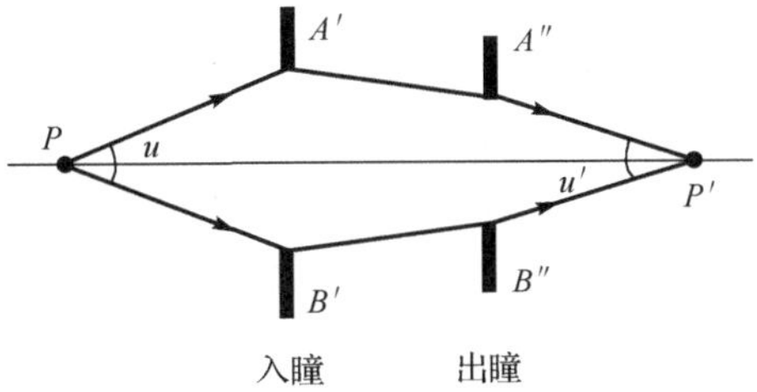

图 2.2.3　入射孔径角和出射孔径角

2.2.3　视场光阑

有效光阑是由轴上物点确定的，所以其他光阑对轴上物点的成像光束不再起限制作用. 而对轴外物点的成像光束，除了要受到有效光阑的限制之外，还可能受到其他光阑的限制，从而使系统的成像范围受到一定的限制，光学系统中能清晰成像的范围称为**视场**.

能够有效限制视场大小的光阑，称为**视场光阑**. 如图 2.2.4 所示，在由光阑 AB 和透镜 L 组成的光学系统中，对光轴上的 P 点而言，透镜 L 是有效光阑，但是光阑 AB 对光轴以外物体的成像范围有限制，只能使 P_1、P_2 之间的物体通过光学系统成像，所以对轴外物体而言，光阑 AB 为视场光阑.

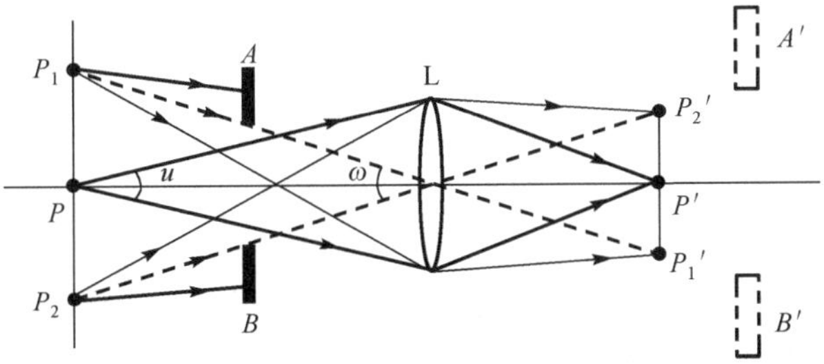

图 2.2.4　视场光阑

视场光阑的前方像称为**入射窗**，简称入窗；视场光阑的后方像称为**出射窗**，简称出窗. 如图 2.2.4 所示，AB 既是视场光阑，也是入射窗，AB 经透镜 L 所成的像 $A'B'$ 为出射窗. 显然，入射窗、视场光阑、出射窗三者是互相共轭的，对整个光学系统而言，出射窗也就是入射窗的像.

入射窗直径两端对入射光瞳中心所张的角称为**物方视场角**，用 ω 表示. 物平面上被 ω 所限制的范围称为**物方视场**. 如图 2.2.4 所示的光阑 AB 边缘对透镜 L 中心的张角 ω，即为物方视场角.

同样，出射窗直径边缘对出射光瞳中心所张的角称为**像方视场角**，用 ω' 表示. 与物平面共轭的像平面上被 ω' 所限制的范围称为**像方视场**.

在光学系统中，确定视场光阑的方法如下：

首先，求出光学系统中所有光阑(包括透镜边框)的前方像(或后方像)；其次，从光学系统的入射光瞳(或出射光瞳)中心分别向所有光阑的前方像(或后方像)的边缘作连线，其中张角最小的光阑像为入射窗(或出射窗)，与其共轭的实际光阑为视场光阑.

2.3 像差简介

在实际应用中，实现理想成像的近轴条件是很难得到满足的. 实际光学系统都具有一定大小的孔径和视场，所以不能使物体成理想的像. 像或者不清晰，或者与物体在几何上不相似，或者与物的颜色分布不同……通常把光学系统实际成像与理想成像的这些偏差统称为**像差**.

光学系统成像产生的像差有两大类. 一类是单色光成像时产生的像差，称为**单色像差**. 单色像差包括**球面像差**、**彗形像差**、**像散**、**像场弯曲**和**像形畸变**五种初级像差. 另一类是复色光成像时，由于介质对不同色光的折射率不同而产生的像差，称为**色像差**，简称色差. 色差又分为**位置色差**和**放大率色差**.

2.3.1 球面像差

球面像差简称球差. 如图 2.3.1 所示，位于光学系统主光轴上的物点 P，向凸透镜 L 发出较宽的同心光束. 近轴光线通过透镜后在主光轴上成理想像点 P'；透镜边缘附近的远轴光线，通过透镜后则成像于主光轴上的 P'' 点. 显然，不加限制的宽光束经透镜后成像在主光轴上 P' 和 P'' 之间的不同点，而不像近轴理想成像情况那样所有光束成像于一点. 用垂直于主光轴的光屏在 P' 和 P'' 间观察时，找不到极小的像点，看到的是弥散性圆形光斑——弥散斑. 这时称该光学系统对给定物点的成像存在着球差. **球差主要是由于透镜的折射面为球面所致**，故由此而得名.

球差的大小用不同孔径角的光线与主光轴的交点到近轴像点的距离来表示. 为了定量描述，定义透镜边缘光线与主光轴的交点 P'' 到近轴光线与主光轴的交点 P' 的距离为**纵向球差**，记为 δL . 在光屏上观察到的弥散性圆形光斑的半径叫做**横向球差**，记为 δT . 在 P' 和 P'' 之间出现的最小圆形光斑叫做最小模糊圈.

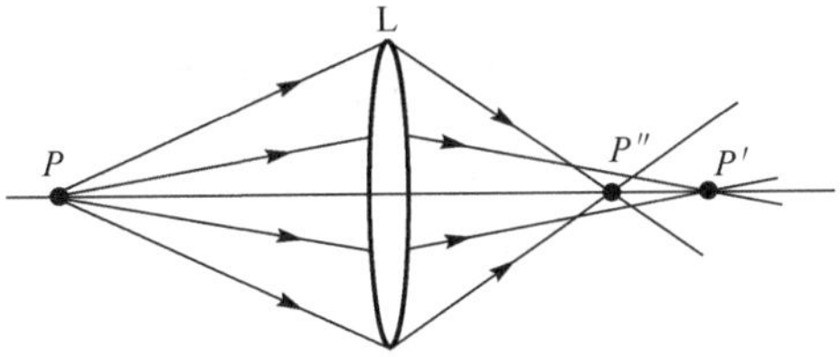

图 2.3.1　球面像差

凸透镜和凹透镜具有相反的球差：凸透镜的 $\delta L<0$ ，凹透镜的 $\delta L>0$. 将凸透镜和凹透镜进行组合，可以有效地降低甚至消除球差.

不同透镜的球差大小有所不同，与透镜两折射面的曲率半径、介质折射率的变化以及不对称的两表面哪一表面朝向光源等因素有关. 在其他条件不变时，物点在光轴上的位置不同，球差也有变化. 因此，成像光学系统的球差及其校正程度都是对给定物点而言的.

2.3.2　彗形像差

当物点位于光学系统的光轴上时，光轴就是整个光束的对称轴线，即光轴是所有光线的对称轴线，即使出射光束存在球差，仍然关于光轴对称.

当物点在光轴之外时，如图 2.3.2 所示，物点 Q 发出的光束经透镜后在像平面上不再交于一点，而是形成状如彗星的亮斑. 这种像差称为**彗形像差**，简称**彗差**. 彗差使轴外物点的像成为一个弥散斑，由于折射后的光束失去了对称性，所以弥散斑不再关于主光线对称，主光线偏到了弥散斑的一边. 图 2.3.2 所示的纯彗差时的弥散几何光斑，在主光线和像面交点处聚集的能量最多，因此最亮. 弥散斑其他处能量逐渐散开，慢慢变暗，所以整个弥散斑形成一个以主光线和像面交点为顶点的锥形

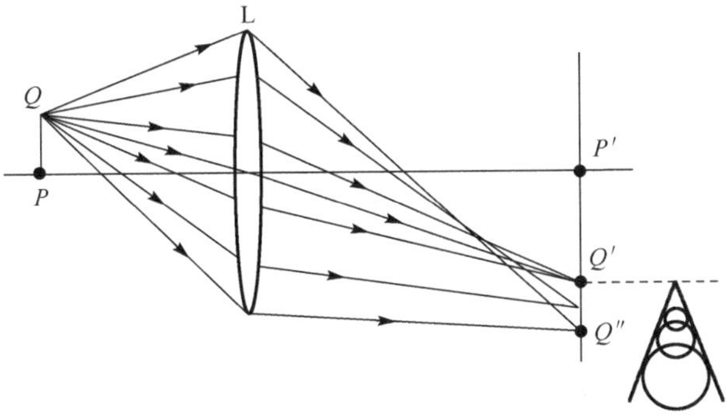

图 2.3.2　彗形像差

弥散斑，其形状好像拖着尾巴的彗星.

彗差是与视场和孔径都有关的一种垂轴像差. 彗差随视场而变化，对于同一视场，由于孔径不同，彗差也不同.

球差和彗差往往混在一起，只有当轴上物点的球差已经消除时，才能观察到明显的彗差.

2.3.3　像散　像场弯曲

像散和**像场弯曲**是物点离光轴较远、光束倾斜度较大引起的. 像散现象如图 2.3.3 所示，出射光束的截面一般呈椭圆形，但在两处退化为直线，称为散焦线. 两散焦线互相垂直，分别称为**子午焦线**和**弧矢焦线**. 在两散焦线之间某个地方光束的截面呈圆形，称为明晰圈. 通常所说的傍轴物点的共轭点实际上是指明晰圈.

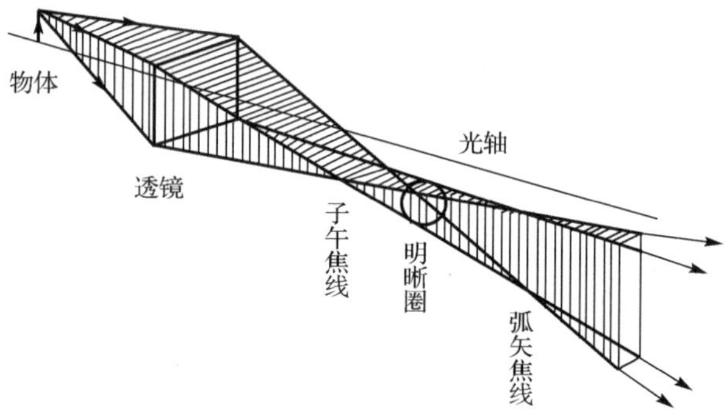

图 2.3.3　像散

对于物平面上的物点，对应的像点是明晰圈. 各物点的明晰圈分布在一个曲面上，这种现象叫做**像场弯曲**.

2.3.4　像形畸变

像形畸变是光束的倾斜度较大引起的. 与球差、彗差和像散不同，像形畸变并不破坏光束的同心性，从而不影响像的清晰度. 若将方格图形置于物平面，如图 2.3.4(a)所示，就不难观察到畸变现象. 若横向放大率随物点到光轴的距离增加而增大，它的像将如图 2.3.4(b)所示，这种畸变叫做**枕形畸变**或**正畸变**；若横向放大率随物点到光轴的距离增加而减小，它的像将如图 2.3.4(c)所示，这种畸变叫做**桶形畸变**或**负畸变**.

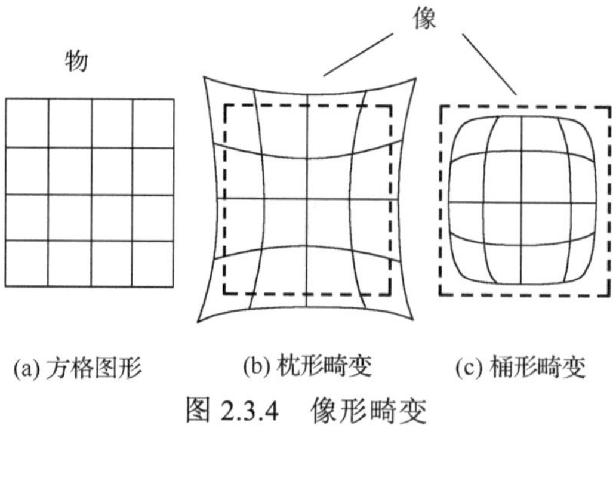

图 2.3.4　像形畸变

像形畸变仅由主光线的光路决定，它只引起像的变形，而对像的清晰度并无影响. 因此，对于一般的光学系统，只要接收器感觉不出它成像的变形，这种畸变像差就无妨碍. 比如在目视仪器中，畸变可允许到 4%. 但对于某些利用像来测定物体大小和轮廓的光学系统，如计量仪器中的投影物镜、航空测量用的摄影物镜等，畸变就成为主要的缺陷了，它直接影响测量精度，必须给予严格校正.

2.3.5　色像差

当白光入射到光学系统上时，由于介质对不同色光的折射率不同，各种色光有不同的成像位置和不同的放大率. 这种成像的色差异称为**色像差**，简称**色差**. 色差有**位置色差**和**放大率色差**两种.

位置色差：对轴上的物点而言，复色光入射时，因不同颜色的光所成像位置不同而产生的像差，又称**轴向色差**. 如图 2.3.5 所示，一束白光入射到薄凸透镜 L 上，经透镜折射后，红光所成的像远离透镜 L，紫光所成的像靠近透镜 L. 一般用红光焦点到蓝光焦点的距离作为描述位置色差的参量. 通常情况下，正透镜产生负色差，负透镜产生正色差.

放大率色差：对光轴以外的物点而言，复色光入射时，不同颜色的光所成像的大小(或放大率)不同而引起的像差，又称**垂轴色差**. 如图 2.3.6 所示，物体 PQ 发出的白光，经透镜 L 后，不同颜色的光所成像的位置不同，像的大小也不一样，红光所成的像大，而紫光所成的像小，也就是说，不同颜色的光所成像的放大率是不一样的，进而产生了放大率色差. 放大率色差通常用红光和蓝光的像点间的垂直距离来量度.

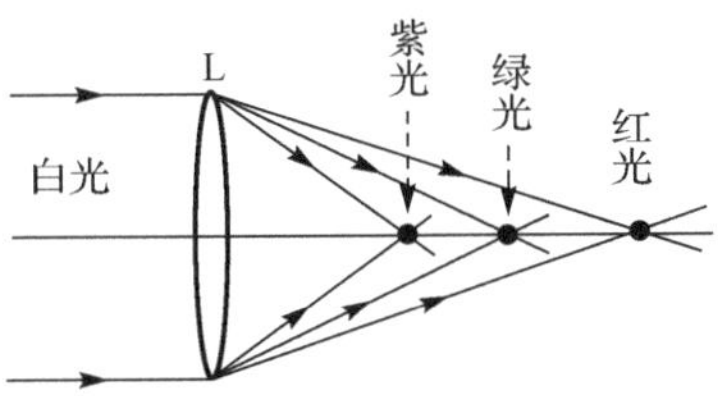

图 2.3.5　位置色差

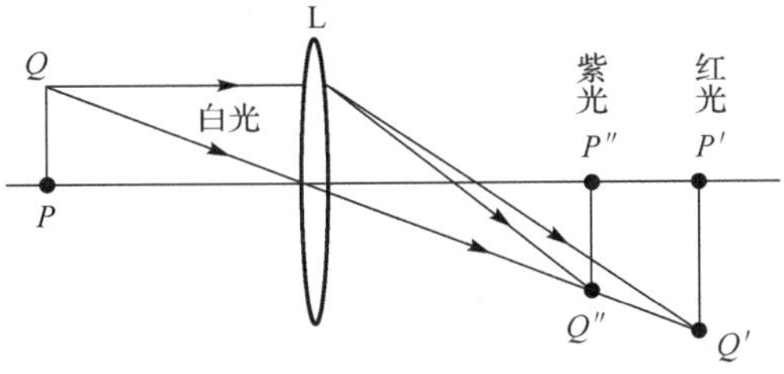

图 2.3.6　放大率色差

存在色差的光学系统将使像点不再是一个白色的光点，而是成为一个彩色的弥散斑. 对于轴上的像点，这个弥散斑的彩色分布是中心对称的. 对于轴外像点，彩色沿单方向分布，即像点在一个方向上呈现彩色. 位置色差和放大率色差直接影响像的清晰度，尤其会破坏像相对物在色彩上的相似性. 所以，对于色彩还原性要求高的成像系统，必须严格校正色差.

消除色差的方法有两种：一种是把不同材料做成的凸、凹透镜胶合起来做成消色差透镜；另一种是把两个同种材料做成的透镜相隔适当距离放置制成消色差透镜组. 消色差的光学系统通常都是由正、负透镜组成的，以使它们的色差互相补偿.

完全由反射镜组成的光学系统不产生色差，而**在任何折射光学系统中都存在色差**. 为校正色差，须采用组合的光学系统，即借助于组合系统各组元的焦距与其介质的色散参数恰当组合，或组元间隔的合理确定，得到消色差光学系统. 能使两种不同颜色的光有相同的成像位置的光学系统，称为消色差系统；放大率色差和位置色差同时得到校正的光学系统，称为稳定消色差系统；对某三种颜色的光校正色差的光学系统称为复消色差系统；对四种颜色的光校正色差的光学系统称为超消色差系统. 后两种系统只在极特殊情况下才采用.

本章小结

1. 光度学的基本概念

(1) 辐射通量和光通量.

辐射通量是单位时间内面元 ds 辐射出来的所有波长光的总能量，用 ε 表示，单位为瓦特(W).

对于非单色光，总辐射通量为 $\varepsilon=\int_\lambda \mathrm{d}\varepsilon_\lambda=\int_0^\infty e(\lambda)\mathrm{d}\lambda$.

视见函数表示人眼对波长为 λ 的光的相对视觉灵敏度，其表达式为 $V(\lambda)=\dfrac{\Delta\varepsilon_{555}}{\Delta\varepsilon_\lambda}$.

光通量是指单位时间内由光源辐射出的能量中能够被人的视觉系统接收到的能量，记作 Φ. 光通量的单位为流明(lumen)，记为 lm.

(2) 发光强度.

发光强度是表征光源在一定方向上辐射光通量强弱的物理量，单位为坎德拉(candela)，记作 cd. 1cd=1lm/sr，对于点光源，$I=\dfrac{\mathrm{d}\Phi}{\mathrm{d}\Omega}$.

光通量与发光强度的关系为

$$\Phi=\int_\Omega I(\theta,\varphi)\mathrm{d}\Omega=\int_\theta\int_\varphi I(\theta,\varphi)\sin\theta\mathrm{d}\theta\mathrm{d}\varphi$$

(3) 亮度.

亮度是表征发光强弱并与发光面特性有关的物理量，在数值上等于单位面积的光源表面在其法线方向的单位立体角内辐射的光通量. 亮度的单位是 cd/m^2.

亮度的表达式为 $L=\dfrac{\mathrm{d}\Phi}{\mathrm{d}\Omega\mathrm{d}s\cos\theta}$.

(4) 光照度.

光照度表征了物体被照明的程度. 照度的单位是勒克斯(lx)，1lx=1lm/m^2. 它是 1lm 的光通量均匀分布在 1m^2 的表面上所产生的照度.

光照度的定义式为 $E=\dfrac{d\Phi}{ds}$，点光源的发光强度为 I，则其照度 $E=\dfrac{I\cos\theta}{R^2}$.

2. 光阑

(1) 孔径光阑.

孔径光阑是指光学系统的各个光阑中，对轴上物点的成像光束起实际限制作用的光阑. 确定孔径光阑的方法：先求出系统中每个光阑(包括透镜边缘)的前方像，然后比较由给定物点到每个光阑前方像边缘所张的立体角，其中最小者对应的光阑，即为该系统对给定物点的孔径光阑.

(2) 入射光瞳和出射光瞳.

孔径光阑的前方像称为入射光瞳，简称入瞳；孔径光阑的后方像称为出射光瞳，简称出瞳. 入射光瞳、出射光瞳关于整个光学系统共轭.

入射光瞳直径两端对主光轴上物点的张角定义为入射孔径角，简称孔径角；出射光瞳直径两端对主光轴上像点的张角定义为出射孔径角，简称透射角.

(3) 视场光阑.

视场光阑是指能够有效限制视场大小的光阑. 确定视场光阑的方法：首先，求出光学系统中所有光阑(包括透镜边框)的前方像(或后方像)；其次，从光学系统的入射光瞳(或出射光瞳)中心分别向所有光阑的前方像(或后方像)的边缘作连线，其中张角最小的光阑像为入射窗(或出射窗)，与其共轭的实际光阑为视场光阑.

(4) 入射窗和出射窗.

视场光阑通过其前面的光学系统成的像称为入射窗；视场光阑通过其后面光学系统成的像称为出射窗. 入射窗、视场光阑、出射窗三者是互相共轭的.

3. 像差

(1) 单色像差.

单色像差是指单色光成像时产生的像差.

单色像差包括：球面像差、彗形像差、像散、像场弯曲和像形畸变五种初级像差.

(2) 色像差.

色像差是指复色光成像时，由于介质对不同色光的折射率不同而产生的像差.

色差分为位置色差和放大率色差.

思 考 题

2.1 日常生活中人们说 40W 的日光灯比 40W 的白炽灯亮，是否说明日光灯的光亮度比白炽灯大？这里所说的“亮”是指什么？

2.2 我们晚上看天空的星星，有的亮有的暗，是否说明亮的星星亮度大？我们白天看到天空的白云比蓝天亮，这里所说的“亮”是指什么？

2.3 光通量也是能流通量，它与光功率有何不同？

2.4 灯悬挂在桌面上方，为使其在桌面上产生均匀的照度，灯应具有怎样的光强度分布曲线？

2.5 平行光束照射到中空的乳白色玻璃球上某处，光束截面比球直径小得多，球壁按朗伯定律散射光. 沿球面亮度将如何分布？

2.6 观察由凹面镜在白色屏上所成的实像，像的亮度与镜子孔径及焦距有何关系？

2.7 说明为什么不太远处且距离不等的两个相同的路灯，往往看来同样亮. 这始终正确吗？

2.8 若光源为一无限大平面，其表面亮度处处相同且与方向无关，求与光源平面平行的面积上照度有多大.

2.9 当忽略大气吸收时，一分钟内垂直射到每平方厘米地球表面上的太阳辐射的平均通量叫做太阳常数. 取太阳常数值为 2cal①/(cm^2 · min)，试求地球上太阳辐射电场的平均强度.

2.10 若天空亮度到处相同并等于 L，那么被半个天空所照亮的水平面积上照度有多大？

2.11 先直接看聚光透镜所成的实像，然后再在白屏上观察，问在这两种情况下，像的亮度与透镜直径有何关系？

2.12 若光学系统仅是一个单独的薄透镜，则有效光阑、入射光瞳和出射光瞳的位置如何确定？它们是否与物点的位置有关？

2.13 当物点在垂直于光轴方向上下移动时，系统的孔径光阑是否改变？

习　题

2.1 若射入屏幕波长为 600nm 红色光的光通量为 500lm，求屏幕在一分钟内接收的能量.

2.2 直射太阳光的照度约为 10^5lx，如果一个闪光灯在某一方向的发光强度为

---

① 1cal=4.18J.

5×10^6 cd，试问该闪光灯放在距一平面多远处，才能在该平面上产生与太阳光相同的光照度？

2.3　面积为 $1cm^2$ 的圆盘向一侧各向同性地辐射单一频率的可见光，其亮度为 $1lm/(cm^2 \cdot sr)$. 求：

(1) 圆盘发光面的总辐射通量；

(2) 用一直径为 10cm、焦距为 100cm 的凸透镜将该圆盘发光面成像为面积为 $1/4cm^2$ 的圆面，通过像面的辐射通量.

2.4　蜡烛在距其 1m 处的可见辐射的能流密度等于 $6\times10^{-7}J/(s\cdot cm^2)$. 假如蜡烛每小时烧掉 8.5g，而蜡烛的燃烧值为 5800J/g，试求蜡烛作为光源时的效率.

2.5　光源辐射波长为 500nm 的单色光，辐射通量为 15W，求光源辐射的光通量.

2.6　点光源是各向同性的，辐射的光通量为 1200π lm，求点光源的发光强度和它在 2m 处正对它的平面上产生的光照度.

2.7　一只白炽电灯(可视为点光源)悬挂在圆桌中央的上方，桌的半径为 R. 为了使桌的边缘能够得到最大的照度，灯应悬挂在距桌面中心多高处？

2.8　阳光垂直照射地面时，照度为 1.0×10^5lx. 若认为太阳的亮度与光传播方向无关，并忽略大气对光的吸收，且已知地球轨道半径为 1.5×10^8km，太阳的直径为 1.4×10^6km. 求太阳的亮度.

2.9　焦距为 20cm 的薄透镜，放在发光强度为 15cd 的点光源之前 30cm 处，在透镜后 80cm 处放一屏，在屏上呈现明亮的圆光斑. 不计透镜中光的吸收，求透镜的平均照度.

2.10　有一光阑，其孔径为 2.5cm，位于凸透镜前 1.5cm 处. 透镜的焦距为 3cm，孔径为 4cm. 长为 1cm 的物位于光阑前 6cm 处，求：

(1) 入射光瞳和出射光瞳的位置及大小；

(2) 像的位置并作图.

2.11　有一光阑直径为 5cm，放置于薄凸透镜后 3cm 处. 透镜的焦距为 5cm，孔径为 6cm. 现有一高为 3cm 的物体 PQ 置于透镜前 12cm 处，求：

(1) 物体 PQ 经此光学系统所成像的位置和大小，并作图；

(2) 对主轴上 P 点，入射光瞳和出射光瞳的大小及位置.

2.12　一薄凸透镜 L 的直径为 4cm，焦距为 8cm. 在它前面 2cm 处放置一直径为 2cm 的圆孔光阑. 试确定下列两种情况下的孔径光阑、入射光瞳、出射光瞳的位置和大小.

(1) 轴上物点位于透镜前 6cm 处；

(2) 轴上物点位于透镜前 3cm 处.

第 3 章　几何光学仪器原理

在日常生活和实践中，人们靠眼睛来观察周围的物体，但眼睛的观察能力有很大的局限性. 为了改善和扩大视觉，人们很早就利用透镜、反射镜和棱镜等制成各种光学仪器. 能够直接帮助人眼观察近处微小物体或远处物体的光学仪器(如显微镜、放大镜和望远镜)称为**助视光学仪器**. 有的光学仪器是为了在屏幕上得到一个缩小或放大的像，这样的光学仪器(如照相机和幻灯机)称为**投影光学仪器**. 还有的光学仪器能起到分光的作用，这种光学仪器(如分光镜、摄谱仪)称为**分光光谱仪器**. 随着科学技术的发展，光学仪器的种类越来越多，应用越来越广，各种光学仪器已经成为不可缺少的工具. 光学仪器通常分为**几何光学仪器**和**物理光学仪器**两大类.

几何光学仪器是指以光学成像系统作为基本组成部分的仪器，如显微镜、望远镜、照相机、投影仪等. 物理光学仪器是指用于研究光的本性的仪器，如分光仪、光谱仪、色度计等.

本章根据几何光学基本原理研究人眼及应用较为广泛的几何光学仪器，并对几何光学仪器的聚光本领作简要讨论，物理光学仪器的相关内容将在波动光学部分介绍.

3.1　人眼的光学系统

人眼是天然的光学仪器，是人体重要的感觉器官，各种目视光学仪器必须与它组合并匹配才能发挥作用，因此，我们需要对人眼的结构与特性有所了解.

3.1.1　人眼的结构

人眼大体为球形，直径约 25mm，图 3.1.1 所示为人眼的剖面图，眼球外围包有三层膜. 外层最坚硬，起保护作用，叫**巩膜**，巩膜前部的透明部分叫**角膜**，不透明部分通常称**眼白**.

巩膜里面紧接着一层是脉络膜，在它里面充满着色素和微血管. 这层膜伸到眼睛前面的部分叫**虹膜**，虹膜中间的圆孔叫**瞳孔**，其孔径随着观察物体亮暗程度不同可在 2～8mm 自动改变，以调节进入眼内的光量大小.

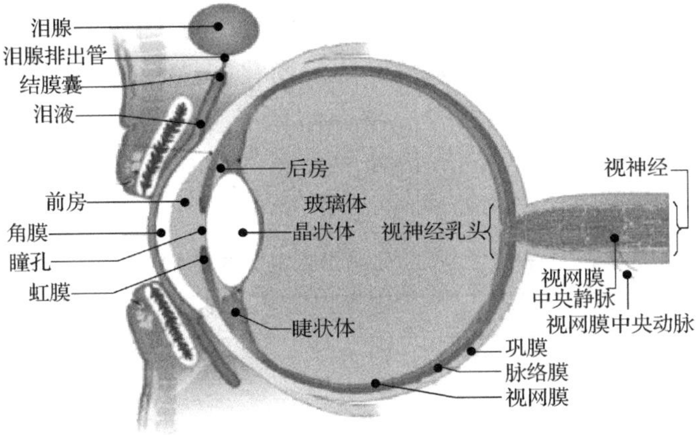

图 3.1.1　人眼的生理结构

角膜和虹膜包围的区域叫**前房**，其中充满了折射率为 1.337 的水状液体，称为前房液. 紧靠虹膜之后的是透明的晶状体，称为**睛珠**，相当于一个双凸透镜，它由两万两千多层薄膜构成，各层的折射率不同，其边缘包围着睫状肌，**当睫状肌紧张时，晶状体表面曲率增大(半径变小)，使眼的焦距变小；放松时，晶状体表面曲率变小(半径增大)，焦距变大**. 晶状体和巩膜之间的区域称为**后房**，其中充满了折射率为 1.336 的玻璃状液体.

眼球内壁后部的视网膜是眼的成像面，上面大量分布着两类不同的感光细胞. 一类为圆锥状细胞，有数百万个，**对白天的强光起反应，能区分颜色，给出像的细节较清晰**；另一类为**圆柱状细胞**，有上亿个，**对夜间的弱光起反应，不能区分颜色，能给出像的轮廓，像的细节不清晰**.

在眼球光轴上方附近有一直径约为 2mm 的黄色区域，称为**黄斑区**. 黄斑区内感光细胞分布最密集，视觉灵敏度很高，而黄斑中心有一直径约为 0.25mm 的区域视觉最灵敏，称为中央窝. 观察景物时，眼球会本能地转动，使中央窝对准目标，因而视觉最为清晰. 趋向视网膜边缘，感光细胞密度逐渐下降.

进入人眼的光线通过瞳孔后，经睛珠折射在视网膜上成倒立的像，但我们感觉是正立的，这是神经系统内部作用的结果. 视网膜上视神经的入口处，既没有圆锥细胞，也没有圆柱细胞，因而若物成像于此处，则不能引起视觉，此处的区域叫做盲点.

3.1.2　人眼光学系统　简化眼

人眼的结构十分复杂，从几何光学的观点来看，人眼是一个由不同介质组成的共轴球面系统，入射光进入人眼要经过多次折射才能在视网膜上成像. 正常眼放松时，眼球的像方焦距 $f' = 22.8\,\text{mm}$，物方焦距 $f = -17.1\,\text{mm}$，这时像方焦点恰好落在视网膜上. 人眼这一共轴球面系统很复杂，为了方便计算，通常可以将人眼近似地等效为一个单球面折射系统，称为**简化眼**. 球面的曲率中心即人眼两个节点的近似重合点，称为眼的光心，球面的曲率半径 $R=5.7\,\text{mm}$，像方介质折射率 $n'=4/3$. 这样，模型的两个焦距值便与正常眼一致，表 3.1.1 为简化眼结构的光学参数.

表 3.1.1 简化眼结构的光学参数

物理量	参数值	物理量	参数值
折射率 n'	4/3	光焦度 Φ	58.48D
折射球面的曲率半径 R	5.7mm	视网膜的曲率半径 r	9.8mm
物方焦距 f	−17.1mm	像方焦距 f'	22.8mm

3.1.3 眼睛的调节

人眼成像面(视网膜)的位置是固定的，而所观察的物体远近是不同的，为了使不同距离的物体都能在视网膜上成清晰的像，必须调节眼睛的焦距，人眼自动改变焦距的这一过程称为**人眼的调节**(或称调焦).

人眼的调节，主要是通过睫状肌的作用改变晶状体的曲率，使人眼能看清远近不同的物体. 当眼中的睫状肌松弛时，晶状体两曲面的曲率半径为最大，这时远处的物体能在视网膜上成清晰的像(像在像方焦平面上，此时像距等于像方焦距)，故眼睛看远物时不感觉疲劳. 当物体移近到某一相当近的距离时，睫状肌收缩，晶状体两曲面的曲率半径变小，焦距变短(像距大于像方焦距，像在像方焦平面以外)，因而仍能在视网膜上成像.

眼睛的调节能力是有限的，物体太近或太远时都无法看清楚. 把人眼通过调节所能看清物体的最短距离称为**近点距离**，能看清的最远距离称为**远点距离**. 一般人眼在适当的照明下，观察眼前 25cm 处的物体也是不费力的，而且能够看清楚物体的细节，这个距离称为**明视距离**. 正常人眼对从无限远到眼前 25cm 之内的物体，可以毫不费力地调节成像. 人眼的调节能力受年龄限制，年龄越大，调节能力越弱.

3.1.4 人眼的分辨率

人眼的分辨率是人眼的重要光学特性，也是设计助视光学仪器的重要依据之一. 通常称人眼刚能分辨的两物点在视网膜上所成的两像点之间的距离为**人眼的分辨率**. 人眼分辨率的大小与视网膜上神经细胞的大小有关. 要使两像点能被分辨，两个像点要能成像在两个感光细胞上，即它们之间的距离至少要大于两个神经细胞的直径. 在黄斑上视神经细胞的直径为 1～3μm，所以一般取 6μm 为人眼的分辨率. 这是在人眼视网膜上度量的可以分辨的最短距离.

物体经人眼所成理想像的高为 $y'=f'\tan\omega$，如图 3.1.2 所示. 若取 $y'=6\,\mu\text{m}$ 为人眼的分辨率，所对应的两物点对眼睛的张角就是

$$\omega_{\min}=\frac{y'_{\min}}{f'} \tag{3.1.1}$$

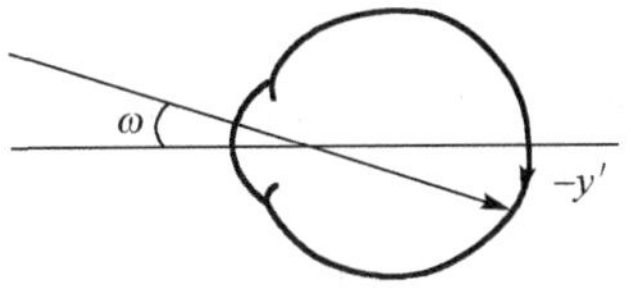

图 3.1.2　人眼的视角分辨率

通常把刚能分辨的两物点对人眼的张角 $\omega_{\min}$ 称为**人眼的视角分辨率**，用它表征人眼的分辨本领. 人眼在自然状态下，像方焦距为 $f'=22.8\text{ mm}$，将 $y'=6\,\mu\text{m}$ 代入式 (3.1.1)，得到 $\omega_{\min}=72''$.

3.1.5　非正常眼及其矫正

由于种种原因，有的人眼远点不在无限远而在眼前的有限距离处，有的人眼近点离眼很远(超过 25cm 的距离)，这些眼称为**非正常眼**. 常见的非正常眼有近视眼、远视眼和散光眼.

1. 近视眼及其矫正

近视眼是指远点不在无穷远而在眼前有限距离处的眼睛. 从几何光学的角度来说，近视眼是由于眼球过长或晶状体表面曲率太大(半径小，造成焦距变短)，远处(距离大于远点)的物体成像于视网膜前，而在视网膜上只能形成一模糊的像，如图 3.1.3(a)和(b)所示. 近视眼的远点在有限远处，如图 3.1.3(c)所示，即近视眼看不清远点以外的物体，在远点以内的物体只需适当调节就能看清楚.

矫正近视眼使用凹透镜，**将无限远处的物成虚像到所要矫正的近视眼的远点处，再通过眼睛使最后的像落在视网膜上**，即对于凹透镜(眼镜)和人眼共同组成的光学系统来说，远点在无限远处，如图 3.1.3(d)所示.

凹透镜的光焦度用 $\Phi=\dfrac{1}{f'}=\dfrac{1}{s'}-\dfrac{1}{s}$ 求得，式中 s' 为近视眼的远点距离，$s=-\infty$，f' 为眼镜片的焦距.

2. 远视眼及其矫正

远视眼是指近点大于 25cm 的眼睛. 从几何角度上来说，远视眼是由于眼球过短或晶状体表面曲率太小造成的(半径大，造成焦距变大)，当眼睛处于放松状态时，无穷远处的物体成像在视网膜之后，即此时眼睛的像方焦距在视网膜之后，如图 3.1.4(a)所示，但是需要注意，此时眼睛通过调焦改变像方焦距，可以使无穷远处的物体在视网膜上成像，即远视眼能看清远处的物体.

远视眼的近点比正常人眼的近点远，超过明视距离，所以对于近处(小于远视眼

的近点，比如眼前 25cm 处)的物体，通过眼睛后成像在视网膜之后，如图 3.1.4(b)所示. 只有处于眼睛远点之外的物体才能在视网膜上成像，如图 3.1.4(c)所示. 矫正远视眼要用凸透镜，凸透镜的作用是把眼前 25cm 处的物点成像到所要矫正的眼睛的近点处，如图 3.1.4(d)所示，即对于凸透镜(眼镜)和人眼共同组成的光学系统来说，近点在眼前 25cm 处.

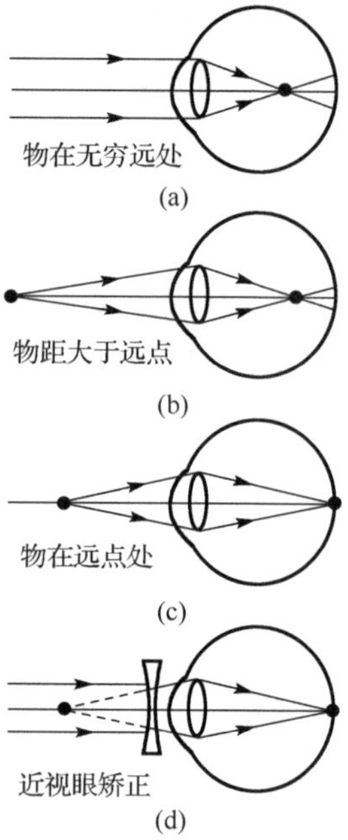

图 3.1.3　近视眼及其矫正

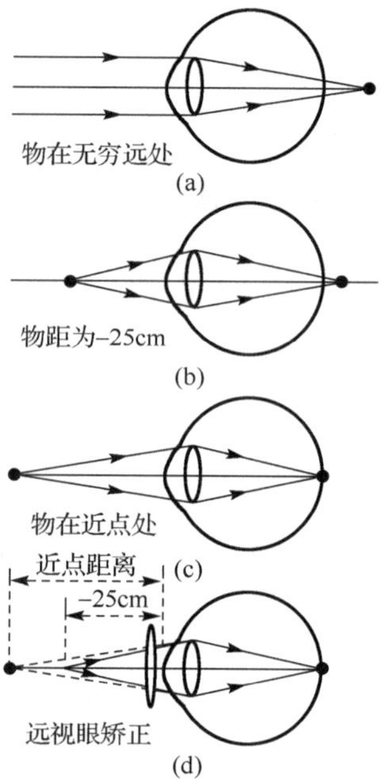

图 3.1.4　远视眼及其矫正

凸透镜的光焦度用 $\Phi=\dfrac{1}{f'}=\dfrac{1}{s'}-\dfrac{1}{s}$ 求得，式中 s' 为远视眼的近点距离，s 为正常人眼的明视距离(−25cm)，f' 为凸透镜的焦距.

3. 散光眼及其矫正

散光眼是角膜的曲面或晶状体的曲面在不同方向上的曲率不同造成的，也可能是晶状体偏位，致使在视网膜上不能形成清晰的像.

矫正散光眼用柱面透镜. 例如，如果在水平面内角膜的曲率是合适的，来自无限远处的光线可聚焦在视网膜上；在竖直平面内，角膜的曲率较小，来自无限远处的光线不能会聚在视网膜上，而是会聚在视网膜之后. 当眼球前放置一具有水平轴的柱面透镜时，在水平面内的光线不受影响；而在竖直平面内的光线因为柱面透镜的附加会聚作用，能够在视网膜上成像.

非正常眼形成的原因及预防

4. 老视眼及其矫正

随着人年龄的增长，眼睛晶状体的弹性逐渐减弱，眼睛的调节功能也随之减退甚至消失. 所以，正常人眼的远点虽然总是无限远，但近点却随着年龄的增长而逐渐变远. 当年龄接近七十岁时，人眼的自我调节能力几乎为零，这样的眼睛称为**老视眼.** 对于老视眼，当物体处在明视距离处时，经眼球的最大调节，仍成像于视网膜后，所以老视眼看不清近处的物体. 为了看清近处的物体，需配适当度数的凸透镜.

例 3.1.1　(1) 某近视眼的远点为 80cm，为将其远点校正到无穷远处，需配光焦度为多少的眼镜？

(2) 某远视眼的远点为 50cm，为将其近点校正到明视距离处，需配光焦度为多少的眼镜？

(3) 某人的远点在眼球前 100cm 处，为了看清 25cm 处的物体，需配什么样的眼镜？

解　(1) 所配眼镜应能将无穷远处的物体成像至眼前 80cm 处，则有

$$\Phi=\frac{1}{f'}=\frac{1}{s'}-\frac{1}{s}=\frac{1}{-0.8}-\frac{1}{\infty}=-1.25\ (\mathrm{D})$$

该眼睛的近视程度为 125 度，需配光焦度为−1.25D 的凹透镜.

(2) 所配眼镜应能将 25cm 处物体成像至眼前 50cm 处，则有

$$\Phi=\frac{1}{f'}=\frac{1}{s'}-\frac{1}{s}=\frac{1}{-0.5}-\frac{1}{-0.25}=2.00\ (\mathrm{D})$$

该眼睛的远视程度为 200 度，需配光焦度为 2.00D 的凸透镜.

(3) 这里，$s=-0.25\ \mathrm{m}$，$s'=-1\,\mathrm{m}$，则有

$$\Phi=\frac{1}{f'}=\frac{1}{s'}-\frac{1}{s}=\frac{1}{-1}-\frac{1}{-0.25}=3\ (\mathrm{D})$$

此人需配 3D(即 300 度)的凸透镜作为眼镜.

3.2　助视光学仪器的放大本领

眼睛所能够看清的物体细节总是有一定限度，当远距离目标对人眼的张角小于人眼的视角分辨率时，我们就分不清是一个点还是两个点，也就是看不清物体. 光学仪器可以扩大人眼的观察视角，使得我们看清肉眼看不清的目标. 用以扩大眼睛视觉能力的光学仪器称为**助视光学仪器**. 本节主要分析放大镜、显微镜、望远镜等助视光学仪器的成像原理.

3.2.1　视角放大本领

物体或物体经光学系统所成的像对人眼光学系统的节点所张的角称为**视角**. 通常可以把人眼的光学系统简化为一个单球面折射系统，而球面折射系统的节点与其曲率中心重合，所以物体或者物体经光学系统所成的像对简化眼的折射球面曲率中心所成的张角即为视角. 视角的大小决定了物在视网膜上所成像的大小. 同一物体，距眼睛越近，视角越大，视网膜上的像也就越大.

助视光学仪器的主要功能是放大视角，可以用视角放大本领来表征助视光学仪器的放大性能. 定义：**使用助视光学仪器时物体所成的像对人眼的张角 U' 与不使用光学仪器时物体(置于特殊位置处)对人眼的张角 U 之比**，称为**助视光学仪器的视角放大本领**(也称为**视角放大倍数**)，即

$$M=\frac{U'}{U} \tag{3.2.1}$$

上述的“特殊位置”，**对放大镜或显微镜而言，是指被观察物放在人眼的明视距离处；对望远镜而言，是指被观察物放在无穷远处**. 图 3.2.1(a)表示物放在明视距离处时的光路，物体 PQ 对眼睛的视角为 U；图 3.2.1(b)表示物经助视光学仪器时的光路图，物体 PQ 经光学仪器所成的像 $P'Q'$ 对眼睛的视角为 U'. 图 3.2.1(b)中，C 为简化眼的曲率中心，H 和 H' 为助视光学仪器的主点. 若在眼睛前配置助视光学仪器，线状物通过光学仪器和眼睛所构成的光学系统(晶状体、前房、后房的液体等)在视网膜上形成的像的长度为 l'，当没有配置光学仪器时，物体在视网膜上所成像的长度为 l，则放大本领还可以表示为

$$M=\frac{U'}{U}=\frac{l'}{l} \tag{3.2.2}$$

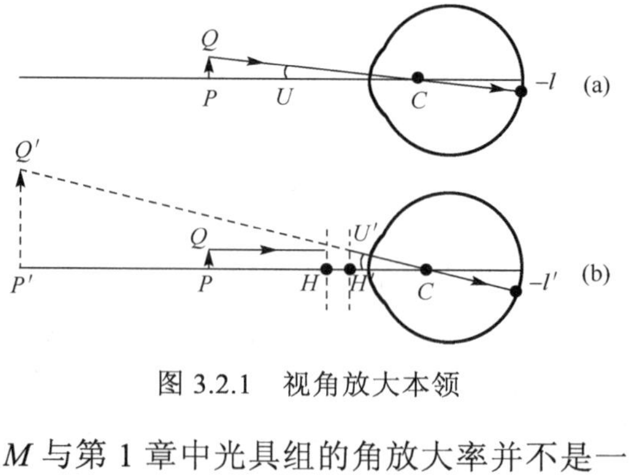

图 3.2.1　视角放大本领

注意：放大本领 M 与第 1 章中光具组的角放大率并不是一个概念. 在光具组的角放大率公式中，u 是入射光线与主光轴的夹角，而 u' 是对应的共轭出射光线与主

光轴的夹角，即 u 和 u' 是一对共轭角. 而放大本领公式中，l 和 l'、U 和 U' 并不是共轭量，它们是两个不同条件下物体在视网膜上的像高或视角.

3.2.2　放大镜

放大镜能够扩大眼睛的视觉能力，形成一个供眼睛观察的放大虚像. 最简单的放大镜就是一个短焦距(一般在 25～80mm)的会聚透镜. 如图 3.2.2(b)所示，将高为 y 的待测物体 PQ 放在透镜物方焦点的内侧，经透镜成一高为 y' 的正立放大的虚像，此虚像又经眼睛在视网膜上成实像 y''. 设 y' 与眼睛的距离为 d，则它对眼睛的视角为

$$U'=\frac{y'}{d}$$

不用透镜，直接用眼睛观察放在明视距离 l_0（l_0=25cm）处的物体，如图 3.2.2(a)所示，则视角为

$$U=\frac{y}{l_0}$$

因此，放大镜的放大本领为

$$M=\frac{U'}{U}=\frac{y'}{y}\cdot\frac{l_0}{d} \tag{3.2.3}$$

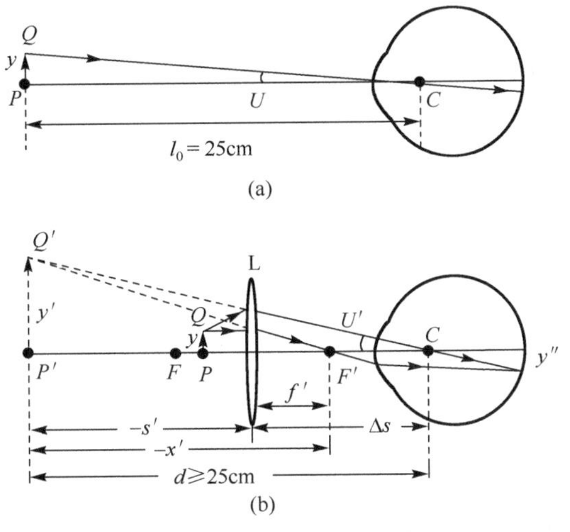

图 3.2.2　放大镜的放大本领

对于放大镜，由横向放大率公式得

$$\beta=\frac{y'}{y}=-\frac{x'}{f'}$$

设眼睛与透镜的距离为 Δs，由图 3.2.2 可知

$$-x' = (-s') + f' = (d - \Delta s) + f'$$

于是有

$$\frac{y'}{y} = \frac{-x'}{f'} = \frac{d + f' - \Delta s}{f'}$$

代入式(3.2.3)得

$$M = \frac{l_0}{f'}\left(1 + \frac{f' - \Delta s}{d}\right) \tag{3.2.4}$$

式(3.2.4)表明：放大镜的放大本领除了与透镜的焦距 f' 和明视距离 l_0 有关外，还与使用放大镜的方法(成像距离 d 和眼睛的位置 Δs)有关.

根据使用情况，式(3.2.4)可以简化，对正常眼，仪器的成像位置要求：$25\text{cm} \leqslant d \leqslant \infty$.

若将物体置于放大镜的物方焦平面上，则它所成的像在无穷远处，即 $d = \infty$，代入式(3.2.4)得

$$M = \frac{l_0}{f'} = \frac{25}{f'} \tag{3.2.5}$$

此时 M 仅由放大镜本身的焦距 f' 决定，与放大镜到眼的距离无关. 注意：**式中像方焦距 f' 的单位必须是 cm**.

当 $d = 25\text{cm}$ 时，即将放大镜的虚像调节在明视距离处，如果让放大镜紧挨着眼睛，此时 $\Delta s = 0$，由式(3.2.4)得

$$M = \frac{l_0}{f'} + 1 \tag{3.2.6}$$

由式(3.2.5)和式(3.2.6)可知，两式结果差别不大，然而事实上 Δs 不可能为零，所以它们几乎是相同的，以后我们只用式(3.2.5)表示放大镜的放大本领.

由式(3.2.5)知，放大镜焦距越短，则放大镜的放大本领越高. 但对单透镜而言，焦距越小，透镜表面的曲率半径就越小. 例如，对于 $n_0 = 1.5$，$r_1 = -r_2 = r$ 的双凸透镜，$f' = r$，若取 $M = 10$，则 $r = 2.5$ cm. 这样小的曲率半径，不仅给磨制工作带来困难，而且半径越小，像差越大. 所以通常由单个透镜做成的放大镜，其放大本领只有几倍. 如果采用复合透镜制备放大镜来减小像差，放大本领可达到 20 倍左右.

3.2.3 目镜

简单的放大镜就是由一个薄透镜组成，而复杂的助视光学仪器都是由物镜和目镜两部分组成，**物镜是指靠近物体的光具组**，而**目镜则是远离物体，靠近眼睛的光**

具组. 物镜和放大镜一样，通常是对实物进行放大，而目镜则用来放大物镜所成的像. 目镜是放大视角用的仪器.

对于助视光学仪器，目镜除了具有较高的放大本领外，还应该有较大的视场角，尽可能降低或者消除各种像差，而且要求在目镜的适当位置装一个带有叉丝或刻度尺的透明分划板，以测量物镜所成像的长度或提高测量精度. 通常，目镜由不相接触的两个或多个薄透镜组成，面向物体的透镜称为**场镜**，接近眼睛的透镜称为**接目镜**.

目镜的种类很多，而应用最广泛的目镜有惠更斯目镜和冉斯登(拉姆斯登)目镜.

1. 惠更斯目镜

惠更斯目镜由两个同种玻璃的平凸透镜组成，两者都是凸面向着物镜，场镜的焦距等于接目镜焦距的三倍，两镜间隔 d 等于接目镜焦距的两倍，场镜的像方焦点与接目镜的像方焦点重合，接目镜的物方焦点位于接目镜和场镜之间，其结构和光路如图 3.2.3 所示.

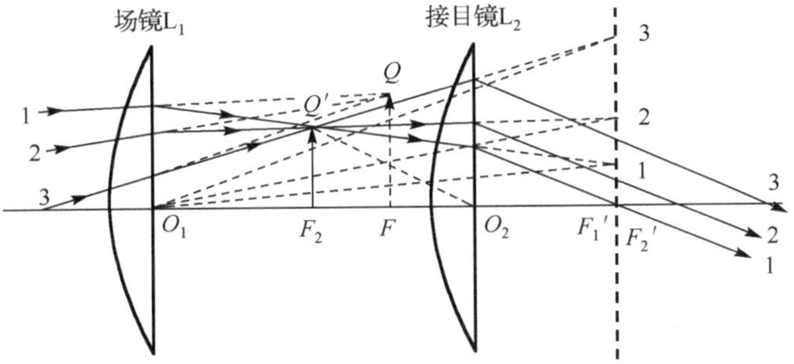

图 3.2.3　惠更斯目镜

由物镜射来的光线，若没有目镜，可成像于 Q 处，所以对于场镜而言 Q 是虚物，经场镜折射后成像于 Q' 处. 对于接目镜而言 Q' 是实物，经接目镜折射后成像. 若调节物镜的位置，使 Q' 恰好落在接目镜物方焦平面 F_2Q' 上，再经接目镜后，最终成像在无穷远处. 在这种情况下，物镜对物体所成的像 Q 位于整个目镜的物方焦平面 FQ 上(F_2 为两个透镜之间主轴上的中点，F 是 F_2 到接目镜之间主轴上的中点). 也可以另外调节物镜和目镜之间的距离，使最后的像成在其他位置，如明视距离处. 若配备叉丝或刻度尺，则应装在 FQ' 处，使它们的像和物体经场镜所成的像在眼睛视网膜上同一点出现. 不过叉丝或刻度尺的像单独由接目镜产生，场镜的消像差作用对它们没有影响. 所以叉丝或刻度尺的像会受到接目镜像差的影响，仅能在整个视场中央部分成清晰的像. 惠更斯目镜的视场相当大，视角可达 40°，在 25° 范围以内更清晰，而且结构简单. 显微镜中常采用这种目镜.

2. 冉斯登目镜

冉斯登目镜也由两个同种玻璃的平凸透镜组成，但是两平凸透镜的焦距相等，凸面相向，平面向外. 两透镜间的距离等于每一透镜焦距的 2/3，其结构和光路如图 3.2.4 所示.

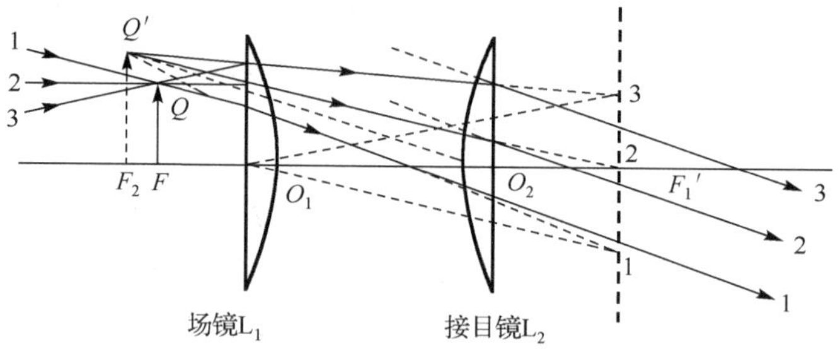

图 3.2.4　冉斯登目镜

由物镜射来的光束成实像 Q，对于场镜而言 Q 是实物，经场镜折射后成虚像 Q'，然后再经接目镜折射成像. 若调节物镜的位置，使 Q'恰好落在接目镜的物方焦平面 F_2Q'上，则经接目镜所成的像位于无穷远处，此时物点 Q 在整个目镜的物方焦平面 FQ 上. 若装叉丝或者分刻尺，应安装在整个目镜的物方焦平面 FQ 上.

惠更斯目镜和冉斯登目镜对被观察的像都有放大作用，但使用方面却是有差异的. 冉斯登目镜可作一般放大镜观察实物，而惠更斯目镜却不能观察实物，只能用来观察像. 在冉斯登目镜的物平面上加一分划板，可对被观察的物体或来自物镜的实像进行长度的测量.

3.2.4　显微镜

目镜的放大本领一般不超过 20 倍，有时不能满足使用要求，如果要进一步提高放大本领，就需要使用组合光具组构成放大镜，显微镜就是具有更大放大本领的光具组. 显微镜主要包括两组透镜：一组是焦距极短的物镜，一组是复合放大镜，即目镜. 物镜和目镜实际上都是由多个透镜组成的，但在原理上它们相当于一个会聚透镜. 显微镜具有很大的视角放大本领，通常用于观察微小物体或物体的细微部分.

显微镜种类很多，按用途可以分为生物显微镜、读数显微镜、金相显微镜、偏光显微镜等. 随着科学技术的发展，许多单纯的光学显微镜正在向光、机、电、计算机综合应用的方向过渡. 例如，在半导体集成电路生产线上使用的显微镜中放置电荷耦合器件(CCD)，由 CCD 把接收的光信号转变为视频信号输入到监视器上，工人可以通过观察监视器上集成电路影像的情况，进行焊接等操作，避免长时间使用目镜引起的视觉疲劳.

显微镜的成像光路如图 3.2.5 所示，显微镜的物镜和目镜各以一块薄的会聚透镜代替. 被观察的物体 PQ 置于物镜的物方焦点 F_o 外侧，且靠近 F_o，从而使物 PQ 经物镜所成的实像 $P'Q'$ 尽量大. 对于目镜而言，$P'Q'$ 是实物，经目镜后在远处形成一放大的虚像 $P''Q''$.

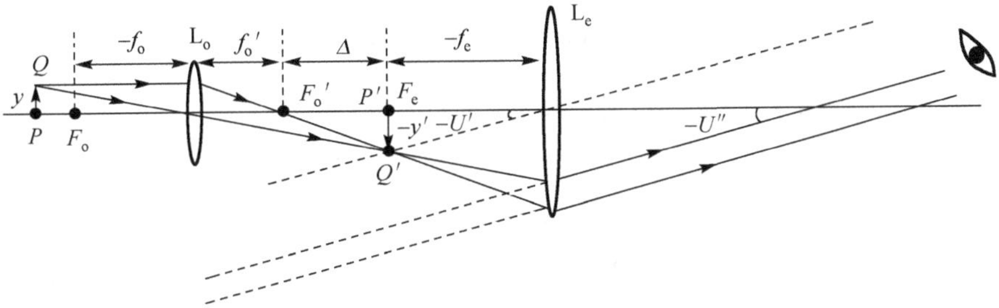

图 3.2.5　显微镜光路图

设物镜和目镜的像方焦距分别为 f_o' 和 f_e'，物镜和目镜之间的距离 L 称为**镜筒长度**. 物镜像方焦点 F_o' 到目镜物方焦点 F_e 之间的距离 Δ 称为**光学间隔**.

物体 PQ 位于 F_o 附近，物距 $s \approx f_o$，经目镜成像于 $P'Q'$，若像距为 s'，物高 $PQ = y$，像高 $P'Q' = -y'$，则物镜的横向放大率为

$$\beta_o = \frac{y'}{y} = \frac{s'}{s} \approx \frac{s'}{f_o} = \frac{s'}{-f_o'} = -\frac{s'}{f_o'}$$

得到 $y' = -y\dfrac{s'}{f_o'}$. 可见，要使物体经物镜所成的像尽量大，物镜的焦距 f_o' 必须很短，一般 $f_o' \ll \Delta$.

对于目镜而言，$P'Q'$ 是实物，再经目镜放大后形成虚像 $P''Q''$. 将目镜当作一个放大镜，根据放大镜的放大本领计算公式 $M = \dfrac{25}{f'}$，如果将 $P'Q'$ 尽可能放大，则目镜的焦距 f_e' 也必须很短，一般 $f_e' \ll 25\text{cm}$. 要使最后的像 $P''Q''$ 尽可能大，应使 $P'Q'$ 的位置尽量靠近目镜物方焦点 F_e. 如果 $P'Q'$ 在物镜的物方焦平面上，则 $P''Q''$ 成像在无穷远处，如图 3.2.5 所示，最终的像 $P''Q''$ 对眼睛的张角

$$-U'' = -U' = \frac{-y'}{-f_e}$$

再由 $y' = -y\dfrac{s'}{f_o'}$，可得

$$U'' = -\frac{y'}{f_e} = \frac{y'}{f_e'} = -\frac{ys'}{f_o' f_e'}$$

这就是显微镜所成像对眼睛的张角. 将物体置于明视距离处，用眼睛直接观察时的张角为 $U=\dfrac{y}{25}$，所以**显微镜的视角放大本领**为

$$M=\frac{U''}{U}=-\frac{25s'}{f_{o}'f_{e}'}=-\frac{s'}{f_{o}'}\cdot\frac{25}{f_{e}'}=\beta_{o}M_{e} \tag{3.2.7}$$

如图 3.2.5 所示，对于物镜成像时，$x_{o}'=\varDelta$，横向放大率 $\beta_{o}=-\dfrac{x_{o}'}{f_{o}'}=-\dfrac{\varDelta}{f_{o}'}$. 根据显微镜的特点，$f_{o}'$ 和 f_{e}' 均很短，则 $\varDelta\approx L$，所以

$$M=-\frac{\varDelta}{f_{o}'}\cdot\frac{25}{f_{e}'}=-\frac{25\varDelta}{f_{o}'f_{e}'}\approx-\frac{25L}{f_{o}'f_{e}'} \tag{3.2.8}$$

如果将显微镜的物镜和目镜看成一个光具组，则整个光具组的像方焦距 $f'=-\dfrac{f_{o}'f_{e}'}{\varDelta}$，所以显微镜的视角放大本领还可以表示为

$$M=\frac{25\varDelta}{f_{o}'f_{e}'}=\frac{25}{f'} \tag{3.2.9}$$

此式和放大镜视角放大本领公式是一致的，即显微镜就是一个稍微复杂的放大镜. 以上各式中，各长度均以 cm 为单位(因为式中 25 为眼睛的明视距离，即 25cm).

显微镜的视角放大本领等于物镜横向放大率和目镜视角放大本领的乘积. 在显微镜物镜和目镜上分别刻有“10×”、“20×”等字样，选择不同的物镜和目镜组合，二者的乘积即为显微镜的视角放大本领.

3.2.5　望远镜

望远镜是帮助人眼对远处物体进行观察的助视光学仪器. 观察者以对望远镜像空间的观察代替对物空间的观察；而所观察的像，实际上并不比原物大，只是相当于把远处的物体移近，增大了视角.

望远镜也是由物镜和目镜组成的. 物镜的像方焦平面与目镜的物方焦平面重合，通常情况下物镜的口径比较大，焦距比较长，而目镜的口径小一些，焦距也短一些. 这样就可以把无限远处的物成像在无限远处，并扩大观察视角. 物镜用反射镜的称为**反射式望远镜**，物镜用透镜的称为**折射式望远镜.**

对于折射式望远镜，目镜是会聚透镜的称为**开普勒望远镜**，目镜是发散透镜的称为**伽利略望远镜**.

1. 开普勒望远镜

德国天文学家开普勒(J. Kepler，1571～1630)于 1611 年首先提出了由两个会聚

薄透镜分别作为物镜和目镜所构成的天文望远镜，因此称为**开普勒望远镜**. 这种望远镜完全由透镜折射成像，所以又称为折射式望远镜. 其光路结构如图 3.2.6 所示，物镜的像方焦点 F_o' 与目镜的物方焦点 F_e 重合. 从远处物体 PQ 发射来的光(近似为平行光)经物镜所成的像 $P'Q'$ 位于物镜像方焦平面上，成一缩小倒立的实像；相对于目镜而言，$P'Q'$ 为一实物，且位于目镜的物方焦平面上，经目镜折射后所成的像 $P''Q''$ 位于无限远处，相对于物 PQ 而言，$P''Q''$ 为一放大倒立的虚像.

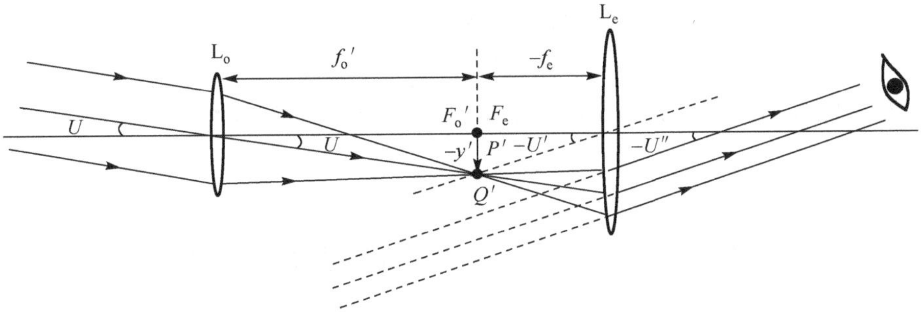

图 3.2.6　开普勒望远镜光路图

眼睛在目镜右侧看远处像点 $P''Q''$ 的视角为 $-U''$，由图 3.2.6 可知

$$-U''=-U'=\frac{\overline{P'Q'}}{-f_e}=\frac{-y'}{-f_e}\Rightarrow U''=-\frac{y''}{f_e}$$

如果不用望远镜而直接用眼睛看远处物体，则视角为

$$U\approx\frac{\overline{P'Q'}}{f_o'}=\frac{-y'}{f_o'}$$

所以**开普勒望远镜的视角放大本领**为

$$M=\frac{U''}{U}=\frac{f_o'}{f_e}=-\frac{f_o'}{f_e'} \tag{3.2.10}$$

由此可见，物镜的焦距 f_o' 越长，目镜的焦距 f_e' 越短，则望远镜的放大本领就越高. 开普勒望远镜的物镜和目镜的像方焦距均为正，即 $f_o'>0$，$f_e'>0$，所以**放大本领为负值，故形成的是倒立的像**，观察和瞄准极不方便，通常加入棱镜或透镜式倒像系统，使像正立. 开普勒望远镜的镜筒长度 L 等于物镜和目镜焦距之和，即 $L=f_o'+f_e'$，所以镜筒较长. 因为在物镜和目镜之间有实像，可以安装分划板，使像和分划板上的刻度进行比较，便于瞄准和测量.

2. 伽利略望远镜

意大利物理学家、天文学家伽利略(Galileo Galilei，1564～1642)在 1609 年发明了一种由会聚透镜作为物镜、发散透镜作为目镜的望远镜，称为**伽利略望远镜**.

伽利略望远镜物镜的像方焦点和目镜的物方焦点仍然重合，如图 3.2.7 所示. 从远处物体 PQ 射来的平行光束，经物镜会聚于点 $P'Q'$，但是在光束会聚之前就遇到了目镜，所以对目镜来说 $P'Q'$ 为虚物. 虚物 $P'Q'$ 经目镜折射后的出射光束仍是平行光束. 最后成正立像 $P''Q''$ 于无限远处. 由图 3.2.7 可知，$P''Q''$ 对眼睛所张的视角可近似为

$$U' \approx \frac{\overline{P'Q'}}{f_e} = \frac{-y'}{f_e}$$

式中，f_e 为目镜的物方焦距. 用眼睛直接观察物体时，物体对人眼的视角为

$$U \approx \frac{\overline{P'Q'}}{f_o'} = \frac{-y'}{f_o'}$$

式中，f_o' 为物镜的像方焦距. 所以，**伽利略望远镜的视角放大本领**为

$$M = \frac{U'}{U} = \frac{f_o'}{f_e} = -\frac{f_o'}{f_e'} \tag{3.2.11}$$

对于伽利略望远镜，物镜的像方焦距为正，目镜的像方焦距为负，即 $f_o' > 0$，$f_e' < 0$，则其视角放大本领为正值，故形成正立的像. 伽利略望远镜镜筒长度等于物镜和目镜焦距绝对值之差，故镜筒较短.

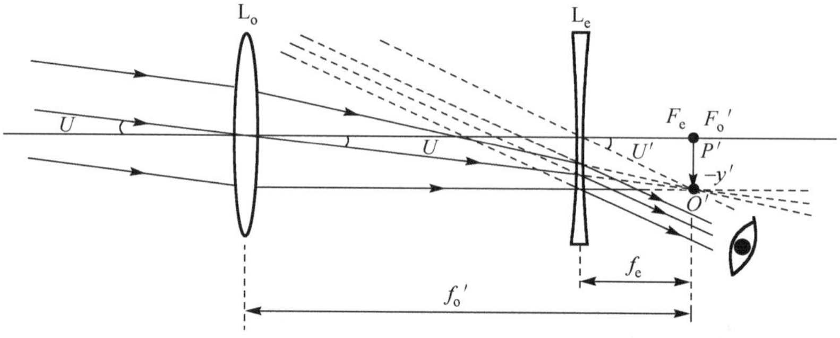

图 3.2.7　伽利略望远镜光路图

3. 反射式望远镜

由于反射镜能够反射的光谱范围比较广，不产生色差，当反射镜的形状合适时能校正球差，而且大孔径的反射镜又比大孔径的透镜容易制造，所以大型天文望远镜都是用大孔径的反射镜制成的. 这种望远镜叫做**反射式望远镜**.

牛顿在 1668 年发明了第一台反射式望远镜，其结构如图 3.2.8(a) 所示，由球面反射镜 AB、平面反射镜 CD 和薄透镜组成，解决了色差的问题；图 3.2.8(b) 为格雷

戈里式反射望远镜，其物镜由抛物面反射镜 AB 和椭球面反射镜 CD 组合而成；图 3.2.8(c)为卡塞格伦式反射望远镜，其物镜由抛物面反射镜 AB 和双曲面反射镜 CD 组合而成，该望远镜的长度短，有利于扩大视场，目前大多数光学系统的物镜均采用卡塞格伦式物镜. 上述三种物镜都具有球差小、像质好、观察方便等优点. 但对轴外点而言，它们的彗差和像散却很大，因此可用的视场十分有限. 图 3.2.8(d)为施密特式折反望远镜，它由一个凹面镜 AB 和一个非球面的透射校正板 CD 组合而成. 校正板的近轴光焦度近似等于零，用它校正球面反射镜的球差，并作为这个系统的入射光瞳，因此球面不产生彗差和像散，校正板也没有轴向色差和垂轴色差. 这种望远镜的校正结构比较简单，镜筒比较长. 在遥感技术、航天、导弹跟踪系统等方面有着广泛应用.

世界上典型的大型望远镜

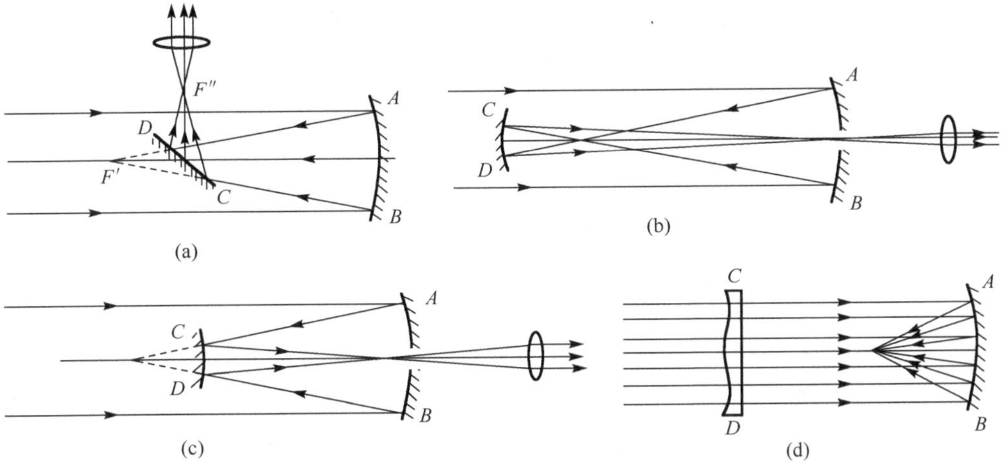

图 3.2.8　各种反射式望远镜

(a)牛顿式反射望远镜；(b)格雷戈里式反射望远镜；(c)卡塞格伦式反射望远镜；(d)施密特式折反望远镜

3.2.6　激光扩束器

常用激光器的光束直径都比较小，在出口处直径约为 1mm，且其发散角也很小. 但是在很多情况下都需要较大直径的激光束，此时可以使用一个高质量的倒置望远镜将激光束的直径变大，从而实现激光扩束. 倒置望远镜就是**激光扩束器**，其结构和光路如图 3.2.9 所示. 需要注意的是：若将倒置的开普勒望远镜作为激光扩束器使用，功率大的激光束经目镜会聚后，焦点处的光强将会非常高，有可能使空气电离，产生危险. 若用倒置的伽利略望远镜作为激光扩束器，由于 F_e 是虚焦点，没有光束的实际会聚点，故不会有此危险.

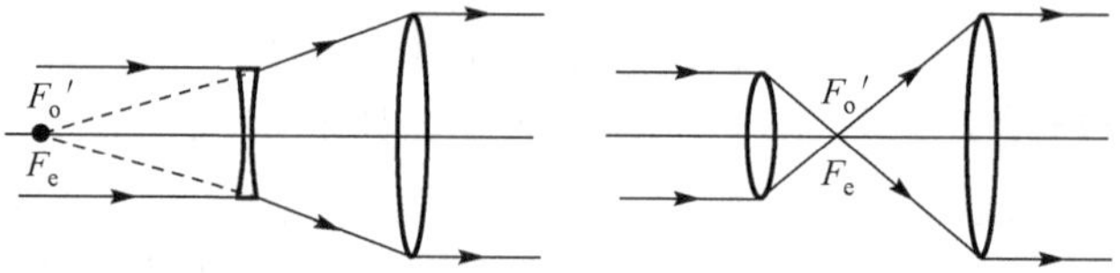

图 3.2.9　激光扩束器光路图

在测量人造卫星到地球距离的激光测距仪中，发射激光用的望远镜系统采用的就是倒置的伽利略望远镜，测量精度已达±5cm.

3.3　投影光学仪器原理

投影光学仪器是指将影像或物体本身放大成像于屏幕上的光学仪器，广泛应用于生产生活和科研中. 投影光学仪器主要有照相机、幻灯机、电影机和投影仪等. 这类光学仪器原理比较简单，其特点是把被观察物成像在屏幕或相片上进行观察，而不是用眼睛直接面对仪器观察.

3.3.1　照相机

照相机的种类很多，以小型照相机为例，其主要由镜头(透镜组)、光圈(可变光阑)、快门、暗箱、感光胶片(或 CCD)等组成，图 3.3.1 为照相机的结构示意图. 景物经镜头(相当于一个会聚透镜)折射后，在单反镜后侧暗室中的感光胶片或 CCD 上形成倒立的实像. 为了尽可能摄取较宽广的外界景物范围，要求镜头有较广阔的视场；通常照相机镜头的视场角为 50°～60°，某些特殊镜头的视场角可达120°. 为了在极短的时间内完成曝光，一方面要增加感光胶片的感光灵敏性，另一方面要增大光圈，这样就必然产生各种像差. 要消除这些像差，须采用复杂的透镜组作为镜头. 安装光圈就是为了减少畸变.

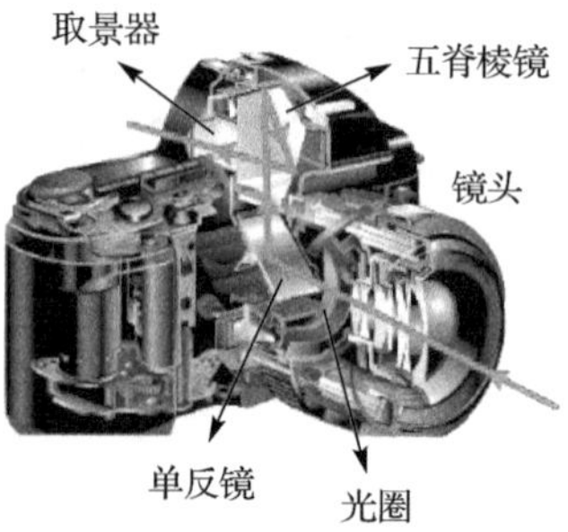

图 3.3.1　照相机结构示意图

照相机既可拍近处物体的像，又可拍远处物体的像，但其**聚光本领**不同. 其聚光本领主要靠光圈来调节，在整个光学系统中，光圈总是作为有效光阑.

照相时，**感光胶片或 CCD 上的照度等于光通量除以照片面积**. 而进入相机的光通量与光圈面积成正比，也就是与光圈直径 D 的平方成正比；照片面积与像距平方成正比，也就是与镜头焦距 f' 的平方成正比. 因此，感光胶片上的照度与 $(D/f')^2$ 成正比，我们称比值 D/f' 为**镜头的相对孔径**. 相对孔径的倒数 f'/D，称为**光圈系数**，也称为 F 数，表示焦距等于有效孔径的几倍. 在照相技术中，光圈的大小记为“ $f'/$

光圈系数”. 例如，光圈系数为 4，则光圈记为“ $f'/4$ ”，表示光圈的大小(即有效孔径 D)等于焦距的 1/4；光圈系数为 8，则光圈记为“ $f'/8$ ”，表示光圈的大小等于焦距的 1/8. 由此可见，f' 后面的数值越小，光圈越大.

一般情况下，照相机镜头的焦距 f' 为定值(变焦距镜头除外)，为了改变 D，将一组可调节的薄金属片制成的结构安装在镜头中间(俗称光圈)，并能均匀地开大或缩小，用于控制进光量. 光圈越大，进光量越多；反之，则越小. 简单地说，就是在快门不变的情况下，光圈越大，进光量越多，画面越亮；光圈越小，进光量越少，画面越暗.

在实际应用中，常提及曝光量的概念. 曝光量是指感光胶片在曝光时乳剂膜中的银盐所接收的光能量. 在曝光量一定的条件下，光圈增大(即光圈系数减小)时，曝光时间应缩短；光圈缩小(即光圈系数增大)时，曝光时间应延长. 在照相机中，曝光时间由快门控制. 表 3.3.1 给出了光圈系数与快门等级(即所需的曝光时间)的对应关系.

表 3.3.1　光圈系数与快门等级的对应关系

光圈系数	2	2.8	4	5.6	8	11	16	22	32
快门等级/s	1/400	1/200	1/100	1/50	1/25	1/10	1/5	1/2	1

当照相底板的位置固定时，只有位于一定距离处的物点才能成最清晰的像；在更远或更近距离处的物点，所成的像将变得模糊. 如果对像的清晰程度要求不是特别高，就存在一定的物距范围，在这范围之内的物点所成的像都可以认为是清晰的. 这个物距范围(即从最近清晰点到最远清晰点的距离)叫做**景深**. 改变光圈的直径可以起到调节景深的作用. 光圈直径越大，景深越小；光圈直径越小，景深越大. 决定景深大小的除光圈外，还有其他因素，例如，镜头的焦距越长景深越小，焦距越短景深越大；景物越近景深越小，景物越远景深越大.

传统照相机是运用化学方法将影像记录在胶片上，这是化学影像. 经过暗室冲洗和印、扩等操作，才能得到照片. 数码相机集成了影像信息的转换、存储和传输等部件，具有数字化存取模式、与计算机交互处理和实时拍摄等特点. 数码相机是利用 CCD 摄像装置代替胶片，将光信号转换成电信号，通过模数转换器变成数字信号，经压缩后由相机内部存储器来保存. 数码相机可以轻而易举地将图像数据传输到计算机，借助计算机的处理，还原成图像，并可以根据需求修改图像. 数码相机保留了传统相机的取景、曝光、快门和自拍定时器等装置，并增加了电子显示屏.

摄影基础知识

例 3.3.1　一个 $f'/2.8$ 的照相机镜头的焦距为 8cm，问此镜头的直径 D 是多少？

解　依题意，有 $\dfrac{D}{f'}=\dfrac{1}{2.8}$，所以

$$D=\frac{f'}{2.8}=\frac{8}{2.8}\approx 2.9(\text{cm})$$

3.3.2　幻灯机　投影仪

幻灯机、投影仪、电影放映机都属于光学投影仪器. 它们与照相机的功能相反：将胶片记录的景物投影到较大的屏幕上，以供观看.

幻灯机的主要结构如图3.3.2所示. 光源通常用弧光灯或灯丝集中的白炽灯来充当. 聚光器是由直径很大而焦距很短的两个平凸透镜 L_1、L_2 组成的. 由幻灯机得到的像是倒立、放大的实像.

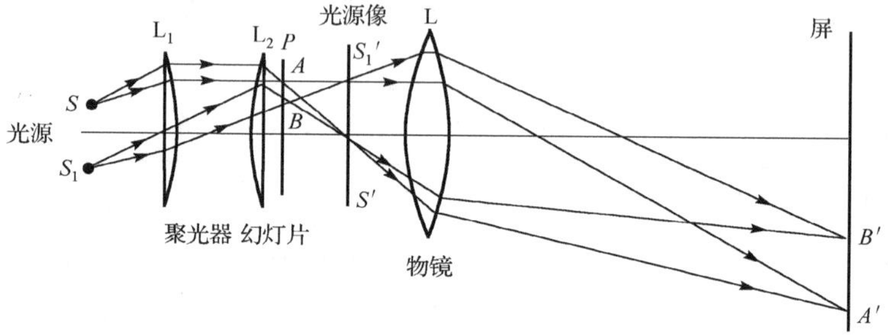

图 3.3.2　幻灯机光路图

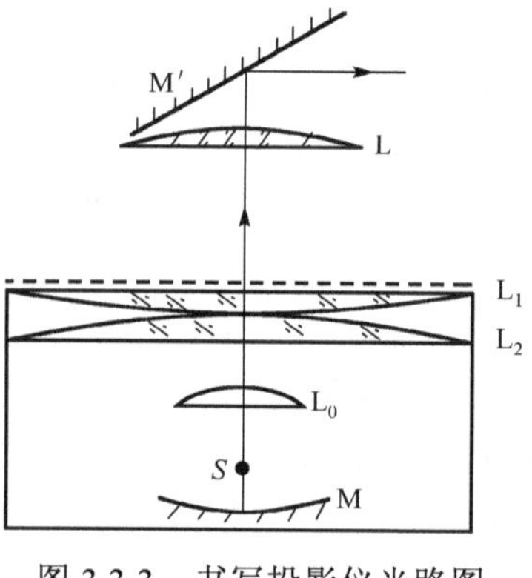

图 3.3.3　书写投影仪光路图

常用的书写投影仪结构如图 3.3.3 所示，是幻灯机的一种改装结构. 光源 S 经凹面镜 M 反射，再经透镜 L_0 扩束后到达由 L_1、L_2 两个平凸透镜组成的聚光器上，它是一种可消除球差的大孔径透镜. 紧贴着聚光器的是一块玻璃，其上可放置透明图或透明胶片. L 是物镜，放大的像通过平面镜 M′ 反射到屏幕上.

本 章 小 结

1. 人的眼睛

(1) 人眼的功能.

人眼是一个由不同介质组成的共轴球面系统，这一系统能使物体在视网膜上成

清晰的像. 人眼具备自动调节功能. 人们往往对人眼的结构做各种简化和近似，建立简化眼模型.

正常人眼的明视距离为 25cm. 人眼通过调节所能看清物体的最短距离称为近点距离，能看清的最远距离称为远点距离. 近点距离和远点距离对应的视度之差就是人眼的最大调节范围.

(2) 人眼的分辨率.

人眼刚能分辨的两物点在视网膜上成的两像点之间的距离称为人眼的分辨率. 刚能分辨的两物点对人眼的张角称为人眼的视角分辨率，即 $\omega_{\min}=\dfrac{y'_{\min}}{f'}$，用它表征人眼的分辨本领.

(3) 非正常眼及其矫正.

近视眼的远点在有限远处，看不清远点以外的物体. 配戴负透镜可以矫正近视眼.

远视眼的近点距离大于明视距离. 矫正远视眼要用正透镜.

2. 助视光学仪器的放大本领

(1) 视角放大本领.

使用助视光学仪器时物体所成的像对人眼的张角 U' 与不使用光学仪器时物体对人眼的张角 U 的比值，即

$$M=\frac{U'}{U}=\frac{l'}{l}$$

(2) 放大镜.

放大镜的视角放大率为 $M=\dfrac{U'}{U}=\dfrac{25}{f'}$.

(3) 目镜.

目镜也是放大视角用的仪器. 惠更斯目镜是由两个同种玻璃的平凸透镜组成的，两者都是凸面向着物镜，场镜的焦距等于接目镜焦距的三倍，两镜间隔 d 等于接目镜焦距的两倍. 拉姆斯登目镜由两个同种玻璃的平凸透镜组成，两者焦距相等，凸面相向，平面向外，两透镜间的距离等于每一透镜焦距的 2/3.

(4) 显微镜.

显微镜的视角放大本领等于物镜的横向放大率和目镜的视角放大本领的乘积

$$M=\frac{U'}{U}=-\frac{25s'}{f'_{\mathrm{o}}f'_{\mathrm{e}}}$$

(5) 望远镜.

物镜的像方焦平面与目镜的物方焦平面重合，且物镜焦距在数值上应大于目镜

焦距.

望远镜的视角放大本领：$M=\dfrac{U''}{U}=\dfrac{f'_{o}}{f_{e}}=-\dfrac{f'_{o}}{f'_{e}}$.

3. 投影光学仪器原理

投影光学仪器是指将影像或物体本身放大成像于屏幕上的光学仪器.

思 考 题

3.1 某人的远点是1m，问他戴上什么样的眼镜才能清晰地看到无限远处的物体？

3.2 近视眼和远视眼用伽利略望远镜看戏时，对镜筒分别进行怎样的调节？

3.3 把你的手逐渐移近眼睛，当眼睛刚刚无法聚焦你的手时，用直尺测量手离眼睛有多远. 这样将测得你的眼睛的近点. 我们可以有把握地说绝大多数人的近点都小于25cm. 试解释之.

3.4 当进入已经开演的电影院时，看不清周围的人和座位，为什么过一会就能看清了？当白天走出电影院时，感到光线特别强，这是什么原因？

3.5 动物的眼睛应当有怎样的结构才能使其在空气中和在水中不用调节就能同样看清楚远方物体？

3.6 当我们看不清楚一个较远的物体时，如果在眼前放一带有小圆孔的纸板，通过小孔就能把物体看清，这是为什么？

3.7 为什么调节显微镜时要对镜筒做整体移动而不改变筒长，调节望远镜时则需要调节目镜相对于物镜的距离？

3.8 简要说明共焦组合透镜组的功能.

3.9 当我们使用望远镜观察时，感觉目标和我们的距离缩短了. 这是什么原因？

3.10 开普勒望远镜与伽利略望远镜有哪些异同？

3.11 通常说望远镜调节到无限远聚焦，这是什么意思？

3.12 设一望远镜的物镜焦距为30cm，目镜焦距为1.5cm，问它能使激光束的直径扩大多少倍？

3.13 天文望远镜与日常所用的望远镜有何区别？

3.14 分析卡塞格伦式反射望远镜中反射镜的组合方式.

3.15 照相机物镜的焦距为12cm，暗箱可拉长20cm. 今要拍摄距物镜15cm的物体，为使暗箱完全拉开时能够呈现清晰的像，应在照相机的物镜上再附加一个什么样的透镜？

3.16 为什么在天文望远镜设计中，校正彗差通常比校正像散更重要.

3.17 为什么人眼在水中成为远视眼，鱼眼在空气中则成为近视眼？

3.18　试从反射与折射的观点论述“鹰击长空，鱼翔浅底”的原因.

3.19　为什么汽车的观后灯都是凸面反射镜，不是平面反射镜？

习　题

3.1　(1) 选配光焦度为+2D 眼镜的眼，其近点在何处？

(2) 为看得远，选配光焦度为−0.5D 眼镜的眼，其远点在何处？

3.2　眼睛的构造可用一折射球面来简单地表示，其曲率半径为 5.55mm，内部为折射率等于 4/3 的液体，外部是空气，其折射率近似地等于 1. 试计算眼球的两个焦距. 用眼观察月球时月球对眼的张角为 1°，问视网膜上月球的像有多大？

3.3　把人眼的晶状体看成距视网膜 2cm 的一个简单透镜. 有人能看清距离在 100cm 到 300cm 间的物体. 试问：

(1) 此人看清远点和近点时，眼睛透镜的焦距分别是多少？

(2) 为看清 25cm 远的物体，需配戴怎样的眼镜？

3.4　某近视眼的明视距离为 10cm，应配以光焦度为多少的眼镜，才能把他的明视距离移到眼前 25cm 处？

3.5　某近视眼的远点距离为 2m，要使无限远处的物体成像于眼前 2m 处，以满足矫正近视要求，问应配多少度的眼镜？

3.6　某远视眼的近点距离为 100cm，若能看清楚眼前 25cm 处的物体，求所配眼镜的焦距.

3.7　某人对在其眼前 2.5m 的物看不清，

(1) 需要配上多大光焦度的眼镜才能看清？

(2) 另一人对其眼前 1m 以内的物看不清，问需配多大光焦度的眼镜才能看清？

3.8　一简单放大镜的焦距为 10cm，

(1) 如果像成在眼前 25cm 处，应把被观察物置于放大镜前方多远处？

(2) 此时被观察物被放大了多少倍？(假设该放大镜为薄透镜)

3.9　一照相机对准远物时，底片距物镜 18cm，当镜箱拉至最大长度时，底片与物镜相距 20cm，求能清晰成像时，被拍摄的物体在物镜前的最近距离是多少.

3.10　两星所成的视角为 8′，用望远镜物镜照相，所得两点相距 1 mm，问望远镜物镜的焦距是多少？

3.11　一架显微镜，物镜焦距为 4mm，中间像成在物镜像方焦点后 160mm 处，如果目镜是 20×的，显微镜的总放大率是多少？

3.12　一架显微镜具有三个物镜、两个目镜，三个物镜的焦距分别为 16mm、4mm、1.9mm，两个目镜的放大本领分别为 5 倍、10 倍. 设三个物镜所成之像都能落在像距 160mm 处，试问这显微镜的最大和最小放大本领各为多少？

3.13 一架显微镜，物镜焦距为 2cm，目镜焦距为 5cm，二者相距 23cm. 试求物镜和目镜的放大倍数及显微镜的放大本领.

3.14 一架显微镜，物镜为 8×，目镜为 5×，二者相距 14cm. 问物体放在何处时，才能使最终像成于无穷远处.

3.15 一个开普勒望远镜的放大倍数为 4，物镜与目镜的距离为 20cm. 问物镜与目镜的焦距各为多少？

3.16 物镜焦距 $f_o'=50\text{cm}$ 的望远镜已正常调节，为了清楚看到 50m 处的物体，应将目镜移动多少距离？

3.17 拟制作一个 3×的简易望远镜，已知一个焦距为 50cm 的物镜. 试求：

(1) 在开普勒型中，目镜的光焦度以及望远镜的筒长；

(2) 在伽利略型中，目镜的光焦度以及望远镜的筒长.

3.18 一架幻灯机的投影镜头焦距为 7.5cm，当幕由 8m 移到 10m 远时，镜头需移动多少距离？

3.19 将望远镜倒过来可以用作激光扩束器. 设一望远镜的物镜焦距为 30cm，目镜的焦距为 1.5cm，它能使激光的直径扩大几倍？

3.20 已知月球对地球的张角为 0.5°，某望远镜物镜焦距为 20m，求物镜对月球所成像的直径.

3.21 用开普勒望远镜观察天上的星星，设望远镜的物镜和目镜都可简化成单个薄透镜，物镜焦距 $f_1'=80\text{mm}$，相对孔径 $D/f_1'=0.5$；目镜焦距 $f_2'=10\text{mm}$；位于物镜后焦面上的分划板直径为 10mm；物镜为孔径光阑，分划板通光孔为视场光阑. 试求：

(1) 出瞳的位置和大小；

(2) 视角放大率；

(3) 入窗和出窗的位置；

(4) 物方视场角及像方视场角的大小.

3.22 一架望远镜由一块焦距为 250mm 的物镜和一块焦距为 10mm 的目镜组成. 如果希望对无穷远的物最终成像在无穷远，那么两个透镜的间距应该是多少？此时系统的放大率为多少？

3.23 望远镜的物镜焦距 $f_1=60\text{cm}$，目镜焦距 $f_2=4\text{cm}$，物镜和目镜玻璃的折射率 $n=1.5$. 将望远镜沉没在水中，内部也充满水. 为使其能够观察到水中远方物体，应当用什么样的物镜(同种类玻璃)来代替望远镜原来的物镜？若水的折射率 $n'=4/3$，此时望远镜的放大率等于多少？

3.24 用焦距分别为 100cm 和 20cm 的远视眼镜片做成一个简陋的望远镜，求它的视角放大率.

3.25 一架显微镜的物镜焦距为 1cm，目镜焦距为 3cm，物镜与目镜之间的距离为 20cm.

(1) 若最后像成在无穷远处，物体应放在距物镜多远处？此时显微镜的放大率是多少？

(2) 若将物镜与目镜移近一个小距离，使最后像成在明视距离处，求移近的距离.

3.26　两个同样平凸透镜的折射率为 1.5163，组成一个惠更斯目镜，它的视角放大率为 10，场镜焦距是视镜焦距的 3 倍，两者间距是视镜焦距的 2 倍. 求两平凸透镜的距离及其曲率半径.

3.27　两个同样平凸透镜的焦距均为 36mm，两者相距 28mm，组成一个拉姆斯登目镜. 求此目镜的焦距和视角放大率？

3.28　一长为 5mm 的线状物放在数码相机镜头前 50cm 处，在 CCD 上形成的像长 1mm，若 CCD 后移 1cm，则像的弥散斑宽度为 1mm，试求数码相机镜头的 F 数.

第 4 章　波动光学的电磁理论基础

几何光学是基于光线的概念讨论光学系统的成像问题，并未涉及光的本性. 光究竟是什么？自古以来人们对此曾有过种种猜测和争论. 从 17 世纪开始，关于光的本性就有两个并立的学说：一个是**微粒说**，把光看成是由微粒组成的，认为这些微粒按力学规律沿直线运动，因此光具有直线传播的性质，英国物理学家牛顿是微粒说的主要创立者；另一个是**波动说**，认为光是一种波，并利用子波原理解释了光的反射和折射定律，与牛顿同时代的荷兰物理学家惠更斯是波动说的奠基人.

在 19 世纪以前，光的波动说由于没有实验支持，未被多数学者接受，微粒说比较盛行. 但是，随着光学研究的深入，人们发现了许多不能用直线传播解释的现象，例如干涉、衍射等，而用光的波动性就很容易解释. 此时光的波动说占上风. 到了 19 世纪，英国物理学家托马斯·杨和法国物理学家菲涅耳等的工作为光的波动说提供了有力证据，牢固地确立了光的波动说. 但光是一种什么样的波，在当时人们却不得而知.

1864 年，英国物理学家麦克斯韦在前人工作基础上建立了完善的电磁场理论，预言了电磁波的存在. 理论计算进一步表明，电磁波传播速度与当时测得的光速吻合，因此麦克斯韦认为光是一种电磁波. 德国物理学家赫兹在 1886～1888 年用实验证明了电磁波的存在，并证明电磁波确实和光波一样能产生反射、折射、干涉、衍射、偏振等现象. 由此证明光和电磁现象是一致的，光就是电磁波的一部分. 波动光学就是从光是电磁波这一基本观点出发来讨论光的干涉、衍射、偏振等现象.

本章主要阐明光波的电磁性质；光波场的数学描述；光在透明介质交界面上的反射、折射行为，包括反射、折射时光振幅、光能流、光强的分配，偏振态的变化，相位跃变等规律，进而提出半波损失.

4.1　光波的电磁性质

4.1.1　电磁场的基本性质

光波是电磁波，它具有电磁波的特性，所以光波的一些基本性质都可以由麦克斯韦方程组推导出来. 由于目前所关心的是光波在透明的各向同性介质中的传播，所以不考虑自由电荷和传导电流的存在，在这种情况下**麦克斯韦方程组**可表示为

麦克斯韦方程组

$$\begin{cases}\nabla\cdot\boldsymbol{E}=0\\ \nabla\cdot\boldsymbol{H}=0\\ \nabla\times\boldsymbol{E}=-\mu\dfrac{\partial\boldsymbol{H}}{\partial t}\\ \nabla\times\boldsymbol{H}=\varepsilon\dfrac{\partial\boldsymbol{E}}{\partial t}\end{cases}\tag{4.1.1}$$

式中，μ 为介质的磁导率；ε 为介质的介电常量(又称为电容率).

对式(4.1.1)中第三式取旋度可得 $\nabla\times\nabla\times\boldsymbol{E}=-\nabla\times\mu\dfrac{\partial\boldsymbol{H}}{\partial t}$，利用矢量分析公式有

$$\nabla\times\nabla\times\boldsymbol{E}=\nabla(\nabla\cdot\boldsymbol{E})-\nabla^2\boldsymbol{E}$$

再结合式(4.1.1)中的第一式可得 $\nabla\times\nabla\times\boldsymbol{E}=-\nabla^2\boldsymbol{E}$，而 $\nabla\times\boldsymbol{H}=\varepsilon\dfrac{\partial\boldsymbol{H}}{\partial t}$，因此

$$\nabla^2\boldsymbol{E}-\mu\varepsilon\frac{\partial^2\boldsymbol{E}}{\partial t^2}=0\tag{4.1.2}$$

同理可得

$$\nabla^2\boldsymbol{H}-\mu\varepsilon\frac{\partial^2\boldsymbol{H}}{\partial t^2}=0\tag{4.1.3}$$

若令

$$v=\frac{1}{\sqrt{\mu\varepsilon}}\tag{4.1.4}$$

则式(4.1.2)和式(4.1.3)可改写为

$$\nabla^2\boldsymbol{E}-\frac{1}{v^2}\frac{\partial^2\boldsymbol{E}}{\partial t^2}=0\tag{4.1.5}$$

$$\nabla^2\boldsymbol{H}-\frac{1}{v^2}\frac{\partial^2\boldsymbol{H}}{\partial t^2}=0\tag{4.1.6}$$

式(4.1.5)和式(4.1.6)就是著名的**电磁场波动方程**. 它说明电磁场是以波的形式在空间传播，且式中的 v 就是电磁波在介质中的传播速度. 它与真空中电磁波的传播速度 c 之间的关系是

$$v=\frac{1}{\sqrt{\mu\varepsilon}}=\frac{1}{\sqrt{\mu_0\varepsilon_0}}\times\frac{1}{\sqrt{\mu_r\varepsilon_r}}=\frac{c}{n}\tag{4.1.7}$$

式中，$c=\dfrac{1}{\sqrt{\mu_0\varepsilon_0}}$ 为真空中的光速，而

$$n=\sqrt{\mu_r\varepsilon_r}\tag{4.1.8}$$

为介质的折射率，对光学波段近似有 $\mu_r=1$，故可以认为

$$n=\sqrt{\varepsilon_r} \tag{4.1.9}$$

该式将光学常数(折射率 n)和电磁学常数(ε_r)联系起来了.

理论和实验都已经证明，电磁波为横波，电场强度 $\boldsymbol{E}$(简称电矢量)和磁场强度 $\boldsymbol{H}$(简称磁矢量)是相互垂直的，并且两者的相位相同. 因此，一个沿 x 轴正向传播、振幅恒定的简谐电磁波在某一时刻的波形可用图 4.1.1 所示. 电磁场中 $\boldsymbol{E}$、$\boldsymbol{H}$ 及传播方向呈右手螺旋关系，即 $\boldsymbol{E}$ 沿 y 方向振动，$\boldsymbol{H}$ 沿 z 方向振动.

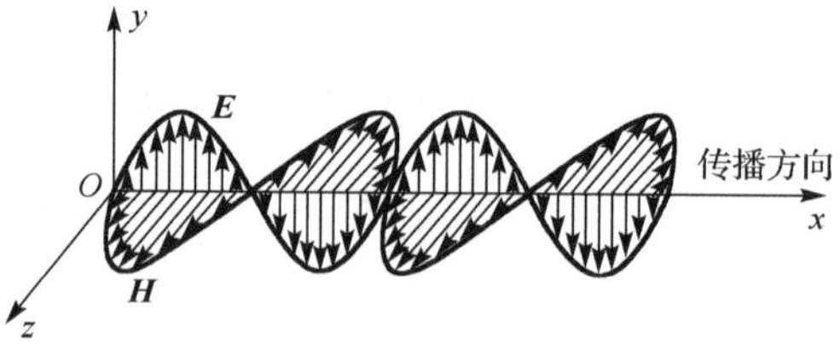

图 4.1.1　电磁波波形

4.1.2　光波的频率、波长和颜色

光波的频率仅由光源频率决定，而与传播介质无关，即**同一束光在不同的介质中传播时频率固定不变**. 根据波长 λ_0、波速 v 和频率 ν 三者的关系，介质中的波长 $\lambda=v/\nu$，真空中的波长 $\lambda_0=c/\nu$，由式(4.1.7)可知，同一光波在不同介质中的传播速度 v 不同，则**同一光波在不同介质中传播时波长不同**. 因此，介质中的波长与真空中的波长的关系为

$$\lambda=\frac{\lambda_0}{n} \tag{4.1.10}$$

因为介质折射率 $n>1$，所以同一光波在介质中的波长要小于真空中的波长. 应该说明：**凡未特别指明的，通常所说的波长是指在真空中的波长**.

在各种波长的电磁波中，能被人眼所感受到的光称为可见光. 在可见光范围内，不同波长的光引起不同的颜色感觉，波长与颜色的关系如下：

760–630	630–600	600–570	570–500	500–450	450–430	430–400 nm
红	橙	黄	绿	青	蓝	紫

由于颜色是随波长连续变化的，所以颜色的划分带有人为的性质.

人眼对不同波长的光视觉灵敏度不同，对 555nm 左右的黄绿光感觉最灵敏，偏离此波长越远，灵敏度越低，所以人眼对紫光和红光灵敏度较低. 可见光的波长范围并无严格的界限，通常把可见光的波长范围定义为 400～760nm.

只包含一种波长的光称为**单色光**，严格的单色光在自然界中是不存在的，任何光源发出的光都包含了许多不同的波长成分．如果光的波长范围很窄，则称为**准单色光**．波长范围越窄，单色性越好，实践中只能得到准单色光，利用分光仪器(如棱镜光谱仪或光栅光谱仪)可将不同波长的光彼此分开．**复色光经过分光仪器后，按照波长(或频率)大小而依次排列形成的图案**，称为**光谱**．不同的光源具有不同的光谱，即使是单色性最好的激光，也具有 $\Delta\lambda=10^{-9}$ nm 这一数量级的波长范围，光谱的波长范围 $\Delta\lambda$ 称为**谱线宽度**，对应的频率范围 $\Delta\nu$ 称为**频谱宽度**.

4.1.3　光强——平均能流密度

光的传播实质是能量的传输．根据电磁理论，可以用**能流密度**(又称**坡印亭矢量**，是指**在单位时间内通过与波的传播方向垂直的单位面积上的能量**) $\boldsymbol{S}=\boldsymbol{E}\times\boldsymbol{H}$ 来描述能量的传递情况，因电磁波中 $\boldsymbol{E}\perp\boldsymbol{H}$ 且 $\sqrt{\varepsilon}E=\sqrt{\mu}H$，所以坡印亭矢量的瞬时值为

$$S=\left|\boldsymbol{E}\times\boldsymbol{H}\right|=\sqrt{\frac{\varepsilon}{\mu}}E^2 \tag{4.1.11}$$

对于光波，其频率极高(在 $10^{14}\sim10^{15}$Hz 的范围)，而任何探测器都有一定的响应时间，如人眼的响应时间为 0.1s，目前最快的光电探测器的响应时间为 10^{-12}s．所以，难以观测瞬时振动和瞬时能流密度值，人眼或探测仪器所接收的实际上是光的平均效应．因此，将**光的平均能流密度定义为光强**，用 I 表示

平均能流密度公式推导

$$I=\langle S\rangle=\sqrt{\frac{\varepsilon}{\mu}}\langle E^2\rangle$$

式中，〈 〉表示对时间取平均．对于简谐波，其波函数可用余弦函数表示，而余弦函数的平方在一个周期内的平均值为 1/2，可得

$$I=\frac{1}{2}\sqrt{\frac{\varepsilon}{\mu}}A^2=\frac{1}{2}\sqrt{\frac{\varepsilon_0\varepsilon_{\mathrm{r}}}{\mu_0\mu_{\mathrm{r}}}}A^2 \tag{4.1.12}$$

其中 A 是电场强度的振幅．由式(4.1.7)和式(4.1.9)，式(4.1.12)又可写为 $I=\frac{1}{2}n\sqrt{\frac{\varepsilon_0}{\mu_0}}A^2$．考虑到 $c=\frac{1}{\sqrt{\varepsilon_0\mu_0}}$，则光强

$$I=\frac{n}{2c\mu_0}A^2 \tag{4.1.13}$$

在同一介质中，我们往往只关心光强的相对分布，此时上式的比例系数并不重要，因此令光强等于**电矢量振幅的平方**，称为**相对光强**，即

$$I=A^2 \tag{4.1.14}$$

应该指出，若涉及光在两种不同的介质中传播时的光强，则必须考虑折射率的影响.

4.2　光波场的数学描述

4.2.1　光波场的一般描述——波线和波面

有光波存在的区域称为光场，光场中具有相同相位的点所组成的曲面称为**波阵面**或**波面**. 波面为球面的称为**球面波**，波面为平面的称为**平面波**，波面为柱面的称为**柱面波**，如图 4.2.1 所示.

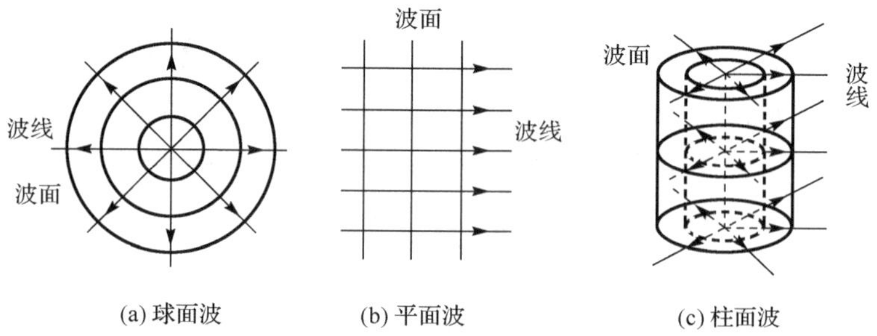

图 4.2.1　波面与光线

在各向同性的均匀介质中，由点光源发出的光波在空间各个方向的传播速度一样，通过相同的时间，传播相同的距离，其波面是以点光源为中心的球面，所以为**球面波**；而离点光源很远的地方，波面趋于平面，这时球面波转化为**平面波**；若把平面波投射到具有一条细长狭缝的不透明平面屏上，则这个细长狭缝就相当于发射同相位光波的缝光源(或称线光源)，它发出的波面为柱面，产生**柱面波**.

为了描述光的传播特性，在光场中可以绘出一些几何线，并使线上每点的切线方向与该点光的传播方向一致，这样的线族称为**光线**，它代表光的传播方向. 在各向同性的均匀介质中，光线总是与波面正交，所以球面波的光线通过共同的中心点，构成同心光束，平面波的光线构成平行光束. 这种用波面和光线描述光波传播的方法比较形象直观.

4.2.2　光波的三角函数表示

在波动中，波场中任一点总有某一个(或数个)物理量随时间变化而振动，该物理量一般是矢量，可以把这种矢量称为**振动矢量**，相应的波亦称为**矢量波**. 在某些情况下，如果所考察的振动物理量是标量，相应的波则称为**标量波**. 在许多实际应用中，当振动物理量的矢量性对所考察的具体问题不起显著作用，或者仅考虑振动矢量的某一个分量时，亦可把矢量波简化为标量波进行处理.

大量实验证明，各种检测光的元件，如感光胶片、光电池、光电倍增管等，它们对光的反应主要是由电磁波中的电场引起的，植物的光合作用以及动物眼睛的视觉也主要由电场所致. 另外，一旦知道了电场矢量 $\boldsymbol{E}$，也就能知道磁场矢量 $\boldsymbol{H}$. 因此选择电场矢量 $\boldsymbol{E}$ 表示光的振动矢量，并称之为**光矢量**.

电磁波是矢量波，严格说来，在研究光振动时必须考虑其矢量性，不过在很多场合，如考虑自然光在各向同性介质中的行为时，可把光波近似作为标量波处理，这种方法使问题处理大为简化，并且能得到与实际相当一致的结果. 因此在光的标量理论中，光矢量 $\boldsymbol{E}$ 被看作标量，可以将矢量波动方程(4.1.5)转化为标量波动方程

$$\nabla^2 E - \frac{1}{v^2}\frac{\partial^2 E}{\partial t^2} = 0 \tag{4.2.1}$$

波动微分方程的解称为波函数或行波方程，它是空间和时间的函数，具有时、空双重周期性，用来描写光波场中各点电场随时间的变化规律. 在不同的情况下，波函数具有不同的形式. 最基本、最简单的波函数是平面波、球面波和柱面波的波函数. 任何复杂的波动都可以表现为这些波的合成.

1. 单色平面波

严格说来，单色平面波是一种理想模型，是指振幅与传播方向均不随时间和空间变化，在时空中无限延续的简谐波. 如图 4.2.2 所示，假如有一列沿 $\boldsymbol{k}$ 方向传播的平面波，设坐标原点 O 处的光振动为

$$E = A\cos(\omega t + \varphi_0) \tag{4.2.2}$$

式中，A 为振幅；ω 为圆频率；φ_0 为初相位. 现在考虑光场中任一点 $P(x, y, z)$ 的光振动，P 点的位置矢量用 $\boldsymbol{r}$ 表示. 由于是平面波，振幅处处相等，即 A=常数. 但 P 点的相位比 O 点滞后 $\dfrac{2\pi(r\cos\theta)}{\lambda}$，$\theta$ 是 $\boldsymbol{r}$ 与 $\boldsymbol{k}$ 的夹角，$r\cos\theta$ 为 O 点的波面传到 P 点处所经过的距离. 于是 P 点的光振动方程可写成

$$E(\boldsymbol{r},t) = A\cos\left(\omega t - \frac{2\pi r\cos\theta}{\lambda} + \varphi_0\right) \tag{4.2.3}$$

定义**波矢** $\boldsymbol{k} = \dfrac{2\pi}{\lambda}\cdot\dfrac{\boldsymbol{k}}{k}$，其大小为 $k = \dfrac{2\pi}{\lambda}$，称为**波数**，其方向为波的传播方向. 它表示在光的传播方向上经过单位距离后光振动的相位滞后量. 引入波矢后，单色平面波的波函数可表示为

$$E(\boldsymbol{r},t) = A\cos(\omega t - \boldsymbol{k}\cdot\boldsymbol{r} + \varphi_0) \tag{4.2.4}$$

若平面波沿 x 方向传播，则有

$$E(x,t) = A\cos(\omega t - kx + \varphi_0) \tag{4.2.5}$$

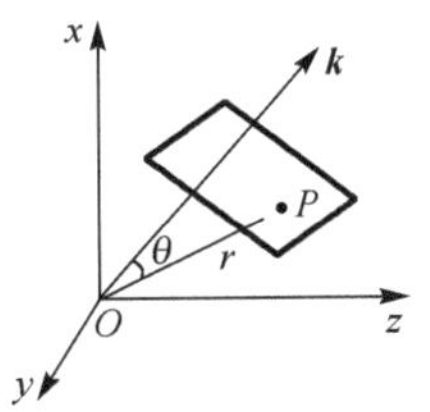

图 4.2.2　空间传播的平面波

若平面波沿 x 轴负方向传播，则有

$$E(x,t)=A\cos(\omega t+kx+\varphi_0) \tag{4.2.6}$$

2. 波的时空周期性

波动的一个重要特点就是具有**时空周期性**. 由式(4.2.5)及波数的表达式，可以得到

$$E(x,t)=A\cos\left[2\pi\left(\frac{t}{T}-\frac{x}{\lambda}\right)+\varphi_0\right] \tag{4.2.7}$$

由式(4.2.7)很容易看出，x 每变化一个波长 λ，或 t 每变化一个周期 T，则波函数的相位就改变 2π，波函数复原. 因此 λ 和 T 分别表示波的**空间周期**和**时间周期**，时间周期的倒数称之为**频率**，空间周期的倒数称之为**空间频率**.

对于沿任意方向传播的三维平面波，其波函数式(4.2.4)可以写成

$$E(\boldsymbol{r},t)=A\cos[\omega t-(k_x x+k_y y+k_z z)+\varphi_0] \tag{4.2.8}$$

其中 k_x、k_y、k_z 分别为波矢 $\boldsymbol{k}$ 在 x、y、z 方向的分量，设波矢 $\boldsymbol{k}$ 与三个坐标轴的夹角分别为 α、β、γ，则有

$$k_x=k\cos\alpha,\quad k_y=k\cos\beta,\quad k_z=k\cos\gamma \tag{4.2.9}$$

这样式(4.2.8)可写为

$$E(\boldsymbol{r},t)=A\cos\left\{2\pi\left[\frac{t}{T}-\left(\frac{\cos\alpha}{\lambda}x+\frac{\cos\beta}{\lambda}y+\frac{\cos\gamma}{\lambda}z\right)\right]+\varphi_0\right\} \tag{4.2.10}$$

由此很容易看出三维平面波的空间周期性，定义

$$d_x=\frac{\lambda}{\cos\alpha},\quad d_y=\frac{\lambda}{\cos\beta},\quad d_z=\frac{\lambda}{\cos\gamma} \tag{4.2.11}$$

分别称为**波场在三个坐标轴方向的空间周期**，它们的倒数

$$f_x=\frac{1}{d_x}=\frac{\cos\alpha}{\lambda},\quad f_y=\frac{1}{d_y}=\frac{\cos\beta}{\lambda},\quad f_z=\frac{1}{d_z}=\frac{\cos\gamma}{\lambda} \tag{4.2.12}$$

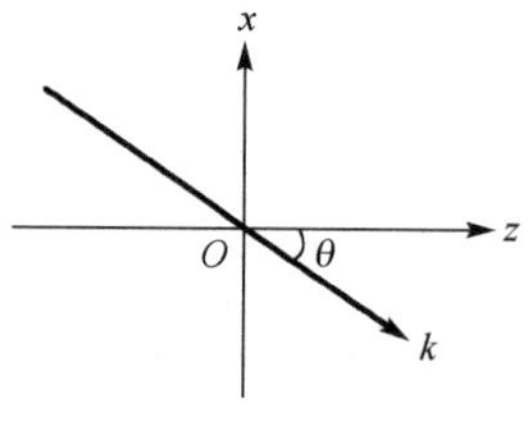

例 4.2.1 图

分别称为**波场在三个坐标轴方向的空间频率**.

例 4.2.1　如例 4.2.1 图所示，真空中一列波长为 λ、振幅为 A 的平面波，波矢方向在 xOz 平面内，且与 z 轴成 θ 角，求波函数的表达式及 x、y、z 方向的空间频率和空间周期.

解　$\boldsymbol{k}$ 与 x、y、z 轴正向的夹角分别为 $\alpha=\frac{\pi}{2}+\theta$,

$\beta=\dfrac{\pi}{2}$，$\gamma=\theta$，取原点 O 处初相位为 φ_0，则波函数为

$$
\begin{aligned}
E(\boldsymbol{r},t)&=A\cos\left\{2\pi\left[\frac{t}{T}-\left(\frac{\cos\alpha}{\lambda}x+\frac{\cos\beta}{\lambda}y+\frac{\cos\gamma}{\lambda}z\right)\right]+\varphi_0\right\}\\
&=A\cos\left\{2\pi\left[\frac{t}{T}-\left(\frac{\cos\left(\dfrac{\pi}{2}+\theta\right)}{\lambda}x+\frac{\cos\dfrac{\pi}{2}}{\lambda}y+\frac{\cos\theta}{\lambda}z\right)\right]+\varphi_0\right\}\\
&=A\cos\left\{2\pi\left[\frac{t}{T}-\left(\frac{\sin\theta}{\lambda}x+\frac{\cos\theta}{\lambda}z\right)\right]+\varphi_0\right\}
\end{aligned}
$$

所以

空间周期：$d_x=-\dfrac{\lambda}{\sin\theta}$，　$d_y=\infty$，　$d_z=\dfrac{\lambda}{\cos\theta}$

空间频率：$f_x=-\dfrac{\sin\theta}{\lambda}$，　$f_y=0$，　$f_z=\dfrac{\cos\theta}{\lambda}$

3. 单色球面波

从点光源发出的光在各向同性的均匀介质中传播时形成球面波，其波面是以点光源为中心的球面，具有球对称性. 考虑位于坐标原点 O 的单色点光源，如图 4.2.3 所示，由它发出的球面波在空间任一点 P(其位置矢量为 $\boldsymbol{r}$)所引起的光振动方程可表示为

$$E(\boldsymbol{r},t)=A_r\cos(\omega t-\boldsymbol{k}\cdot\boldsymbol{r}+\varphi_0)=A_r\cos(\omega t-kr+\varphi_0) \tag{4.2.13}$$

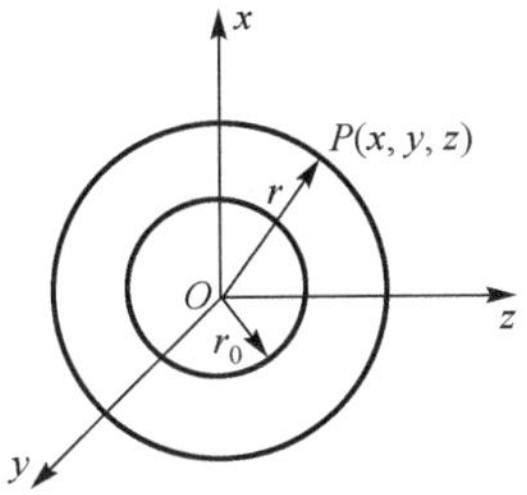

图 4.2.3　球面波

式中，kr 表示 P 点相对于波源的相位滞后量. 为确定 P 点处的振幅 A_r，考虑半径分别为 r_0 和 r 的两个波面，其上的光强和振幅分别为 I_0、I 和 A_0、A_r，假定介质对光无吸收，根据能量守恒有 $4\pi r_0^2 I_0=4\pi r^2 I$，或 $4\pi r_0^2 A_0^2=4\pi r^2 A_r^2$，由此可得 $A_r=\dfrac{A_0}{r}r_0$，可见球面波的振幅与波的传播距离 r 成反比，令 r_0 为单位长度，则 $A_r=A_0/r$，其中 A_0 为距离点光源单位长度处的光振幅. 因此单色球面波的波函数可写为

$$E\ (\boldsymbol{r},t)=\frac{A_0}{r}\cos(\omega t-kr+\varphi_0) \tag{4.2.14}$$

式(4.2.14)表示的是由波源 O 点向外发散的球面波.

若 P 点的相位比波源的相位超前 kr，则表示向坐标原点 O 会聚的球面波，此时

波函数为

$$E(\boldsymbol{r}, t)=\frac{A_0}{r}\cos(\omega t+kr+\varphi_0)$$

4. 单色柱面波

柱面波是一个无限长的线光源发出的光波，它的波面具有柱面的形状. 由能量守恒同样可以证明，柱面波的振幅与$\sqrt{r}$成反比，因此柱面波的波动方程可以写成

$$E(\boldsymbol{r},t)=\frac{A_0}{\sqrt{r}}\cos(\omega t\mp kr+\varphi_0) \tag{4.2.15}$$

式中，“－”表示由圆柱中心向外发散的柱面波，“+”表示向圆柱中心会聚的柱面波.

以上三种单色波的波函数可统一写成

$$E(\boldsymbol{r},t)=A(\boldsymbol{r})\cos(\omega t-\boldsymbol{k}\cdot\boldsymbol{r}+\varphi_0) \tag{4.2.16}$$

式中，$A(\boldsymbol{r})$为空间各点的振幅；$\omega t-\boldsymbol{k}\cdot\boldsymbol{r}+\varphi_0$ 是空间各点的振动相位.

4.2.3　光波的复数表示

1. 复波函数与复振幅概念

用余弦(或正弦)函数来描写简谐波，在运算上有时并不方便. 例如，当涉及多个简谐波函数的相加或微分、积分运算时就十分麻烦. 如果采用波函数的复数表示法，运算将变得简单方便.

根据欧拉公式

$$\begin{aligned}\mathrm{e}^{\mathrm{i}\theta}&=\exp(\mathrm{i}\theta)=\cos\theta+\mathrm{i}\sin\theta\\ \mathrm{e}^{-\mathrm{i}\theta}&=\exp(-\mathrm{i}\theta)=\cos\theta-\mathrm{i}\sin\theta\end{aligned} \tag{4.2.17}$$

三角函数$\cos\theta$是复指数函数的实部，即

$$\cos\theta=\mathrm{Re}[\exp(\mathrm{i}\theta)] \tag{4.2.18a}$$

$$\cos\theta=\mathrm{Re}[\exp(-\mathrm{i}\theta)] \tag{4.2.18b}$$

可见简谐波函数和复指数函数之间存在着对应关系，因此可用复指数函数来表示简谐波函数，而且复指数函数的实部或虚部都可以用来描写简谐波，但是习惯上选用实部，即余弦函数. 再者，采用式(4.2.18a)或式(4.2.18b)两种表示法中任何一种是完全等效的. 本书采用实部表示法，于是可把式(4.2.16)所描述的单色波函数写为

$$E(\boldsymbol{r},t)=\mathrm{Re}\{A(\boldsymbol{r})\exp[\mathrm{i}(\omega t-\boldsymbol{k}\cdot\boldsymbol{r}+\varphi_0)]\} \tag{4.2.19}$$

式中括号{ }内的函数称为**复波函数**，常用$\tilde{E}(\boldsymbol{r},t)$表示. 在考察单色简谐波的波场时，各场点复波函数中的时间相因子$\mathrm{e}^{\mathrm{i}\omega t}$都是相同的，故可以将它分离出来并略去不写，

剩余的只是空间依赖项，记为

$$\tilde{E}(\boldsymbol{r}) = A(\boldsymbol{r})\exp[-\mathrm{i}(\boldsymbol{k}\cdot\boldsymbol{r}-\varphi_0)] \tag{4.2.20}$$

$\tilde{E}(\boldsymbol{r})$称为波的**复振幅，其模表示振幅的空间分布，其辐角表示相位在空间的分布，**称为**空间相因子**. 复振幅包含了所关心的振幅和相位两个空间分布，只要知道了光场的复振幅分布，光场也就完全确定了，所以可以用它来描写单色光波场. 但这种复指数函数并非真正的波函数，要得到真正的波函数，还需要把复振幅乘以因子 $\exp(\mathrm{i}\omega t)$，然后再取其实部即可.

2. 单色简谐波的复振幅

由单色平面波和单色球面波的波函数表达式(4.2.4)和(4.2.14)，根据前面的约定可得单色平面波的复振幅为

$$\tilde{E}(\boldsymbol{r}) = A\exp[-\mathrm{i}(\boldsymbol{k}\cdot\boldsymbol{r}-\varphi_0)] \tag{4.2.21}$$

单色球面波(发散)的复振幅为

$$\tilde{E}(\boldsymbol{r}) = \frac{A}{r}\exp[-\mathrm{i}(\boldsymbol{k}\cdot\boldsymbol{r}-\varphi_0)] \tag{4.2.22}$$

在由实波函数写出相应的复振幅时，应注意以下问题：

(1) 若实波函数相位中 ωt 项为正号，则将该项之外的其他项直接移植于复指数中再乘以实振幅；

(2) 若实波函数相位中 ωt 项为负号，则将该项之外的其他项反号后移植于复指数中再乘以实振幅.

例 4.2.2　根据例 4.2.1 中的实波函数，写出其复振幅.

解　由实波函数

$$E(\boldsymbol{r},t) = A\cos\left[2\pi\left(\frac{t}{T}+\frac{x}{\lambda}\sin\theta-\frac{z}{\lambda}\cos\theta\right)\right] = A\cos\left[\omega t+\frac{2\pi}{\lambda}(x\sin\theta - z\cos\theta)\right]$$

则复振幅为

$$\tilde{E}(\boldsymbol{r}) = A\exp\left[\mathrm{i}\frac{2\pi}{\lambda}(x\sin\theta - z\cos\theta)\right]$$

3. 光强的复振幅表示

用复振幅描述光波的另一个优势是计算光强特别方便. 对于单色简谐波，其复振幅写为 $\tilde{E}(\boldsymbol{r}) = A(\boldsymbol{r})\exp[-\mathrm{i}(\boldsymbol{k}\cdot\boldsymbol{r}-\varphi_0)]$，其共轭复数为 $\tilde{E}^*(\boldsymbol{r}) = A(\boldsymbol{r})\exp[\mathrm{i}(\boldsymbol{k}\cdot\boldsymbol{r}-\varphi_0)]$，根据光

强的定义，有

$$I = A^2(\boldsymbol{r}) = \tilde{E}(\boldsymbol{r}) \cdot \tilde{E}^*(\boldsymbol{r}) \tag{4.2.23}$$

4.2.4　光波的矢量表示

简谐振动可以用一个旋转矢量来描述，由波的余弦函数表示，可以得到波的矢量表示方法. 如图 4.2.4 所示，从原点 O 向右引一水平半直线作为参考方向，从该方向逆时针转一角度 φ，作矢量 $\overrightarrow{OP}$. 并令其长度等于振动的振幅，则矢量 $\overrightarrow{OP}$ 在水平方向的投影即可代表 $t=0$ 时刻的实波函数. 为得到任一时刻的振动，可使 $\overrightarrow{OP}$ 随 t 的增加沿逆时针方向以角速度 ω 匀速旋转，容易看出，如果仅考虑某一时刻的振动，即可用 $\overrightarrow{OP}$ 来表示. 此时矢量 $\overrightarrow{OP}$ 的长度及其与参考方向的夹角 φ 分别代表复振幅的模和辐角，该矢量通常被称为波函数的相幅矢量.

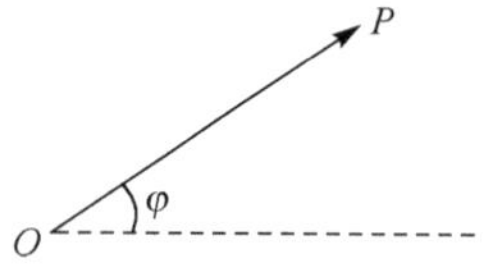

图 4.2.4　波的矢量表示

4.3　菲涅耳公式

一列光波入射到两种不同介质界面时，光的传播方向将发生变化，即分成反射波和折射波，此外还伴随有光在反射和折射中的光振幅、光强、光能流的分配以及相位跃变和偏振态的变化等问题. 这些问题都可根据电磁场理论，加上边界条件来解决.

4.3.1　光波的反射定律和折射定律

如图 4.3.1 所示，其电矢量 $\boldsymbol{E}$ 和磁矢量 $\boldsymbol{H}$ 的振动方向与光的传播方向(即速度 $\boldsymbol{v}$ 的方向)三者的正方向满足右手螺旋关系，即 $\boldsymbol{E} \times \boldsymbol{H} = \boldsymbol{v}$. 当一束光入射到两种透明介质界面上时将被分成反射光和折射光. 根据麦克斯韦电磁场理论，在分界面上若没有自由电荷和面电流，场的分量满足如下边界条件：

$$\begin{aligned} &\boldsymbol{B}_{2\mathrm{n}} = \boldsymbol{B}_{1\mathrm{n}} \quad 或 \quad \mu_2 \boldsymbol{H}_{2\mathrm{n}} = \mu_1 \boldsymbol{H}_{1\mathrm{n}} \\ &\boldsymbol{D}_{2\mathrm{n}} = \boldsymbol{D}_{1\mathrm{n}} \quad 或 \quad \varepsilon_2 \boldsymbol{E}_{2\mathrm{n}} = \varepsilon_1 \boldsymbol{E}_{1\mathrm{n}} \\ &\boldsymbol{E}_{2\mathrm{t}} = \boldsymbol{E}_{1\mathrm{t}}, \quad \boldsymbol{H}_{2\mathrm{t}} = \boldsymbol{H}_{1\mathrm{t}} \end{aligned} \tag{4.3.1}$$

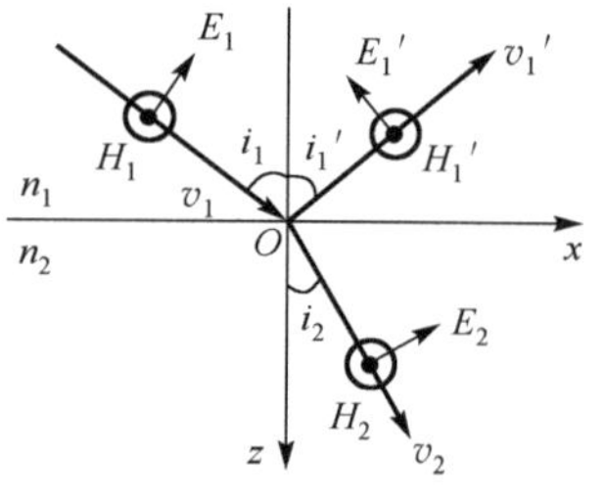

图 4.3.1　光在界面的反射和折射

式中，$\boldsymbol{D}$、$\boldsymbol{B}$ 分别是**电位移矢量**和**磁感应强度矢量**，$\boldsymbol{E}$、$\boldsymbol{H}$ 分别为**电场强度矢量**和**磁场强度矢量**，下标 n、t 分别代表它们在界面上的法向和切向分量. 根据式 (4.3.1)可以导出

$$i_1 = i_1' \tag{4.3.2}$$

即反射角 i_1' 等于入射角 i_1，且反射光线与入射光线在同一平面(入射面)内，并分居于法线两侧. 这就是光的**反射定律**. 同时还可导出

$$\frac{\sin i_1}{\sin i_2} = \frac{n_2}{n_1}$$

即

$$n_1 \sin i_1 = n_2 \sin i_2 \tag{4.3.3}$$

且折射光线亦在入射面内，并与入射光线分居于法线两侧，这就是**光的折射定律**. 折射定律早在 1621 年，就被荷兰物理学家斯涅尔(W. Snell，1580～1626)在实验中发现，两百多年后，通过电磁理论又得到了证明，因此**折射定律还称为斯涅尔定律**.

4.3.2　光振幅反射比和透射比——菲涅耳公式

光的反射、折射定律回答了反射光和折射光的传播方向问题，但并不能确定振幅、光强、相位等物理量的变化. 为了进一步解决反(折)射光的振幅、能流、相位和偏振态随入射角和两侧介质的折射率而改变的问题，法国物理学家菲涅耳根据光的弹性理论，在 1823 年推导出了四个公式，称为**菲涅耳公式**，利用这一组公式可以说明光在介质界面反射和折射的许多特性. 为了与实验结果符合，在推导过程中，菲涅耳不得不做一些和力学定律自相矛盾的假设，从而才得到正确的结论，这已暗示不能用经典力学定律去描述光波的行为. 后来，从麦克斯韦电磁理论出发可以推导出菲涅耳公式，成为光的电磁本性最重要的证明之一.

光波是横波，光矢量 $\boldsymbol{E}$ 一定处于与光的传播方向相垂直的平面内，在该平面内，$\boldsymbol{E}$ 在做周期性的变化，这个变化包括大小和方向. $\boldsymbol{E}$ 在垂直于传播方向的平面内沿不同方向的振动称为**偏振**(这一部分将在第 7 章“光的偏振”中详细讲解). 在光的几种偏振态中，有一种是线偏振光，它的特点是 $\boldsymbol{E}$ 始终沿一个确定方向振动. **对于任意一种偏振态的光，都可以认为是由振动方向相互垂直的两列线偏振光合成得到的，而且这两列线偏振光是彼此独立的**，可以分别讨论.

当一束任意偏振态的光入射到两种折射率分别为 n_1 和 n_2 的介质分界面上时，**入射光的 $\boldsymbol{E}$ 矢量可以分解为平行于入射面振动(称为平行分量或 $\boldsymbol{p}$ 分量)和垂直于入射面振动(称为垂直分量或 $\boldsymbol{s}$ 分量)的两个分量**，这样就可以分别讨论两个振动分量在反射、折射时的复振幅关系. 为此，选取如图 4.3.2 所示的坐标系，xOz 平面为入射面，y 轴与入射面垂直，且方向垂直纸面向外；xOy 平面为两种介质的分界面，z 轴为界面的法线. 为了描述各光波中光矢量的分量，取 $\boldsymbol{s}$ 分量方向和 $\boldsymbol{p}$ 分量方向与相应的传播方向 $\boldsymbol{v}$ 构成三个局部直角坐标系. 对于单个光波来说，$\boldsymbol{s}$、$\boldsymbol{p}$、$\boldsymbol{v}$ 构成右手

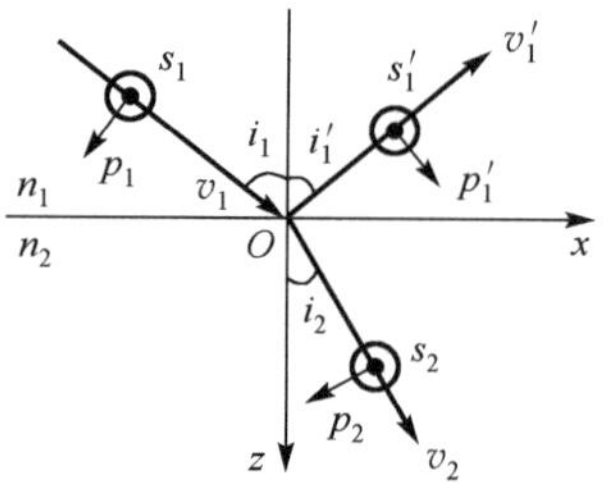

图 4.3.2　光矢量示意图

螺旋正交系，即 $\boldsymbol{s}\times\boldsymbol{p}=\boldsymbol{v}$，并规定 $\boldsymbol{s}$ 的正方向沿 y 正方向，这样入射波、反射波和折射波中的 $\boldsymbol{s}$ 分量和 $\boldsymbol{p}$ 分量的正负都是相对于各自的基矢方向而言的，各矢量的正方向如图 4.3.2 所示.

若以 A_1、A_1' 和 A_2 依次表示入射光、反射光和折射光电场矢量的振幅，相应的分量分别为 A_{p1}、A_{p1}'、A_{p2} 和 A_{s1}、A_{s1}'、A_{s2}.

由电磁场的边值关系式(4.3.1)、$\sqrt{\varepsilon}E=\sqrt{\mu}H$ 及 $n=\sqrt{\varepsilon_{\rm r}\mu_{\rm r}}=\sqrt{\varepsilon_{\rm r}}$ 可以导出，在界面两侧邻近点的入射光、反射光和折射光振幅矢量的分量满足以下关系：

$$r_s=\frac{A_{s1}'}{A_{s1}}=-\frac{\sin(i_1-i_2)}{\sin(i_1+i_2)} \tag{4.3.4a}$$

$$r_p=\frac{A_{p1}'}{A_{p1}}=\frac{\tan(i_1-i_2)}{\tan(i_1+i_2)} \tag{4.3.4b}$$

$$t_s=\frac{A_{s2}}{A_{s1}}=\frac{2\sin i_2\cos i_1}{\sin(i_1+i_2)} \tag{4.3.4c}$$

$$t_p=\frac{A_{p2}}{A_{p1}}=\frac{2\sin i_2\cos i_1}{\sin(i_1+i_2)\cos(i_1-i_2)} \tag{4.3.4d}$$

以上四式就是**菲涅耳公式**. 式中的 r_p 和 r_s 分别称为 $\boldsymbol{p}$ 分量和 $\boldsymbol{s}$ 分量的**振幅反射比**；t_p 和 t_s 分别称为 $\boldsymbol{p}$ 分量和 $\boldsymbol{s}$ 分量的**振幅透射比**. 式中各分量是复振幅分量，但由于时间频率 ω 相同，又都是入射点处的光场，所以也可看成是振幅瞬时值分量.

菲涅耳公式表明，反射、折射光中的 $\boldsymbol{s}$ 分量、$\boldsymbol{p}$ 分量分别只与入射光中的 $\boldsymbol{s}$ 分量、$\boldsymbol{p}$ 分量有关，即在反射和折射过程中，$\boldsymbol{s}$、$\boldsymbol{p}$ 两个分量的振动是相互独立的.

必须指出，菲涅耳公式指的是在反射点 O 处，发生反射的瞬间，反射光、折射光与入射光复振幅的关系. 根据菲涅耳公式计算结果，振幅分量大小的比值都是相对于入射光中相应的分量而言的，而比值的正负则表示反射光或折射光中的相应分量与各自规定的正方向是相同还是相反. 习惯上**把入射光中的振幅看作正值，**即 $A_{p1}>0$，$A_{s1}>0$. 若由公式得出反射光复振幅为负值，则说明在反射点反射的瞬间，其相位发生了突变.

4.3.3　菲涅耳公式的其他形式

利用三角函数公式及折射定律，可将菲涅耳公式化为另一种形式.

$$
\begin{aligned}
r_p &= \frac{A'_{p1}}{A_{p1}} = \frac{n_2\cos i_1 - n_1\cos i_2}{n_2\cos i_1 + n_1\cos i_2} \\
r_s &= \frac{A'_{s1}}{A_{s1}} = \frac{n_1\cos i_1 - n_2\cos i_2}{n_1\cos i_1 + n_2\cos i_2} \\
t_p &= \frac{A_{p2}}{A_{p1}} = \frac{2n_1\cos i_1}{n_1\cos i_2 + n_2\cos i_1} \\
t_s &= \frac{A_{s2}}{A_{s1}} = \frac{2n_1\cos i_1}{n_1\cos i_1 + n_2\cos i_2}
\end{aligned} \tag{4.3.5}
$$

由此可见，当 n_1、n_2 和 i_1 给定后，r_p、r_s、t_p 和 t_s 即完全确定.

当光束正入射(即垂直入射)时，$i_1 = i_2 = 0$，$\cos i_1 = \cos i_2 = 1$，这时菲涅耳公式(4.3.5)可化为下列简单形式

$$
\begin{aligned}
r_p &= -r_s = \frac{n_2 - n_1}{n_2 + n_1} \\
t_p &= t_s = \frac{2n_1}{n_1 + n_2}
\end{aligned} \tag{4.3.6}
$$

定义振幅反射比为 $|r| = \left|\frac{A'_1}{A_1}\right|$，振幅透射比为 $|t| = \left|\frac{A_2}{A_1}\right|$，其中 $A_1 = \sqrt{A_{p1}^2 + A_{s1}^2}$，$A'_1 = \sqrt{A'^2_{p1} + A'^2_{s1}}$，$A_2 = \sqrt{A_{p2}^2 + A_{s2}^2}$，则在正入射时有

$$
\begin{aligned}
|r| &= \left|\frac{A'_1}{A_1}\right| = \left|\frac{n_2 - n_1}{n_1 + n_2}\right| \\
|t| &= \left|\frac{A_2}{A_1}\right| = \left|\frac{2n_1}{n_1 + n_2}\right|
\end{aligned} \tag{4.3.7}
$$

因为大多数情况下是垂直入射，即 $i_1 = 0$（或 $i_1 \approx 0$），所以式(4.3.6)和式(4.3.7)是常用公式.

4.4　反射光在反射点产生的相位跃变　半波损失

4.4.1　反射光与折射光相位的变化

在菲涅耳公式中，r_p 和 r_s、t_p 和 t_s 分别是 $\boldsymbol{p}$ 分量和 $\boldsymbol{s}$ 分量的振幅反射比和振幅透射比，式中各分量的比值是入射点处复振幅的比值，即反射光、折射光分别与入射光在反射点处的复振幅之比. 复振幅之比也是复数，其模表示实振幅之比，其辐角表示反射光、折射光相对于入射光的相位变化. $r > 0$、$t > 0$ 说明反射光、折射光

在反射点反射瞬间的相位与入射光的相位是相同的，$r<0$、$t<0$ 则说明反射光、折射光在反射点反射瞬间的相位与入射光的相位相比产生了 π 的相位差.

1．反射光的相位变化

当光入射到两种介质分界面发生反射时，存在两种情况：一是光由光疏介质入射到光密介质发生的反射，称为**外反射**；二是光由光密介质入射到光疏介质发生的反射，称为**内反射**. 下面分别讨论这两种情况下反射光相位的变化.

1）外反射

对于外反射，入射角 i_1 和折射角 i_2 都小于 90°，且 $i_1>i_2$.

（1）***p*** 分量的相位变化.

由菲涅耳公式（4.3.4b）$r_p=\dfrac{A'_{p1}}{A_{p1}}=\dfrac{\tan(i_1-i_2)}{\tan(i_1+i_2)}$ 可以判断 r_p 的正负，进而判断 ***p*** 分量相位的变化情况. 因为外反射时 $\tan(i_1-i_2)>0$，所以 r_p 的正负完全由分母 $\tan(i_1+i_2)$ 的正负决定.

当 $i_1+i_2=\dfrac{\pi}{2}$ 时，$\tan(i_1+i_2)=\infty$，此时入射角用 i_B 表示，称为**布儒斯特角**. 当 $i_1=i_B$ 时，$r_p=0$，反射光中没有 ***p*** 分量，只有 ***s*** 分量. 即当入射光以布儒斯特角入射时，反射光中只有振动方向垂直于入射面的 ***s*** 分量，此时反射光为线偏振光（在光的偏振部分涉及此问题）.

当 $i_1+i_2<\dfrac{\pi}{2}$，即 $0\leqslant i_1<i_B$ 时，$r_p>0$，反射光中的 ***p*** 分量没有相位跃变.

当 $i_1+i_2>\dfrac{\pi}{2}$，即 $i_B<i_1\leqslant\dfrac{\pi}{2}$ 时，$r_p<0$，反射光中的 ***p*** 分量发生 π 的相位跃变.

（2）***s*** 分量的相位变化.

由菲涅耳公式（4.3.4a）$r_s=\dfrac{A'_{s1}}{A_{s1}}=-\dfrac{\sin(i_1-i_2)}{\sin(i_1+i_2)}$ 可以判断 r_s 的正负，进而判断 ***s*** 分量相位的变化情况. 在外反射时，$\sin(i_1-i_2)>0$，$\sin(i_1+i_2)>0$，所以不论入射角大小如何，始终有 $r_s<0$，所以反射光中的 ***s*** 分量始终有 π 的相位跃变.

综上分析可知：

s 分量振幅反射比始终小于零，说明在反射点 O 处、反射发生的瞬间，入射光与反射光的 ***s*** 分量间存在 π 的相位差，入射光的 ***s*** 分量沿规定的正方向振动，反射光的 ***s*** 分量沿规定的负方向振动，即两者相位相反.

p 分量振幅反射比在 $0\leqslant i<i_B$ 范围内大于零，说明在反射点 O 处、反射发生的瞬间，入射光与反射光 ***p*** 分量都沿规定的正方向振动，即振动相位相同；而在 $i>i_B$ 范围内小于零，说明在反射点 O 处、反射发生的瞬间，入射光的 ***p*** 分量沿规定的正

方向振动，反射光的 **p** 分量沿规定的负方向振动，即两者振动相位相反.

以 $n_1 = 1.0$， $n_2 = 1.5$ 为例，根据菲涅耳公式绘出振幅反射比、透射比随入射角的变化曲线，如图 4.4.1 所示，进而可分析 **s** 分量和 **p** 分量相位跃变情况. 图 4.4.2 表示了在反射点处，相对于入射光，反射光的 **s** 分量和 **p** 分量相位变化情况.

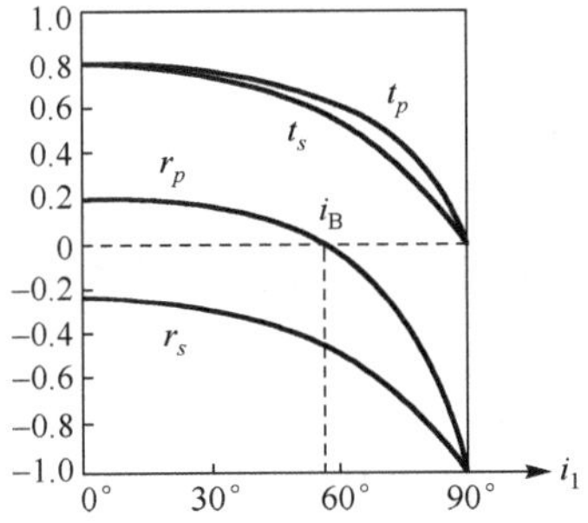

图 4.4.1　外反射时振幅反射比和透射比随入射角的变化曲线

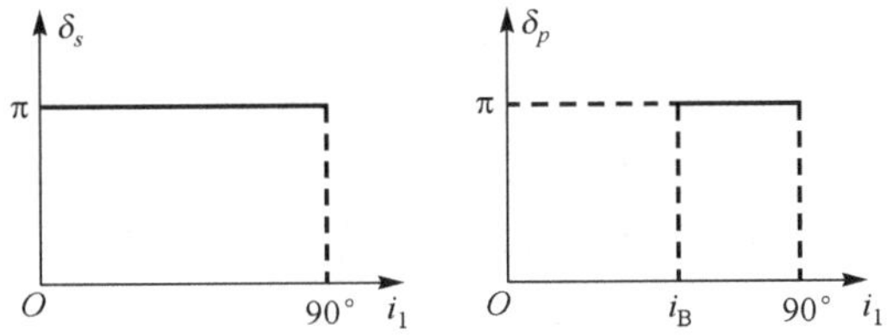

图 4.4.2　外反射时 **s** 分量和 **p** 分量的相位变化

2) 内反射

与上面的讨论相同，可由菲涅耳公式推导内反射时振幅反射比随入射角 i_1 的变化曲线，以及反射光中 **s** 分量和 **p** 分量的相位跃变情况，如图 4.4.3 和图 4.4.4 所示.

由图可知，在 $0 \leqslant i_1 < i_c$ 的范围内， r_s 为正实数，所以在反射点 O 处、反射发生的瞬间，反射光与入射光的 **s** 分量都沿规定的正方向振动，即入射光和反射光的 **s** 分量相位相同. 而对 **p** 分量，在 $0 \leqslant i_1 < i_B$ 范围内， $r_p < 0$ ，反射光与入射光在反射点振动相位相反；在 $i_B < i_1 < i_c$ 的范围内， $r_p > 0$ ，振动相位相同. 当 $i_1 > i_c$ 时发生全反射，此时 r_p、 r_s 都为复数，入射角 i_1 变化，复数辐角随之改变，即相位差改变.

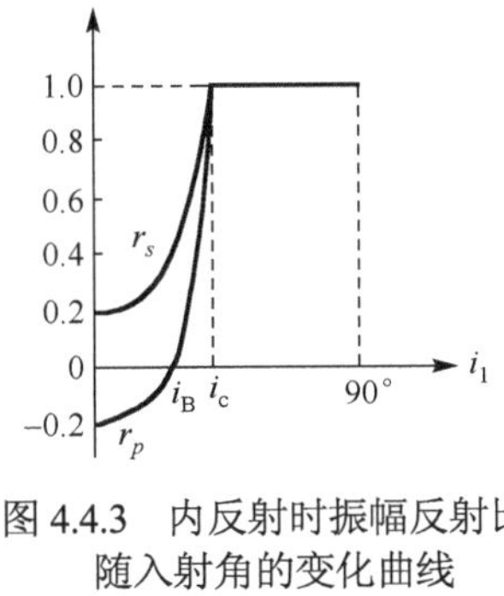

图 4.4.3　内反射时振幅反射比随入射角的变化曲线

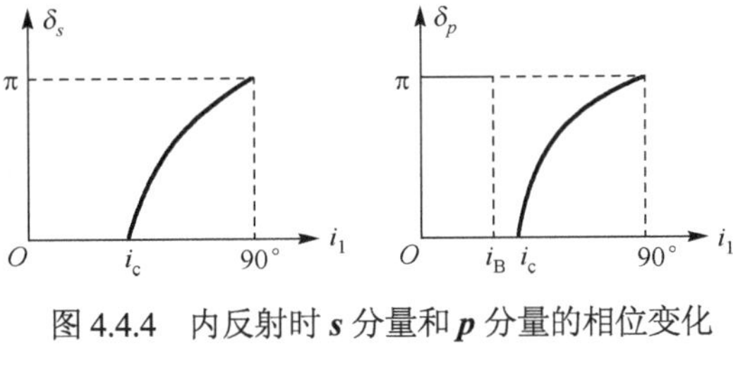

图 4.4.4　内反射时 **s** 分量和 **p** 分量的相位变化

2. 折射光永无相移

根据菲涅耳公式，振幅透射比 t 恒为正值，且为实数，说明在折射点折射的瞬间，折射光 $\boldsymbol{s}$ 分量和 $\boldsymbol{p}$ 分量的振动方向都沿规定的正方向，没有产生相位变化. 这里所说的振动相位相同是指在入射点 O，当入射光光振动达到自己的正最大值时，在折射点 O，折射光的光振动也同时达到自己的正最大值. 注意，折射光和入射光 $\boldsymbol{E}$ 矢量的正、负都是相对各自约定的正方向而言的.

4.4.2　光反射时的半波损失

光波具有时空双重周期性，在光程上，每隔半个波长，光矢量的振动方向相反，对应的相位差为 π. 当光在两种介质界面上反射时，如果反射光的光矢量振动方向相对于入射光的光矢量变成**共线反向**，可以说在反射点反射光的 $\boldsymbol{E}$ 矢量相对于入射光的 $\boldsymbol{E}$ 矢量相位跃变了 π，此现象称为**半波损失**. 需要注意的是：**半波损失是指反射光相对于入射光而言，在反射点产生了 π 的相位突变**. 什么情况下反射光才能产生半波损失？这需要由菲涅耳公式分析，通常只有**在外反射的情况下，正入射和掠入射时才有半波损失**.

1.　正入射

为了描述方便，先确定入射光和反射光中 $\boldsymbol{s}$ 分量与 $\boldsymbol{p}$ 分量的正方向，如图 4.4.5 所示. 一般而言，入射光的 $\boldsymbol{s}$ 分量与 $\boldsymbol{p}$ 分量都沿规定的正方向振动；对于反射光，虚线代表规定的 $\boldsymbol{s}$ 分量与 $\boldsymbol{p}$ 分量正方向，实线代表 $\boldsymbol{s}$ 分量与 $\boldsymbol{p}$ 分量的实际振动方向. 反射光中 $\boldsymbol{s}$ 分量与 $\boldsymbol{p}$ 分量的实际振动方向需要根据菲涅耳公式确定.

当光由光疏介质入射到光密介质时，即**外反射情况下**，正入射时入射角 $i_1=0$，根据菲涅耳公式(由图 4.4.2)可知，反射光中的 $\boldsymbol{s}$ 分量与 $\boldsymbol{p}$ 分量的相位改变量分别为 $\delta_s=\pi$，$\delta_p=0$，所以外反射、正入射时，在反射点反射的瞬间，反射光中的 $\boldsymbol{s}$ 分量沿规定的负方向振动，$\boldsymbol{p}$ 分量沿规定的正方向运动，如图 4.4.5 所示. 此时，可以发现反射光中 $\boldsymbol{s}$ 分量与 $\boldsymbol{p}$ 分量的实际振动方向均与入射光中 $\boldsymbol{s}$ 分量和 $\boldsymbol{p}$ 分的振动方向相反. 另外，根据菲涅耳公式，此时 $r_s=r_p$，即 $\dfrac{A_{s1}}{A_{p1}}=\dfrac{A'_{s1}}{A'_{p1}}$，因此入射光和反射光振动方向 $\boldsymbol{A}_1$ **和** $\boldsymbol{A}'_1$ **共线反向**. 这说明，在反射点，反射光 $\boldsymbol{E}$ 矢量相对于入射光 $\boldsymbol{E}$ 矢量相位跃变了 π，即反射光产生了半波损失.

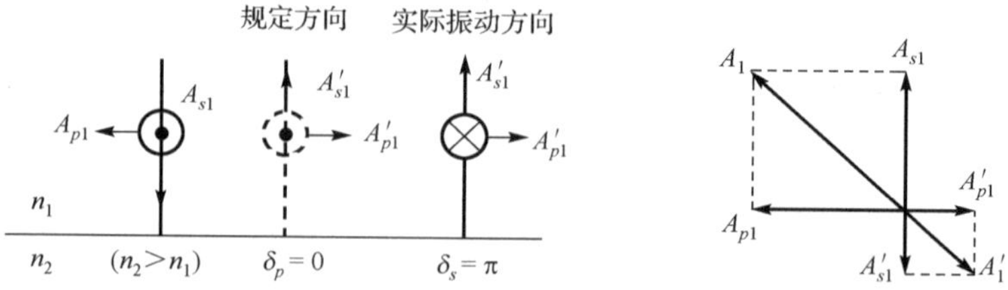

图 4.4.5　外反射正入射时，反射光在反射点产生的相位跃变

同理，光由光密介质入射到光疏介质，即内反射时，在正入射情况下，由图 4.4.4 可知，反射光 $\boldsymbol{s}$ 分量与 $\boldsymbol{p}$ 分量的相位改变量分别为 $\delta_s = 0$，$\delta_p = \pi$. 入射光和反射光振动方向 $\boldsymbol{A}_1$ **和** $\boldsymbol{A}_1'$ **共线同向**，如图 4.4.6 所示，此时反射光 $\boldsymbol{E}$ 矢量不产生半波损失.

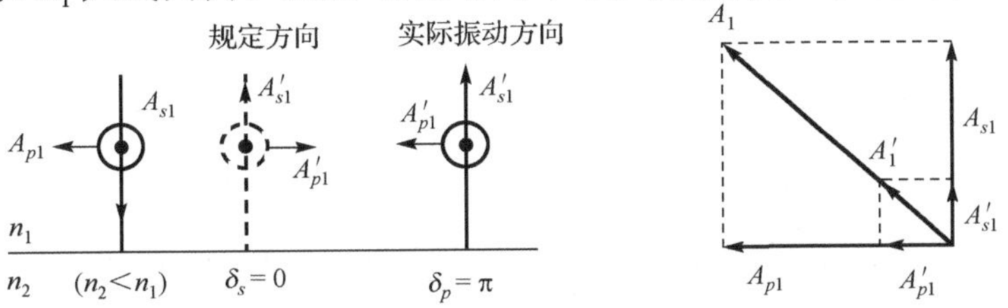

图 4.4.6　内反射正入射时，反射光在反射点产生的相位跃变

综上所述，在正**入射情况下，外反射时，反射光相对于入射光有半波损失；内反射时，反射光相对于入射光没有半波损失.**

2. 掠入射

光在大角掠射（$i_1 \to \pi/2$）的情况下，外反射时，因 $n_1 < n_2$，由图 4.4.2 可知，反射光 $\boldsymbol{s}$ 分量与 $\boldsymbol{p}$ 分量的相位改变 $\delta_s = \pi$，$\delta_p = \pi$. 由菲涅耳反射公式知，当 $i_1 \to \pi/2$ 时，$|r_p| = |r_s| = 1$. $\boldsymbol{E}$ 矢量的振幅 $\boldsymbol{A}_1'$ 和 $\boldsymbol{A}_1$ 的关系如图 4.4.7 所示，两者共线反向，反射光 $\boldsymbol{E}$ 矢量产生了半波损失. 同理，内反射掠入射时，在反射点反射光 $\boldsymbol{E}$ 矢量不产生半波损失.

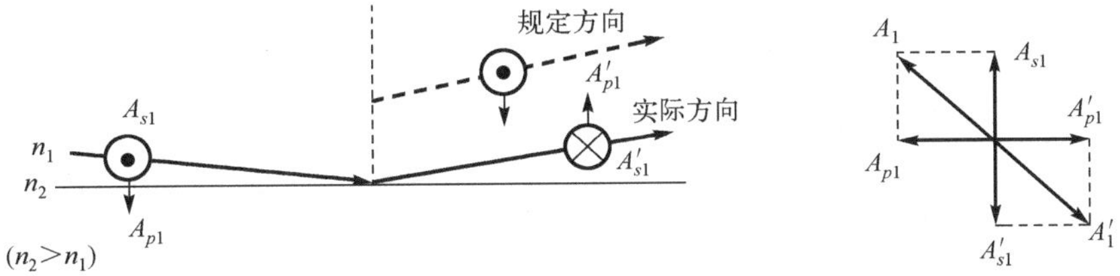

图 4.4.7　外反射大角掠射时，在反射点反射光产生的相位跃变

在反射点，不论垂直入射还是大角掠射，也不论外反射还是内反射，其**折射光永不产生半波损失**.

注意，只有在正入射和大角掠射两种情况下，在反射点反射光和入射光 $\boldsymbol{E}$ 矢量的振动方向才共线（反向或同向），因此严格地讲，只有在这两种情况下讨论半波损失才有意义. 在其他入射角的情况下，反射点处反射光和入射光 $\boldsymbol{E}$ 矢量的振动方向不在一条直线上，因此不谈所谓的半波损失问题.

4.4.3　介质板上下表面反射与折射时的附加光程差

一块折射率为 n_2 的平行透明介质板置于折射率为 n_1 的介质中，如图 4.4.8 所示，

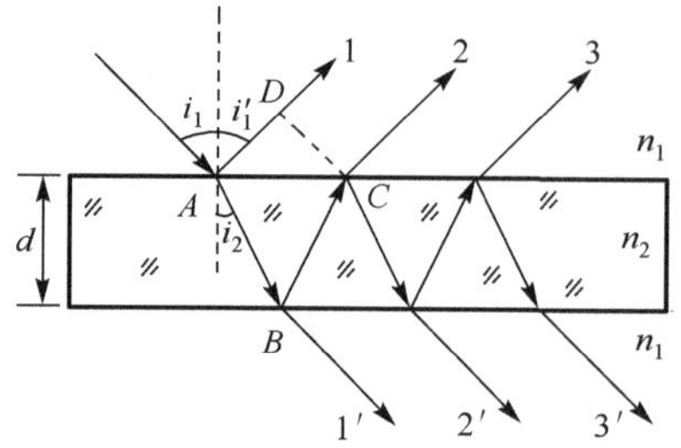

图 4.4.8　介质膜的反射与透射相干光

单色平行光束以入射角 i_1 入射，由于光线在介质板内多次反射，在上下界面分别发出一系列互相平行的反射光束 1，2，3，…和透射光束 1′，2′，3′，…，现在考察反射与折射对光束 1、2 或 1′、2′之间的相位差带来什么影响.

1. 两束反射光之间的附加光程差

已知外反射和内反射时，在反射点反射光 ***s*** 分量和 ***p*** 分量相位的改变如图 4.4.2 和图 4.4.4 所示，在反射点，折射光不因折射而改变振动相位. 在此主要分析反射光 1、2 之间的附加光程差问题. 假设 $n_1 < n_2$，则在 A 点的反射为外反射，在 B、C 点的反射为内反射.

1) $0 \leqslant i_1 < i_B$ 的情形

根据图 4.4.2 和图 4.4.4，当 $0 \leqslant i_1 < i_B$ 时，反射光 1、2 中 ***E*** 矢量的 ***s*** 分量和 ***p*** 分量振动相位相反，如图 4.4.9 所示. 这就意味着反射光 1、2 之间产生了 π 的附加相位差或产生了 $\lambda/2$ 的附加光程差(此处不称为半波损失).

2) $i_B < i_1 < i_c$ 的情形

由图 4.4.2 和图 4.4.4 可知，反射相干光 1、2 中 ***E*** 矢量的 ***s*** 分量和 ***p*** 分量振动相位相反，如图 4.4.10 所示，1、2 之间也产生了 π 的附加相位差或产生了 $\lambda/2$ 的附加光程差.

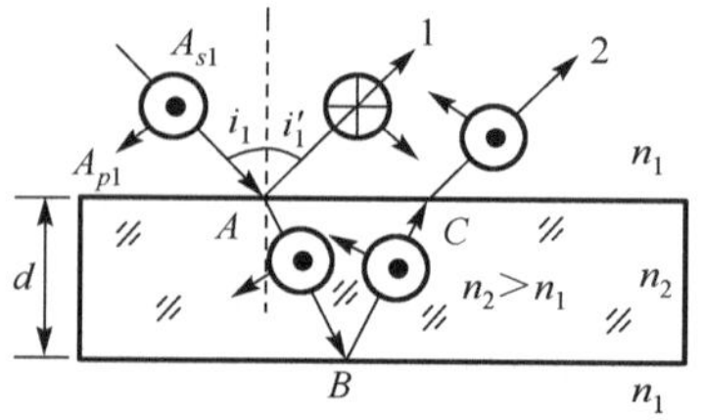

图 4.4.9　$0 \leqslant i_1 < i_B$ 时反射相干光的附加光程差

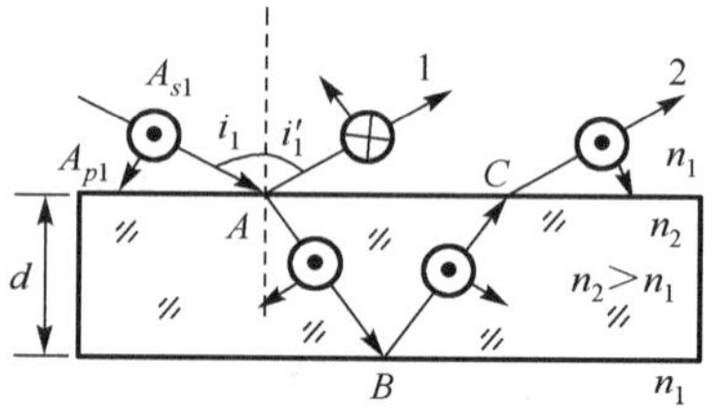

图 4.4.10　$i_B < i_1 < i_c$ 时反射相干光的附加光程差

3) $i_1 > i_c$ 的情形

此时发生全反射，即只有反射光 1，不存在反射光 2.

2. 两束透射光之间的附加光程差问题

如图 4.4.8 所示，在 A 点为外反射，在 B、C 点的反射均为内反射.

1) $0 \leqslant i_1 < i_B$ 的情形

根据图 4.4.2 和图 4.4.4，当 $0 \leqslant i < i_B$ 时，透射相干光 1′、2′ 中 ***E*** 矢量的 ***s*** 分量和

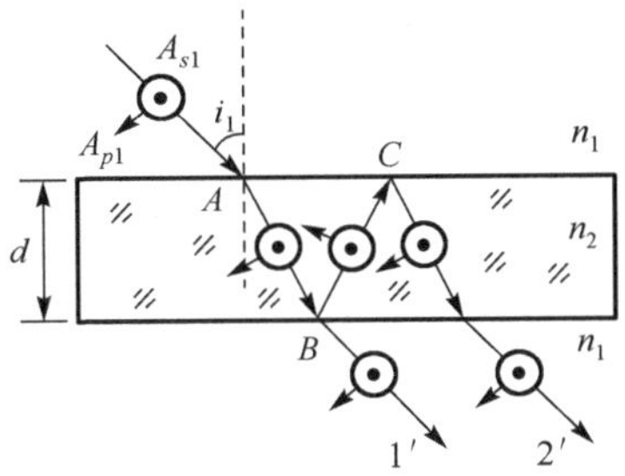

图 4.4.11　$0 \leqslant i_1 < i_B$ 时透射相干光的附加光程差

p 分量振动相位相同，如图 4.4.11 所示. 透射相干光 $1'$、$2'$ 之间不产生附加光程差.

2) $i_B < i_1 < i_c$ 的情形

用同样的分析方法，透射相干光 $1'$、$2'$ 之间也不产生附加光程差.

综上所述，可总结出判断两反射相干光或两透射相干光之间有无附加光程差的普遍原则.

(1) 若光在两介质界面上反射时的物理性质不同(物理性质不同是指一个面是外反射，一个面是内反射)，则两反射相干光 1、2 之间将产生 $\lambda/2$ 的附加光程差，两透射相干光 $1'$、$2'$ 之间无附加光程差.

(2) 若光在两介质界面上反射时的物理性质相同(一个面是外反射，另一个面也是外反射，或者两个面都是内反射)，则两反射相干光 1、2 之间无附加光程差，两透射相干光 $1'$、$2'$ 之间产生 $\lambda/2$ 的附加光程差.

上述结论在入射角不超过临界角的条件下是正确的(全内反射情形除外)，并对于 $n_1 > n_2$ 及其他情形同样适用.

*4.5　光能流、光强的反射比和透射比

光的反射、折射定律揭示了光在介质界面上传播方向的规律；菲涅耳公式揭示了光振幅的分配规律. 现在讨论在介质界面上光波的能量是如何分配的.

4.5.1　光能流的反射比和透射比

由式(4.1.13)可知，光强即平均能流密度：$I = \dfrac{n}{2c\mu_0} A^2$ (其中 A 是电矢量的振幅)，它表示单位时间内，通过垂直传播方向的单位面积上的能量值. 光能流 W 等于平均能流密度与该光束横截面积 q 的乘积.

设 I_1、I_1'、I_2 分别表示入射光强、反射光强、折射光强，入射光束在界面上的面积为 q，如图 4.5.1 所示，则入射光的光能流为

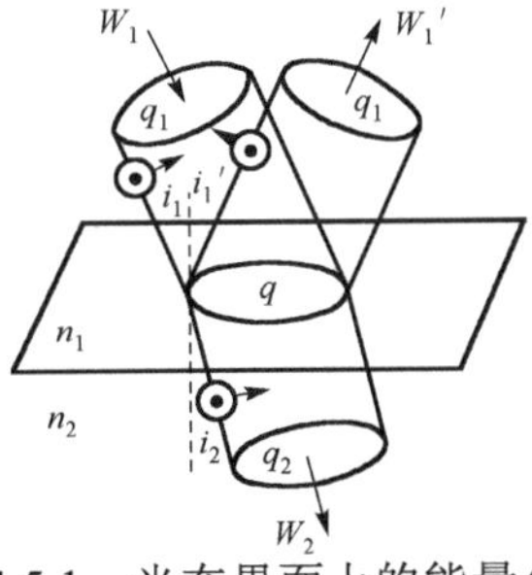

图 4.5.1　光在界面上的能量分配

$$\begin{cases} W_{p1} = I_{p1} q_1 = \dfrac{n_1}{2c\mu_0} A_{p1}^2 \, q\cos i_1 \\ W_{s1} = I_{s1} q_1 = \dfrac{n_1}{2c\mu_0} A_{s1}^2 \, q\cos i_1 \\ W_1 = W_{p1} + W_{s1} = \dfrac{n_1}{2c\mu_0} A_1^2 \, q\cos i_1 \end{cases} \tag{4.5.1}$$

反射光的光能流为

$$\begin{cases} W'_{p1} = I'_{p1}\ q'_1 = \dfrac{n_1}{2c\mu_0} A'^{\ 2}_{p1}\ q\cos i_1 \\ W'_{s1} = I'_{s1}\ q'_1 = \dfrac{n_1}{2c\mu_0} A'^2_{s1}\ q\cos i_1 \\ W'_1 = W'_{p1} + W'_{s1} = \dfrac{n_1}{2c\mu_0} A'^2_1\ q\cos i_1 \end{cases} \tag{4.5.2}$$

折射光的光能流为

$$\begin{cases} W_{p2} = I_{p2} q_2 = \dfrac{n_2}{2c\mu_0} A^2_{p2}\ q\cos i_2 \\ W_{s2} = I_{s2} q_2 = \dfrac{n_2}{2c\mu_0} A^2_{s2}\ q\cos i_2 \\ W_2 = W_{p2} + W_{s2} = \dfrac{n_2}{2c\mu_0} A^2_2\ q\cos i_2 \end{cases} \tag{4.5.3}$$

根据式(4.5.1)～式(4.5.3)和菲涅耳公式，可写出**光能流的反射比，即界面上反射光和入射光能流之比**

$$\begin{cases} \rho_p = \dfrac{W'_{p1}}{W_{p1}} = \left(\dfrac{A'_{p1}}{A_{p1}}\right)^2 = r_p^2 = \left[\dfrac{\tan(i_1 - i_2)}{\tan(i_1 + i_2)}\right]^2 \\ \rho_s = \dfrac{W'_{s1}}{W_{s1}} = \left(\dfrac{A'_{s1}}{A_{s1}}\right)^2 = r_s^2 = \left[-\dfrac{\sin(i_1 - i_2)}{\sin(i_1 + i_2)}\right]^2 \\ \rho = \dfrac{W'_1}{W_1} = \dfrac{A'^2_1}{A^2_1} = \dfrac{W'_{p1} + W'_{s1}}{W_{p1} + W_{s1}} = \dfrac{A'^2_{p1} + A'^2_{s1}}{A^2_{p1} + A^2_{s1}} \end{cases} \tag{4.5.4}$$

折射光与入射光的光能流之比称为**光能流的透射比**，分别为

$$\sigma_p = \frac{W_{p2}}{W_{p1}}, \qquad \sigma_s = \frac{W_{s2}}{W_{s1}}, \qquad \sigma = \frac{W_2}{W_1}$$

若忽略介质面的吸收，由能量守恒定律可知

$$\begin{cases} W_1 = W'_1 + W_2 \\ W_{p1} = W'_{p1} + W_{p2} \\ W_{s1} = W'_{s1} + W_{s2} \end{cases}$$

可得

$$\begin{cases}\rho+\sigma=1\\ \rho_p+\sigma_p=1\\ \rho_s+\sigma_s=1\end{cases}\tag{4.5.5}$$

值得注意的是，由能量守恒 $W_1=W_1'+W_2$，即 $I_1q\cos i_1=I_1'q\cos i_1+I_2q\cos i_2$，可以看出 $I_1\neq I_1'+I_2$，只有在正入射即 $i_1=i_2=0$ 时，$I_1=I_1'+I_2$ 才成立.

4.5.2　光强的反射比和透射比

研究光在两种介质界面上的反射和折射时，应区分三种不同的反射比和透射比，即振幅、光能流、光强的反射比和透射比. 振幅反射比和透射比即菲涅耳公式中的 r_p、r_s 和 t_p、t_s；光能流反射比即 ρ_p、ρ_s 和 ρ，透射比即 σ_p、σ_s 和 σ. 现在讨论光强的反射比和透射比.

光强的反射比可表示为

$$\begin{cases}R_p=\dfrac{I_{p1}'}{I_{p1}}=\dfrac{\dfrac{n_1}{2c\mu_0}A_{p1}'^2}{\dfrac{n_1}{2c\mu_0}A_{p1}^2}=\dfrac{A_{p1}'^2}{A_{p1}^2}=r_p^2=\rho_p\\ R_s=\dfrac{I_{s1}'}{I_{s1}}=\dfrac{\dfrac{n_1}{2c\mu_0}A_{s1}'^2}{\dfrac{n_1}{2c\mu_0}A_{s1}^2}=\dfrac{A_{s1}'^2}{A_{s1}^2}=r_s^2=\rho_s\\ R=\dfrac{I_1'}{I_1}=\dfrac{\dfrac{n_1}{2c\mu_0}A_1'^2}{\dfrac{n_1}{2c\mu_0}A_1^2}=\dfrac{A_1'^2}{A_1^2}=r^2=\rho\end{cases}\tag{4.5.6}$$

可见，光强的反射比与光能流的反射比相等.

同理，光强的透射比表示为

$$\begin{cases}T_p=\dfrac{I_{p2}}{I_{p1}}=\dfrac{\dfrac{n_2}{2c\mu_0}A_{p2}^2}{\dfrac{n_1}{2c\mu_0}A_{p1}^2}=\dfrac{n_2}{n_1}\dfrac{A_{p2}^2}{A_{p1}^2}=\dfrac{n_2}{n_1}t_p^2=\dfrac{\cos i_1}{\cos i_2}\sigma_p\\ T_s=\dfrac{I_{s2}}{I_{s1}}=\dfrac{\dfrac{n_2}{2c\mu_0}A_{s2}^2}{\dfrac{n_1}{2c\mu_0}A_{s1}^2}=\dfrac{n_2}{n_1}\dfrac{A_{s2}^2}{A_{s1}^2}=\dfrac{n_2}{n_1}t_s^2=\dfrac{\cos i_1}{\cos i_2}\sigma_s\\ T=\dfrac{I_2}{I_1}=\dfrac{\dfrac{n_2}{2c\mu_0}A_2^2}{\dfrac{n_1}{2c\mu_0}A_1^2}=\dfrac{n_2}{n_1}\dfrac{A_2^2}{A_1^2}=\dfrac{n_2}{n_1}t^2=\dfrac{\cos i_1}{\cos i_2}\sigma\end{cases}\tag{4.5.7}$$

可见，光强的透射比与光能流的透射比不相等. 显然有

$$\begin{cases} R+T\neq 1 \\ R_p+T_p\neq 1 \\ R_s+T_s\neq 1 \end{cases}$$

光正入射时，由式(4.3.6)、式(4.5.6)、式(4.5.7)可得光能流、光强的反射比和透射比

$$\begin{aligned} \rho=\rho_p=\rho_s=R=R_p=R_s=\left(\frac{n_2-n_1}{n_2+n_1}\right)^2 \\ \sigma=\sigma_p=\sigma_s=T=T_p=T_s=\frac{4n_1n_2}{(n_1+n_2)^2} \end{aligned} \tag{4.5.8}$$

若光由空气正入射到玻璃表面上，设玻璃的折射率为 $n_2=1.50$ ，空气的折射率为 $n_1=1$ ，则

$$\rho=\rho_p=\rho_s=R=R_p=R_s=4\%,\quad \sigma=\sigma_p=\sigma_s=T=T_p=T_s=96\%$$

一般透镜用玻璃做成，在每个表面上都有约 4%的入射光不能透过，因此每个透镜都有约 8%的光能量反射损失，若仪器由多个透镜组成，则光能反射损失会很大，解决办法是在透镜的表面上镀一层增透膜.

4.5.3　光能流反射比曲线

图 4.5.2 绘出了由空气到玻璃的光能流反射比和透射比曲线. 由反射比曲线可以看出，随入射角增大，***s*** 分量反射比单调上升，而 ***p*** 分量的反射比先下降，到布儒斯特角处降为零，而后又上升. 在入射角 $i_1\to 90^\circ$ 掠入射时，反射比趋于 100%，在 $0\leqslant i_1<30^\circ$ (近似垂直入射)的情况下，反射比约为 4%.

图 4.5.3 是由玻璃到空气的光能流反射比曲线，设玻璃的折射率为 $n_1=1.50$ ，则临界角 $i_c=\arcsin(n_2/n_1)=41^\circ$ ，布儒斯特角 $i_B=\arctan(n_2/n_1)=33^\circ44'$. 在布儒斯特角处，***p*** 分量下降为零，在 $i_1\geqslant i_c$ 时，***p***、***s*** 分量光能流反射率为 100%，即发生全反射.

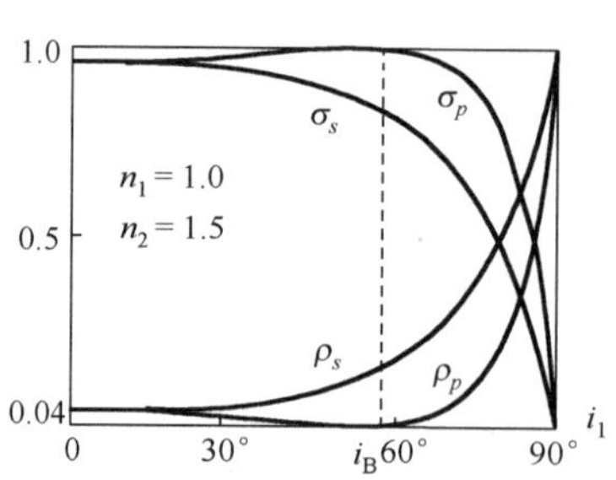

图 4.5.2　由空气到玻璃光能流反射比和透射比曲线

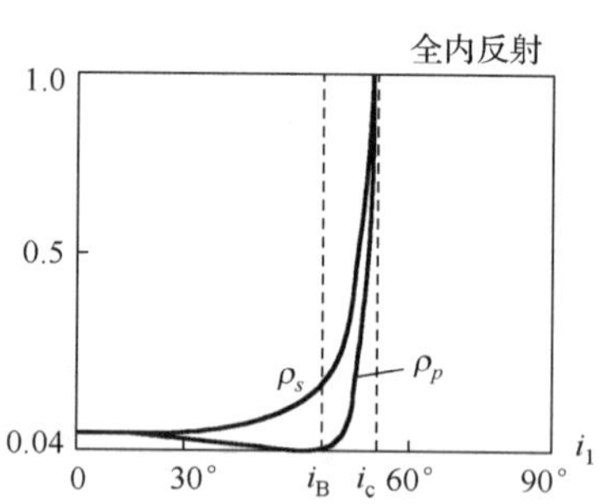

图 4.5.3　由玻璃到空气光能流反射比曲线

本 章 小 结

(1) 光波是电磁波，光的电磁理论基础是麦克斯韦方程组. 可见光的波长范围是 400～760nm.

(2) 光在不同介质中传播时频率不变，速率不同，所以光在不同的介质中波长不同，介质中的波长 λ 与真空中的波长 λ_0 的关系为 $\lambda = \lambda_0/n$.

(3) 在波动光学中相对光强定义为电磁波振幅的平方： $I = A^2$.

(4) 光波的实函数描述：

单色平面波 $E(\boldsymbol{r},t) = A(\boldsymbol{r})\cos(\omega t - \boldsymbol{k}\cdot\boldsymbol{r} + \varphi_0)$ ；

单色球面波 $E(\boldsymbol{r},t) = \dfrac{A_0}{r}\cos(\omega t - \boldsymbol{k}\cdot\boldsymbol{r})$ ；

单色柱面波 $E(\boldsymbol{r},t) = \dfrac{A_0}{\sqrt{r}}\cos(\omega t - \boldsymbol{k}\cdot\boldsymbol{r})$.

(5) 光波的复振幅表示： $\tilde{E}(\boldsymbol{r}) = A(\boldsymbol{r})\exp[-\mathrm{i}(\boldsymbol{k}\cdot\boldsymbol{r} - \varphi_0)]$ ； 由复振幅计算相对光强： $I = A^2 = \tilde{E}\cdot\tilde{E}^*$.

(6) 菲涅耳公式给出了在反射点 $\boldsymbol{p}$、$\boldsymbol{s}$ 分量的振幅反射比和透射比，由菲涅耳公式可解释光在界面上反射、折射时振动相位的变化等许多现象.

(7) 界面上的半波损失问题. 在正入射情况下：外反射时，在反射点反射光将产生半波损失；内反射时则不产生半波损失. 在大角掠射情况下：无论外反射还是内反射，在反射点反射光都将产生半波损失. 任何情况下，折射光在折射点均无半波损失.

(8) 光能流、光强的反射比和透射比给出了光在界面上的能量分配情况.

思 考 题

4.1　已知某单色平面波的波函数为 $E(\boldsymbol{r},t) = A_0\cos(15\sqrt{2}\times10^8 t - 3x - 4y - 5z)$ （SI 制)，其中 A_0 为常数，试讨论该平面波的：

(1) 波矢 $\boldsymbol{k}$ 的大小和方向；

(2) 波长 λ;

(3) 频率 ν;

(4) 波速 $\boldsymbol{v}$.

4.2　已知某液面对红、绿和蓝光的折射率分别为 1.512、1.532 和 1.543，若这些光以相同的入射角从液体中射向液面，并且绿光在液面上的入射角等于临界角，问此时会看到什么现象？

4.3　如思考题 4.3 图所示，在水中有两条平行光线 1 和 2，光线 2 射到水和平行平板玻璃的分界面上. 问：

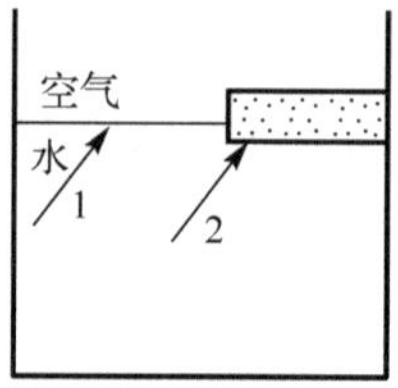

思考题 4.3 图

(1) 两条光线射到空气中时是否还平行？

(2) 如果光线 1 发生全反射，光线 2 能否进入空气？

4.4　当一束光射到两种透明介质分界面上时，会发生只有透射而无反射的情况吗？

4.5　一束光从空气入射到一块平板玻璃上，讨论：

(1) 在什么条件下透射光获得全部光能流；

(2) 在什么条件下透射光能流为 0.

4.6　设折射率为 n_2 的介质层放在折射率分别为 n_1 和 n_3 的两种介质之间(见思考题 4.6 图)，讨论下列情形上下两界面反射的光线 1、2 之间是否有半波损失.

(1) $n_1 > n_2 > n_3$；

(2) $n_1 < n_2 < n_3$；

(3) $n_1 > n_2 < n_3$.

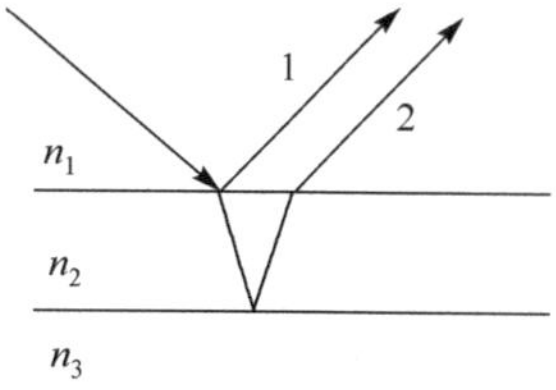

思考题 4.6 图

4.7　复振幅 $\tilde{E}(p) = A\exp(ikz)$ 中的模和辐角各有什么物理意义？其中的指数因子是表示 P 点的相位较原点超前还是落后 kz？分别就 $z>0$ 和 $z<0$ 两种情况讨论.

4.8　理想单色平面光波是否一定是线偏振的？线偏振光是否一定是单色光？

4.9　能量守恒是否即为光强守恒？

习　题

4.1 波长为 546.1nm 的绿光，其频率是多少？10 个完整的这种光波在空气($n_1=1.0$)中和水($n_2=1.33$)中的距离各是多少？此光波垂直穿过厚度相同($d=5.461\,\mu m$)的空气层和水层，层中各包含了多少个完整的波形？空气层和水层造成的相位滞后各是多少？

4.2　一个平面电磁波可以表示为

$$E_x = 0,\quad E_y = 10\cos\left[2\pi\times10^{14}\left(t-\frac{z}{c}\right)+\frac{\pi}{6}\right],\quad E_z = 0$$

(1) 求其频率、波长、振幅及原点的初相.

(2) 波的传播和电矢量振动取何方向.

(3) 求磁矢量 $\boldsymbol{H}$ 的表达式.

4.3　一个三维平面波的实波函数为 $E(\boldsymbol{r},t) = A\cos(5t-2x+3y-4z)$，式中 x、y、

z 以 cm 计，时间以 s 计.

(1) 写出该平面波的复波函数和复振幅；

(2) 求波矢 $\boldsymbol{k}$ 的大小和方向、波长、波速；

(3) 求 x、y、z 方向的空间频率和空间周期.

4.4 已知一束单色平面波在真空中的波长为 λ，振幅为 A_0，波矢在 xOz 平面内，且与 x 正向成 30°，写出波函数的表达式及在 x、y、z 方向的空间频率和空间周期.

4.5 写出沿 x 轴传播的平面波的复振幅.

4.6 写出在 xOz 平面内沿与 z 轴夹角 θ 的 $\boldsymbol{r}$ 方向传播的平面波的复振幅.

4.7 太阳光垂直照在地球表面的功率约为 $1.33\mathrm{kW/m^2}$，试计算地表阳光的电场强度.

4.8 一束平面波在玻璃中传播时可表示为 $E_x = 10\cos\left[10^{15}\pi\left(\dfrac{z}{0.65c} - t\right)\right]$，$E_y = 0$，$E_z = 0$，求光的频率、波长及玻璃的折射率.

4.9 以实波函数 $E(z,t) = E_0(z)\cos(kz - \omega t)$ 为例，写出其复振幅 $\tilde{E}(z)$，并验证 $\dfrac{\mathrm{d}E(z,t)}{\mathrm{d}z} = \mathrm{Re}\left\{\dfrac{\mathrm{d}\tilde{E}(z)}{\mathrm{d}z}\exp(-\mathrm{i}\omega t)\right\}$.

4.10 E_1、E_2 表示两同频率、同振动方向简谐波的实波函数，$\tilde{E}_1$、$\tilde{E}_2$ 表示其相应的复振幅.

(1) 验证 $E_1E_2 \neq \mathrm{Re}\{\tilde{E}_1\tilde{E}_2\exp(-\mathrm{i}\omega t)\}$；

(2) 证明 $\overline{E_1E_2} = \dfrac{1}{2}\mathrm{Re}\{\tilde{E}_1\tilde{E}_2^*\}$.

4.11 经测量得知光在某种介质中的全内反射临界角为 45°，试求光由空气射向该介质时的布儒斯特角.

4.12 折射率为 n 的平行平板放在折射率为 n_0 的介质中，求证：当入射光在上界面的入射角满足布儒斯特条件时，平板内的折射光在下界面也满足布儒斯特条件.

4.13 光从空气到玻璃(n =1.50)以布儒斯特角入射，试计算光能流的反射率 ρ_s、ρ_p 和透射率 σ_s、σ_p.

4.14 今有一自然光波，以入射角 30°由真空射至折射率为 1.50 的玻璃界面上，设入射自然光振幅的 $\boldsymbol{p}$ 分量和 $\boldsymbol{s}$ 分量均为 1($A_{p1}=A_{s1}=1$)，试求：

(1) 反射光波的振幅 A'_{p1} 和 A'_{s1}；

(2) 折射光的振幅 A_{p2} 和 A_{s2}.

4.15 在某光学仪器中，光依次经过 6 个折射率为 1.60 的玻璃透镜. 设光在各透镜上的入射角很小($i_1 \approx 0$)，试求光能量损失的百分比.

4.16 一复合物镜由两个透镜组成，其中一个由折射率 n_1＝1.52 的玻璃做成，另一个由折射率 n_2=1.60 的玻璃做成. 将两个透镜用 n_3=1.54 的加拿大树胶粘在一起，设光的入射角很小($i_1 \approx 0$)．试求：光在复合物镜中由反射而造成的能量损失，并将此损失与物镜的两透镜不粘在一起而留一空气薄隙时的损失相比较.

4.17　今有一单色自然光，以 30° 的入射角由空气射至折射率为 1.46 的介质膜上，若已知在反射点处入射光的振动方程为 $E_{p1} = A_{p1}\cos\omega t$，$E_{s1} = A_{s1}\cos\omega t$．试分别写出在反射点(折射点)反射光和折射光的振动方程.

4.18　在如习题 4.18 图所示的正方体中，已知 ω、k，分别求沿 $\overrightarrow{OA}$、$\overrightarrow{OB}$、$\overrightarrow{OC}$ 方向传播的平面波的实波函数、复振幅，以及 x、y、z 方向的空间频率和空间周期.

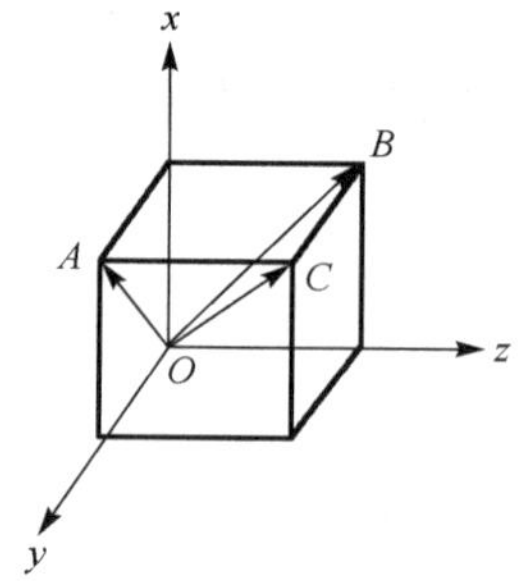

习题 4.18 图

第 5 章　光 的 干 涉

经典光学主要包括几何光学和波动光学两部分，几何光学是利用几何的方法讨论光学系统的成像问题，并未涉及光的本性. 要想真正地理解光，必须研究光的波动性，而干涉和衍射现象则是波动性的重要表现. 从光的本性而言，几何光学是波动光学在波长可以忽略不计时的特例.

本章从光源发光机理出发，讨论光的相干性、两束光相遇产生干涉的条件、获得相干光的方法(分波阵面法和分振幅法)，分析光的时间相干性和空间相干性，并介绍光的干涉的应用.

5.1　光波的叠加原理

既然光是一种电磁波，就应该表现出干涉、衍射等一般波所具有的基本特性. 实际上，阳光下光盘上的彩色条纹、肥皂膜和油膜上的彩色花样都是由光的波动性而引发的一种干涉效应. 通过力学中机械振动和机械波部分可知，干涉主要表现为在干涉区域内，有些地方振动加强，而有些地方振动减弱，即出现明暗相间的干涉图样. 那么，点亮两盏完全相同的灯，能否出现明暗相间的干涉图样呢？生活经验告诉我们，从来没发现过. 这是为什么呢？要从光源的发光机理谈起.

5.1.1　光源的发光机理

光源是由众多的分子或原子组成的，一般情况下，这些分子或原子处于最低能态——基态. 当原子的外层电子受激发后从低能态跃迁到高能态，此时分子或原子处于高能态——激发态，但是电子在高能态是不稳定的，它会再向低能态跃迁. 当电子从高能态跃迁到低能态时，如果将能量以光的形式辐射出去，就是发光. 因此发光体若维持发光必须有能量来源.

从能量转换的角度，发光可分为：热致发光(如白炽灯、弧光灯等发光)、电致发光(水银灯、钠灯、LED 等发光)、光致发光(荧光粉的发光)、化学发光(磷光)等.

从发光机制角度，发光可分为：自发辐射和受激辐射，分别对应普通光源和激光光源发光. 光与物质相互作用有受激吸收、自发辐射和受激辐射三个过程，**普通光源是自发辐射占主导地位，激光光源是受激辐射占主导地位.**

对于普通光源，在自发辐射过程中，辐射使原子的能量损失，加上周围原子的相互作用，单个原子的辐射过程持续时间极短，即使是在周围原子的相互作用已减至最弱、极度稀薄的气体发光情况下，单个原子辐射的持续时间也不超过 10^{-8}s. 当某个原子中断了辐射以后，受到激发后又会重新辐射，但再次发射的光波具有新的初相位、振动方向和传播方向等. 这就是说，原子辐射的光波并不是一列连续不断、振幅和频率都不随时间变化的理想单色波，而是在短暂时间内(小于 10^{-8}s)保持振幅和频率近似不变，在空间表现为一段有限长度的波列，如图 5.1.1 所示. 此外，每一个点光源都有大量的原子在同时发光，不同原子辐射的波列初相位之间也是没有固定关系的，这些断断续续、或长或短、初相位毫无规则且迅速变化的波列总体就构成了宏观的光波，并且各个波列的振动方向完全随机，没有一个方向较其他方向更占优势，因此普通光源发出的是自然光.

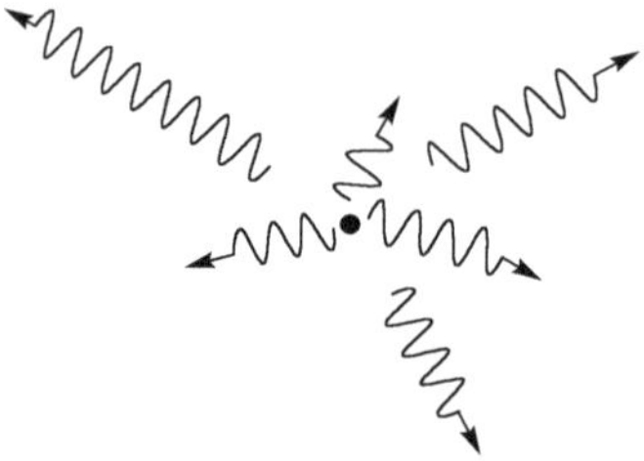

图 5.1.1　普通光源的发光机理

实验室常见光源
及发光机理

激光器是以受激辐射为主的光源. 受激辐射的特点是：激光器中各发光源彼此间是相关的，能够步调一致地振动，光辐射有相位关联，能够发射有恒定相位差或同相位的光波. 尽管原子发光也是断续的，但每次持续发光的时间比较长(可达 10^{-4}s)，波列的长度最长可达到几十千米.

5.1.2　光波的叠加原理

两列或两列以上的波在空间相遇，交叠区域内任一点的振动为各列波单独在该点产生振动的矢量和，这一规律称为波的**叠加原理**. 光既然是电磁波，叠加原理对光波来说同样适用，因此光波的叠加就是空间电矢量振动的合成问题，即

$$\boldsymbol{E}(Q,t)=\boldsymbol{E}_1(Q,t)+\boldsymbol{E}_2(Q,t)+\cdots$$

式中，Q 代表光波相遇光场中任意一点.

波的叠加原理以波的独立传播定律的成立为条件. 光在真空中总是独立传播的，服从波的叠加原理；光在介质中传播时，只要光不是太强，也服从波的叠加原理. 但是当光的强度非常大时，将会出现违背线性叠加原理的现象，这种违背线性叠加原理的效应，称为**非线性效应**. 研究光的非线性效应的光学称为**非线性光学**或**强光光学**. 因为许多介质的非线性效应只有在很强的光作用下才较明显，所以非线

性光学在 20 世纪 60 年代激光出现后才得到了较大的发展.

本书假定介质是线性的，都是在线性光学范围内研究光与物质的相互作用，即介质的极化强度 $\boldsymbol{P}$ 与电场强度 $\boldsymbol{E}$ 呈线性关系：$\boldsymbol{P}=\alpha\boldsymbol{E}$，这一规律只限于场强 $\boldsymbol{E}$ 不太大时成立，此时都服从光波叠加原理. 当 $\boldsymbol{E}$ 很大时，$\boldsymbol{P}$ 还与 $\boldsymbol{E}$ 的高次方有关：

$$\boldsymbol{P}=\alpha\boldsymbol{E}+\beta\boldsymbol{E}^2+\gamma\boldsymbol{E}^3+\cdots \quad (\text{式中的系数 } \alpha,\ \beta,\ \gamma,\ \cdots\text{逐次减小})$$

从而出现非线性光学效应，这时光波的叠加原理就不再成立了.

5.2　相干叠加与非相干叠加　相干条件

5.2.1　相干叠加与非相干叠加

如果两列波频率相等，在观察时间内波动不中断，而且在相遇处振动方向几乎沿着同一直线，那么它们在空间相遇叠加后产生的合振动可能在有些地方加强，在有些地方减弱. 这种强度按照空间周期性变化的现象称为**干涉**，这两列波称为**相干波**，这种叠加称为**相干叠加**. 在叠加区域内，光强出现周期性分布的整体图像，称为**干涉图样**.

但是在现实生活中，经常会遇到这种情况，例如，两盏灯同时照射到同一区域，则照射区域内所有位置的光强都增大了，其值等于两盏灯单独照射时的光强之和，观察不到干涉图样，这两列波称为**非相干波**，这种叠加称为**非相干叠加**.

波动是振动状态在空间的传播，因此两列光波的叠加问题可以归结为讨论空间任一点电磁振动的叠加，为什么两波相遇进行叠加时会出现相干叠加或非相干叠加？为此我们回顾一下在力学中机械振动和机械波部分学习过的简谐振动的合成问题.

空间中 S_1、S_2 两个点光源产生两列频率相等、振动方向在同一直线上的光波，如图 5.2.1 所示，其振动方程分别为

$$E_1(S_1)=A_{01}\cos(\omega t+\varphi_{01})$$

$$E_2(S_2)=A_{02}\cos(\omega t+\varphi_{02})$$

式中，φ_{01}、φ_{02} 为两振动的初相位. 若 S_1、S_2 两个点光源到空间 P 点的距离分别为 r_1、r_2，则两个点光源发出的光波在 P 点引起的振动方程分别为

$$E_1(P)=A_1\cos(\omega t-\boldsymbol{k}\cdot\boldsymbol{r}_1+\varphi_{01})=A_1\cos(\omega t+\varphi_1)$$

$$E_2(P)=A_2\cos(\omega t-\boldsymbol{k}\cdot\boldsymbol{r}_2+\varphi_{02})=A_2\cos(\omega t+\varphi_2)$$

式中，$\varphi_1=\varphi_{01}-\boldsymbol{k}\cdot\boldsymbol{r}_1$ 为光源 S_1 在 P 点引起振动的初相位，$\varphi_2=\varphi_{02}-\boldsymbol{k}\cdot\boldsymbol{r}_2$ 为光源 S_2 在 P 点引起振动的初相位. 这两列波在 P 点相遇后叠加，由于振动方向相同，用旋转矢

量法可以简单计算出叠加后的合振动方程为

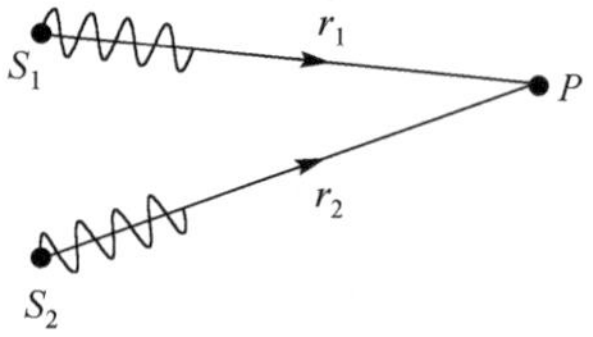

图 5.2.1　光波的叠加

$$E = E_1 + E_2 = A\cos(\omega t + \varphi)$$

合振动的振幅 A 为

$$A^2 = A_1^2 + A_2^2 + 2A_1A_2\cos(\varphi_2 - \varphi_1)$$

初相位由下式决定：

$$\tan\varphi = \frac{A_1\sin\varphi_1 + A_2\sin\varphi_2}{A_1\cos\varphi_1 + A_2\cos\varphi_2}$$

为了计算方便，振动方程也可以用复振幅来表示

$$\tilde{E}_1(P) = A_1 e^{i(\varphi_{01} - \boldsymbol{k}\cdot\boldsymbol{r}_1)} = A_1 e^{i\varphi_1}$$

$$\tilde{E}_2(P) = A_2 e^{i(\varphi_{02} - \boldsymbol{k}\cdot\boldsymbol{r}_2)} = A_2 e^{i\varphi_2}$$

合振动的复振幅为

$$\tilde{E} = \tilde{E}_1 + \tilde{E}_2 = A_1 e^{i\varphi_1} + A_2 e^{i\varphi_2}$$

合振动的振幅 A 可表示为

$$\begin{aligned} A^2 = E\cdot E^* &= (A_1 e^{i\varphi_1} + A_2 e^{i\varphi_2})\cdot(A_1 e^{-i\varphi_1} + A_2 e^{-i\varphi_2}) \\ &= A_1^2 + A_2^2 + A_1A_2 e^{i(\varphi_1-\varphi_2)} + A_1A_2 e^{i(\varphi_2-\varphi_1)} \\ &= A_1^2 + A_2^2 + 2A_1A_2\cos(\varphi_2 - \varphi_1) \end{aligned} \tag{5.2.1}$$

其结果与用旋转矢量表示法的计算结果一致.

因为振动强度正比于振幅的平方，所以一般情况下两个振动叠加时，合振动的强度不等于分振动的强度之和，而与两振动在 P 点的相位差 $\Delta\varphi = \varphi_2 - \varphi_1$ 有关，即

$$I = I_1 + I_2 + 2\sqrt{I_1 I_2}\cos\Delta\varphi \tag{5.2.2}$$

对于光波而言，光振动的频率很高，周期很短，在可见光波段内 $T \sim 10^{-15}$s，而且对于普通光源，同时有大量的粒子辐射发光，每个粒子每次发光的时间很短，发出的波列长度有限，所以每个粒子每次所发光波的初相位也是在 0 到 2π 随机出现，故两列光波的初相位差 $\Delta\varphi_0 = \varphi_{02} - \varphi_{01}$ 是随时间无规律地迅速变化，这样两列光波在空间 P 点处相遇时，就每一瞬间来说，总光强与两光波在 P 点的相位差 $\Delta\varphi$ 有关，而不等于各强度之和；但是从另一方面来讲，人眼或者光探测器的响应时间远大于光的振动周期(人眼的响应时间约为 0.1s，即使快速光电器件的响应时间也在 10^{-12}s 的量级)，因此人眼及光探测器不可能在这极短的时间内对两波列的叠加作出响应，实际观察到的光强是在观测时间内的平均值. 所以，在某一时间间隔 τ 内(τ 值远大于光的振动周期)，合振动的平均相对强度为

$$I=\frac{1}{\tau}\int_0^{\tau}(I_1+I_2+2\sqrt{I_1I_2}\cos\Delta\varphi)\mathrm{d}t=I_1+I_2+2\sqrt{I_1I_2}\frac{1}{\tau}\int_0^{\tau}\cos\Delta\varphi\,\mathrm{d}t \tag{5.2.3}$$

对于式(5.2.3)分两种情况讨论.

1. 非相干叠加

由于分子或原子发光的间歇性和随机性，在观察时间 τ 内，在叠加处随着光波列的大量更替，来自两个独立光源的两束光，或同一光源的不同部位所发出光波的初相位差 $\Delta\varphi_0$ 瞬息万变，它可以取 0 到 2π 之间的所有可能值，且机会均等，所以 P 点两振动的相位差 $\Delta\varphi$ 取 0 到 2π 之间的所有可能值，因而 $\cos\Delta\varphi$ 对时间的平均值为零，即

$$\frac{1}{\tau}\int_0^{\tau}\cos\Delta\varphi\mathrm{d}t=0$$

此时两列光波叠加后所观测到的平均光强为

$$I=I_1+I_2 \tag{5.2.4}$$

叠加后的光强等于两束光单独照射时的光强之和，这种叠加称为**非相干叠加**.

2. 相干叠加

如果在观察时间内，两列光波的振动各自连续进行，并不中断(这种观察在光学中很少遇见)，则光场中各指定点处两叠加光波的相位差 $\Delta\varphi$ 均恒定，则式(5.2.3)中末项的积分值为

$$\frac{1}{\tau}\int_0^{\tau}\cos\Delta\varphi\mathrm{d}t=\cos\Delta\varphi$$

在相遇点处所观察到的平均光强为

$$I=I_1+I_2+2\sqrt{I_1I_2}\cos\Delta\varphi \tag{5.2.5}$$

空间各点的光强在观察时间内保持不变，不同位置光强的大小将由这些位置的相位差决定，即空间各处光强分布将随干涉项 $2\sqrt{I_1I_2}\cos\Delta\varphi$ 的不同而变化.

当 $\Delta\varphi=2k\pi$ 时，$\cos\Delta\varphi=1$，此时光强最大，称为**干涉相长**；

当 $\Delta\varphi=(2k+1)\pi$ 时，$\cos\Delta\varphi=-1$，此时光强最弱，称为**干涉相消**；

当 $\Delta\varphi$ 等于其他值时，光强介于最大值和最小值之间. 因为 $\Delta\varphi$ 只与光源所发出光波的初相位和空间位置有关，所以光场空间中的光强是不随时间变化，而随空间位置变化的强弱相间的周期性分布，这种叠加称为**相干叠加**.

5.2.2　相干条件

由以上的分析可以知道，两列光波在空间相遇要产生干涉则必须使光场中各指

定点处振动的相位差 $\Delta\varphi$ 各自恒定，同时两列光波的频率相等、振动方向相同. 不同频率的光波叠加后是否会产生干涉呢？产生干涉是否还有其他条件的限制呢？下面就来讨论一下.

假设有两列不同频率的光波 E_1、E_2 在观察点 P 相遇，其中

$$E_1 = A_1\cos(\omega_1 t+\varphi_1)\,,\qquad E_2 = A_2\cos(\omega_2 t+\varphi_2)$$

则 P 点的合振幅为

$$A^2 = A_1^2 + A_2^2 + 2A_1A_2\cos\left(\Delta\omega t+\Delta\varphi\right) \tag{5.2.6}$$

式中，$\Delta\omega=\omega_2-\omega_1$，$\Delta\varphi=\varphi_2-\varphi_1$. 由此可见，$P$ 点的振幅是位置和时间的函数，则 P 点的平均光强(平均能流密度)为

$$I=\frac{1}{\tau}\int_0^\tau A^2(P,t)\mathrm{d}t=\langle A^2(P,\ t)\rangle$$

如果 $\Delta\omega$ 非常小，在观察时间 τ 内，$\Delta\omega\cdot\tau\ll 2\pi$，这时可以记录到干涉效应，反之，如果 $\Delta\omega$ 非常大，在观察时间 τ 内，$\Delta\omega\cdot\tau\gg 2\pi$，则其时间平均值趋于零. 可见要能观测和记录到两个不同频率的简谐波的干涉效应，必须保证 τ 及 $\Delta\omega$ 均足够小. 以钠黄光为例，它包含 589.0nm 和 589.6nm 两谱线，要做到在观察时间 τ 内 $\Delta\omega\cdot\tau\ll 2\pi$ 是极其困难的. 但是对于单色性很好的激光，则可能容易满足上述要求，即使如此，此时所需的 τ 也是很小的，往往要比微秒级更短，这种干涉称为**暂态干涉**. 而在波动光学中所讨论的干涉一般指在较长时间内能观测到稳定干涉图样的干涉，所以**两列光波在空间产生干涉的相干条件**如下.

(1) **频率相同；**

(2) **振动方向相同或者具有相同的分量；**

(3) **初相位差恒定.**

5.2.3　相干光的获得

由于分子原子发光的随机性，普通光源不是相干光源. 为了获得相干光，可利用光学装置把从同一原子发出的光波分成两列或几列，使它们经过不同的路径后再相遇. 这样分出的两列波的频率、振动方向、初相位差将随着原光波同步变化，不管原始光源的初相位如何频繁变化，各列光波间仍然可能有恒定的初相位差. 具体的方法有：**分波阵面法干涉**，例如杨氏双缝实验；**分振幅法干涉**，例如薄膜干涉. 本章主要讨论分波阵面和分振幅两种类型的干涉. 另外还有偏振光的干涉，将在光的偏振部分介绍.

5.3　分波阵面干涉　杨氏双缝干涉实验

将同一光源的波阵面划分出两(多)部分作为相干光源产生相干光的方法称为**分**

波阵面干涉. 1801 年，英国物理学家托马斯·杨从对视觉的研究进入光学领域，以极简单的装置获得了干涉条纹，开创了点、缝光源"波阵面分割法"实现双光场干涉的先例.

5.3.1　杨氏双缝干涉的实验装置

托马斯·杨最初所做的实验如图 5.3.1 所示，用光源照射针孔 S，把针孔 S 作为点光源，发出球面波. 在相距 S 一定距离处放置两个针孔 S_1 和 S_2，它们把由 S 发出的球面波分离出两个很小的部分，则从 S_1 和 S_2 分离出来的两束光都是由 S 发出的，**满足频率相等、相位差恒定、振动方向相同的条件**，是相干光，它们在相遇的区域产生干涉，可在观察屏上呈现干涉条纹. 如果光源发出的是单色光，则在观察屏上得到明暗相间的单色条纹；如果光源发出的是白光，则在观察屏上得到彩色条纹.

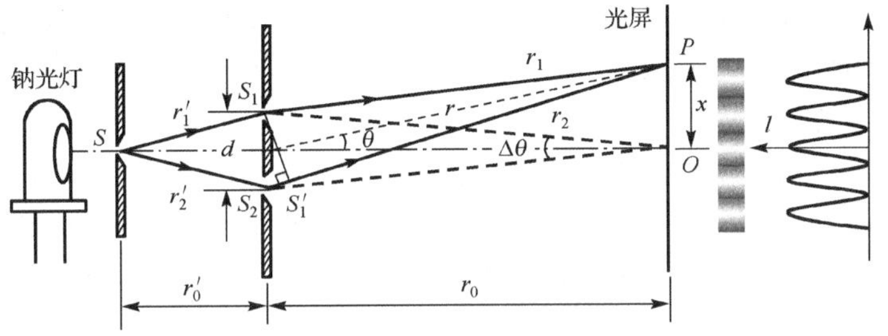

图 5.3.1　杨氏双缝干涉实验

在实验装置中，小孔 S 所在平面与双孔 S_1 和 S_2 所在平面的距离为 r_0'，双孔所在平面与观察屏之间的距离为 r_0，双孔 S_1 和 S_2 之间的距离为 d. 通常情况下，孔的直径在 $10^{-5}\sim10^{-4}\,\text{m}$ 的量级，双孔之间的距离 d 在 $10^{-4}\,\text{m}$ 的量级，r_0 在 m 的量级，r_0' 在 $10^{-2}\sim10^{-1}\,\text{m}$ 的量级，整个装置对称.

但因小孔尺寸太小，以至于通过 S_1 和 S_2 的光波强度很弱，从而干涉条纹的强度很弱. 后来发现以狭缝代替针孔同样可得到清晰但强度大得多的干涉图样，这样便有了以柱面波替代球面波的双缝实验. 其截面图仍如图 5.3.1 所示.

5.3.2　光程差与相位差

如图 5.3.1 所示，设光源所发出光波的频率为 ω，初相位为 φ_0，则点光源 S 所发出球面波的波动方程为 $E(\boldsymbol{r},t)=A_0\cos(\omega t-\boldsymbol{k}\cdot\boldsymbol{r}+\varphi_0)$（注意：对于球面波而言，$A_0$ 是随 r 变化的量）. 若 $\overline{SS_1}=r_1'$，$\overline{SS_2}=r_2'$，则 S 发射的光波传递到 S_1 和 S_2 两点时的振动方程分别为

$$E_{01}(r_1',t)=A_{01}\cos(\omega t-kr_1'+\varphi_0)=A_{01}\cos(\omega t+\varphi_{01}) \tag{5.3.1a}$$

$$E_{02}(r_2',t)=A_{02}\cos(\omega t-kr_2'+\varphi_0)=A_{02}\cos(\omega t+\varphi_{02}) \tag{5.3.1b}$$

式中，$\boldsymbol{k}$ 为波矢，其大小为 $\dfrac{2\pi}{\lambda}$ ，则在 S_1 和 S_2 两点处光波的相位分别为

$$\varphi_{01}=\varphi_0-\frac{2\pi r_1'}{\lambda}\ ,\qquad \varphi_{02}=\varphi_0-\frac{2\pi r_2'}{\lambda}$$

如果将 S_1 和 S_2 看作点光源，则 φ_{01} 和 φ_{02} 即为两光源的初相位. 所以，由 S_1 和 S_2 所发出的两列相干光的初相位差

$$\Delta\varphi_0=\frac{2\pi(r_2'-r_1')}{\lambda}$$

由此可见，尽管 φ_0 是不稳定的、φ_{01} 和 φ_{02} 也是不稳定的，但相位差 $\varphi_{02}-\varphi_{01}$ 却只与光程差 $r_2'-r_1'$ 有关(一般情况下，整个实验装置在空气中，则 $n_1=n_2=1.0$ ，所以其光程差等于几何路程之差 $r_2'-r_1'$. 如果不是位于空气中，则式中的 $r_2'-r_1'$ 应该等于 $n_2r_2'-n_1r_1'$)，且不随时间改变. 若 $r_1'=r_2'$，则 $\varphi_{01}=\varphi_{02}$ ，即 S_1 和 S_2 的初相位始终相同，这时 S_1 和 S_2 处于 S 发出的光波的同一波阵面上. 从同一列波的波阵面上取出的两个次波源总是相干的.

如图 5.3.1 所示，S_1 和 S_2 作为两个点光源，其在 S_1 和 S_2 两点所产生的振动方程分别由式(5.3.1a)和式(5.3.1b)表示. 观察屏上有一点 P，若 S_1 和 S_2 到 P 点的距离分别为 r_1 和 r_2 ，即 $\overline{S_1P}=r_1$ ，$\overline{S_2P}=r_2$ ，则两光源发出的光波传递到观察屏上的 P 点时所产生的振动分别为

$$E_1(r_1,\ t)=A_1\cos(\omega t-kr_1+\varphi_{01})$$

$$E_2(r_2,\ t)=A_2\cos(\omega t-kr_2+\varphi_{02})$$

两列光波在 P 点引起的振动满足相干条件，其相位差为

$$\Delta\varphi=\frac{2\pi}{\lambda}(r_2-r_1)+(\varphi_{01}-\varphi_{02})$$

由此可见，S_1 和 S_2 两光源发出的光波在 P 点的相位差 $\Delta\varphi$ 取决于两个因素：

(1) S_1 和 S_2 两光源的初相位差 $\varphi_{01}-\varphi_{02}$；

(2) S_1 和 S_2 两点到观察点 P 的光程差 $\delta=n_2r_2-n_1r_1$.

5.3.3　观察屏上的光强分布　干涉条纹的形状

S_1 和 S_2 在 P 点引起振动的初相位分别为 $\varphi_1=\varphi_{01}-2\pi r_1/\lambda$ ，$\varphi_2=\varphi_{02}-2\pi r_2/\lambda$ ，假定 $r_1'=r_2'$，即 $\varphi_{01}=\varphi_{02}$ ，根据式(5.2.1)，两列相干光波在观察屏上任一点 P 处相遇时产生的振幅为

$$A^2=A_1^2+A_2^2+2A_1A_2\cos\Delta\varphi$$

式中，$\Delta\varphi=\varphi_2-\varphi_1=2\pi(r_2-r_1)/\lambda$.

当 P 点的位置满足 $\Delta\varphi = 2k\pi$ 或 $\delta = r_2 - r_1 = k\lambda$（$k = 0, \pm1, \pm2, \pm3, \cdots$）时，有

$$A^2 = (A_1 + A_2)^2 \text{，振动加强，\textbf{干涉相长，产生明条纹}}$$

当 P 点的位置满足 $\Delta\varphi = (2k+1)\pi$ 或 $\delta = r_2 - r_1 = (2k+1)\lambda/2$（$k = 0, \pm1, \pm2, \pm3, \cdots$）时，有

$$A^2 = (A_1 - A_2)^2 \text{，振动减弱，\textbf{干涉相消，产生暗条纹}}$$

若 S_1 和 S_2 等宽，可以近似认为 S_1 和 S_2 在 P 点引起振动的振幅相等，即 $A_1 = A_2$.

干涉相长时，$A^2 = (A_1 + A_2)^2 = 4A_1^2$，光强最大：$I_{\max} = 4A_1^2 = 4I_1$；

干涉相消时，$A^2 = (A_1 - A_2)^2 = 0$，光强最小：$I_{\min} = 0$.

同一 k 值的点形成一条亮纹（或暗纹），**k 称为干涉级次**. 显然明暗条纹是相间的，它们一起组成了干涉图样. 相同 $\Delta\varphi$ 的点光强相同，所以干涉条纹由光程差相同的各点组成，是等光程差线. 考虑到空间的情况，则光程差相同的各点组成一个面，叫做**等光程差面**，在观察屏上所见到的干涉条纹就是等光程差面与观察屏的交线.

利用 $\Delta\varphi = 2\pi(r_2 - r_1)/\lambda$，相同 $\Delta\varphi$ 的位置光强相同，对应的点就组成了等强度面，此时 $r_2 - r_1 =$ 常数，它所表示的就是等强度面方程，是一族旋转双曲面. 当 $\Delta\varphi = 2k\pi$ 时，对应的是干涉加强（亮）的等强度面；当 $\Delta\varphi = (2k+1)\pi$ 时，对应的是干涉减弱（暗）的等强度面. 图 5.3.2 给出了 $k = \pm1$，±2，±3 时的等光程差面. 如果观察屏与 xOy 面（或 xOz 面）平行，屏上的干涉条纹是一组双曲线，如图 5.3.3 所示；若屏离 S_1 和 S_2 足够远，又只考虑 z 轴附近的条纹（$r_0 \gg x$），则观察屏上的条纹是一系列平行于 y 轴的直线，这正是讨论的情况. 若观察屏与 yOz 面平行，则干涉条纹为一组同心圆环.

杨氏双缝干涉图样

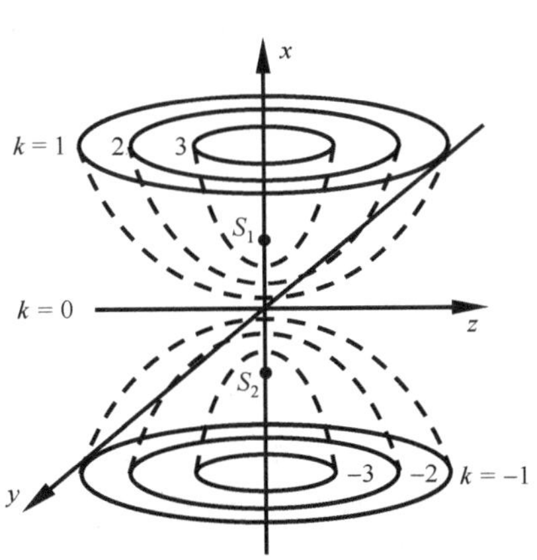

图 5.3.2　等光程差面

图 5.3.3　杨氏双缝干涉条纹

5.3.4 干涉条纹的间距

条纹间距是指相邻两个极大值(或极小值)之间的距离，用以表征干涉条纹的疏密.

如图 5.3.1 所示，设 $r_1'=r_2'$，S_1 和 S_2 初相位始终相同，两光波在 P 点的光程差 $\delta=r_2-r_1$(空气中，$n=1.0$；若两条光线所处的空间折射率不相等，则 $\delta=n_2r_2-n_1r_1$).

杨氏双缝干涉光程差公式推导及其变化

作 $S_1S_1'\perp S_2P$，在 $d\ll r_0$ 的情况下，$\overline{S_1P}\approx\overline{S_1'P}$，$\theta$ 很小，满足 $\sin\theta\approx\tan\theta\approx\theta$，则光程差为

$$\delta=r_2-r_1\approx d\sin\theta=d\frac{x}{r_0} \tag{5.3.2}$$

由前述可知，当 $\delta=r_2-r_1=k\lambda$（$k=0,\pm1,\pm2,\pm3,\cdots$）时，即满足 $\frac{d}{r_0}x=k\lambda$ 时为明纹，所以观察屏上明纹的位置为

$$x_{明}=k\frac{r_0}{d}\lambda \tag{5.3.3}$$

当 $\delta=r_2-r_1=(2k+1)\frac{\lambda}{2}$（$k=0,\pm1,\pm2,\pm3,\cdots$）时，即满足 $\frac{d}{r_0}x=(2k+1)\frac{\lambda}{2}$ 时为暗纹，所以观察屏上各暗纹位置为

$$x_{暗}=(2k+1)\frac{\lambda}{2}\cdot\frac{r_0}{d} \tag{5.3.4}$$

式中，k 称为干涉级次. 由式(5.3.3)和式(5.3.4)可知，不论是明纹还是暗纹，其相邻两亮(暗)纹间距均为

$$\Delta x=x_{k+1}-x_k=\frac{r_0}{d}\lambda \tag{5.3.5}$$

可见干涉条纹是等间距的，并且在波长一定的情况下，条纹间距与 $\frac{r_0}{d}$ 有关，而 $\frac{d}{r_0}$ 是两缝 S_1 和 S_2 对屏中心 O 的张角 $\Delta\theta$，即 $\Delta\theta=\frac{d}{r_0}$. 因此式(5.3.5)可写为

$$\Delta x=\frac{\lambda}{\Delta\theta} \tag{5.3.6}$$

S_1 越接近 S_2，$\Delta\theta$ 越小，条纹间距越大.

根据式(5.3.5)，不同波长的光形成的条纹间距不同，波长大的光产生的条纹间距大，波长小的光产生的条纹间距也小. 若光源为白光，则中央零级为白色，其他各级干涉条纹中不同波长的光被分开形成彩色条纹. 干涉级次较高时，各彩色条纹因互相重叠而得到均匀的强度，可分辨的条纹数目很少，所以一般实验都用单色光.

5.3.5　干涉条纹的移动

在讨论干涉时，人们不仅关心干涉条纹的静态分布，而且关心它们的移动和变化，因为光的干涉应用都与条纹的变动有关. 造成条纹变动的因素来自三个方面：

(1) **光源的移动**；

(2) **装置结构的变动**；

(3) **光程中介质的变化**.

为了掌握干涉条纹整体变动的情况，在探讨干涉条纹变化时，通常采用两种分析方法：

(1) **注视干涉场中某一特定点 $\boldsymbol{P}$**，观察有多少条干涉条纹移过此点；

(2) **跟踪干涉场中某级条纹**，例如零级明纹，看它向什么方向移动，以及移动了多少距离，只要把握了这一特定条纹的动向，就把握了干涉条纹整体的变化情况.

根据式(5.3.2)，某固定场点 P 到两缝的光程差每改变一个波长 λ，该处的条纹干涉级次就改变 1，即有一条干涉条纹移过此点，故某点处干涉条纹移过的条数 N 与光程差的改变量之间的关系为

$$\Delta\delta = N\lambda \tag{5.3.7}$$

其中 λ 是真空中的波长.

例 5.3.1　如例 5.3.1 图所示，在杨氏双缝干涉中，入射光的波长为 λ，若在 S_2 缝上覆盖一层厚度为 h、折射率为 n 的透明介质膜. 假设光垂直穿过透镜介质膜，问：(1) 原来的零级条纹向哪个方向移动，移动多少？(2) 若移至原来的第 k 级明条纹处，其厚度 h 为多少？

解　(1) 从 S_1 和 S_2 发出的相干光，到达观察点所对应的光程差为

$$\delta = (r_2 - h + nh) - r_1$$

当光程差为零时，对应零级条纹的位置应满足

$$r_2 - r_1 + (n-1)h = 0 \quad 或 \quad r_2 - r_1 = -(n-1)h$$

所以应该是 r_2 减小，r_1 增大，干涉条纹向下移动.

若条纹下移的距离为 x，则

$$r_2 - r_1 = -(n-1)h = \frac{d}{r_0}x$$

故

$$x = -\frac{r_0}{d}(n-1)h$$

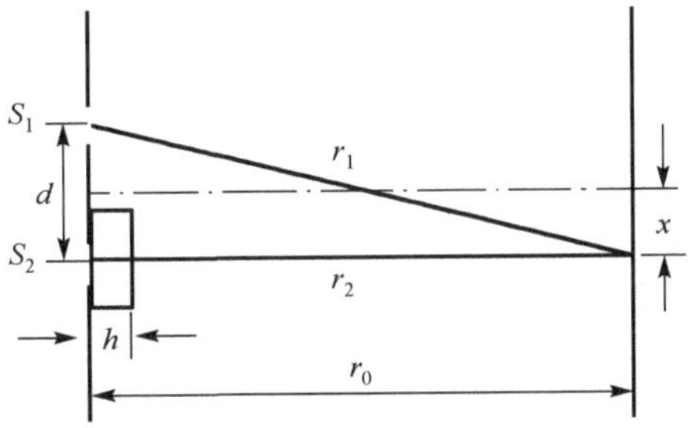

例 5.3.1 图

(2)原来 k 级明条纹位置满足

$$r_2 - r_1 = k\lambda = \frac{d}{r_0}x$$

若有介质时零级明条纹移到原来第 k 级处，它必须同时满足

$$r_2 - r_1 = k\lambda = -(n-1)h$$

所以 $h = \frac{-k\lambda}{n-1}$，即介质厚度为 $\frac{|k|\lambda}{n-1}$.

5.4　双面镜、双棱镜、劳埃德镜干涉实验

杨氏双缝实验虽然是经典的分波阵面干涉实验，但由于狭缝太小，限制了光能量，从而降低了干涉条纹的亮度；另外，狭缝的边缘易产生衍射而使问题复杂化. 为此，在杨氏双缝实验之后，菲涅耳又分别利用双面镜和双棱镜设计了两个新的分波阵面干涉实验，劳埃德也利用平面反射镜设计了一种最简单的干涉实验装置，都观察到了清晰明亮的干涉条纹，极大地提高了干涉场的亮度. 本节讲解菲涅耳双面镜、菲涅耳双棱镜和劳埃德镜干涉实验.

5.4.1　菲涅耳双面镜实验

菲涅耳双面镜干涉装置如图 5.4.1 所示，它由两块夹角 θ 很小的反射镜 M_1 和 M_2 组成. 平行于两镜交棱的缝光源 S 发出的光波，经双面镜 M_1 和 M_2 反射后分割为两束相干光波，在观察屏上形成干涉条纹. 此干涉条纹就如同是 S 经过两平面镜所成的虚像 S_1 和 S_2 发出的光束产生的干涉条纹一样，因此干涉条纹的规律与杨氏双缝实验相同.

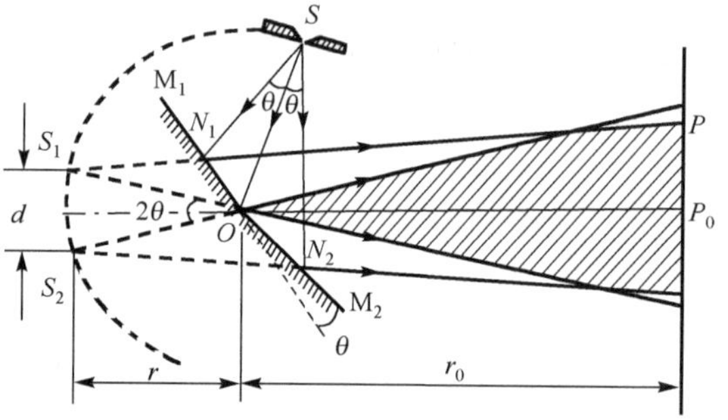

图 5.4.1　菲涅耳双面镜干涉装置

由平面镜成像规律可知，S_1、S_2、S 三点在以 O 为圆心的圆周上，S_1 和 S_2 对圆心 O 张的角度为 2θ. 设该圆周半径为 r，则两束相干虚光源间的距离为 $d = 2r\sin\theta \approx r \cdot 2\theta$，相干虚光源到屏的距离为 $L = r + r_0$，代入式(5.3.5)可得条纹间距

$$\Delta x = \frac{L}{d}\lambda = \frac{(r+r_0)\lambda}{2\theta\, r} \tag{5.4.1}$$

如果是平行光入射，则干涉条纹间距为多少？

5.4.2　菲涅耳双棱镜实验

菲涅耳双棱镜的干涉装置如图 5.4.2 所示，双棱镜的棱角 α 很小，一般约 $30'$，从缝光源 S 发出的光波，经双棱镜折射后分成两束，交叠后产生干涉. 这两束光波如同从 S 对棱镜所成的两个虚像 S_1 和 S_2 发出的一样，故杨氏双缝干涉实验的讨论方法在这里也适用. 由几何关系可以看出，$L = L_1 + L_2$，$\theta = 2\delta$，这里的 δ 是光经棱镜折射后产生的偏向角，由几何光学知 $\delta = (n-1)\alpha$，其中 n 是棱镜的折射率. 于是两相干虚光源间距 $d = \theta L_2 = 2(n-1)\alpha L_2$，可得干涉条纹的间距为

$$\Delta x = \frac{L}{d}\lambda = \frac{(L_1 + L_2)\lambda}{2(n-1)\alpha L_2} \tag{5.4.2}$$

菲涅耳双棱镜干涉和平行光的干涉

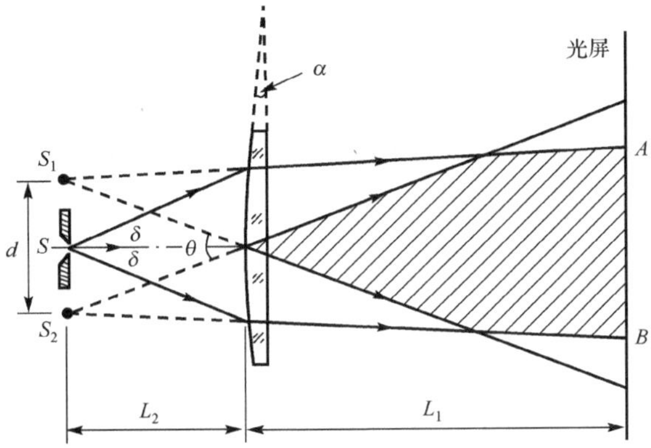

图 5.4.2　菲涅耳双棱镜干涉装置

5.4.3　劳埃德镜实验

爱尔兰物理学家劳埃德(H. Lloyd，1800～1881)设计了一种最简单的干涉实验装置，如图 5.4.3 所示. MM' 是一背面涂黑的平面玻璃，一缝光源 S(与画面垂直)发出的光波一部分掠入射到平面玻璃的上表面后反射到屏上，另一部分直接照射到屏上，在两光束交叠的区域出现干涉条纹. 干涉条纹就如同是实际光源 S 和它经平面玻璃反射所成的虚像 S' 发出的光束产生的，因此条纹间距的计算也可利用杨氏双缝干涉的结果. 设 S 到镜面的垂直距离为 a，则 $d = 2a$，条纹间距为

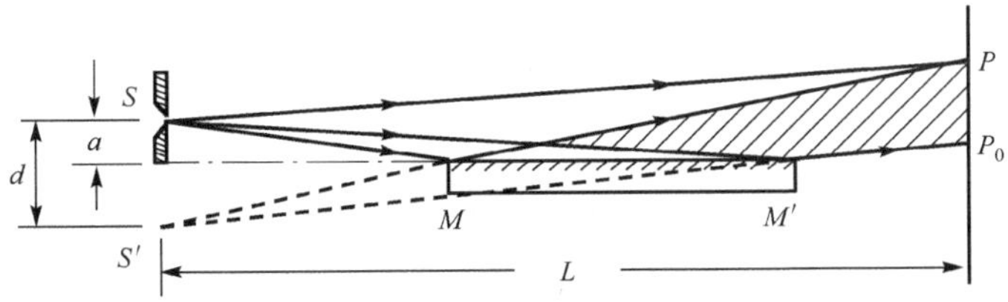

图 5.4.3　劳埃德镜实验

$$\Delta x = \frac{L}{d}\lambda = \frac{L\lambda}{2a} \tag{5.4.3}$$

劳埃德镜实验有一个特点，当观察屏与平面镜的一端接触时，在接触点 M' 将看到暗纹，请读者分析此现象产生的原因.

菲涅耳双镜干涉和劳埃德镜干涉具有实验装置简单和亮度较高等优点，但不足之处：一是受镜面的限制，干涉光场的范围不如杨氏双缝干涉大；二是镜面易受杂散光的影响，降低了干涉条纹的可见度；三是劳埃德镜干涉还存在半波损失问题.

例 5.4.1　将一块薄凸透镜沿主光轴切开成两个半透镜 L_1 和 L_2，然后沿垂直于主光轴方向将它们拉开一定距离，再用不透光屏挡住这段空隙，构成比耶对切透镜(Billet split lens)，如例 5.4.1 图所示. 单色点光源 S 经上下两半透镜分别成像为 S_1 和 S_2，类同于杨氏双缝形成两个相干光源，于是在屏上得到干涉条纹. 设透镜的焦距 $f' = 50\text{mm}$，透镜拉开的距离为 1mm，光源 S 与观察屏各自到透镜的距离分别是 300mm 和 4000mm.

(1) 分析此时透镜成像的情况，计算 S_1 和 S_2 两像点间的距离；

(2) 若光源的波长 $\lambda = 632.8\text{nm}$，求观察屏上干涉条纹的间距.

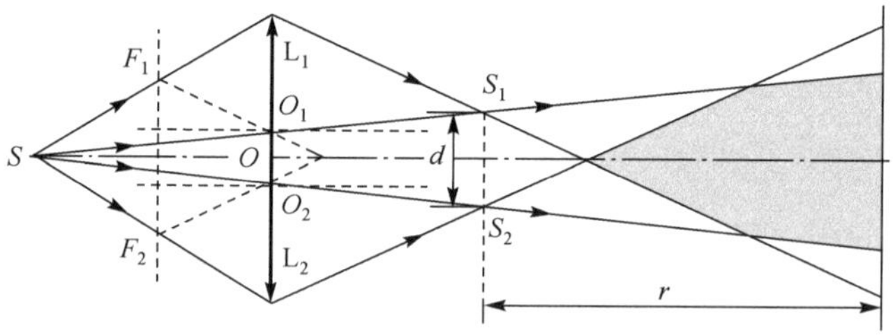

例 5.4.1 图

解　(1) 如例 5.4.1 图所示，此时透镜成像系统可看作由两个半透镜 L_1 和 L_2 构成，其对称轴仍为 SO 不变，但主光轴和光心却发生了平移. 上半透镜 L_1 光心移到 O_1 处，其主光轴上移 0.5mm；下半透镜 L_2 光心移到 O_2 处，其主光轴下移 0.5mm. 移动后两透镜曲率半径未变、折射率未变，焦距也不变，物距也没变，所以通过两个半透镜 L_1 和 L_2 成像的像距也不变. 根据几何成像公式 $\frac{1}{s'} - \frac{1}{s} = \frac{1}{f'}$，得每个半透镜成像的情况均为

$$s' = \frac{sf'}{s + f'} = \frac{-300\text{mm} \times 50\text{mm}}{-300\text{mm} + 50\text{mm}} = 60\text{mm}$$

$$\beta = \frac{y'}{y} = \frac{s'}{s} = \frac{60\text{mm}}{-300\text{mm}} = -0.2$$

S_1 的位置 $y_{S_1} = \beta y_S = (-0.2) \times (-0.5)\text{mm} = 0.1\text{mm}$

S_2 的位置 $y_{S_2}=\beta y_S=-0.2\times0.5\text{mm}=-0.1\text{mm}$

即 S_1 在 L_1 主光轴上方 0.1mm 处，S_2 在 L_1 主光轴下方 0.1mm 处，S_1、S_2 两对应像点间的距离

$$d=1+0.1\times2=1.2\ (\text{mm})$$

从图中 $\triangle SO_1O_2$ 和 $\triangle SS_1S_2$ 相似也可求得 d，已知 $\overline{O_1O_2}=1\,\text{mm}$

$$d=\frac{l+s'}{l}\overline{O_1O_2}=\frac{300+60}{300}\times1=1.2\ (\text{mm})$$

(2) 由例 5.4.1 图可知两个相干光源到观察屏的距离 $r=4000-60=3940$ (mm)，若光源的波长 $\lambda=632.8\,\text{nm}$，按杨氏双缝干涉规律，其干涉条纹间距为

$$\Delta x=\frac{r}{d}\lambda=\frac{3940}{1.2}\times632.8\times10^{-6}\approx2.08\ (\text{mm})$$

故在观察屏 P 的中央附近的干涉条纹近似是等距的直条纹.

5.5　光源宽度对干涉条纹可见度的影响　空间相干性

5.5.1　干涉条纹的可见度

为了描述干涉条纹的清晰程度(即干涉条纹的明暗对比度)，迈克耳孙首先提出用**可见度 V(反衬度或对比度)**来定量描述. 可见度 V定义为

$$V=\frac{I_{\max}-I_{\min}}{I_{\max}+I_{\min}} \tag{5.5.1}$$

式中，$I_{\max}$ 和 $I_{\min}$ 分别是干涉场中光强的极大值和极小值. 分子反映了亮暗差别，分母则反映了平均光强. 一般情况下，干涉条纹是叠加在某一均匀背景上，此时条纹的清晰程度不仅与条纹的亮暗有关，还与背景的亮暗有关.

当 $I_{\min}=0$ (暗纹全暗)时，$V=1$，明条纹和暗条纹的反差最大，干涉图样最清晰；

当 $I_{\max}=I_{\min}$ 时，$V=0$，光强分布均匀，观察不到干涉条纹；

当 $0<I_{\min}<I_{\max}$ 时，$0<V<1$.

在实际实验中不可能得到 $V=1$ 的干涉条纹，这主要由三个因素导致：一是两相干光束的振幅不可能完全相等；二是实际不存在严格的点光源，任何光源都有一定的大小；三是实际光源不是理想的单色光，它们有一定的光谱宽度.

先分析两相干光的振幅比对可见度的影响. 当两相干光在空间相遇时，其相遇点干涉光强由式(5.2.2)表示，即

$$I=I_1+I_2+2\sqrt{I_1I_2}\cos\Delta\varphi=A_1^2+A_2^2+2A_1A_2\cos\Delta\varphi$$

当 $\Delta\varphi = 2k\pi$ 时，$\cos\Delta\varphi = +1$，两束光干涉相长，$I = I_{\max} = (\sqrt{I_1} + \sqrt{I_2})^2 = (A_1 + A_2)^2$；当 $\Delta\varphi = (2k+1)\pi$ 时，$\cos\Delta\varphi = -1$，两束光干涉相消，$I = I_{\min} = (\sqrt{I_1} - \sqrt{I_2})^2 = (A_1 - A_2)^2$. 代入式(5.5.1)，则干涉条纹的可见度

$$V = \frac{2\sqrt{I_1 I_2}}{I_1 + I_2} \quad 或 \quad V = \frac{2A_1A_2}{A_1^2 + A_2^2} = \frac{2\left(\dfrac{A_1}{A_2}\right)}{1 + \left(\dfrac{A_1}{A_2}\right)^2} \tag{5.5.2}$$

若 $A_2 \gg A_1$，则可见度 $V \to 0$，几乎观察不到干涉条纹. 因此，**要得到清晰的干涉条纹，两光波在相遇点引起振动的振幅不能相差太大**.

若令 $I_0 = I_1 + I_2$，则式(5.2.2)可写为

$$I = I_0(1 + V\cos\Delta\varphi) \tag{5.5.3}$$

由式(5.5.3)可知，两光束干涉时，条纹的相对强度 I/I_0 既与两光波振幅比有关(通过 V 体现)，又与两光波间的相位差 $\Delta\varphi$ 有关. 尽管记录介质只对光强有反应，但干涉图样却包含了振幅和相位两者的信息. 这启发我们要记录某束光波的相位信息，可采用另一光波与它干涉，记录下干涉图样即可，这就是全息图的原理.

5.5.2　光源宽度对可见度的影响

前面是以点光源或者线光源为例讲解干涉图样，但是实际中并不存在严格的点光源或线光源，任何光源总有一定的大小，这样的光源可看成由许多不相干的点光源组成. 在干涉实验中，每一点光源都有自己的干涉条纹，不同点光源发出的光彼此之间是不相干的，所以观察屏上总的光强度是各个点光源各自形成的干涉条纹的非相干叠加. 叠加后对条纹的可见度有何影响，不同情况要具体分析.

在杨氏双缝干涉实验中，如图 5.5.1 所示，x 方向竖直向上，y 方向垂直于纸面向外，z 方向水平向右. 若光源沿 x 方向扩展，各点源产生的干涉条纹彼此错开，并彼此非相干叠加，其结果使条纹的可见度下降. 因此，若要得到清晰的干涉条纹，在 x 方向的扩展必须受到限制. 若光源沿 y 方向扩展，各点光源产生的干涉条纹一样，暗纹与暗纹重叠仍是暗纹，亮纹与亮纹重叠更亮，因此条纹不但不模糊，反而更清晰. 所以在杨氏实验中通常不用点光源，而采用沿 y 方向扩展的狭缝光源.

既然理想的线光源不存在，下面讨论缝光源宽度对干涉条纹可见度的影响. 如图 5.5.1 所示，沿 y 方向的一条缝光源 SS' (缝的方向垂直于纸面)，其在 x 方向的宽度为 b，SS' 上每一点都代表一条垂直于图面的线光源，它们各自产生一组干涉条纹. 以零级明纹为例讨论各线光源产生的干涉条纹错开的距离. 若 S 位于 S_1 和 S_2 两狭缝

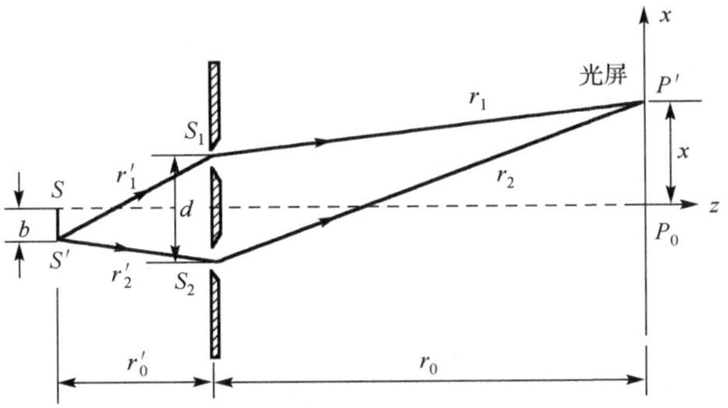

图 5.5.1　带状光源的双缝干涉

的中垂线上，S' 在中垂线的下方，如图 5.5.1 所示，则线光源 S 形成的零级明纹在干涉图样的中心对称位置 P_0 处，设 S' 形成的零级明纹在 P' 处，两零级明纹的距离为 x. 对光源 S'，零级明纹满足

$$\delta=(r_2'-r_1')+(r_2-r_1)=0$$

由于 $r_0'\gg d$（d 为两狭缝 S_1 和 S_2 之间的距离），$r_0'\gg b$，且 $r_0\gg d$，$r_0\gg x$，由式(5.3.2)可知

$$r_2-r_1=\frac{d}{r_0}x$$

同理可知

$$r_2'-r_1'=-\frac{d}{r_0'}b$$

则光源 S' 发出的光经 S_1、S_2 两狭缝后在 P' 处的光程差为 $\delta=d\left(\dfrac{x}{r_0}-\dfrac{b}{r_0'}\right)=0$，即

$$x=\frac{r_0}{r_0'}b \tag{5.5.4}$$

说明光源 S' 相对于 S 向下移动的距离为 b，则干涉条纹将整体向上移动距离 x，b 越大，x 越大. 在 S 和 S' 之间的其他线光源形成的零级明纹在 P_0 和 P' 之间.

图 5.5.2(a)～(c)画出了两个相隔一定距离的线(或点)光源形成的干涉条纹的非相干叠加情况. 已知单个线(或点)光源产生的干涉条纹间距为 $\Delta x=\dfrac{r_0}{d}\lambda$. 由图 5.5.2(c)可见，当条纹错开的距离 x 达到半个条纹宽度 $\Delta x/2$ 时，一套条纹的亮纹与另一套条纹的暗纹恰好重合，干涉场中的合成光强变成均匀分布，可见度下降为零. 实际扩展光源中不止两个线(或点)光源，而是在两个边缘点之间连续分布着无穷多个线(或点)光源. 当边缘点产生的干涉条纹错开的距离 $x=\Delta x/2$ 时，合成强度仍

有一定的可见度，如图 5.5.2(d)所示，只有当 $x=\Delta x$ 时，可见度才降为零，如图 5.5.2(e)所示，干涉条纹完全消失. 此时对应的光源宽度 b_0 可看成光源宽度的极限. 根据式 (5.5.4) 有 $\frac{r_0}{r_0'}b_0=\frac{r_0}{d}\lambda$，**相干光源的极限宽度为**

$$b_0=\frac{r_0'}{d}\lambda \tag{5.5.5}$$

即光源在 x 方向的宽度必须限制在 b_0 以内才能观察到干涉条纹. **若要观察到比较清晰的干涉条纹，光源的宽度必须限制在极限宽度的四分之一以内.**

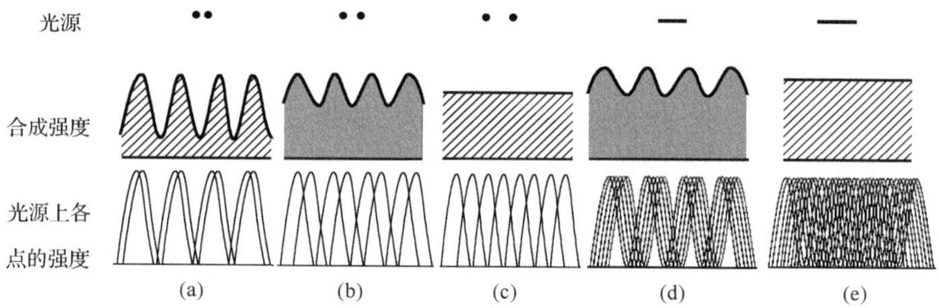

图 5.5.2　光源宽度对干涉条纹可见度的影响

5.5.3　空间相干性

由式(5.5.5)可知，能看到干涉图样时扩展光源的极限宽度 $b_0=r_0'\lambda/d$，此式说明光源的极限宽度取决于双缝间距 d 和双缝到光源的距离 r_0'，若光源宽度 b 大于 b_0，干涉图样的可见度为零，可认为完全不相干.

普通光源在多大尺度范围内发出的光波对一定结构双缝装置(r_0'、d 一定)中的 S_1 和 S_2 才是相干光源？为了回答此问题，引入光源的空间相干性概念. 根据式 (5.5.5)，普通光源的尺度必须在满足 $b<b_0=r_0'\lambda/d$ 时，才能观察到干涉图样，所以用 b_0 **来表示光源的空间相干性**. 若 b_0 较大，说明光源的空间相干性好，若 b_0 较小，说明光源的空间相干性差. 普通光源的空间相干性很差，所以用普通光源做波阵面分割法一类的双光场干涉实验时，必须对光源的线度加以限制，即双缝前的单缝 S 是不可以去掉的. 激光器发光端面上不同部分发出的光波具有很好的空间相干性，所以激光束可以直接投射到双缝上进行杨氏双缝干涉实验.

空间相干性是指光场中在光的传播路径上空间横向两点(如杨氏双缝干涉中的 S_1 和 S_2)在同一时刻光振动的关联程度，也称为**横向相干性**. 对于双缝干涉实验中光源极限宽度的问题反过来思考：当光源宽度 b 一定时，在它照明空间中的波阵面上多大范围内取出来的两个次波源 S_1 和 S_2 才是相干的？为了回答这个问题，把光源极限宽度的表达式(5.5.5)改写为

$$d_0 = \frac{r_0'}{b}\lambda \tag{5.5.6}$$

式中，d_0为刚可以看到干涉图样时双缝S_1和S_2之间的距离，即光场中相干范围的横向尺度，称为**相干距离**，其**物理意义是：对宽度为 b 的面光源，在距其为r_0'的光场中，提取次波源S_1和S_2的极限间距为d_0，当$d<d_0$时，S_1和S_2是相干的**(**部分相干**)；**当$d>d_0$时，S_1和S_2是不相干的**，如图 5.5.3 所示.

由式(5.5.6)可知，光源宽度b越小，在r_0'处的相干距离d_0就越大，则光场的空间相干性就越好；反之，光源的宽度b越大，则r_0'处的相干距离d_0就越小，光场的空间相干性就越差. 由式(5.5.6)还可以看出，对于一定宽度b的光源，两缝的极限间距还与r_0'有关. 若用角度表征光场的相干范围则更方便. 设β为S_1和S_2对光源中心所张的角，则

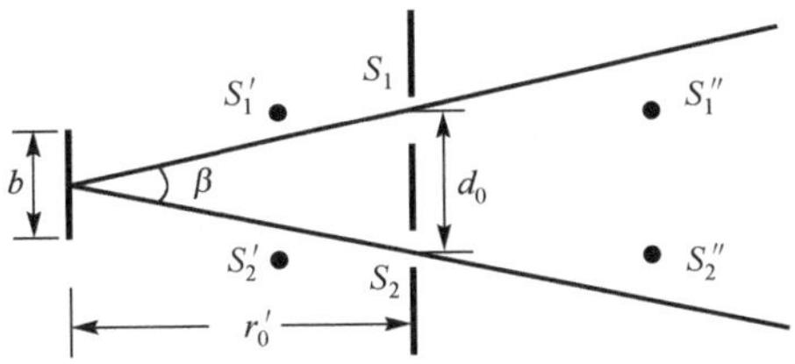

图 5.5.3　光波的空间相干性

$$\beta = \frac{d_0}{r_0'} = \frac{\lambda}{b} \tag{5.5.7}$$

β称为**相干孔径角**. 如图 5.5.3 所示，在孔径角β以外的两点是不相干的，如S_1'和S_2'；在β以内的任意两点都有一定程度的相干性. 一般情况下，光源越小，则相干范围越大，离光源越远，相干距离就越大，光场的空间相干性就越好. 在点光源形成的光场中，在全空间范围内都相干(即具有完全的空间相干性). 现代理论表明，激光在理论上相当于点光源，所以激光具有极好的空间相干性.

5.6　光源非单色性对干涉条纹可见度的影响　时间相干性

空间相干性指明了光场中实现相干的横向范围，它是由光源扩展引起的. 对于理想的点光源，则是全空间相干，即在点光源发出光的波面上各点总相干. 另外，由于光源发光的非连续性，光源每次发出的光波是有限长的波列. 只有使同一时刻发出的光波波列经不同路径再相遇，才能观察到干涉现象. 因此，对点光源发出的光波，若要在观察屏上某点实现相干叠加，则波列长度需满足一定的要求.

根据傅里叶变换，有限长的光波波列是由许多不同频率的单色光叠加而成的. 所以一定的波列长度L与一定的波长范围$\Delta\lambda$对应. 也就是说，实际光源发出的光波都不是单一频率的严格单色光，而是在中心波长λ附近包含一定的波长范围$\Delta\lambda$，若$\Delta\lambda/\lambda \ll 1$，则称为**准单色光**. 一般所说的单色光均为准单色光.

5.6.1 光源非单色性对干涉条纹的影响

在干涉实验中，使用的单色光源并不是单一频率的理想光源，而是包含着一定波长范围$\Delta\lambda$的准单色光源，这将会影响干涉条纹的可见度. 下面以杨氏双缝干涉装置为例，讨论光源的非单色性对干涉条纹的影响.

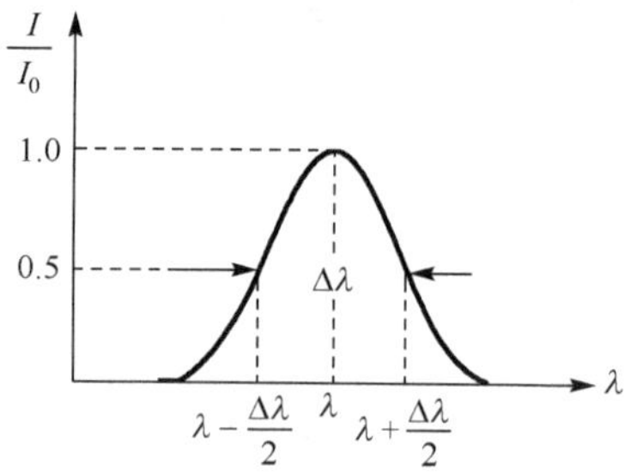

图 5.6.1　准单色光的光谱分布

设光源发出的光是中心波长为λ、波长范围为$\Delta\lambda$的准单色光，如图 5.6.1 所示. 双缝干涉为等振幅干涉时，每一波长成分的光形成的干涉条纹可见度都为 1，但是因为干涉亮纹的位置由$x=k\dfrac{r_0}{d_0}\lambda$决定，与相干光的波长有关，所以同一干涉级次中不同波长光产生的亮纹位置并不相同，除零级干涉亮纹外，其他各级干涉条纹相互错开. 在观察屏上看到的实际图样是这些不同波长的光所产生干涉图样的非相干叠加，所以观察屏上实际干涉条纹的可见度会变小，干涉级次越高，错开的距离越大，干涉图样的可见度就越小. 图 5.6.2 画出了入射光中两边缘波长$\lambda_1=\lambda-\Delta\lambda/2$和$\lambda_2=\lambda+\Delta\lambda/2$的完整光强曲线，在$\lambda_1$~$\lambda_2$之间其他各波长的光强曲线应分布在这两条边缘波长光强曲线之间的阴影区. 这些不同波长的光并不满足相干条件，所以各波长的光在某点产生的光强是非相干叠加，即此点的合光强等于各波长的光在此点光强的代数和. 图 5.6.2 上方的曲线即为观察屏上的合光强分布曲线，可以看出，在中央亮纹附近可见度较高，越向两侧，干涉条纹的可见度就越低. 当波长$\lambda_1=\lambda-\Delta\lambda/2$的第$k+1$级(该图中为第 5 级)明纹与$\lambda_2=\lambda+\Delta\lambda/2$的第$k$级(该图中的第 4 级)明纹重合时，干涉条纹的可见度降为零，干涉条纹消失. 这时双缝到此点的光程差是实现相干所允许的**最大光程差**$\delta_{\max}$，即

$$\delta_{\max}=k(\lambda+\Delta\lambda/2)=(k+1)(\lambda-\Delta\lambda/2)$$

考虑到$\Delta\lambda\ll\lambda$，可由上式解出

$$k=\frac{\lambda}{\Delta\lambda}=k_{\max}\tag{5.6.1}$$

$k_{\max}$为能够产生干涉的**最大干涉级次**，因而最大光程差

$$\delta_{\max}=\frac{\lambda^2}{\Delta\lambda}\tag{5.6.2}$$

当$\delta=0$时，干涉条纹可见度最高，最清晰；当$\delta<\delta_{\max}$时，条纹比较清晰；当$\delta\geqslant\delta_{\max}$时，干涉条纹消失.

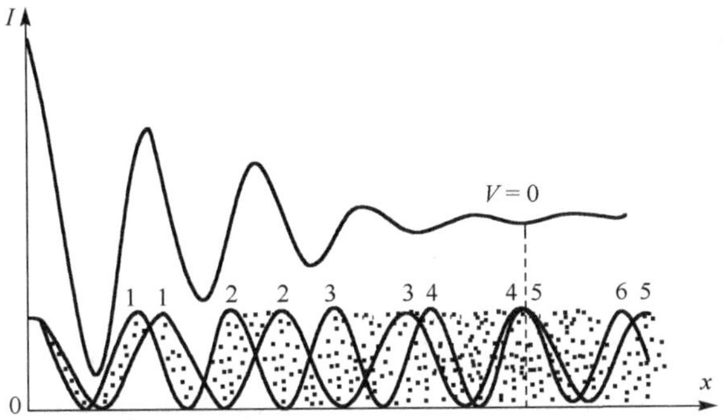

图 5.6.2 各波长光干涉条纹的叠加

5.6.2 光源的时间相干性

光的单色性和波列的长度有一定的联系. 根据光源发光机理，光源每次发光都具有一定的持续时间，即光波波列的长度是有限的，而波列长度是由原子发光的持续时间和传播速度确定的. 现在来考察图 5.6.3 所示的杨氏双缝干涉实验.

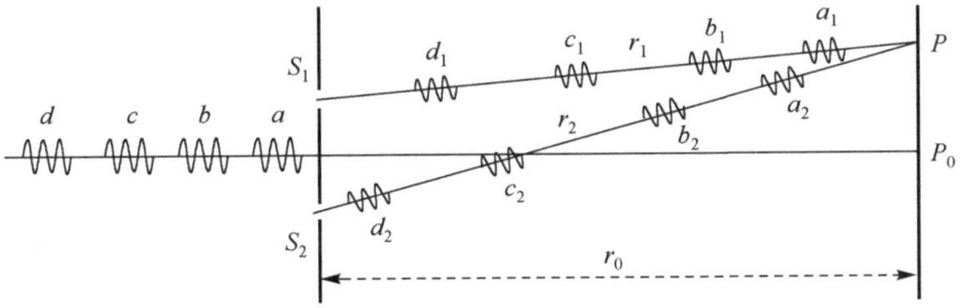

图 5.6.3 时间相干性

光源 S 持续地发射一系列的 a、b、c、d 等波列，这些波列被杨氏干涉装置上的 S_1 和 S_2 两缝各自分为 a_1 和 a_2、 b_1 和 b_2、 c_1 和 c_2、 d_1 和 d_2 等波列，下面分两种情况讨论.

(1) 如果观察屏上的 P 点到 S_1 和 S_2 两缝的距离较小，使得 a_1 和 a_2 (b_1 和 b_2、c_1 和 c_2、 d_1 和 d_2 等) 这两个波列沿不同路径 r_1、 r_2 传播后在观察屏上的 P 点重新相遇，则由于 a_1 和 a_2 这两列波是从同一列光波分割出来的，初相位相等，其在 P 点的相位差仅取决于光程差，并且满足相干条件，所以这两列光波相干叠加. 同样，此后各时刻光源发出的 b、c、d 等波列，经 S_1 和 S_2 两缝分出的 b_1 和 b_2、c_1 和 c_2、d_1 和 d_2 等波列也在 P 点相干叠加，且相位差也仅由光程差决定，所以观察屏上固定点 P 的光强是确定的，不随时间变换，即产生相干叠加.

(2) 如果两列光波沿两路径 r_1、 r_2 的光程差太大，致使 S_1 和 S_2 到考察点 P 的光程差大于波列长度，则会使得当波列 a_2 刚到达 P 点时，波列 a_1 已经过去了，两列波不能相遇，故不能相干叠加. 另一时刻发出的波列 b 经 S_1 和 S_2 后分成两个波列 b_1 和

b_2后继续向前传播，可能会使得波列b_1和a_2相遇进行叠加，这两列光波理论上也可以产生相干叠加(在满足频率相等、振动方向具有相同分量时)，但通常情况下b_1和a_2两列光波的初相位并不一定相等，则在P点这两列光波的相位差不仅仅取决于光程差，还与初相位差有关，则通常情况下相干叠加后的光强与a_1和a_2相干叠加的光强并不相同. 同样，在此后的各个时刻，还会出现c_1和b_2、d_1和c_2……波列的相干叠加，这些波列叠加时的光程差都与各自的初相位差有关，而c_1和b_2、d_1和c_2……波列的初相位差又是随机的，所以此时P点各对波列叠加后的光强是不一样的，此时总体表现出了非相干叠加的现象. 故**干涉的必要条件是两光波在相遇点的光程差小于波列长度**.

由上述讨论可知，波列长度要大于相遇时两列光波的光程差，才能产生干涉图样. 所以，相干光的波列长度等于最大光程差，即

$$L=\delta_{\max}=\frac{\lambda^2}{\Delta\lambda} \tag{5.6.3}$$

式(5.6.3)表明**波列长度与光源的谱线宽度成反比**，即**光源的单色性越好，谱线宽度$\Delta\lambda$就越小，波列长度就越大**. 如白光的谱线宽度约370nm，波列长度也是纳米量级；钠光灯的单色性比普通光源好很多，谱线宽度在 0.6nm 左右，波列长度约0.58mm；氦氖激光器发射的激光的单色性更好，其波列长度可达几百千米.

由波列长度L可确定光波通过观察屏上P点所需时间τ_0，即

$$\tau_0=\frac{L}{c}$$

式中，c为光速. 对于观察屏上确定P点，若前后两个时刻传来的光波隶属于同一波列，则它们是相干光波，称该光波具有**时间相干性**，否则为非相干光波. 显然，τ_0的长短可以衡量光波场时间相干性的好坏. τ_0称为**相干时间**，它是光通过相干长度所需的时间，因而光波场的时间相干性和光源的单色性紧密相关. 光源的单色性越高，时间相干性就越好，就可以观察到更高级次的干涉条纹. 因为波列是沿光的传播方向通过固定点的，因此**时间相干性是光场的纵向相干性**.

例 5.6.1 在杨氏双缝干涉实验装置中，点光源S的中心波长$\lambda_0=600\text{nm}$，线宽$\Delta\lambda=6\text{nm}$，双缝S_1和S_2的间距$d=2\text{mm}$，光源到双缝所在屏的距离$r_0'=20\text{cm}$.

(1)求观察屏上干涉条纹消失时的级次；

(2)若点光源S是沿x方向扩展的波长为$\lambda=600\text{nm}$的单色线光源，求观察屏上干涉条纹消失时光源的线宽.

解 (1)当观察屏上干涉条纹刚刚消失时，最大干涉级次

$$k=\frac{\lambda_0}{\Delta\lambda}=\frac{600\text{nm}}{6\text{nm}}=100$$

(2)若点光源 S 是沿 x 方向的扩展光源，则属于空间相干性的问题，根据式(5.5.7)有

$$\beta=\frac{d_0}{r_0'}=\frac{\lambda}{b}$$

则

$$b=\frac{r_0'\lambda}{d_0}=0.06\,\mathrm{mm}$$

观察屏上干涉条纹消失时光源线宽为 0.06mm.

5.7 分振幅薄膜干涉(一)：等倾干涉

前面讨论了点、缝光源的双缝干涉实验，它用分割波阵面的方法得到了两列相干光波，但这种方法必须限制普通光源的宽度，从而限制了干涉条纹的亮度. 下面将要讨论的是采用扩展面光源，利用透明介质膜上、下表面的反射和折射，将入射光的振幅分解为两部分，这两部分反射光或折射光叠加后在特定区域里产生干涉条纹，这类获得相干光的方法称为**振幅分割法**. 在日常生活中，这类干涉也很常见，例如蝴蝶、蜻蜓等昆虫的翅膀，肥皂泡，水面上的油膜等在阳光照射下呈现出彩色. 因为在用普通光源照明时，介质膜必须很薄才能获得干涉条纹，所以又常称为**薄膜干涉**. 一般来说，薄膜的干涉现象是比较复杂的，这里只讨论等倾干涉和等厚干涉两种简单情况，本节先讨论等倾干涉.

常见的薄膜干涉现象

5.7.1 单色点光源照射平行平面膜产生的非定域干涉

设单色点光源 S 发出的光照在透明的平行平面介质膜上，由介质上、下两表面反射和折射后，在介质薄膜的同侧形成了相干的两反射光或者两折射光，如图 5.7.1 所示.

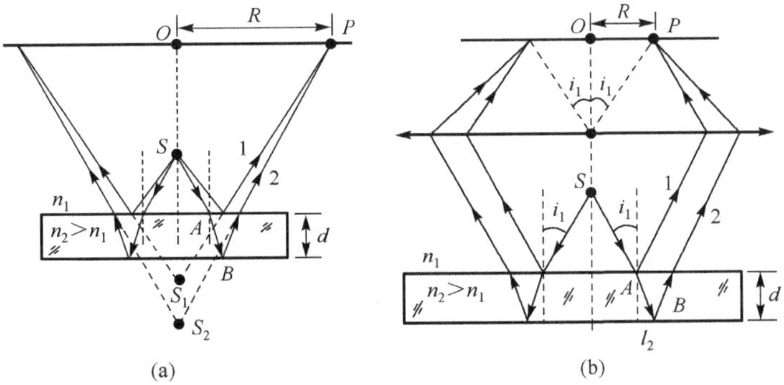

图 5.7.1 点光源照射平行平面膜产生的干涉

图 5.7.1(a)中，由于平行介质膜上、下两表面对不同入射光线的反射，在与 S 同侧的屏幕上可观察到干涉条纹. 为使问题简化，略去介质表面的折射，则介质上、下两表面的反射光就如同是从两个虚光源 S_1(与光线 1 对应的所有反射光线的反向延长线相交的点)和 S_2(与光线 2 对应的所有反射光线的反向延长线相交的点)发出的一样，由它们发出的球面波在相遇的空间里处处相干，因此称为**非定域干涉**. 对于与 S 同侧空间观察屏上的任一点 P，是干涉相长还是干涉相消，取决于 S_1 和 S_2 到 P 点的有效光程差，光程差相等点的空间轨迹构成同一级干涉条纹，若观察屏与薄膜平行，则干涉条纹是一组同心圆环.

图 5.7.1(b)所示为平行介质膜上、下两表面对同一入射光线反射的情况. 根据反射、折射定律，入射光线经上、下两表面多次反射和折射，将形成一束平行光出射(图中只画出了前两条反射光线 1 和 2). 这束平行光都是从 A 点分出来的，显然是相干的，此时条纹定域在无穷远，借助于透镜可观察到干涉条纹. 由图可见，相同入射角的入射光线，经上、下两个膜面反射后形成的平行光经透镜后会聚于同一圆环上，此圆环是明条纹还是暗条纹，取决于从振幅分割点 A 到会聚点 P 间的光程差. 因为相同入射角的光产生反射(或透射)相干，具有相同的光程差，会聚于同一级干涉条纹，故称为**等倾干涉**；反之倾角不同，光程差不同，等倾干涉条纹级次也不同.

5.7.2 单色普通面光源照射平行平面膜产生的定域干涉

通常光源不是一点而是有一定大小的发光面，即面光源. 由于单色普通面光源是不相干的点光源集合，根据图 5.7.1(a)，每一点光源发出的光都经平行平面介质膜上、下表面反射和折射，在光源同侧各自产生一组非定域干涉圆环. 由于各点光源的位置不同，所以各点光源产生的干涉圆环是彼此错开的，这些干涉图样之间是非相干叠加的，导致干涉条纹可见度降低. 若光源的面积足够大，则叠加后干涉圆环的可见度可降为零，干涉条纹完全消失. 可见，采用普通面光源照射平行平面薄膜时，并不是在所有光相遇的空间都能看到干涉图样，只能是在特定的范围内才能得到干涉图样，即产生的不是非定域干涉条纹，而是局域在特定范围的干涉条纹，故称为**定域干涉**.

换成面光源后，如图 5.7.1(b)所示的平行光形成的干涉条纹会发生什么变化？为了避免点光源 S 发出的光直接照射到屏上，提高干涉条纹的可见度，采用图 5.7.2 所示的装置，其另一优点是面光源对薄膜上、下两表面的反射光线无任何遮挡，这样能够观察到完整的干涉图样. 图 5.7.2(a)中的 M 是半透明的玻璃片，它使来自面光源的光反射后，射向薄膜，并让薄膜反射回来的一部分光透过，再经透镜 L 后，把光束会聚于 L 的焦平面形成圆环状干涉条纹.

把点光源用面光源代替，如图 5.7.2(b)所示，光源上每一点(如 S_1、S_2 和 S_3)各自形成了一组干涉圆环，并且彼此准确重合，没有位移. 例如，光源 S_1、S_2 和 S_3

各发出的平行于薄膜的光线 b_1、b_2、b_3 经玻璃片 M 反射后垂直投射到薄膜上，反射后经玻璃片和透镜会聚于 O 点，这是干涉条纹的中心. 平行光线 a_1、a_2、a_3 和 c_1、c_2、c_3 通过光学系统后分别会聚于 P 和 Q 两点. 由此可见，干涉条纹的位置与入射光束的入射角有关，而与光源的位置无关. 所以若将点光源换为面光源，等倾干涉条纹的可见度不受影响，而且条纹的强度会因此大大提高，使干涉图样更加明亮. 因此在观察等倾干涉条纹时通常用面光源.

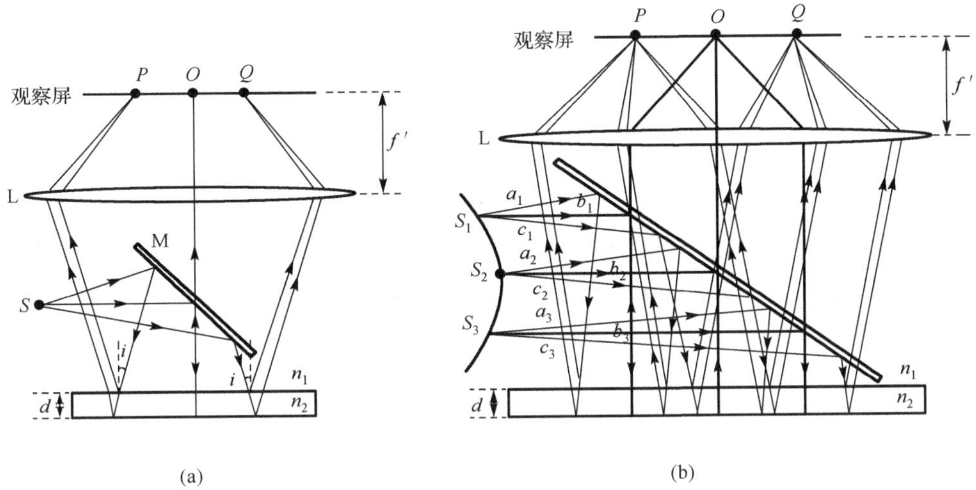

图 5.7.2　等倾干涉实验装置

目前实验室常使用激光束作光源观察等倾干涉条纹. 激光束直径很小，方向性很强，若用短焦距的凸透镜将入射的平行激光束会聚成强点光源，即相当于点光源照射平行平面膜，可产生非定域等倾圆环；如果在激光束的入射路径上放置一毛玻璃，则能转化为面光源，产生定域等倾圆环.

除了薄膜的反射光能形成干涉条纹，透射光也是相干光，干涉条纹定域在无穷远，但干涉条纹的可见度很小，远不如反射光形成的干涉条纹清晰.

5.7.3　反射或透射相干光的光程差

如图 5.7.3 所示，任取一光束，经薄膜上、下两表面多次反射、折射后，在上表面有无数条相互平行的光线(如光线 1、2、3、4、5 等)，在下表面也有无数条相互平行的光线(如光线 1′、2′、3′、4′、5′ 等). 相对于入射光来说，1、2、3、4、5 等称为反射光束，1′、2′、3′、4′、5′ 等称为透射光束. 所以反射光和透射光的干涉实际都是多光束干涉，但多光束干涉可以近似为简单的双光束干涉.

若入射光的入射角很小(近似为垂直入射)，$n_1=1.0$，$n_2=1.5$，则光能流反射比为

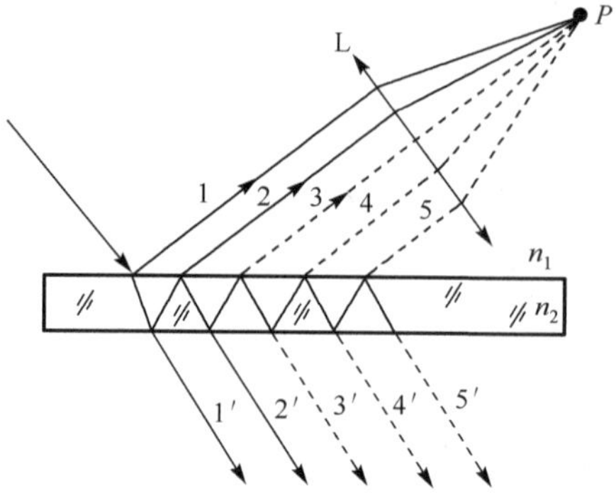

图 5.7.3　反射和透射相干光

$$\rho=\left(\frac{n_2-n_1}{n_2+n_1}\right)^2=0.04$$

光能流透射比为

$$\sigma=1-\rho=0.96$$

假设薄膜上、下表面的反射率都为 0.04，各反射光束的相对强度(设入射光的相对强度为 1)依次减弱如下：光束 1 的相对强度为 0.04；光束 2 经过两次折射和一次反射，其相对强度为 $\rho(1-\rho)^2\approx0.037$；光束 3 经过两次折射和三次反射，其相对强度为 $\rho^3(1-\rho)^2\approx0.00006$；以此类推，对于任意大小的入射角，数量级也相仿. 可见只有 1、2 两反射光束的强度相差不大，2 以后的光束强度减弱很快，和前两束相比可略去不计，因此**反射光束的干涉可近似看作光束 1、2 间的等幅双光束干涉**.

同理，透射光 $1'$ 经过两次折射，其相对光强为 $(1-\rho)^2\approx0.92$；透射光 $2'$ 经过两次反射和两次折射后，其相对光强为 $\rho^2(1-\rho)^2\approx0.0015$；$3'$ 及 $3'$ 以后光束的光强更小，可忽略不计. 可见**透射光束的干涉可看成光束 $1'$ 和 $2'$ 间的不等幅双光束干涉**. 由于两个振幅相差很大，形成的干涉条纹可见度非常低，干涉条纹模糊不清.

既然反射光的干涉可看成等幅双光束 1、2 间的干涉，那么 P 点的光强取决于 1、2 两光束在 P 点会聚时的光程差. 如图 5.7.4 所示，过 C 点作光线 1 的垂线，垂足为 D，从 CD 上任何点到 P 点的光程都相等(透镜成像具有等光程特性，即透镜不会引入光程差). 于是 1、2 两光线由于路径不同产生的光程差为

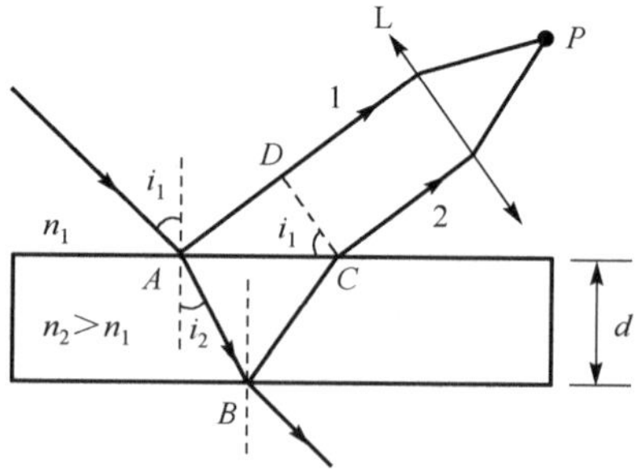

图 5.7.4　光程差的计算

$$\delta'=n_2(\overline{AB}+\overline{BC})-n_1\overline{AD}$$

由于 $\overline{AD}=\overline{AC}\sin i_1=2d\cdot\tan i_2\cdot\sin i_1$；$\overline{AB}=\overline{BC}=d/\cos i_2$，$n_1\sin i_1=n_2\sin i_2$，所以

$$\delta'=n_2\frac{2d}{\cos i_2}-2n_1d\tan i_2\sin i_1=\frac{2d}{\cos i_2}(n_2-n_1\sin i_2\sin i_1)$$

$$=\frac{2dn_2}{\cos i_2}(1-\sin^2 i_2)=2n_2d\cos i_2 \tag{5.7.1}$$

式(5.7.1)是用折射角 i_2 表示的光程差，把折射角 i_2 换成入射角 i_1 表示，则

$$\delta'=2dn_2\cos i_2=2d\sqrt{n_2^2-n_2^2\sin^2 i_2}=2d\sqrt{n_2^2-n_1^2\sin^2 i_1} \tag{5.7.1′}$$

考虑到只要薄膜处在同一介质中，光在薄膜上、下表面反射时物理性质必然相反，因此两束反射光 1、2 之间存在一个由反射而引起的附加光程差 $\pm\lambda/2$（详见 4.4 节介质板上、下表面反射光的半波损失分析），若取正号，则反射相干光 1、2 间的总光程差为

$$\delta = 2n_2 d\cos i_2 + \frac{\lambda}{2} \tag{5.7.2}$$

或

$$\delta = 2d\sqrt{n_2^{\ 2} - n_1^{\ 2}\sin^2 i_1} + \frac{\lambda}{2} \tag{5.7.2$'$}$$

同理，两透射相干光 $1'$ 和 $2'$ 之间的总光程差为

$$\delta = 2n_2 d\cos i_2 \quad \text{或} \quad \delta = 2d\sqrt{n_2^{\ 2} - n_1^{\ 2}\sin^2 i_1} \tag{5.7.3}$$

由两相干光之间的总光程差 δ 可得透镜焦平面上的光强分布为

$$I = I_1 + I_2 + 2\sqrt{I_1 I_2}\cos\frac{2\pi\delta}{\lambda} \tag{5.7.4}$$

当 $\delta = k\lambda$ 时为明纹，当 $\delta = (2k+1)\dfrac{\lambda}{2}$ 时为暗纹，其中 $k = 0, 1, 2, 3, \cdots$ 称为**干涉级次**.

5.7.4　等倾干涉圆环的特点

要获得等倾干涉条纹，必须满足两个条件：一是厚度处处相同的均匀介质膜；二是光源的光束能以不同的入射角射向薄膜表面. 对厚度均匀的薄膜，其有效光程差由入射角 i 唯一决定. 因此，对于空间所有以角度 i 入射的光线，其反射光在透镜焦平面上的轨迹是圆，等倾干涉图样是一组同心圆，圆心 O 在透镜的焦点处. 等倾干涉圆环的特点如下.

(1) 等倾干涉条纹的位置与形成条纹光束的入射角有关，与光源的位置无关.

当两束反射光产生干涉时，根据光程差公式 $\delta = 2d\sqrt{n_2^{\ 2} - n_1^{\ 2}\sin^2 i_1} + \dfrac{\lambda}{2}$ 可知，两相干光的光程差仅由入射角 i_1 确定，对于同一个入射角 i_1，经厚度均匀的介质膜上、下两表面反射后形成的两束平行反射光 1、2 经透镜 L 后会聚到像方焦平面上半径为 R 的圆环上，具有相同的光程差，对应同一级干涉条纹，如图 5.7.5 所示，当光源 S 移动到 S' 后，入射角同样

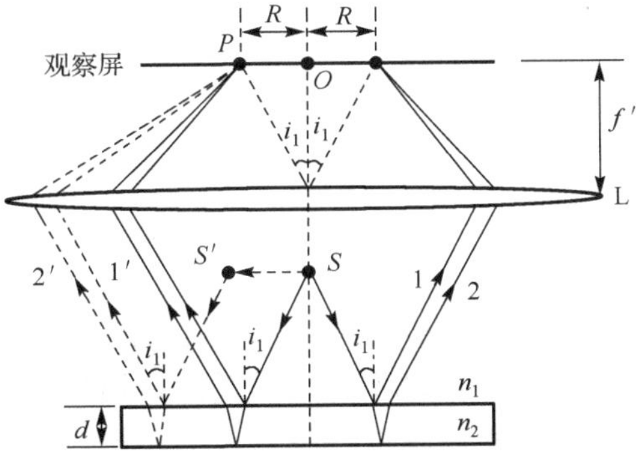

图 5.7.5　等倾干涉实验装置

为 i_1 的入射光，经厚度均匀的介质膜上、下两表面反射后形成的两束平行反射光1′、2′平行于反射光 1、2，其经透镜 L 后，也会聚到像方焦平面上半径为 R 的圆环上，并且和光线 1、2 具有相同的光程差，对应同一级干涉条纹. 由图可知，干涉圆环的半径 $R = f' \times \tan i_1$，当入射角 i_1 改变时，两反射相干光的光程差改变，干涉级次改变，对应干涉圆环的半径也发生相应的变化. 所以，等倾干涉条纹的位置与形成条纹光束的入射角有关，与光源的位置无关.

(2) **干涉圆环的级次内高外低.**

根据 $\delta = 2n_2 d\cos i_2 + \dfrac{\lambda}{2}$ 或 $\delta = 2d\sqrt{n_2^{\ 2} - n_1^{\ 2}\sin^2 i_1} + \dfrac{\lambda}{2}$ 可知，入射角 i_1 越小，折射角 i_2 越小，光程差越大，对应干涉圆环的级次就越高，干涉圆环的半径就越小，所以干涉圆环的级次是内高外低. 比如，在圆心 O 处的干涉条纹对应入射角 $i_1 = 0$，此时的光程差最大，故干涉级次最高，入射角 i_1 越大，光程差 δ 越小，干涉级次越低，干涉圆环的半径越大.

(3) **干涉条纹分布为内疏外密.**

由等倾干涉的亮纹公式 $\delta = 2n_2 d\cos i_2 + \dfrac{\lambda}{2} = k\lambda$ 可得

$$\cos i_2 = \frac{1}{2n_2 d}\left(k\lambda - \frac{\lambda}{2}\right) \tag{5.7.5}$$

当入射角 i_1 很小时，折射角 i_2 也很小，有 $\cos i_2 \approx 1 - \dfrac{i_2^2}{2!} + \dfrac{i_2^4}{4!} + \cdots$，因为 i_2 很小，故可以省略高阶小量，即省略 i_2^4 以上各项，有 $\cos i_2 \approx 1 - \dfrac{i_2^2}{2!}$，将此结果代入式(5.7.5)中，有

$$i_2^2 = 2 - \frac{\lambda}{n_2 d}\left(k\lambda - \frac{\lambda}{2}\right)$$

则第 k 级和第 k+1 级相邻两个明环或暗环对应的折射角分别为 i_2 和 i_2'，两折射角之间有

$$i_2^2 - i_2'^2 = \frac{\lambda}{n_2 d}$$

所以相邻两个明环或暗环对应的折射角之差

$$\Delta i = i_2 - i_2' = \frac{\lambda}{(i_2^2 + i_2'^2) n_2 d} \tag{5.7.6}$$

由式(5.7.6)可知，在介质薄膜厚度 d 确定的条件下，入射角 i_1 越大，折射角 i_2 也就越大，干涉圆环的半径越大，相邻两亮纹或者暗纹之间的角距离 Δi 也就越小，这说明干涉圆环越往外越密，即干涉条纹不是等间距的，而是内疏外密.

(4) **薄膜厚度对干涉圆环的影响.**

由等倾干涉的亮纹公式 $\delta = 2n_2 d\cos i_2 + \dfrac{\lambda}{2} = k\lambda$ 可知：

当介质薄膜的厚度 d 连续增大时，对某一级确定的干涉条纹(k 确定)，$\cos i_2$ 将减小，i_2 将增大，条纹半径将增大，干涉条纹将向外扩展. 对于观察屏上的确定点而言，比如干涉图样中心，光程差逐渐变大，对应的干涉圆环级次 k 也逐步增大，则可以看到干涉圆环从干涉图样的中心向外冒出，并逐渐向外移动. 薄膜厚度 d 越大，相邻条纹间距越小，条纹越密，越不易分辨. 因此，要想得到清晰的等倾条纹，薄膜的厚度应足够小.

当介质薄膜的厚度 d 连续减小时，对某一级确定(k 确定)的干涉条纹，$\cos i_2$ 将增大，i_2 将减小，条纹半径将减小，干涉条纹将向内收缩. 对于观察屏上的确定点而言，比如干涉图样中心，光程差逐渐变小，对应的干涉圆环级次 k 也逐步减小，则可以看到干涉图样中心的圆环向内凹陷消失. 薄膜厚度 d 越小，相邻条纹间距越大，条纹越稀疏.

所以改变薄膜厚度，条纹发生相应移动. 对于干涉图样中心处，$i_1=i_2=0$，$\cos i_2=1$，光程差 $\delta = 2n_2 d + \dfrac{\lambda}{2}$，所以 d **每增(减小)** $\lambda/(2n_2)$，**该处的干涉级次 k 就增加(减少)一个级次，干涉图样中心就会有一个干涉圆环冒出(陷入消失)**. 若由于介质薄膜厚度 d 改变 Δd 而引起光程差的改变量为 $\Delta\delta$，干涉圆环中心冒出或者陷入 N 个圆环，则有 $\Delta\delta=2n_2\Delta d = N\lambda$.

(5) **白光的等倾干涉圆环.**

白光由波长 400～760nm 范围的单色光组成，当用白光进行等倾干涉实验时，由等倾干涉的亮纹公式 $\delta = 2n_2 d\cos i_2 + \dfrac{\lambda}{2} = k\lambda$，对于厚度 d 确定的介质薄膜的同一级干涉亮纹(即在 d 和 k 确定，且 d 很薄的情况下)，入射光波波长 λ 越大，$\cos i_2$ 越大，折射角 i_2 就越小，对应的干涉圆环的半径也就越小，所以同一级干涉图样中不同颜色光的半径不一样，干涉图样是彩色条纹，干涉圆环**内红外紫**.

前面我们分析了反射光产生的等倾干涉的光程差公式和干涉图样特点. 同样，在介质薄膜另一侧的透射光也可以产生等倾干涉，两束透射光的光程差和干涉图样特点大家自己推导和分析.

5.8　分振幅薄膜干涉(二)：等厚干涉

两束相干光所产生干涉图样的形状取决于光程差，当点光源发出的光照射到厚度处处相等的薄膜上时，光程差取决于入射角，入射角相同时产生的光程差相等，所以形成等倾干涉圆环. 但是当光投射到厚度不等的薄膜上时，干涉图样的形状将不仅取决于入射角，还与薄膜的厚度有关. 如果是用平行光照射，则所有入射光的入射角相同，反射相干光在相遇点的有效光程差将唯一由薄膜厚度 d 确定，厚度相同的地方产生的两束反射光的光程差相同，形成同一级干涉条纹，称为**等厚干涉**. 等厚干涉一般采用平行光垂直照射.

5.8.1　干涉条纹的定域面、定域深度

设有一楔角为 α 的楔形介质膜，由单色点光源 S 照明，则对于介质外空间任一点 P，都有两束发自光源 S 并经介质膜上、下两表面反射的相干光到达，所以在空间任何平面上都会有两束或者多束相干光相遇产生干涉条纹，其形状取决于相应的有效光程差为常数的空间点的轨迹. 这样，只要有光相遇的地方，就有干涉图样，即干涉图样没有局限在特定区域，为**非定域干涉**，如图 5.8.1 所示.

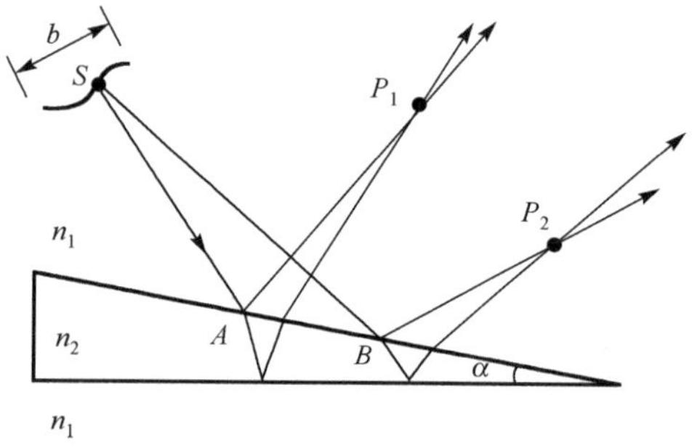

图 5.8.1　点光源产生非定域干涉

如果光源是以 S 为中心的面光源，光源上每一点都各自产生一组非定域干涉条纹，因为各点光源的位置不一样，不同点光源产生的干涉图样并不重合，而是各组干涉条纹相互错开，并且彼此非相干叠加，所以在干涉场中只有某个曲面上条纹的可见度最大，在此曲面前后一定范围内还有可能观察到干涉条纹，超出此范围则干涉图样的可见度趋于零，故为**定域干涉**(即并不是说只要有相干光相遇的地方就有干涉条纹，而是干涉条纹被局限在某一特定范围内)，干涉条纹称为**定域条纹**，可见度最大的曲面称为**定域面**，在定域面前后可看到条纹的范围的线度称为**定域深度**.

条纹定域问题实质上是光源的空间相干性问题. 定域面在什么地方？定域深度的大小由哪些因素决定？这些问题都可用 5.5 节所述的理论来定性回答. 如图 5.8.1 所示，设光源的横向有效宽度为 b，根据式(5.5.7)，要使 P 点的条纹有较大的可见度，须有 $b\beta<\lambda$，定域面的位置由 $\beta=0$ 决定，即它是同一入射光线两反射光线的交点，在该处可见度接近于 1，并允许光源有任意的宽度 b. 按 $\beta=0$ 的作图法可确定定域面的位置，对于入射线 SA 和 SB，它们分别在薄膜上、下表面反射后的两反射光分别相交于 P_1 和 P_2 点，同理，对于其他方向的入射线，也可得到一系列相应的交点，这些交点的轨迹一般是一个空间曲面，这一曲面就是楔形介质膜的干涉定域面.

不同情况下定域面的位置不同. 当光源与楔棱各在一边时，定域面在膜的上方，有实际反射光线相交，为**实定域面**，如图 5.8.2(a)所示；当光源与楔棱在同一边时，

定域面在膜的下方，没有实际光线相交，而是反射光线的反向延长线相交，为**虚定域面**，如图 5.8.2(b)所示. 无论是实定域面还是虚定域面，它们的像都可以呈现在眼睛的视网膜上或透镜的像平面上. 楔角 α 越小，定域面离膜面越远，当 $\alpha=0$ 时(平行平面膜)，定域面在无穷远. 只要楔角 α 不是太小，膜的厚度又足够薄，则定域面就不会离膜表面太远. 定域深度的大小由相干范围的孔径角 β 决定：$\beta_0 \approx \dfrac{\lambda}{b}$. 可见孔径角与光源的宽度成反比，光源宽度越大，相干孔径角越小，定域深度越小. 反之，光源越小，定域深度越大，当光源为点光源时，定域深度趋于无穷，即形成非定域干涉条纹. 实际中所采用的面光源一般可使介质膜的表面包含在定域深度之内，即干涉条纹定域在膜表面及其附近.

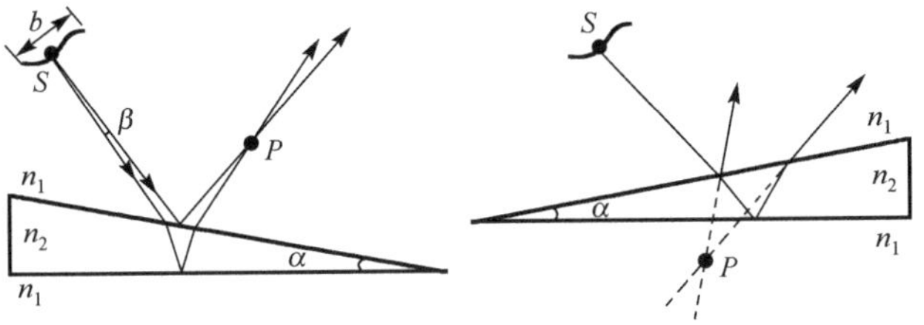

(a) 实定域面　(b) 虚定域面

图 5.8.2　扩展光源产生定域干涉

5.8.2　楔形膜产生的等厚干涉条纹

干涉条纹的明暗取决于相干光之间的光程差. 如图 5.8.3 所示，入射角为 i 的入射光从 A 点入射，经膜上、下表面的反射和折射后交于 P 点，由几何路程的不同而产生的光程差为

$$\delta' = n_2(\overline{AB}+\overline{BC}) + n_1\overline{CP} - n_1\overline{AP}$$
$$= n_2(\overline{AB}+\overline{BC}) - n_1(\overline{AP}-\overline{CP})$$

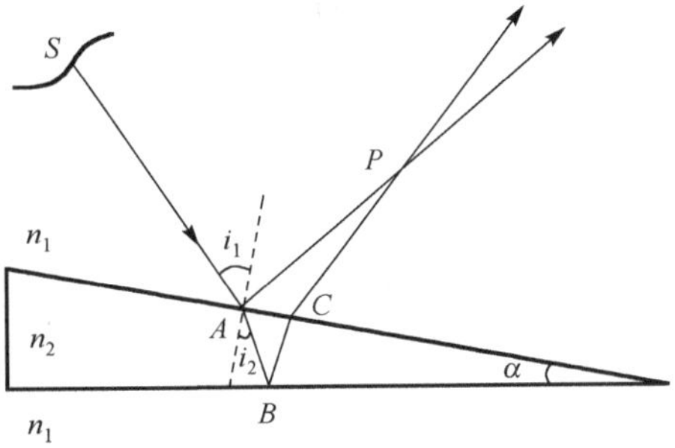

图 5.8.3　定域面上 P 点的干涉

δ' 的精确值通常很难计算，然而在实际的干涉系统中，膜的厚度与楔角 α 通常都很小，因此由几何路径不同引起的光程差可以近似地用平行平面介质膜的光程差公式 (5.7.1) 代替，即 $\delta' = 2n_2 d\cos i_2$，其中 d 为楔形膜在 B 点的厚度. 考虑到附加光程差，有效光程差可表示为

$$\delta = 2n_2 d\cos i_2 + \frac{\lambda}{2} = 2d\sqrt{n_2{}^2 - n_1{}^2\sin^2 i_1} + \frac{\lambda}{2} \tag{5.8.1}$$

如果给定介质及周围介质是均匀的，且光束的入射角可视为常数(如光源离膜很远或用平行光照射)，则反射相干光在相遇点的有效光程差将唯一地由膜厚 d 确定，即干涉条纹的形状取决于膜上厚度相同点的轨迹，这种条纹称**等厚干涉条纹**.

当 $\delta = k\lambda$ 时为明纹，当 $\delta = (2k+1)\lambda/2$ 时为暗纹，其中 $k = 0, 1, 2, 3, \cdots$ 称为干涉级次.

若平行入射光正入射($i_1 = 0,\ i_2 = 0$)到薄膜表面，则

$$\begin{aligned} \delta &= 2n_2 d + \frac{\lambda}{2} = k\lambda \qquad &\text{明纹} \\ \delta &= 2n_2 d + \frac{\lambda}{2} = (2k+1)\frac{\lambda}{2} \qquad &\text{暗纹} \end{aligned} \tag{5.8.2}$$

条纹对应的薄膜厚度为

$$d_{明} = \frac{\left(k - \frac{1}{2}\right)\lambda}{2n_2} \quad (k = 1, 2, 3, \cdots)$$

$$d_{暗} = \frac{k\lambda}{2n_2} \quad (k = 0, 1, 2, 3, \cdots)$$

由此可见，介质膜上、下表面的反射光间存在附加光程差时，楔形膜的棱边处形成暗纹. 不同厚度的地方对应不同级次的干涉条纹，同一厚度的各点形成同一级次干涉条纹.

平行光正入射时，楔形膜形成的干涉条纹如图 5.8.4 所示. 因为相邻两明纹(或暗纹)间的光程差为一个波长，因此相邻两明纹(或暗纹)对应的薄膜厚度差为

$$\Delta d = \frac{(k+1)\lambda}{2n_2} - \frac{k\lambda}{2n_2} = \frac{\lambda}{2n_2} \tag{5.8.3}$$

相邻条纹间的距离为

$$\Delta l = \frac{\Delta d}{\sin\alpha} = \frac{\lambda}{2n_2 \sin\alpha} \tag{5.8.4}$$

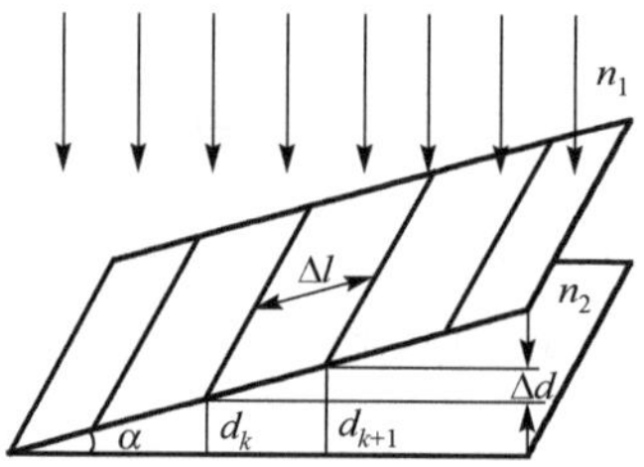

图 5.8.4　正入射时的干涉条纹

由此可见，条纹间距与楔角和波长有关. 以一定波长的单色光照射楔形膜，若增大楔角，条纹将向棱边处挤压，条纹间距变小，楔角增大到一定程度，条纹不能被分辨，这也是要求 α 很小的原因. 若用白光作光源，在 α 很小的情况下，不同波长的光将被分开，形成彩色条纹.

5.9 牛顿环 薄膜干涉的应用

薄膜干涉有众多的典型实验，其在生产技术中有着广泛的应用，比如制作各种类型的增透膜和增反膜，利用等厚干涉条纹精密地测量各种微小的角度、长度等，检测各种光学元件的表面质量等. 本节介绍牛顿环的干涉实验装置和特点，以及薄膜干涉的具体应用.

5.9.1 牛顿环

如图 5.9.1 所示，把一个曲率半径很大的平凸透镜放在一块平面玻璃板上，透镜与玻璃板之间形成厚度不均匀的空气层，空气层的厚度自切点 O 向四周逐渐增加，等厚点的轨迹是以切点 O 为中心的圆，因此当一束平行光垂直于平凸透镜入射时，反射光或透射光相干形成的等厚干涉条纹是一系列以 O 为圆心的明暗相间的圆环，这种干涉条纹是牛顿首先观察到并加以描述的，故称为**牛顿环**或牛顿圈.

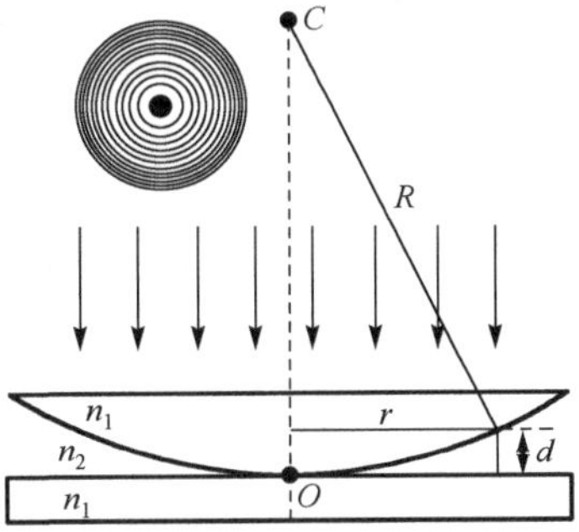

图 5.9.1 牛顿环

1. 光程差和干涉圆环的半径

设一束平行单色光垂直射入牛顿环，平凸透镜的曲率很小，因此入射角皆近似等于零，光在空气层上、下表面反射后相干光的光程差只取决于空气膜的厚度，考虑到附加光程差，空气膜厚度为 d 处的有效光程差为 $\delta = 2n_2 d + \dfrac{\lambda}{2}$，明、暗环的条件为

$$2n_2 d + \frac{\lambda}{2} = \begin{cases} k\lambda & (k=1, 2, 3, \cdots) \quad 明环 \\ (2k+1)\dfrac{\lambda}{2} & (k=0, 1, 2, \cdots) \quad 暗环 \end{cases} \tag{5.9.1}$$

根据图 5.9.1，设第 k 级圆环半径为 r，平凸透镜凸面的曲率半径为 R，则 r 和 R 与该处空气膜厚度 d 的关系为 $r^2 = R^2 - (R-d)^2 = 2Rd - d^2 \approx 2Rd$（因为 $R \gg d$，d^2 可忽略），所以

$$d = \frac{r^2}{2R} \tag{5.9.2}$$

将式(5.9.2)代入式(5.9.1)，得明暗环半径为

$$\begin{cases} r_{明} = \sqrt{\dfrac{(2k-1)R\lambda}{2n_2}} & (k=1, 2, 3, \cdots) \\ r_{暗} = \sqrt{\dfrac{kR\lambda}{n_2}} & (k=0, 1, 2, 3, \cdots) \end{cases} \tag{5.9.3}$$

对空气膜，$n_2=1.0$，故式(5.9.3)可写为

$$\begin{cases} r_{明}=\sqrt{\dfrac{(2k-1)R\lambda}{2}} & (k=1, 2, 3,\cdots) \\ r_{暗}=\sqrt{kR\lambda} & (k=0, 1, 2, 3,\cdots) \end{cases} \tag{5.9.4}$$

2. 干涉图样的特点

牛顿环干涉图样是一组同心圆环，具有以下特点.

(1)干涉圆环的干涉级次**内低外高**.

由式(5.9.3)或(5.9.4)可知，干涉圆环的半径 r 与其干涉级次的平方根 $\sqrt{k}$ 成正比，即

$$r_1:r_2:r_3:\ \cdots=1:\sqrt{2}:\sqrt{3}:\ \cdots$$

所以，随着级次 k 增大，干涉圆环的半径增大，即**低级次在内，高级次在外**，这与等倾干涉圆环恰好相反.

(2)干涉圆环**内疏外密**.

对第 k 级暗环有 $r_k^2=Rk\lambda$，第 k+1 级暗环有 $r_{k+1}^2=R(k+1)\lambda$，所以

$$r_{k+1}^2-r_k^2=R\lambda$$

由此可以计算第 k 级暗环和第 k+1 级暗环之间的距离

$$\Delta r=r_{k+1}-r_k=\frac{R\lambda}{r_{k+1}+r_k}$$

牛顿环干涉图样越向外，干涉圆环级次越高，半径越大，所以向外，相邻两暗环(或亮环)的半径差值越来越小，即干涉条纹**内疏外密**，这与等倾干涉圆环类似.

(3)白光照射时干涉圆环**内紫外红**.

当用白光照射时，根据式(5.9.4)可知，对于同一级干涉条纹(除圆心外)，随着波长 λ 的增加，亮环的半径增大，干涉图样是彩色圆环. 同一级次的条纹将按**内紫外红**的顺序排列. 对于圆心处，对应的空气膜厚度 d=0，光程差仅为 $\lambda/2$，所有波长在此处都是干涉相消，故**圆心处是一个暗斑**.

透射光牛顿环与反射光牛顿环是互补的，且透射光干涉环可见度远不如反射光干涉环的可见度高，这是因为反射光近似为等幅双光干涉，而透射光振幅则相差悬殊. 因此，实际进行测量时用反射光干涉环.

在光学器件的制作过程中，通过干涉条纹的形状可判断透镜表面的曲率是否合格. 用显微镜测出第 k 级干涉环的半径 r_k，便可求出透镜的曲率半径 R 或波长 λ. 理论上，在两表面的接触点 O 处，由于附加光程差的存在，出现的是零级暗环. 但实际上，由于存在灰尘或其他因素，O 处两表面不能紧密接触，测量时会带来误差. 为了消除这种

误差，可测出某环的半径 r_k 和由它向外数 m 圈的半径 r_{k+m}，据式(5.9.4)得

$$R=\frac{r_{k+m}^2-r_k^2}{m\lambda} \tag{5.9.5}$$

例 5.9.1　用一束单色平行光垂直照射牛顿环，测得反射光相干圆环某一暗环直径为 3mm，它外面第五个暗环直径为 4.60mm，平凸透镜半径为 1.03m，求此单色波波长.

解　根据上面的分析，由题意可知 m=5，根据式(5.9.5)得

$$\lambda=\frac{r_{k+m}^2-r_k^2}{mR}\approx 590.3\ \text{nm}$$

即所用单色波波长为 590.3nm.

5.9.2　增透膜和增反膜

光在两种介质的界面上同时发生反射和折射. 从能量的角度看，对于任何透明介质，光的能量不能全部透过，总有一部分从界面上反射回来. 例如，光由空气到玻璃正入射时，反射光能量约占入射光能量的 4%. 在各种光学仪器中，为了校正像差或其他原因，往往采用多个透镜组合. 例如，照相机的物镜由 6 个透镜组成，潜望镜由 20 多个透镜组成，每一透镜有两个界面，这样一来，复杂光学仪器中就有几十个界面. 如果每个界面上因反射光能损失 4%，则总体而言上述照相机中仅在物镜上的光能损失就约占一半，而潜望镜中能量损失约达 90%. 此外，这些光在各个界面上来回被反射和折射，造成有害的杂光，影响成像的清晰度.

为了降低光在光学器件表面反射的能量损失，近代光学仪器中常在镜面上镀一层均匀的透明薄膜(目前常用氟化镁(MgF_2)薄膜)，使光在所镀介质膜表面两反射光干涉相消，进而增加光的透射，这种薄膜称为**增透膜**或**消反射膜**.

另一方面，有些光学系统中又要求某些光学元件具有较高的反射本领. 例如，激光器中的反射镜要求对某种频率单色光的反射率在 99%以上，为了增强反射能量，常在玻璃表面上镀一层透明薄膜，利用上、下表面反射光干涉相长，从而使反射光增强，这种薄膜称为**增反膜**.

例 5.9.2　在某一光学元件的玻璃(折射率 $n_3=1.5$)表面上镀一层厚度为 d、折射率为 $n_2=1.38$ 的氟化镁薄膜，为了使入射白光中对人眼最敏感的黄绿光($\lambda=550\text{nm}$)反射最小，试求所镀薄膜的最小厚度.

解　如例 5.9.2 图所示(为了观察方便，这里薄膜厚度被放大了，实际氟化镁薄膜的厚度远小于玻璃的厚度)，由于 $n_1<n_2<n_3$，氟化镁薄膜的上、下表面反射的两束光Ⅰ、Ⅱ之间没有附加光程差. 入射光可看作垂直入射($i=0$)，则Ⅰ、Ⅱ两束光之间的光程差为

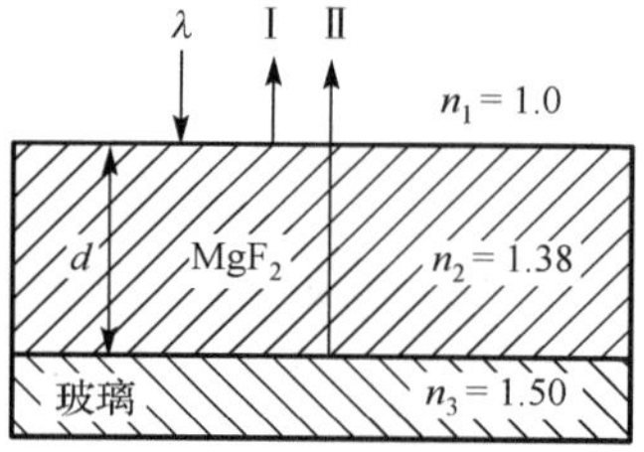

例 5.9.2 图

$$\delta = 2n_2d$$

要使黄绿光反射最小，即Ⅰ、Ⅱ两束光干涉相消，则 $\delta = 2n_2d = (2k+1)\dfrac{\lambda}{2}$，应控制的薄膜厚度为 $d = \dfrac{(2k+1)\lambda}{4n_2}$，使 $k=0$，得薄膜的最小厚度

$$d_{\min} = \frac{\lambda}{4n_2} = \frac{550\text{nm}}{4\times1.38} \approx 100\text{nm} \approx 0.1\,\mu\text{m}$$

即氟化镁的厚度为 0.1μm 时，可使 550nm 黄绿光的反射光干涉减弱. 根据能量守恒定律，反射光减少，透射的黄绿光就增强了. 而在增透膜的反射光中呈现出与它互补的蓝紫色.

5.9.3　光学元件表面质量的检测

平面、球面、柱面等光学元器件是光学系统最常见的组成部分，其表面质量的好坏对光学系统的成像质量有重大影响. 利用光的干涉方法可以高效精密地检测光学元件的表面质量，其精度可以达到亚波长量级，是其他机械检测方法无法比拟的.

1. 平面表面质量的检测

如果检测光学元件是一个平面，通常是把被检测的表面与一个标准平面样板一端接触，另外一端垫一很薄的薄片，使得两平面板之间形成一个劈尖形空气薄膜. 其检测光路如图 5.9.2 所示. 将待测元件和标准平面样板放到待测光路中，单色光经分光板后由薄透镜变为平行光垂直入射到劈尖形空气薄膜上，空气薄膜上、下两表面的反射相干光产生的明暗相间的干涉图样成像在透镜的像方焦平面上，用显微镜观察.

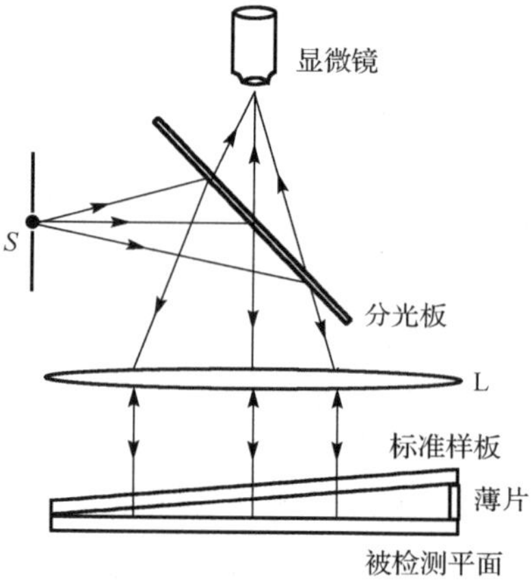

图 5.9.2　平面表面质量检测光路

如果看到的是一组明暗相间、等间距的平行干涉直条纹，如图 5.9.3(a)所示，则说明被测表面非常平整；如果干涉条纹发生弯曲、疏密不均匀、畸变等情况，如图 5.9.3(b)所示，说明被检测的平面有缺陷. 从干涉条纹弯曲、疏密、畸变的不规则程度可以判断表面的缺陷情况以及与标准平面相差程度，从而进行再加工. 这种检测元件平面的光学仪器称为**平面干涉仪**.

2. 球面表面质量的检测

如果被检测面是凸(凹)球面，检测时需要将被检测表面与一个标准凹(凸)球面紧密接触，将此组合放到图 5.9.2 所示的检测光路中进行检测. 如果整个视场是暗的，则表明被检测球面与标准球面完全一致. 若干涉图样是一组同心圆环，则表明被检测球面是光滑球面(图 5.9.4(a))，但是球面的曲率半径与标准球面的曲率半径不同；如果干涉图样不是同心圆，而是不规则的图样，则表明检测球面上存在较为复杂的缺陷(图 5.9.4(b)).

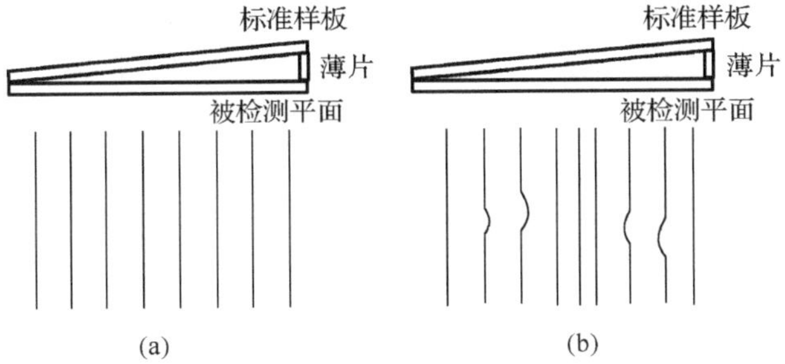

图 5.9.3　平面表面检测结果

表面质量的缺陷分析

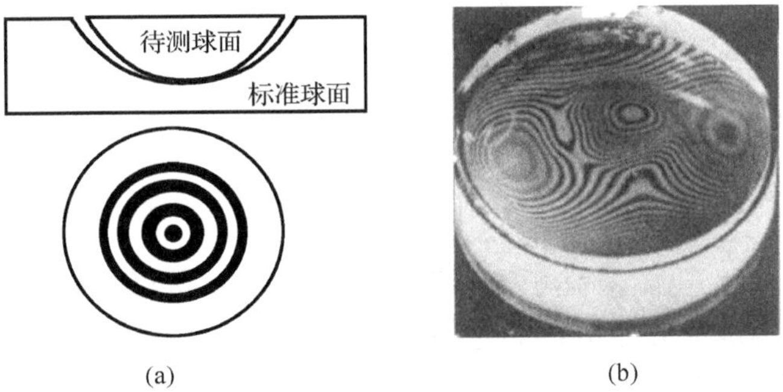

图 5.9.4　球面表面检测结果

用同样的方法，也可测试分析柱面等其他光学元件的表面质量.

利用等厚干涉方法，还可以进行微小物体的直径、厚度、长度及其微小改变等多种微小量的测量，而且精度特别高. 在科学研究中，有专门的白光干涉仪用于测量物体表面的粗糙度.

5.10　迈克耳孙干涉仪及应用

5.10.1　迈克耳孙干涉仪的结构

迈克耳孙干涉仪的光路如图 5.10.1 所示，其中 M_1 和 M_2 是一对严格平整的平面镜，M_1 可沿精密导轨前后移动，称为动镜，M_2 固定不动. G_1 和 G_2 是厚度和折射率完全相同的平面玻璃板，厚度约为厘米量级. **G_1 称为分光板**，其背面镀有一层半反半透介质膜，以便使入射光在这里被分成强度基本相等的反射光 1 和透射光 2 两部分，其中反射光 1 经 M_1 反射后再次透过 G_1 进入透镜 L；透射光 2 经 M_2 反射后再经 G_1 上的镀银面反射到透镜 L，为了便于观察，图中光线 1 和 2 与其反射光线拉开了一定的距离. **G_2 称为补偿板**，它与分光板 G_1 平行，与平面镜 M_1 成 45°. 补偿板 G_2 起到了补偿光程的作用：从光源开始算，反射光束 1 通过玻璃板 G_1 共三次，而透射光束 2 只通过 G_1 一次. 当加上玻璃板 G_2 后，光束 2 就相当于通过 G_1 三次，从而使两列相干光波在玻璃介质中的光程完全相等.

迈克耳孙干涉仪结构

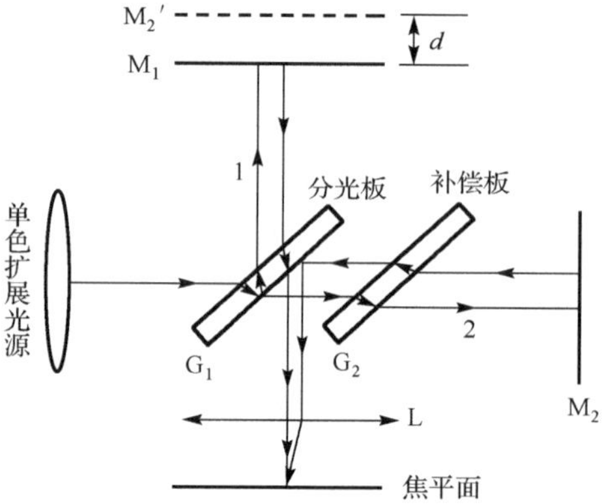

图 5.10.1　迈克耳孙干涉仪

如果光源是单色光源，补偿板 G_2 不太重要，因为总可以移动 M_1 使光程相等. 但若使用白光，则因玻璃有色散，对不同波长光的折射率不同，光束 1 比光束 2 多穿过 G_1 两次，所引起的光程差就不同，单靠移动 M_1，不可能使各色光同时得到合理的补偿，所以必须加上与 G_1 完全相同且平行放置的 G_2，才能使每一色光的光程都相同，以获得零级条纹.

5.10.2　干涉条纹的形状和特点

为了研究迈克耳孙干涉仪所形成的干涉图样特点，在图 5.10.1 中作 M_2'，它是固定平面镜 M_2 对于 G_1 反射面的虚像. 从观察者的方向来看，两束相干光好像是从 M_1 和 M_2' 反射而来的，M_1 和 M_2' 构成一个虚空气层. 若调节 M_1 和 M_2 使之严格相互垂直，则 M_1 和 M_2' 就严格平行，这相当于用面光源照射“平行空气膜”，可获得等倾干涉条纹.

起初把 M_1 移至离 M_2' 较远(几个厘米)的位置，由于“平行空气膜”较厚，故在观察屏上可以看到的同心圆环数目很多，且条纹较密，如图 5.10.2(a)所示；当 M_1 逐渐移近 M_2' 时，可以看到各条纹向中心收缩，圆环中心条纹向里陷入消失，条纹间距越来越大，同一视场中的条纹数目越来越少，如图 5.10.2(b)所示；直到 M_1 和 M_2' 完全重合(空气膜厚度为零)时，所有位置的光程差为零，整个视场被均匀照亮，中心斑点扩大到整个视场，如图 5.10.2(c)所示. 若沿原方向继续移动 M_1，M_1 就穿过 M_2' 从而使得 M_1 和 M_2' 之间的距离逐渐增大，则可看到干涉图样的中心不断地有干涉条纹冒出，干涉条纹向外扩展，随着 M_1 和 M_2' 的距离不断增大，干涉条纹间距逐渐变小，条纹又重新变密，如图 5.10.2(d)、(e)所示，这正是前面讨论过的等倾圆环的特点.

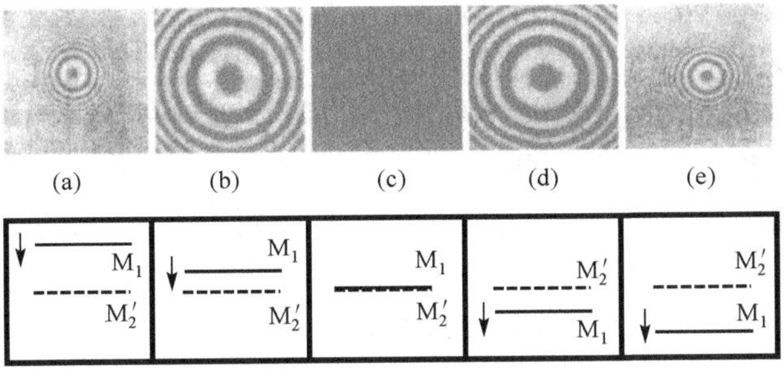

图 5.10.2　迈克耳孙等倾干涉图样

若调节 M_1 和 M_2 使之不严格垂直，则 M_1 和 M_2' 就有一个微小的夹角，相当于“楔形空气膜”，观察者就会在这个膜表面附近看到楔形膜的等厚干涉条纹. 改变空气膜的厚度和夹角，干涉条纹就会产生相应的变化. 和前面的分析相同，起初 M_1 和 M_2' 较远(楔形空气膜较厚)，由于光源是扩展的，这时整个光场是亮的，看不到干涉条纹. 当 M_1 和 M_2' 的间隔逐渐缩小时，干涉区域开始出现越来越清晰的条纹，不过最初这些条纹不是严格的等厚线，它们的弯曲方向凸向 M_1 和 M_2' 的交棱一侧，即凸向干涉级次 k 低的一方. 在 M_1 和 M_2' 靠近的过程中，这些条纹将朝着背离 M_1 和 M_2' 交棱的方向移动，当 M_1 和 M_2' 十分靠近甚至相交时，条纹变直. 如果沿原方向继续推进 M_1 使它远离 M_2'，条纹将朝着交棱方向移动并开始发生弯曲，不过弯曲方向与前面相反，当 M_1 和 M_2' 的距离过大时，条纹可见度逐渐减小，直到看不见. 以上变化过程如图 5.10.3(a)～(e)所示.

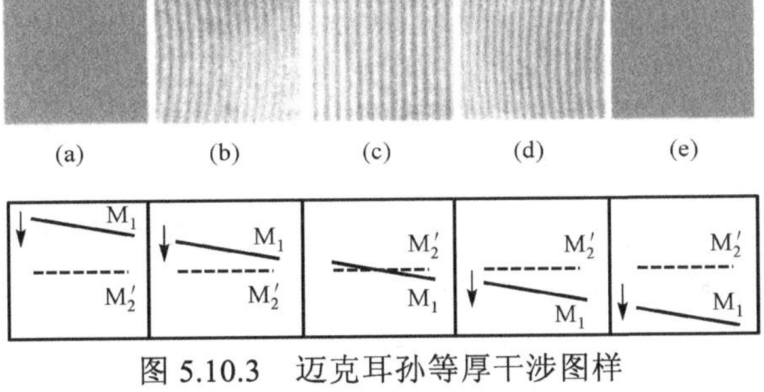

图 5.10.3　迈克耳孙等厚干涉图样

5.10.3　两相干光的光程差公式

干涉仪中 M_1 和 M_2' 的各种相对位置是看不见的，只能从条纹的形状和变化规律来推断，因此熟悉以上各种条纹的变化规律是十分重要的.

迈克耳孙干涉仪中，经 M_1 和 M_2 反射后两束相干光的附加光程差问题主要有两种情况：一是分光板 G_1 背面不镀银膜，这时光束 1 在 G_1 背面的内侧反射一次，而光束 2 在 G_1 背面的外侧反射一次，一个是内反射，另一个是外反射，故光束 1 和 2 之间有 $\lambda/2$ 的附加光程差；二是分光板 G_1 背面镀银，这种情况比较复杂，光在金属面上反射相位的变化既非零亦非 π，但是在实际测量应用中，通常只关心条纹移动的数量和光程差的改变量之间的关系，故认为附加光程差近似为零，不考虑由反射引起的光程变化，这对测量并无影响.

设 G_1 背面镀银，则附加光程差可视为零，两束相干光总的光程差 $\delta = 2d\cos i_2$. 由于光在 M_1 和 M_2' 之间的“空气膜”（$n=1.0$）上不发生折射，故入射角等于折射角，即 $i_1 = i_2$，当 $M_1//M_2'$ 时，等倾圆环的条件为

$$2d\cos i_1 = \begin{cases} k\lambda, & \text{明环} \\ (2k+1)\dfrac{\lambda}{2}, & \text{暗环} \end{cases} \quad (k=0,\ 1,\ 2,\ \cdots) \tag{5.10.1}$$

对于干涉图样的中心，入射角 $i_1 = 0$，则此处两反射相干光的光程差 $\delta = 2d$. 若动镜 M_1 移动距离 Δd，则此处光程差的改变量为 $\Delta\delta = 2\Delta d$，如果此时视场中心有 N 个干涉圆环消失或者冒出，即 $\Delta\delta = 2\Delta d = N\lambda$，则可得出动镜 M_1 移动的距离

$$\Delta d = N\frac{\lambda}{2} \tag{5.10.2}$$

它表明，已知波长 λ 可计算动镜 M_1 移动的距离，反之，读出动镜 M_1 移动的距离 Δd，并数出干涉图样中心干涉条纹消失或者冒出的个数 N，就可计算未知波长 λ.

当 M_1 和 M_2' 构成楔形空气膜时，由于楔角 α 很小，膜很薄，故相干光 1、2 之间的光程差仍可近似表示为 $\delta = 2d\cos i_1 = 2d\left(1-2\sin^2\dfrac{i_1}{2}\right) \approx 2d\left(1-\dfrac{i_1^2}{2}\right) = 2d - di_1^2$，明、暗条纹形成的条件为

$$\delta = 2d - di_1^2 = \begin{cases} k\lambda, & \text{明纹} \\ (2k+1)\dfrac{\lambda}{2}, & \text{暗纹} \end{cases} \quad (k=0,\ 1,\ 2,\cdots) \tag{5.10.3}$$

若 M_1 和 M_2' 相交，则因在交棱处 $d=0$，光程差为零，故交棱处产生零级明纹（直条纹）. 在靠近交棱的地方，由于 d 很小，入射角 i_1 也很小，故 di_1^2 可忽略，此时光程差 $\delta = 2d$，在交棱两旁附近可看到等厚直条纹. 在离交棱较远的地方，由于 d 较大，

入射角 i_1 也较大，所以 di_1^2 项的影响不能忽略，光程差为 $\delta = 2d - di_1^2$，必须增大 d 才能形成同一干涉条纹，因此条纹弯曲的方向凸向交棱一边.

用白光照射时，波长不同，干涉条纹的位置不同，条纹的重叠使可见度降低. 条纹级次越高，条纹错开的距离越大，可见度越小.

迈克耳孙干涉仪是迈克耳孙最早为了研究光速问题而精心设计的，该仪器的优点在于，光源、两个反射面、接收装置(透镜或人眼)四者在空间完全分开，东西南北各据一方，便于在光路中安插其他器件，以便进行精密测量. 它设计精巧，用途广泛，许多其他干涉仪是由此派生出来的.

例 5.10.1　将折射率为 1.5 的玻璃板插入迈克耳孙干涉仪的一臂内，观察到 20 个条纹的移动，若所用的光波长 λ=589.3nm，求薄板的厚度.

解　玻璃板插入迈克耳孙干涉仪一臂内后，光程差的改变量 $\Delta\delta = 2(n-1)d$. 当干涉图样中每移动一个干涉条纹时，对应光程差的变化为一个波长，当观察到 20 个条纹移过时，光程差的改变量应满足 $2(n-1)d = 20\lambda$，所以

$$d = \frac{20\lambda}{2(n-1)} \approx 11.8\ \mu\text{m}$$

薄板的厚度约为 11.8μm.

例 5.10.2　钠黄光($\bar{\lambda}$=589.3nm)由波长稍有区别的双谱线组成，在钠灯下调节迈克耳孙干涉仪，发现干涉场的可见度随动镜的移动发生周期性的变化，解释这种现象. 当条纹由最清晰到最模糊再到最清晰时，测得视场中吞(吐)了 980 个圆环，求钠双线的两个波长.

解　钠黄光可以认为是由两个波长的单色光组成，每一波长的光都产生自己的干涉条纹. 当动镜移动到某一位置时，两波长的光所产生的干涉条纹正好重合，此时条纹最清晰，随着动镜的移动，条纹逐渐错开而变得模糊，当动镜移动一段距离后，两波长的光所产生的干涉条纹又重合，这样就形成了干涉场的可见度随动镜的移动发生周期性变化的现象. 而且两次条纹重合时，两波长的光干涉级次相差一级.

设起初条纹最清晰时，两波长的光满足

$$2d_1 \cos i = k_1\lambda_1,\quad 2d_1 \cos i = k_2\lambda_2$$

改变 Δd 后，两波长的光满足

$$2d_2 \cos i = (k_1+980+1)\lambda_1,\quad 2d_2 \cos i = (k_2+980)\lambda_2$$

于是可得

$$981\lambda_1 = 980\lambda_2$$

而平均波长

$$\bar{\lambda} = \frac{\lambda_1+\lambda_2}{2} = 589.3\ \text{nm}$$

所以可得

$$\lambda_1 = 589.0\,\text{nm}, \quad \lambda_2 = 589.6\,\text{nm}$$

钠双线的两个波长分别为 $\lambda_1 = 589.0\,\text{nm}$ 和 $\lambda_2 = 589.6\,\text{nm}$.

5.11　法布里-珀罗干涉仪及应用

前面讨论的双缝干涉、薄膜干涉等都属于双光束干涉. 通常情况下，若两束相干光的振幅都等于 A，则干涉光强介于最大值 $4A^2$ 和最小值 0 之间，因为干涉场中，相干光的相位差 $\Delta\varphi$ 在相干的空间连续改变，则干涉区域光强变化缓慢，即所观察到的干涉图样中亮纹宽度很大，很难确定光强最大值的精确位置. 若两束相干光的振幅不相等，则干涉图样中光强最小值不为 0，从而使得干涉条纹的可见度降低，就更难确定干涉图样中光强最大值和光强最小值的准确位置. 对实际应用来说，干涉图样最好是十分狭窄、边缘清晰并且十分明亮的条纹，而且亮条纹能被比较宽阔且相当黑暗的区域隔开. 采用相位差相同的多光束干涉系统，就可以满足这些要求. 法布里-珀罗干涉仪就是一种相位差相同的多光束干涉仪器.

5.11.1　法布里-珀罗干涉仪结构

法布里-珀罗干涉仪结构如图 5.11.1 所示. 它主要由 G_1 和 G_2 两块平板组成，其相对的平面平行，平面度极高(达几十分之一到几百分之一波长)，并镀有高反射率的银膜. 为了避免玻璃板外表面反射光的干扰，G_1、G_2 板的两个外表面有一微小楔角. G_1、G_2 间为一定长度的空心圆柱形铟钢(膨胀系数很小的镍铁合金)间隔器，使 G_1、G_2 内表面严格平行且固定不变，这种利用间隔器使 d 固定的装置称为**法布里-珀罗标准具**，d 通常在 1～200mm. 若 G_1、G_2 之间平行空气膜的厚度 d 可以调节，则称为**法布里-珀罗干涉仪**. 单色面光源位于透镜 L_1 的物方焦平面上，入射光经 L_1 成为平行光入射到 G_1、G_2 空气膜，光线在两表面间多次反射，在反射过程中振幅不断递减，但由于内表面反射比极高，所以振幅递减很慢，即从 G_2 透射出来的是

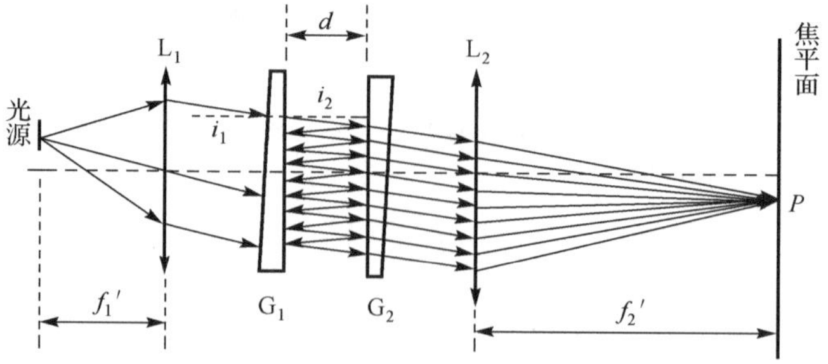

图 5.11.1　法布里-珀罗干涉仪结构

无穷多个振幅递减的、有一定相位差的光波. 它们在透镜 L_2 的像方焦平面上相干叠加形成**等倾干涉圆环**，其形状和性质与迈克耳孙干涉仪相同，只是干涉条纹要锐利得多.

5.11.2 多光束干涉

现在定量地分析透射多光束干涉的光强. 如图 5.11.2 所示，G_1、G_2 玻璃板折射率为 n_1，两板内表面间距为 d，板间空气折射率 $n_2=1.0$. 为简便起见，可认为 G_1、G_2 无限薄(为方便观察，图 5.11.2 中 G_1、G_2 进行了放大)，并假定光束入射角 i_1 和折射角 i_2 都很小. 于是镀银面的光强反射比近似满足 $\rho=(A'/A_0)^2$，其中 A_0 为第一次射到 G_1 反射面上的振幅，A' 为 G_2 的反射光振幅，即 $A'=\sqrt{\rho}A_0$，透射光振幅为 $\sqrt{1-\rho}A_0$. 光在两板内表面来回反射，每次反射、透射光的振幅如图 5.11.2 所示.

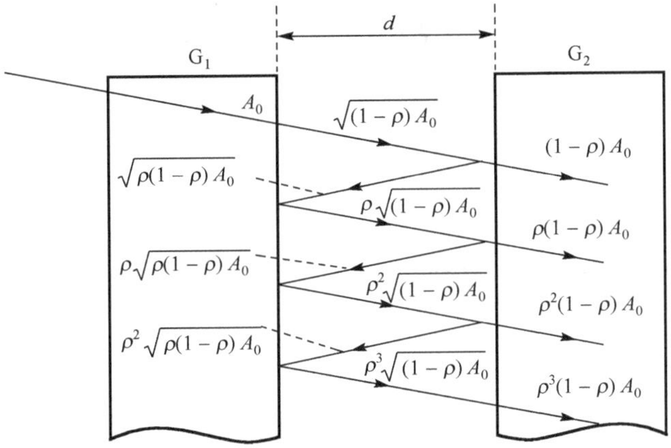

图 5.11.2 多次反射和折射后的振幅

可见从 G_2 透射出的各光的振幅是以 ρ 为公比的等比级数，即 $(1-\rho)A_0$，$\rho(1-\rho)A_0$，$\rho^2(1-\rho)A_0$，$\rho^3(1-\rho)A_0$，…. 这些振幅递减的透射光彼此平行，相邻两光束到达透镜 L_2 焦平面某点的光程差是相等的. 略去金属表面反射的相位跃变，则相邻两光束的光程差为

$$\delta=2n_2d\cos i_2 \tag{5.11.1}$$

由此引起的相位差为

$$\Delta\varphi=\frac{2\pi}{\lambda}\delta=\frac{4\pi n_2 d}{\lambda}\cos i_2 \tag{5.11.2}$$

若第一束透射光的初相位为 0，则各光束的初相位依次为 $\Delta\varphi$，$2\Delta\varphi$，$3\Delta\varphi$，…，则在 L_2 焦平面的 P 点，各束光的复振幅依次为

$$\begin{aligned}
\tilde{E}_1 &= [(1-\rho)A_0]\exp(\mathrm{i}\cdot 0) \\
\tilde{E}_2 &= [\rho(1-\rho)A_0]\exp[-\mathrm{i}(\Delta\varphi)] \\
\tilde{E}_3 &= [\rho^2(1-\rho)A_0]\exp[-\mathrm{i}(2\Delta\varphi)] \\
&\cdots\cdots
\end{aligned} \tag{5.11.3}$$

P 点的合振动为

$$\begin{aligned}
\tilde{E}_P &= \tilde{E}_1 + \tilde{E}_2 + \tilde{E}_3 + \cdots \\
&= [(1-\rho)A_0]\exp(\mathrm{i}\cdot 0) + [\rho(1-\rho)A_0]\exp[-\mathrm{i}(\Delta\varphi)] \\
&\quad + [\rho^2(1-\rho)A_0]\exp[-\mathrm{i}(2\Delta\varphi)] + \cdots \\
&= (1-\rho)A_0[1+\rho\exp(-\mathrm{i}\Delta\varphi)+\rho^2\exp(-2\mathrm{i}\Delta\varphi)+\cdots]
\end{aligned} \tag{5.11.4}$$

式中括号内是以 $\rho\exp[-\mathrm{i}(\Delta\varphi)]$ 为公比的无穷系列等比级数，因此 P 点的合振动可写为

$$\tilde{E} = (1-\rho)A_0\exp\frac{1}{1-\rho\exp^{-\mathrm{i}\Delta\varphi}} \tag{5.11.5}$$

合光强为

$$\begin{aligned}
I = \tilde{E}\cdot\tilde{E}^* &= (1-\rho)^2 A_0^2 \frac{1}{1+\rho^2-2\rho\cos\Delta\varphi} \\
&= \frac{(1-\rho)^2 A_0^2}{(1-\rho)^2 + 2\rho(1-\cos\Delta\varphi)} = \frac{A_0^2}{1+\dfrac{4\rho}{(1-\rho)^2}\sin^2\dfrac{\Delta\varphi}{2}}
\end{aligned}$$

即

$$I = \frac{I_0}{1+\dfrac{4\rho}{(1-\rho)^2}\sin^2\dfrac{\Delta\varphi}{2}} = \frac{I_0}{1+F\sin^2\dfrac{\Delta\varphi}{2}} \tag{5.11.6}$$

这就是多束平行透射光在干涉区域的光强分布公式. 式中 $\dfrac{1}{1+\dfrac{4\rho}{(1-\rho)^2}\sin^2\dfrac{\Delta\varphi}{2}}$ 称为**艾里函数**，$F=\dfrac{4\rho}{(1-\rho)^2}$ 称为**精细度**，它反映了干涉条纹精细的锐利程度.

由式(5.11.6)可知，对于给定的反射比 ρ，光强随相位差 $\Delta\varphi$ 而变.

当 $\Delta\varphi = 2k\pi(k=0,\ 1,\ 2,\cdots)$ 时，$I_{\max}=I_0$，形成明纹；

当 $\Delta\varphi = (2k+1)\pi(k=0,\ 1,\ 2,\cdots)$ 时，$I_{\min}=\left(\dfrac{1-\rho}{1+\rho}\right)^2 I_0$，形成暗纹.

根据式(5.11.2)，若 λ、d 都是给定的，则相位差就唯一地取决于 i_2(即取决于入射角 i_1). 入射角相同的光经透镜 L_2 后，都会聚于 L_2 焦平面的同一个圆环上；以不同入射角入射的光，就形成同心圆环等倾干涉条纹. 明、暗纹光强之

比为

$$\frac{I_{\min}}{I_{\max}}=\left(\frac{1-\rho}{1+\rho}\right)^2 \tag{5.11.7}$$

光强反射比$\rho\to0$时，$I_{\max}$和$I_{\min}$几乎相等，条纹可见度几乎为零；光强反射比ρ越大，条纹可见度和锐度越大. 反射比$\rho\to1$时，$I_{\max}$和$I_{\min}$差别很大，这种情况下，干涉图样是在全黑背景上的一组很细很亮的环纹. 图5.11.3所示为不同光强反射比下透射光干涉条纹强度分布. 法布里-珀罗干涉仪的ρ很大，一般$\rho=0.90\sim0.98$.

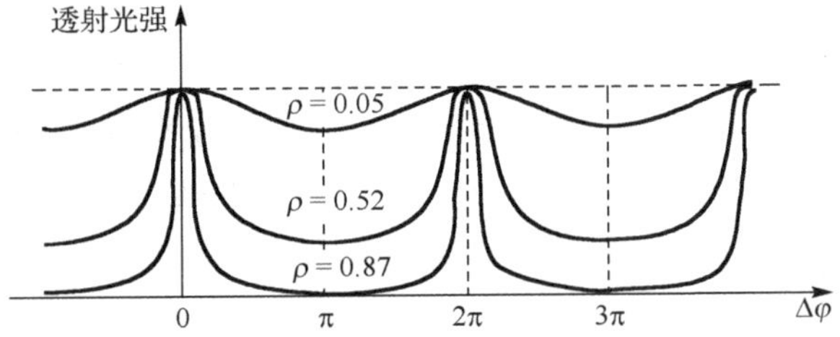

图5.11.3　不同光强反射比下透射光干涉条纹强度分布

由于法布里-珀罗干涉形成的条纹很细，因而可以更精确地测定它们的位置. 因此，这种干涉仪常用来精确地比较各光谱线的波长、测量光谱线的超精细线结构，利用其原理还可制成法布里-珀罗扫描干涉仪等.

5.11.3　半值宽度

为了定量描述条纹的细锐程度，引入**半值宽度**的概念，它等于极大值强度一半的两点间的相位差，记为$\Delta\varepsilon$，所以也称它为**半强相位宽度**. 如图5.11.4所示，对于第k级亮纹，两半强度点对应的相位差为$\Delta\varphi=2k\pi\pm\dfrac{\Delta\varepsilon}{2}$，代入式(5.11.6)得

$$\frac{I}{I_0}=\frac{1}{1+\dfrac{4\rho}{(1-\rho)^2}\sin^2\left[\dfrac{1}{2}\left(2k\pi\pm\dfrac{\Delta\varepsilon}{2}\right)\right]}=\frac{1}{2}$$

而

$$\sin^2\left[\frac{1}{2}\left(2k\pi\pm\frac{\Delta\varepsilon}{2}\right)\right]=\sin^2\left(\pm\frac{\Delta\varepsilon}{4}\right)\approx\left(\frac{\Delta\varepsilon}{4}\right)^2$$

则

$$\Delta\varepsilon=\frac{2(1-\rho)}{\sqrt{\rho}}$$

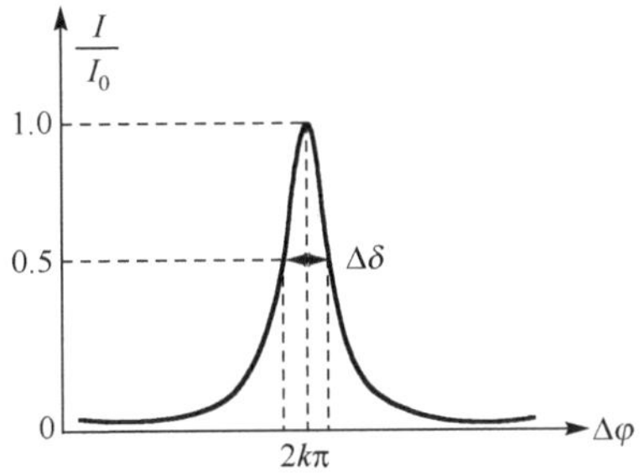

图5.11.4　条纹的半值宽度

上式中的$\Delta\varepsilon$是以弧度计算的，反射率ρ越大，$\Delta\varepsilon$越小，条纹越窄. 这个宽度是理

想的单色光入射时由于干涉装置的干涉效应而产生的，故又称为“仪器宽度”，它不同于准单色光的谱线宽度.

下面计算与半强相位宽度相应的角距离，即半强角宽度. 在式(5.11.2)中，取$\Delta\varphi$因i_2而变化的微分，

$$\mathrm{d}\Delta\varphi=\frac{-4\pi n_2 d\sin i_2}{\lambda}\mathrm{d}i_2$$

令$\mathrm{d}\Delta\varphi=\Delta\varepsilon$，将$\mathrm{d}i_2$写为$\Delta i_2$，表示与$i_2$相应的第$k$级亮纹的半角宽度，得

$$\Delta i_2=\frac{-\lambda}{4\pi n_2 d\sin i_2}\Delta\varepsilon=\frac{-\lambda}{2\pi n_2 d\sin i_2}\frac{1-\rho}{\sqrt{\rho}} \tag{5.11.8}$$

上式表明，在n_2、d、λ、i_2一定的情况下，反射率ρ越大，$\Delta\varepsilon$越小，条纹越窄；在n_2、d、λ、ρ一定的情况下，i_2越大，离中心越远，条纹也越窄.

5.11.4　自由光谱范围

如果用复色光作为光源照射法布里-珀罗干涉仪，则得到彩色干涉条纹. 假设入射光中包含波长分别为λ和$\lambda+\Delta\lambda$的两个单色光，则它们经过法布里-珀罗干涉仪后各自产生一套干涉圆环，对于同一级干涉圆环，根据光程差公式$\delta=2n_2 d\cos i_2=k\lambda$，两个波长光产生的干涉圆环具有不同的半径，**短波长的干涉圆环半径大，在外侧；而长波长的干涉圆环半径小，在内侧**，即干涉圆环**内红外紫**，它们之间是非相干叠加. 和前面讲过的等倾干涉一样，法布里-珀罗干涉仪产生的干涉图样也是**内疏外密，中心色散大，谱线散开得宽；靠边沿色散小，谱线散开得窄.** 那么，就有可能在同一个入射角方向上，出现波长为$\lambda+\Delta\lambda$的第k级谱线和波长为λ的第k+1级谱线重叠，即

$$\delta=2n_2 d\cos i_2=k(\lambda+\Delta\lambda)=(k+1)\lambda \tag{5.11.9}$$

那么，此时波长大于$\lambda+\Delta\lambda$的光所产生的第k级干涉圆环将越过波长为λ的第k+1级干涉圆环，这种现象称为越级(或重级)现象. 由式(5.11.9)可以确定，波长在$\lambda\sim\lambda+\Delta\lambda$范围内的各个波长所产生的第$k$级谱线一定落在波长为$\lambda$的第$k$级和第$k$+1级干涉极大值之间，不会发生越级现象. 这个不越级重叠的最大波长范围称为**自由光谱范围(或色散范围)**. 由式(5.11.9)可得自由光谱范围

$$\Delta\lambda=\frac{\lambda}{k}=\frac{\lambda(\lambda+\Delta\lambda)}{2n_2 d\cos i_2}\approx\frac{\lambda^2}{2n_2 d\cos i_2}\geqslant\frac{\lambda^2}{2n_2 d}\quad(\lambda\gg\Delta\lambda)$$

所以，中央谱线不越级的时候，边缘谱线也绝不可能越级. 自由光谱范围是分光仪器的一个重要技术指标，对光学仪器的分光性能有决定性的影响.

*5.12 其他干涉仪及应用

5.12.1 傅里叶变换干涉仪

傅里叶变换干涉仪是法国著名物理学家、数学家傅里叶在迈克耳孙干涉仪的基础上发展起来的一种干涉光谱仪. 其光路结构如图 5.12.1 所示，由宽频点光源 S 发出的球面光波经消色差透镜 L_1 准直后，再经分束镜 G 分成等强度的两平行光，其中反射光束经固定的反射镜 M_1 反射，透射光束经可动的反射镜 M_2 反射，两束反射光再次分别经分束镜 G 透射和反射后重合，并被消色差透镜 L_2 会聚到光电探测器 D 上，探测到的叠加光强度信号经模/数(A/D)转换后输入计算机中进行处理.

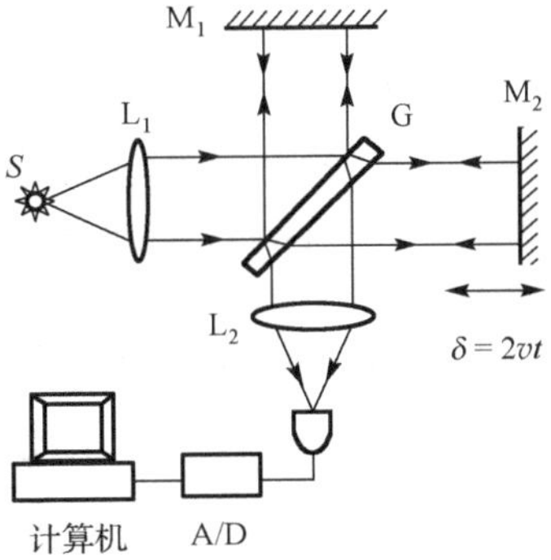

图 5.12.1 傅里叶变换干涉仪

按照双光束干涉原理，同频率、同振动方向且振幅相等的两束单色光波在空间某点相遇而发生相干叠加时，其叠加光强可表示为

$$I = 2I_0(1+\cos\Delta\varphi) = 2I_0\left[1+\cos\left(\frac{2\pi}{\lambda}\delta\right)\right] \tag{5.12.1}$$

式中，I_0 为其中一束光的强度；λ 为光波波长；$\Delta\varphi$ 为两束光在相遇点的相位差；δ 为对应的光程差. 现考虑参与叠加的两光束来自同一个复色点光源，其中波长为 λ 的单色光成分的相对强度为 $I(\lambda)$，则相对叠加光强可表示为

$$I(\lambda,\delta) = 2I(\lambda)\left[1+\cos\left(\frac{2\pi}{\lambda}\delta\right)\right] \tag{5.12.2}$$

将式(5.12.2)对所有波长积分，得到所有波长光总的叠加光强

$$I(\delta) = \int_0^{\infty} I(\lambda,\delta)\mathrm{d}\lambda = 2I_0 + 2\int_0^{\infty} I(\lambda)\cos\left(\frac{2\pi}{\lambda}\delta\right)\mathrm{d}\lambda \tag{5.12.3}$$

在式(5.12.3)等号两端减去 $2I_0$，可得

$$I(\delta) - 2I_0 = 2\int_0^{\infty} I(\lambda)\cos\left(\frac{2\pi}{\lambda}\delta\right)\mathrm{d}\lambda \tag{5.12.4}$$

式(5.12.4)表明，光谱分布函数 $I(\lambda)$ 实际上就是两光束的相干叠加强度 $I(\delta)$ 减去其强度之和 $2I_0$ 的傅里叶余弦变换，即

$$I(\lambda)=2\int_{0}^{\infty}[I(\delta)-2I_0]\cos\left(\frac{2\pi}{\lambda}\delta\right)\mathrm{d}\delta \tag{5.12.5}$$

显然，只要能够测量出两光束叠加光强随光程差的变化 $I(\delta)$ 及两光束的光强之和 $2I_0$，就可以根据式(5.12.5)求出入射光信号的光谱分布函数. 具体的做法是，首先移动 M_2 使两光束的光程差 $\delta=0$，然后匀速移动 M_2 以改变两光束的光程差，同时记录相应光程差下的叠加光强度 $I(\delta)$.

傅里叶变换光谱仪的特点在于：它巧妙运用了干涉分光装置将光信号一分为二，使之经过不同的时间延迟后再重合而发生干涉，通过测量在不同光程差时的叠加光强，再经傅里叶变换处理解出待测光信号的光谱分布函数. 其中第一步需借助于光学干涉仪实现，第二步需借助于计算机通过数值计算而实现. 为了获得高分辨率光谱，动镜 M_2 的移动(扫描)范围应尽可能大，以获得尽可能大的光程差变化范围. 同时，为了避免空气波动对光束的影响，一般测量时要求干涉仪工作于真空中.

5.12.2　瑞利干涉仪

瑞利干涉仪是一种用于精确测定气体和液体折射率的仪器，它是杨氏双缝干涉实验装置的改型，结构如图 5.12.2 所示，从狭缝光源 S 发出的光，经过透镜 L_1 准直后，落到平行于 S 的狭缝孔径 S_1 和 S_2 上，从 S_1 和 S_2 出来的光线再平行地穿过分开的密封管 T_1 和 T_2，再由透镜 L_2 会聚到它的焦平面上，形成平行于狭缝的干涉条纹. S_1 和 S_2 要分得很开以便能容下密封管，所以条纹很密，需要高倍放大才能观测.

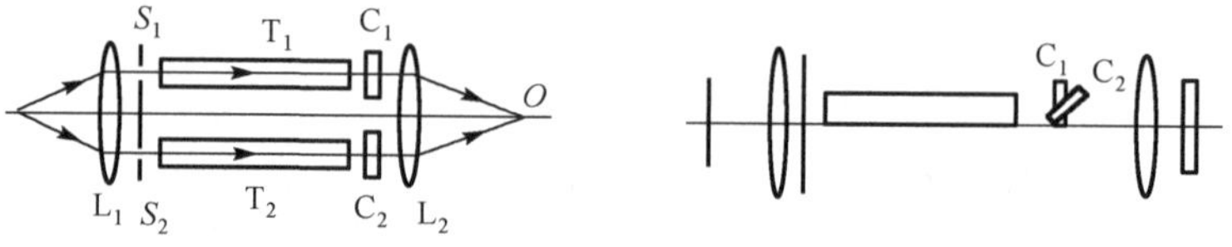

(a) 平面图　　(b) 侧面图

图 5.12.2　瑞利干涉仪

在长度为 l 的 T_1 和 T_2 两管中分别装入折射率为 n 和 n' 两种气体(或液体)，则通过 T_1 和 T_2 两管的光到达透镜 L_2 的像方焦平面上的两相干光的光程差为 $\delta=(n'-n)l$，所以在透镜 L_2 像方焦点处干涉条纹移动的数目为

$$N=\frac{(n'-n)l}{\lambda} \tag{5.12.6}$$

如果已知折射率 n，只要测出 N，就可以由式(5.12.6)求出 n'.

为了方便，工业上使用的瑞利干涉仪并不检测条纹移动数目，而是通过调节补偿板 C_1 或 C_2 以补偿两管中介质折射率不同而引起的光程差. 比如，C_1 固定，而 C_2

可绕水平轴转动，以使从 S_2 出射光的光程可连续改变. 利用瑞利干涉仪测量介质折射率的精度可达 10^{-8} 数量级.

5.12.3　萨尼亚克干涉仪

萨尼亚克干涉仪是一种由环形闭合光路构成的环形干涉仪. 目前萨尼亚克干涉仪的基本光路有正方形、三角形及圆形，图 5.12.3 所示为矩形萨尼亚克干涉仪的结构，图中 M_1、M_2、M_3 为反射镜，BS 为分束镜. 入射光束经 BS 分为两束，其中反射光束 1 依次经 M_1、M_2、M_3 反射后，再次经 BS 到达探测器上，透射光束 2 经 M_3、M_2、M_1 反射后再经 BS 透射到达探测器上. 两束光相干叠加后的强度由探测器测量.

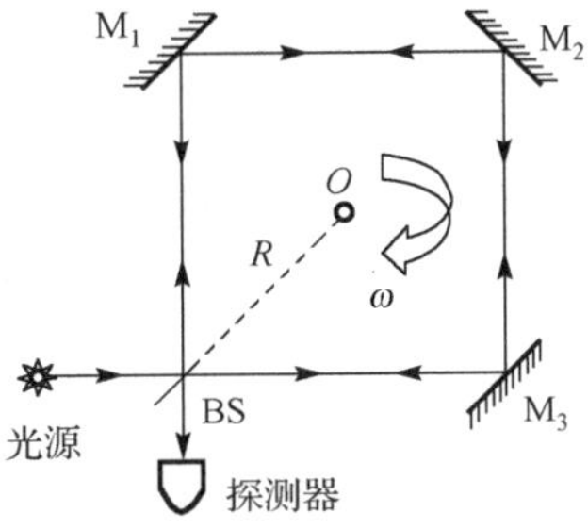

图 5.12.3　萨尼亚克干涉仪

根据相对论原理，当干涉仪静止或匀速平动时，从光源到探测器两束光的光程始终相等，探测器探测到的光信号强度不变. 当干涉仪绕其中心在光路平面内以一定角速度 ω 旋转时，由于相对运动，两光束所经历的光程不同，从而产生一定的相位差. 可以证明该相位差为

$$\Delta\varphi = \frac{8\pi A}{\lambda_c}\omega \tag{5.12.7}$$

式中，A 为干涉仪环路包围的面积. 对于对角线半长度为 R 的正方形光路，$A = 2R^2$；对于半径为 R 的圆形光路，$A = \pi R^2$. 式(5.12.7)表明，两光束的相位差与干涉仪转动的角速度成正比，而其叠加光强度又随相位差呈余弦平方变化，故通过探测两束光干涉后光强的变化，可测量出相位差 $\Delta\varphi$，从而可得到干涉仪转动的角速度 ω 或在给定时间间隔 τ 内的转角 θ:

$$\theta = \omega\tau = \frac{\lambda_c \tau}{8\pi A}\Delta\varphi \tag{5.12.8}$$

由于萨尼亚克干涉仪整体无运动部件，并且仅可以感知转动而对匀速平动没有任何反应，故可以作角度或角速度传感器，是现代导航用激光陀螺的基础. 迈克耳孙利用此法于 1925 年测定了地球的角速度.

5.12.4　特外曼-格林干涉仪

特外曼-格林干涉仪是在迈克耳孙干涉仪的基础上发展起来的一种波面干涉仪，其光路结构如图 5.12.4 所示，与迈克耳孙干涉仪不同的是，这里的 M_1 是平整度很高的标准平面反射镜，而 M_2 是待测的光滑曲面，如球面反射镜、透镜、光学玻璃板等表面. 由单色点光源 S 发出的球面光波经透镜 L 准直后被分束镜 G 分成等强度的两平行光，其中反射光束经反射镜 M_1 反射，透射光束经反射镜 M_2 反射，两束反

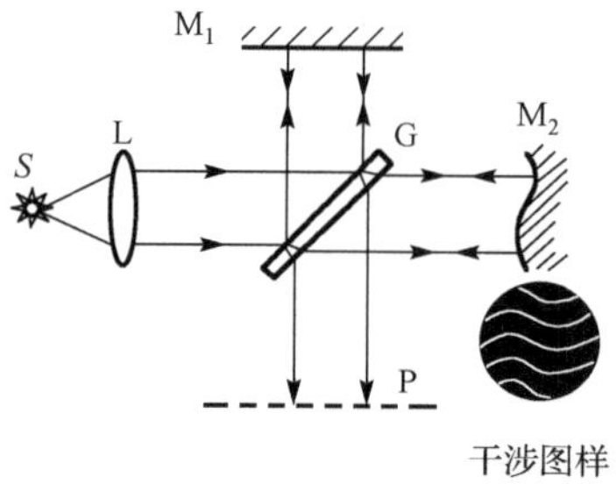

图 5.12.4　特外曼-格林干涉仪

射光再次分别经分束镜 G 透射和反射后重合并投射到观察屏 P 上产生干涉. 形成干涉的这两束光中一束光具有平面波前，另一束光具有与待测表面形状对应的曲面波前，两束光相干叠加的结果是在观察屏上形成一组类似于薄膜等厚干涉的条纹图样——波面相位差等值线或待测表面的等高线条纹.

特外曼-格林干涉仪可用来检测光滑表面的平整度及透镜或球面镜表面的球面度，也可用来检测平行平板状透明介质的光学均匀性.

在科学研究和生产应用中还有很多种干涉仪，在此不一一列举，有兴趣的同学可以自己查找资料，分析其原理和光路特点.

本 章 小 结

1. 光源及发光机理

光源一般可分为普通光源和激光光源. 普通光源属于自发辐射，是非相干光源；激光光源属于受激辐射，是相干光源.

2. 光波的叠加原理

两列或两列以上的波在空间相遇，交叠区域内任一点的振动为各列波单独在该点产生振动的矢量和，这一规律称为波的叠加原理.

3. 相干叠加与非相干叠加

两列或两列以上的波在空间相遇，在交叠区域内，如果干涉项 $2\sqrt{I_1I_2}\cos\Delta\varphi$ 恒为零，则称为非相干叠加；如果干涉项 $2\sqrt{I_1I_2}\cos\Delta\varphi$ 不恒为零，则称为相干叠加.

4. 相干条件

(1) 频率相同；

(2) 相同或具有相同的分量；

(3) 初相位差恒定.

除此之外，要得到清晰的干涉图样还需要以下几个补充条件：

(1) 两列波的振幅不能相差太大；

(2) 两列波的振动方向要尽可能一致；

(3) 光程差不能大于波列长度.

5. 获得相干光的两种方法

分波阵面法和分振幅法.

6. 杨氏双缝干涉实验

它是一种典型的分波阵面干涉.

(1) 条纹形状近似为等间距的直条纹.

(2) 条纹间距为 $\Delta x=\dfrac{r_0}{d}\lambda$ (装置和式中各量的意义见图 5.3.1).

(3) 造成条纹变动的因素来自三个方面：一是光源的移动；二是装置结构的变动；三是光程中介质的变化.

7. 其他分波阵面干涉装置

(1) 菲涅耳双面镜和菲涅耳双棱镜：可以认为是光源 S 对双面镜(或双棱镜)所成的两个虚像 S_1 和 S_2 发出的相干光的干涉.

(2) 劳埃德镜实验：可以认为是光源 S 和 S 对面镜所成的虚像 S' 发出的相干光的干涉.

以上装置等效后，处理问题的方法与杨氏双缝干涉实验相同.

8. 干涉条纹的可见度

$$V=\frac{I_{\max}-I_{\min}}{I_{\max}+I_{\min}}$$

9. 光场的空间相干性

该问题源于面光源不同部分发光的独立性，表现在波场的横方向上.

相干区域的孔径角 $\beta=d_0/l=\lambda/b$.

10. 光场的时间相干性

该问题源于光源发光过程在时间上的断续性，表现在波场的纵方向上.

一般用波列长度(相干长度) $L=\delta_{\max}=\lambda^2/\Delta\lambda$ 和相干时间 $\tau_0=L/c$ 来描述.

11. 薄膜干涉

在介质薄膜上、下两个表面反射的光之间的干涉属于分振幅干涉.

12. 等倾干涉

当薄膜为厚度处处相同的均匀介质膜时，相同入射倾角的光发生反射(或透射)相干，具有相同的光程差，会聚于同一级干涉条纹，故称为等倾干涉；反之，倾角不同，光程差不同，等倾干涉条纹级次也不同. 等倾干涉一般采用面光源照射.

(1) 等倾干涉的条纹形状为明暗相间的同心圆环，内疏外密，且干涉级次内高外低.

(2) 条纹定域在无穷远处或正透镜的像方焦平面上.

(3) 光程差 $\delta = 2n_2 d\cos i_2 + \lambda/2$ ，其中 $\lambda/2$ 表示由反射引起的附加光程差，是否存在，要具体问题具体分析.

13. 等厚干涉

当薄膜为厚度不相同的均匀介质膜时，干涉条纹的形状决定于膜上厚度相同点的轨迹，反射相干光在相遇点的有效光程差将唯一由薄膜厚度确定，故产生等厚干涉. 等厚干涉一般采用平行光垂直照射.

(1) 等厚干涉的条纹形状为薄膜等厚线的形状.

(2) 条纹定域在膜的表面附近.

(3) 光程差与等倾干涉光程差公式形式相同， $\delta = 2n_2 d\cos i_2 + \lambda/2$.

(4) 等厚干涉有两种重要的特殊情况：

①劈形薄膜（劈尖）干涉：干涉条纹为平行于棱的直条纹，条纹间距为 $\Delta l = \lambda/(2n_2\sin\alpha)$ ，相邻两明纹（或暗纹）对应的厚度差为 $\Delta d = \lambda/(2n_2)$.

②牛顿环干涉：条纹形状为明暗相间的同心圆环，内疏外密，干涉级次内低外高，明、暗条纹的半径分别为

$$\begin{cases} r_{明} = \sqrt{\dfrac{(2k-1)R\lambda}{2}} & (k = 1,2,3,\cdots) \\ r_{暗} = \sqrt{kR\lambda} & (k = 0,1,2,3,\cdots) \end{cases}$$

(5) 利用薄膜等厚干涉可以制作增透膜或高反射膜.

14. 迈克耳孙干涉仪

以薄膜干涉为基础，利用半镀银的分束板将“薄膜”的两个表面（平面镜）在空间上远离，便于插入器件做各种实验和测量. 通过对两个平面镜的取向和前后位置的调节，可以产生等厚和等倾的干涉条纹，装置中设有补偿板，以抵消分束板的色散效应，以便用白光确定“薄膜”的零光程位置，这在长度的测量中是十分必要的. 其主要应用是测量长度的微小变化.

15. 多光束干涉，法布里-珀罗干涉仪

光在薄膜表面实际上进行了无穷多次反射和折射，其实是所有反射线或所有透射线叠加的结果. 其条纹的特点是很细锐.

一对高反射率的玻璃板以一定间隔平行放置，光束在其间反复反射，输出的将是多光束干涉图样. 其主要应用是精确地比较各光谱线的波长，测量光谱线的超精细线结构.

思　考　题

5.1　有人说相干叠加服从波的叠加原理，非相干叠加不服从波的叠加原理，这种说法对吗？

5.2　两列光波频率相同，且有稳定的相位差，但振动方向既不相同也不垂直，这两列波是相干叠加还是非相干叠加？

5.3　在杨氏双缝干涉实验中，当作如下调节时，屏幕上的干涉条纹将如何变化？

(1) 将整个装置全部浸入水中；

(2) 使两缝之间的距离逐渐减小；

(3) 保持双缝的间距不变，使双缝与屏幕的距离逐渐减小；

(4) 用一很薄的玻片覆盖狭缝 S_1；

(5) 狭缝 S 向下移动.

5.4　在实验中观察分波前干涉装置的干涉条纹时往往不用屏幕，而是用测微目镜. 我们知道，在光束交叠区域中的前后较大范围内都有干涉条纹，那用测微目镜观察时看到的是哪些位置的干涉条纹？试说明理由.

5.5　试分析影响条纹可见度的因素.

5.6　普通窗玻璃在通常的日光照射下，为什么观察不到干涉现象？

5.7　为什么白光引起的双缝干涉条纹比单色光引起的干涉条纹数目少？

5.8　在空气中的肥皂膜，将产生彩色条纹，随着膜厚度的变化，条纹也将发生变化. 当膜进一步变薄并将破裂时，膜上将出现黑色，试解释原因.

5.9　用平行光观察等倾干涉条纹会怎样？

5.10　给你一个标准的平板玻璃，如何检验出透镜的表面是凹面还是凸面.

5.11　在牛顿环装置中，改变平凸透镜和平板玻璃的位置，干涉条纹将发生怎样的变化？

5.12　在迈克耳孙干涉仪中，反射镜 M_1 和 M_2 的像 M_2' 组成一等效的空气层，讨论迈克耳孙干涉仪调节中的几个问题：

(1) 当转动摇把使 M_1 平移时，如何判断等效的空气层在增厚还是变薄？

(2) 当你看到平行的直线干涉条纹时，怎样判断等效空气层哪边厚哪边薄？

(3) 如何有意识地调节镜面倾角，使 M_1 和 M_2' 完全平行？

(4) 根据什么现象可以比较准确地判断 M_1 和 M_2' 是否严格平行？

5.13　多光束干涉的主要特点是什么？决定多光束干涉条纹强度分布的主要因素是什么？这些因素怎样影响条纹的强度分布？为什么多光束干涉结果会使条纹变细锐？

习　题

5.1　两束同频率的单色光发生干涉：

(1) 若 $\boldsymbol{E}_{10} // \boldsymbol{E}_{20}$，光强比 I_1/I_2 分别为 1、5、0.2，计算干涉条纹的可见度；

(2) 若 $\boldsymbol{E}_{10} // \boldsymbol{E}_{20}$，振幅比 A_1/A_2 分别为 1、5、0.2，计算干涉条纹的可见度；

(3) 若 $\boldsymbol{E}_{10}$ 与 $\boldsymbol{E}_{20}$ 的夹角为30°，光强比 I_1/I_2 分别为 1、5、0.2，计算干涉条纹的可见度.

5.2　杨氏双缝干涉实验中，孔距为 0.1mm，孔与屏的距离为 3m，如果采用波长为 589.3nm 的钠黄光照射，求干涉条纹的间距.

5.3　在杨氏双缝干涉实验中，设两缝之间的距离为 0.2mm，在距双缝 1m 远的屏上观察干涉条纹，若入射光是波长为 400～760nm 的白光，问屏上离零级明纹 20mm 处，哪些波长的光能最大限度地加强？

5.4　薄钢片上有两条紧靠着的平行细缝，用双缝干涉的方法测量两缝的间距，用透过绿色滤光片的水银灯光作光源(λ=546.1nm)，把屏幕放在距两缝 300mm 远处，测得中央明纹两侧第 5 级明条纹间的距离为 12.2mm：

(1) 求两缝的间距；

(2) 当把光源移至距离薄钢片 100mm 处时，干涉条纹消失，求光源的大小.

5.5　在杨氏双缝干涉实验中，已知 d=3.3mm，r_0=3m，单色光的波长为 0.5μm，求条纹间距. 现在上方狭缝后置一厚度为 h=0.01mm 的平行平板玻璃片，试确定条纹移动的方向. 若测得条纹移动 4.73mm，求玻璃的折射率.

5.6　用两种波长的平行光照明杨氏双缝，其中一种光波长为 436nm，观察到屏幕上该色光从中心向外的第 4 级极小恰与另一谱线的第 3 级极大位置重合，求另一光波长.

5.7　一微波检测器安装在湖滨高出水面 0.5m 处，当一颗发射 21cm 波长的射电星体徐徐自地平线升起时，检测器测出一系列信号强度的极大与极小，当第一个极大出现时，射电星体相对地平线的仰角为多少？

5.8　如习题 5.8 图所示，波长为 λ，在 xOz 平面沿 z 轴方向传播的平面波，与源点(C)在 z 轴上，距坐标原点为 a，波长也是 λ 的球面波在 z=0 平面相遇，发生干涉. 设球面波在源点 C 处与平面波在坐标原点 O 处的初始相位均为零，在傍轴条件下求 z=0 平面上干涉条纹的形状和间距.

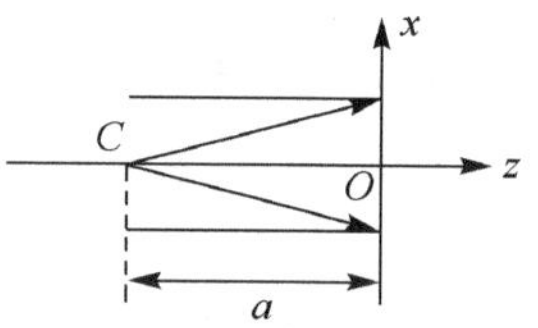

习题 5.8 图

5.9　瑞利干涉仪的结构和使用原理如图 5.12.2 所示，以钠光灯作为光源置于透镜 L_1 的物方焦点，在透镜 L_2 的像方焦平面上观测干涉条纹的变动. 在两个透镜之间安装一对完全相同的玻璃管 T_1 和 T_2，实验开始时 T_2 管充以空气，T_1 管抽成真空，此时开始观测干涉条纹. 然后逐渐使空气进入 T_1 管，直到它与 T_2 管的气压相同为止. 记下这一过程中条纹移动的数目. 设光波长为 589.3nm，管长 20m，条纹移动 98 条，求空气的折射率.

5.10　如习题 5.10 图所示，将焦距为 50cm 的薄透镜切去宽为 a 的中央部分，再将剩余的两部分粘合起来. 在 MN 轴上透镜左侧置一波长为 600nm 的单色点光源，右侧置一垂直于 MN 的观察屏，屏上有条纹间距为 0.5mm 的干涉条纹出现，且当屏沿 MN 方向左右移动时条纹间距不发生变化. 试求 a.

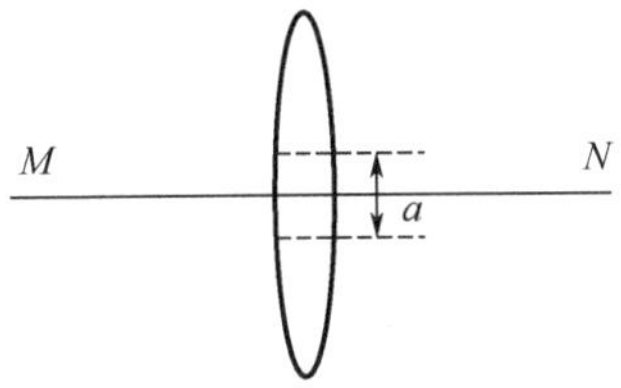

习题 5.10 图

5.11　在习题 5.10 所述的装置中，设透镜抛切前直径为 6cm，问：屏在什么位置时干涉条纹消失？屏在什么位置时干涉条纹数目最多？这时条纹数目等于多少？

5.12　菲涅耳双面镜的夹角为 1.0×10^{-3}rad，缝光源和观察屏到双面镜交线的距离分别为 0.5m 和 1.5m，光波长为 500nm，

(1) 试求观察屏上的条纹间距；

(2) 最多可以看到多少条亮纹.

5.13　在菲涅耳双棱镜实验中，双棱镜到缝光源和观察屏的距离分别为 60cm 和 120cm，已知棱镜材料折射率为 1.5，光波长为 589.0nm，在观察屏上用显微镜在每毫米宽度中能看到 5 对亮暗条纹. 求：

(1) 双棱镜的顶角；

(2) 屏幕上能看到条纹的区域宽度.

5.14　在劳埃德镜实验中，点光源在平面镜上方 2mm 处，平面镜位于光源和观察屏正中间，镜长为 40cm，屏到光源的距离为 1.5m，光波长为 500nm，求：

(1) 干涉条纹间距；

(2) 屏上干涉条纹的范围；

(3) 干涉条纹数目.

5.15　在梅斯林实验中，将透镜对刨后再沿光轴方向将两半透镜 L_1 和 L_2 错开一定距离，光点 S 位于光轴上，S_1 和 S_2 是它的像，如习题 5.15 图所示.

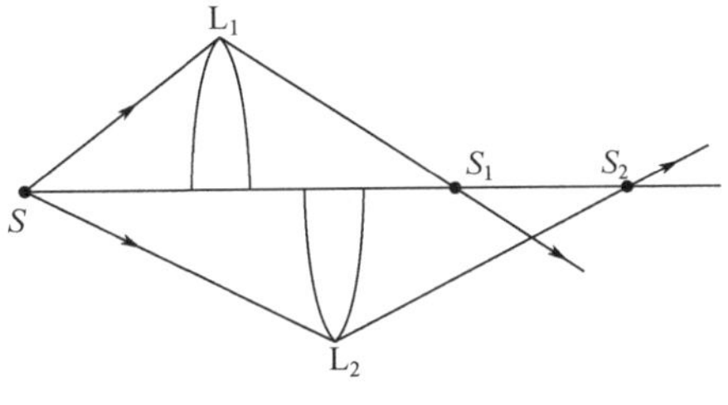

习题 5.15 图

(1) 在图上标出相干光束的交叠区；

(2) 在交叠区中放一屏幕垂直于光轴，屏幕上干涉条纹的形状是怎样的？

(3) 设透镜焦距为 30cm，S 与 L_1 的距离为 60cm，L_1 与 L_2 的距离为 8cm，光波长为 500nm，两像间的中点距离透镜 L_2 多远？在此放一屏幕，其上接收到的亮纹间距为多少？

5.16　在杨氏双缝干涉实验中，面光源发出波长 $\lambda=632.8$nm 的单色光，双缝屏

位于光源后 1m 处，缝距为 2mm，试求光源的临界宽度.

5.17　杨氏双缝干涉实验中线光源所发光波的平均波长为 $\lambda=600\,\text{nm}$，光谱范围 $\Delta\lambda=10\,\text{nm}$，$d$=1mm，$r_0$=1m，求：

(1) 屏幕上能看到条纹的区域宽度；

(2) 此区域一共有多少条纹？

5.18　用钠光灯做杨氏双缝干涉实验，光源宽度被限制为 2mm，带双缝的屏离缝光源 2.5m，为了在幕上获得可见的干涉条纹，双缝间隔不能大于多少？

5.19　迈克耳孙曾用镉(Cd)红线(λ=643.8nm)进行干涉实验，发现其相干长度可达 30cm，计算该谱线的宽度 $\Delta\lambda$、$\Delta\nu$ 以及相干时间 Δt.

5.20　白光垂直照射置于空气中厚度为 0.50μm 的玻璃片，玻璃片的折射率为 1.50，在可见光(400～760nm)范围内哪些波长的反射光有最大限度的增强？

5.21　在折射率 n=1.50 的玻璃上，镀上 $n'=1.35$ 的透明介质膜，当用白光垂直于介质膜表面入射时，观察反射光的干涉图样，发现 λ_1=600 nm 的光波干涉相消，λ_2=700 nm 的光波干涉相长，且在 600～700nm 没有其他的波长是最大限度相消或相长的情形. 求所镀介质膜的厚度.

5.22　如习题 5.22 图所示，利用空气劈尖测细丝直径，已知 λ=589.3nm，上下平面玻璃板长度 $L=2.888\times10^{-2}$m，测得 30 个条纹的总宽度为 4.295×10^{-3}m，求细丝直径 d.

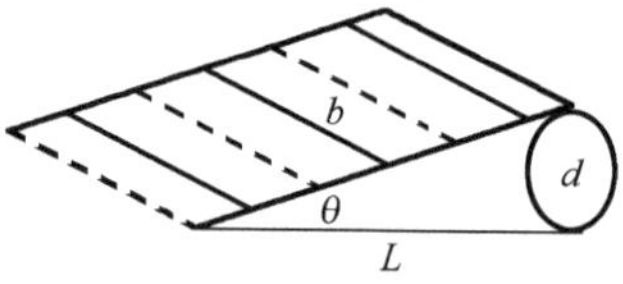

习题 5.22 图

5.23　白光正入射空气中的一个厚度为 380nm 的肥皂水(n=1.337)膜，求可见光在水膜正面反射最强的光波长及水膜背面透射最强的光波长. 如果水膜厚度远小于 38nm，情况又如何？

5.24　在楔形玻璃板上垂直入射波长为 589.3nm 的钠黄光，测得条纹间距为 5mm，已知玻璃的折射率为 1.52，求楔角大小.

5.25　为测工件表面的不平度，将一平晶放在工件上，使两者间形成空气楔，用波长 500nm 的光垂直照射，从正上方看干涉条纹向厚度增大的方向移动，如习题 5.25 图所示，试问：

(1) 不平处是凸起还是凹陷？

(2) 如果条纹间距 e=2mm，条纹的最大弯曲量 a=0.8mm，凸起的高度或凹陷的深度为多少？

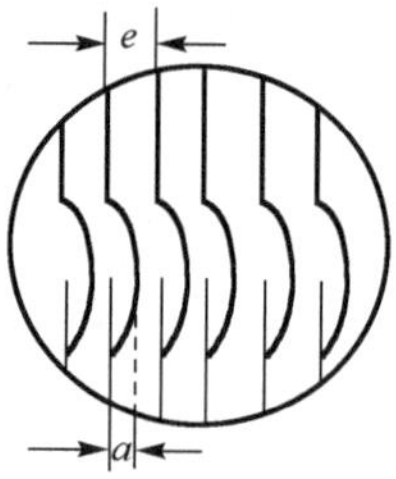

习题 5.25 图

5.26　利用平凸透镜和玻璃平板间的空气膜获得牛顿环，在反射光中观察. 第三个暗环半径为 1.1mm，光波长为 589.3nm，求：

(1) 透镜的曲率半径；

(2) 第三个明环的半径.

5.27　测得牛顿圈从中间数第五环和第十五环的半径分别为 0.7mm 和 1.7mm，

若光波长为 630nm，求透镜的曲率半径.

5.28　将一块平行平板玻璃放在双凸透镜的一个表面上，在纳光灯(λ=589.3nm)的反射光中观察牛顿环，测得第 20 级暗环半径 r_1=2mm，若将平板放在透镜的另一表面上，测得第 20 级暗环半径 r_2=4mm，已知板和透镜材料的折射率皆为 1.5，求该透镜的焦距.

5.29　将一个凸透镜放在一块平板上，利用这个装置在反射的蓝光(λ=450nm)中观察牛顿环，发现第三个明环半径等于 1.06mm，用红色滤光片代替蓝色滤光片后，测得第五个明环半径等于 1.77mm，试求透镜的曲率半径 R 和红光的波长.

5.30　使两个平凸透镜的凸面彼此接触，在反射光中观察牛顿环，若光波长为 λ，两个透镜的凸面的曲率半径分别为 R_1 和 R_2，求第 m 个暗环的半径 r_m.

5.31　用迈克耳孙干涉仪测量单色光的波长，若动臂反射镜移动 0.322mm，干涉条纹移过 1024 条，求所用光的波长.

5.32　用迈克耳孙干涉仪进行精密测长，光源为 632.8nm 的氦氖激光，其谱线宽度为 10^{-4}nm，整机接收(光电转换)灵敏度可达 1/10 个条纹，这台仪器的测长精度为多少？一次测长量程为多少?

5.33　在一次迈克耳孙干涉仪实验中，所用的最短标准具长度为 0.39mm，如用镉灯(λ=643.8nm)作光源，实验时所测得的条纹变动数目应是多少？

5.34　迈克耳孙干涉仪用中心波长为 643.847nm、线宽 $\Delta\lambda$=0.0013nm 的镉红光照明，初始位置两臂光程差为零，然后缓慢移动动臂反射镜，直到视场中干涉条纹消失，动臂反射镜移过了多少距离？它相当于多少个波长?

5.35　把折射率 n =1.38 的透明薄膜放入迈克耳孙干涉仪的一条光路中，观察到干涉条纹移动了 7 条. 若所用单色光的波长是 λ=589.3nm，求薄膜的厚度.

5.36　如习题 5.36 图所示装置称为图门(特外曼-格林)干涉仪，它是在迈克耳孙干涉仪一臂上用凸凹面反射镜 M_2 代替原平面镜 M_2，且调节光程 OO_1=OO_2，分束镜与水平方向成 45°，现以单色平行光入射.

(1) 在 E 处观察到的干涉图样是什么形状？试求出第 k 级明纹的位置.

(2) 当 M_1 朝 G 移动时，干涉条纹如何变化？

5.37　如习题 5.37 图所示，设 n_2=1.5，周围介质 n_1=1，入射光强度为 1 个单位，入射角 i≈0，计算：

(1) 反射光束 1、2、3 和透射光束 1′、2′、3′的相对强度；

(2) 光束 1、2 干涉时条纹的可见度；

(3) 光束 1′、2′干涉时条纹的可见度.

5.38　法布里-珀罗标准具的两平面镜的间距为 5cm，以光波长为 500nm 的面光源做实验，试问干涉图样中心的干涉级次为多少？

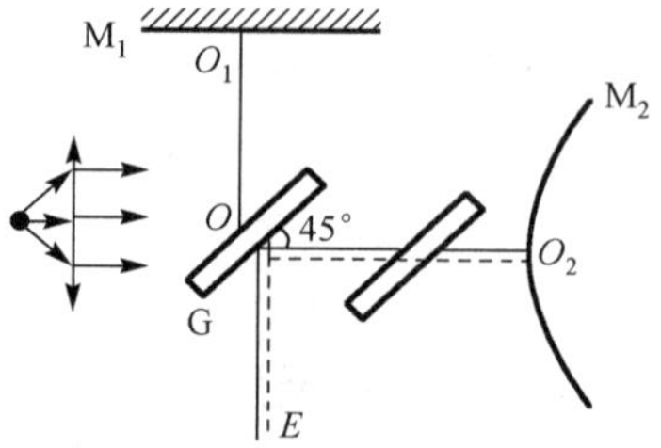

习题 5.36 图

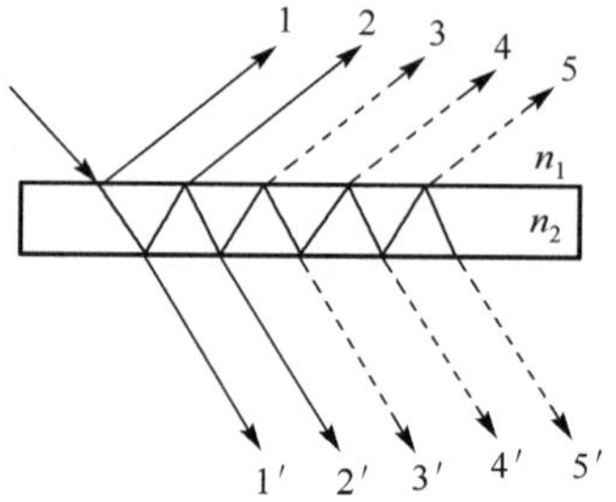

习题 5.37 图

5.39　法布里-珀罗干涉仪两个反射镜间隔为 1.00cm，在波长为 λ=500nm 的光波照明下，视场中心正好是一亮点，求第二十个亮环的角半径.

第6章　光的衍射

光的干涉是两束或多束相干光在空间相遇产生明暗相间的光强分布的现象，揭示了光的波动性. 而光的衍射是指光波遇到障碍物时，绕过障碍物传播的现象，是光的波动性的另一个重要表现. 本章根据光的衍射现象和部分典型的衍射实验来进一步揭示光的波动性，重点阐述衍射的理论基础(惠更斯-菲涅耳原理)、两种典型的光衍射(菲涅耳衍射和夫琅禾费衍射)以及衍射的应用.

6.1　光的衍射现象

6.1.1　菲涅耳的圆孔衍射实验

光的衍射和干涉一样都是光的波动性的体现. 历史上最早对光的衍射现象作记录的是意大利科学家格里马尔迪(F. M. Grimaldi，1618～1663)，1660 年他在一间黑暗房间的门上钻了一个小圆孔，让光透过小孔照射到墙上，在透过小孔的光束中，他立了一根直径为 d 的细木杆，这时墙上出现了一个奇妙的影子，这个影子中间是一条亮条纹，宽度竟然比细杆宽得多，而且在它周围还出现了几个亮条纹，如图 6.1.1 所示. 这个现象与几何光学中光的直线传播定律是矛盾的，格里马尔迪根据水波的衍射，把这种现象称为**光的衍射**.

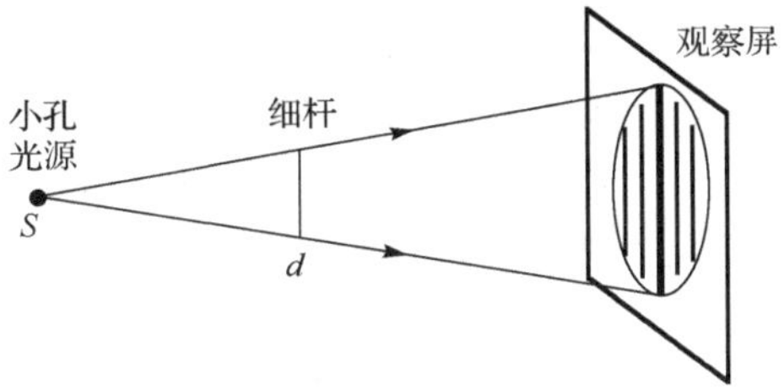

图 6.1.1　光的衍射现象

1818 年，在法国巴黎举行了一场光的衍射大赛. 法国物理学家菲涅耳让单色点光源 S 发出的光波通过半径为 ρ 且连续可调的小圆孔后照射到观察屏上. 实验发现：当圆孔半径 ρ 较大时，观察屏上出现了均匀照明的圆形亮斑，光斑的大小为圆孔的几何投影，这与光的直线传播现象相一致，如图 6.1.2(a)所示；随着圆孔半径 ρ 变小，亮斑也越来越小. 当圆孔半径 ρ 小到一定程度时，屏幕中心的亮斑不但不再变小，反而又变大了，屏上的光斑逐渐扩展、弥漫，光强分布不均匀，呈现出明暗相间的同心圆环，且圆环中心时亮时暗，如图 6.1.2(b)所示. 这个实验证明光可以绕过圆孔的边缘向周围扩展，这就是光的衍射.

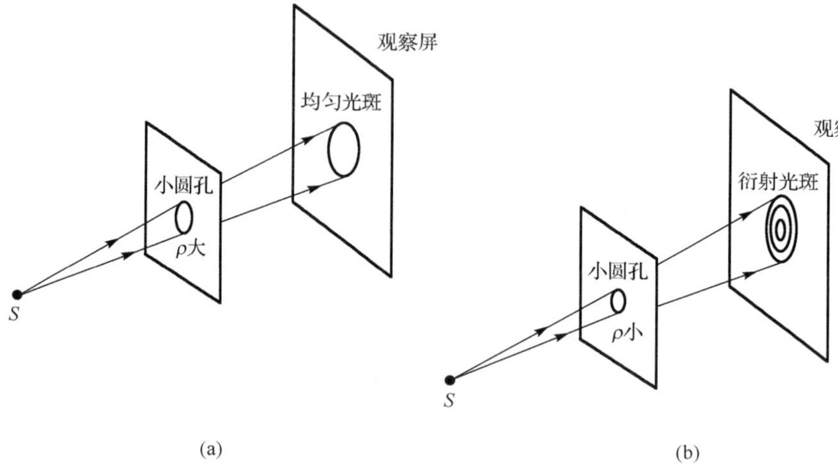

图 6.1.2　小孔衍射

后来人们通过多种手段和方法，对光的衍射现象进行了深入全面的研究，最终定义：**光波绕过障碍物偏离原直线传播方向，发生光强不均匀分布的现象，称为光的衍射**.

若用一束激光照射宽度 h 连续可调的狭缝，并在数米外放置接收屏，也可得到衍射图样，如图 6.1.3 所示. 当 h 足够宽(h 远大于光波波长)时，狭缝对入射光束的波面未加限制，则观察屏上呈现出一个与狭缝平行且有一定宽度的亮纹，这是入射光束直线传播的结果，衍射效应不明显(或者说衍射效应可以忽略)；若逐渐减小缝宽 h，使之从两侧对入射光束的波面加以限制，当缝宽 h 与光波波长相近时，则观察屏上的亮纹将沿与狭缝正交的方向扩展，同时出现明暗相间的衍射图样. 其中，中央亮纹强度最大(ab 表示屏上光斑的宽度)，两侧亮纹的强度依次递减，衍射效应明显，狭缝 h 越窄，对入射光束波面的限制越厉害，则衍射图样越扩展，衍射效应越显著. 若转动上述实验中狭缝的取向，则衍射图样也随之转动，其扩展方向总保持与缝的方向正交. 若把狭缝换成矩形孔，则屏上的衍射花样沿正交方向展开. 综上所述，光的衍射现象有如下规律.

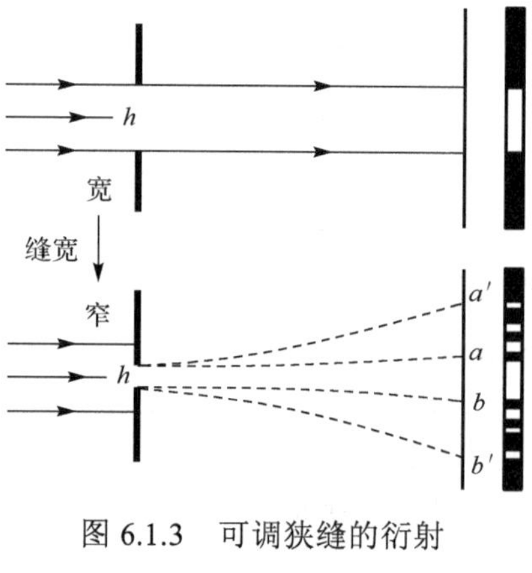

图 6.1.3　可调狭缝的衍射

(1) **光在均匀的自由空间传播时，因光波波面未受到限制，所以光沿直线传播；当遇到障碍物时，光波波面受限，光强扩展、弥漫、分**

布不均并偏离直线传播而出现衍射现象.

(2) **光波波面受限越严重，衍射图样扩展越显著；光波波面在哪个方向受限，衍射图样就在哪个方向扩展.**

(3) 衍射现象的出现与否还取决于障碍物的线度和波长的相对大小，只有**障碍物的线度和波长可以比拟时，衍射现象才明显地表现出来**.

衍射现象和特点

现代科技证明，天上有时看到的日晕和月晕，就是光通过与其波长相近的大气层中的水分子时形成的衍射现象.

6.1.2　光衍射的类型

光的衍射实验系统由光源、衍射屏(障碍物)和接收屏组成. 通常按它们之间的距离将衍射分为两类：一类是光源和接收屏(或二者之一)距衍射屏有限远，这类衍射称为**近场衍射**(或**菲涅耳衍射**)，如图 6.1.4(a)所示；另一类是光源和接收屏都距衍射屏无穷远，这类衍射称为**远场衍射**(或**夫琅禾费衍射**)，如图 6.1.4(b)所示. 菲涅耳衍射的特点是容易观察，照射到衍射屏上的入射波面和离开衍射屏的出射波面都(或其中之一)不是平面波，相应的光线(或其中之一)不是平行光；夫琅禾费衍射的入射光是平行光，出射光也是射向不同方向的平行光. 菲涅耳衍射是普遍的，夫琅禾费衍射则是菲涅耳衍射的极限情况. 显然，后者在数学处理上比较方便.

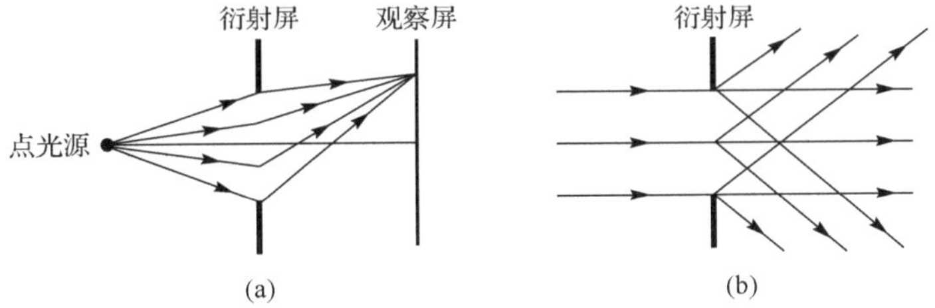

图 6.1.4　近场衍射和远场衍射

6.2　惠更斯-菲涅耳原理

为什么光遇到障碍物会绕弯且发生光强分布不均匀的现象？它的原理是什么？惠更斯-菲涅耳原理回答了这些疑问，它是处理光衍射问题的理论基础.

6.2.1　惠更斯原理及其局限性

任何一个光学系统都是一个有边界的光波场传输系统，因而都存在衍射现象. 为了说明光在介质中传播的规律，荷兰物理学家惠更斯在 1678 年提出了一个假说：**任何时刻波面上的每一点都可作为子波波源，各自发射球面子波，在以后的任何时刻，所有这些子波波面的包络面形成整个波在该时刻的新波面；两个波面的空间间隔等于波的传播速度与传播时间间隔的乘积**. 这个假说后来被称为**惠更斯原理**.

惠更斯原理的价值是子波的假说. 根据子波发生的原理，通过几何作图法，可以从某一时刻已知的波面位置求出后一时刻的波面位置，从而确定波的传播方向. 所以惠更斯原理很好地说明了光的直线传播，还可导出光的反射定律和折射定律，解释光的色散和晶体中光的双折射现象，对光的衍射现象也能作出一定程度的定性说明.

光的直线传播现象如图 6.2.1 所示，在各向同性的均匀介质中若无障碍物，光是沿直线传播的. 如图 6.2.1(a)所示，平面波任一波面上，各点发出的次级子波的包络面仍为平面，箭头表示直线传播方向；如图 6.2.1(b)所示，球面波上各点发出的球面子波的包络面仍然是球面.

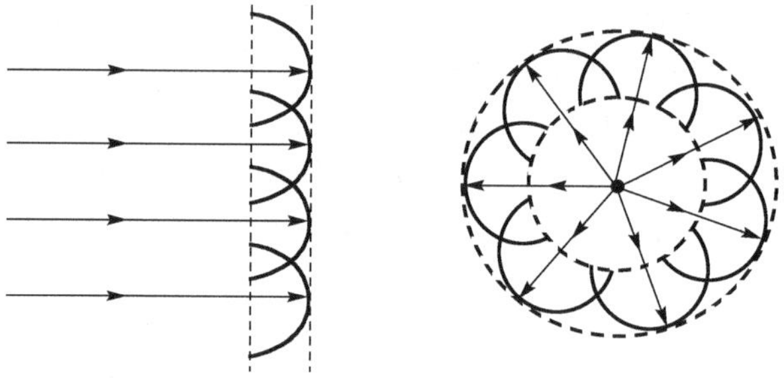

(a) 平面波的直线传播　　(b) 球面波的直线传播

图 6.2.1　惠更斯原理图

当光遇到障碍物(衍射屏)时，光的波面受到限制，露出部分的波面上的每个点可看作子波波源，这些子波波源发出球面波，从而出现光绕弯且发生光强分布不均匀的现象，即出现了衍射，如图 6.2.2 所示.

一束平行光 AC 斜入射到两种介质($n_1<n_2$)的界面上发生反射和折射，如图 6.2.3 所示. 过 A 点作 $AB\perp BC$，则 A 点和 B 点具有相同的相位. 由惠更斯原理，A、B 作为子波波源发射球面子波，经时间 Δt 后，B 点发射的子波到达界面处 C 点，则 $\overline{BC}=v_1\cdot\Delta t$（$v_1$ 为光在折射率为 n_1 的介质中的传播速度）；同时，A 点发射的子波在 Δt 时间内到达 D 点，则 $\overline{AD}=v_2\cdot\Delta t$（$v_2$ 为光在折射率为 n_2 的介质中的传播速度），由几何关系可知

$$\sin i_1=\frac{\overline{BC}}{\overline{AC}}=\frac{v_1\Delta t}{\overline{AC}},\qquad \sin i_2=\frac{\overline{AD}}{\overline{AC}}=\frac{v_2\Delta t}{\overline{AC}}$$

$$\frac{\sin i_1}{\sin i_2}=\frac{n_2}{n_1} \tag{6.2.1}$$

此即光的折射定律，同样可证光的反射定律. 对于光的双折射现象将在第 7 章讨论.

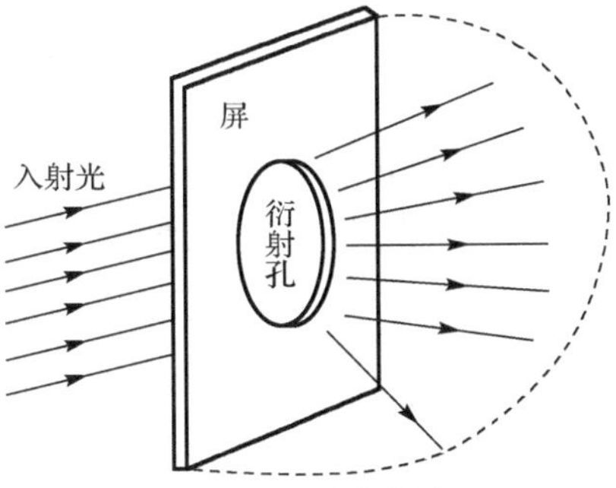

图 6.2.2　光波的绕射

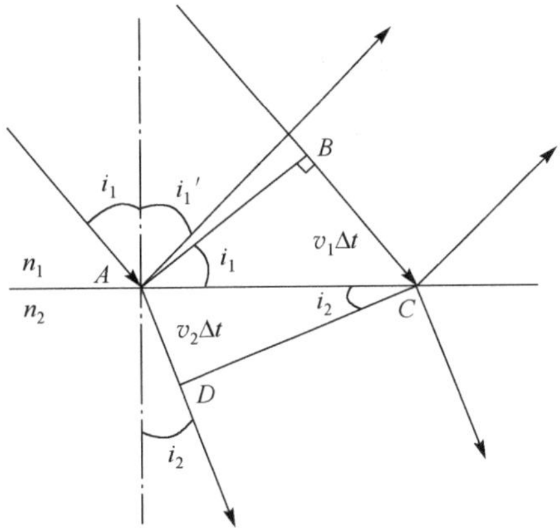

图 6.2.3　反射和折射定律

惠更斯原理的**局限性在于它没有涉及波的时空周期性，比如波长、频率、振幅和相位等信息**，虽然能说明波在障碍物后面偏离直线传播的现象，但实际上，光的衍射现象要复杂得多，例如，明暗相间的条纹出现，表明各点的振幅大小不等，对此惠更斯原理无法解释，而且根据惠更斯原理的描述，会有倒退波，显然这是谬误的. 因此必须能够定量计算光所到达的空间范围内任何一点的振幅和相位，才能更精确地解释衍射现象.

利用惠更斯原理解释光的反射定律和折射定律

6.2.2　惠更斯-菲涅耳原理

1818 年，菲涅耳通过研究惠更斯原理，结合光的干涉特点，认为惠更斯原理中的子波来自同一光源，它们应该是相干光，于是提出了**“子波相干叠加”**，同时给出了描述光波基本特征(振幅和相位)的定量表示式，还利用倾斜因子来说明子波不能向后倒退传播，从而建立了惠更斯-菲涅耳原理.

惠更斯-菲涅耳原理可表述为：**任何时刻波面上的每一点都可作为子波波源，各自发射球面子波，波前方空间任一点的光振动，是所有子波在该点相干叠加的结果.**

利用惠更斯-菲涅耳原理，可以定量描述光的衍射问题. 方法是把某时刻的波阵面 Σ 分成无限多个面元 $\mathrm{d}\Sigma$，构成无限多个子波源；空间任一 P 点的光振动就是所有面元 $\mathrm{d}\Sigma$ 发出的子波在该点的相干叠加，如图 6.2.4 所示.

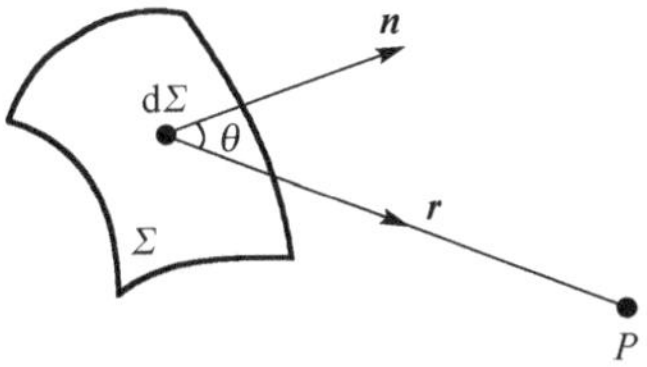

图 6.2.4　惠更斯-菲涅耳原理

对于每一个面元 $d\Sigma$ 发出的子波在 P 点的振幅和相位，满足如下四个假设.

(1)在波动理论中，波面是一个等相位面，因而可以认为面元 $d\Sigma$ 上各点发出的所有次波都有相同的初相位(可设初相位 $\varphi_0=0$).

(2)面元 $d\Sigma$ 在 P 点引起光振动的振幅与面元到 P 点的距离 r 成反比，即面元 $d\Sigma$ 上各点所发出的次波是球面波.

(3)面元 $d\Sigma$ 在 P 点引起光振动的振幅与面元的大小成正比，同时还与面元法向 $\boldsymbol{n}$ 和 $\boldsymbol{r}$ 的夹角 θ 有关，θ 越大，振幅越小.

(4)面元 $d\Sigma$ 在 P 点引起光振动的相位由光程 $\delta=nr$ 决定，即 $\varphi_P = 2\pi nr/\lambda$.

若面元 $d\Sigma$ 发出的球面次波的振幅为 $E(Q)$，则 $d\Sigma$ 在 P 点引起的光振动可表示为

$$dE_P=C\frac{E(Q)\cdot K(\theta)}{r}\cos\left(\omega t-\frac{2\pi nr}{\lambda}\right)d\Sigma \tag{6.2.2}$$

式中，C 为比例系数；$K(\theta)$ 是随 θ 增大而缓慢减小的函数，称为**倾斜因子**. 那么波阵面 Σ 在空间任一点 P 引起的光振动即为

$$E_P=C\oint_{\Sigma}\frac{E(Q)\cdot K(\theta)}{r}\cos\left(\omega t-\frac{2\pi nr}{\lambda}\right)d\Sigma \tag{6.2.3}$$

这就是惠更斯-菲涅耳原理的数学表达式，称为**菲涅耳衍射积分公式**.

惠更斯-菲涅耳原理的意义在于解开了衍射问题的实质是无数子波的干涉叠加，但是这个积分一般说来是十分复杂的，只能对简单的 $K(\theta)$ 和 $d\Sigma$ 函数才能求出结果，例如，在 $K(\theta)$ 和 $d\Sigma$ 为常量的简单情况下，可用它计算单缝衍射的光强分布；通常是根据惠更斯-菲涅耳原理所表述的物理思想，采用相对简单的半波带法和振幅矢量图解法求出近似的解(详见 6.3 节).

6.2.3　菲涅耳-基尔霍夫衍射积分公式

惠更斯-菲涅耳原理最初是作为假设提出来的，只凭朴素的直觉，而无严格的理论证明，所以它还存在一些问题：其一是按照式(6.2.3)积分所得 P 点光振动的相位比实际相位落后 $\pi/2$；其二是没有给出常数 C 和倾斜因子 $K(\theta)$ 的具体表达式，因而式(6.2.3)衍射积分常常无法求解；其三是为了说明子波不会向后倒退传播，假设 $\theta=0$ 时 $K(\theta)=1$，而 $\theta\geqslant\pi/2$ 时 $K(\theta)=0$，这是在原理之外的附加条件. 所以菲涅耳衍射积分式还是粗糙、不精确、不严密的原理式.

1882 年，德国物理学家基尔霍夫(G. R. Kirchhoff，1824～1887)利用光的电磁理论证明了菲涅耳的假设基本是正确的. 他根据标量波动微分方程，利用场论中的格林公式，再加上一些边界条件，得出单色点光源 S 发出的球面波照射具有开孔 Σ_0 的衍射屏后，衍射场中任一点 P 的光振动为

$$\tilde{E}_P = \frac{1}{\mathrm{i}\lambda} \oint_{\Sigma_0} \tilde{E}_Q \frac{\mathrm{e}^{\mathrm{i}kr}}{r} \frac{\cos\theta_0 + \cos\theta}{2} \mathrm{d}\Sigma \tag{6.2.4}$$

式(6.2.4)称为**菲涅耳-基尔霍夫衍射积分公式**，式中，θ_0 和 θ 分别为矢径 $\overrightarrow{SQ}$ 和 $\overrightarrow{QP}$ 与面元 $\mathrm{d}\Sigma$ 法线之间的夹角，如图 6.2.5 所示. 基尔霍夫严格地推导出了菲涅耳积分式中的比例常数 C 和倾斜因子 $K(\theta)$ 的数学表达式

$$C = \frac{1}{\mathrm{i}\lambda} = -\frac{\mathrm{i}}{\lambda} = \frac{\mathrm{e}^{-\mathrm{i}\frac{\pi}{2}}}{\lambda} \tag{6.2.5}$$

$$K(\theta_0, \theta) = \frac{1}{2}(\cos\theta_0 + \cos\theta) \tag{6.2.6}$$

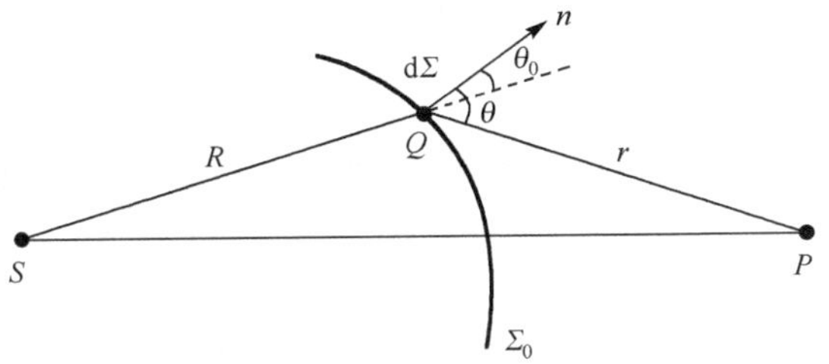

图 6.2.5　点光源 S 对衍射场中 P 点的作用

由此可知，子波在各个方向上的振幅是不相等的. 当 $\theta_0 = 0$ 时，$K(0,\theta) = \frac{1}{2}(1+\cos\theta)$，当 $0 \leqslant \theta \leqslant \pi$ 时，$1 \geqslant K(\theta) \geqslant 0$，即沿法线方向的振幅最大，反方向的振幅为 0，从而严格地否定了倒退波的存在，同时还指出了菲涅耳的假设 $\theta = 0$ 时 $K(\theta) = 1$ 是正确的，而 $\theta \geqslant \pi/2$ 时 $K(\theta) = 0$ 是不正确的.

基尔霍夫衍射理论克服了惠更斯-菲涅耳原理所存在的问题，使得积分式完全可解. 但在推导式(6.2.4)时所使用的边界条件**只有在源点和场点到衍射屏的距离远大于光波波长，以及衍射孔的线度 D 也远大于光波波长的情况下**($R \gg \lambda$，$r \gg \lambda$，$D \gg \lambda$)**才近似成立**，这是对菲涅耳-基尔霍夫衍射积分公式适用范围的限制条件，不过这种条件在一般的光波衍射问题中都是满足的. 基尔霍夫衍射理论进一步充实了惠更斯-菲涅耳原理，但还存在着不自洽的问题，严格的衍射理论是电磁场的矢量波理论，限于普通物理的范围不再讨论.

6.2.4　屏函数

通常人们把光波在衍射屏以前的光场称为**入射场**，光波通过衍射屏以后的光场称为**衍射场**，一般情况下入射场是均匀场，衍射场是比较复杂的非均匀场. 衍射屏的作用在于引起了衍射场中光波复振幅分布的改变.

在衍射屏上建立一个 xOy 二维坐标系，以 $\tilde{E}_i(x,y)$ 和 $\tilde{E}_j(x,y)$ 分别表示紧贴衍射屏前后两侧的入射场和衍射场的复振幅分布，则衍射屏的作用可用屏函数 $\tilde{T}(x,y)$ 表示

$$\tilde{T}(x,y)=\frac{\tilde{E}_j(x,y)}{\tilde{E}_i(x,y)} \tag{6.2.7}$$

一般情况下，屏函数 $\tilde{T}(x,y)$ 是复函数，实际是衍射屏的复振幅透射比，它的模改变光场的振幅，它的辐角改变光场的相位. $\tilde{T}(x,y)$ 的辐角为常数的衍射屏为**振幅型衍射屏，比如狭缝或细丝**；$\tilde{T}(x,y)$ 的模为常数的衍射屏为**相位型衍射屏，比如透镜、相位波带片、相位光栅等**.

开孔或遮光屏的屏函数(透射比)可表示为

$$\tilde{T}(x,y)=\begin{cases}1 & (\text{透光部分})\\ 0 & (\text{遮光部分})\end{cases}$$

6.3 菲涅耳半波带法和振幅矢量图解法

菲涅耳-基尔霍夫衍射积分公式是解决衍射的基本理论公式,但是计算过程十分复杂，严格求解不易. 在某衍射屏具有对称性的情况下，用代数加法或矢量加法代替积分运算可以十分方便地对衍射现象进行定性或半定量的分析解释. 本节将主要讨论菲涅耳半波带法和振幅矢量图解法处理菲涅耳圆孔和圆屏衍射问题.

6.3.1 菲涅耳半波带法

有一点光源发出球面波，通过一半径为 R_h 的衍射孔发生衍射，如图 6.3.1 所示，取以点光源 O 为中心、半径为 R 的球面(等相面)为波前 Σ. 设 P 为其衍射光场中任一点，波前 Σ 与 OP 的交点为 B_0，称为波面的**极点**，令 $B_0P=r_0$，以 P 为圆心，分别以 $r_0+\lambda/2$，$r_0+\lambda$，…，$r_0+n\lambda/2$ 为半径在波前 Σ 上画圆，将波前分露出衍射孔的部分划分为一系列环形带. 由于这些环形带相邻带的边缘点 B_0，B_1，B_2，…，B_n 到 P 点的光程都

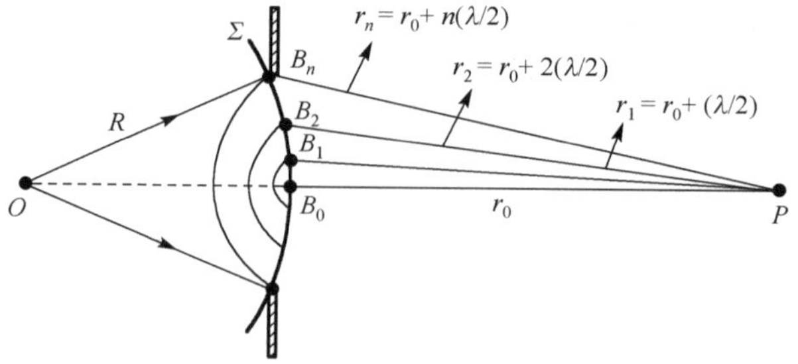

图 6.3.1 菲涅耳半波带法衍射图

是相差半个波长，相邻半波带贡献的复振幅中相位差为 π，这样分成的环带称为**菲涅耳半波带**.

根据惠更斯-菲涅耳原理，点光源 O 在 P 点产生的光振动，就是波前 Σ 上所有半波带发出的子波在 P 点所产生光振动的相干叠加. 设第 k 个半波带所发出子波到达 P 点时的振幅为

$$a_k \propto K(\theta_k)\frac{\Delta S_k}{r_k} \quad (k=1,2,3,\cdots)$$

式中，ΔS_k 为第 k 个半波带的面积；r_k 是它到 P 点的距离；$K(\theta_k)$ 为相应的倾斜因子.

现求图 6.3.2 所示的球冠面积

$$S = 2\pi R^2(1-\cos\varphi)$$

在 $\triangle OPB_k$ 中，由余弦定理可得

$$\cos\varphi = \frac{R^2+(R+r_0)^2-r_k^2}{2R(R+r_0)}$$

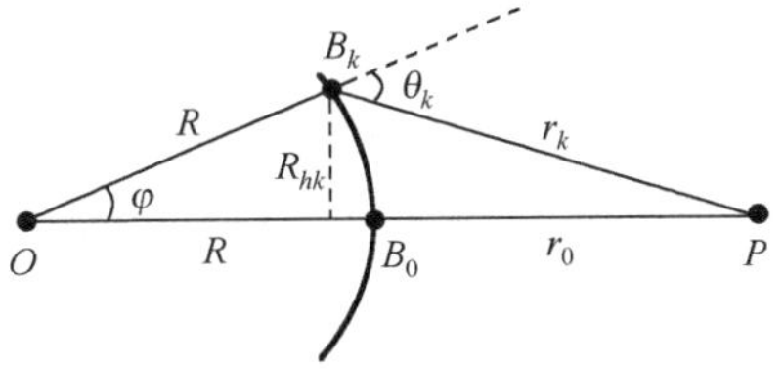

图 6.3.2　半波带面积计算

对以上两式分别取微分得

$$dS = 2\pi R^2 \sin\varphi d\varphi, \quad \sin\varphi d\varphi = \frac{r_k dr_k}{R(R+r_0)}$$

则有

$$\frac{dS}{r_k} = \frac{2\pi R dr_k}{R+r_0}$$

因 $\lambda \ll r_k$，可把上式中的微分 dr_k 看成相邻半波带到 P 点距离的差值 $\lambda/2$，dS 看作半波带的面积 ΔS_k，于是得

$$\frac{\Delta S}{r_k} = \frac{\pi R\lambda}{R+r_0} \tag{6.3.1}$$

可见 $\Delta S_k/r_k$ 与 k 无关，即对每个半波带都相同，这样影响子波振幅 a_k 大小的因素只剩下倾斜因子 $K(\theta)$ 了. 从一个半波带到与之相邻的下个半波带，θ_k 值变化甚微，所以 $K(\theta_k)$ 和 a_k 随 k 的增加而缓慢地减小，即有 $a_1 > a_2 > a_3 \cdots$.

由于相邻半波带上的相应点到 P 点的光程差为 $\lambda/2$，它们所发出的子波到 P 点的相位差为 π，因此，相邻半波带的子波在 P 点的振动方向相反(干涉相消)，若把一个半波带的子波在 P 点产生的振动看作正，则其相邻半波带的子波在 P 点产生的振动为负，这样各个半波带的子波在 P 点产生的合振幅为

$$A_P = a_1 - a_2 + a_3 - a_4 + \cdots + (-1)^{k+1}a_k \tag{6.3.2}$$

由于各半波带在 P 点的振幅大小是缓慢地单调下降，因此近似地有

$$a_2 = \frac{a_1}{2} + \frac{a_3}{2}, \quad a_4 = \frac{a_3}{2} + \frac{a_5}{2}, \quad \cdots, \quad a_k = \frac{a_{k-1}}{2} + \frac{a_{k+1}}{2}$$

代入式(6.3.2)，各项加减交替，相互抵消后，P 点的合振幅为

$$A_P = \frac{a_1}{2} + (-1)^{k+1}\frac{a_k}{2} \tag{6.3.3}$$

对自由空间传播的球面波，波面为无限大，$K(\theta_k) \to 0$，从而 $a_k \to 0$，则对于给定轴线上的任一点 P 的振幅为

$$A_P = \frac{a_1}{2} \tag{6.3.4}$$

即球面波自由传播时，每个球面波上各次波波源在 P 点产生的合振动等于第一个半波带在 P 点振幅的一半，其强度为它的 1/4

$$I_P = {A_P}^2 = \frac{1}{4}{a_1}^2 \tag{6.3.5}$$

6.3.2　振幅矢量图解法

1. 半波带振幅矢量图

各半波带在 P 点引起的振动可以用上下交替的矢量来表示，如图 6.3.3 所示. 由于相邻半波带相位差为 π，为了便于观察，在图中将各矢量彼此左右错开. 设矢量 $\boldsymbol{a}_1$ 为正方向，起点在某一水平基线上，长短表示振幅大小，则 $a_2 < a_1$ 且为负方向；其余各矢量的方向正负相间，起点都与前一矢量的终点等高，随 k 的增加而缓慢地减小. 从基线指向最末一矢量 $\boldsymbol{a}_k$ 终点的 $\boldsymbol{A}_P$ 即为合振动的振幅矢量.

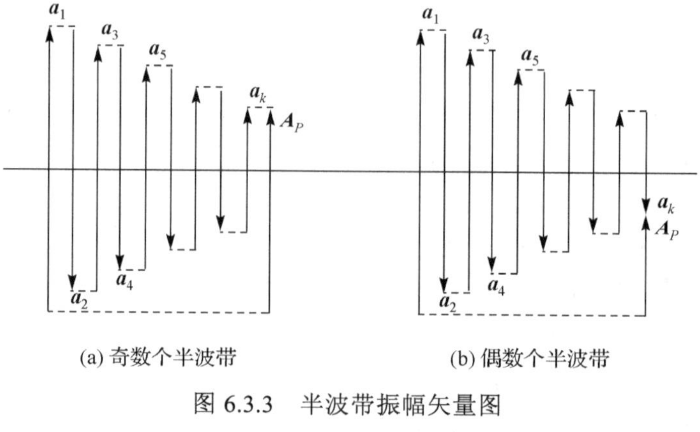

图 6.3.3　半波带振幅矢量图

图 6.3.3(a) 为奇数个半波带，a_k 取正号，表示合振幅等于第一个半波带与第 k 个

半波带振幅之和的一半，$A_P=\frac{a_1}{2}+\frac{a_k}{2}$；图 6.3.3(b)为偶数个半波带，$a_k$ 取负号，表示合振幅等于第一个半波带与第 k 个半波带振幅之差的一半，$A_P=\frac{a_1}{2}-\frac{a_k}{2}$.

2. 多边形振幅矢量合成图

应该说，把波面分成半波带是不够精细的，特别是当波面包含的不是整数半波带时，再用半波带法来处理就困难了. 这时可以将半波带进一步细分，如将一个半波带分成 m 个小环带，则相邻小环带到 P 点的光程差 $\delta=\lambda/(2m)$，对应的相位差 $\Delta\varphi=\pi/m$. 若暂不考虑倾斜因子的影响，则各个小环带在 P 点产生的振幅近似相等. 将 m 个小环带在 P 点产生的振幅矢量首尾相接，并且每个依次转过 $\Delta\varphi_i=\pi/m$ 的角度，如图 6.3.4 所示.

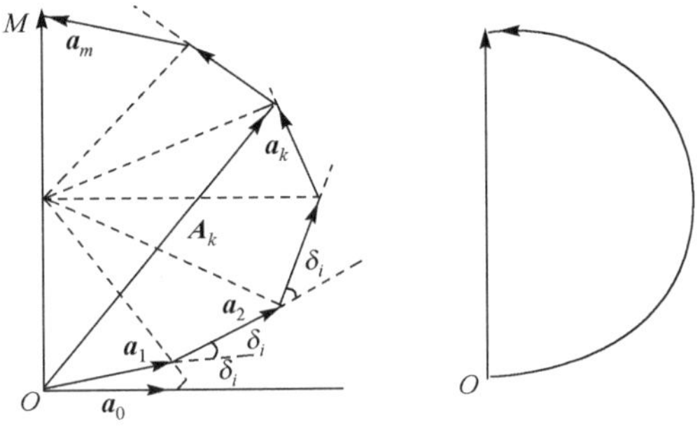

(a) m有限　　　　(b) $m\to\infty$

图 6.3.4　多边形振幅矢量合成图

若 m 为有限值，矢量图为半个正多边形，在 $\boldsymbol{a}_k$ 处表示有 k 个小环带的振幅矢量叠加，其合成振幅为 A_k，如图 6.3.4(a)所示；若 $m\to\infty$，半个正多边形过渡到半圆，如图 6.3.4(b)所示. 其余半波带的次波振幅矢量图可同样画出，即在图 6.3.4(b)上增添一个又一个半圆. 再考虑倾斜因子的影响，则半圆的半径将逐个收缩，形成图 6.3.5 所示的螺旋线.

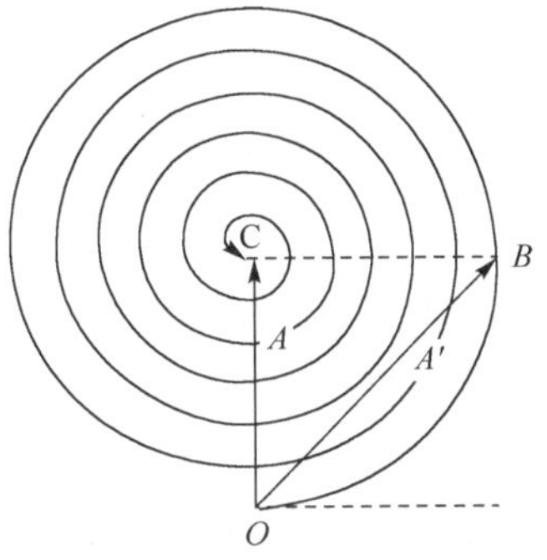

图 6.3.5　无遮挡波面矢量图

由图 6.3.5 可知，若波面不受限制(即没有障碍物，光在空间自由传播)，螺旋线要一直旋绕到半径趋于零为止，最后到达圆心 C，由 O 到 C 的矢量 $\boldsymbol{A}$ 即为整个波面在 P 点产生的振幅矢量，它的大小为第一个半波带在 P 点产生的振幅 a_1 的一半，即 $A=a_1/2$；若求所包含的1/2个半波带的子波在 P 点

产生的振幅 A'，这时波面边缘和中心到 P 点的光程差为 $\lambda/4$，相位差为 $\pi/2$，矢量图中的 $\overline{OB}$ 为合振幅的大小 A'，即 $A'=\overline{OB}=\sqrt{2}A$，此时 P 点的光强应为自由传播时的 2 倍，即 $I'=A'^2=2A^2=2I$.

菲涅耳半波带法和振幅矢量图解法是分析衍射问题的基本方法，与惠更斯-菲涅耳积分公式比较，具有简便和直观的特点，这些方法都是依据惠更斯-菲涅耳原理得出的，用它解决衍射问题与用惠更斯-菲涅耳原理处理衍射问题是等效的.

要特别指出，振幅矢量是用一个矢量来表示光振动的振幅和相位，仅适用于频率相同、振动方向相同的光振动的叠加，不可任意推广到其他情况. 振幅矢量的方向不同，仅表示光振动的相位不同，绝不是振动的方向不同. 另外，由图 6.3.5 可看出，OC 与螺旋线在 O 点的切线垂直，这意味着图解法所得 P 点合振动的相位较波带中心 O 处发出的子波在 P 点的相位滞后 $\pi/2$，而在自由传播的情况下，P 点实际的相位与 O 处发出的子波在 P 点的相位相同，这 $\pi/2$ 的差异正是惠更斯-菲涅耳原理的不完美造成的.

6.4 菲涅耳衍射

菲涅耳衍射是近场衍射，可用菲涅耳半波带法和振幅矢量图解法来处理圆孔、圆屏、波带片、直边和单缝的菲涅耳衍射问题.

6.4.1 菲涅耳圆孔衍射

1. 实验装置

用单色点光源发出的光(或激光)近场照射在一个带有小圆孔的衍射屏上，并在距衍射屏 1～2m 处放置一接收屏，可观察到菲涅耳圆孔衍射图样，如图 6.1.2 所示. 若小圆孔的大小和位置不变，而前后移动接收屏，可看到接收屏上衍射圆环中心亮暗交替地变化.

2. 衍射屏被分成的半波带数目

下面用半波带法来分析菲涅耳圆孔衍射图样中心何时是亮斑，何时是暗斑. 如图 6.4.1 所示，S 为点光源，衍射圆孔的半径为 R_h，Σ 为光通过圆孔的波面. 根据菲涅耳半波带法的分析，若要计算光到达垂直于圆孔面的对称轴上任意一点 P 时的振幅，关键是求出圆孔露出的波面相对于 P 点所包含的半波带数目 k. 假设正好露出 k 个半波带，则由图 6.4.1 可知

$$R_{hk}=R_h \quad （R_{hk}\text{ 为第 }k\text{ 个半波带的半径}）$$

$$R_{hk}^2 = r_k^2 - (r_0 + h)^2 = r_k^2 - r_0^2 - 2r_0 h - h^2$$

由于 $h \ll r_0$，故略去 h^2；有

$$R_{hk}^2 \approx r_k^2 - r_0^2 - 2r_0 h$$

又因

$$R_{hk}^2 = R^2 - (R-h)^2 = 2Rh - h^2 \approx 2Rh$$

$$r_k^2 - r_0^2 = [r_0 + (k\lambda/2)]^2 - r_0^2 \approx k\lambda r_0 \quad （略去 (k\lambda/2)^2）$$

则有

$$h = \frac{k\lambda r_0}{2(R+r_0)}, \quad R_{hk}^2 = R_h^2 = k\frac{r_0 R}{R+r_0}\lambda$$

故

$$k = \frac{R_h^2(r_0+R)}{\lambda r_0 R} = \frac{R_h^2}{\lambda}\left(\frac{1}{r_0} + \frac{1}{R}\right) \tag{6.4.1}$$

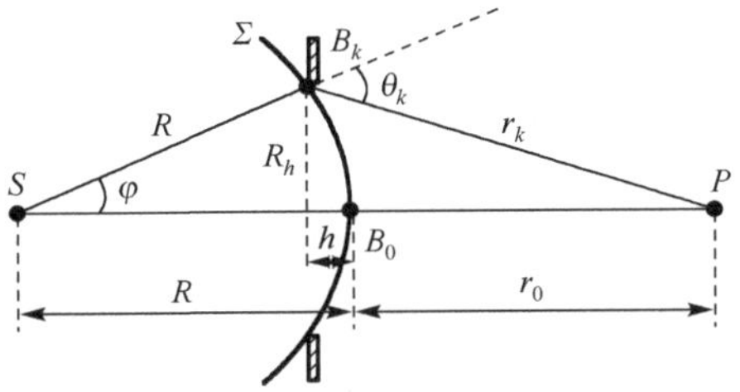

图 6.4.1 衍射孔半波带数计算

由此可见，圆孔包含的半波带数目 k 与圆孔的半径 R_h、点光源 S 到衍射屏距离 R、衍射屏到 P 点的距离 r_0 以及入射光波的波长有关.

若用平行光照射圆孔，$R \to \infty$，$R_{hk} = \sqrt{k\lambda r_0}$，则

$$k = \frac{R_{hk}{}^2}{\lambda r_0} = \frac{R_h{}^2}{\lambda r_0} \tag{6.4.2}$$

3. *P* 点衍射光强分析

下面分析半波带的数目 k 变化引起 P 点衍射图样的变化.

(1) 当 R、R_h、λ 一定，接收屏前后移动时，r_0 变化，由式(6.4.1)可知，k 值也随之变化.

若 r_0 充分小(即 P 点靠近衍射孔)，则 k 足够大，以至于 $a_k \to 0$，此时 P 点振幅 $A_P = a_1/2$，P 点成为不随 r_0 变化的亮点，这与几何光学中光的直线传播一致.

若 r_0 逐渐增大，k 值逐渐减小：当 k 为奇数时，$A_P = a_1/2 + a_k/2 \approx a_1$，$I_P = A_P^2 \approx a_1^2$，$P$ 点为亮点；当 k 为偶数时，$A_P = a_1/2 - a_k/2 \approx 0$，$I_P = 0$，$P$ 点为暗点. 故当 r_0 逐渐增大时，k 值的奇偶交替变化，对称轴上各点依次出现亮斑和暗斑的交替变化.

若点光源 S 距圆孔很远，相当于平行光的衍射，由式(6.4.2)可知，若 r_0 充分大，以至于 $k \leqslant 1$，此时 r_0 再增大时，P 点总是亮点，但光强随 r_0 增大而减小，这可看成是夫琅禾费圆孔衍射.

(2) 当 R、r_0、λ 一定，圆孔半径 R_h 大小变化时，由式(6.4.1)可知，k 值急剧变

化（$k \propto R_h^2$）.

若 k 为奇数，则 P 点为亮斑；若 k 为偶数，则 P 点为暗斑. 如果 R_h 的大小使露出的波面不是整数个半波带，则 P 点的光强介于最大值和最小值之间.

若 R_h 很大，以至于 $R_h \gg \lambda$，相当于波面未遇到障碍物，即波面不受限，此时 $k \to \infty$，$a_k \to 0$，P 点振幅 $A_P = a_1/2$，$I_P = A_P^2 = a_1^2/4$，P 点成为不随 R_h 变化的亮点，这又与几何光学中光的直线传播一致.

若 R_h 大小变化刚好使 $k=1$，此时有 $A_P = a_1$，P 点光强最大，为 $I_P = A_P^2 = a_1^2$，可见，**圆孔只露出第一个半波带时，P 点光强是光未遇到障碍物自由传播时的 4 倍**. 这种波面不受限时光强小，受限时光强大的结论，已为实验所证实. 这个结论似乎很难理解，其实这正是光的衍射的必然结果，是光的波动性很好的例证. 若从子波相干叠加的观点看，这个结论就容易理解了.

由光的子波相干叠加看光的直线传播和衍射的关系是很清楚的：若波面不受限，所有子波相干叠加的结果表现为直线传播；若遇障碍物波面受限，则被遮蔽的一部分子波不能到达观察点，相干叠加时，缺少了这部分子波的作用，产生了明暗相间的衍射图样. 故波面受限时，露出部分波面的子波相干叠加的结果表现为衍射.

所有这些讨论的前提是假定光源是理想的点光源，但是实际光源都有一定大小，光源的每一点各自产生衍射图样，不同点光源产生的衍射图样是不相干的. 若要使衍射图样明显，光源的线度应小到使光源上某些点所产生的亮条纹不至于落到另外一些点所产生的暗条纹上去，否则由于非相干叠加，衍射图样会完全模糊. 通常情况下不容易观察到衍射图样，正是这个缘故.

6.4.2 菲涅耳圆屏衍射 泊松亮斑

若将圆孔衍射屏换成它的互补屏（例如小圆屏），就构成了菲涅耳圆屏衍射装置，如图 6.4.2 所示.

当单色点光源 S 发出的光通过圆屏（盘）衍射时，由于圆屏不透明，被圆屏挡住部分的波面对衍射场中轴线上 P 点的光强将没有贡献. 设圆屏的半径为 ρ，恰好遮蔽了开始的 k 个半波带，则从第 k+1 个半波带开始，其余所有的半波带所发出的子波都能到达 P 点，故 P 点的合振幅为

$$A = \frac{a_{k+1}}{2} \tag{6.4.3}$$

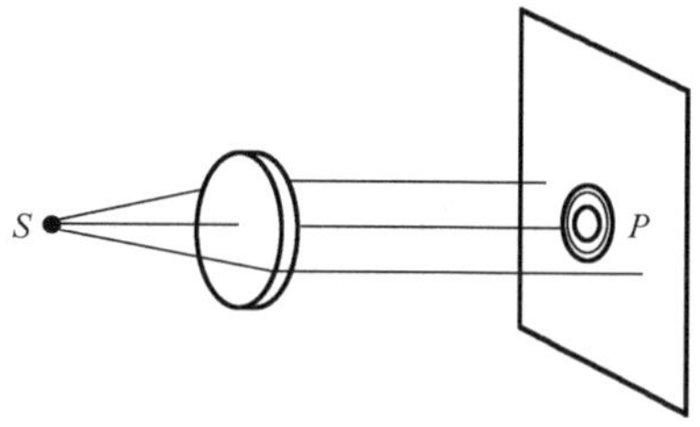

图 6.4.2 圆屏的菲涅耳衍射

可见无论圆屏的大小和位置怎样，也无论 k 为奇数还是偶数，圆屏衍射图样的

中心 P 点永远是亮斑. 不过圆屏的面积越小时，被遮蔽的半波带的数目 k 就越少，因而 a_{k+1} 就越大，到达 P 点的光就越强. 如果圆屏足够小，只遮住中心带的一小部分，则光看起来可完全绕过它，除了圆屏背后几何影子中心有亮点外没有其他影子. 例如，当 $a_{k+1} \approx a_1$ 时，有

$$I_P = A_P{}^2 = a_1{}^2/4$$

由式(6.4.2)可知，调节圆屏和光源之间或圆屏和接收屏之间的距离时，k 的大小将随之改变，因而也将影响 P 点的光强. 若 R 或 r_0 很小，则 $k \to \infty$，可知 $a_{k+1} \to 0$，此时 P 点实际上是暗点，这与几何光学中光的直线传播结论一致.

菲涅耳衍射圆屏背后几何影子中心的光斑称为**泊松亮斑**. 这是法国数学家和物理学家泊松(S.-D. Poisson，1781～1840)于 1818 年在巴黎科学院研究菲涅耳的论文时，把它当作菲涅耳论点谬误的证据提出来的. 但法国物理学家阿拉果(D. F. J. Arago，1786～1853)做了相应的实验，证实了菲涅耳理论的正确性.

用激光可以很容易地演示圆屏衍射. 将一个直径约为 2mm 的小钢珠用细丝吊起来，使氦氖激光经过针孔滤去其边缘不均匀部分后，照射在距针孔 30～40cm 的钢珠上. 在距离钢珠数米处的接收屏上，就可以看到泊松亮斑和它周围的衍射环.

6.4.3　菲涅耳波带片

1. 波带片成像及其焦点分布

按照式(6.4.1)半波带法对圆孔衍射的处理，衍射图样中心 P 点光强取决于圆孔处露出的半波带数目. 这使我们想到，是否能设计一种特殊的光屏，它能把所有的偶数(或奇数)半波带都遮蔽，只让奇数(或偶数)半波带的子波通过，则 P 点光振幅就是同相位子波的相干叠加，即

$$A_P = a_1 + a_3 + a_5 + \cdots + a_{2k+1} \quad 或 \quad A_P = a_2 + a_4 + a_6 + \cdots + a_{2k} \tag{6.4.4}$$

这样就能使 P 点光振幅很大，其光强比光没有遇到障碍物直接照射时大数百倍. 这种光屏有极强的聚光作用，称为**菲涅耳波带片**，简称**波带片**，如图 6.4.3 所示.

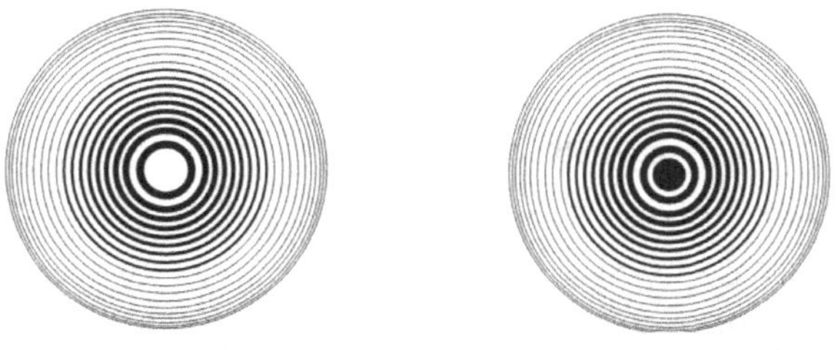

(a)　　(b)

图 6.4.3　菲涅耳波带片

由此可见，波带片的作用与几何光学的会聚透镜有相似之处，可以使入射光会聚起来，使点光源或小物成像. 所以波带片是一种衍射成像元件，又称为**菲涅耳透镜**.

设波带片的半波带数为 k，其外圆半径为 ρ_k，则由式(6.4.1)可知

$$\frac{1}{R}+\frac{1}{r_0}=\frac{1}{\dfrac{\rho_k^{\ 2}}{k\lambda}} \tag{6.4.5}$$

这就是波带片的**物像公式**，式中，R 为物距，r_0 为像距. 与会聚透镜成像公式相比较，可得波带片的焦距为

$$f'=\frac{\rho_k^{\ 2}}{k\lambda} \tag{6.4.6}$$

应该注意：**波带片的物像公式未引入符号法则，故其与几何光学透镜的物像公式差一负号.**

当选定波长 λ 和波带片的焦距 f' (即 R 和 r_0 确定)后，可决定每个半波带的大小为

$$\rho_k=\sqrt{k\lambda f'} \tag{6.4.7}$$

若 $k=1$，则 $\rho_1=\sqrt{\lambda f'}$，$f'=\rho_1^{\ 2}/\lambda$；则第 k 个半波带的半径 $\rho_k=\sqrt{k}\rho_1$，可得波带片的另一焦距公式

$$f'=\frac{\rho_1^{\ 2}}{\lambda} \tag{6.4.8}$$

故**波带片的焦距与半波带数 k 无关，与波长 λ 成反比**. 因此它的**色差比一般玻璃透镜大得多**，且与玻璃透镜的色差相反，所以两者配合使用，有利于消除色差.

对于制作好的波带片，其焦距由式(6.4.8)确定，此时的焦点称为**主焦点**(最亮点). 如果改变观察点 P 的位置，使得原来的每一个半波带刚好被分成了 3，5，7，…奇数个半波带，则相对于这些点的半波带个数也是奇数，所以这些点也是亮点，这些亮点被称为波带片的**次焦点**(次亮点)，其焦距分别为 $f'/3$，$f'/5$，$f'/7$，…. 除此之外，在轴对称位置上($-f'$，$-f'/3$，$-f'/5$，$-f'/7$，…)还存在一系列虚焦点，具体原因大家自己分析.

2. 波带片的分类

通常使用的波带片分为**振幅型**和**相位型**两类. 按上述方法制作的属于**振幅型黑白波带片**，一般的波带片至少有十几个环带，多的可达上百个，其涂黑部分挡住了入射光通量的一半，但是环带越多，P 点处光点越小，光强越大. 所以为了进一步提高波带片在 P 点产生的光强，可以不挡住相间的带，而在偶数(或奇数)带的位置镀一层透明薄膜，膜的厚度加以适当控制，使通过它的光波在 P 点处产生的振动相

位延迟π，这样各半波带在 P 点所产生的振动相位相同，结果使 P 点光强大大增加，这种波带片称为**相位型波带片**.

除了按上述做成同心圆环带的波带片外，还可以做成条形波带片，如图 6.4.4(a)所示，它使光在垂直于轴的平面上会聚成一条明亮直线，直线的方向与波带片的直线平行. 也可以做成方形波带片，如图 6.4.4(b)所示，它形成一个明亮的十字线.

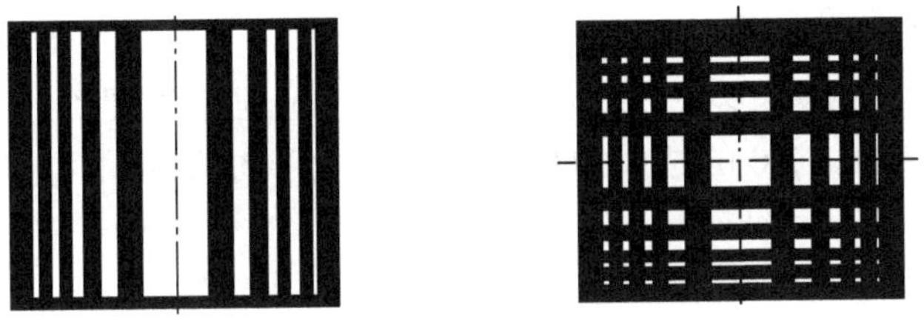

(a)　　　　(b)

图 6.4.4　条形波带片和方形波带片

例 6.4.1　一波带片的孔径内有 20 个半波带，其中第 1，3，5，…，19 等 10 个奇数带透光，第 2，4，6，…，20 等 10 个偶数带遮蔽不透光，试分析衍射场轴上 P 点的光强是自由传播时光强的多少倍.

解　根据式(6.4.4)可知，波带片在轴上场点 P 所产生的振幅为

$$A_P = a_1 + a_3 + a_5 + \cdots + a_{19} \approx 10a_1$$

光自由传播时波面不受限，在轴上场 P 点所产生的振幅为 $A_{P_0} = a_1/2$，故其振幅比为 $\dfrac{A_P}{A_{P_0}} = \dfrac{10a_1}{a_1/2} = 20$，即 $A_P = 20A_{P_0}$，光强比为

$$\frac{I_P}{I_{P_0}} = \frac{A_P^2}{A_{P_0}^2} = 400$$

可见，有波带片时，轴上场点的光强为不放波带片时光强的 400 倍，说明波带片具有极强的聚光作用.

例 6.4.2　波长为 550nm 的单色平行光正入射到一直径为 1.1mm 的圆孔上，试求通过圆孔中心的轴线上距孔 330mm 的 P 点处光强与自由传播时该点的光强之比.

解　根据式(6.4.2)可知，圆孔衍射在 P 点处露出的半波带数为

$$k = \frac{R_{hk}^2}{\lambda r_0} = \frac{R_h^2}{\lambda r_0} = \frac{(0.55)^2}{5.5\times10^{-4}\times330} = \frac{5}{3}$$

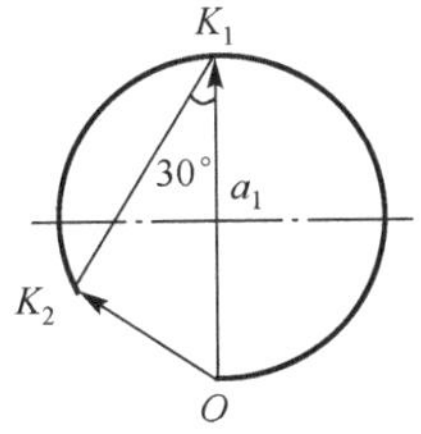

例 6.4.2 图

即圆孔衍射在 P 点处露出第一个半波带和第二个半波带的 2/3，利用振幅矢量法得 P

点的振幅矢量为$\overrightarrow{OK_2}$，由例 6.4.2 图可知

$$OK_2 = OK_1 \sin 30^\circ = a_1/2$$

可见此时圆孔衍射在 P 点的振幅为第一个半波带所产生振幅的一半，故其光强与自由传播时该点的光强相等.

例 6.4.3　制造一个焦距为 10m 的振幅型波带片（$\lambda = 5\,\mu\text{m}$），要求焦点处光强为不放波带片时的 1000 倍以上.

(1) 如何设计波带片？

(2) 此片能否用于波长为 2.5μm 的光？焦距与光强情况是否改变？

(3) 若用折射率 $n = 2.0$ 的透明材料来制造上述要求的相位型波带片，则应如何设计波带片？

(4) 这个相位型波带片能否用于波长为 2.5μm 的光？

解　(1) 若有 k 个透光半波带，则光强为不放波带片时的 $4k^2$ 倍，按题意应有 $4k^2 > 1000$，故 $k > 15.8$，取 $k = 16$，则有 32 个半波带.

即 ${\rho_k}^2 = r_0 k\lambda = 10\text{m} \times 32 \times 5 \times 10^{-6}\text{m} = 1.6 \times 10^{-3}\text{m}^2$，所以 $\rho_k = 4\,\text{cm}$.

说明这个波带片的最小直径是 8cm，制作时分为 32 个半波带，将偶数半波带涂黑，使相邻半波带明暗相间，各半波带的半径计算公式为

$$\rho_k = \sqrt{r_0 k\lambda} = \sqrt{50k \times 10^{-6}\text{m}^2} = \sqrt{0.5k}\text{cm}$$

(2) 可用于波长为 2.5μm 的光，此时 $r_0 = {\rho_k}^2/(k\lambda) = 50/2.5 = 20\text{m}$，即在焦距为 20m 处仍然有 16 个透光半波带在起作用，故光强仍为不放半波带片的 1000 倍以上.

(3) 用相位型的则有 16 个半波带就够了，最大半径为

$$\rho_{16} = \sqrt{r_0 k\lambda} = \sqrt{10\text{m} \times 16 \times 5 \times 10^{-6}\text{m}} = 2.83 \times 10^{-2}\text{m} = 2.83\text{cm}$$

各半波带的半径仍为

$$\rho_k = \sqrt{r_0 k\lambda} = \sqrt{50k \times 10^{-6}\text{m}^2} = \sqrt{0.5k}\text{cm}$$

膜厚应为

$$h = \frac{\lambda}{2(n-1)} = \frac{5 \times 10^{-6}\text{m}}{2 \times 1} = 2.5 \times 10^{-6}\text{m} = 2.5\mu\text{m}$$

即原来涂黑的偶数半波带不再涂黑，只是在其表面镀上折射率 $n = 2.0$、厚度为 2.5μm 的透明薄膜，就可制造出符合上述要求的相位型波带片.

(4) 不能用于波长为 2.5μm 的光. 因为对于 2.5μm 的光，相邻带之间的光程差 $\Delta\delta = (n-1)h = 2.5(\mu\text{m})$，相位变化了 2π，与无膜时一样，不存在菲涅耳波带片效应.

6.4.4 菲涅耳直边衍射和单缝衍射

当一束光照射到一个有直边的衍射屏(又称半无穷不透明屏)或狭缝衍射屏时，其波面在平行于直边或狭缝方向不受限制，而在垂直于直边或狭缝方向受到限制，因此用接收屏可观察到在几何阴影区域一定范围内光强不为零、阴影区域之外的光强有规律的不均匀分布. 直边和单缝的菲涅耳衍射图样是一组沿垂直于直边或狭缝方向展开的亮暗相间的直线型条纹. 图 6.4.5 是利用菲涅耳衍射积分公式计算的菲涅耳直边衍射和单缝衍射仿真图样.

(a) 直边衍射 (b) 单缝衍射

图 6.4.5 菲涅耳直边衍射和单缝衍射仿真图样

6.5 夫琅禾费圆孔衍射和圆环衍射

由于大多数光学仪器的主要元件为透镜、球面镜和光阑等，它们的形状多是圆孔形，通常接收的是平行光，所以研究夫琅禾费圆孔衍射对分析成像质量和助视光学仪器的分辨本领是必不可少的. 夫琅禾费衍射是远场衍射，这相当于入射光和衍射光均为平行光，它的计算比菲涅耳衍射简单得多.

6.5.1 夫琅禾费圆孔衍射

1. 实验装置

德国物理学家夫琅禾费(J. von Fraunhofer，1787～1826)在 1821～1822 年研究了观察屏和光源距衍射屏都是无限远时的衍射情况. 所谓光源在无限远，即平行光入射，可以把光源置于透镜的物方焦平面上，使到达衍射屏的光为平行光束；所谓观察屏在无限远，即光经过衍射屏后，以平行光出射，观察衍射图样是通过透镜使衍射图样聚焦在透镜的像方焦平面. 对于单色线光源，衍射花样是有一定宽度的明暗相间的圆环.

夫琅禾费圆孔衍射实验装置如图 6.5.1 所示. 图中 L_1、L_2 是两个会聚透镜，单色点光源 S 位于 L_1 物方焦点上，经 L_1 透射后成为平行光，垂直照射在半径为 R 的圆孔衍射屏上；L_2将圆孔衍射出的平行光会聚到位于L_2像方焦面的接收屏上，即可观察到夫琅禾费圆孔衍射图样. 若用激光作为光源，可直接照射圆孔衍射屏，省去L_1，其他装置不变.

2. 实验现象　艾里斑

衍射图样中央是一个亮斑，外围有一系列明暗相间的同心圆环，各亮环的强度由中央向边缘逐渐变小，第一暗环内的中央亮斑的光强集中了衍射光能量的 83.8%，这一中央亮斑称为**艾里斑**，是由英国天文学家艾里(G. B. Airy, 1801～1892)导出的，它的中心是点光源的几何光学像，如图 6.5.2 所示.

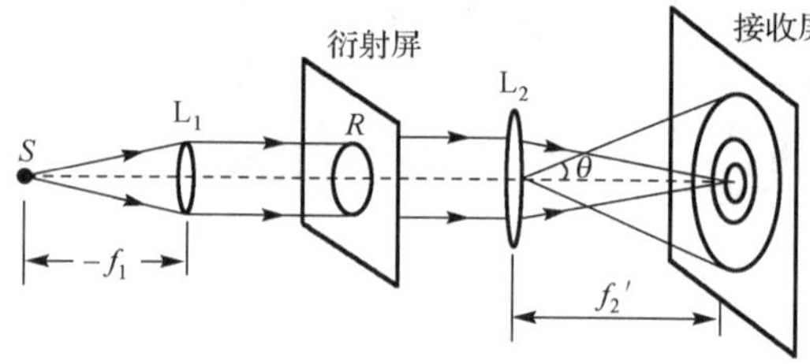

图 6.5.1　夫琅禾费圆孔衍射装置

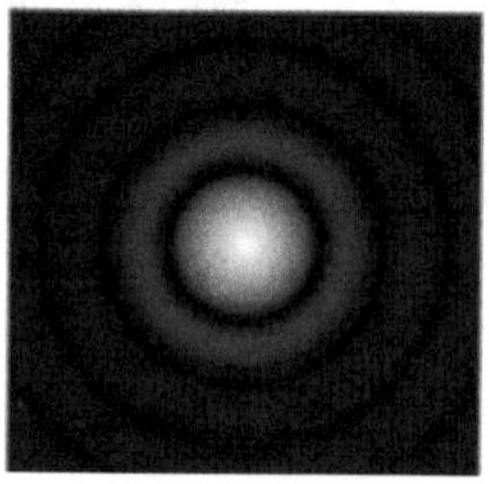

图 6.5.2　夫琅禾费圆孔衍射图样

夫琅禾费圆孔衍射光强分布公式

3. 衍射光强的计算

根据惠更斯-菲涅耳原理，采用积分法可以推导在平行光垂直入射时夫琅禾费圆孔衍射的光强分布公式. 由于推导过程较复杂，限于普通物理的范围，在此只给出结果

$$I_P = I_0\left[1-\frac{1}{2}m^2+\frac{1}{3}\left(\frac{m^2}{2!}\right)^2-\frac{1}{4}\left(\frac{m^3}{3!}\right)^2+\frac{1}{5}\left(\frac{m^4}{4!}\right)^2+\cdots\right]^2 \tag{6.5.1}$$

式中，I_0为$\theta=0$处中心点的光强；$m=\dfrac{\pi R\sin\theta}{\lambda}$，$R$是衍射圆孔的半径，$\theta$为衍射角.

式(6.5.1)对任意m值均收敛，故任意θ方向上的光强均有一定值. 显然$\theta=0$处，$m=0$，I_P有最大值，即中心点光强I_0最大；由式(6.5.1)对m的一阶导数为零可得次极大值；当m为某些值时，$I=0$为极小值. 计算结果列入表 6.5.1 中.

表 6.5.1　夫琅禾费圆孔衍射光强分布的极大值和零点

位置	$R\sin\theta/\lambda$	相对强度 I/I_0
中央主极大值 $\theta_0=0$	0	1

续表

位置	$R\sin\theta/\lambda$	相对强度 I/I_0
第一极小值	0.61	0
第一极大值	0.819	0.0175
第二极小值	1.116	0
第二极大值	1.333	0.0042
第三极小值	1.619	0
第三极大值	1.851	0.0016
…	…	…

式(6.5.1)若用一阶贝塞尔函数符号表示，则有

$$I_P = A_0^2 \frac{\mathrm{J}_1^2\left(\dfrac{2\pi R\sin\theta}{\lambda}\right)}{\left(\dfrac{\pi R\sin\theta}{\lambda}\right)^2} = I_0\left[\frac{\mathrm{J}_1(2m)}{m}\right]^2 \tag{6.5.2}$$

式中，$\mathrm{J}_1(2m)$为一阶贝塞尔函数，它是一个特殊函数，数值可查有关数学表.

以$R\sin\theta/\lambda$为横坐标，I/I_0为纵坐标，可绘出圆孔的夫琅禾费衍射光强分布曲线，如图6.5.3所示.

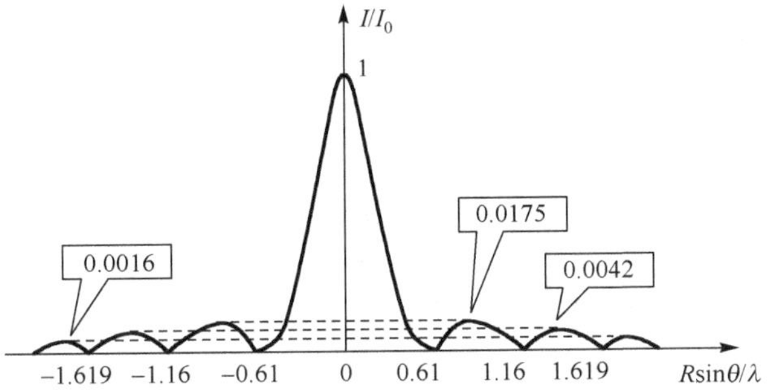

图6.5.3　圆孔的夫琅禾费衍射光强分布曲线

显然，艾里斑的半角宽度为

$$\Delta\theta_1 \approx \sin\theta_1 = 0.61\frac{\lambda}{R} = 1.22\frac{\lambda}{D} \tag{6.5.3}$$

式中，D是衍射圆孔的直径. 若透镜L_2的焦距为f'，则艾里斑的线半径为$R' = \tan\theta_1 f'$，当θ_1很小时，$\tan\theta_1 \approx \sin\theta_1$，故

$$R' = 0.61\frac{\lambda}{R}f' = 1.22\frac{\lambda}{D}f' \tag{6.5.4}$$

上式说明艾里斑的大小与衍射孔直径成反比，当圆孔的直径大到一定程度时，艾里斑消失，此时就变成了光的直线传播，亮斑即为几何光学的圆孔像.

4. 圆孔衍射的应用

应该指出的是，这样的衍射图样在近代物理学中具有更为深刻的意义，例如，令一束高速的电子束通过一个圆孔时也能得到与图 6.5.2 相同的衍射斑，从而使人们确实看到电子和光一样也具有波动性. 电子的粒子性(如有确定的质量和电量)人们一般都知道,但是 1924 年法国物理学家德布罗意首次提出电子也具有波动性的推测，1927 年美国物理学家戴维孙和革末实现了电子的衍射实验，证明了电子具有波动性.

任一实际的透镜、棱镜、反射镜以及其他光学元件总有一定的孔径，所以即使不加任何光阑，平行光通过它们也有衍射现象. 这样一来，任何实际的光学系统，即使是像差已完全校正或消除，也得不到真正的像点，因为在像点外呈现的是衍射图样，最小像点亦必大于或等于相应的艾里斑，这是几何光学预料不到的. 不过这也并不绝对排斥作为光学仪器理论基础的几何光学，因为由式(6.5.4)可知，如果光学系统的通光孔径非常大，其衍射艾里斑的半径将非常小，实际上趋近于零，这又与几何光学的结果相符，而大多数实际的光学仪器是具备这样的条件的. 在这里，我们清楚地看到了物理光学在解决光的传播和成像问题上的严格与深入的方面，也看到了几何光学成立的前提条件，这实质上反映了光的波动性和直线传播的近似性.

6.5.2 夫琅禾费圆环衍射

在反射式物镜中常常安装有圆环形状的光阑，所以讨论其夫琅禾费圆环衍射是有实际意义的. 如图 6.5.4 所示的圆环是由半径为 R_1 的圆孔与半径为 R_2 的圆屏同心组合而成的. 将此圆环衍射屏替换图 6.5.1 中的圆孔衍射屏，就构成了圆环的夫琅禾费衍射实验装置.

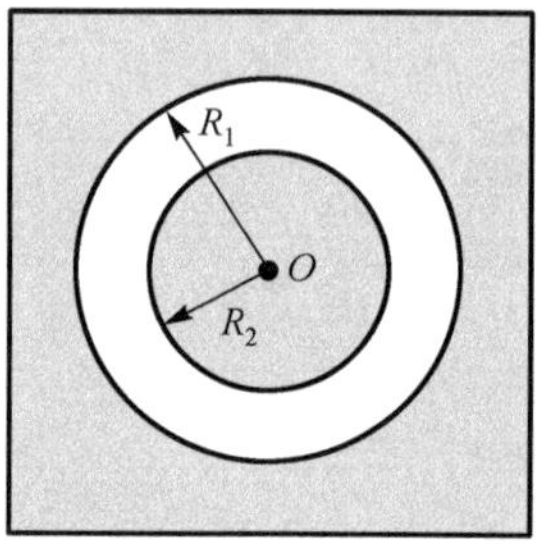

图 6.5.4 圆环衍射屏

根据场的叠加原理，接收屏上任一 P 点的光场，可看成半径为 R_1 的圆孔与半径为 R_2 的圆屏在 P 点产生的衍射场之差，即

$$I_P = \frac{I_0}{(1-\delta^2)^2}\left[\frac{J_1(2m_1)}{m_1} - \delta^2 \frac{J_1(2m_2)}{m_2}\right]^2 \tag{6.5.5}$$

式中，$\delta = R_2/R_1$，$m_1 = \frac{\pi R_1}{\lambda}\sin\theta$，$m_2 = \frac{\pi R_2}{\lambda}\sin\theta$. 可见当 $\delta = 0$ 时，即为圆孔的夫琅禾费衍射.

以不同的δ值作夫琅禾费圆环衍射光强分布曲线，如图 6.5.5 所示，图中Ⅰ、Ⅱ、Ⅲ三条曲线分别表示$\delta=0$、0.5、0.8 三种情况．可见圆环的夫琅禾费衍射图样与圆孔的相似，中央是一个大亮斑，周围是一些亮暗相间的圆环．δ越小，中央亮斑越大，衍射出的圆环越往外扩张，越接近圆孔的衍射图样．反之，衍射出的圆环越往内收缩，次极大的强度越大，亮暗相间的圆环越清晰．

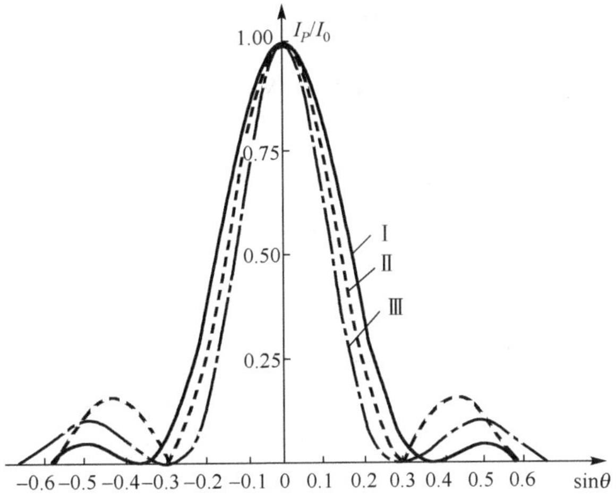

图 6.5.5 夫琅禾费圆环衍射光强分布

例 6.5.1 在夫琅禾费圆孔衍射中，设圆孔半径 R_1=1.0mm，透镜 L_2 的焦距 $f'=50\text{cm}$，所用单色光的波长 $\lambda=500\text{nm}$，试求接收屏上艾里斑的半径．若圆孔半径改为 R_2=0.1mm，其他条件不变，艾里斑半径变为多大？前后这两个艾里斑的半径上平均光强之比为多少？

解 圆孔半径 R_1=1.0mm，R_2=0.1mm，L_2 的焦距 $f'=50\text{ cm}$，波长 $\lambda=500\text{nm}$，由夫琅禾费圆孔衍射的反比关系式可得，两种情况下艾里斑的半径分别为

$$R_1'=1.22\frac{\lambda}{D_1}f'=1.22\times\frac{500\text{nm}}{2\text{mm}}\times 50\text{cm}\approx 0.153\text{mm}$$

$$R_2'=1.22\frac{\lambda}{D_2}f'=1.22\times\frac{500\text{nm}}{0.2\text{mm}}\times 50\text{cm}\approx 1.53\text{mm}$$

所以两艾里斑的半径之比 $R_2'/R_1'=10$．

设入射光的能流密度为 I_0（即光强），则穿过半径为 R_1 和 R_2 圆孔的光能流分别为 $P_1=I_0\pi R_1^2$、$P_2=I_0\pi R_2^2$，得 $P_2/P_1=R_2^2/R_1^2=0.01$，艾里斑上集中了衍射光能的 83.8%，所以前后这两个艾里斑的半径上平均光强之比为

$$\frac{I_1}{I_2}=\frac{P_1\times 83.8\%/(\pi R_1'^2)}{P_2\times 83.8\%/(\pi R_2'^2)}=10^4$$

当衍射圆孔半径缩小到原来的 1/10 时，艾里斑半径扩大 10 倍，艾里斑上平均光强降低到原来的万分之一．

例 6.5.2 氦氖激光器沿管轴发射定向光束，其出射窗口的直径（即内部毛细管的直径）约为 1mm，求激光束的衍射发散角．

解 氦氖激光器的波长 $\lambda=632.8\text{nm}$，由于被出射窗口限制，它必然会有一定的衍射发散角，用式(6.5.3)来估计

$$\Delta\theta_1 \approx \sin\theta_1 = 0.61\frac{\lambda}{R} = 1.22\frac{\lambda}{D} = 1.22\times\frac{632.8\text{nm}}{1\text{mm}} = 7.72\times10^{-4}\text{rad} = 2.66'$$

如果在 10km 以外接收，该定向光束的光斑直径达 15m，这是一个很大的截面. 上述计算表明：由于衍射效应，截面有限而又绝对平行的光束是不可能存在的，由于光波波长很短，在通常情况下衍射发散角很小，不过在激光通信或激光测距等远程装置中，即使很小的发散角也会造成很大面积的光斑，在估计接收器的灵敏度时，需要考虑到这一点.

为了降低光束的发散，应尽可能增大光束的初始直径. 例如，在用激光测定月球和地球之间的距离时，就曾使用大型天文望远镜作为激光扩束器来增大光束直径.

6.6 助视光学仪器的分辨本领

光学仪器是我们认识世界，探索自然的重要辅助工具，而光学仪器的三大本领(放大本领、分辨本领、聚光本领)对我们认识物质世界、认识宇宙是十分重要的. 本节重点探讨助视光学仪器的分辨本领.

6.6.1 瑞利判据

每个物体经光学仪器(一般由透镜组成)成像时，由于衍射效应，都会有一个艾里斑. 当两个独立的物点在光屏上成像时，就会有两个艾里斑. 若两个物点靠得比较近，则两个艾里斑会发生部分重叠，因为两个物点的光是非相干的，所以重叠部分的艾里斑是非相干叠加的. 显然当两个物点靠得很近，且艾里斑又比较大时，它们的像将发生更大范围内的重叠，以至于难以分辨出是两个物点的像，这时即便使用放大倍数再高的放大镜观察也无济于事. 那么，两个物点靠近到什么程度能使其重叠的艾里斑刚好分清楚呢？也就是说，艾里斑重叠到什么程度是可以分辨的极限呢？

设两个独立物点(例如太空中的一对双星) S_1 和 S_2 的发光强度相同，经直径为 D 的望远镜物镜成像为两个艾里斑，如图 6.6.1 所示发生重叠，图中 u 为 S_1 和 S_2 对透镜光心所张的视角. **当一个艾里斑的正中心刚好落到另一个艾里斑的边沿时，也就是光强曲线上一个艾里斑的峰值恰好与另一个艾里斑的第一暗环对应的极小值重合，此时叠加后的光强曲线中间凹陷处的光强约为两边峰值光强的 81%(但对于两个圆孔衍射则是 74%)**，两个像点刚好能被分辨出来，如图 6.6.2(a)所示. 这种情况是可以分辨的极限，这一条件称为**瑞利判据**或**瑞利条件**. 这是英国科学家瑞利(J. W. S. Rayleigh，1842～1919)在 1879 年首先从实验中发现的.

图 6.6.2(a)为 $u=\theta_1$ 时，两个艾里斑刚好可以分辨出；图 6.6.2(b)为 $u<\theta_1$ 时，两个艾里斑不可分辨清；图 6.6.2(c)为 $u>\theta_1$ 时，两个艾里斑可完全分辨清. 根据瑞利判据，**两个刚好可以分辨出的艾里斑，其中心对透镜光心的张角 $\delta\theta$ 为艾里斑的半角宽 $\Delta\theta$，**

像能否分辨的三种判据

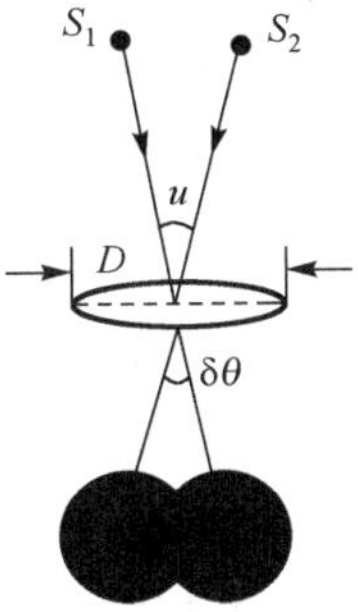

图 6.6.1　两个靠近物点的像

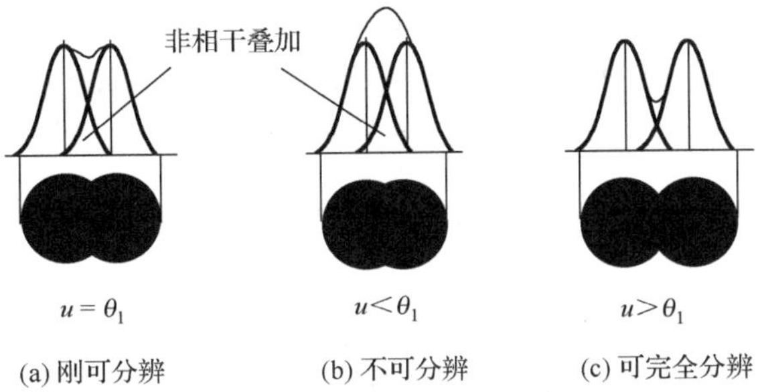

图 6.6.2　艾里斑分辨极限

$$\delta\theta=\Delta\theta=\theta_1=0.61\frac{\lambda}{R}=1.22\frac{\lambda}{D} \tag{6.6.1}$$

式中，R 为物镜的半径；D 为其直径. 这就是**瑞利判据的数学表达式**.

使用瑞利判据时，首先要注意到式(6.6.1)适用于物、像空间介质完全相同的情况，如果物、像方的介质不同，则要通过将折射率对物、像方的波长折算为真空中的波长后，再进行判断，即

$$\delta\theta=1.22\frac{\lambda}{D}=1.22\frac{\lambda_0}{nD} \tag{6.6.2}$$

式中，D 为光具组物(像)方入(出)射光瞳的直径；n 为物(像)方介质的折射率；λ 为物(像)方介质中的波长；λ_0 为真空中的波长. 在物、像空间介质折射率不同时，对于同一个成像光具组，物、像方的分辨极限是不相等的.

使用瑞利判据还要注意到：①两个点光源的强度应相等，若不等，其分辨极限就变成：即使两个点光源 S_1 和 S_2 更加接近，也能把它们分辨开；②两个点光源 S_1 和 S_2 是非相干的，若为相干光源，则是相干叠加形成的干涉衍射斑，随着 S_1 和 S_2 相位差的不同，分辨极限的差别很大.

从式(6.6.1)可看出，张角 $\delta\theta$ 越小，分辨能力越高，即艾里斑的分辨极限越小，分辨得越清晰，所以**常把艾里斑分辨极限的倒数称为分辨本领，或者称为助视光学系统对被观察物细微之处的分辨能力**，即

$$e=\frac{1}{\delta\theta}=\frac{1}{\Delta\theta}=\frac{D}{1.22\lambda} \tag{6.6.3}$$

可见，**为了提高分辨本领，可以加大物镜的直径 D，也可以选用短波长的光.**

6.6.2　人眼的分辨本领

人眼的分辨本领是描述人眼刚能区分非常靠近的两个物点的能力的物理量. 如前所述，人眼的瞳孔相当于一个单凸透镜，瞳孔的直径根据入射光强大小变化，可

在 2～8mm 调节. 若瞳孔直径取 2mm，人眼最敏感的波长为 550nm，在眼内的波长为 $\lambda'=\lambda/n$，n 为眼内介质的折射率，取 $n=1.337$. 由瑞利判据可知，在人眼视网膜上恰能分辨的两个“像”点的最小分辨角为

$$\Delta\theta'=1.22\frac{\lambda'}{D}=1.22\frac{\lambda}{nD}=1.22\times\frac{550\text{nm}}{1.337\times2\text{mm}}=2.5\times10^{-4}\text{rad}\approx1'$$

即在视网膜上刚能被分辨的两个衍射图样的最小分辨角. 当光从空气进入人眼时，根据光的折射定律 $\sin\Delta\theta=n\sin\Delta\theta'$，在近轴条件下，有 $\Delta\theta\approx n'\Delta\theta'$，故物面上恰能被分辨的最小分辨角为

$$\Delta\theta=n\Delta\theta'=n\frac{1.22\lambda}{nD}=1.22\frac{\lambda}{D} \tag{6.6.4}$$

可见，同时考虑到光的衍射、折射和光在介质中波长的变化这三种效应所得的结果，与单纯考虑空气中的衍射效应所得的结果是一致的，这是由于折射作用与波长缩短的作用正好抵消. 将 $\lambda=550\text{nm}$ 和 $D=2\text{mm}$ 代入式(6.6.4)则得人眼对物面上的两点的最小分辨角为

$$\Delta\theta=1.22\times\frac{550\text{nm}}{2\text{mm}}=3.4\times10^{-4}\text{rad}$$

如图 6.6.3 所示，若物体放在明视距离处，则相距 $\Delta l=250\Delta\theta=250\text{mm}\times3.4\times10^{-4}\text{rad}=0.1\text{mm}$ 的两物点才可被分辨，小于此距离的两物点则不能被分辨. 设视网膜至瞳孔的距离（眼珠的焦距）为 22mm，则在视网膜上恰能被分辨的线距离为 $\Delta l'=22\text{mm}\times2.5\times10^{-4}\text{rad}=5.5\,\mu\text{m}$，此值略大于锥状细胞的直径，约等于相邻两锥状细胞的间距. 由此可见，视网膜的构造竟是这样精巧，刚好适合人眼的分辨本领.

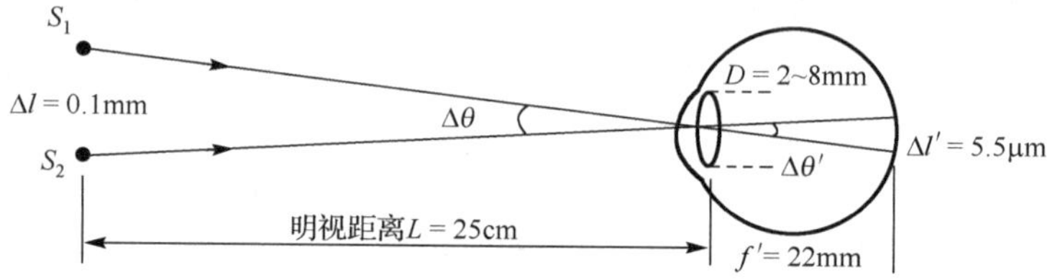

图 6.6.3　人眼的分辨本领

例 6.6.1　估算光通过人眼瞳孔在视网膜上形成的艾里斑的大小.

解　人眼瞳孔基本上是圆孔，直径 D 在 2～8mm 调节.

设波长 $\lambda=550\text{nm}$，D=2mm，估算艾里斑(最大)的角半径为

$$\Delta\theta=1.22\frac{\lambda}{D}=3.4\times10^{-4}\text{rad}=1'$$

人眼基本上是球形，一般取 $f'=22\text{ mm}$，估算出视网膜上艾里斑的直径

$$d = 2f'\Delta\theta = 14.8\ \mu\text{m}$$

在 1mm^2 视网膜面元中，布满近 5000 个艾里斑. 整个视网膜的面积大约是 200mm^2，可容纳 1 亿个艾里斑.

6.6.3　望远镜的分辨本领

由以上分析可见，若光强相等，相距很近的双星的视角小于$1'$，则人眼将不能直接分辨. 由于望远镜物镜的通光孔径 D 远大于人眼瞳孔的直径，所以用望远镜观察远处物体时，相当于扩大了人眼的瞳孔，无疑提高了分辨本领，而且望远镜物镜的直径越大，其分辨本领就越高.

望远镜的分辨本领用物镜像方焦平面上刚能被分辨开的两个像点之间的线距离(线分辨 $\Delta l'$)的倒数来表示，即

$$e_{望} = \frac{1}{\Delta l'} = \frac{1}{1.22\lambda}\frac{D}{f'} \tag{6.6.5}$$

式中，f' 为物镜的像方焦距；D 为物镜的孔径；D/f' 为其相对孔径，如图 6.6.4 所示. 可见要想提高望远镜的分辨本领，必须加大物镜的相对孔径.

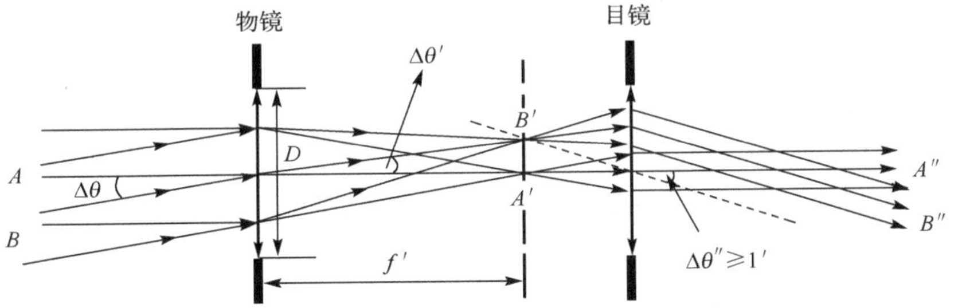

图 6.6.4　望远镜的分辨本领

对于望远镜的目镜，其主要作用是视角放大，只要求放大后对人眼成$1'$的视角即可，其对提高望远镜的分辨本领无任何作用. 这是因为物镜所成的像有既定的细节，目镜无论如何放大也不会增加更多的细节，另外，目镜在放大像的同时也放大了衍射斑，原来不能分辨的还是分辨不出来，所以再提高望远镜目镜的视角放大率也不会提高望远镜的分辨本领，故**望远镜的分辨本领主要取决于物镜的直径**. 当然，若视角放大率太小也不行，会使原本能分辨开的像点因视角太小而不能分辨. 这里就存在一个分辨本领与视角放大率匹配的问题，应使视角放大率和分辨本领相适应. 对于一般的助视光学仪器，通常选择视角放大率使其最小分辨角刚好放大到人眼正常分辨极限$1'$的视角，这个视角放大率称为助视光学仪器的**有效放大率**或**正常放大率**，常用公式表示为

$$M=\frac{1'}{\Delta\theta}=\frac{D}{D_y} \tag{6.6.6}$$

式中，$\Delta\theta$ 为两物点对望远镜的张角；D 为望远镜物镜的孔径；D_y 为人眼瞳孔的直径.

天眼工程

例 6.6.2　对于可见光，平均波长 λ=550nm，试比较物镜直径为 D_1=5.0cm 的普通望远镜和直径为 D_2=6.0m 的反射式天文望远镜的分辨本领.

解

$$\Delta\theta_1=1.22\lambda/D_1=1.34\times10^{-5}\text{rad}$$

$$\Delta\theta_2=1.22\lambda/D_2=1.12\times10^{-7}\text{rad}$$

所以

$$\frac{\Delta\theta_2}{\Delta\theta_1}=\frac{D_1}{D_2}=\frac{1}{120}$$

即天文望远镜的分辨本领是普通望远镜的 120 倍.

6.6.4　显微镜的分辨本领

显微镜是用来观察微小物体的，它的**分辨本领用其所能分辨的两物点间最小距离** $\mathrm{d}y$ **的倒数——线分辨本领**来表示. 显微镜由物镜与目镜组成，虽然被观察物 A_1、A_2 位于物镜前焦点外很短的距离处，但是却以很大的孔径角入射到物镜里，造成它们的像 A_1' 和 A_2' 离物镜很远，即中央圆形亮斑与平行光束衍射时所产生亮斑有几乎同样大小的角半径，如图 6.6.5 所示，所以像面衍射仍是夫琅禾费衍射；又因目镜对提高分辨本领的作用不大，最多只是保证物镜的分辨本领能被充分利用，所以限制显微镜分辨本领的仍是其物镜的直径.

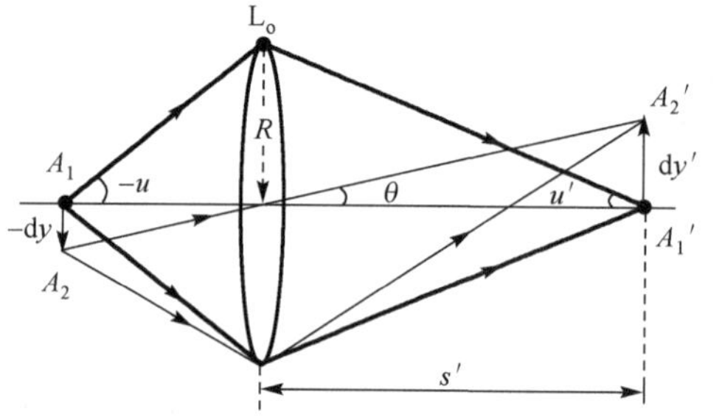

图 6.6.5　显微镜的分辨本领

若两近轴物点 A_1、A_2 恰可分辨，则

$$\theta=\Delta\theta=\frac{1.22\lambda}{D}=\frac{0.61\lambda}{R}$$

$$\mathrm{d}y'=\frac{0.61\lambda}{R}s'=\frac{0.61\lambda}{R/s'}=\frac{0.61\lambda}{\sin u'}$$

设物镜的垂轴放大率为 β，则

$$\mathrm{d}y = \frac{\mathrm{d}y'}{\beta} = \frac{1}{\beta} \cdot \frac{0.61\lambda}{\sin u'} = \frac{0.61\lambda}{\beta \sin u'}$$

由于显微镜工作在齐明点，共轭点 A_1 和 A_1' 满足阿贝正弦条件.

$$n\sin u \mathrm{d}y = n'\sin u' \mathrm{d}y', \qquad 即\ n\sin u = \frac{\mathrm{d}y'}{\mathrm{d}y} n'\sin u'$$

当像方在空气里时，有 $n\sin u = \beta \sin u'$（$n'=1$），上式就变为

$$\mathrm{d}y = \frac{0.61\lambda}{n\sin u} \tag{6.6.7}$$

式中，$n\sin u$ 为**数值孔径**(numerical aperture)，用 N.A.表示. 它是显微镜的一个重要指标，出厂时已在物镜上标明. 因此显微镜的分辨本领为

$$e_{显} = \frac{1}{\mathrm{d}y} = \frac{n\sin u}{0.61\lambda} \tag{6.6.8}$$

可见要**提高显微镜的分辨本领有两种途径. 一是通过增大数值孔径来实现**，而增大数值孔径又可用减小物镜焦距、增大孔径角 u 来实现，而且增大 u 不会有球差与彗差；或者使用高折射率的物方介质来实现，例如采用油浸法，可使分辨率提高 n 倍，即在载物片与物镜第一片间浸以高折射率的油或其他液体，如杉木油($n=1.517$)、二碘甲烷($n=1.741$).

二是减小光波波长，即选用波长较短的光，例如，光学显微镜用紫外线($\lambda=200\sim250$ nm)时，分辨本领比可见光提高一倍；还可用比紫外线波长还短的 X 射线，现在已制成波长 $\lambda=0.1\sim1$ nm 的 X 射线显微镜，用菲涅耳波带片聚焦和成像，比光学显微镜分辨率高；而在透射电子显微镜(TEM)中常用更短的电子波，在几万伏高压下，其波长 $\lambda=0.001\sim0.1$ nm，线分辨率可达 0.1nm，放大率高达几万倍，乃至几十万倍.

随着激光技术、信息技术、微电子技术的发展，近年来还出现了扫描隧道显微镜(STM)、原子力显微镜(AFM)、激光共焦扫描显微镜(LSCM)、扫描近场光学显微镜(SNOM)等新的显微观测仪器，线分辨率可达 0.01nm，放大率高达百万倍以上，有力地促进了物理、化学、生物、材料、医学等学科的蓬勃发展，例如纳米技术、克隆技术等都离不开上述现代化的显微技术.

例 6.6.3 (1)显微镜用波长为 250nm 的紫外线照射比用波长为 500nm 的可见光照射时，其分辨本领增大多少倍？

(2)若显微镜物镜在空气中的数值孔径为 0.75，用紫外线照射时所能分辨的两条线之间的距离是多少？

(3)若用折射率为 1.56 的油浸系统，这个最小距离为多少？

(4)若照相机底片感光微粒的直径约为 0.45mm，问油浸系统紫外线显微镜的

物镜横向放大率为多大时，在底片上刚好能分辨出这个最小距离？

解　(1) 显微镜的分辨极限(本领)为 $\Delta y=\dfrac{0.61\lambda}{n\sin u}$，在其他条件一样，而用不同波长的光照射时，有

$$\frac{\Delta y_{\lambda_1}}{\Delta y_{\lambda_2}}=\frac{\lambda_1}{\lambda_2}$$

设 λ_1=250nm，λ_2=500nm，得

$$\Delta y_{\lambda_1}=\frac{\lambda_1}{\lambda_2}\Delta y_{\lambda_2}=\frac{1}{2}\Delta y_{\lambda_2}$$

即用 λ=250nm 的紫外线时，显微镜的分辨极限是原来的一半，则分辨本领是原来的 2 倍，即分辨本领增大 1 倍.

(2) 用紫外线照射时，$n\sin u=0.75$，则显微镜的分辨极限为

$$\Delta y_1=\frac{0.61\lambda}{n\sin u}=\frac{0.61\times 250\text{nm}}{0.75}=0.203\mu\text{m}$$

(3) 用紫外线照射，并且用油浸系统时的分辨极限为

$$\Delta y_2=\frac{0.61\lambda}{n\sin u}=\frac{0.61\times 250\text{nm}}{1.56\times 0.75}=0.13\mu\text{m}$$

(4) 要分辨两点，至少要使两点的像分别在底片不同的微粒上，即显微镜的物镜应将两个物点的像点的间距放大到两个微粒的中心距离，则

$$\beta=\frac{\Delta y}{\Delta y_2}=\frac{0.45\times 10^3\mu\text{m}}{0.13\mu\text{m}}=3462$$

6.6.5　照相机的分辨本领

选购数码照相机，首先要考虑的性能就是分辨率的高低，它既决定了所拍摄影像清晰度的高低，又决定了所拍摄影像最终所能打印出高质量画面的大小，以及在计算机显示器上所能显示画面的大小，是关系到照相机成像质量的重要因素之一，因此它直接影响了数码照片的成像质量. 不论是普通的几何光学相机，还是 CCD 数码相机，都成像在镜头中物镜的像方焦平面上，所以照相机的分辨本领由物镜决定.

设物镜的入射孔径为 D、焦距为 f'，由式(6.6.1)可得感光底片上恰能被分辨的线距离为

$$\Delta y'=f'\Delta\theta'=1.22\frac{\lambda}{D}f' \tag{6.6.9}$$

所以**照相机的分辨本领**定义为像面上所能分辨的两像点之间最小距离的倒数，即

$$e_{照}=\frac{1}{\Delta y'}=\frac{1}{1.22\lambda}\frac{D}{f'}\ (线/mm) \tag{6.6.10}$$

所有照相机镜头中间均有由数片互叠的金属叶片组成的可变孔径光阑，称为光圈. 改变光圈直径的大小可以控制进入物镜的光孔直径 D，从而调节照相机的分辨本领. 式中 D/f' 称为**相对孔径**，它的倒数称为**光圈系数**(简称**光圈数**)，用 F 表示，即 $F=f'/D$. 实际应用时应使感光底片的分辨本领大于物镜的分辨本领.

例 6.6.4 间谍卫星上的照相机能清楚地识别地面上人的面孔，如果人眼的间距为 4cm，光波长为 500nm，卫星的高度为 150km，则在卫星上的照相机镜头孔径至少应为多少米？

解 设两眼间距 $\Delta y=0.04\text{m}$，波长 $\lambda=5\times10^{-7}\text{m}$，卫星高度 $h=1.5\times10^{5}\text{m}$，能分辨的最小距离 $\Delta y=1.22\dfrac{\lambda}{D}h$，所以直径

$$D=\frac{1.22\lambda h}{\Delta y}=\frac{1.22\times5\times10^{-7}\text{m}\times1.5\times10^{5}\text{m}}{4\times10^{-2}\text{m}}=2.3(\text{m})$$

6.7 夫琅禾费单缝衍射和矩孔衍射

6.7.1 夫琅禾费单缝衍射

近代光栅光谱仪中的色散元件是衍射光栅，而衍射光栅是由许多彼此平行、等间距的狭缝所构成的，因此，研究夫琅禾费单缝衍射是研究光栅衍射的基础.

1. 实验装置和衍射现象

典型的夫琅禾费单缝衍射实验装置如图 6.7.1 所示. 位于凸透镜 L_1 物方焦平面的单色光源 S 发出的光经 L_1 成为平行光束，垂直照射到缝宽为 b(b 很小、缝长远大于缝宽)的狭缝上，单缝波面上各点均沿不同方向衍射出光，此时方向平行的衍射光经凸透镜 L_2 会聚于它的像方焦平面上，于是在像方焦平面的观察屏上可观察到一组平行于狭缝的明暗相间的衍射条纹. 如果用激光器作为光源，则可把透镜 L_1 去掉，使激光直接照射到狭缝上即可.

夫琅禾费单缝衍射图样中心为特别亮的中央明纹，两侧对称分布着其他明纹. 若以相邻暗条纹之间的距离作为亮条纹的宽度，则中央明纹的宽度为两侧对称分布的其他明纹宽度的两倍.

若将单色线光源变成白光入射，其他装置不变，则观察屏上看到的衍射图样中央是亮条纹，两侧则变成彩色条纹，这是因为除了中央亮条纹外，其他各级亮条纹

因为光波波长不同而具有不同的衍射角，如图 6.7.2(a)所示，中央亮条纹最宽，其他亮纹较窄.

若将单色线光源变成单色点光源，其他装置不变，则观察屏上的衍射图样变为只在垂直于单缝方向上扩展的衍射斑，而水平方向上无衍射现象，这是因为衍射屏为狭缝，光通过狭缝时入射光的波面只在垂直于狭缝方向受到限制，而在平行于狭缝方向没有受到限制. 单色点光源的夫琅禾费单缝衍射图样如图 6.7.2(b)所示，单缝宽度 $d_1 > d_2 > d_3$，随着缝宽的减小，衍射光斑及宽度逐渐增大，衍射现象越来越明显.

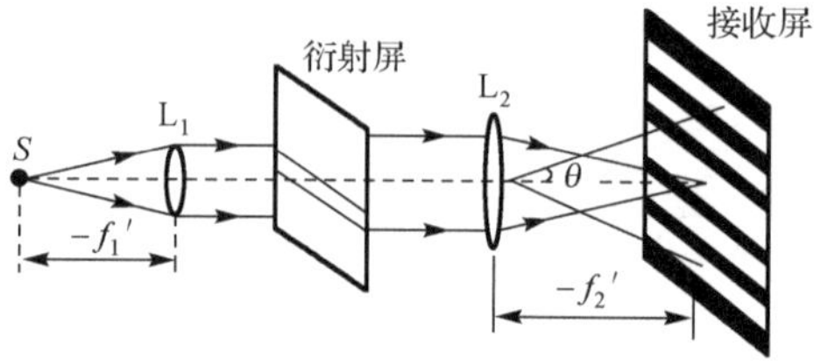

图 6.7.1　夫琅禾费单缝衍射装置

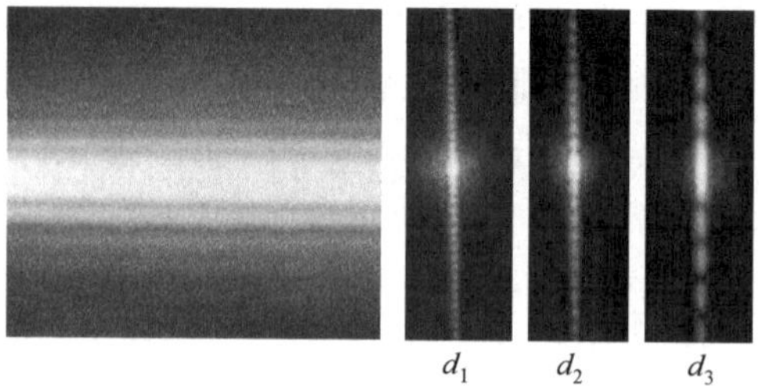

(a) 白光线光源　(b) 单色点光源

图 6.7.2　夫琅禾费单缝衍射图样

2. 衍射光强的计算

夫琅禾费单缝衍射的光强可由惠更斯-菲涅耳原理进行分析计算. 图 6.7.3 所示的是图 6.7.1 衍射装置的切面，为了便于观察，将缝的宽度进行了放大. 若单缝的宽度为 $BB'=b$，当平行光垂直入射时，波面与缝平面重合(垂直于图面). 设在缝平面上的初相位为 0，整个缝所发出子波在 $\theta=0$ 方向上的总振幅为 A_0，取 BB' 波面上的一平行于缝的窄带 dx，则 dx 所发出的球面子波的光振动可表示为

$$\mathrm{d}E_0 = \frac{A_0 \cdot \mathrm{d}x}{b}\cos\omega t$$

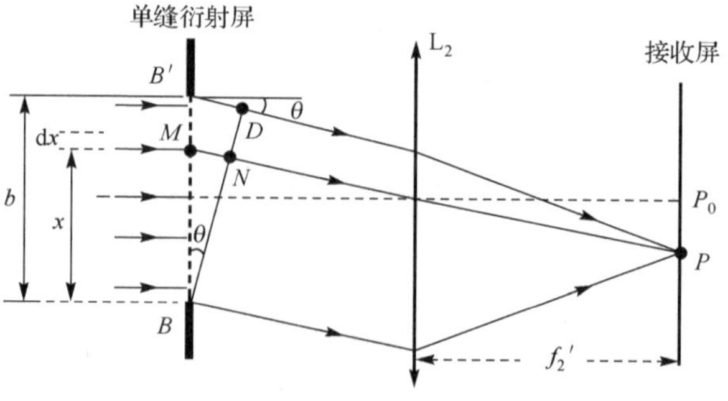

图 6.7.3　单缝衍射光强分布

由惠更斯-菲涅耳原理可知：BB' 上所有窄带发出的子波在屏上产生相干叠加，就形成了衍射图样.

对其中传播方向与缝平面法线方向成 θ 角(称为**衍射角**)的所有子波进行研究. 在入射光束的平面波面上，各子波的相位都相等，光通过透镜 L_2 后，在 L_2 的像方焦平面上的同一点 P 处叠加. 要计算 P 点的合振幅，必须考虑到各子波的相位关系，这取决于各窄带到 P 点的光程. 现在作平面 BD 垂直于衍射方向 $B'D$，根据 BD 面上各点的相位分布情况即可确定在 P 点相遇的各子波的相位关系. 根据透镜成像的等光程性，从平面 BD 上各点沿衍射方向通过透镜 L_2 到达 P 点的光程都相等，所以只要算出从平面 BB' 到平面 BD 的各平行光线段之间的光程差就可以了.

在图 6.7.3 中，MN 为衍射角等于 θ 的任意一条光线，令 $BM=x$，则分别从 M 和 B 两点发出的子波沿与 MN 平行的方向到达平面 BD 时的光程差，即 $\delta = MN = x\sin\theta$，相位差 $\Delta\varphi = \dfrac{2\pi}{\lambda}x\sin\theta$，在 M 点取一窄带 $\mathrm{d}x$，由式(6.2.2)得其发出的光波到达 N 点的光振动表达式为

$$\mathrm{d}E = \frac{A_0 \cdot \mathrm{d}x}{b}\cos\left(\omega t - \frac{2\pi}{\lambda}x\sin\theta\right) = \frac{A_0 \cdot \mathrm{d}x}{b}\cos(\omega t - kx\sin\theta)$$

复数式为

$$\mathrm{d}E = \frac{A_0\mathrm{d}x}{b}\mathrm{e}^{\mathrm{i}\left(\frac{2\pi}{\lambda}x\sin\theta - \omega t\right)} = \frac{A_0\mathrm{d}x}{b}\mathrm{e}^{\mathrm{i}(kx\sin\theta - \omega t)}$$

其复振幅为

$$\mathrm{d}\tilde{E} = \frac{A_0\mathrm{d}x}{b}\mathrm{e}^{\mathrm{i}\frac{2\pi}{\lambda}x\sin\theta} = \frac{A_0\mathrm{d}x}{b}\mathrm{e}^{\mathrm{i}kx\sin\theta}$$

式中，$k = \dfrac{2\pi}{\lambda}$ 是波数.

为简化计算，忽略倾斜因子的作用，也不考虑振幅与光程成反比的关系，假设各子波到达 P 点时有相同的振幅，根据惠更斯-菲涅耳原理，将上式对整个缝宽(从 $x=0$ 到 $x=b$)积分，可得沿 θ 方向传播的所有子波在 P 点的合振动

$$E_P = \int \mathrm{d}E = \frac{A_0}{b}\mathrm{e}^{-\mathrm{i}\omega t}\int_0^b \mathrm{e}^{\mathrm{i}kx\sin\theta}\mathrm{d}x = A_0\frac{\sin\left(\dfrac{\pi b\sin\theta}{\lambda}\right)}{\dfrac{\pi b\sin\theta}{\lambda}} \cdot \mathrm{e}^{\mathrm{i}\left(\frac{\pi b\sin\theta}{\lambda} - \omega t\right)}$$

式中，$\mathrm{e}^{\mathrm{i}\left(\frac{\pi b\sin\theta}{\lambda} - \omega t\right)}$ 表示合振动的相位，是相位因子，虽然它随 θ 而变，但与光强的分布无关，于是 P 点的合振幅为

$$A_P = A_0 \frac{\sin\left(\frac{\pi b}{\lambda}\sin\theta\right)}{\frac{\pi b}{\lambda}\sin\theta} = A_0 \frac{\sin u}{u} = A_0 \sin c u \tag{6.7.1}$$

式中，$u = \frac{\pi b}{\lambda}\sin\theta$，所以 P 点的光强为

$$I_P = A_P^2 = A_0^2 \frac{\sin^2 u}{u^2} = I_0 \sin c^2 u \tag{6.7.2}$$

衍射光强分布也可以使用振幅矢量图解法来求解.

3. 衍射光强的分布特点

夫琅禾费单缝衍射的光强分布可由式(6.7.2)决定，不同的衍射角 θ 对应屏上不同的观测点，有不同的光强值和不同的光强分布. 图 6.7.4 给出了单色线光源经单缝形成夫琅禾费衍射的光强分布图样. 图 6.7.4(a)中横坐标为 u，纵坐标为相对强度 $I_\theta/I_0=(\sin u/u)^2$，它表示衍射场中任一点 P 的相对光强，称为**单缝衍射光强因子**，

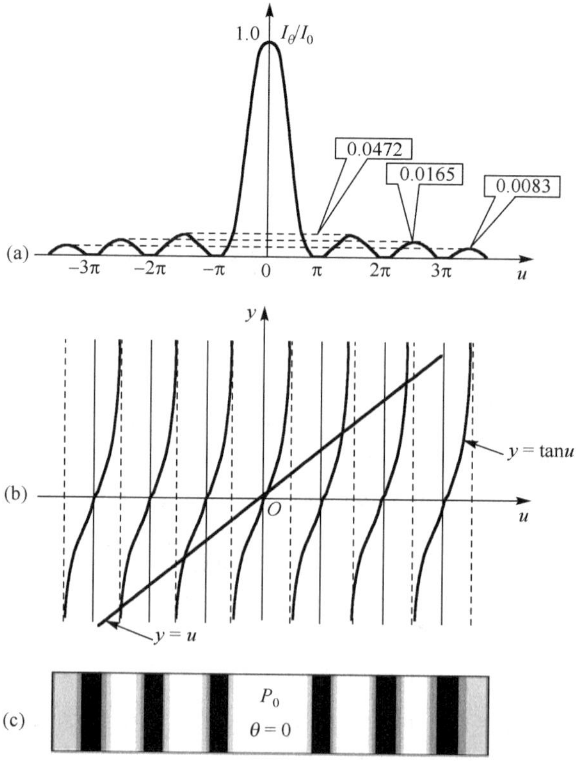

图 6.7.4　线光源夫琅禾费单缝衍射的光强分布

决定光强分布的规律特点. 由图 6.7.4 可知，在 $\theta=0$（$\sin\theta=0$）的中心位置，对应屏上 P_0 点，光强为极大值 I_0，光强因子等于 1，被称为**中央主极大**或主极强. 两侧对称地分布有一系列明暗相间的次极大(明纹)和极小(暗纹)，中央主极大的宽度是其他明纹的两倍.

1) 中央主极大——零级衍射亮纹

如上所述，中央主极大的位置是 $\theta=0$（$\sin\theta=0$）的中心位置，对应屏上 P_0 点，光强为极大值 $I_0=A_0^2$，这相当于各衍射子波之间无光程差，根据费马原理，此即几何光学像点的位置，此处体现了“**透镜物像等光程**”的物理意义. 几何光学着眼于保持光束的同心性研究成像问题，认为点光源发出的光线经透镜后仍交于一点，称为点光源的像点. 但从波动光学的角度看，光波会聚于一点未必产生很强的光，还需看各光波之间的相位关系. 正是由于沿 $\theta=0$ 的方向各衍射子波之间无光程差，保证了它们到达 P_0 点时有相同的相位，相位差为零，振幅叠加相互加强，产生了最大光强值 I_0，即**波动光学的中央主极大衍射条纹对应于几何光学的像点**. 这一结论具有普遍的意义，利用这一结论很容易找到零级衍射主极大的位置.

上述结论告诉我们，在图 6.7.1 所示的实验中，如果光源 S 的位置发生上下、左右移动，利用费马原理，它在屏上的像将朝相反方向移动，于是可判断出零级衍射也沿相反方向移动，并引起整个衍射图样的移动；如果是衍射屏(即衍射狭缝)上下移动，则衍射条纹不动.

2) 次极大——极强衍射斑

次极大(明纹)出现在 $\dfrac{\mathrm{d}}{\mathrm{d}u}\left(\dfrac{\sin u}{u}\right)^2=\dfrac{2\sin u(u\cos u-\sin u)}{u^3}=0$ 的位置上，即满足超越方程 $u=\tan u$ 的解. 用图解法可得此时的 u 值，如图 6.7.4(b)所示，作直线 $y=u$ 和正切曲线 $y=\tan u$，其交点就是该超越方程的解，即

$$u_0=0,\quad u_1=\pm1.43\pi,\quad u_2=\pm2.46\pi,\quad u_3=\pm3.47\pi,\quad\cdots$$

对应的 $\sin\theta$ 为

$$\sin\theta_0=0,\quad \sin\theta_1=\pm1.43\lambda/b,\quad \sin\theta_2=\pm2.46\lambda/b,\quad \sin\theta_3=\pm3.47\lambda/b,\quad\cdots$$

$$\sin\theta_k\approx\pm\left(k+\frac{1}{2}\right)\frac{\lambda}{b}\quad(k=1,2,3,\cdots)\tag{6.7.3}$$

将式(6.7.3)代入式(6.7.2)，得出各次极强衍射条纹的光强为

$$I_1=A_1^2\approx0.0472A_0^2=0.0472I_0$$

$$I_2=A_2^2\approx0.0165A_0^2=0.0165I_0$$

$$I_3 = A_3^2 \approx 0.0083 A_0^2 = 0.0083 I_0$$

……

可见各次极大比中央主极大的光强小很多，这里还简化了计算，忽略了倾斜因子的作用，也没有考虑振幅与光程成反比的关系，而实际的各次极大衍射条纹的光强考虑这些影响后，还要进一步减小. 所以衍射图样中绝大部分的光能集中在中央主极大——零级衍射条纹里. 另外，严格来讲，各级次极大彼此不等宽，但随着级数 k 增加，趋于等宽.

3) 暗纹（极小）位置

暗纹位置由 $I_P = I_\theta = 0$ 确定，而且各级暗纹的宽度是相等的. 从单缝衍射光强因子 $I_\theta / I_0 = (\sin u / u)^2 = 0$ 可知，暗纹只能出现在 $\sin u = 0$，$u \neq 0$ 的位置，即 $u = \pm\pi$，$\pm 2\pi$，$\pm 3\pi$，…，对应的有 $\sin\theta = \pm\lambda/b$，$\pm 2\lambda/b$，$\pm 3\lambda/b$，…，即

$$\sin\theta_k = \pm k\lambda/b \quad (k = 1,2,3,\cdots) \tag{6.7.4}$$

4) 亮纹的角宽度

亮纹的角宽度定义为：相邻两个暗纹之间的角距离. 在傍轴条件下，θ 很小，$\theta \approx \sin\theta \approx \tan\theta$，由式(6.7.4)可知，中央零级衍射亮纹在 ±1 级暗纹之间，$\sin\theta_1 = \pm\lambda/b$ $(k=1)$，相应的角宽为

$$2\theta_1 = 2\tan\theta_1 = 2\lambda/b$$

其半角宽为

$$\Delta\theta = \frac{\lambda}{b} \tag{6.7.5}$$

这里 $\Delta\theta$ 还等于其他次极大亮纹的角宽度，即中央零级衍射亮纹的角宽度是其他次极大亮纹的 2 倍. 则中央亮条纹的半线宽度为

$$\Delta l = f_2' \tan\Delta\theta \approx f_2' \frac{\lambda}{b}$$

5) 衍射的反比率

式(6.7.5)又称为**衍射的反比率**，它包含着深刻的物理意义.

首先 $\Delta\theta$ 的大小可作为衍射效应强弱的标志，它是中央亮斑大小的量度，也是衍射场中衍射光弥散程度的量度. 当波长 λ 给定时，$\Delta\theta$ 与缝宽 b 成反比，缝越宽，中央亮纹越小，各次极大亮斑也越向中央靠拢，衍射越不明显；反之，缝越窄，狭缝对波面限制越甚，衍射场越弥散，衍射斑的范围越宽，衍射现象越显著. 波面在哪个方向受到限制，衍射就在哪个方向展开. 这是光波动性的体现.

当缝宽$b \gg \lambda$时，光波几乎不受限制地自由传播，由反比率可知$\Delta\theta \to 0$，这表明衍射场基本上集中在沿直线传播的方向上，中央亮纹在透镜L_2后的像方焦平面上收缩为几何光学的像点(亮线)，此时波动光学过渡到几何光学.

当缝宽b给定时，$\Delta\theta$与波长λ成正比，波长越长，衍射现象越显著，反之越不明显，这表明**几何光学是波动光学在$\lambda \to 0$时的极限**.

其次是衍射的反比率还包含着“放大”的意义，缝宽b越小，$\Delta\theta$就越大，这不是通常的几何放大，而是波动光学的变换，这正是衍射用于物质结构分析的基本原理，也是激光测细丝直径的依据.

例如，让一束激光入射到待测的细丝上，在透镜L_2后的像方焦平面上就可测定其衍射斑的大小，从而推算出细丝直径，其精度比螺旋测微器高一个量级；由于非接触测量便于动态监测，所以可实现生产拉丝流程的自动控制.

4. 问题讨论

(1) 如果用白光作光源，因为条纹在屏幕上的位置与波长成正比，中央主极大亮纹为白光，边缘有彩色. 两侧对称分布着各级次极大，都为**内紫外红**的彩色条纹，如图6.7.5所示，红光衍射最显著. 该衍射图样称为**衍射光谱**. 随着衍射级次k的增加，次极大彩色条纹将发生重叠.

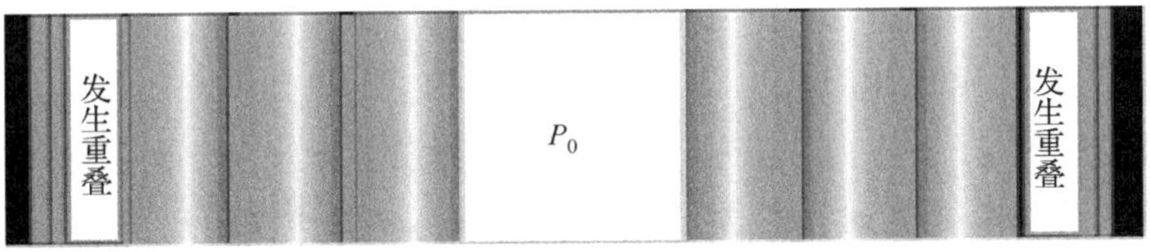

图6.7.5　白光单缝衍射光谱

(2) 透镜L_2在衍射屏后所放的位置对其像方焦平面上的衍射图样没有影响. 例如，第一级暗纹到中央P_0点的距离为y_1，则有$\sin\theta_1 = \dfrac{\lambda}{b} = \dfrac{y_1}{\sqrt{y_1^2 + f_2'^2}}$，那么$y_1 = \dfrac{\lambda f_2'}{\sqrt{b^2 - \lambda^2}}$，可见$y_1$与透镜$L_2$到衍射屏的距离无关. 一般将透镜$L_2$靠近衍射屏是为了让衍射角大的衍射光也能进入透镜.

(3) 从干涉的角度看暗纹的形成，是由于干涉相消，而衍射时暗纹的位置在$\sin\theta_k = \pm k\dfrac{\lambda}{b}$处，$b\sin\theta = \delta$是缝两边缘到接收屏观察点$P_\theta$的光程差. 对于第一级暗纹，满足$b\sin\theta = \lambda$关系，所以可设想将缝从中心一分为二，上半部与下半部的对应点到观察点P_θ的光程差均为$\lambda/2$，即半个波带，因此缝上所有点的子波在观察点P_θ

干涉相消. 若是第二级暗纹，则可将缝一分为四，依此类推. 较难理解的是为何双缝干涉明、暗条件与单缝衍射明、暗条件相反，以及形式上两者加强、减弱的条件相反. 追其实质是一样的，前者是两束光的干涉，后者是多束光的干涉.

夫琅禾费单缝衍射

6.7.2　夫琅禾费矩孔衍射

夫琅禾费单缝衍射是光波波面在垂直于衍射狭缝方向一维受限的情况，而夫琅禾费矩孔衍射是光波波面在沿狭缝和垂直于狭缝的二维方向上受限的情况. 若把单缝换成矩孔，则可在接收屏上观察到二维受限的矩孔衍射图样，如图 6.7.6 所示.

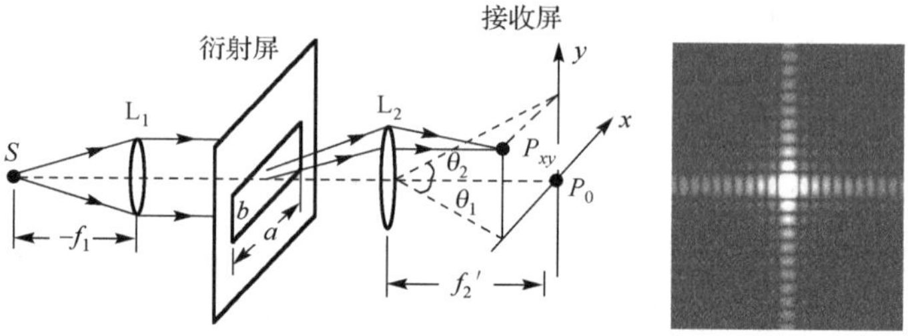

(a)　　(b)

图 6.7.6　矩孔夫琅禾费衍射

图 6.7.6(a) 中，矩孔长为 a、宽为 b，且 $a>b$. 可见矩孔衍射沿着 a、b 两个方向展开，即图中的 x、y 方向，其中 y 方向的衍射强于 x 方向. 所以矩孔衍射的光强分布就相当于两个单缝衍射光强因子的乘积：$\tilde{E}(p_\theta)=I_0\iint_{a\,b}\mathrm{d}\tilde{E}(P_\theta)\mathrm{d}x\mathrm{d}y$，因此 P 点的光强为

$$I(P_\theta)=I(P_{xy})=I_0\left(\frac{\sin u_a}{u_a}\right)^2\left(\frac{\sin u_b}{u_b}\right)^2 \tag{6.7.6}$$

式中

$$u_a=\frac{\pi a\sin\theta_1}{\lambda},\quad u_b=\frac{\pi b\sin\theta_2}{\lambda}$$

相应的两个方向上衍射斑具有不同的角宽，即

$$\Delta\theta_1=\frac{\lambda}{a},\qquad \Delta\theta_2=\frac{\lambda}{b} \tag{6.7.7}$$

实际的衍射图样是一组扩展方向相互垂直的衍射光斑，如图 6.7.6(b) 所示. 衍射

效应明显与否取决于矩孔的两个边长. 例如，对于 $\lambda=500\text{nm}$ 的光，当 a=5mm，b=5μm 时，$\Delta\theta_1=\lambda/a=10^{-4}\text{rad}\approx 20''$，$\Delta\theta_2=\lambda/b=0.1\text{rad}\approx 5.7°$，所以矩孔两个方向衍射斑角宽度的比值为 $\dfrac{a}{b}=1000$. 实际上这样的矩孔已看不到长边方向的衍射效应，这就是夫琅禾费单缝衍射可以看成只有一维受限的矩孔衍射特例的依据.

例 6.7.1 用单色平行可见光垂直照射到缝宽 b=0.5mm 的单缝上，在缝后放一焦距 $f'=1\text{m}$ 的透镜，在位于透镜像方焦平面的观察屏上形成衍射条纹，已知屏上离中央主极大中心为 1.5mm 处的 P 点为明纹，求：

(1) 入射光的波长；

(2) P 点的明纹级次和对应的衍射角，以及此时单缝波面可分成的半波带数；

(3) 中央主极大明纹的宽度.

解 (1) 对 P 点，$\tan\theta=y/f'=1.5\times10^{-3}$，当 θ 很小时，$\tan\theta\approx\sin\theta\approx\theta$，由单缝衍射亮纹公式 $\sin\theta=\pm\left(k+\dfrac{1}{2}\right)\dfrac{\lambda}{b}$ 可知

$$\lambda=\frac{2b\sin\theta}{2k+1}=\frac{2b\tan\theta}{2k+1}$$

当 k=1 时，$\lambda=500\,\text{nm}$；当 k=2 时，$\lambda=300\,\text{nm}$. 在可见光范围内，入射光波长为 $\lambda=500\,\text{nm}$.

(2) 由 (1) 知 P 点位于第一级明纹处，则

$$k=1,\quad \theta\approx\sin\theta=\frac{3\lambda}{2b}=1.5\times10^{-3}\,\text{rad}$$

半波带数为 $n=2k+1=3$.

(3) 中央主极大明纹宽度为 $\Delta y=2f'\dfrac{\lambda}{b}=2\times1\text{m}\times\dfrac{500\times10^{-9}\,\text{m}}{0.5\times10^{-3}\,\text{m}}=2\times10^{-3}\,\text{m}=2\text{mm}$.

例 6.7.2 如例 6.7.2 图所示，一雷达监视器位于路边 d =15m 处，射束与公路成 15°，天线宽度 b= 0.20m，射束波长 λ=30mm. 求：在该雷达监视范围内的公路长度.

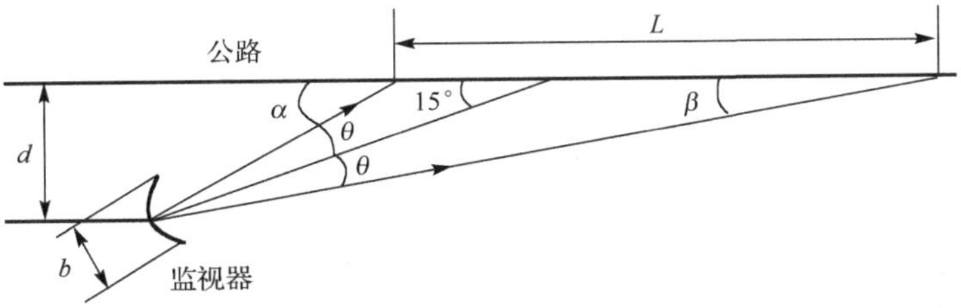

例 6.7.2 图

解 将雷达波束看成单缝衍射的 0 级明纹，则有

$$b\sin\theta=\lambda\text{，}\quad \sin\theta=\frac{\lambda}{b}=\frac{30\text{mm}}{0.2\text{m}}=0.15\text{，}\quad \theta\approx 8.63^\circ$$

$$\alpha=15^\circ+\theta=23.63^\circ\text{，}\quad \beta=15^\circ-\theta=6.37^\circ$$

所以能监控的公路长度

$$L=d(\cot\beta-\cot\alpha)=15(\cot 6.37^\circ-\cot 23.63^\circ)\approx 100(\text{m})$$

6.8　光 栅 衍 射

夫琅禾费衍射现象启发人们，如果在衍射屏上开一系列彼此平行、等宽、等间距的狭缝用于远场衍射实验，则将会发生单缝衍射与多缝干涉的综合效应，产生单缝衍射强度调制的多缝干涉现象，因此可以在观察屏上得到一系列新的明锐条纹，这将有利于分光和物质结构分析的研究. 后来人们研制出了这种多缝的衍射屏，称为**衍射光栅**，简称**光栅**. 广义地说，凡是**具有周期性的空间结构，能对入射光波的振幅与相位或二者之一进行空间调制的衍射屏，都称为衍射光栅**.

6.8.1　光栅的基本结构和类型

世界上第一块光栅是夫琅禾费在1821年制成的. 目前使用的衍射光栅有许多种类型，按照不同的标准，分类方法不一样. 如果按照光是透射还是反射，可分为**透射光栅**与**反射光栅**两大类(图 6.8.1). 如果按照光栅的结构和光学特性，光栅有平面型和凹面型，振幅型与相位型，一维、二维(正交)、立体光栅，黑白光栅和正弦光栅等之分. 光栅的种类虽然很多，但它们的基本原理是相似的. 这里主要讨论振幅型平面透射光栅.

在一块平面光学玻璃上，刻划出一系列平行的等宽、等间距的刻痕，刻痕不透光，就构成一块振幅型平面透射光栅，又称为一维透射光栅，其振幅透射率是一矩形函数，如图 6.8.2 所示.

设光栅各缝的刻痕不透光宽均为 a，刻痕间透光部分宽均为 b，则相邻两缝对应

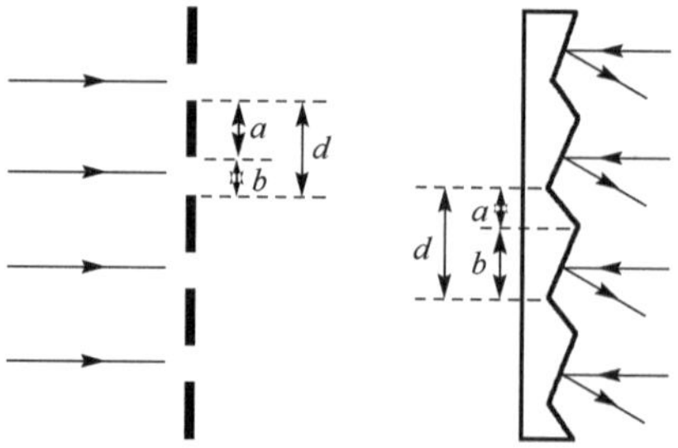

图 6.8.1　透射光栅和反射光栅

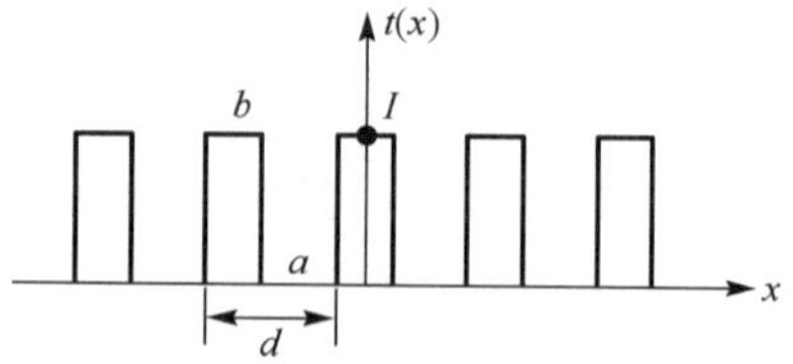

图 6.8.2　振幅型平面光栅的振幅透射率

点间的距离为

$$d = a + b \tag{6.8.1}$$

称为**光栅常数**. 它反映了光栅的空间周期性，其倒数 $1/d$ 表示每毫米内有多少条狭缝，称为**光栅密度**. 实验室内采用的光栅密度大多是 300～1200 条/mm.

刻划光栅，每毫米内有几百条至上千条狭缝，要求十分精确，如果是反射式光栅，其刻痕剖面还要具有一定的角度方向，这是非常费时费心的，因而相当昂贵，通常使用的光栅，大都是把刻划好的光栅作为母光栅进行复制. 光栅的表面被污染后不易清洗，使用时应特别注意保护.

光栅最重要的应用：**一是分光**，用来构成光栅光谱仪；**二是调制**，用于微小长度和角度的精密测量.

6.8.2　平面光栅衍射实验装置和衍射图样

平面透射光栅实验装置如图 6.8.3 所示，单色光源 S 发出的光波经透镜 L_1 后成为平行光正入射到光栅 G 上，经多缝的衍射，在位于透镜 L_2 像方焦平面的观察屏上呈现出一系列细而亮的衍射图样，如图 6.8.4 所示. 若 S 为平行于光栅狭缝的单色线光源，衍射图样则是一系列相互平行的明锐条纹. 中央条纹最亮，而且间距相当大，可进行精确测量. 两侧对称分布着一系列较亮的条纹，而且随着衍射级次的增高，亮度越来越弱.

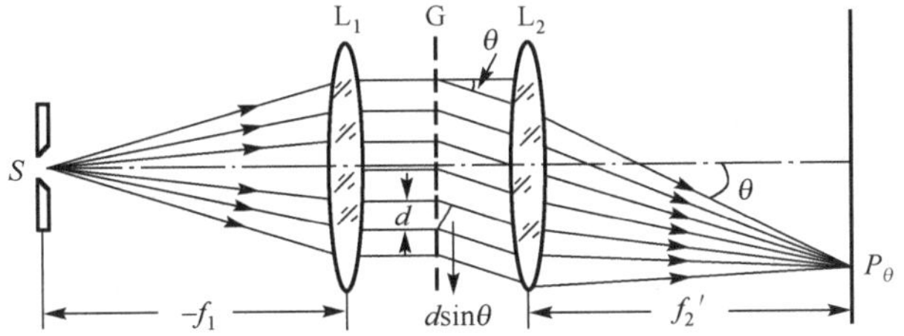

实验装置变化
对衍射图样的影响

图 6.8.3　平面透射光栅实验装置

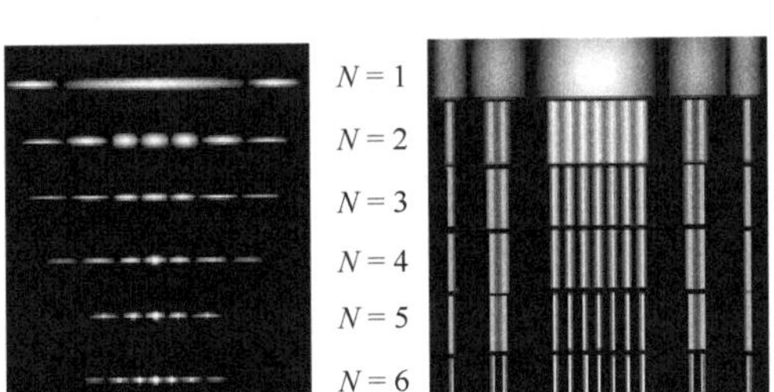

(a) 点光源衍射　　(b) 线光源衍射

图 6.8.4　光栅衍射图样

图 6.8.4 中 N 为光栅的总缝数，N=1 时就是单缝衍射图样. 相对于夫琅禾费单缝衍射，光栅衍射图样中出现了一系列新的强度极大和极小. 随着光栅缝数的增多，光栅衍射形成更为细锐明亮的衍射条纹，若减小缝间距，增加缝数 N，则亮纹间距反而增大.

6.8.3　平面光栅衍射的强度分布

当一束平行单色光照射到一条缝宽为 b 的细长狭缝时，在远场的光屏上将产生夫琅禾费单缝衍射图样. 根据 6.7 节的分析可知，夫琅禾费单缝衍射图样的光强分布为

$$I_P = I_0\left(\frac{\sin u}{u}\right)^2，\ 其中\ u = \frac{\pi b \sin\theta}{\lambda}$$

此时在观察屏上的极大值和极小值的位置分布仅取决于相应的衍射角，与衍射狭缝的位置没有关系，即当衍射屏(或者衍射狭缝)平行移动时，观察屏上的衍射图样仍保持原状，并不随着衍射狭缝的移动而移动.

因此，如果衍射屏是具有许多相互平行、宽度相等、缝间距也相等的周期性的细长狭缝，则每一条狭缝在观察屏上都可以形成各自的单缝衍射图样，这些衍射条纹之间满足相干条件，在观察屏上产生相干叠加，从而形成光栅衍射图样. 下面具体分析光栅衍射的光强分布公式.

1. 相邻两缝的光程差和相位差

若光栅有 N 条狭缝，缝宽为 b，光栅常数为 d. 由于会聚透镜 L_2 的作用，所有狭缝上具有相同衍射角 θ 的衍射光线在衍射屏上会聚到同一点，从而形成多光束干涉. 由图 6.8.3 可知，在夫琅禾费远场衍射条件下，各个狭缝在 P 点产生光振动的振幅相等，相位不同. 考虑到透镜成像的等光程性，相邻两个狭缝在 θ 方向上的光程差为

$$\delta = d\sin\theta$$

对应的相位差为

$$\Delta\varphi = \frac{2\pi}{\lambda}d\sin\theta$$

2. 衍射屏上合振幅与光强公式

在图 6.8.3 的光栅中，从下而上，设第一个缝到达 P 点的光振动相位为零，则其余各缝到达 P 点的光振动相位依次为 $\varphi_2 = \Delta\varphi = \frac{2\pi}{\lambda}d\sin\theta$，$\varphi_3 = \varphi_2 + \Delta\varphi = 2\Delta\varphi$，…，

$\varphi_N=(N-1)\Delta\varphi$，各缝在 P 点产生的复振幅分别为

$$\tilde{A}_1=\tilde{A}_0\frac{\sin u}{u}=\tilde{A}_0\operatorname{sinc}u\mathrm{e}^{\mathrm{i}0}$$

$$\tilde{A}_2=\tilde{A}_0\frac{\sin u}{u}\mathrm{e}^{\mathrm{i}\Delta\varphi}=\tilde{A}_0\operatorname{sinc}u\mathrm{e}^{\mathrm{i}\Delta\varphi}$$

$$\tilde{A}_3=\tilde{A}_0\frac{\sin u}{u}\mathrm{e}^{\mathrm{i}2\Delta\varphi}=\tilde{A}_0\operatorname{sinc}u\mathrm{e}^{\mathrm{i}2\Delta\varphi}$$

……

$$\tilde{A}_N=\tilde{A}_0\frac{\sin u}{u}\mathrm{e}^{\mathrm{i}(N-1)\Delta\varphi}=\tilde{A}_0\operatorname{sinc}u\mathrm{e}^{\mathrm{i}(N-1)\Delta\varphi}$$

于是 P 点的合振幅为

$$\tilde{A}_P=\sum_{n=0}^{N-1}\tilde{A}_0\operatorname{sinc}u\mathrm{e}^{\mathrm{i}n\Delta\varphi}=\tilde{A}_0\operatorname{sinc}u\sum_{n=0}^{N-1}\mathrm{e}^{\mathrm{i}n\Delta\varphi}$$

上式是公比为 $\mathrm{e}^{\mathrm{i}\Delta\varphi}$ 的等比级数，应用等比级数求和公式 $S_N=\dfrac{a_1(1-r^N)}{1-r}$，令 $a_1=\mathrm{e}^{\mathrm{i}0}=1$，$r=\mathrm{e}^{\mathrm{i}\Delta\varphi}$，求和得

$$\tilde{A}_P=\tilde{A}_0\operatorname{sinc}u\sum_{n=0}^{N-1}\mathrm{e}^{\mathrm{i}n\Delta\varphi}=\tilde{A}_0\operatorname{sinc}u\frac{1-\mathrm{e}^{\mathrm{i}N\Delta\varphi}}{1-\mathrm{e}^{\mathrm{i}\Delta\varphi}}$$

将上式中的分数进行整理得

$$\frac{1-\mathrm{e}^{\mathrm{i}N\Delta\varphi}}{1-\mathrm{e}^{\mathrm{i}\Delta\varphi}}=\frac{\mathrm{e}^{-\mathrm{i}N\frac{\Delta\varphi}{2}}-\mathrm{e}^{\mathrm{i}N\frac{\Delta\varphi}{2}}}{\mathrm{e}^{-\mathrm{i}\frac{\Delta\varphi}{2}}-\mathrm{e}^{\mathrm{i}\frac{\Delta\varphi}{2}}}\mathrm{e}^{\mathrm{i}(N-1)\frac{\Delta\varphi}{2}}$$

应用欧拉公式 $\mathrm{e}^{\mathrm{i}\beta}-\mathrm{e}^{-\mathrm{i}\beta}=2\mathrm{i}\sin\beta$ 得

$$\tilde{A}_P=\tilde{A}_0\operatorname{sinc}u\frac{1-\mathrm{e}^{\mathrm{i}N\Delta\varphi}}{1-\mathrm{e}^{\mathrm{i}\Delta\varphi}}=\tilde{A}_0\frac{\sin u}{u}\frac{\sin\frac{N\Delta\varphi}{2}}{\sin\frac{\Delta\varphi}{2}}\mathrm{e}^{\mathrm{i}(N-1)\frac{\Delta\varphi}{2}}\tag{6.8.2}$$

这就是光栅衍射时观察屏上 P 点的合振幅，于是光栅衍射的合光强分布为

$$I_P=\left|\tilde{A}_P\right|^2=I_0\left(\frac{\sin u}{u}\right)^2\left(\frac{\sin N\beta}{\sin\beta}\right)^2\tag{6.8.3}$$

式中，$u=\dfrac{\pi b\sin\theta}{\lambda}$，$\beta=\dfrac{\pi d\sin\theta}{\lambda}$. $\dfrac{\sin^2 u}{u^2}$ 称为**单缝衍射因子**，$\dfrac{\sin^2 N\beta}{\sin^2\beta}$ 称为**多缝干涉因子**.

由此可以看出，**光栅衍射就是单缝衍射与多缝干涉的综合效应，产生单缝衍射强度调制的多缝干涉现象，其强度分布公式就是单缝衍射和多缝干涉因子与 I_0 的乘积.**

6.8.4　光栅衍射图样的主要特征

图 6.8.5 是根据式(6.8.3)画出的光栅衍射强度分布图,图中清楚地显示出衍射图样的主要特征，衍射图样中出现了一系列强度极大和极小，较强的亮纹叫做**主极大**，较弱的亮纹叫做**次极大**，在两个极大值之间还具有一个暗纹. 根据式(6.8.3)可知，光栅衍射光强分布由单缝衍射因子和多缝干涉因子决定,所以要真正掌握它的特征，必须弄清这两个因子包含的物理内容.

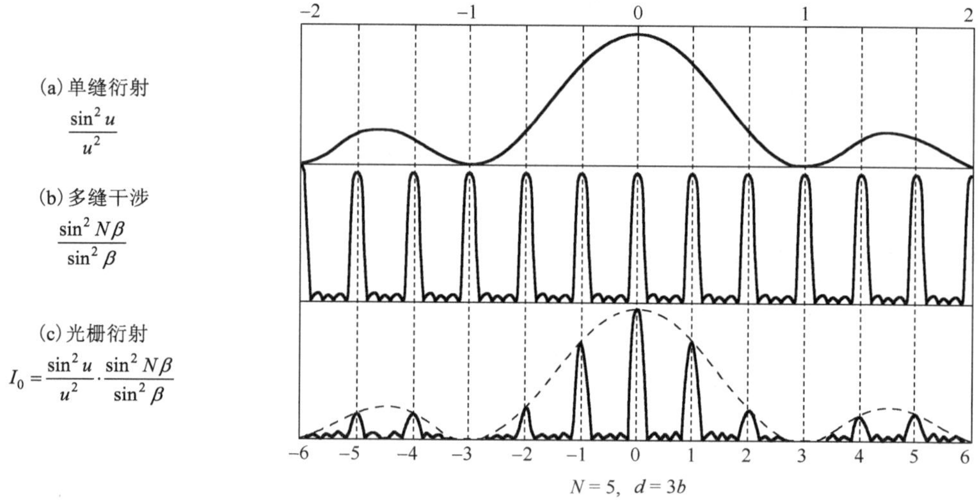

图 6.8.5　光栅衍射强度分布特征

1. 多缝干涉因子的作用

1) 主极大的位置、光强和数目　光栅方程

图 6.8.5(b)给出了 $N=5$，$d=3b$ 情况下的缝间干涉因子的曲线，为了便于与图 6.8.5(a)和图 6.8.5(c)曲线比较，纵坐标变为原来的$1/N^2$.

根据多缝干涉因子$\left(\dfrac{\sin N\beta}{\sin\beta}\right)^2$，当 $\beta=k\pi$（$k=0,\pm1,\pm2,\pm3,\cdots$）时，$\sin\beta=0$，$\sin N\beta=0$，则 $\lim\limits_{\beta\to k\pi}\dfrac{\sin^2 N\beta}{\sin^2\beta}=N^2$，多缝干涉因子取极大值，此时光强也应该为极大值. 根据式(6.8.3)，此时光强为 $I_P=I_0N^2\left(\dfrac{\sin u}{u}\right)^2$. 对于衍射图样的中心位置，衍射

角 $\theta=0$ ，$\lim\limits_{\theta\to 0}\dfrac{\sin^2 u}{u^2}=1$，则光栅衍射的光强为最大值，$I_{max}=N^2 I_0$.

又因为 $\beta=\dfrac{\Delta\varphi}{2}=\dfrac{\pi d\sin\theta}{\lambda}$，当 $\beta=k\pi$ 时，有

$$d\sin\theta=k\lambda \quad (k=0,\pm1,\pm2,\pm3,\cdots) \tag{6.8.4}$$

称为平行光垂直入射情况下的**光栅方程**，k 为主极大的级次. 光栅方程是光栅衍射的基本方程，**可以计算光栅衍射时主极大的位置**.

由于衍射角 $|\theta|\leqslant 90^\circ$，所以主极大的最大级次 $|k_{max}|\leqslant\dfrac{d}{\lambda}$. 例如，当 $\lambda=0.4d$ 时，只有 $k=0,\pm1,\pm2$ 级主极大. 若 $\lambda\geqslant d$，则 $k=0$，只有零级主极大. 因此，可以看出，**光栅衍射主极大的数目为**

$$N=2[k_{max}]+1$$

式中，$[k_{max}]$ 表示只取整数部分.

斜入射时的光栅方程

若平行光斜入射到光栅上，设入射方向和光栅平面法线方向间的夹角(入射角)为 α，则相邻两缝的光程差为 $\delta=d(\sin\alpha\pm\sin\theta)$，因此**斜入射时的光栅方程**为

$$d(\sin\alpha\pm\sin\theta)=k\lambda \quad (k=0,\pm1,\pm2,\pm3,\cdots) \tag{6.8.5}$$

式中，θ 为衍射角，其角度均取正值. 若 θ 与 α 在法线同侧，上式括号内取“+”；在法线异侧，取“−”. 其光强分布仍由式(6.8.3)确定，但式中的 u 和 β 应为

$$u=\frac{\pi b(\sin\alpha\pm\sin\theta)}{\lambda}, \quad \beta=\frac{\pi d(\sin\alpha\pm\sin\theta)}{\lambda}$$

光线斜入射可以获得更高级次的条纹(高级次条纹分辨率高). 由斜入射时的光栅方程可知：k 确定时，调节 α，则相应改变 θ.

例如，当式(6.8.5)括号内取“−”时，设 $k=0$，则有 $\sin\alpha=\sin\theta$，那么相邻两缝光的相位差 $\Delta\varphi=\dfrac{2\pi}{\lambda}d\sin\alpha=\dfrac{2\pi}{\lambda}d\sin\theta$，故 $\sin\theta=\dfrac{\lambda}{2\pi d}\Delta\varphi\approx\theta$. 由此可见，改变相邻入射光的相位差 $\Delta\varphi$，或改变波长 λ，可改变零级衍射光的方向，此结论正是“相控阵雷达”扫描的基本原理.

若将式(6.8.4)或式(6.8.5)代入式(6.8.3)，则得各级主极大的光强

$$I_{k主极大}=\frac{N^2 I_0 d^2}{k^2\pi^2 b^2}\sin^2\left(\frac{k\pi b}{d}\right) \quad (k=0,\pm1,\pm2,\pm3,\cdots) \tag{6.8.6}$$

例如，当 $k=0$ 时为零级(中央)主极大，光强取最大值 $I_{中央}=N^2 I_0$，此时式(6.8.3)中，$\theta=0$，$u=0$，有 $\lim\limits_{u\to 0}\dfrac{\sin^2 u}{u^2}=1$，$\beta=0$ 或 $k\pi$，$\sin N\beta=N\sin\beta$，$\lim\limits_{\beta\to k\pi}\dfrac{\sin^2 N\beta}{\sin^2\beta}=N^2$.

当 $k=\pm1$ 时为 ±1 级主极大，$k=\pm2$ 时为 ±2 级主极大，…，可见级次越高，其主极大的光强越弱，这正是单缝衍射因子对主极大的光强调制的结果.

2) 极小值(光强为零)的角位置和数目

在式(6.8.3)单缝衍射因子和多缝干涉因子中，任一因子为零，都会使光强为零，出现衍射的极小值. 当多缝干涉因子为零时，即 $(\sin N\beta/\sin\beta)^2=0$，可以得出 $\sin N\beta=0$ 而 $\sin\beta\neq0$，此时光栅衍射出现极小值，其角位置满足 $N\beta=\dfrac{N\pi\, d\sin\theta}{\lambda}=k'\pi$，即

$$d\sin\theta=k'\frac{\lambda}{N}$$

$$k'=\pm1,\pm2,\cdots,\pm(N-1),\pm(N+1),\cdots,\pm(2N-1),\pm(2N+1),\cdots \tag{6.8.7}$$

但是式中 $k'\neq0,\pm N,\pm2N,\cdots$，否则就变成决定主极大角位置的光栅方程了.

因此，两个干涉主极大之间有 N–1 个由多缝干涉产生的光强为零的极小值.

3) 次极大的角位置和数目

次极大的角位置可对缝间干涉因子求极值而得出，即出现在 $\dfrac{\mathrm{d}}{\mathrm{d}\beta}\left(\dfrac{\sin^2 N\beta}{\sin^2\beta}\right)=0$ 的位置.

可以证明，各级次极大的光强比主极大弱得多，其值不超过零级主极大的 1/23，所以次极大和暗纹实际上混成一片，形成光强很弱的黑暗背景. 对于总缝数 N 很大的光栅，次极大完全观察不到.

因为在**两相邻主极大之间有 N–1 个暗纹**，而相邻两暗纹之间应有一个次极大，所以**两相邻主极大之间必有 N–2 个次极大**.

4) 主极大的半角宽度

每个主极大亮纹都有一定的宽度，其宽度可认为以它两侧最近的极小值(即暗纹)为界. **主极大的中心到邻近的暗纹之间的角距离**就是它的**半角宽度**，由式(6.8.4)光栅方程与式(6.8.7)可知，对于那些偏离零级主极大不远的主极大，因 θ 很小，任一 k 级主极大的角位置 $\sin\theta_k=\dfrac{k\lambda}{d}$，而与之相邻暗线的角位置应近似地为 $\sin(\theta_k+\Delta\theta)=\left(k+\dfrac{1}{N}\right)\dfrac{\lambda}{d}$，所以对第 k 级主极大

$$\sin(\theta+\Delta\theta)-\sin\theta=\frac{(kN+1)\lambda}{Nd}-k\frac{\lambda}{d}=\frac{\lambda}{Nd}$$

又因为 $\sin(\theta+\Delta\theta)-\sin\theta=\mathrm{d}\sin\theta=\cos\theta\mathrm{d}\theta$，所以 $\Delta\theta$ 还可写为

$$\Delta\theta = \mathrm{d}\theta = \frac{\lambda}{Nd\cos\theta} \tag{6.8.8}$$

可见，主极大的半角宽度$\Delta\theta$与Nd的乘积成反比，Nd越大，$\Delta\theta$越小，主极大亮纹越细锐. 这表明多光束干涉使光能量主要集中于各个主极大上，并且Nd越大，集中度越高.

由此可见，**主极大、次极大、暗纹的位置以及主极大的半角宽度等都由多缝干涉因子决定. 主极大的位置由光栅方程决定，与缝数N无关，其强度正比于N^2，相邻主极大之间有$N-1$条暗纹和$N-2$个次极大. 缝数N越大，光栅常数d越小，亮纹越细锐，亮纹间距相对越大.**

2. 单缝衍射因子的作用　缺级

单缝衍射因子的**第一个作用：改变光强度对各级主极大的分配**. 正如前面所述，衍射级次越高，其主极大的光强越弱，这正是单缝衍射因子对主极大的光强调制的结果. **第二个作用：产生干涉极大条纹的缺级现象**. 即本来是干涉极大出现的位置，恰好是单缝衍射暗纹所在位置，此时总的光强为零，干涉极大值消失，这种现象称为光栅衍射条纹的**缺级**. 此时，在衍射角为θ的方向同时满足光栅方程和单缝衍射的极小值两个条件：

干涉极大满足光栅方程：$d\sin\theta = k\lambda$，$k = 0, \pm1, \pm2, \pm3, \cdots$

夫琅禾费单缝衍射极小：$b\sin\theta = j\lambda$，$j = \pm1, \pm2, \pm3, \cdots$

则可以计算出现缺级的主极大级次为

$$k = j\frac{d}{b}, \qquad j = \pm1, \pm2, \pm3, \cdots \tag{6.8.9}$$

由此可见，光栅主极大的缺级与光波波长无关，仅由光栅参数确定. 在图6.8.5中，$N=5$，$d=3b$，得出$k=\pm3, \pm6, \cdots, \pm3k$级主极大缺级.

综上所述，**光栅衍射光强是多光束干涉被单缝衍射调制的结果. 缝间干涉因子的作用是确定光栅衍射主极大的位置和半角宽度，而单缝衍射因子则决定各级主极大的强度分配和缺级.**

6.8.5　光栅的分光原理　光栅光谱

波长为λ的单色光，经光栅衍射后在观察屏上得到一组细锐明亮的衍射条纹，条纹的位置由光栅方程$d\sin\theta = k\lambda$决定，不同的衍射级次有不同的角位置. 但如果入射光是白光，则根据光栅方程$d\sin\theta = k\lambda$，当光栅常数d确定，衍射级次k(非零级衍射主极大)确定后，不同波长光的同一级主极大有不同的衍射角，可见光范围内波长最小的紫光，其衍射角也最小，随着波长的增加，对应的衍射角逐渐增加，可见光范围内波长最大的红光的衍射角也最大，即不同波长的光经光栅衍射后被彼此分开，形成了**内紫外红**的彩色谱线. 除零级以外，不同级的彩色光谱线排列成连续的光谱带，从而形成光栅光谱. 这就是光栅的分光原理.

如果角度不大，$\sin\theta\approx\theta$，则θ正比于波长λ，所以光栅光谱在谱图上排列均匀. 这给测量带来很大方便，而前面学习过的白光利用棱镜的色散特性分成的光谱则为非线性关系，不同波长的两相邻单色光之间的距离并不相等，故不易测量. 另外，光栅光谱一般有许多级，每一级衍射主极大对应一套光谱，而棱镜光谱只有一套.

图 6.8.6 所示的是两种波长为λ与λ'的光栅光谱，λ与λ'谱线间的距离随着光谱衍射级数的增高而增大. 图 6.8.7 所示的是白光(可见光谱的范围为 400～760nm)的光栅光谱，中央零级亮条纹光谱还是白光，其他各级衍射光谱中不同波长的光则彼此分开，形成可见光光谱带.

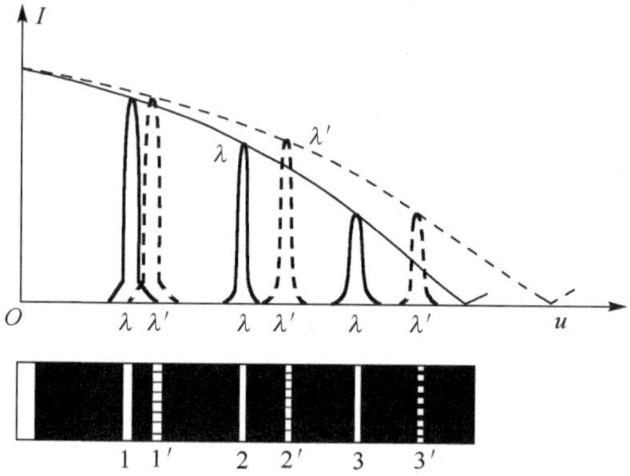

图 6.8.6　两种波长的光栅光谱

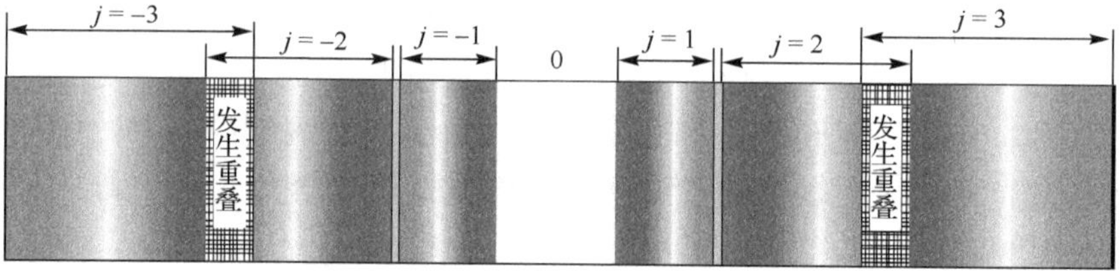

图 6.8.7　白光的光栅光谱

图中在第二级和第三级光谱中发生了互相重叠，级次越高，重叠情况越复杂. 实际应用时常采用第一级谱线.

6.8.6　闪耀光栅

透射光栅有一个很大的缺点，就是衍射图样中无色散的零级主极大占总光能的很大一部分，其余的光能又分散在各级光谱中，致使每级光谱中的强度比较小. 实际使用光栅作为分光元件时，零级主极大因为不能将光谱分开而无法利用，只能利用其他能量较小的衍射级次，这样大部分的光能量并没有被利用，这种光能量的损失对实际应用很不利.

为了减小光能量损失，提高谱线的强度，1910 年美国物理学家伍德(R. W. Wood，1868～1955)成功地研制出闪耀光栅，解决了此问题. 目前在分光仪器中使用的光栅几乎都是反射式的闪耀光栅. 它的优点是：能将衍射光谱的中央极大值从没有色散的零级光谱转移到有色散的其他衍射级次的光谱上，并且还可设法减小其他级次谱线的强度，使光能被充分利用，从而得到较强的谱线.

在一块磨光的金属板或镀金属膜的玻璃板基坯上，用劈形钻石刀刻出等距且等宽的细齿槽，就形成了闪耀光栅，如图 6.8.8 所示，每个反射面相对于光栅平面有一定的倾角(即反射面法线与光栅平面法线之间的夹角)θ_B，称为**闪耀角**. 光栅常数 d 为相邻两槽间的距离.

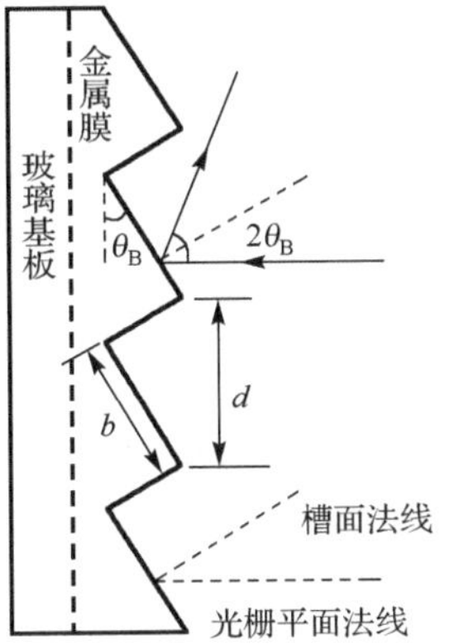

图 6.8.8　反射式闪耀光栅

当平行光波垂直于光栅平面入射时，其波线与槽面成入射角 θ_B. 于是，在与槽面法线成 θ_B 角的反射光方向上(沿此方向的衍射角 $\theta=2\theta_B$)，主极大取得最大的相对强度，实现了该级光谱线的闪耀.

在这种光栅所形成的衍射图样中，槽面间干涉形成的各级主极大的位置不受刻痕形状的影响，仍由**光栅方程** $d\sin 2\theta_B = k\lambda_B$ 确定(此时衍射角 $\theta=2\theta_B$).

例如，当 $k=1$ 时，单槽面衍射零级中央极大值正好落在 λ_B 光波的一级光谱上. 所以，衍射零级在反射光方向上形成的是关于 λ_B 的一级光谱的极大值. 同时，由于闪耀角很小，刻槽面宽度与光栅常数几乎相等，即 $b\approx d$. 因此，除 θ_B 方向以外的光谱的其他级干涉极大值(包括零级)都因无槽面衍射形成缺级，如图 6.8.9 所示. 这样 80%～90%的光能都集中到一级谱线中，使其强度极大增强.

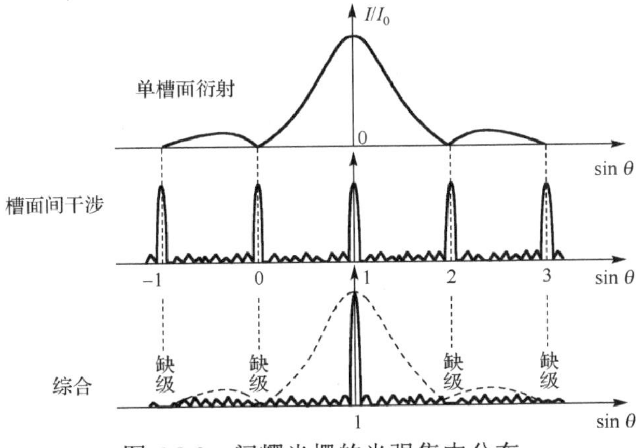

图 6.8.9　闪耀光栅的光强集中分布

由此可见，闪耀光栅的巧妙之处在于它的刻槽面与光栅平面不平行，两者之间有一夹角 θ_B(即为**闪耀角**)，从而使单个刻槽面(相当于单缝)衍射的中央极大和槽面间(相当于缝间)干涉零级主极大分开，移到由刻痕形状所决定的符合反射定律的反射光方向，使这个方向的主极大变强. 这就好像通常看物体光滑表面反射时耀眼的光一样，所以称为**闪耀光栅**.

需要特别指出，在图 6.8.8 中，当平行光波垂直于光栅槽面入射时，从槽间干涉来说，相邻槽面之间在槽面法线方向上有光程差 $\delta = 2d\sin\theta_B$，故此时的闪耀光栅方程改变为

$$2d\sin\theta_B = k\lambda \quad (k=1, 2, 3, \cdots) \tag{6.8.10}$$

例 6.8.1 以波长 $\lambda = 589.3\,\text{nm}$ 的钠光垂直入射到光栅上，测得第二级谱线的偏角为 $28°8'$；若用另一未知波长的单色光垂直入射在这个光栅上，发现它的第一级谱线的偏角是 $13°30'$. 求未知波长及其谱线最多能观察到第几级.

解 依题意设未知波长为 λ'，$\theta = 28°8' \approx 28.13°$，$\theta' = 13°30' = 13.50°$，由光栅方程 $d\sin\theta = k\lambda$ 可知

$$d\sin 28.13 = 2\lambda, \quad d\sin 13.50 = \lambda'$$

可解得

$$\lambda' = \frac{2\lambda\sin 13.50°}{\sin 28.13°} = \frac{2\times 589.3\text{nm}\times 0.2334}{0.4715} = 583.4\text{nm}$$

由光栅方程 $d\sin\theta = k\lambda$，得 $k_{\max} \leqslant d\sin\theta_k/\lambda'$，依题意知 $\theta_k \leqslant 90°$，$\sin\theta_k \approx 1$，固有

$$k_{\max} \leqslant \frac{d}{\lambda'} = \frac{d}{d\sin 13.50°} = \frac{1}{0.2340} \approx 4.28$$

取整得 $k_{\max} = 4$，即最多可观察到 0、±1、±2、±3、±4 级光谱线(主极大)，共 9 条衍射主极大.

例 6.8.2 已知平面透射光栅狭缝的宽度 $b = 1.582\times 10^{-3}\,\text{mm}$，若以波长 $\lambda = 632.8\,\text{nm}$ 的氦氖激光垂直入射光栅，发现第±4，±8，…缺级，会聚透镜的焦距为 1.5m，试求：

(1) 屏幕上第一级亮条纹与第二级亮条纹的距离；

(2) 屏幕上所呈现的全部亮条纹数.

解 (1) 设光栅中相邻两缝间不透明部分的宽度为 a，光栅常数 $d=a+b$，由第四级缺级，则有

$$d = 4b = 4\times 1.582\times 10^{-3}\,\text{mm} = 6.328\times 10^{-3}\,\text{mm}$$

由光栅方程 $d\sin\theta = k\lambda$ 可知，第一级亮条纹和第二级亮条纹的角位置为

$$\sin\theta_1 = \frac{\lambda}{d}，\quad \sin\theta_2 = \frac{2\lambda}{d}，$$

若会聚透镜的焦距为 f'，则它们与中央亮条纹的中心位置的距离为 $y = f'\tan\theta$. 当 θ 很小时，有 $\tan\theta = \sin\theta$，则 $y_1 = f'\tan\theta_1 = f'\sin\theta_1$，$y_2 = f'\tan\theta_2 = f'\sin\theta_2$，因此，屏幕上第一级亮条纹与第二级亮条纹的距离

$$\Delta y = y_2 - y_1 = f'(\sin\theta_2 - \sin\theta_1) = f'\frac{\lambda}{d} = 1.5\text{m} \times \frac{632.8\text{nm}}{6.328\times10^{-3}\text{mm}} = 150\text{mm}$$

(2) 由光栅方程 $d\sin\theta = k\lambda$，得

$$k_{\max} = \frac{d\sin\theta}{\lambda} \leqslant \frac{d}{\lambda} = \frac{6.328\times10^{-3}\text{mm}}{632.8\text{nm}} = 10$$

若考虑到 $k=\pm4$，±8 缺级，而 $k=\pm10$ 实际上看不到($k=10$ 时，$\sin\theta\approx1$，对应的衍射角 $\theta=\pi/2$，故无法看到)，则屏幕上呈现的全部亮条纹数为

$$N = 2\times(9-2)+1 = 15$$

例 6.8.3 一束单色光垂直入射在光栅上，衍射光谱中共出现 5 条明纹，若已知此光栅缝宽与缝间不透明部分宽度相等，那么在中央零级明纹两侧的 4 条明纹分别是哪一级谱线？

解 依题意知

$$a = b，\quad d = a+b = 2a = 2b$$

依据缺级公式 $k = j\dfrac{d}{b}$，得该光栅衍射缺级 $k = 2j$（$j = \pm1, \pm2, \pm3, \cdots$），即 ±2，±4，±6，…所有偶数级次主极大缺级.

又知光谱中共出现 5 条明纹，故在中央零级明纹两侧的 4 条明纹分别是 ±1 级和 ±3 级谱线.

缺级公式主要用于以下两种问题：①判断缺级；②设计光栅.

6.9 光谱仪器的基本性能

6.9.1 光谱仪器的分类

能够将复色光按波长进行分解而获得光谱的仪器称为**分光仪器**，又叫**光谱仪**，它可以测定各种波长光的相对强度，一般由分光系统和接收系统组成，其中分光系统是光谱仪的核心部分.

光谱仪按其分光原理大致分为三类：使用棱镜作为分光元件的光谱仪——**棱镜**

光谱仪；使用光栅作为分光元件的光谱仪——**光栅光谱仪**；使用干涉原理制作的光谱仪——**干涉光谱仪**.

实际上任何一种光谱仪都是以干涉原理为基础. 就棱镜光谱仪而言，由于棱镜的通光孔径远大于波长，通光表面光滑，光学性质均匀，所以通过棱镜的光只有在遵守折射定律的方向上，诸子波干涉才相互加强，其他方向均相互抵消，得到的是零级亮纹；又由于不同波长光通过棱镜时折射率不同，所以零级亮纹的方向位置就不同，从而形成了折射分光. 光栅光谱仪是利用多光束干涉形成明锐的条纹，以提高测量精度，其原理与干涉光谱仪相同，区别在于光栅光谱仪利用低级次干涉谱线(k=1，2，3)，干涉光谱仪则是利用高级次干涉谱线(k=10^3，10^4).

光谱仪按其用途大致也可以分为三类：**分光计**用于定性研究光谱成分，仅仅是将不同波长的光分开，在可见光波段用人眼可直接观察；**单色仪**用于定性和定量研究某一单色光谱，一般用光探测器接收，再用数据输出设备得到其光谱波长和强度分布；**摄谱仪**用照相干板拍摄所研究的光谱带，然后测出波长与黑度，从而得到相应的光谱强度.

6.9.2　光栅光谱仪的分光性能

光栅是一种十分精密的分光元件，近代光谱仪大都由光栅构成，其主要性能指标有**色散本领**、**色分辨本领**和**色散范围**(自由光谱范围)等.

1. 色散本领

色散本领表征光栅光谱仪将衍射光中不同波长的同级主极大在空间分开的程度，常用角色散本领和线色散本领表示.

(1) **角色散本领**，定义为

$$D_\theta = \lim_{\Delta\lambda \to 0} \frac{\Delta\theta}{\Delta\lambda} = \frac{\mathrm{d}\theta}{\mathrm{d}\lambda} \tag{6.9.1}$$

它表示**单位波长差的两主极大谱线所分开的角距离**，其单位为 rad/nm.

对光栅方程 $d\sin\theta = k\lambda$，两端微分得到 $d\cos\theta\mathrm{d}\theta = k\mathrm{d}\lambda$，于是角色散本领为

$$D_\theta = \frac{\mathrm{d}\theta}{\mathrm{d}\lambda} = \frac{k}{d\cos\theta} \tag{6.9.2}$$

即 D_θ 与光谱衍射级次 k 成正比，与光栅常数 d 成反比. 可见，增大 k，减小 d 可提高光栅的角色散本领. 但必须注意，级次 k 越大，谱线强度越弱，所以必须兼顾光栅的角色散本领与谱线强度两者的关系.

从式(6.9.2)还可看出，当 θ 很小时，$\cos\theta \approx 1$，对于某一确定的级次 k，又有

$D_\theta = \dfrac{\mathrm{d}\theta}{\mathrm{d}\lambda} \approx \dfrac{k}{d}$，变成与波长无关的常数，此时衍射角随波长作线性变化，所得光谱为**匀排光谱**. 这对光谱仪的波长标定十分有用，棱镜光谱则无此优点.

(2) **线色散本领**，定义为

$$D_l = \lim_{\Delta\lambda \to 0} \frac{\Delta l}{\Delta\lambda} = \frac{\mathrm{d}l}{\mathrm{d}\lambda} \tag{6.9.3}$$

它表示**单位波长差的两主极大谱线所分开的线距离**. 当 θ 很小时，$\mathrm{d}l = f_2'\mathrm{d}\theta$，所以得到

$$D_l = \frac{\mathrm{d}l}{\mathrm{d}\lambda} = \frac{k}{d\cos\theta} f_2' \tag{6.9.4}$$

可见**线色散本领与会聚透镜的焦距成正比**，所以可以选用长焦距的会聚透镜来增大光栅的线色散本领，以使不同波长的同级主极大分得更开.

2. 色分辨本领

色散本领仅表示不同波长的两个主极大分开的程度，不能说明两谱线是否重叠，因为衍射光的每一级谱线都有一定的宽度，它们可能彼此部分重叠而难以分辨，因此引进**色分辨本领**来表征光栅对不同波长的同级主极大的分辨能力.

若光栅恰能分辨开两条波长为 λ 和 $\lambda' = \lambda + \Delta\lambda$ 光的同级主极大，则光栅的色分辨本领定义为

$$R = \frac{\lambda}{\Delta\lambda} \tag{6.9.5}$$

对于光栅，能分辨的 $\Delta\lambda$ 越小，其色分辨本领 R 越大，故 $\Delta\lambda$ 称为光栅的**分辨极限**. 它与下面两个因素有关：

(1) 光谱线的粗细程度，即光谱线的半角宽度 $\Delta\theta = \lambda/(Nd\cos\theta)$.

(2) 光栅的角色散本领 $D_\theta = k/(d\cos\theta)$.

根据瑞利判据，当 λ' 的 k 级主极大刚好落在 λ 的 k 级主极大旁的第一极小位置时，恰可分辨开这两条谱线，即当两波长的光谱所分开的角距离 $\mathrm{d}\theta$ 等于对应光谱线的半角宽度 $\Delta\theta$ 时，两光谱恰好可以分开. 由式(6.9.2)可得此时两光谱线的角距离

$$\mathrm{d}\theta = D_\theta \mathrm{d}\lambda = D_\theta \Delta\lambda = \frac{k\Delta\lambda}{d\cos\theta}$$

而 k 级衍射主极大的半角宽度：

$$\Delta\theta = \frac{\lambda}{dN\cos\theta}$$

由此得出光栅的色分辨本领为

$$R = \frac{\lambda}{\Delta\lambda} = kN \tag{6.9.6}$$

可见**光栅的色分辨本领与光栅总缝数 N 和光谱级次 k 成正比**，而与光栅常数 d 无关.

一般光栅的光谱级 k=1～3，总缝数 N 却很大，所以它有很高的分辨本领. 例如，对于长为 50mm、密度为 1200 条/mm 的光栅，第一级光谱的色分辨本领 $R = 6\times10^4$，在 600nm 附近的分辨极限 $\Delta\lambda = 0.01\,\text{nm}$.

由光栅方程得 $k = d\sin\theta/\lambda$，代入式(6.9.6)得

$$R = \frac{Nd\sin\theta}{\lambda} = \frac{W\sin\theta}{\lambda} \tag{6.9.7}$$

式中，W=Nd 称为**光栅的宽度**. 使用光栅时，一定要使光全部照满光栅，即所有的光栅缝数都使用，才能使光栅的色分辨本领达到最大，否则就降低了它的色分辨本领.

3. 色散范围(自由光谱范围)

根据光栅方程 $d\sin\theta = k\lambda$ 可知，当单色光入射时，随着衍射级次 k 的增加，衍射角随之增加. 如果是复色光入射，对于同一级衍射光谱，随着波长的增加，衍射角增加，这样就有可能出现复色光中波长较长的第 k 级衍射谱线与波长较短的第 k+1 级衍射谱线重叠的现象，这种现象称为**越级**(或**重级**).

如果 $\lambda+\Delta\lambda$ 的第 k 级谱线恰好与 λ 的第 k+1 级谱线相重合，则第 k 级光谱恰好不与别的级次的光谱相重，此时的 $\Delta\lambda$ 称为第 k 级的**色散范围**，也称**自由光谱范围**.

当 $\lambda+\Delta\lambda$ 的第 k 级主极大与 λ 的第 k+1 级主极大重叠时，由光栅方程有 $k(\lambda+\Delta\lambda) = (k+1)\lambda$，因此可得

$$\Delta\lambda = \frac{\lambda}{k} = \frac{\lambda^2}{d\sin\theta} \tag{6.9.8}$$

由于光栅都是在低级次使用，故其色散范围很大，在可见光范围内 $\Delta\lambda$ 为几十至几百纳米.

综上所述，光栅方程是处理光栅衍射问题的主要公式，其中光栅缝宽 b 决定不同次级谱线强度的调制量，光栅常数 d 决定谱线的位置.

6.9.3　棱镜光谱仪

图 6.9.1 所示是棱镜光谱仪的基本结构. 平行光管构成光源装置，它由消色差透镜 L_1 和一个狭缝 S 组成，狭缝 S 与棱镜的主截面垂直，放置在透镜 L_1 的物方焦平面上. 边长为 x、顶角为 α 的三棱镜构成分光系统，接收系统(如感光片、CCD 等)放置在透镜 L_2 的像方焦平面上. 用光源照明狭缝 S，S 的像成在接收系统上成为光

谱线，由于棱镜的色散作用，不同波长的谱线彼此分开，就得到入射光的光谱. 棱镜光谱仪能观察的光谱范围取决于棱镜等光学元件对光谱的吸收. 普通光学玻璃只适用于可见光波段，石英玻璃可扩展到紫外区，在红外区一般使用氯化钠、溴化钾和氟化钙等晶体.

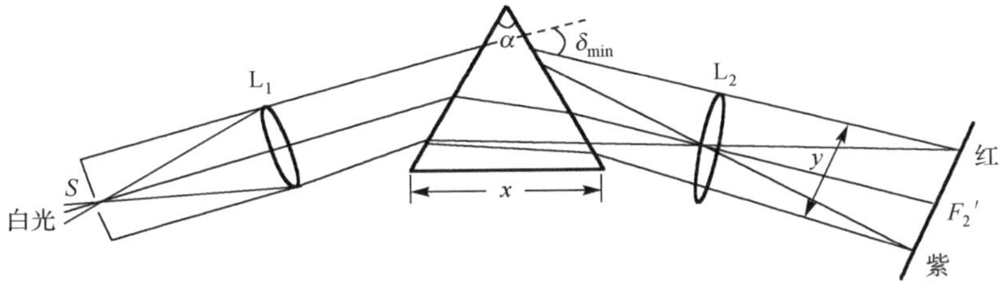

图 6.9.1　棱镜光谱仪光路

1. 色散本领

棱镜光谱仪的角色散率等于偏向角对波长的偏微分，即 $D=\dfrac{\mathrm{d}\delta}{\mathrm{d}\lambda}$，单位为 rad/nm.

在光谱仪中，棱镜通常安装在接近于产生最小偏向角的位置，所以

$$D=\frac{\mathrm{d}\delta_{\min}}{\mathrm{d}\lambda} \tag{6.9.9}$$

根据式(1.6.10) $n=\dfrac{\sin\dfrac{A+\delta_{\min}}{2}}{\sin\dfrac{A}{2}}$，棱镜的角色散本领常用色散率表示为

$$D=\frac{\mathrm{d}\delta_{\min}}{\mathrm{d}\lambda}=\frac{\mathrm{d}\delta_{\min}}{\mathrm{d}n}\frac{\mathrm{d}n}{\mathrm{d}\lambda}=\left(\frac{\mathrm{d}n}{\mathrm{d}\delta_{\min}}\right)^{-1}\frac{\mathrm{d}n}{\mathrm{d}\lambda}=\frac{2\sin\dfrac{\alpha}{2}}{\cos\dfrac{\alpha+\delta_{\min}}{2}}\cdot\frac{\mathrm{d}n}{\mathrm{d}\lambda}$$

由式(1.6.9) $\delta_{\min}=2i_1-A$（$A=\alpha$ 为三棱镜的顶角）得

$$\cos\frac{\alpha+\delta_{\min}}{2}=\cos i_1=\sqrt{1-\sin^2 i_1}=\sqrt{1-n^2\sin^2 i_2}=\sqrt{1-n^2\sin^2\frac{\alpha}{2}}$$

$$D=\frac{2\sin\dfrac{\alpha}{2}}{\sqrt{1-n^2\sin^2\dfrac{\alpha}{2}}}\cdot\frac{\mathrm{d}n}{\mathrm{d}\lambda} \tag{6.9.10}$$

式中，$\mathrm{d}n/\mathrm{d}\lambda$ 称为**色散率**，其数值可查表得到，它是棱镜材料的属性之一，反映了

棱镜材料的折射率随波长变化的特性. 正常情况下，$n=A+\dfrac{B}{\lambda^2}$，棱镜对短波色散率大，故其光谱为非均匀排列光谱，这是棱镜光谱仪的主要缺点. 但在可见光波段内，进行定性分析，棱镜光谱仪还是很有用的，它不仅快捷方便，而且只有零级谱线，没有光谱越级现象.

设 y 是棱镜出射光束的宽度，由图 6.9.2 可知

$$\cos i_1=\frac{y}{AC}=\sqrt{1-n^2\sin^2\frac{\alpha}{2}},\qquad AC=\frac{\frac{x}{2}}{\sin\frac{\alpha}{2}}=\frac{x}{2\sin\frac{\alpha}{2}}$$

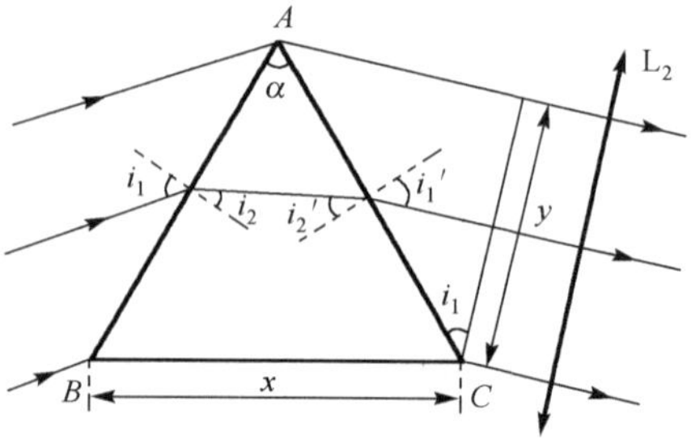

图 6.9.2　棱镜分光光路

结合式(6.9.10)，便可将其改写为

$$D=\frac{x}{y}\frac{\mathrm{d}n}{\mathrm{d}\lambda}\tag{6.9.11}$$

这就是棱镜光谱仪的角色散本领实用公式. 由于角色散本领正比于色散率，因此光谱仪中的棱镜常用色散率大的玻璃(如重火石玻璃)制成.

如果透镜 L_2 的焦距为 f_2'，则棱镜光谱仪的**线色散本领**为

$$D_l=Df_2'=\frac{x}{y}\frac{\mathrm{d}n}{\mathrm{d}\lambda}f_2'\tag{6.9.12}$$

2. 色分辨本领

棱镜对光束的限制相当于宽为 y、长为 x 的矩孔，它产生矩孔衍射. 因此在这里主要是 y 方向的衍射问题.

依据夫琅禾费矩孔衍射式(6.7.7)，宽度为 y 的光束所产生衍射谱线的半角宽为 $\Delta\theta=\lambda/y$，又因波长差 $\Delta\lambda$ 引起的谱线角位移 $\Delta\theta=D\Delta\lambda$，按照瑞利判据，可得到棱镜的色分辨本领为

$$R=\frac{\lambda}{\Delta\lambda}=x\frac{\mathrm{d}n}{\mathrm{d}\lambda}\tag{6.9.13}$$

由式(6.9.10)和式(6.9.13)可知，当色散率 $\mathrm{d}n/\mathrm{d}\lambda$ 一定时，棱镜角 α 越大，无论光束有效厚度大小如何，对一定的 $\Delta\lambda$ 所得 $\Delta\theta$ 越大，棱镜光谱展得越开，即**棱镜角 α 越大，角色散率越大**；而棱镜的色分辨本领取决于棱镜底边宽度，与棱镜顶角无关，**棱镜底边 x 越宽，则色分辨本领越大**. 总之，大棱镜的分光性能好.

棱镜材料的折射率是随波长变化的，$\mathrm{d}n/\mathrm{d}\lambda$ 一般是一条曲线，因而不同波段、

相同间隔的$\Delta\lambda$所产生的$\Delta\theta$不同，因而棱镜所产生的光谱为非匀排光谱.

应注意，只有在光束充满棱镜时，才能用式(6.9.11)～式(6.9.13)计算，否则 x 和 y 都要减小，这是产生误差的主要原因.

对于棱镜而言，其因为色散产生的光谱只有1级，不会产生光谱的重叠或者越级现象.

6.9.4 法布里-珀罗干涉仪的分光性能

1. 色散本领

对图5.11.1所示的法布里-珀罗干涉仪，第k级主极大满足公式$\delta=2n_2d\cos i_2=k\lambda$，对该式两端求微分得$\frac{\mathrm{d}i_2}{\mathrm{d}\lambda}=\frac{-k}{2n_2d\sin i_2}$，将$k=\frac{2n_2d}{\lambda}\cos i_2$代入后则有

$$D_\lambda=\frac{\mathrm{d}i_2}{\mathrm{d}\lambda}=-\frac{1}{\lambda\tan i_2} \tag{6.9.14}$$

式(6.9.14)表明法布里-珀罗干涉仪的角色散本领与两板内表面间距d无关，负号表示随$\mathrm{d}\lambda$增大，$\mathrm{d}i_2$减小，内折射角i_2越小，干涉级越高，角色散越大；反之，i_2越大，离中心越远，干涉级越低，角色散越小.

2. 色分辨本领

如果入射光为λ和$\lambda+\Delta\lambda$，则法布里-珀罗干涉仪的干涉图样中，同一级的两个干涉环就会贴得非常近，这就带来一个可分辨的最小波长间隔的问题. 为此，需要考察双谱线同一k级两个亮环的角间隔Δi_2.

由于$\delta=2n_2d\cos i_2=k\lambda$， $2n_2d\sin i_2=-\frac{k\Delta\lambda}{\Delta i_2}$，$\Delta i_2=\left|\frac{k\Delta\lambda}{2n_2d\sin i_2}\right|$，根据瑞利判据式(6.6.1)可知，当$\Delta i_2>\mathrm{d}i_2$时双谱线可分辨，$\Delta i_2<\mathrm{d}i_2$时则不能分辨.

设$\Delta i_2=\mathrm{d}i_2=\frac{\lambda}{2nd\pi\sin i_2}\frac{1-\rho}{\sqrt{\rho}}$（详见5.11节），则相应的最小波长差为

$$\Delta\lambda=\mathrm{d}\lambda=\frac{\lambda}{\pi k}\frac{1-\rho}{\sqrt{\rho}} \tag{6.9.15}$$

所以法布里-珀罗干涉仪的色分辨本领为

$$R=\frac{\lambda}{\Delta\lambda}=\pi k\frac{\sqrt{\rho}}{1-\rho} \tag{6.9.16}$$

式中，ρ为两板内表面的光强反射率.

若设 $F=\dfrac{\pi\sqrt{\rho}}{1-\rho}$，它表示**干涉条纹的精细度**，则式(6.9.16)可变为

$$R=kF \tag{6.9.17}$$

因此，干涉级 k 越高，R 越大，色分辨本领越高.

3. 色散范围(自由光谱范围)

设入射光谱为双线结构 λ 和 $\lambda+\Delta\lambda$，则法布里-珀罗干涉仪在分光时，就有可能在同一方向上出现 λ 的 $k+1$ 级谱线和 $\lambda+\Delta\lambda$ 的 k 级谱线重叠. 为了防止这种情况发生，对 $\Delta\lambda$ 要有一个限制，这就是讨论色散范围的意义.

由于 $\delta=2n_2d\cos i_2=(k+1)\lambda=k(\lambda+\Delta\lambda)$，当 i_2 很小时 $\cos i_2\approx 1$，所以法布里-珀罗干涉仪的色散范围是

$$\Delta\lambda=\frac{\lambda}{k}=\frac{\lambda^2}{2n_2d} \tag{6.9.18}$$

由式(6.9.17)和式(6.9.18)可知，干涉级 k 越高，色分辨本领越大，但色散范围 $\Delta\lambda$ 越窄，越容易产生不同波长条纹的越级重叠. 若以 d=5mm，$n_2=1$，$\lambda=500\,\text{nm}$ 计算，得 $\Delta\lambda=0.25\,\text{nm}$，也就是说，超过 0.25nm，光谱线就要重叠. 因此，实际应用时，常用其他分光仪器(棱镜或光栅光谱仪)作为前置滤波器，先分离出很窄的光波段，再入射到法布里-珀罗干涉仪上.

例 6.9.1 用白光垂直照射在一光栅上，能在 30°衍射方向观察到 600nm 的第二级主极大，并能在该处分辨 $\Delta\lambda$=0.005nm 的光谱线. 可是在 30°衍射方向上却很难观测到 400nm 的主极大. 问：

(1) 光栅常数是多少？

(2) 光栅的总宽度有多大？

(3) 光栅的透光狭缝有多宽？

解 (1) 由光栅方程 $d\sin\theta=k\lambda$，依题意 k=2，θ=30°，λ=600nm 得光栅相邻两缝间距

$$d=\frac{k\lambda}{\sin\theta}=\frac{2\times 600\text{nm}}{\sin 30^\circ}=2.4\mu\text{m}$$

(2) 由光栅得分辨本领 $R=\dfrac{\lambda}{\Delta\lambda}=kN$，所以

$$N=\frac{\lambda}{k\Delta\lambda}=\frac{600\text{nm}}{2\times 0.005\text{nm}}=6\times 10^4$$

则光栅总宽度 $W=d\times N=2.4\mu\text{m}\times 6\times 10^4=144\text{mm}$.

(3) 由题意知，对于 400nm 的光，±3，±6，±9，…级主极大缺级，则由缺级公式 $k=\dfrac{d}{b}j$ 可知，$d/b=3$，所以光栅的透光狭缝宽度

$$b = d/3 = 2.4\mu\text{m}/3 = 0.8\mu\text{m}$$

例 6.9.2　一块闪耀光栅宽 260mm，每毫米有 300 个刻槽，闪耀角为 77°12′.

(1) 波长 $\lambda = 500\,\text{nm}$ 的光垂直槽面入射时，求光栅的分辨本领.

(2) 该光栅的自由光谱范围有多大?

(3) 同空气间隔为 1cm、锐度为 25rad 的法布里–珀罗标准具的分辨本领和自由光谱范围作比较，该光栅的优越性是什么?

解　(1) 据题意知其光栅常数 $d = 1/300\,\text{mm}$，故其光栅缝数为 $N = W/d = 260/(1/300) = 7.8\times10^4$，当光垂直槽面入射时，根据光栅方程 $2d\sin\theta_B = k\lambda_B$，得光栅对波长 500nm 光的闪耀级数为

$$k = \frac{2d\sin\theta_B}{\lambda_B} = \frac{2\sin(77°12')}{300\times500\times10^{-6}} \approx 13$$

所以该光栅的分辨本领为

$$R = \frac{\lambda}{\Delta\lambda} = kN = 13\times7.8\times10^4 \approx 10^6$$

(2) 根据式(6.9.8)得该光栅的自由光谱范围(色散范围)

$$\Delta\lambda = \frac{\lambda}{k} = \frac{500}{13} \approx 38.5\ (\text{nm})$$

(3) 根据题意可知法布里–珀罗标准具的分辨本领和自由光谱范围分别为

$$R = \frac{\lambda}{\Delta\lambda} = \pi k\frac{\sqrt{F}}{1-F} = \pi\frac{2nh}{\lambda}\frac{\varepsilon}{2} = 3.14\times\frac{2\times1\times10}{500\times10^{-6}}\times\frac{25}{2} = 1.57\times10^6$$

$$\Delta\lambda = \frac{\lambda^2}{2h} = \frac{500^2}{2\times10^7} = 0.0125\ (\text{nm})$$

可见该光栅的分辨本领比这个法布里–珀罗标准具的稍低，但自由光谱范围却宽得多.

例 6.9.3　有两块光栅，光栅 A 的光栅常数 d =2μm，总宽 W = 40mm；光栅 B 的光栅常数 d = 4μm，总宽 W=100mm. 现有含 500nm 和 500.01nm 两种波长的平面波垂直照射这两块光栅，选定在第二级进行工作，试问两块光栅分别将这两条谱线分开多大角度？能不能分辨这两条谱线?

解　对于光栅 A，d=2μm，$N=W/d=2\times10^4$.

由光栅方程求出第二级衍射主极大的衍射角

$$\theta = \arcsin\frac{2\lambda}{d} = \arcsin\frac{2\times500\text{nm}}{2\mu\text{m}} = \arcsin 0.5 = 30°$$

角色散为

$$D_\theta = \frac{k}{d\cos\theta} = \frac{2}{2\mu\text{m}\times\cos 30^\circ} = \frac{1}{0.866\times 10^3\text{nm}} = 1.155\times 10^{-3}\text{rad/nm}$$

对双线分开的角度为

$$\Delta\theta = D_\theta \Delta\lambda = 1.155\times 10^{-3}\text{rad / nm}\times 0.01\text{nm} = 1.155\times 10^{-5}\text{rad} \approx 2.38''$$

要分辨 500nm 和 500.01nm 的两谱线，要求光栅的色分辨本领为

$$R = \frac{\lambda}{\Delta\lambda} = \frac{500}{0.01} = 5\times 10^4$$

而光栅 A 在第二级衍射主极大的分辨本领为 $R_A = kN = 4\times 10^4$，故不可分辨.

对于光栅 B，$d=4\times 10^3$nm，$N=W/d=2.5\times 10^4$，同理可以求得 500nm 第二级衍射主极大的衍射角为 $\theta=14.5°$. 在此方向上的角色散率为

$$D_\theta = \frac{k}{d\cos\theta} = \frac{2}{4\mu\text{m}\times\cos 14.5^\circ} = 5.164\times 10^{-4}\text{rad/nm}$$

两谱线散开的角度为

$$\Delta\theta = D_\theta \Delta\lambda = 1.06''$$

光栅 B 在第二级的分辨本领为 $R_B=kN=5\times 10^4$，故恰好能分辨这两条谱线.

从上面的讨论可以看出，角色散率和分辨本领是两个完全不同的概念，前者是将谱线散开的能力，后者是分辨谱线的能力. 分得开的两谱线不一定散得开，散得开的两谱线不一定分得开. A 的光栅常数 d 小，故角色散大，将谱线散开的角度大，但不能分辨两谱线，B 虽然将谱线仅散开 1.06″，但因有较多的刻痕数，故可分辨两谱线.

例 6.9.4　已知棱镜材料的折射率 n=1.7，顶角为 60°，色散率 $\frac{\mathrm{d}n}{\mathrm{d}\lambda} = 9.56\times 10^{-5}\text{nm}^{-1}$，现有钠黄光双线 $\lambda_1 = 598.0\text{ nm}$ 和 $\lambda_2 = 598.6\text{ nm}$ 输入. 试求棱镜分开钠黄光双线的角度.

解　根据公式(6.9.9)和(6.9.10)可知，假设棱镜处在输入与输出为最小偏向角的情况，则分开两条黄光的角度为

$$\mathrm{d}\delta_{\min} = D\mathrm{d}\lambda = \frac{2\sin\frac{\alpha}{2}}{\sqrt{1-n^2\sin^2\frac{\alpha}{2}}}\frac{\mathrm{d}n}{\mathrm{d}\lambda}\cdot\Delta\lambda = \frac{2\sin\frac{\alpha}{2}}{\sqrt{1-n^2\sin^2\frac{\alpha}{2}}}\frac{\mathrm{d}n}{\mathrm{d}\lambda}\cdot(\lambda_2-\lambda_1)$$

代入已知数据，可得

$$\mathrm{d}\delta_{\min} = 1.55\times 10^{-4}\text{rad} \approx 0.53'$$

6.10 X射线晶体衍射——三维立体光栅

上述平面光栅和闪耀光栅都是一维光栅，即衍射屏只在一个方向上具有周期性的空间结构或光学性能(如透射率、折射率)，实际上还有二维、三维的光栅. 例如，固体的晶格在三维空间里就有周期性的结构，它对于X射线来说，就是一个三维光栅. 现在晶体的X射线衍射已发展成一门很有用的科学技术，广泛地深入到工业、农业、国防、医疗等各个领域.

6.10.1 X射线

1901年首届诺贝尔物理学奖授给德国物理学家伦琴(W. K. Röntgen，1845～1923)，以奖励他在1895年发现了X射线. 当时伦琴用速度很大的电子流冲击固体时，发现有一种人眼看不见的新射线从固体上发射出来，它具有很强的穿透力，能穿过许多对可见光不透明的物质，使照相底片感光以及使空气电离，还能使许多物质发出荧光. 因为它是前所未知的射线，故称为X射线，又称为**伦琴射线**.

图6.10.1是1895年12月拍摄的伦琴妻子手的X射线透视照片. 英国皇家放射线专家学会主席安德鲁-亚当(Andy Adam)说："X射线技术是一项非常令人兴奋的技术发明，同时在现代医学领域发展速度最快，X射线技术的发明拓展了医学研究领域，并让无数患者从中受益."

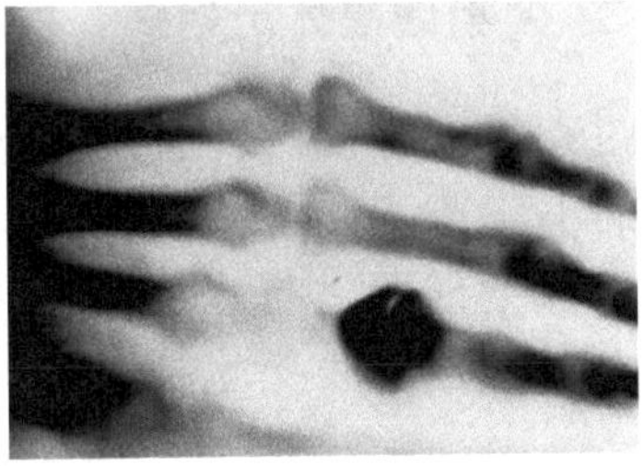

图6.10.1 世界上第一张X射线照片

在X射线发现17年后的1912年，德国物理学家劳厄(M. von Laue，1879～1960)在慕尼黑大学首次用一块晶体作为衍射光栅，X射线作光源，直接在屏上观察到X射线的衍射图样，从而证实了X射线和可见光一样具有波动性，其波长与晶体中的点阵间距相近，在0.001～1nm范围内，并有连续谱和线状谱两种. 劳厄因此发现于1914年获得诺贝尔物理学奖.

产生X射线的机器称为X射线机，其核心部件是X射线管，如图6.10.2所示. 在抽空的玻璃管中装有阳极A和阴极K，在A、K间加几万伏或几十万伏的直流高压；阴极由低压电源加热发射出电子流，被高压加速后，以很大的速度轰击到阳极靶上而骤然停止，具有很大动能的电子流立即转变成X射线从管壁出射. 加速电压越高，获得的X射线波长越短，穿透力越强，由此发展起来一门X射线探伤学技术，广泛应用在工业、国防等各个领域.

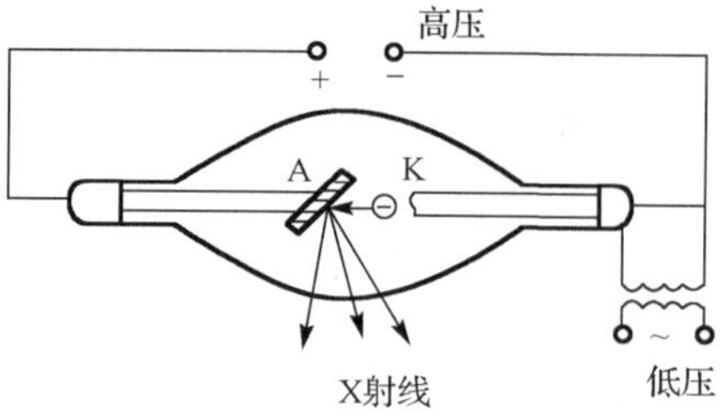

图 6.10.2　X 射线管

本节主要研究 X 射线对晶体衍射的问题. 一般 X 射线的波长在 0.001～1nm 范围内，要使这样短的电磁波产生明显的衍射效应，普通的光栅是不行的，原因就是其光栅常数 $d \gg \lambda_x$. 而晶体内部的晶格间距 $a_0 \approx \lambda_x$，它能使 X 射线发生明显的衍射效应，是理想的 X 射线衍射光栅.

6.10.2　晶体点阵

晶体的特点是外部具有规则的几何形状，内部原子具有周期性的排列，两者互为表里. 例如，食盐(NaCl)晶体结构如图 6.10.3 所示，其微观结构由钠离子(Na^+)与氯离子(Cl^-)彼此相间整齐排列成立方空间点阵. 在三维立体空间呈严格周期性，这种结构在晶体学上称为**晶格**或**晶体的空间点阵**. 晶体中相邻格点的间距 a_0 称为**晶格常数**，它仅有 10^{-10} m，即 Å 的数量级，食盐晶体的晶格常数 $a_0 = 5.627\times10^{-10}\text{m} = 5.627\text{Å}$，正巧与 X 射线的波长相当，所以晶体是天然的三维立体光栅.

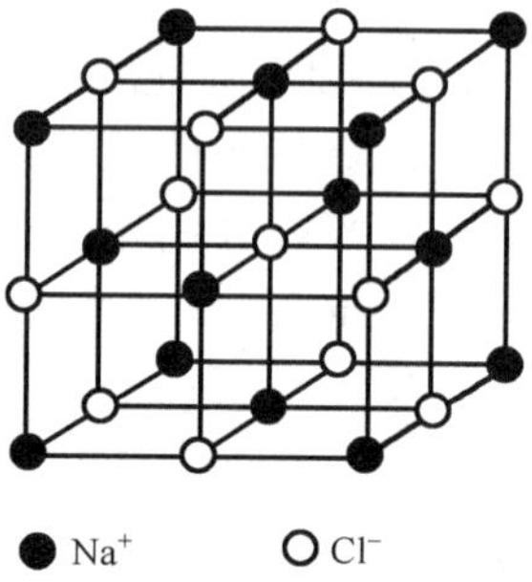

图 6.10.3　食盐(NaCl)晶体

6.10.3　X 射线晶体衍射——布拉格方程

图 6.10.4 是 X 射线晶体衍射实验装置，从 X 射线管发出的射线，经过两块铅板中央的小孔光阑垂直入射到晶体上，从晶体衍射出的 X 射线落到照相底片上. 现在来分析 X 射线照射晶体时所产生的衍射现象. 处在晶体点阵上的原子或离子，其内部的电子在 X 射线光场的作用下做受迫振动，成为一个新波源，向各个方向发射电磁波，亦即晶体中每一个格点成为一个散射中心，这些散射中心在空间周期性地排列着，发射与 X 射线同频率的电磁波，它们彼此是相干的，在空间发生干涉，形成了晶体对 X 射线的衍射图样，衍射图样为劳厄相，即中心是一个大亮斑，周围布满星点，它们又称为**劳厄斑**.

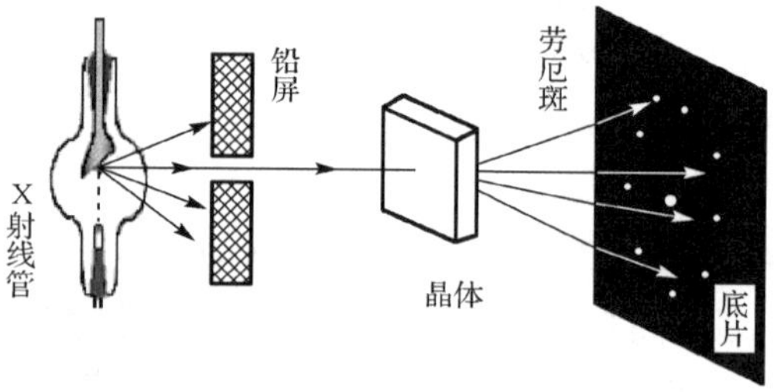

图 6.10.4　X 射线晶体衍射实验

英国物理学家布拉格父子(W. H. Bragg，1862～1942 和 W. L. Bragg，1890～1971)用射线研究晶体结构，得出了 X 射线在晶体上衍射主极大的公式，获得了 1915 年的诺贝尔物理学奖.

如图 6.10.5 所示，设想晶体由一系列平行的原子层(且与晶面平行)组成. 当 X

射线沿与晶面成 θ 角的方向(在晶体学里规定 θ 是入射角，又称为掠射角)入射到晶体时，一部分 X 射线被第一层点阵的原子散射，其余的被内部各层点阵的原子散射. 在各层点阵所有散射的 X 射线中，只有遵从反射定律的反射 X 射线强度最大. 此时若与光栅衍射对比，晶体中每一个原子相当于光栅的一条缝，晶格常数 a_0 相当于光栅常数 d，同时也是层面间距. 从图中可见 $MP_2 = P_2N = d\sin\theta$ ，于是 P_1、P_2 两层的光程差为

$$\delta = MP_2 + P_2N = 2d\sin\theta$$

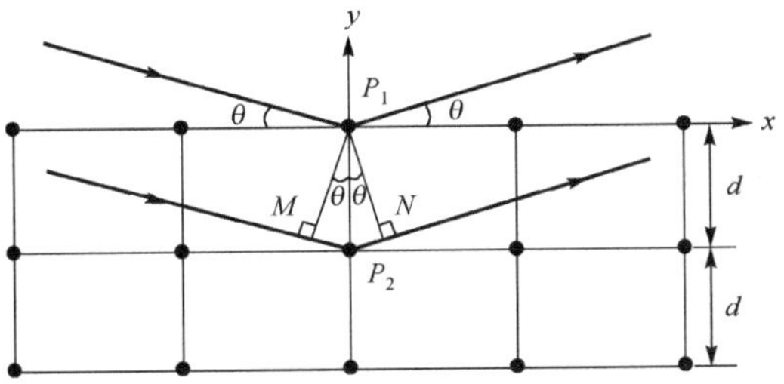

图 6.10.5 布拉格方程原理图

要使各层面的反射叠加起来产生干涉主极强，上述光程差 δ 必须满足下列条件

$$\delta = 2d\sin\theta = k\lambda \quad (k = 1, 2, 3, \cdots) \tag{6.10.1}$$

上式称为 X 射线对晶体衍射的**布拉格方程**，也称为布拉格条件.

在讨论 X 射线对晶体衍射时，必须注意下列两点：

(1) 利用晶体点阵反射的布拉格方法和透过晶体衍射光栅的劳厄方法讨论，不论在实质上还是在方式上都是一致的，都体现了原子内壳层电子跃迁产生的一种高能电磁辐射的相干叠加. 在布拉格方法中，除反射线外，沿原入射延长线方向的透射线也是存在的，而且是等光程的，因此沿此方向也有一个 0 级主极强，它在照相底片的 P_0 处产生一个大亮斑，这个大亮斑的位置反映入射线的方向，在实际上是确定其他亮斑位置的一个参考基点，只不过由于它的方向与晶体的取向无关，在讨论布拉格方程时把它忽略了，同理也可以证明劳厄相上的每一个斑点都是从某一确定的点阵面组反射相干叠加的结果.

(2) 布拉格方程与一维平面光栅方程在形式上相似，但有两个重要区别.

(a) 在一块晶体内部有许多晶面族，不同的晶面族有不同的取向和晶格常数. 图 6.10.6 中就画出了三个晶面族，其晶格常数分别是 a_1、a_2、a_3，对应的光栅常数则分别为 d_1、d_2、d_3；对于给定的入射方向来说就有不同的掠射角 θ_1、θ_2、θ_3，所以三个晶面族就有三个布拉格方程

$$2d_1\sin\theta_1 = k_1\lambda\,,\quad 2d_2\sin\theta_2 = k_2\lambda\,,\quad 2d_3\sin\theta_3 = k_3\lambda$$

这就是说，给定了入射方向，会有一系列的布拉格方程. 而对于一维光栅的衍

射来说，在给定的入射方向上只有一个光栅方程.

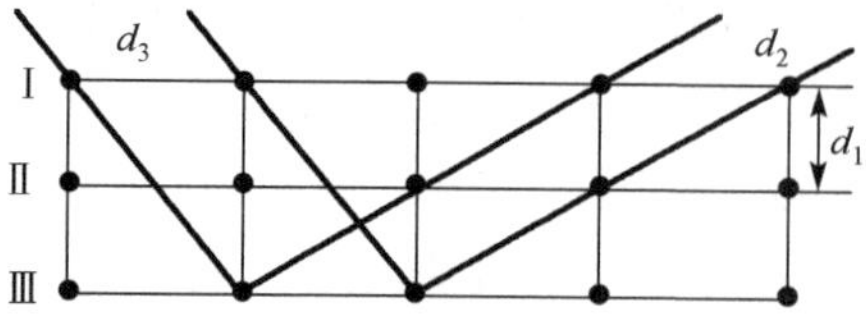

图 6.10.6　晶体内不同的晶面族

(b) 在一维光栅中，θ 是衍射角，对于给定的波长 λ 总有一些衍射角满足光栅方程；在晶体三维立体光栅中，θ 是掠射角，当入射方向和晶体取向给定后，所有晶面族的布拉格方程中 d 和 θ 都已限定，对于任一波长 λ，或许刚好满足一个或几个布拉格方程，一般来说，很可能一个也不满足，即一般情形很可能就没有主极强出现.

6.10.4　劳厄相和德拜相

鉴于晶体(立体光栅)衍射出现主极强的条件要求苛刻，要获得 X 射线衍射图样就不应同时限定入射方向、晶体取向和波长，应用上有如下两种方法.

1. *劳厄法*

1912 年德国物理学家劳厄用连续谱的 X 射线照射单晶体，此时晶体取向确定，但入射波长不同，每一晶面族都可选择满足布拉格方程的波长，从而在所有晶面族的反射方向上都出现主极强，对应每一晶面族的主极强在照相底片上就会出现一个亮斑，相应地，透射光也将产生规则的衍射图样. 这些亮斑叫劳厄斑，这样得到的衍射图样叫劳厄相，如图 6.10.4 所示. 用劳厄法可以确定晶轴的方向.

2. *粉末法*

美籍荷兰裔物理学家德拜(P. J. W. Debye，1884～1966)在 1916 年用单色的 X 射线照射多晶粉末，这时波长给定而晶体取向不定，有若干个取向无规则的晶粒为 X 射线提供了满足布拉格方程的充分条件. 用这种方法得到的衍射图样叫做德拜相，用它可以确定晶体常数、晶体米勒指数以及晶体内部结构. 德拜因发明 X 射线粉末法，荣获 1936 年的诺贝尔化学奖. 图 6.10.7 是粉末法的德拜相，用 NaCl 粉末研磨至很细可看到明暗环纹(由密集的点构成)，中心有一个黑斑.

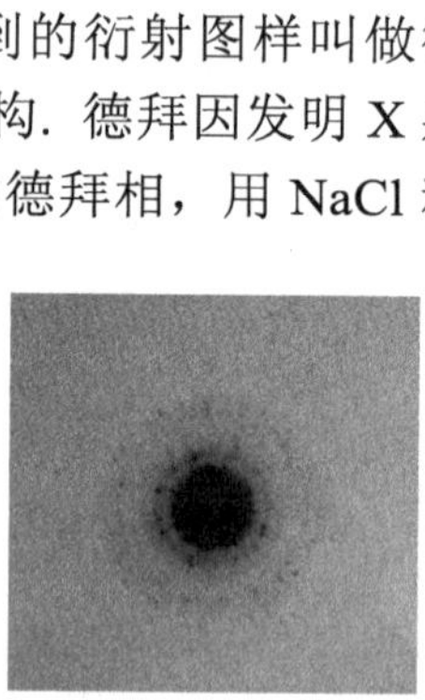
图 6.10.7　粉末法的德拜相

利用上述两种方法，若已知波长则能确定晶体的结构，由此发展为 X 射线晶体结构分析学；若已知晶体结构，则可确定 X 射线的光谱，由此发展为 X 射线光谱分析学.

例 6.10.1　波长为 $\lambda = 0.11$ nm 的 X 射线投射到食盐(NaCl)某一族晶面上，晶面间距 $d = 0.252$nm，问掠射角为多大时出现衍射主极强？

解　由布拉格方程 $2d\sin\theta = k\lambda$ 可知 $\sin\theta \approx k\lambda/(2d) = 0.218k$，可能出现衍射主极强的方向有

$$k=1,\ \theta_1 = 12.6°;\qquad k=2,\ \theta_2 = 25.9°$$
$$k=3,\ \theta_3 = 40.9°;\qquad k=4,\ \theta_4 = 60.7°$$
$$k=5,\ \sin\theta>1,\ \text{方程不成立}$$

所以掠射角为上述 θ_1、θ_2、θ_3、θ_4 时，出现衍射主极强.

例 6.10.2　波长为 $\lambda = 0.296$ nm 的 X 射线投射到某晶体面上，在偏离晶面 31.7° 的方向上，得到衍射的第一主极强值，求相应的原子层面之间的距离.

解　依题意知 $\lambda = 0.296\text{nm}$，$k = 1$，$\theta = 31.7°$. 由布拉格方程 $2d\sin\theta = k\lambda$ 可知

$$d = \frac{k\lambda}{2\sin\theta} = \frac{0.296}{2\sin 31.7°} \approx 0.282\ (\text{nm})$$

所以相应的原子层面之间的距离 $a_0 = d = 0.282$ nm.

*6.11　衍射光场的分解与傅里叶变换

学习本节内容，将有助于加深对光的衍射问题的认识，即由表及里、由浅入深、由粗到精的深化.

对于“衍射”问题，最初的解释是：光波绕过障碍物偏离原直线传播方向，到达障碍物背后几何阴影区，发生光强分布不均匀的现象. 当我们把惠更斯-菲涅耳原理应用到单缝、光栅远场衍射问题后发现，产生衍射的原因是光在传播过程中波面受到某种限制，使自由波面发生破损. 现在我们应该说：光在传播过程中由于某种原因而改变了波前的复振幅分布(包括振幅分布与相位分布)，使衍射后的光场(又称为无源空间)与自由传播光场相比发生了边值条件改变的现象称为光的衍射. 用数学语言说，衍射问题就是无源空间的边值定解问题(赵凯华《新概念物理教程——光学》高等教育出版社, 2004, P229).

按照上述的思想来分析光栅远场衍射问题，回想我们运用惠更斯-菲涅耳原理时，是用一个闭合曲面 Σ_0(波前)把点光源 S 与场点 P 隔开(图 6.2.5)，再将每个面元 $\mathrm{d}\Sigma$ 看成次波中心，由此发出的子波在场点相干叠加，因叠加的空间位置不同，光程差不同，相位差也不同，就造成了振幅和光强分布的不同，所以衍射场的空间位置决定着相干叠加场点的衍射光强. 由菲涅耳-基尔霍夫积分公式

$$\tilde{E}_P = \frac{1}{\mathrm{i}\lambda}\oint_{\Sigma_0} \tilde{E}_Q \frac{\mathrm{e}^{\mathrm{i}kr}}{r}\frac{\cos\theta_0 + \cos\theta}{2}\mathrm{d}\Sigma = \frac{1}{2\mathrm{i}\lambda}\oint_{\Sigma_0}(\cos\theta_0 + \cos\theta)\tilde{E}_Q\frac{\mathrm{e}^{\mathrm{i}kr}}{r}\mathrm{d}\Sigma$$

可知，Q 代表波前 Σ_0 上的某一点，$\tilde{E}_Q$ 是波前上的复振幅分布函数，简称波前函数. 在

衍射场里，任一点 P 的振动 $\tilde{E}_P$ 完全由波前上 $\tilde{E}_Q$ 的分布唯一地确定. 这说明，如果在波前 Σ_0 上设置光栅，使其波前函数 $\tilde{E}_Q$ 发生改变，即 Σ_0 上的边值条件有了改变，则无源空间内的光场就会重新分布，这就是衍射的实质.

另外，如果将光栅衍射发出的次级子波中具有相同传播方向的子波集在一起构成一束平面波，那么不同传播方向的子波就会构成多个不同方向的平面波分量，图 6.11.1 示出三个方向的平面波分量. 按照空间频率的定义，这些不同方向的平面波分量，代表着给定波前上包含的不同空间频率成分，图中就有 $f_{x1} > f_{x0}$. 这些衍射波在近场彼此交织在一起，到了远场它们彼此分开，从而达到分频的目的. 也就是说，通过夫琅禾费衍射，一定空间频率的信息就被一定方向的平面衍射波输送出去.

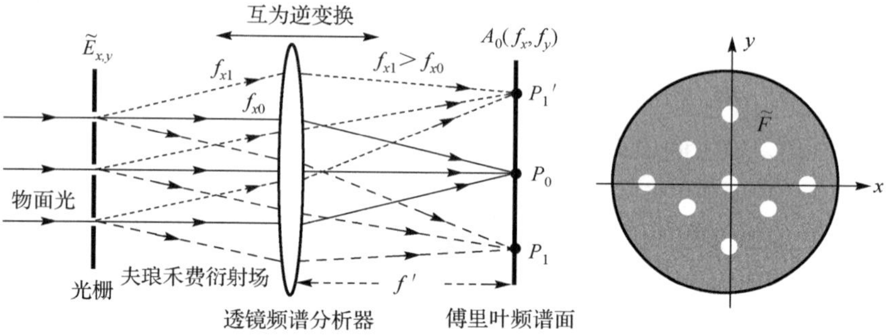

图 6.11.1　衍射光场的傅里叶分解

常用的远场分频装置是透镜，其将不同方向的平面波会聚到像方焦平面上的不同点，形成一个个衍射斑，这些衍射斑和图像的空间频率一一对应，透镜像方焦平面就是图像的傅里叶频谱面，称为**傅里叶面**，夫琅禾费衍射斑称为谱斑. 这就是现代光学对夫琅禾费衍射的新认识.

理想夫琅禾费衍射系统起到空间频率分析器的作用，它包括光栅和透镜. 前者为振幅型的衍射屏，后者为相位型的衍射屏. 由此可知，透过衍射系统的光波场，实际上可看作一系列具有不同传播方向或空间频率的单色平面波分量的线性叠加. 每个平面波分量的空间取向和相对相位由其空间频率 f_x 和 f_y 决定，振幅由权重因子 $A_0(f_x, f_y)$ 决定.

按法国数学家及物理学家傅里叶的分析理论，一个任意的解析函数，均可看作一系列具有不同周期或频率的基元简谐函数的线性组合. 同样，一个具有二维分布的自由光波场的复振幅 $\tilde{E}_{x,y}$，根据傅里叶的分析方法，也可以看成一系列具有不同空间频率的基元简谐波场复振幅的线性叠加，即

$$\tilde{E}_{x,y} = \iint_{-\infty}^{\infty} A_0(f_x, f_y)\exp[\mathrm{i}2\pi(f_x x + f_y y)]\mathrm{d}f_x \mathrm{d}f_y$$

式中，$\exp[\mathrm{i}2\pi(f_x x + f_y y)]$ 表示沿 x、y 方向的空间频率分别为 f_x 和 f_y 的基元简谐波

的相位因子，$A_0(f_x,f_y)$ 代表该基元波占整个光波场 $\tilde{E}_{x,y}$ 的权重，反映了光波场 $\tilde{E}_{x,y}$ 的空间结构，即光波场的空间频谱复振幅分布，其大小为

$$A_0(f_x,f_y)=\iint_{-\infty}^{\infty}E(x,y)\exp[-\mathrm{i}2\pi(f_x x+f_y y)]\mathrm{d}x\mathrm{d}y$$

上式称为 $\tilde{E}_{x,y}$ 的**傅里叶变换**，$\tilde{E}_{x,y}$ 为 $A_0(f_x,f_y)$ 的**傅里叶逆变换**.

一般说来，不管衍射物体位于何种位置，只要观察面是光源的共轭面，则物面（输入面）和观察面（频谱面）之间的关系都是傅里叶变换关系，即观察面上的衍射场都是夫琅禾费型的，如图 6.11.1 所示.

利用凸透镜像方焦平面上显示物的夫琅禾费衍射图样的有趣事实，以及在透镜的物方和像方焦平面上光场振幅互为傅里叶变换的关系，可用纯光学方法十分方便地实现在数学上烦琐的二维傅里叶积分运算，并把信息论中的滤波概念引入光学中，即不仅仅分析物的空间频谱，还可通过滤波达到综合的目的. 这种傅里叶综合法在近代光学中已取得重要成果，例如阿贝成像、泽尼克相衬显微镜、光学匹配滤波器、全息照相、合成孔径雷达数据的光学处理、各种图像增强技术、模糊图像恢复等.

*6.12　阿贝成像与空间滤波

透镜成像是光学研究最基本的一个问题. 从几何光学角度，透镜成像是透镜对入射光的会聚，可求出几何像差与色差，但计算不出像斑的光强分布，因为它忽略了衍射现象. 那么，从波动光学的角度，如何解释透镜的成像呢？根据 6.11 节的讨论可见，傅里叶综合法已回答了这个问题. 因为傅里叶光学的主要内容之一就是讨论成像问题，它以衍射理论为基础，通过对各种衍射图样光强分布的计算，获得像斑（如艾里斑）的光强分布，它阐述了像点附近的光场结构和波像差，有效地解决了分辨率等一系列像质量评价问题.

6.12.1　阿贝成像原理

光波在空间的传播过程是一种衍射过程，如果将透镜看作一个衍射屏，那么透镜成像实际上是透镜对入射光衍射的结果. 德国物理学家阿贝（Abbe,1840～1905）在 1873 年为德国蔡斯工厂改进显微镜时发现，大孔径物镜能导致较高的分辨率，这是因为较大的孔径可以收集更多的衍射光，这些衍射光到达像平面时相干叠加出较细的细节. 于是对相干光照明的物体提出了两次衍射成像的原理，其基本思想可用图 6.12.1 所示的显微系统来说明. 图中 P 为物平面，为简单明了，可假设它为一块正弦光栅；L 为物镜，F′ 为物镜的像方焦平面，即傅里叶变换的频谱面；P′ 为物平面的共轭面——像平面. 这完全是一个相干成像系统.

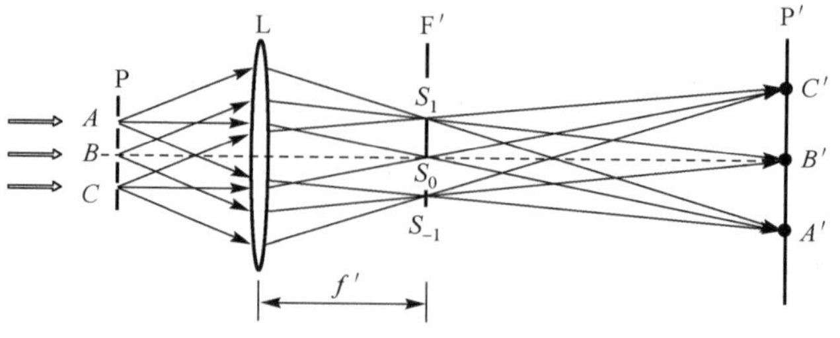

图 6.12.1 阿贝两次衍射成像原理

按几何光学的观点，物面上的各个点，例如 A、B、C 三点经透镜分别会聚到相应的像点 A'、B'、C'，这些像点的集合就形成了物体的像. 阿贝则提出透镜的成像过程是两次衍射过程. 第一次是平面波经物平面 P 衍射，在透镜的像方焦平面 F′ 上形成夫琅禾费衍射斑，其各级主极大在图中用 S_1、S_0、S_{-1} 表示，也即是物体的频谱；第二次是各衍射斑作为新的次波源发出相干次波继续向前传播，形成二次衍射，在像平面 P′ 上产生相干叠加而形成物体的像. 这是从波动光学的观点分析透镜成像问题，被称为**阿贝成像原理**.

从傅里叶光学的观点来看，第一次衍射相当于将物体的透射率函数进行傅里叶变换，得到频谱函数，这是一个频谱的分解，可用公式表示为

$$\tilde{E}(x_f, y_f) = \psi\{\tilde{E}(x, y)\}$$

第二次衍射相当于频谱函数的逆变换，这是一个频谱的合成，可用公式表示为

$$\tilde{E}(x, y) = \psi^{-1}\{\tilde{E}(x_f, y_f)\}$$

可见，两次傅里叶变换的结果，相当于使原物函数发生空间反转，即对物成倒立像，这里的频谱面就是傅里叶变换面.

按照阿贝成像理论，要求光学系统在成像过程中尽量体现物的全部频谱才能成完整逼真的像，但由于实际的透镜孔径总是有限的，一个物体所衍射出的光波只有一部分被有限的入射光瞳所接收，而反映物体细节的高频信息因衍射角太大而丢失了，如图 6.12.2 所示，从而影响了图像的质量. 在光学信息处理中，通常把透镜说成一个“低通滤波器”就是这个原因，它只能让低频信息通过而除掉了高频信息. 要提高光学系统成像的质量，就应该增大透镜的孔径. 同时它又启发人们，为了改变图像，可在频谱面上放滤波器，对不同的空间频率进行适当的取舍，这就是空间滤波的设计思想. 因此，空间滤波是阿贝成像原理的最好验证.

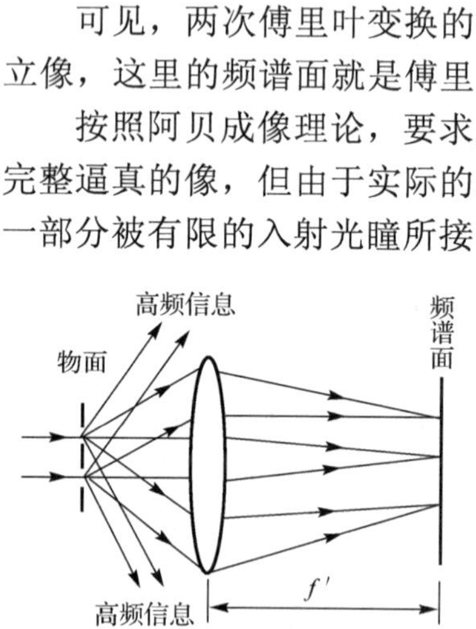

图 6.12.2 透镜的低通滤波作用

阿贝成像原理不仅使人们对成像过程有了更深

刻、更全面的认识，而且启发人们用取舍频谱的手段来改进图像，从而为空间滤波奠定了基础.

6.12.2 阿贝-波特空间滤波实验

根据阿贝成像原理，德国实验物理学家波特(A. B. Porter)于 1906 年独立设计并做出了网格空间滤波实验，证实了阿贝成像原理的正确性. 该实验的原理光路如图 6.12.3 所示，单色平行相干光垂直照明正交网格(两张紧密正交的黑白光栅)，在透镜的后焦面上就出现网格的频谱，在像平面上呈现出网格的像.

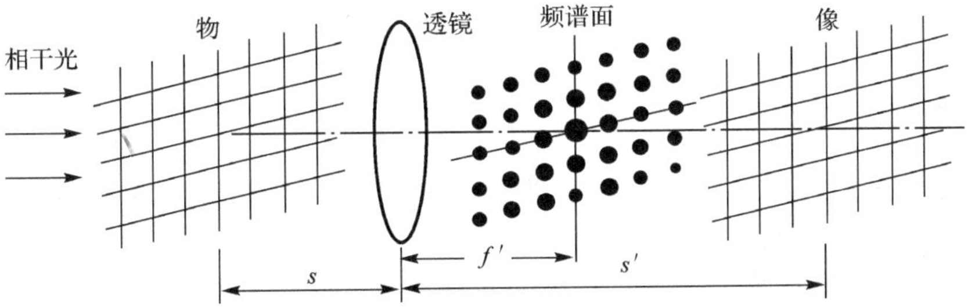

图 6.12.3 阿贝-波特实验原理

如果在像方焦平面(频谱面)上人为地插上一些滤波器(吸收板或相移板)以改变焦平面上的光振幅和相位，就可以根据需要改变频谱以至像的结构，从而在像平面上得到频谱改变后的像，这就是**空间滤波**. 常见的振幅型空间滤波器如图 6.12.4 所示. 除此之外还有相位滤波器和匹配滤波器等.

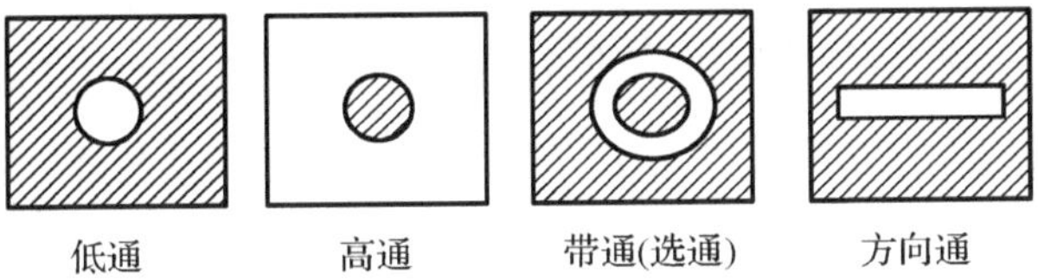

图 6.12.4 常见振幅型空间滤波器

图 6.12.3 是未插滤波器所对应的频谱和像，图 6.12.5(a)～(c)是分别在频谱面上插入三个不同方向的狭缝滤波器所对应的频谱和像. 从图中可以看出，对像的某一方向结构有贡献的是与该方向垂直的频谱，如果用不透光屏挡住中心衍射点，就得到网格边缘加强的像，如图 6.12.5(d)所示.

由于空间滤波实验技术需要单色相干光，当时在实际应用中难以推广，直到 1960 年激光技术兴起，它才得以迅速发展，并成为现代光学中的一个热门，被广泛地应用在图片处理、假彩色合成、保密文件的编码与解码等方面.

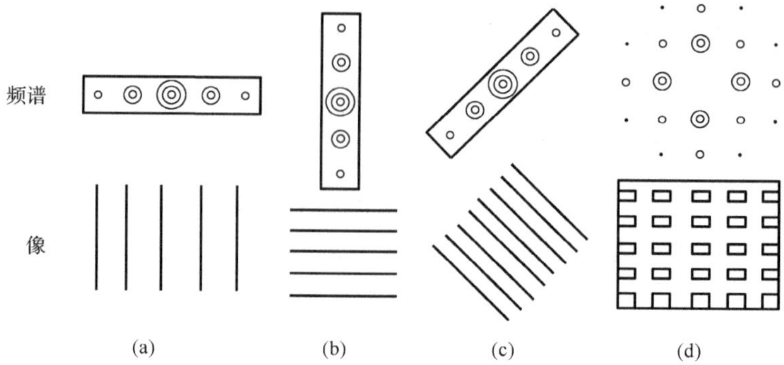

图 6.12.5　阿贝-波特空间滤波实验频谱和像

6.12.3　相干光图像处理的 4F 系统

利用光波传播的傅里叶变换性质进行空间滤波和光学处理的系统称为**相干光学处理系统**，其光源必须是单色相干光.

阿贝-波特实验系统本身就是一个简单的相干光学处理系统，即对输入图像(光学信息)进行了简单的光学处理. 但存在的问题，一是它没有足够强的单色相干光照明，使得图像不清晰；二是它的图像还不够逼真完整. 现在人们利用激光设计出了更加精致的相干光学处理系统，如图 6.12.6 所示，称为 4F 系统，又称为双透镜相干光学处理系统. 图中两个完全相同的透镜 L_1 和 L_2 组成共焦系统，xy 平面为物平面，置于 L_1 的物方焦平面，物的信息由此输入；$x'y'$ 为像平面，置于 L_2 的像方焦平面，物的信息在此复原；L_1 和 L_2 的共焦面 $x_f y_f$ 为频谱面，在此可以插入各种结构与性能的滤波器，滤除不必要的空间频率，以改善图像的质量.

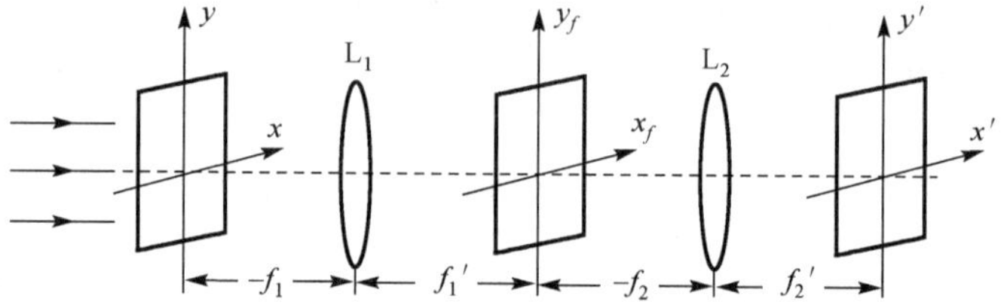

图 6.12.6　4F 相干光学处理系统

从几何光学的角度，我们已指出 4F 系统是 $\beta=-1$ 的成像系统，像与物大小相同、方向相反. 但用几何光学原理却无法回答在频谱面位置插入滤波器后图像将要发生怎样的变化，只有从傅里叶光学的角度来分析认识这一问题. 正如前面所述，透镜的物方和像方焦平面是一对傅里叶变换平面，计算表明，采用 4F 系统，经两次傅里叶变换，相当于使原物函数(复振幅分布)发生空间反转，即对物成倒立像(郭光灿，庄象萱.《普通物理学教程之四 光学》，高等教育出版社，1997，P271；刘杰，洪正平，李健.《光学教程》，山东大学出版社，2000，P227).

阿贝成像和空间滤波在光信息处理方面有很多的应用，比如 θ 调制实验，即用白光照射透明物体，在像平面上却可以得到彩色图像的有趣实验. 其实验原理是利用光栅的“分频”和空间滤波器的“选频”来实现成像系统的彩色编码；泽尼克相衬显微镜，将物体的相位分布信息通过一种特殊的相位滤波器转换为输出像面上的振幅分布，即利用相位信息调制像面上的光强分布，简而言之就是相-幅转换.

*6.13　全息照相

1980 年，法国科技工作者展出了一种神奇的激光照相术，轰动了全世界. 一个镜框里面什么也没有，可是当一束激光射过来，里面却出现了一位美丽的姑娘，她缓慢地摘下眼镜，向人们微笑致意；一个玻璃罩，里面空无一物，可是在激光的照射下，罩内出现一对自由自在地飞翔的蝴蝶；在镜框上、玻璃罩内，图像还在不断地变换. 这就是被誉为“20 世纪的一项奇迹”的技术——全息照相. 它是利用干涉与衍射的方法来获得物体的完全逼真的立体像的一种崭新成像技术. 它的起源要追溯到 20 世纪的英国.

6.13.1　全息照相实验

1947 年，英国籍匈牙利裔物理学家伽博(D. Gabor，1900～1979)在从事提高电子显微镜分辨本领的工作时，受布拉格在 X 射线金属学方面的工作和泽尼克引入相干背景来显示相位工作的启发，提出了全息术的设想并用以提高电子显微镜的分辨本领. 他发现，普通照相感光底片上记录的是从物体上各点反射过来的光的强度，得到的仅是二维平面图像. 但光是一种波，从被摄物体上各点反射出来的光不仅强度不同，而且相位也不同，照相术应该记录光波的振幅和相位的全部信息，才能获得物体完全逼真的立体像. 为此他设想出“干涉记录和波前重建”的成像方法，利用双光束干涉的原理，令一束物光与另一束与之相干的参考光叠加而产生干涉图样，从而把物光波的振幅与相位同时叠加到干涉条纹里，再感光到相片上就能实现物光振幅和相位全部信息的重建. 1948 年，他利用水银灯首次获得了全息图及其再现像，从而创立了全息照相术. 随后不久，他又进一步指出了全息术在三个方面的应用前景，即全息干涉量度术、全息光学元件和全息信息存储. 他因此项工作获得了 1971 年的诺贝尔物理学奖.

全息照相的方法可用八个字来表述：**“干涉记录，衍射再现”**.

1. 干涉记录——物光波前记录

如图 6.13.1 所示，把激光束分成两束：一束激光经反射镜后直接投射在感光底片上，称为参考光束；另一束激光投射在物体上，经物体反射或者透射后，再投射在感光底片的同一区域上，称为物光束，物光束携带有物体的相关信息. 在感光底片上，物光束与参考光束发生相干叠加，形成干涉条纹，这就完成了一张全息图. 可见，全息图就是一张干涉图样，用肉眼去看，全息照片上只有一些乱七八糟的条纹，它的形状虽与原物像没有任何几何上的相似性，但它完全记录了物光波前上各点的振幅信息和相位信息.

2. 衍射再现——物光波前重建

用一束激光照射全息图，这束激光的频率和方向与参考光束完全一样，如图 6.13.2 所示，于是就可以再现物体的立体图像. 从不同角度看，可看到物体不同的侧面，就好像看到真实的物体一样，只是摸不到真实的物体.

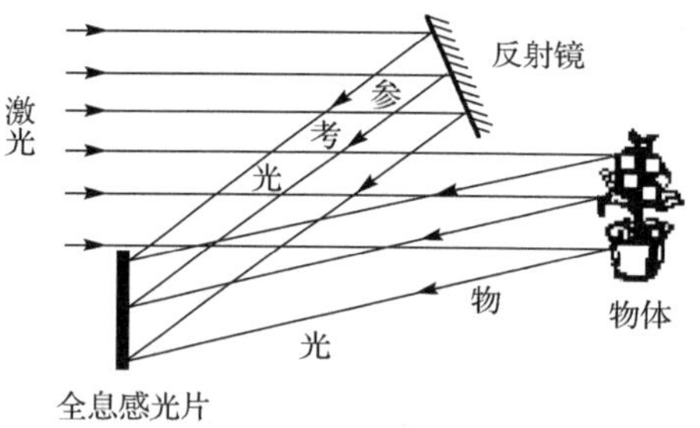

图 6.13.1 激光全息照相

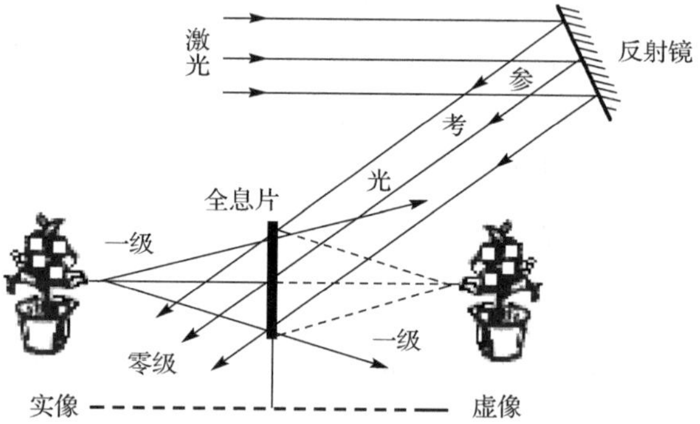

图 6.13.2 全息衍射再现

波前重建过程是一个衍射过程. 全息照片上具有的复杂的干涉条纹，成了一个间距不等、黑白反差不同、弯弯曲曲发生了畸变的“光栅”. 激光照射全息图时，就出现了 0 级、±1 级等衍射光.0 级衍射光沿着入射光方向,相当于衰减后的入射光, ±1 级衍射光中的一列光与物体在原位置发出的光完全一样,是发散光波,形成物体的虚像,人眼在全息片的前面看到的就是这个物光波前重建的虚像. ±1 级衍射光中的另一列光也是物光波前的精确复制,但其是会聚光波,形成了物体的实像.

与普通照相比较，全息照相的主要特点如下：

(1) 普通照相是以几何光学原理为基础的透镜成像，全息照相是以波动光学干涉、衍射原理为基础的无透镜成像.

(2) 在普通照相片上显示的是物体反射光的光强或振幅分布二维平面影像，不含有相位信息，但操作简便，使用自然光源；而全息照相由干涉记录、衍射再现两步骤完成，记录和再现的是物光波前的振幅与相位的全部信息，因而能观察到一幅三维立体图像，就是操作复杂，条件要求苛刻，必须有激光源.

(3) 普通照相是点点对应的物像共轭关系；而全息照相是物体与相片之间点与面的对应，即每个物点光波通过与参考光波的干涉，投射在相片的整个平面上. 全息相片中每一个小的局部都包含物体的全部信息. 也就是说，把全息相片分成若干小块，每一块都能完整地再现出物体的原貌.

(4) 它们共同的特点是都易于复制，现在已能用普通光再现全息图，用这种办法制成的彩色立体电视极为美妙.

6.13.2　全息照相的理论分析

如上所述，全息照相是以波动光学干涉和衍射原理为基础，借助于参考光波在感光底片上记录物光与参考光的干涉条纹. 这些条纹的明暗对比度反映了物光波前的振幅分布，条纹的形状和疏密反映了物光波前的相位分布. 这样感光底片上就将物体的全部信息记录下来，经过显影、定影处理后，便得到一张全息图，它好像是一块复杂的光栅，只有在适当的激光照明下才能重现原物体的光波(物的立体像). 下面就全息的记录与再现做些理论上的分析.

1. 干涉记录

设相片上的物光波前的复振幅为 $\tilde{E}_{\mathrm{W}}(x,y)$，参考光波前的复振幅为 $\tilde{E}_{\mathrm{C}}(x,y)$，则有

$$\tilde{E}_{\mathrm{W}}(x,y)=A_{\mathrm{W}}(x,y)\exp[\mathrm{i}\varphi_{\mathrm{W}}(x,y)]$$

$$\tilde{E}_{\mathrm{C}}(x,y)=A_{\mathrm{C}}(x,y)\exp[\mathrm{i}\varphi_{\mathrm{C}}(x,y)]$$

式中，$A_{\mathrm{W}}(x,y)$、$\varphi_{\mathrm{W}}(x,y)$，$A_{\mathrm{C}}(x,y)$、$\varphi_{\mathrm{C}}(x,y)$ 分别表示两波前的振幅与相位，则叠加后的总复振幅为

$$\tilde{E}(x,y)=\tilde{E}_{\mathrm{W}}(x,y)+\tilde{E}_{\mathrm{C}}(x,y)$$

相片上的光强分布则为

$$\begin{aligned}I(x,y)&=\tilde{E}(x,y)\tilde{E}^{*}(x,y)\\&=A_{\mathrm{W}}^{2}+A_{\mathrm{C}}^{2}+A_{\mathrm{W}}A_{\mathrm{C}}\exp[\mathrm{i}(\varphi_{\mathrm{W}}-\varphi_{\mathrm{C}})]+A_{\mathrm{W}}A_{\mathrm{C}}\exp[-\mathrm{i}(\varphi_{\mathrm{W}}-\varphi_{\mathrm{C}})]\end{aligned}$$

即

$$I(x,y)=A_{\mathrm{W}}^{2}+A_{\mathrm{C}}^{2}+2A_{\mathrm{W}}A_{\mathrm{C}}\cos(\varphi_{\mathrm{W}}-\varphi_{\mathrm{C}})\tag{6.13.1}$$

式中，第三项是干涉项，包含了两波前的振幅与相位信息. 也就是说，通过干涉把振幅与相位都转换为光强，从而用亮暗相间的干涉条纹记录了物体的全部信息.

感光底片在曝光后经显影和定影等暗室技术处理，成为全息图. 适当控制曝光量及显影条件，可以使全息图的振幅透过率 t 与曝光量 E(正比于光强) 呈线性关系，即

$$t(x,y)=t_0+t_1I(x,y) \tag{6.13.2}$$

式中，t_0、t_1 都是常数；t_0 称为底片的灰度；当 $t_1>0$ 时是正片，$I(x,y)$ 越大，透过率 $t(x,y)$ 越大；反之，$t_1<0$ 则是负片.

2. 衍射再现

当用频率和方向与参考光束完全一样的再现光波 $\tilde{E}_z=\tilde{E}_C$ 照射全息图时，其后表面上 (z=0 平面上) 的衍射场为

$$\begin{aligned}\tilde{E}_t(x,y)&=t(x,y)\tilde{E}_C=[t_0+t_1I(x,y)]\tilde{E}_C\\&=(t_0+t_1A_C^2)\tilde{E}_C+t_1A_W^2\tilde{E}_C+t_1A_C^2\tilde{E}_W+t_1A_C^2\tilde{E}_W^*\end{aligned}$$

这样，透过全息图以后 z=0 平面上的波前就分成四项. 根据惠更斯–菲涅耳原理，全息图后表面上的衍射场复振幅分布完全决定了其衍射场的分布，下面对这四项分别讨论.

第一项可以近似地看作衰减了的再现光波前，这就是零级衍射. 零级衍射中并不包含物光的相位信息，因而我们不感兴趣.

第二项表示振幅受到调制的再现光波，其中 A_W^2 为物光波在全息图上的强度分布，它是不均匀的，再现时它表现为杂散的“噪声”，因有 $A_C^2 \gg A_W^2$，所以它影响不大.

第三项是−1 级衍射再现的物光波，它在物体原位置附近生成虚像. 也就是说，这时物虽已移去，但在全息图前面又重新出现了和原来物体发出的光波完全一样的波前.

第四项是＋1 级衍射，称为孪生波. 当再现物光波是平面波时，它形成实像. 所以它表示再现的共轭像，可用屏接收.

实际上，对于平面全息图来说，再现光波也可以与原参考光波不同，如果再现光波长和方向不同于参考光波，也能重现虚像和实像，但重现像的大小与位置都有相应的变化. 例如，假设再现光波方向正好与参考光波方向相反，由计算也得出三个主方向：0 级、±1 级的衍射光，但这时实像正好在原来物的位置，而虚像角度有偏离.

总之，利用二维的全息图可以观察到三维的立体图像，是因为全息图对再现光波的调制，使得衍射场中产生了干涉记录的物光波前. 因此所谓波前再现，实际上是模拟再现，或者说是物光波前的重建.

6.13.3　全息照相的应用

自 1980 年起，全息照相作为现代光学中的一门新兴前沿学科，得到迅速发展和

广泛应用. 浮雕彩虹全息的实现，导致全息印刷业的兴起；显微全息的实现推动了显微技术的进步，如全息干涉自动测量技术、光学图像实时处理方法以及各种各样特殊功能的全息光学元件等.

除激光全息外，还发展了红外、微波和超声全息技术，这些全息技术在军事侦察和监视上有重要意义. 我们知道，一般的雷达只能探测到目标方位、距离等，而全息照相则能给出目标的立体形象，这对于及时识别飞机、舰艇等有很大作用，因此备受人们的重视. 但是由于可见光在大气或水中传播时衰减很快，在不良的气候下甚至无法进行工作. 为克服这个困难，发展出红外、微波及超声全息技术，即用相干的红外线、微波及超声波拍摄全息照片，然后用可见光再现物像，这种全息技术与普通全息技术的原理相同. 技术的关键是寻找灵敏记录的介质及合适的再现方法.

超声全息照相能再现潜伏于水下物体的三维图样，因此可用来进行水下侦察和监视. 由于对可见光不透明的物体，往往对超声波透明，因此超声全息可用于水下的军事行动，也可用于医疗透视以及工业无损检测等. 例如，采用超声脉冲全息照相，可研究固体中应力波的传播和裂纹扩展过程以及在风洞实验中研究飞行器的空气动力特性等. 在无损检验中，可用来检测物体的内部缺陷和微小裂纹.

目前还发展到可用计算机产生全息图. 使用全息图储存资料，具有容量大、易提取、抗污损等优点.

本 章 小 结

(1) 两类光的衍射：近场衍射(菲涅耳衍射)和远场衍射(夫琅禾费衍射).

(2) 应用惠更斯-菲涅耳原理处理衍射问题，具体方法有：菲涅耳半波带法、振幅矢量图解法和积分法. 运用半波带法处理菲涅耳圆孔、圆屏衍射时，着重解释轴线上的光强分布以及菲涅耳波带片.

(3) 运用积分法与振幅矢量图解法导出夫琅禾费单缝衍射的光强分布公式

$$I_P = I_\theta = A_\theta^2 = A_0^2\left(\frac{\sin u}{u}\right)^2 = I_0\left(\frac{\sin u}{u}\right)^2 = I_0 \sin c^2 u\text{，其中 } u = \frac{\pi b}{\lambda}\sin\theta$$

着重掌握各衍射极小的角位置，它满足

$$\sin\theta_k = \pm k\frac{\lambda}{b} \quad (k = 1, 2, 3, \cdots)$$

中央极强(中央亮纹)的半角宽度和其他相邻两极小间的角宽度均由下式决定：

$$\Delta\theta = \frac{\lambda}{b}$$

(4) 掌握夫琅禾费圆孔衍射中央亮斑(艾里斑)的半角宽度，即瑞利判据

$$\delta\theta = \Delta\theta = \theta_1 = 0.61\frac{\lambda}{R} = 1.22\frac{\lambda}{D}$$

(5) 掌握平面透射光栅的光强分布公式

$$I = I_0\left(\frac{\sin u}{u}\right)^2\left(\frac{\sin N\beta}{\sin\beta}\right)^2$$

其中 $u = \frac{\pi b}{\lambda}\sin\theta$， $\beta = \frac{\pi d\sin\theta}{\lambda}$. 由此可得出如下结论：

(a) 主极大的角位置满足光栅方程

$$d\sin\theta = k\lambda \quad (k = 0, \pm 1, \pm 2, \pm 3, \cdots)$$

(b) 极小值的角位置满足

$$d\sin\theta = k'\frac{\lambda}{N} \quad (k' = \pm 1, \pm 2, \pm 3, \cdots, \pm(N-1), \pm(N+1), \cdots, \pm(2N-1), \pm(2N+1), \cdots)$$

注意： $k' \neq 0, N, 2N, \cdots$.

(c) 主极大的半角宽度为

$$\Delta\theta = \frac{\lambda}{Nd\cos\theta}$$

(d) 相邻两主极大间有 $N-1$ 个极小和 $N-2$ 个次极大.

(e) 主极大缺级公式：当 $k = j\frac{d}{b}$ ($j = \pm 1, \pm 2, \pm 3, \cdots$) 时出现主极大缺级.

(6) 理解光栅的分光原理，正确区分色散本领和色分辨本领.

角色散本领用来描述不同波长的谱线彼此分开的程度

$$D_\theta = \frac{\mathrm{d}\theta}{\mathrm{d}\lambda} = \frac{k}{d\cos\theta}$$

线色散本领由下式决定：

$$D_1 = \frac{\mathrm{d}l}{\mathrm{d}\lambda} = \frac{k}{d\cos\theta}f_2'$$

色分辨本领是指区分靠得很近的两谱线的能力

$$R = \frac{\lambda}{\Delta\lambda}$$

光栅的色分辨本领为

$$R = \frac{\lambda}{\Delta\lambda} = kN$$

它取决于缝数 N 和光谱线的级数 k.

(7) 明确晶体的点阵结构可看作三维光栅，能使 X 射线产生明显的衍射.

X 射线在晶体上的衍射极大值满足布拉格公式

$$\Delta x = 2d\sin\theta = k\lambda \quad (k = 1, 2, 3, \cdots)$$

(8) 明确光的干涉与衍射的关系和区别.

(9) 了解衍射的应用，它是研究现代光学的重要基础.

思　考　题

6.1　在太阳或月亮的周围，有时出现彩色晕圈，你能解释为什么吗？在惠更斯-菲涅耳原理中引入的次波源为什么不能看作真实的点光源？试用惠更斯原理解释反射定律和折射定律.

6.2　对于一个圆孔衍射，能否引入焦点和焦距的概念？是否有类似于透镜的物像关系式？接收屏在哪些位置上中心光强达到极大值？用半波带法定性解释菲涅耳圆孔衍射轴外点的光强分布.

6.3　为什么菲涅耳圆孔衍射图样中心的光强是亮暗交替变化的？为什么圆屏衍射图样中心的光强随圆屏半径的增大而连续单调下降，而夫琅禾费圆孔衍射图样中心永远是亮的?

6.4　为什么波带片的近焦点的光强小于远焦点的光强?次焦点的光强确实比主焦点的光强小，主要由什么因素造成？光在自由传播时，整个波前产生的振幅等于第一个半波带振幅的二分之一，它是否相当于半个第一半波带的效果？在波带片的“物点”和“像点”之间是否有等光程性？

6.5　试用半波带法讨论夫琅禾费单缝衍射中央极大值的位置和半角宽度. 在图 6.7.1 中，若单色线光源本身太宽，对衍射图样有什么影响？

6.6　若平行光倾斜入射到单缝上，为什么中央极大值的位置在 $\theta=\theta_0$ 的方向(θ_0 是入射光线与单缝法线的夹角，θ 是衍射角)？此时中央极大值的半角宽度有何变化?

6.7　光学仪器的三大本领是什么？有什么用途？其中望远镜、显微镜、照相机物镜的分辨本领各用什么量来表示？取决于什么？

6.8　在图 6.8.3 中，若上下移动光栅，其衍射图样有无变化？在图中若不用透镜 L_2，而直接在远处的墙上观察，上下移动光栅，衍射图样有无变化?

6.9　在光栅光谱中，为何零级和 ±1 级不发生缺级? 若用白光作光源，零级斑中心是什么颜色？零级斑外围是什么颜色？

6.10　试指出当衍射光栅常数为下述情况时，哪些级数的光谱线消失？(1) 光栅常数为狭缝宽度的两倍；(2) 光栅常数为狭缝宽度的三倍.

6.11　光线垂直入射闪耀光栅的槽面，多缝干涉和单缝衍射的零级主极大为什么不重合?

6.12　试比较干涉花样与衍射花样的异同. 若在杨氏双缝干涉实验中，用平行白光照射双缝，并以红色和蓝色滤光片各遮住一条缝，问在离双缝相当远的接收屏上，产生的条纹是否还为双缝干涉条纹？为什么？试用多缝干涉的方法推导光栅的强度公式.

6.13　欲使双缝夫琅禾费衍射的中央峰内含有 11 条干涉亮纹，则缝宽和缝间距需要满足什么条件？

6.14　为了提高光栅的色散本领和分辨本领，既要求光栅刻线很窄(即 d 很小)，又要求刻线总数 N 很大；怎样理解 N 增大并不能提高光栅的色散本领？怎样理解 d 减小时虽然扩大两条谱线的角间隔，却不能提高分辨本领？试讨论光栅的色分辨本领与角色散和谱线的半角宽度之间的关系.

6.15　导出光栅色散本领的另一形式：$D_\theta = \tan\theta/\lambda$.

6.16　求矩形夫琅禾费衍射图样中，沿图样对角线方向第一个次极大和第二个次极大相对于图样中心的强度.

6.17　试用巴比涅原理证明互补的衍射屏产生的夫琅禾费衍射图样相同.

6.18　在光谱仪中，为什么多用反射镜(平面或凹面)而不大用透镜？

6.19　一束平行光入射到 x-y 平面上，怎样才能使 x-y 平面上相位处处为零?

6.20　有人将牛顿环拍摄下来制作波带片，试分析这种波带片与菲涅耳黑白波带片有何不同.

6.21　为什么用 X 射线而不用可见光作晶体结构分析？晶体光栅衍射与平面光栅衍射有何区别？

6.22　通常在一台光栅光谱仪的焦面上获得的光谱是时间频谱还是空间频谱？经空间滤波器改造了的频谱是否为像函数的空间频谱？

6.23　试将全息图波前的重建与平面镜成像进行比较，其中有何相同与不同之处？为什么破损的全息图再现的像仍然完整无缺？

习　题

6.1　在菲涅耳圆孔衍射实验中，点光源发出的光波波长 λ=500nm，点光源到衍射屏的距离 R=5m，衍射屏到观察点 P 的距离 r_0=10m，若衍射孔的半径 $R_\mathrm{h} = 1\,\mathrm{cm}$，求：

(1) 圆孔所含的半波带数；

(2) 圆孔中露出 1.5 个半波带时衍射场中心强度与自由传播时的强度之比.

6.2　将一块波带片作为衍射屏，波带片包含三个半波带，中间一个带涂黑. 第一带的半径为 0.5mm，用波长为 0.5μm 的平行光照射该波带片. 问：

(1) 该波带片的焦距是多少？

(2) 在 50cm 处的观察屏上衍射花样中央处的光强比自由传播时增大多少倍?

(3) 波带片若包含 100 个上述情况的半波带，衍射花样中央处的光强变为自由传播时的多少倍？

6.3　波长为 500nm 的平行单色光自左向右垂直照射到一个有圆形小孔的屏上，设此孔可以像照相机光圈那样改变大小. 问：

(1) 小孔半径满足什么关系时，才能使得此小孔右方轴线上距小孔中心 4m 处的 P 点分别得到极大值和极小值?

(2) P 点最亮时，小孔直径应为多大?

6.4　波长为 632.8nm 的平行光射向直径为 2.76mm 的圆孔，距孔 1.0m 处放一屏幕. 试问：

(1) 屏上正对圆孔中心的 P 点是亮点还是暗点?

(2) 要使 P 点变成与 (1) 相反的情况，至少要把屏幕分别向前或向后移动多少距离?

6.5　设计制作一个满足下面要求的波带片：

(1) 波长为 400nm 的紫光垂直入射时的主焦距为 80cm；

(2) 主焦点光强是自由传播时的 1000 倍.

6.6　设波长为 500nm、光强为 I_0 的平行单色光垂直入射到如习题 6.6 图所示的衍射屏上，其中 $r_1=\sqrt{2}\,\text{mm}$，$r_2=1\,\text{mm}$，在距离衍射屏 2m 的观察屏上，衍射花样中央的振幅和强度各是多少？

6.7　波长为 450nm 的平面光波照射到如习题 6.7 图所示的衍射屏上，其上有半径为 0.6mm 的小圆孔及其同心透光的圆环，圆环内外半径分别为 $0.6\sqrt{2}$ mm、$0.6\sqrt{3}$ mm，求距离衍射屏 80cm 的观察屏上衍射花样中央的光强为自由传播时的多少倍.

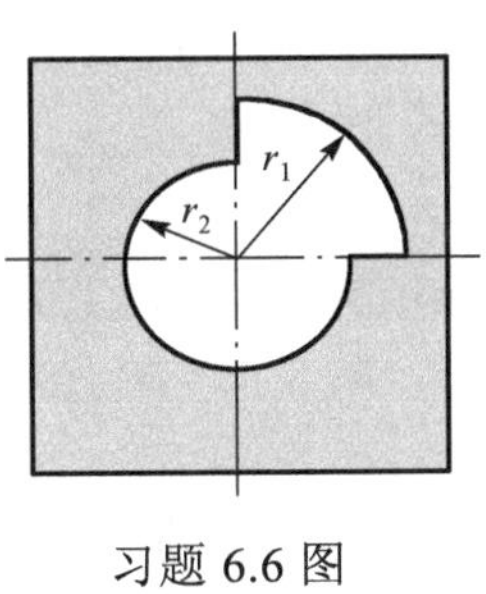

习题 6.6 图

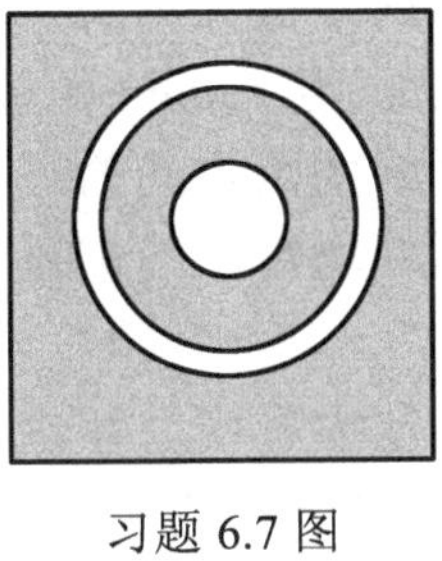

习题 6.7 图

6.8　用直径为 10cm、焦距为 500cm 的抛物面镜拍摄星空，

(1) 写出其轴上和离轴时的最小分辨角各是多少；

(2) 若观察到轴上有一颗发光的星，其像点的线度大约是多少？

6.9　用一架 35mm 相机拍摄 175cm 高的人，已知透镜的焦距是 50mm，像高是 30mm.

(1) 问被摄者要离相机多远才合适？

(2) 若透镜入光孔直径为 1cm，入射光波长约为 500nm，估算在相片上能得到的最好分辨率.

6.10　已知氩离子激光器的波长 $\lambda = 488\,\text{nm}$，垂直照射在矩孔衍射屏上，此矩孔尺寸为 0.75mm×0.25mm，在位于矩孔附近正透镜（$f = 2.5\,\text{m}$）焦平面处观察衍射图样，求观察屏衍射图样中央亮斑的尺寸.

6.11　夜间自远处驶来的汽车的两前灯相距 1.5m，试从眼睛瞳孔产生圆孔衍射的角度，估计正常视力的人在多远的距离处才能分辨出光源是两个灯. 设眼睛瞳孔的直径为 3mm，车灯发出的光的波长为 550nm.

6.12　设望远镜物镜的口径为 50mm，焦距为 500mm，求：

(1) 该物镜的最小分辨角；

(2) 该望远镜的正常放大率；

(3) 该目镜的焦距.

6.13　孔径为 20cm 和 160cm 的两种望远镜能否分辨清月球上直径为 500m 的环形山？(月球与地面的距离为地球半径的 60 倍，地球半径约为 6370km)

6.14　已知显微镜的数值孔径 N.A.=1.32，物镜焦距为 1.91mm，目镜焦距为 50mm，用波长为 550nm 的可见光照明，求该显微镜的：

(1) 最小分辨距离；

(2) 有效放大率；

(3) 光学筒长.

6.15　若要求显微镜能分辨相距 0.375μm 的两点，用波长为 550nm 的可见光照明.

(1) 试求此显微镜物镜的数值孔径；

(2) 若要求此两点放大后的视角为 2′，则显微镜的放大本领是多少？

6.16　用于波长为 400nm 的显微镜的数值孔径为 0.85.

(1) 求它能分辨的两点间的最小距离；

(2) 若利用油浸物镜法使该显微镜的数值孔径增大到 1.45，它的分辨本领提高多少倍？

(3) 显微镜的放大率应设计成多大才合适？

6.17　波长为 600nm 的平面光波照射到宽度为 0.2mm 的单缝上. 在距离单缝为 2m 的观察屏上衍射花样中央极大值的线宽度是多少？

6.18　平面波波长为 488nm，垂直照射到宽度为 0.4mm 的狭缝上，会聚透镜的焦距为 60cm，分别计算当缝的两边到 P 点的相位差为 $\pi/2$ 和 $\pi/6$ 时，P 点到透镜主焦点的距离.

6.19　白光形成的单缝衍射花样中，某一波长的第三次极大值与波长为 600nm 的光波的第二次极大值重合，求该光波的波长.

6.20　波长为 546.1nm 的平行光垂直射在 1mm 宽的缝上，若将焦距为 100cm 的透镜紧置于缝的后面，并使光聚焦到屏上，问衍射花样的中央到第一极小值、第一极大值、第三极小值的距离分别为多少?

6.21　在夫琅禾费双缝衍射中，若用波长为 480nm 的光垂直照射. 已知每缝宽为 0.02mm，双缝对应点之间的距离为 0.10mm，问：

(1) 在离双缝 50cm 远处光屏上干涉条纹的间距为多大?

(2) 从干涉条纹的零级极大到第一衍射极小的线距离为多大?

6.22　在夫琅禾费双缝衍射中，若用波长为 500nm 的光垂直照射. 已知透镜焦距为 100cm，观察到两相邻亮纹间距为 2.5mm，第四级缺级，求双缝的间距 d 及其缝宽 b.

6.23　一束平行白光垂直入射在每毫米 50 条缝的光栅上，问第一级光谱的末端和第二级光谱的始端的衍射角 θ 之差为多少?(设可见光中最短的紫光波长为 400nm，最长的红光波长为 760nm)

6.24　用 1mm 内有 400 条刻痕的平面透射光栅观察波长为 589nm 的钠光谱. 试问：

(1) 光垂直入射时，最多能观察到几级光谱?

(2) 光以 30° 入射时，最多能观察到几级光谱?

6.25　波长为 500nm 的光正入射到光栅常数为 2.5×10^{-4} cm、宽为 3cm 的光栅上，会聚透镜的焦距为 500mm，求：

(1) 第一级光谱的线色散；

(2) 能分辨的最小波长差；

(3) 最多能看到几级光谱.

6.26　用波长为 624nm 的光垂直照射一缝宽为 0.012mm、不透明部分宽为 0.029mm、缝数为 10^3 条的光栅，求：

(1) 单缝衍射图样中央亮纹的角宽度；

(2) 单缝衍射中央宽度内能看到多少级光谱；

(3) 谱线的半角宽度.

6.27　已知棱镜材料的折射率 n=1.5，底边长 5cm，顶角为 60°，色散率 $\dfrac{\mathrm{d}n}{\mathrm{d}\lambda}=6\times10^{-5}\,\mathrm{nm}^{-1}$，求该棱镜的角色散本领和色分辨本领.

6.28　波长为 0.00147nm 的平行 X 射线射在晶体界面上，晶体原子层的间距为 0.28nm，问光线与界面成何角度时，能观察到二级光谱?

6.29　波长为 0.097nm 的 X 射线投射到一晶体上，在掠射角为 60° 处第三级衍射极大，另一未知单色 X 射线在同一晶面上掠射角为 30° 处给出第一级衍射极大，求该未知单色 X 射线的波长.

6.30　一闪耀光栅刻线为 100 条/mm，用 $\lambda = 600\,\text{nm}$ 的单色光垂直入射到光栅平面，若第二级光谱闪耀，闪耀角度应为多大？

6.31　已知一闪耀光栅的闪耀角 $\theta_B = 30°$，光栅常数 $d = 1.2\,\mu\text{m}$，在入射角分别为 $\theta = \theta_B$ 和 $\theta = 0$ 两种情况下，该光栅在可见光范围内的闪耀波长有哪些？

6.32　已知光栅宽度 W=5cm，刻线密度 $1/d$=600 条/mm；棱镜底边 L=5cm，顶角 $A = 60°$，折射率 n=1.51，色散率 $\text{d}n/\text{d}\lambda = 6.4\times10^{-5}\,\text{nm}^{-1}$；法布里-珀罗标准具腔长 h=5cm，反射率 F=0.99. 试计算光栅、棱镜、法布里-珀罗标准具三者的

(1) 色分辨本领；

(2) 色散本领；

(3) 自由光谱范围.

第 7 章　光 的 偏 振

光的干涉和衍射现象证明了光具有波动性，但并不能由此确定光波是横波还是纵波，而光的偏振现象则很好地揭示了光的横波性. 本章将着重介绍偏振光的概念、偏振光的获得、偏振光的鉴别、光在晶体中的双折射和偏振光的干涉，并适当介绍光的偏振在科学技术中的应用.

7.1　光波的横波性与五种偏振态

7.1.1　光的偏振

波有横波和纵波两类：振动方向和传播方向互相垂直的波称为**横波**；振动方向和传播方向互相平行的波称为**纵波**. 纵波的振动状态对传播方向具有轴对称性，而横波则没有这种对称性. 波的振动方向对传播方向的不对称性称为**偏振**，这是横波区别于纵波的一个最明显的标志，只有横波才有偏振现象.

光波是电磁波，光波中的电矢量 $\boldsymbol{E}$ 和磁矢量 $\boldsymbol{H}$ 都与传播速度 $\boldsymbol{v}$ 垂直，所以光波是横波，具有偏振性. 实验证明，在光和物质相互作用(如感光作用等)的过程中，起主要作用的是光波中的电矢量 $\boldsymbol{E}$，所以在讨论光的作用时，只需要考虑电矢量 $\boldsymbol{E}$ 的振动，电矢量 $\boldsymbol{E}$ 称为**光矢量**. 在与光传播方向垂直的二维平面内，光矢量各种各样的振动状态称为光的偏振态. 若一列光波的光振动没有对称性，就称为**偏振光**.

7.1.2　光的五种偏振态

在垂直于传播方向的平面内，光矢量 $\boldsymbol{E}$ 可能有各种不同的振动状态，从而使得光具有不同的偏振态. 光波按照偏振状态的不同可以分为**自然光、线偏振光、部分偏振光、圆偏振光和椭圆偏振光**五类. 当然，光也可以是以上几种偏振态的组合.

1. 自然光

光的五种偏振态

普通光源中包含许许多多的原子或分子，不同的原子或分子发出的光波，或同一原子或分子不同时刻发出的光波，其振动方向、振幅、初始相位各不相同. 因此，从宏观上看，在与光的传播方向垂直的二维平面内，入射光中包含了所有方向的光振动. 平均来说，在观测时间间隔内，光振动方向对于光的传播方向形成了轴对称分布，即在垂直于光传播方向的平面内，光振动在各个方向的概率相同，振幅相等，没有哪个方向占更大优势，这种无序的、振动统计对称的光波称为**自然光**.

自然光电矢量对光的传播方向呈轴对称分布，即沿着各个方向振动的振幅都相等，如图 7.1.1 所示. 由于这些光振动来自不同的原子或分子，它们之间没有固定的相位关系，故不可能进行矢量合成. 常见的普通光源发出的光都是自然光(激光除外).

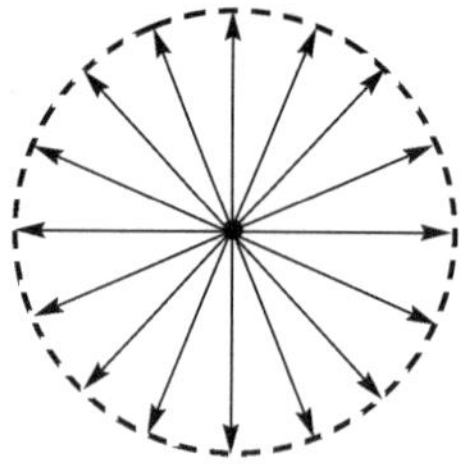

图 7.1.1　自然光电矢量分布

对于自然光，若把每个方向上的光振动都投影到相互垂直的两个方向上，则在这两个方向上的平均振幅相等. 因此，**自然光可以分解为两个强度相等、振动方向相互垂直的光振动.** 如图 7.1.2 所示，把自然光分解为 x 方向和 y 方向上两个振幅相等(即 $A_x=A_y$)的光振动. 但是需要注意：自然光分解后，两个相互垂直的振动分量之间，由于没有确定的相位关系，所以不能合成为一个单独的矢量.

如果入射自然光的光强为 I_0，则有 $I_0 = {A_x}^2 + {A_y}^2$，那么 x 方向和 y 方向上的光强均为

$$I_x = I_y = {A_x}^2 = {A_y}^2 = \frac{1}{2}I_0 \tag{7.1.1}$$

自然光可用图 7.1.3 来表示，点表示振动方向垂直于纸面所在平面的光振动，竖线表示振动方向平行于纸面所在平面的光振动，点和竖线的数量代表两个分量振动的相对大小，即在两个相互垂直的方向上振幅相等.

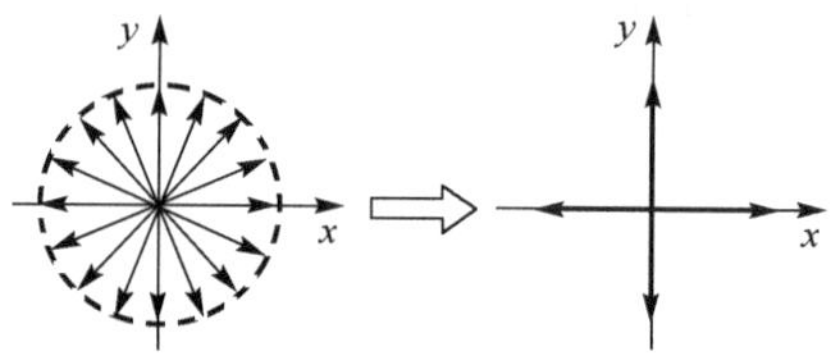

图 7.1.2　自然光的分解

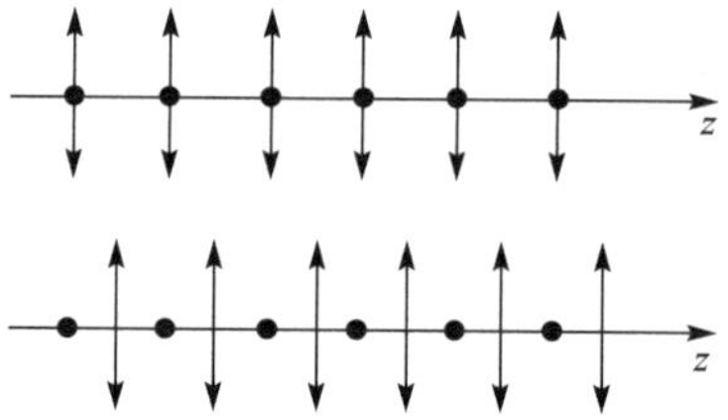

图 7.1.3　自然光的表示方法

2. 线偏振光

在光的传播过程中，与光的传播方向垂直的平面内，光矢量不改变振动方向，即只沿一个确定的方向振动，其端点的轨迹是一条直线的偏振光称为**线偏振光**. 由于振动只沿一个方向，其振动方向和传播方向组成一个确定平面(光矢量始终保持在包含光线的这个平面内)，所以**线偏振光**也称为**平面偏振光**. 由光矢量振动方向和传播方向确定的平面称为**振动面**. 线偏振光可以用图 7.1.4 表示，z 表示传播方向. 图

7.1.4(a)表示光矢量振动方向与纸张所在的平面平行，图 7.1.4(b)表示光矢量振动方向与纸张所在的平面垂直.

沿 z 轴方向传播的平面线偏振光的波动方程可以写成

$$E = A\cos(\omega t - kz)$$

式中，A 为平面线偏振光的振幅. 在 $z = z_0$ 且垂直于 z 轴的平面内，建立平面直角坐标系 xOy，设光矢量 $\boldsymbol{E}$ 的振动方向与 x 轴的夹角为 α，如图 7.1.5 所示，则光矢量 $\boldsymbol{E}$ 可以表示为

$$\boldsymbol{E} = (A_x\boldsymbol{i} + A_y\boldsymbol{j})\cos(\omega t - kz_0) \tag{7.1.2}$$

式中，$\boldsymbol{i}$、$\boldsymbol{j}$ 分别为 x、y 方向的单位矢量；A_x、A_y 分别为振幅 A 在 x、y 方向的分量，且 $A_x = A\cos\alpha$，$A_y = A\sin\alpha$. 也就是说，**一个线偏振光可以分解成两个振动方向相互垂直、频率相同、相位相同或相反的线偏振光**. 故线偏振光的波动方程可写为

$$\boldsymbol{E} = E_x\boldsymbol{i} + E_y\boldsymbol{j}$$

其中

$$E_x = A_x\cos(\omega t - kz + \varphi_x)\,,\quad E_y = A_y\cos(\omega t - kz + \varphi_y)$$

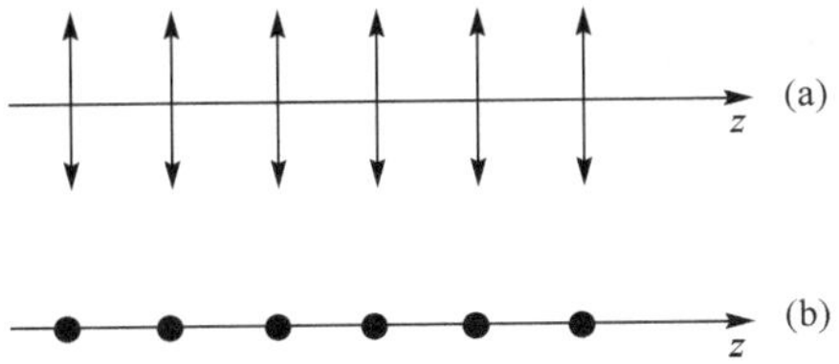

图 7.1.4　线偏振光的表示方法

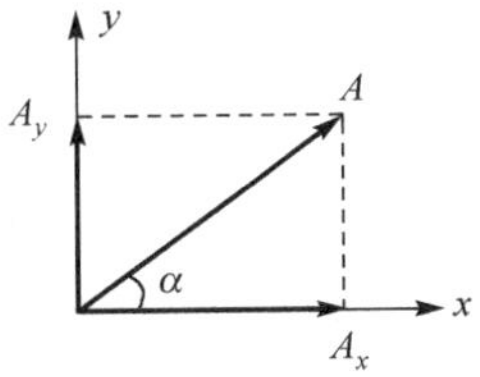

图 7.1.5　线偏振光的分解

当 $\Delta\varphi = \varphi_y - \varphi_x = 0, \pm\pi$ 时，$\boldsymbol{E}$ 为线偏振光. 反过来，**线偏振光可以看作沿 x、y 方向振动，频率相同，相位相同或相反的线偏振光的合成**.

沿 x、y 方向振动的线偏振光的光强分别为

$$\begin{aligned} I_x &= A_x^2 = A^2\cos^2\alpha = I\cos^2\alpha \\ I_y &= A_y^2 = A^2\sin^2\alpha = I\sin^2\alpha \end{aligned} \tag{7.1.3}$$

3. 部分偏振光

在光的传播过程中，与光的传播方向垂直的平面内，光具有各种振动方向，但不同方向的振幅大小不同，在某一方向上的振幅最大，而在与之垂直的方向上的振幅最小，而且这些不同方向振动的光矢量之间没有固定的相位关系，这种光称为**部分偏振光**. 部分偏振光的偏振态介于自然光和线偏振光之间，其光矢量不具有轴对

称性，如图 7.1.6 所示. **部分偏振光可以看作线偏振光和自然光的混合**.

同自然光、线偏振光一样，**部分偏振光也可以分解成两个振动方向相互垂直的线偏振光，但这两个线偏振光振幅不等，相位也没有任何固定关系**，所以二者不可能合成为一个单独的矢量. 部分偏振光可以用图 7.1.7 表示，z 表示传播方向. 图 7.1.7(a)表示振动方向与纸面所在平面平行的光矢量占优势，图 7.1.7(b)表示振动方向与纸面所在平面垂直的光矢量占优势.

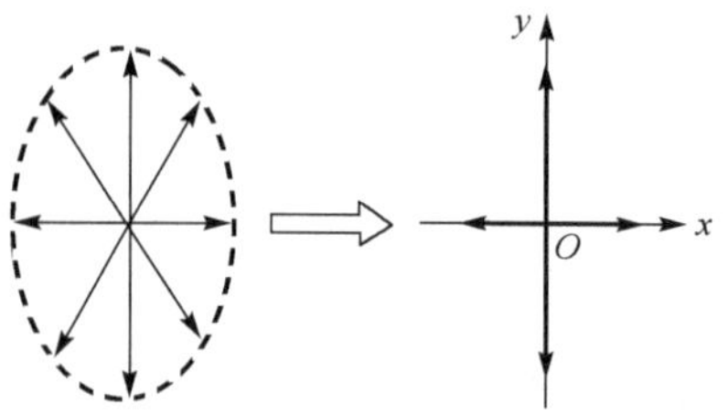

图 7.1.6　部分偏振光的电矢量分布

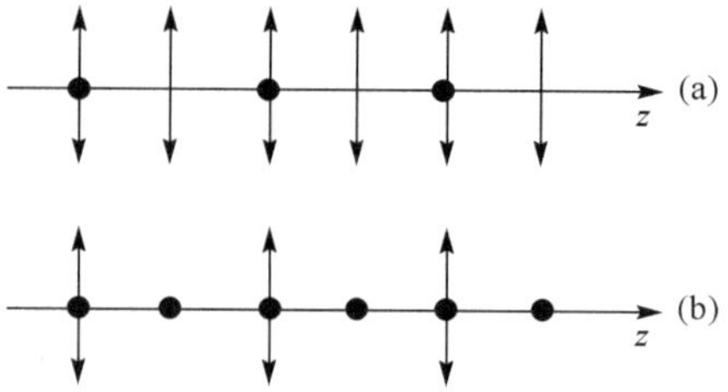

图 7.1.7　部分偏振光的表示方法

为了定量描述部分偏振光的偏振程度，引入**偏振度**的概念，用 P 表示，即

$$P=\frac{I_{\max}-I_{\min}}{I_{\max}+I_{\min}} \tag{7.1.4}$$

式中，$I_{\max}$ 为最大振幅振动方向所对应的光强；$I_{\min}$ 为最小振幅振动方向所对应的光强.

当 $I_{\min}=0$ 时，$P=1$，偏振度最大，对应线偏振光.

当 $I_{\min}=I_{\max}$ 时，$P=0$，偏振度最小，对应自然光，所以自然光也叫非偏振光.

当 $0<I_{\min}<I_{\max}$ 时，$0<P<1$，对应部分偏振光.

4. 圆偏振光

在光的传播过程中，与光的传播方向垂直的平面内，光矢量的大小不变，但光矢量振动方向随时间以角速度 ω 旋转，其末端的轨迹是圆形，这种光称为**圆偏振光**，如图 7.1.8 所示. 也就是说，在某一时刻 t_0，传播方向 z 上各点对应的光矢量末端分布在一个螺旋曲线上，随着时间的推移，整个螺线以相速度向前移动，各光矢量在 xOy 平面内的投影是一个圆，如图 7.1.9 所示. 可见，圆偏振光的振动状态和自然光完全不同，它是一种偏振光，振动面是旋转的，光矢量呈螺旋式向前传播.

沿 z 轴方向传播的圆偏振光可以看作在 x 和 y 方向振幅相等、频率相同、振动相位差为 $\pm\pi/2$ 的两个线偏振光的合成. 若在 $z=z_0$ 平面内的振动可以写为 $\boldsymbol{E}=E_x\boldsymbol{i}+E_y\boldsymbol{j}$，对于圆偏振光，则有

$$E_x = A\cos(\omega t - kz_0)\,,\quad E_y = A\cos\left(\omega t - kz_0 \pm \frac{\pi}{2}\right) \tag{7.1.5}$$

式中，若取 $+\pi/2$，即 y 方向振动相位超前于 x 方向 $\pi/2$，这时迎着光的传播方向看，光矢量沿顺时针方向旋转，称为**右旋圆偏振光**；若取 $-\pi/2$，即 y 方向振动相位落后于 x 方向 $\pi/2$，这时迎着光的传播方向看，光矢量沿逆时针方向旋转，称为**左旋圆偏振光**.

左旋和右旋
圆偏振光的判断

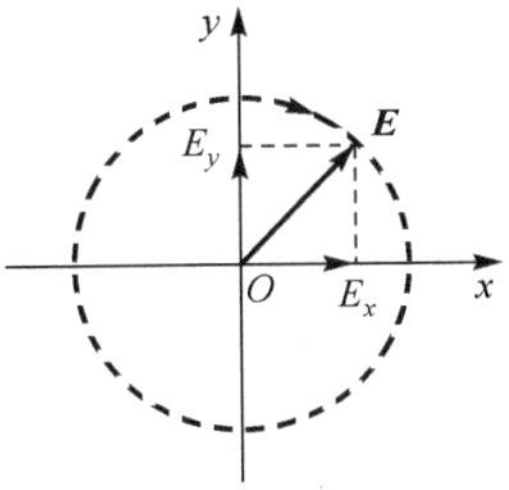

图 7.1.8　圆偏振光电矢量(右旋)

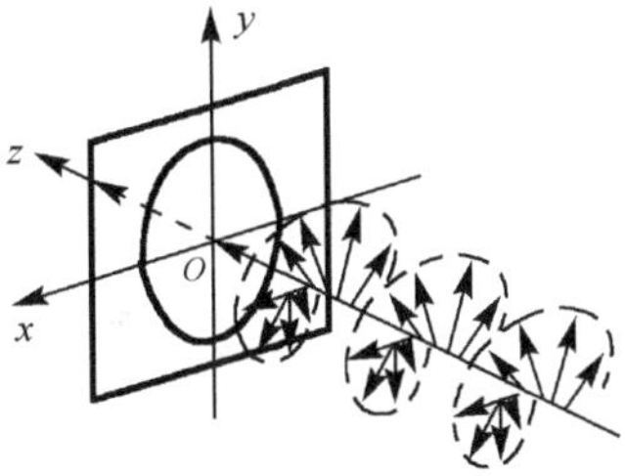

图 7.1.9　圆偏振光的光矢量末端分布

5. 椭圆偏振光

在光的传播过程中，与传播方向垂直的平面内，光矢量的振动方向和振幅大小都随时间改变，光矢量的末端描绘出一个椭圆，这种光称为**椭圆偏振光**.

某一 t_0 时刻，传播方向上各点对应的光矢量末端分布在具有椭圆截面的螺旋曲线上，随着时间的推移，螺线以一定的相速度向前移动，光矢量的末端在 xOy 平面内的投影是一个椭圆，如图 7.1.10 所示. 与圆偏振光类似，椭圆偏振光也有**左旋**、**右旋**之分.

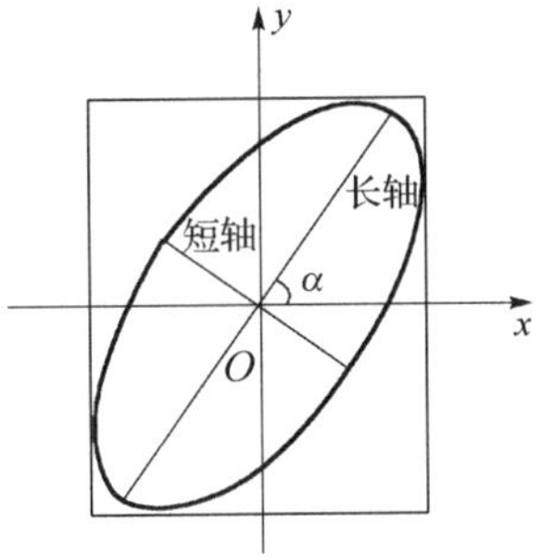

图 7.1.10　椭圆偏振光

椭圆偏振光也可以看成是由两列频率相同、振动方向相互垂直、沿同一方向传播的具有固定相位差的线偏振光的合成.

在 $z = z_0$ 的平面内(沿 z 方向传播)，沿 x 方向和 y 方向振动的光矢量表达式分别为

$$E_x = A_x\cos(\omega t - kz_0)\,,\qquad E_y = A_y\cos(\omega t - kz_0 + \Delta\varphi) \tag{7.1.6}$$

式中，A_x、A_y 为两线偏振光的振幅；$\Delta\varphi$ 为二者在 z_0 点的相位差(当 $0 < \Delta\varphi < \pi$ 时为**右旋椭圆偏振光**，$\pi < \Delta\varphi < 2\pi$ 时为**左旋椭圆偏振光**). 由式(7.1.6)消去参数 t，则合成光矢量 $\boldsymbol{E}$ 末端的轨迹方程为

$$\frac{E_x^2}{A_x^2}+\frac{E_y^2}{A_y^2}-\frac{2E_xE_y}{A_xA_y}\cos\Delta\varphi=\sin^2\Delta\varphi \tag{7.1.7}$$

这是一个二次方程，A_x、A_y和$\Delta\varphi$决定了合成光的偏振态. 由于E_x和E_y总是在$\pm A_x$和$\pm A_y$之间变化，则光矢量$\boldsymbol{E}$的轨迹就限制在与$E_x=\pm A_x$和$E_y=\pm A_y$为界的矩形框相切的椭圆内，如图7.1.10所示. 若椭圆的主轴(长轴或短轴)与x轴构成α角，则α角由下式决定：

$$\tan 2\alpha=\frac{2A_xA_y}{A_x^2-A_y^2}\cos\Delta\varphi \tag{7.1.8}$$

即椭圆的长、短轴大小和方向取决于两个分振动的相位差$\Delta\varphi$和振幅之比A_y/A_x.

根据式(7.1.7)，下面讨论几种情况.

(1) 当$\Delta\varphi=2k\pi\ (k=0,\pm1,\pm2,\cdots)$时，式(7.1.7)变为

$$\frac{E_x^2}{A_x^2}+\frac{E_y^2}{A_y^2}-\frac{2E_xE_y}{A_xA_y}=0\Rightarrow E_y=\frac{A_y}{A_x}E_x$$

此时**两线偏振光合成为在1、3象限内振动的线偏振光**，振动方向与x轴的夹角$\alpha=\arctan\dfrac{A_y}{A_x}$，振幅为$A=\sqrt{A_x^2+A_y^2}$.

(2) 当$\Delta\varphi=(2k+1)\pi\ (k=0,\pm1,\pm2,\cdots)$时，式(7.1.7)变为

$$\frac{E_x^2}{A_x^2}+\frac{E_y^2}{A_y^2}+\frac{2E_xE_y}{A_xA_y}=0\Rightarrow E_y=-\frac{A_y}{A_x}E_x$$

此时**两线偏振光合成为在2、4象限内振动的线偏振光**，其振动方向与x轴的夹角$\alpha=\pi-\arctan\dfrac{A_y}{A_x}$，振幅为$A=\sqrt{A_x^2+A_y^2}$.

(3) 当$\Delta\varphi=(2k+1)\dfrac{\pi}{2}\ (k=0,\pm1,\pm2,\cdots)$且$A_x=A_y=A$时，式(7.1.7)变为

$$E_x^2+E_y^2=A^2$$

此时**两线偏振光合成为一圆偏振光**. 当$\Delta\varphi=\dfrac{\pi}{2}$时为右旋圆偏振光，$\Delta\varphi=-\dfrac{\pi}{2}$时为左旋圆偏振光.

(4) 当$\Delta\varphi=(2k+1)\dfrac{\pi}{2}\ (k=0,\pm1,\pm2,\cdots)$且$A_x\neq A_y$时，式(7.1.7)变为

$$\frac{E_x^2}{A_x^2}+\frac{E_y^2}{A_y^2}=1$$

此时**两线偏振光合成为一正椭圆偏振光**. 长、短轴分别与 x、y 轴重合，当 $\Delta\varphi=\dfrac{\pi}{2}$ 时为右旋椭圆偏振光，$\Delta\varphi=-\dfrac{\pi}{2}$ 时为左旋椭圆偏振光.

可见圆偏振光是椭圆偏振光的一个特例.

(5) 若 $\Delta\varphi$ 为 $0\sim2\pi$ 中的其他值，则为斜椭圆偏振光，椭圆的形状、空间取向及旋转方向均随 $\Delta\varphi$ 而变化. 不同 $\Delta\varphi$ 时合成后的光振动如图 7.1.11 所示.

(6) 若 $\Delta\varphi$ 不是一个恒定值，而是随时间随机变化，且 $A_x=A_y$，则对应自然光.

(7) 若 $\Delta\varphi$ 不仅随时间随机变化，且 $A_x\neq A_y$，则对应部分偏振光.

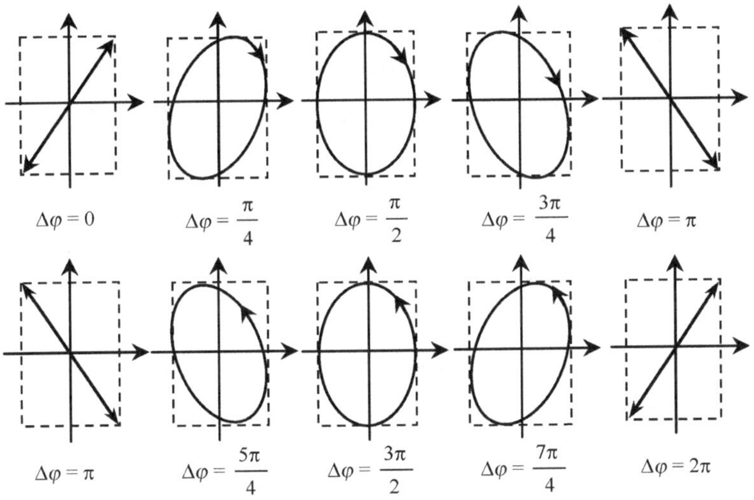

图 7.1.11　不同 $\Delta\varphi$ 值下合成的光的偏振态

综上所述，**任何偏振光都可以看作两个频率相等、振动方向相互垂直的线偏振光的合成**，区别就在于：组成自然光的两个线偏振光振幅相等，但是相位没有任何固定关系；组成部分偏振光的两线偏振光振幅不相等，相位也没有任何固定关系；组成线偏振光的两线偏振光相位差为 0 或 $\pi(k\pi)$；而圆偏振光对应的两线偏振光的振幅相等，相位差为 $\pm\pi/2$；若两线偏振光的相位差为 $\pm\pi/2$，但振幅不相等，则合成一正椭圆偏振光；当相位差为其他固定值时，合成为一般椭圆偏振光.

故两个频率相等、振动方向相互垂直的线偏振光可以合成任意一种偏振态的光，区别就在于这两束线偏振光的振幅、相位之间的关系不同.

7.2　偏振片　马吕斯定律

7.2.1　二向色性晶体

除激光外，常见光源发出的都是自然光. 自然光可以分解成两个振动方向相互垂直的线偏振光，只是这两个线偏振光没有固定的相位关系. 实验发现，某些晶体对于不同振动方向的光矢量吸收不同：对某个方向上振动的光矢量几乎不吸收，而对与之垂直的方向上振动的光矢量则几乎全部吸收，这种晶体称为**二向色性晶体**.

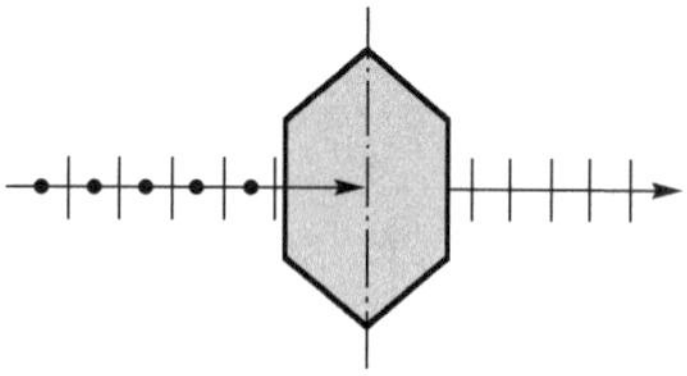

图 7.2.1　电气石晶体的二向色性

例如天然的电气石晶体，它属于六角形片状结构，如图 7.2.1 所示，长对角线的方向称为它的光轴. 自然光入射时，可以将自然光分解成振动方向平行于晶体光轴的线偏振光和振动方向垂直于晶体光轴的线偏振光，这两束线偏振光通过二向色性晶体后，振动方向与光轴平行的分量，吸收很少，通过的很多；而与光轴方向垂直的振动分量则被强烈地吸收，通过的很少，即**对两种振动方向相互垂直的线偏振光具有强烈的选择吸收**，这种特性称为晶体的**二向色性**. 在天然的晶体中，电气石晶体具有最强的二向色性，1mm 厚的电气石晶体可以把垂直于光轴方向振动的光矢量全部吸收掉，从而使透射光成为振动方向与晶体光轴平行的线偏振光.

一般晶体的二向色性与光波长有关. 因此，一束白色的自然光通过晶体后，某些振动方向与晶体光轴垂直的波长的光会被吸收，而且不同波长的光吸收程度不同，从而使透射光呈现出彩色，这就是“二向色性”这个名称的由来. 除了电气石外，某些有机化合物的晶体也具有二向色性，如碘化硫酸奎宁.

7.2.2　偏振片

能够获得线偏振光的器件称为**偏振片**，常见的偏振片是利用二向色性晶体对振动方向不同的光具有选择吸收的性质做成的. 天然的二向色性晶体很少，目前广泛使用的偏振器件是人造偏振片.

偏振片允许透过的光振动方向称为偏振片的**透振方向**，或**透光轴**. 入射自然光经过偏振片后变成沿透振方向振动的线偏振光，且强度减弱为入射自然光强度的一半，如图 7.2.2 所示.

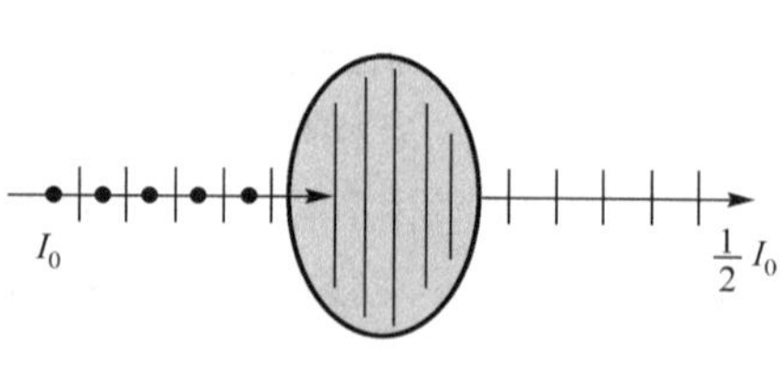

图 7.2.2　自然光经偏振片后变成线偏振光

使自然光变为线偏振光的过程叫**起偏**，产生起偏的光学器件称为**起偏器**. 偏振片就是一种常用的起偏器，自然光通过偏振片后，出射光是振动方向与偏振片的透光轴平行的线偏振光.

用偏振器件分析、检验光束偏振状态的过程称为**检偏**，所用的光学元件称为**检偏器**. 偏振片也可以用作检偏器来检验光的偏振态.

偏振片既可以作起偏器，也可以作检偏器，具体是作为哪种器件，需要根据具体使用时的作用来区分. 如图 7.2.3 所示，P_1 和 P_2 是两片相同的偏振片，P_1 用来产生线偏振光，作起偏器用；P_2 用来检验偏振光，作检偏器用. 当 P_1 和 P_2 相对转动时，透射光的强度会随着两偏振片透光轴夹角 θ 的变化而变化. 若偏振片是理想的，当 $\theta = 90°$ 时，透过 P_2 的光强度为零，这种现象称为**消光**.

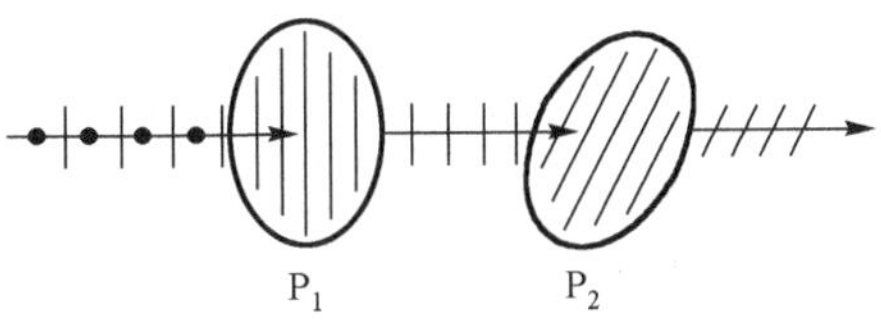

图 7.2.3　起偏器和检偏器

7.2.3　马吕斯定律

让一束振幅为 A_0，光强 $I_0 = A_0^2$ 的自然光入射到与透光轴成一定夹角的两个偏振片 P_1 和 P_2 组成的系统上，如图 7.2.3 所示，在不考虑偏振片对光的吸收、散射及反射的情况下，**自然光通过偏振片 P_1 后变为线偏振光**，其振幅和光强分别为

$$A_1 = \frac{\sqrt{2}}{2}A_0, \quad I_1 = \frac{1}{2}I_0$$

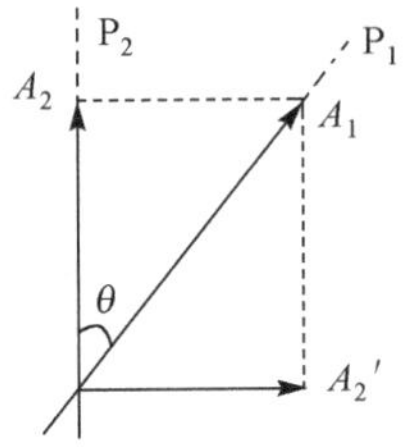

图 7.2.4　马吕斯定律

线偏振光继续向前传播到检偏器 P_2 上，被分解成振动方向平行和垂直于 P_2 透振方向的两个分量，振幅分别为 A_2 和 A_2'，如图 7.2.4 所示，振动方向垂直于 P_2 透振方向的光矢量不能通过 P_2，而平行于 P_2 透振方向的光矢量全部通过 P_2，其振幅为 $A_2 = A_1\cos\theta$，光强为

$$I_2 = A_2^2 = A_1^2\cos^2\theta = I_1\cos^2\theta \tag{7.2.1}$$

式(7.2.1)称为**马吕斯定律**，即光强为 I_1 的线偏振光经过偏振片后的光强为 $I_2 = I_1\cos^2\theta$，θ 为线偏振光的振动方向与偏振片透光轴方向的夹角. 这是由法国物理学家及军事工程师马吕斯(E. L. Malus，1775～1812)发现的. 马吕斯定律是偏振光中的一个重要定律.

不同偏振态的光经过偏振片后光强的变化

由马吕斯定律可知，当线偏振光的振动方向与偏振片透光轴方向的夹角 θ 改变时，透过偏振片的光强将随之变化. 例如，若光强为 I_1 的线偏振光照射偏振片，线偏振光的振动方向与偏振片的透振方向的夹角为 θ.

当 $\theta = 0°$ 时，透射光强最大，$I_{2\max} = I_1$，即当振动方

向和偏振片透光轴方向平行时，线偏振光全部透过；

当 $\theta = 90°$ 时，透射光强最小，$I_{2\min} = 0$，即当振动方向和偏振片透光方向垂直时，线偏振光全部被吸收，出现消光.

若使某一单色平行光垂直通过偏振片，并以光线为轴，旋转偏振片一周，观察透过偏振片的光强变化，则有如下情况.

(1) 若入射光为线偏振光，则透射光强会出现两次最大和两次消光；

(2) 若入射光为部分偏振光或椭圆偏振光，则透射光强会出现两次最大和两次最小，但无消光；

(3) 若入射光为自然光或者圆偏振光，透射光强无变化.

以上均是在检偏器自身无吸收的情况下所对应的结论. 当检偏器对透射光有吸收时，比如吸收 $x\%$，则 $I_\theta = (1 - x\%)I\cos^2\theta$.

例 7.2.1　通过偏振片观察一束由自然光和线偏振光混合而成的部分偏振光. 当偏振片由对应透射光强最大的位置转过 60°时，光强减为一半，试求：

(1) 这束部分偏振光中自然光与线偏振光的强度之比；

(2) 光的偏振度.

解　部分偏振光相当于自然光和线偏振光的叠加. 设自然光的强度为 I_n，线偏振光的强度为 I_p，则部分偏振光的强度为 $I_\mathrm{n}+I_\mathrm{p}$，透过偏振片后，自然光的强度为 I'_n，线偏振光的强度为 I'_p.

(1) 自然光透过偏振片后，变成线偏振光，其光强为入射自然光的一半，即 $I'_\mathrm{n} = \frac{1}{2}I_\mathrm{n}$；线偏振光透过偏振片后，其光强变化满足马吕斯定律，即 $I'_\mathrm{p} = I_\mathrm{p}\cos^2\theta$.

所以，部分偏振光透过偏振片后的光强为

$$I = I'_\mathrm{n} + I'_\mathrm{p} = \frac{1}{2}I_\mathrm{n} + I_\mathrm{p}\cos^2\theta$$

得

$$I_{\max} = \frac{1}{2}I_\mathrm{n} + I_\mathrm{p}$$

当偏振片由对应透射光强最大的位置转过 60°时

$$I_{60°} = \frac{1}{2}I_\mathrm{n} + I_\mathrm{p}\cos^2 60°$$

根据题意，有

$$I_{60°} = \frac{1}{2}I_\mathrm{n} + I_\mathrm{p}\cos^2 60° = \frac{1}{2}I_{\max} \Rightarrow I_\mathrm{n} = I_\mathrm{p}$$

由此可得线偏振光与自然光的强度之比为

$$I_p / I_n = 1$$

(2) 该光束通过偏振片后的最大光强

$$I_{max} = I_p + \frac{1}{2} I_n = I_n + \frac{1}{2} I_n = \frac{3}{2} I_n$$

即为部分偏振光中光强最大的振动.

透过偏振片后最小光强

$$I_{min} = 0 + \frac{1}{2} I_n = \frac{1}{2} I_n$$

即为部分偏振光中光强最小的振动. 则该光束的偏振度为

$$P = \frac{I_{max} - I_{min}}{I_{max} + I_{min}} = \frac{\left(\frac{3}{2} - \frac{1}{2}\right) I_n}{\left(\frac{3}{2} + \frac{1}{2}\right) I_n} = \frac{1}{2}$$

例 7.2.2　两强度不同的自然光分别通过两偏振片组成的系统进行观察测量，当两偏振片透光轴的夹角为 30° 时观察其中一束自然光，两偏振片的夹角为 60° 时观察另一束自然光，若发现两次所观察到的光强相等，求两束光的强度之比.

解　自然光先经过第一个偏振片后变为线偏振光，光强变为自然光的一半，然后再经过第二个偏振片后透射，其光强变化满足马吕斯定律. 设两束光的强度分别为 I_1 和 I_2，则根据马吕斯定律有

$$\frac{1}{2} I_1 \cos^2 30° = \frac{1}{2} I_2 \cos^2 60°$$

$$\Rightarrow \frac{I_1}{I_2} = \frac{\cos^2 60°}{\cos^2 30°} = \frac{1}{3}$$

7.3　反射和折射产生的偏振光　布儒斯特定律

7.3.1　反射光的偏振态　布儒斯特定律

根据菲涅耳公式可知，**自然光在两透明介质分界面上发生反射和折射时，通常反射光和折射光是部分偏振光，若以布儒斯特角入射，则反射光是振动方向垂直于入射面的线偏振光**(s 光).

当一束自然光入射到两种介质分界面上时，反射光和折射光的传播方向由反射定律和折射定律决定，振幅大小由菲涅耳公式决定. 把入射的自然光分解成振动方向垂直于入射面的 s 偏振光和振动方向平行于入射面的 p 偏振光，如图 7.3.1 所示. 根

据菲涅耳公式，反射光中的 **s** 分量和 **p** 分量的振幅反射比为

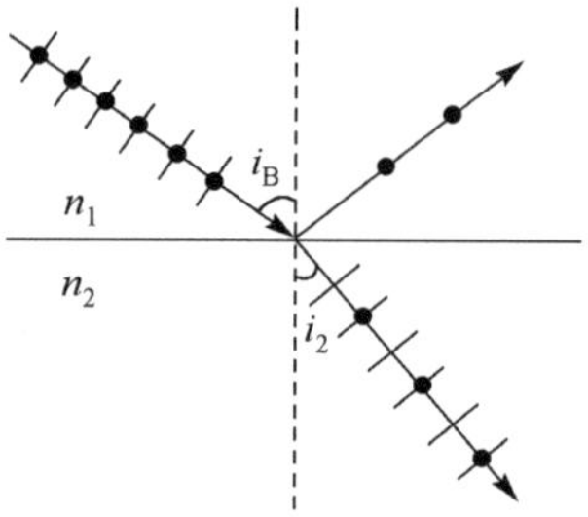

图 7.3.1　布儒斯特定律

$$r_s = \frac{A'_{s1}}{A_{s1}} = -\frac{\sin(i_1 - i_2)}{\sin(i_1 + i_2)}$$

$$r_p = \frac{A'_{p1}}{A_{p1}} = \frac{\tan(i_1 - i_2)}{\tan(i_1 + i_2)} = \frac{\sin(i_1 - i_2)\cos(i_1 + i_2)}{\sin(i_1 + i_2)\cos(i_1 - i_2)}$$

式中，A_{s1}、A_{p1} 分别为入射光中 **s** 分量和 **p** 分量的振幅；A'_{s1}、A'_{p1} 分别为反射光中 **s** 分量和 **p** 分量的振幅；i_1 为入射角；i_2 为折射角.

若不考虑振动方向，仅考虑振幅大小比值，则有

$$\left|\frac{A'_{p1}}{A_{p1}}\right| = \left|\frac{A'_{s1}}{A_{s1}}\right| \cdot \left|\frac{\cos(i_1 + i_2)}{\cos(i_1 - i_2)}\right|$$

讨论：

(1) 当 $i_1 = 0°$ 或 $i_1 = 90°$ 时，有 $\left|\frac{\cos(i_1 + i_2)}{\cos(i_1 - i_2)}\right| = 1$，此时 $\left|\frac{A'_{p1}}{A_{p1}}\right| = \left|\frac{A'_{s1}}{A_{s1}}\right|$，即**当入射角为 0° 或 90°时，入射光为自然光，** $A_{p1}=A_{s1}$**，反射光仍为自然光，** $A'_{p1} = A'_{s1}$.

(2) 当入射角满足 $i_1 + i_2 = 90°$ 时，$\tan(i_1 + i_2) = \infty$，此时 $r_p = 0$. 由于 $A_{p1} \neq 0$，则只有 $A'_{p1} = 0$. 即反射光中没有 **p** 分量的光振动，只有 **s** 分量的光振动，因而**反射光为振动方向垂直于入射面的线偏振光**. 此时的入射角称为**布儒斯特角**，用 i_B 表示. 当入射角为布儒斯特角时，反射光与折射光的传播方向相互垂直.

根据折射定律 $n_1 \sin i_B = n_2 \sin i_2 = n_2 \sin(90° - i_B) = n_2 \cos i_B$，可得

$$i_B = \arctan\frac{n_2}{n_1} \tag{7.3.1}$$

式(7.3.1)称为**布儒斯特定律**，由苏格兰物理学家布儒斯特于 1815 年在实验中发现.

(3) 入射角为除 $i_1 = 0°$、$90°$ 和布儒斯特角 i_B 外的任何角度时，都有 $|\cos(i_1 + i_2)| < \cos(i_1 - i_2)$，此时 $\left|\frac{A'_{p1}}{A_{p1}}\right| < \left|\frac{A'_{s1}}{A_{s1}}\right|$，自然光入射时 $A_{p1} = A_{s1}$，则反射光中 $A'_{p1} < A'_{s1}$，所以**反射光为部分偏振光，s 分量占优势，折射光也是部分偏振光，p 分量占优势**.

7.3.2　透射光的偏振态　玻璃片堆

自然光以布儒斯特角入射到两种介质分界面上，反射光是线偏振光，但是强度很小. 例如，当自然光以布儒斯特角从空气入射到玻璃($n=1.5$)上时，根据菲涅耳公式，反射光中只有 **s** 分量，却仅占入射光 **s** 分量的 15%左右，剩余 85%的 **s** 分量透射，而 **p** 分量则全部透射，因此，透射光为部分偏振光，**p** 分量所占比例大于 **s** 分量，但是其偏振度较低，约为 8%.

因此，可以利用多次反射折射的方法来获取线偏振光. 如图 7.3.2 所示，许多薄玻璃片叠在一起形成一个玻璃片堆，令自然光以布儒斯特角入射，每遇到一个界面，就有约 15%的 **s** 分量被反射掉，而 **p** 分量则全部透射，当玻璃片足够多时，从玻璃堆**透射出来的光就近似为振动方向平行于入射面的线偏振光**，而光强可近似达到入射自然光的 50%.

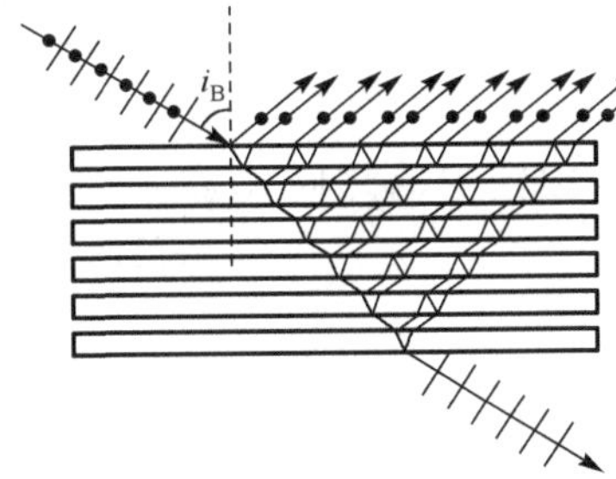

图 7.3.2　玻璃片堆的反射起偏和透射起偏

小结：自然光入射到两种介质界面上时，如果是正入射或者掠入射，反射光和透射光均为自然光. 如果以布儒斯特角入射，则反射光为线偏振光，透射光为部分偏振光. 如果以其他角度入射，则反射光和入射光都是部分偏振光.

若入射光为线偏振光，一般情况下反射光和透射光都为线偏振光. 若发生全内反射，特殊情况下，全内反射后可变为圆偏振光，则反射光为椭圆偏振光.

若入射光为圆偏振光，在正入射时，反射光仍为圆偏振光，只是旋转方向与入射时相反；而一般情况下，反射光变为椭圆偏振光.

若入射光为椭圆偏振光，一般情况下，反射光和透射光都为椭圆偏振光，具体情况，请各位同学自己查找资料进行分析.

例 7.3.1　已知一束自然光从空气入射到 $n=1.33$ 的水面上时，反射光是完全线偏振光. 若一块折射率 $n_0=1.5$ 的玻璃浸在水面下，欲使玻璃表面反射的光也是完全线偏振光，问玻璃表面与水平面的夹角 θ 应该是多少？

解　如例 7.3.1 图所示，当光入射到水面上 A 点时，反射光是完全偏振光，则入射角必然是布儒斯特角

$$i_B=\arctan 1.33\approx 53°$$

所以在水平面发生折射时的折射角为

$$i_2=90°-53°\approx 37°$$

若使经玻璃反射后的光也是线偏振光，则在水中玻璃表面的 B 点，光线的入射角也为布儒斯特角，故

$$i'_{\mathrm{B}} = \arctan(1.5/1.33) = 48.4°$$

不同偏振态的光反射后偏振态的变化

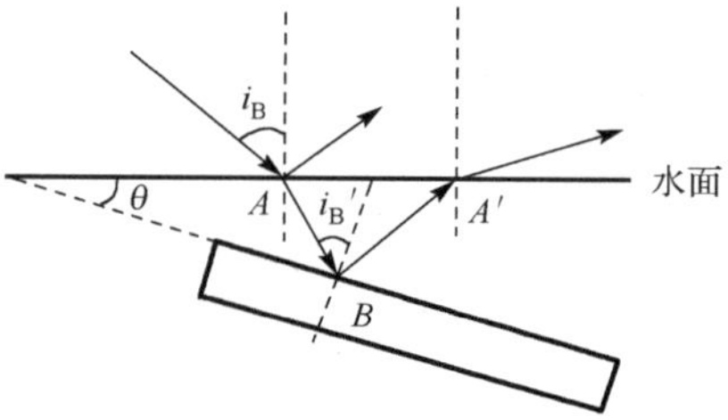

例 7.3.1 图

由图中的几何关系可计算得到玻璃表面与水面的夹角

$$\theta = 180° - 90° - 37° - (90° - 48.4°) = 11.4°$$

7.4　光在晶体中的双折射

7.4.1　晶体的双折射现象

晶体是物质的一种特殊凝聚态，一般呈现固相，其外形具有一定的规则性，内部原子(或分子、离子)排列呈现空间周期性. 在整个结构上保持空间有序结构的晶体称为单晶体，简称**单晶**. 由大量单晶或晶粒无规则排列组成的晶体称为多晶体，简称**多晶**. 由于晶体微观结构上的周期性导致其在物性上的各向异性(热传导、电极化和磁化、光在晶体中的传播速度等)，因此晶体中只有立方晶系(比如 NaCl)是各向同性的，其余都属于各向异性晶体.

当一束光照射到各向同性介质的表面时，折射光按照折射定律确定的方向传播，这就是常见的折射现象. 但是，如果是照射到各向异性介质(如方解石晶体 $CaCO_3$)的表面，折射光通常分成两束，并各自沿不同的方向传播，这种现象称为晶体的**双折射**. 通过这种晶体观察某一发光点时，可以同时看到两个像点. 例如，用方解石观察写在白纸上的字，将会看到两个像，如图 7.4.1 所示. 转动晶体，可以发现其中一个像固定不动，另一个则绕其转动.

光在晶体中由双折射产生的两束光中，遵从折射定律的光称为**寻常光**(ordinary light)，简称 **o 光**；不遵从折射定律的光称为**非常光**(extra-ordinary light)，简称 **e 光**(此时，折射光线、入射光线和法线并不在同一个平面内).

用偏振片对双折射产生的两束光进行观察，当偏振片以光的传播方向为轴旋转一周时，两束光各自出现两次光强最大、两次消光现象，这说明由双折射在晶体内产生的 **o 光和 e 光都是线偏振光**. 由此可见，**利用双折射现象也可以获得线偏振光**.

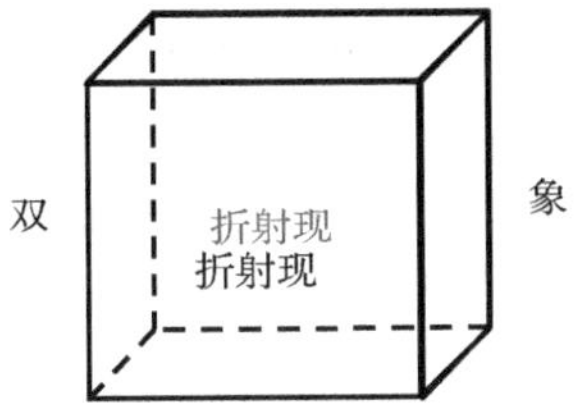

双折射现象

图 7.4.1 方解石晶体的双折射现象

应该注意：所谓的 o 光和 e 光仅仅是光在各向异性晶体界面折射时是否符合折射定律而定义的，它们只在晶体内部才有意义，从晶体出射后就没有 o 光和 e 光之分了.

7.4.2 晶体的光轴

在晶体中存在一个特殊的方向，当光线沿该方向传播时不发生双折射，这个方向称为晶体的**光轴**(也称为**晶轴**). 光沿光轴方向传播时，只有一束光，或者说 o 光和 e 光都遵从折射定律.

比如方解石晶体 $CaCO_3$ 是一个平行六面体，每个表面都是平行四边形，各面的锐角为 78°8′，钝角为 101°52′. 六面体中共有八个顶角，其中有两个相对的分别由三个钝角围成的顶角，连接这两个顶角，与连线平行的方向即是方解石的光轴方向，如图 7.4.2 所示. 将 A 或 B 磨平，使磨面与光轴垂直，当光线垂直磨面入射时，无双折射现象.

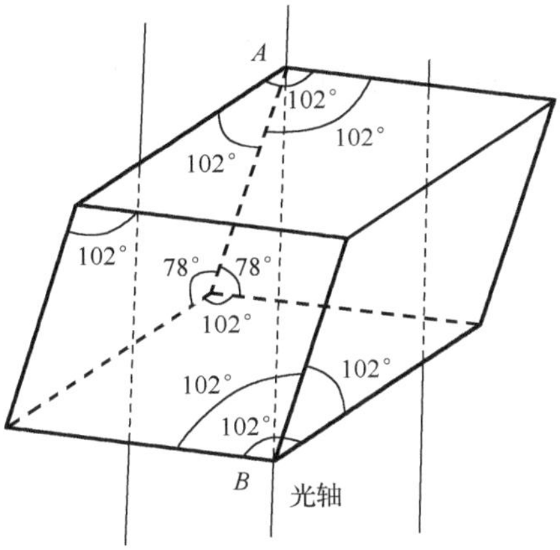

图 7.4.2 方解石晶体光轴

晶体的光轴表示的是一个方向，而不是某一条直线，这与几何光学中光学系统的光轴是两个完全不同的概念. 对于晶体而言，若某一方向是光轴，则晶体中凡与该方向平行的任何直线都是晶体的光轴.

只有一个光轴的晶体称为**单轴晶体**，常见的有方解石、石英、红宝石等. 有两个光轴的晶体称为**双轴晶体**，如云母、硫黄、蓝宝石等. 在本书中只讨论单轴晶体的双折射现象.

7.4.3　主平面和主截面

晶体表面的法线与晶体光轴构成的平面称为晶体的**主截面**，由晶体自身结构决定，如图 7.4.3 所示.

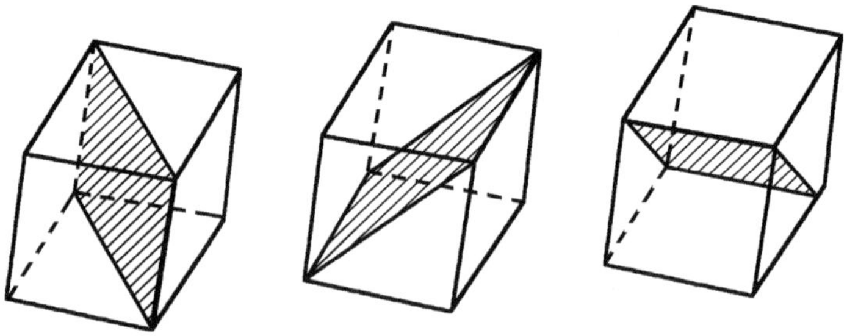

图 7.4.3　晶体的主截面

晶体中某条光线与晶体光轴构成的平面，称为该光线的**主平面**. o 光和光轴组成的平面称为 **o 光的主平面**；e 光和光轴组成的平面称为 **e 光的主平面**.

o 光和 e 光虽然都是线偏振光，但是其光矢量的振动方向并不相同. **o 光的振动方向垂直于 o 光主平面，而 e 光的振动方向则在 e 光的主平面内**(**或振动方向平行于 e 光的主平面**). 也就是说，o 光的振动方向垂直于光轴，而 e 光的振动方向与光轴的夹角随着传播方向的不同而改变.

晶体的主截面和光线的主平面

一般情况下，o 光的主平面在入射面内，而 e 光的主平面不在入射面内，所以通常情况下 o 光和 e 光的主平面是不重合的. 但是，如果入射光线在晶体的主截面内(或者说入射面和主截面重合)，则 o 光和 e 光有共同的主平面，就是晶体的主截面，此时 o 光和 e 光的振动方向互相垂直.

7.4.4　o 光和 e 光的相对光强

自然光垂直入射单轴晶体(入射面与晶体的主截面重合)时被分解为两个振动方向相互垂直、完全独立的线偏振光，即为晶体中的 o 光和 e 光，如果不考虑晶体对光能量的吸收、散射等损失，则从晶体出射后二者具有相同的强度，均为入射自然光强度的一半.

$$I_o = I_e = \frac{1}{2} I_n \tag{7.4.1}$$

当入射光为线偏振光时，它在晶体内所分解成的 o 光和 e 光的强度会随入射光振动面与晶体主截面的夹角 θ 而变化. 如图 7.4.4 所示，入射线偏振光的振幅为 A，振动方向与晶体主截面的夹角为 θ，晶体光轴在入射面内(光在主截面内传播)，此时 o 光和 e 光具有相同的主平面. 因 o 光的振动方向垂直于主截面，e 光的振动方向平行于主截面，所以二者的振幅分别为

$$A_o = A\sin\theta\text{，}\quad A_e = A\cos\theta \tag{7.4.2}$$

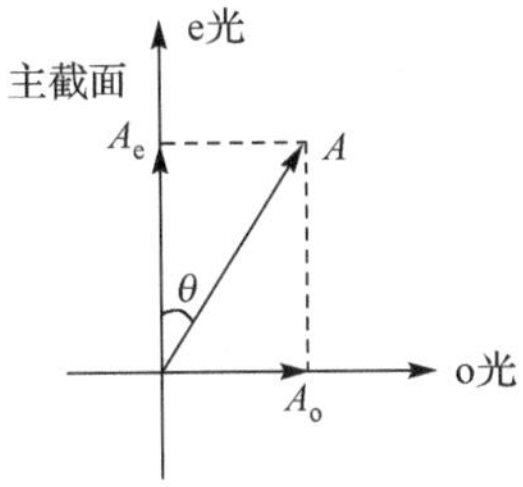

图 7.4.4 线偏振光在晶体中的分解

介质中的光强与折射率成正比，即 $I = \dfrac{n}{2c\mu_0}A^2$，所以在晶体内，o 光和 e 光的相对强度分别为

$$I_o = n_o A_o^2 = n_o A^2 \sin^2\theta\text{，}\quad I_e = n_e(\alpha)A_e^2 = n_e(\alpha)A^2\cos^2\theta \tag{7.4.3}$$

式中，α 为 e 光的传播方向与光轴的夹角(后面会讲到晶体中 o 光和 e 光的折射率并不相等，且 o 光的折射率是一个常数，e 光的折射率随着夹角 α 而变化). 所以在晶体中，o 光和 e 光的相对光强比值为

$$\frac{I_o}{I_e} = \frac{n_o}{n_e(\alpha)}\tan^2\theta \tag{7.4.4}$$

但是，当光从晶体中射出后，就没有 o 光和 e 光之分了，此时二者的相对光强分别为

$$I_o = A_o^2 = A^2\sin^2\theta\text{，}\quad I_e = A_e^2 = A^2\cos^2\theta \tag{7.4.5}$$

相对光强比值为

$$\frac{I_o}{I_e} = \tan^2\theta \tag{7.4.6}$$

大多数情况下讨论的都是 o 光和 e 光从晶体射出后的光强，因此在计算光强时，不必考虑晶体的折射率，光强就等于振幅的平方.

讨论几种情况：

(1) 当 $\theta = 0$ 或 π 时，$I_o = 0$，$I_e = A^2 = I$，晶体中只有 e 光，没有 o 光.

(2) 当 $\theta = \pi/2$ 时，$I_e = 0$，$I_o = A^2 = I$，晶体中只有 o 光，没有 e 光.

(3) 当 θ 为其他值时，$I_o = A^2\sin^2\theta$，$I_e = A^2\cos^2\theta$，晶体中 o 光和 e 光同时存在.

例 7.4.1 强度为 I 的自然光，垂直入射到方解石晶体 A 上后又垂直入射到另一块完全相同的晶体 B 上. 两块晶体的主截面之间的夹角为 θ，试求当 θ 分别等于 0°、45°、90°和 180°时，最后透射光束的数目及相对强度(不考虑反射、吸收等损失).

解 自然光垂直入射到晶体 A 后，被分解为 o 光和 e 光，由于光轴与晶体的表面既不平行又不垂直，故 o 光和 e 光的传播方向不同，从晶体 A 分解出的两束光的

强度分别为

$$I_o = \frac{1}{2}I\ ,\quad I_e = \frac{1}{2}I$$

这两束光进入晶体 B 后又各自被分解为 o 光和 e 光，自晶体 B 出射的四束光的强度与两块晶体主截面之间的夹角θ有关，一般情况下，这四束光的强度分别为

$$I_{oo} = I_o \cos^2\theta = \frac{1}{2}I\cos^2\theta\ ,\quad I_{oe} = I_o \sin^2\theta = \frac{1}{2}I\sin^2\theta$$

$$I_{eo} = I_e \sin^2\theta = \frac{1}{2}I\sin^2\theta\ ,\quad I_{ee} = I_e \cos^2\theta = \frac{1}{2}I\cos^2\theta$$

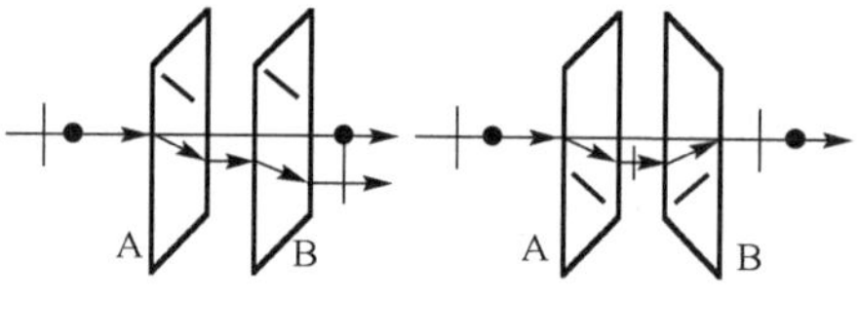

(a) $\theta = 0°$　　(b) $\theta = 180°$

例 7.4.1 图

两晶体主截面的夹角θ不同，出射的四束光的强度也不同.

当$\theta = 0°$时，是例 7.4.1(a)图所示的情况，只有两束光出射，且两束光的强度都为 $I/2$.

当$\theta = 45°$时，分解出的四束光强度相等，都等于 $I/4$.

当$\theta = 90°$时，A 晶体中的 o 光在 B 晶体中完全是 e 分量，A 晶体中的 e 光在 B 晶体中完全是 o 分量，因此 A 中的两束光在 B 中不再分解，经过 B 后仍为两束光，每束光的强度为 $I/2$.

当$\theta = 180°$时，有 $I_{oo} = I_{ee} = \frac{1}{2}I,\ I_{oe} = I_{eo} = 0$.

这时 A 晶体中分解出的 o 光和 e 光，进入 B 晶体中不再分解，仍然为 B 晶体中的 o 光和 e 光. 但是，由于两块晶体的光轴对称于表面的法线(例 7.4.1 图(b))，e 光在两块晶体中的偏折方向相反，故出射后两束光合并为一束，强度为 I.

7.5　惠更斯对双折射现象的理论解释

光在晶体中的双折射现象可以用光的电磁理论进行全面的理论推导，但是过程比较复杂. 早在光的电磁理论诞生之前，惠更斯于 1690 年在他的《论光》一书中就对单轴晶体内的双折射现象给出了解释.

惠更斯假设：**在晶体中从某一点发出的 o 光的波面是球面，e 光的波面是旋转椭球面**. 他的这种假设虽然没有深入到光与物质相互作用的本质，而且缺乏理论上的严谨性，但却可以对双折射现象作出初步说明，其结果与电磁理论计算结果及实验事实相符，并具有简单、直观的优点.

7.5.1　光在晶体中的波面

我们知道，介质的折射率可以表示为

$$n=\frac{c}{v} \tag{7.5.1}$$

式中，c 是光在真空中的传播速度；v 是光在介质中等相位面的传播速度，即**相速度**.

在各向同性晶体中，无双折射现象，即无论单色折射光沿什么方向传播，波面上电矢量沿什么方向振动，其折射率都是常数，即相速度与光的传播方向和振动方向无关. 所以，光波在各个方向的传播速度是一样的，波面是一个球面.

但在各向异性介质中，通常会出现双折射现象(沿光轴方向例外)，光在晶体中分为 o 光和 e 光，o 光的振动方向始终与光轴垂直，遵循折射定律，折射率为常数，所以 o 光的相速度与传播方向无关，其波面是球面，如图 7.5.1 所示，圆点表示振动方向. 而 e 光沿不同的方向传播时，折射率不同，传播速度也不相同，其波面会是什么形状呢？下面以单轴晶体为例进行说明.

对于 e 光，其在各向异性晶体中不遵守折射定律，折射率也不是一个常数，所以 e 光的传播速度是随传播方向而变化的，可见 e 光的波面不是球面. 惠更斯设想，其波面是环绕光轴的旋转椭球面(后来由光的电磁理论证明了其正确性)，如图 7.5.2 所示，横线表示振动方向，显然 e 光的振动方向与光轴的夹角随着 e 光传播方向的不同而改变. 所以，在各向异性晶体中，光源发出的光波波面是双层的，**o 光的波面是球面，e 光的波面是以光轴为转轴的旋转椭球面**.

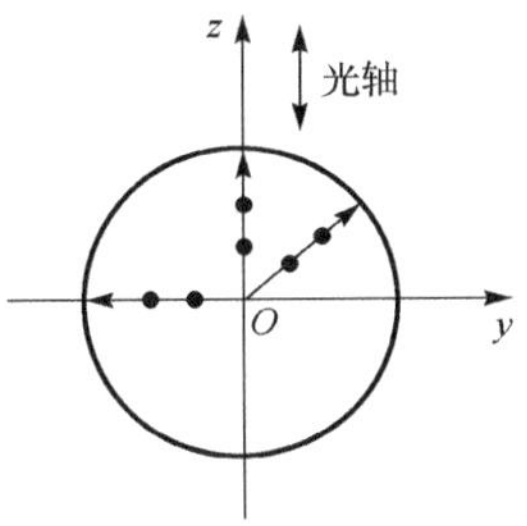

图 7.5.1　晶体中 o 光的波面

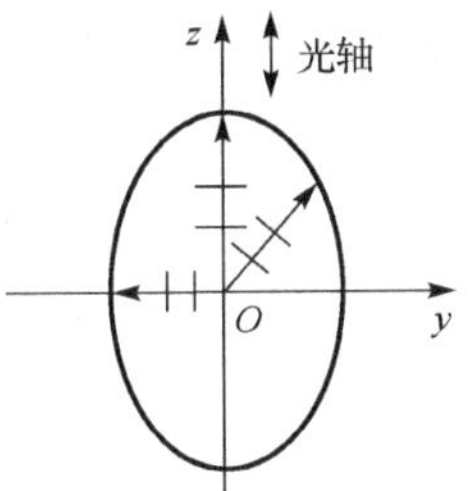

图 7.5.2　晶体中 e 光的波面

由此可见，晶体的光轴具有极为重要的地位，o 光和 e 光的传播速度之所以不同，e 光的速度之所以随传播方向而变，都是由于二者的振动方向相对于光轴方向的取向不同.

当光沿光轴方向传播时，e 光的振动方向和 o 光的振动方向都与光轴垂直，此时二者有相同的传播速度 v_o；

当光垂直于光轴方向传播时，e 光的振动方向与光轴平行，其传播速度为 v_e(v_e

仅表示 e 光的振动方向与光轴平行时的传播速度)，o 光的振动方向仍与光轴垂直，其传播速度仍为 v_o，此时 v_e 与 v_o 相差最大；

当光沿其他方向传播时，o 光的振动方向始终垂直于晶体的光轴，速度仍然为 v_o，但 e 光的振动方向与光轴成一定角度，其速度介于 v_e 和 v_o 之间.

将图 7.5.1 和图 7.5.2 中两波面合在一起就得到晶体中波面的整体图像. 由于在光轴方向上 o 光和 e 光具有相同的传播速度(相速度)，所以 o 光的波面球面和 e 光的波面旋转椭球面在光轴方向上相切. 如图 7.5.3 和图 7.5.4 所示.

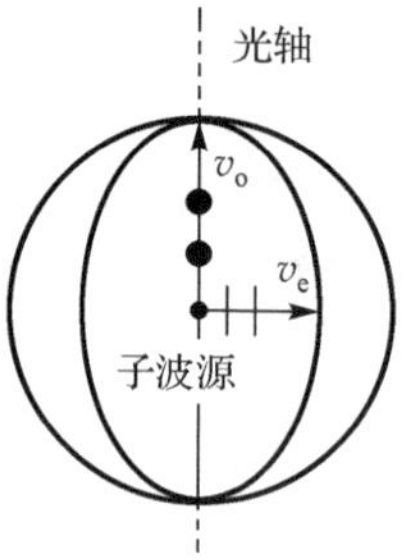

图 7.5.3　正晶体($v_o > v_e$)

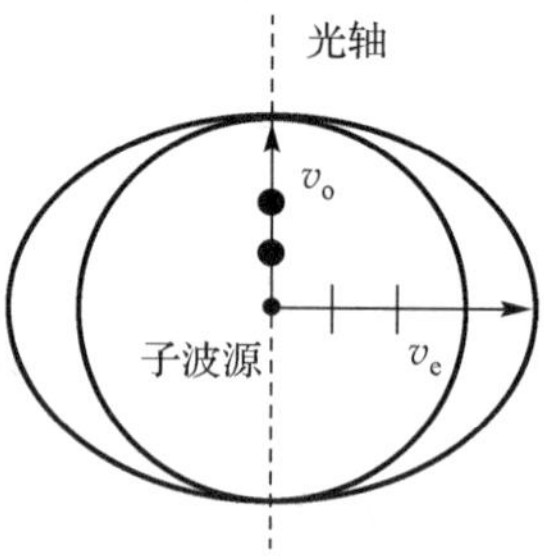

图 7.5.4　负晶体($v_o < v_e$)

7.5.2　正晶体和负晶体

在各向异性晶体中，o 光的传播速度始终都是 v_o，但 e 光的传播速度和传播方向有关，大小是随传播方向变化的，根据 v_e 和 v_o 的相对大小可以将晶体分成两类：正晶体和负晶体.

凡是 $v_o > v_e$ 的晶体称为**正晶体**. 如石英、冰等属于正晶体. 此时 e 光的旋转椭球面被包在 o 光的球面内，如图 7.5.3 所示.

凡是 $v_o < v_e$ 的晶体称为**负晶体**. 如方解石、红宝石等属于负晶体. 此时 o 光的球形波面被包在 e 光的旋转椭球面内，如图 7.5.4 所示.

图 7.5.3 和图 7.5.4 分别表示正、负晶体波面的截面，绕光轴旋转一周即为球面和旋转椭球面的立体图.

7.5.3　单轴晶体的主折射率

由于 o 光满足折射定律，其折射率始终是一常数，大小为

$$n_o = \frac{c}{v_o} \tag{7.5.2}$$

而晶体中 e 光的折射率随传播方向而改变，例如，沿光轴方向传播的 e 光折射率就等于 o 光的折射率 n_o，但垂直于光轴方向传播时，由于其振动方向平行于光轴，不论入射角为何值，总有

$$\frac{\sin i_1}{\sin i_{2e}}=\frac{c}{v_e} \tag{7.5.3}$$

也就是说，在这种情况下，e 光也遵循折射定律. 此时，e 光的折射率用 n_e 来表示，则

$$n_e=\frac{c}{v_e} \tag{7.5.4}$$

n_e 为一常数，称为晶体对 **e 光的主折射率**. 式(7.5.2)所表示的 n_o 称为晶体对 **o 光的主折射率**(晶体对 o 光的折射率始终为 n_o).

当 e 光沿其他方向传播时，其折射率介于 n_o 和 n_e 之间. 对正晶体而言，$v_o>v_e$，所以有 $n_o<n_e$；而对负晶体，$v_o<v_e$，有 $n_o>n_e$. 两主折射率之差 n_e-n_o 称为晶体的**最大双折射率**(或重折射率)，反映了晶体的双折射性质，是晶体的一个重要参量. 在矿物分析中，可以通过对最大双折射率的测定来鉴别各种矿物晶体. 一般情况下，n_o 和 n_e 相差不大，例如，对于 589.3nm 的钠光而言，方解石晶体的 $n_o=1.65836$，$n_e=1.48641$；石英晶体的 $n_o=1.54425$，$n_e=1.55336$.

7.5.4　o 光和 e 光在晶体中的传播方向——惠更斯作图法

光在单轴晶体内传播时会发生双折射现象，分为 o 光和 e 光，其中 o 光始终满足折射定律，在晶体中的传播方向由折射定律确定；而 e 光在一般情况下并不满足折射定律，那么如何确定 e 光在晶体中的传播方向呢？

利用晶体中 o 光和 e 光的波面图和惠更斯作图法，可以确定晶体内部 o 光和 e 光的传播方向. 下面以平行光入射负晶体为例来分析，类似的分析也适用于正晶体.

1. 斜入射

方解石晶体表面为一平面，光轴在入射面内，且与晶体表面成一倾角，则入射面与晶体的主截面重合于纸面，此时晶体中 o 光和 e 光的主平面重合，就是晶体的主截面，如图 7.5.5 所示. 确定 o 光和 e 光传播方向的步骤如下.

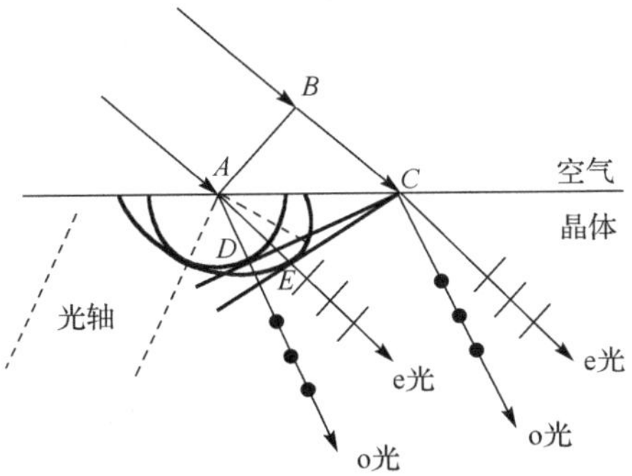

图 7.5.5　平面波斜入射时在方解石晶体中的传播方向

(1) 作平行的入射光束，两条边缘光线与方解石表面分别交于 A 点和 C 点.

某时刻光束左端的 A 点到达介质界面，过 A 点作垂直于光线的平面，与光束右端相交于 B 点，则平面 AB 即为入射光束的等相位面，A 点和 B 点具有相同的相位. B 点的光束经过时间 $t\,(t = BC/c)$ 后，传播到晶体界面上的 C 点，而 A 点可看作一个次波波源，因双折射而在晶体内发出 o 光和 e 光. o 光波面为球面，e 光波面为椭球面.

(2) 以 A 点为球心，$v_{\mathrm{o}}t$ 为半径，在晶体内作一个半球面，即为 A 点发出的 o 光经历时间 t 后的子波波面(在入射面内表现为一半圆). 对于方解石晶体，$n_{\mathrm{e}} = 1.486$，$n_{\mathrm{o}} = 1.658$，在晶体内 $\dfrac{v_{\mathrm{e}}}{v_{\mathrm{o}}} = \dfrac{n_{\mathrm{o}}}{n_{\mathrm{e}}} = \dfrac{1.658}{1.486}$，$v_{\mathrm{o}} = \dfrac{c}{n_{\mathrm{o}}}$，所以 $v_{\mathrm{o}}t = \dfrac{c}{n_{\mathrm{o}}} \times \dfrac{BC}{c} = \dfrac{BC}{n_{\mathrm{o}}}$.

此时半球面上的所有点与 C 点具有相同的相位. 过 C 点向半球面作切面，切点为 D，平面 CD 就是 o 光在晶体中的波面，连接 A 点和切点 D，AD 即为 A 点发出的 o 光在晶体中的传播方向. 同理，过 C 点作 AD 的平行线，即为 C 点发出的 o 光在晶体中的传播方向.

(3) 以 A 点为球心，$v_{\mathrm{o}}t$ 为半短轴，$v_{\mathrm{e}}t$ 为半长轴，作半椭球，即为 A 点发出的 e 光在经历时间 t 后的子波波面(在入射面内表现为一半椭圆). 对方解石晶体，有

$$v_{\mathrm{o}}t = \frac{c}{n_{\mathrm{o}}} \times \frac{\overline{BC}}{c} = \frac{\overline{BC}}{n_{\mathrm{o}}},\quad v_{\mathrm{e}}t = \frac{c}{n_{\mathrm{e}}} \times \frac{\overline{BC}}{c} = \frac{\overline{BC}}{n_{\mathrm{e}}}$$

短轴方向为光轴方向，而长轴方向为与光轴垂直(在入射面内)的方向.(如果是正晶体，$v_{\mathrm{o}}t$ 为半长轴，$v_{\mathrm{e}}t$ 为半短轴，且光轴方向为长轴方向，与光轴垂直的方向为短轴方向.)

(4) 过 C 点作椭球面的切面，切点为 E，CE 面即为晶体中 e 光的等相位面. 连接 A 点和切点 E，AE 即为 A 点发出的 e 光在晶体中的传播方向. 同理，过 C 点作 AE 的平行线，即为 C 点发出的 e 光在晶体中的传播方向.

2. 正入射

下面讨论平行光垂直入射方解石表面，方解石晶体的光轴与表面既不平行也不垂直的情况下，晶体中的 o 光和 e 光的传播方向如图 7.5.6 所示.

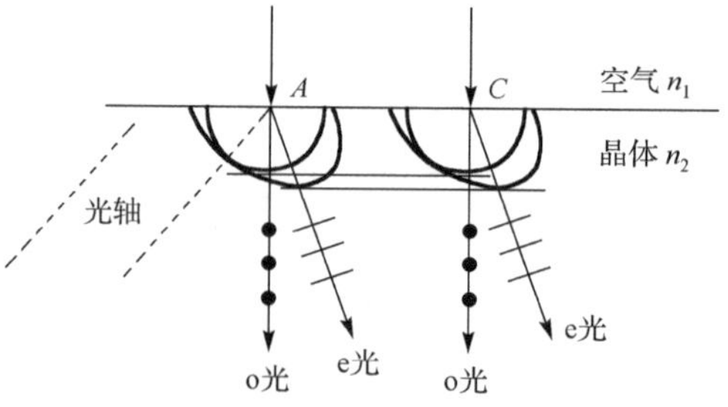

图 7.5.6　平面波垂直入射时在方解石晶体中的传播方向

(1) 作一束平行光垂直入射到方解石晶体界面上，光线与界面交于 A 和 C 两点.

(2) 分别以 A 和 C 为球心，以 $v_o t = 1.486$ (对方解石晶体) 为半径作半球. 此半球面即为 A、C 两个次波波源在晶体中发出 o 光的波面.

(3) 作两个半球面的切面，即为 o 光光束在晶体中的等相位面，分别过 A 和 C 连接对应的切点，即为 o 光在晶体中的传播方向.

(4) 分别以 A 和 C 为球心，以 $v_o t = 1.486$ 为半短轴，$v_e t = 1.658$ 为半长轴(短轴方向为光轴方向，而长轴方向为与光轴垂直(在入射面内) 的方向) 作半椭球面. 此球面即为 A、C 两个次波波源在晶体中发出 e 光的波面.

(5) 作两个半椭球的切面，即为 e 光光束在晶体中的等相位面，分别过 A 和 C 连接对应的切点，即为 e 光在晶体中的传播方向.

若入射光线不在晶体的主截面内，即光轴不在入射面内时，仍以图面表示入射面，则光轴与 e 光波面的相交点便不在图面内，e 光的主平面也不在纸面所在的平面内，它不再与晶体的主截面和 o 光的主平面重合. 由此也可看出，一般情况下 e 光并不满足折射定律.

3. 几种特殊情况

实际工作中常用的晶体光轴与晶体表面平行或垂直. 当平行光束垂直入射在这类晶体表面上时，o 光和 e 光在晶体中沿同一方向传播，主要有下列几种情况.

(1) 光轴垂直于晶体表面，并平行于入射面，如图 7.5.7 所示.

此时，光在晶体中沿光轴方向传播，o 光和 e 光传播方向一样，传播速度相等，$v_o = v_e$ (此时 o 光和 e 光的振动方向都垂直于光轴)，两束光不分开，所以没有双折射，即光沿光轴方向传播时不发生双折射.

(2) 光轴平行于晶体表面，并平行于入射面，如图 7.5.8 所示.

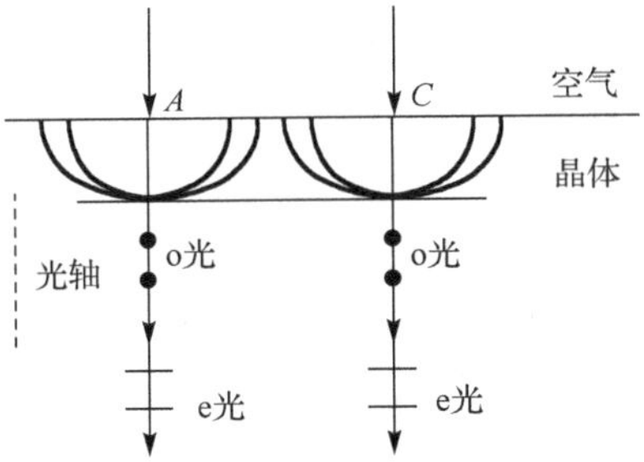

图 7.5.7　光轴垂直于晶体表面，并平行于入射面

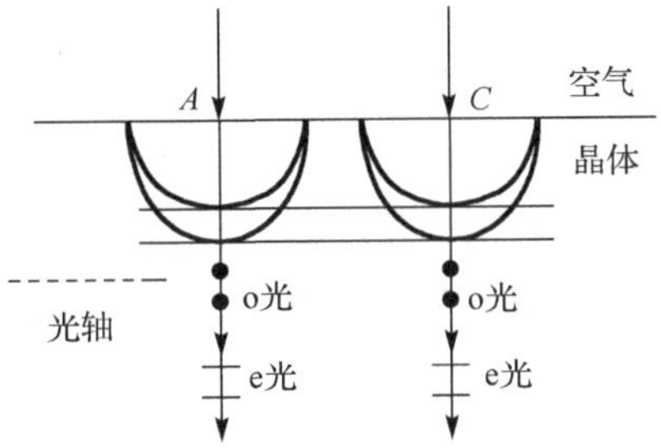

图 7.5.8　光轴平行于晶体表面，并平行于入射面

此时 o 光和 e 光具有相同的传播方向，但是 o 光的振动方向垂直于光轴，而 e 光的振动方向平行于光轴，二者的传播速度非但不相等，反而相差最大(对负晶体，

$v_o < v_e$，椭球面包含球面；对正晶体，$v_o > v_e$，球面包含椭球面）. 所以，此时发生了双折射. o 光和 e 光经过一定厚度的晶体后，会产生一定的相位差.

(3) 光轴平行于晶体表面，并垂直于入射面，如图 7.5.9 所示.

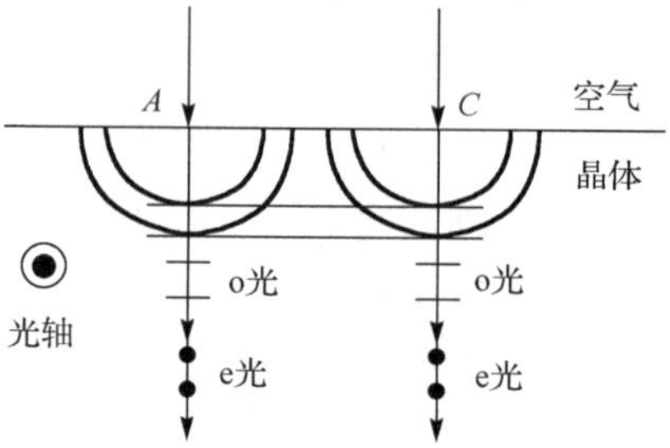

图 7.5.9　光轴平行于晶体表面，并垂直于入射面

此时，光在入射面内朝任一方向传播，o 光的振动方向都垂直于光轴，e 光的振动方向都平行于光轴，在 A、C 之间各次波波源产生的 o 光和 e 光两种波面是两组同心圆，半径分别为 $v_o t$ 和 $v_e t$. 尽管 o 光和 e 光的传播方向相同，但是振动方向相互垂直，传播速度不同，因此，在晶体中产生了双折射.

以上都是以负晶体为例来讨论的，同样的情况也适用于正晶体. 应特别注意 (2)、(3) 两种情况下，o 光和 e 光虽然沿同一方向传播，但传播速度不同，所以波面不重合. 到达同一位置时，产生一定的相位差，虽然传播路径没有分开，但仍然有双折射存在.

7.6　偏光棱镜

前面分别介绍了利用**反射法**和**吸收法**（二向色性）获得线偏振光的方法. 这两种方法虽然都可以得到线偏振光，但其消光比低；并且，反射法由于反射光只占入射光能量的一小部分而造成光能的极大损失；吸收法获得的线偏振光对波长依赖性极大，且偏振器件不耐高温、不能用于强光光路，所以限制了使用范围.

根据晶体的双折射现象，晶体中的 o 光和 e 光都是线偏振光，而且折射率不同. 利用晶体的这一特性，可以把晶体制成棱镜来获取线偏振光. 若入射光为自然光，可获得光强为入射光强一半的线偏振光，这种获得线偏振光的方法称为**棱镜法**. 早在 1828 年，苏格兰物理学家尼科耳（W. Nicol，1771～1851）就用方解石制成了**尼科耳棱镜**. 后来根据不同需要，又有多种偏光棱镜问世.

7.6.1　尼科耳棱镜

尼科耳棱镜是历史上出现得最早的偏光棱镜，其结构如图 7.6.1 所示. 取一块长度约为宽度三倍的方解石晶体，先将晶体两个相对的端面磨去少许，使原来截面 $ABCD$ 的锐角由 71° 变为 68°，变成 $A'BC'D$，且 $A'C'$ 与 $C'D$ 垂直，然后沿着过 $A'C'$ 并与主截面垂直的平面将晶体一分为二，磨平并抛光新产生的两个表面，之后再用加拿大树胶粘合起来就制成了尼科耳棱镜.

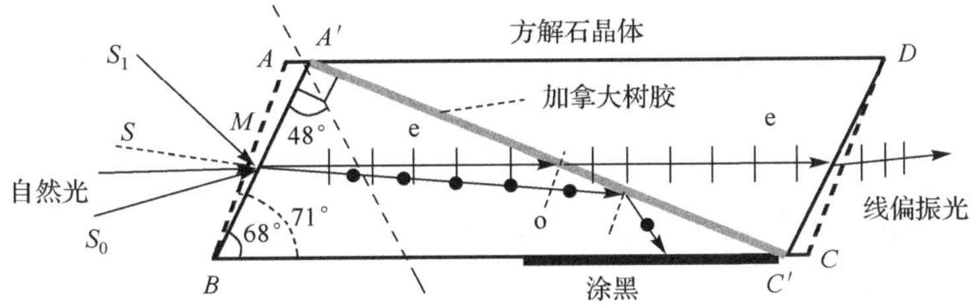

图 7.6.1 尼科耳棱镜结构

对于钠黄光(589.3nm)而言，方解石晶体对 o 光和 e 光的折射率分别为 $n_o=1.658$，$n_e=1.486$，而加拿大树胶作为一种透明胶，其折射率 $n=1.55$. 尼科耳棱镜的光轴与入射界面成 48°，当自然光以平行于 $A'D$ 方向从侧面 $A'B$ 进入晶体后，分成的 o 光和 e 光都在主截面内. o 光以约 76°的入射角到达界面的树胶上，这种情况下全反射角为

$$i_{co}=\arcsin\frac{1.55}{1.658}\approx 70° \tag{7.6.1}$$

此时入射角大于全反射临界角，o 光被全反射到涂黑的下表面 BC' 上. 而此时 e 光的折射率为 $n_e'=1.516$ (不是主折射率 n_e)，小于加拿大树胶的折射率，因此不发生全反射而从棱镜 $C'D$ 透射出来.

如果入射光束不是平行于 $A'D$ 方向，而是沿着下偏的 S_0M 方向入射，o 光入射到树胶层时入射角就可能小于 70°，而不发生全反射. 如果沿着上偏的 S_1M 方向入射，e 光与光轴的夹角变小，折射率变大，e 光也有可能发生全反射. 因此，入射光线在 SM（SM 为棱镜 $A'B$ 边的法线）的两侧均存在一个极限角. 将棱镜两端磨去一小部分，使原来的 71°变为 68°就是为了使上下两个极限角近似相等. 计算表明，该极限角 $\angle SMS_0\approx\angle SMS_1\approx 14°$.

由此可见，自然光或线偏振光通过尼科耳棱镜后变为振动面平行于主截面的线偏振光，所以尼科耳棱镜既可以作为起偏器，也可以作为检偏器. 尼科耳棱镜在科学史上占有重要的地位，但存在较多缺点.

(1) 尼科耳棱镜不适用于会聚光束或发散光束. 因为光沿不同方向入射时，n_e 有可能大于加拿大树胶的折射率，使得 e 光也可能发生全反射；若 o 光的入射角小于全反射临界角，则 o 光不发生全反射.

(2) 加拿大树胶没有足够的光损伤阈值，不能用于强激光光路中.

(3) 加拿大树胶对紫外有强烈的吸收，不能用于紫外波段.

(4) 透射光束相对于入射光束有较大的偏移，转动棱镜时，光束将在较大范围内转动，光路调整极不方便. 因此，尼科耳棱镜在现代偏光技术中已很少使用.

7.6.2　格兰棱镜

在尼科耳棱镜问世近 200 年的今天，偏光技术已经发展成应用光学技术的一个很重要的分支，偏光器件也由原来的几种发展到几十种. 当前世界上普遍采用的偏光棱镜主要有格兰-泰勒棱镜(Glan-Taylor prism)、格兰-傅科棱镜(Glan-Foucault prism)、格兰-汤普森棱镜(Glan-Thompson prism)等.

1. 格兰-泰勒棱镜

格兰-泰勒棱镜是当代偏光技术中应用最为普遍的一种棱镜偏光镜，也是激光偏光棱镜的典型，是尼科耳棱镜的改进型，也由方解石制成. 不同之处在于端面与底面垂直，光轴平行于两端面，其结构如图 7.6.2 所示. 把一块定制好光轴的方解石晶体，按一定的切角 α 分成两块直角棱镜，磨平抛光后再胶合起来，两切割面间保持一定的空气间隙. 切角约为 38°45′，空气间隙为 0.03～0.06mm. *AB* 和 *CD* 平行于光轴，表示垂直于纸面的前后两个通光面，*AD* 和 *BC* 与光轴方向垂直，通常称为**光轴面**. *AC* 为空气缝隙.

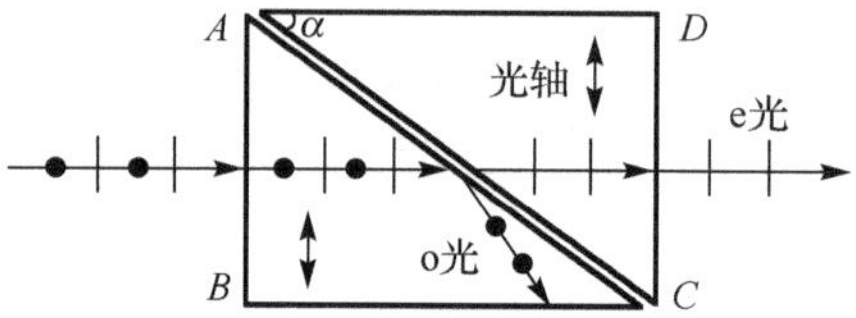

图 7.6.2　格兰-泰勒棱镜光路

自然光垂直入射，进入晶体后垂直于光轴方向传播，o 光和 e 光传播方向相同，但是传播速度不同，分别为 v_o 和 v_e. 到达界面 *AC* 时，o 光和 e 光都将由光密介质(方解石)折向光疏介质(空气)，都有可能发生全反射. 设计这种棱镜时，需要根据方解石的特性，让 o 光在 *AC* 面发生全反射，而 e 光折射通过. 以 He-Ne 激光 632.8nm 为例，o 光和 e 光的折射率分别为 $n_o = 1.65566$，$n_e = 1.48518$，全反射临界角分别为 $i_{co} = \arcsin 1/n_o = 37°09'$，$i_{ce} = \arcsin 1/n_e = 42°19'$，这组数据表明：o 光和 e 光发生全内反射的临界角相差 5°10′，二者可以完全分开，从而获得纯净的线偏振光.

构成格兰-泰勒棱镜的两块直角三棱镜是完全相同的晶体，第一块起偏光分束作用，第二块主要用来校正 e 光的偏折，使 e 光保持与原入射方向一致，且不受棱镜旋转的影响，这在光路调节技术中是极其重要的特点，尤其满足激光应用技术的要求.

2. 其他格兰棱镜

把方解石晶体沿光轴方向切割，格兰-泰勒棱镜就变成了**格兰-傅科棱镜**，如

图 7.6.3 所示. 如果用加拿大树胶代替空气缝隙, 就变成了**格兰-汤普森棱镜**(图 7.6.4)或**李普奇棱镜**(图 7.6.5). 其工作原理和光路分析和格兰-泰勒棱镜完全一致. 格兰-汤普森棱镜也是用加拿大树胶粘合的, 对于功率不太大的激光器(如 He-Ne 激光器)是很理想的, 但是一般的激光器功率都很高, 容易引起加拿大树胶的老化或烧毁, 所以对于高功率的激光器不采用格兰-汤普森棱镜.

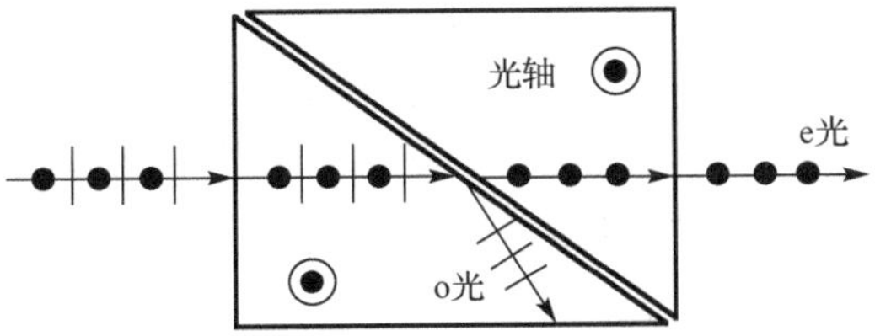

图 7.6.3　格兰-傅科棱镜光路

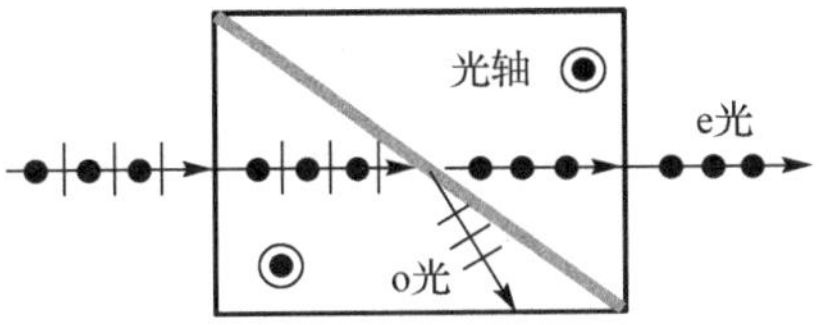

图 7.6.4　格兰-汤普森棱镜光路

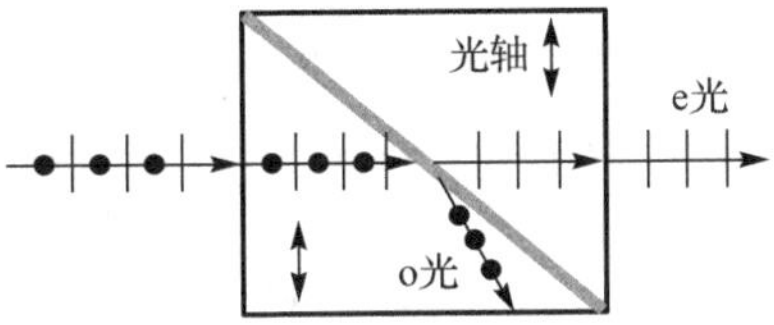

图 7.6.5　李普奇棱镜光路

7.6.3　偏光分束棱镜

前面介绍的棱镜都是只有一束线偏振光从棱镜中射出. 但实际应用中, 常同时需要两束振动方向不同的线偏振光, 实现这种功能的棱镜称为**偏光分束棱镜**. 偏光分束棱镜也是激光偏光技术常用的偏光器件, 常见的有萨那蒙特棱镜(Senarmont prism)、沃拉斯顿棱镜(Wollaston prism)、罗雄棱镜(Rochon prism)、分束格兰-汤普森棱镜(beam-splitting Glan-Thompson prism)等. 这些偏光分束棱镜的特点是分束角与棱镜结构角一一对应.

1. 萨那蒙特棱镜

萨那蒙特棱镜由两块直角方解石晶体粘合而成, 两晶体光轴相互垂直, 且前一晶体的光轴垂直于表面 AB, 后一个晶体的光轴平行于表面 CD, 如图 7.6.6 所示.

自然光垂直于 AB 面入射后沿光轴方向传播, 不产生双折射(或 o 光和 e 光具有相同的传播方向和传播速度). 在进入第二个晶体后, 自然光分解为 o 光和 e 光, o 光的振动方向始终垂直于主截面, 即垂直于光轴, 所以进入第二个晶体时不发生偏折, 仍沿原来的入射光方向传播. 而 e 光的振动方向在晶体的主截面内, 在第一个晶体中，e 光的振动方向垂直于光轴，但进入第二个晶体时，振动方向与光轴不再垂直，存在一定的夹角，折射率发生了变化，由 n_o 变为 $n_e(\alpha)$，对于方解石晶体而言，$n_o > n_e(\alpha)$，所以对于 e 光而言，从第一个晶体进入第二个晶体时相当于由光密介质进入光疏介质，故在界面上 e 光将远离法线折射．再经界面 CD 后，折射率由 $n_e(\alpha)$ 变为 $n_{空气}$，再次发生远离法线的折射，所以从棱镜出射后，o 光和 e 光分得更开，于是就得到了两束分开的、振动方向相互垂直的线偏振光．

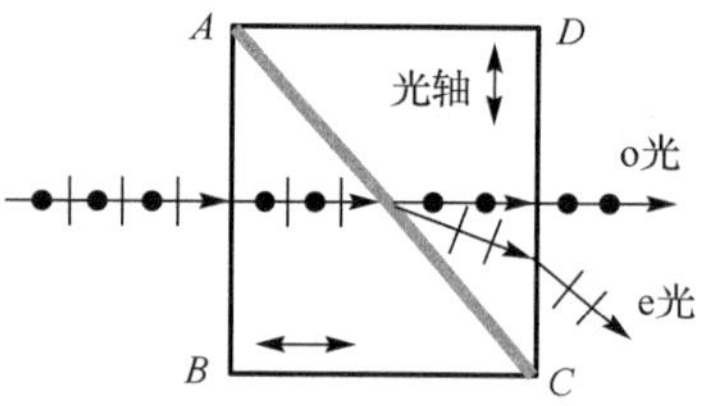

图 7.6.6　萨那蒙特棱镜光路

2．沃拉斯顿棱镜

沃拉斯顿棱镜由两块直角方解石晶体组成，两晶体的光轴都平行于晶体的表面，但是两光轴相互垂直，如图 7.6.7 所示．自然光垂直 AB 面入射后产生的 o 光和 e 光传播方向相同，但传播速度不同．在界面 AC 上，o 光和 e 光均满足折射定律．光线经过 AC 界面后，o 光变成 e 光，e 光变成 o 光，前者将远离法线方向折射，后者将靠近法线方向折射，于是 o 光和 e 光分开．再经过 CD 界面时，各自发生远离法线方向的折射，导致分开的角度进一步增大．可以计算出两束光出射方向的夹角，即分束角 φ 与结构角 α 之间的关系为

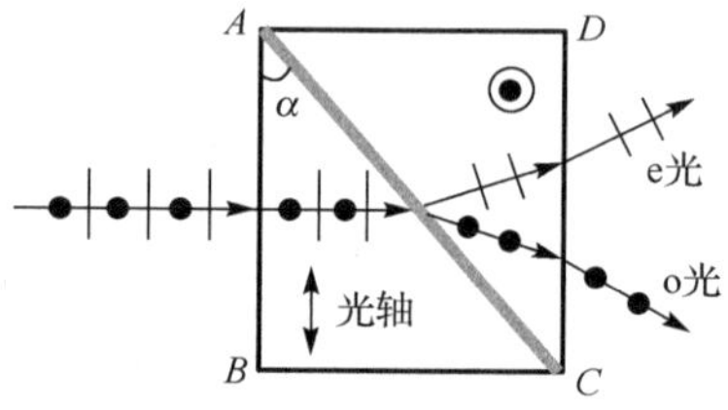

图 7.6.7　沃拉斯顿棱镜光路

$$\varphi = 2\arcsin[(n_o - n_e)\tan\alpha]$$

例 7.6.1　自然光 I_n 垂直入射到两个尼科耳棱镜 N_1、N_2 上，两棱镜主截面的夹角为 60°，若在 N_1、N_2 之间插入尼科耳棱镜 N_3，问 N_3 相对 N_1 为何位置时，出射光强最大？并求出最大出射光强．

解　令 N_3 与 N_1 的夹角为 α，设光经过 N_1、N_2、N_3 后光强分别为 I_1、I_2、I_3，则

$$I_1 = \frac{1}{2}I_n，\quad I_3 = I_1\cos_2\alpha，\quad I_2 = I_3\cos^2(60° - \alpha) = \frac{1}{2}I_n\cos^2\alpha\cos^2(60° - \alpha)$$

由 $\dfrac{dI_2}{d\alpha} = 0$ 得

$$-2\cos\alpha\cdot\sin\alpha\cos^2(60° - \alpha) + 2\cos^2\alpha\sin(60° - \alpha)\cos(60° - \alpha) = 0$$
$$\sin(60° - 2\alpha) = 0$$

则有 $60° - 2\alpha = 0°$ 或 $180°$ ，可得 $\alpha = 30°$ 出射光强最大（$\alpha = -60°$ 光强不是最大）.

$$I_2 = \frac{I_n}{2}\cos^2 30° \cos^2 30° = \frac{9}{32} I_n$$

7.7　波晶片　圆偏振光和椭圆偏振光的获得

7.7.1　波晶片

在各向异性晶体中，由于 n_o 和 n_e 不同，o 光和 e 光在晶体中经过相同的路程后会产生光程差，带来相位延迟，从而可以改变入射偏振光的偏振态. 利用晶体双折射特性使 o 光和 e 光产生一定相位差的器件称为**相位延迟器**. **波晶片**（也称**波片**）是相位延迟器的一种，是由晶体或其他各向异性材料做成的具有确定厚度的平行板，光轴与表面平行.

1. *波片的相位延迟*

将单轴晶体做成一定厚度的晶片，光轴平行于表面，就是波片，如图 7.7.1 所示. 当一束振幅为 A、波长为 λ 的平行线偏振光正入射到波片后，在波片内产生 o 光和 e 光，若线偏振光的振动方向和光轴的夹角为 α，则晶体内 o 光和 e 光的振幅分别为 $A_o = A\sin\alpha$， $A_e = A\cos\alpha$，在入射面处，o 光和 e 光具有相同的相位. 在晶体中，o 光和 e 光的传播方向相同，但传播速度不同，所以 o 光和 e 光从晶体表面出射时就产生了一定的相位差，该相位差与波片的厚度 d 及主折射率 n_o 和 n_e 有关，光程差为

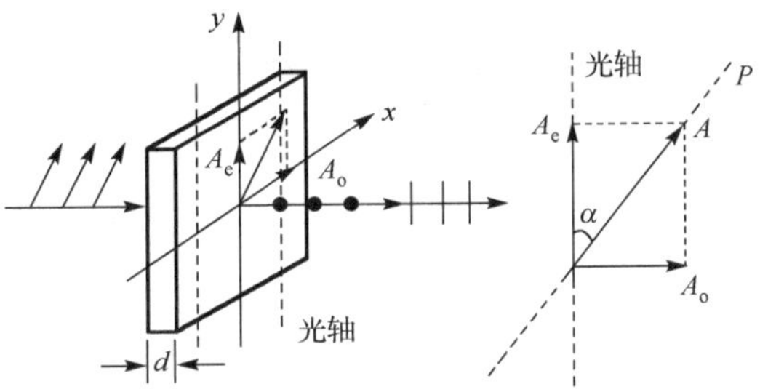

图 7.7.1　波片光路

$$\delta = (n_o - n_e)d$$

对应的相位差为

$$\Delta\varphi = \frac{2\pi}{\lambda}(n_o - n_e)d$$

光从波片出射后，就保持 $\Delta\varphi$ 的相位差不变. 传播较快的光束的光矢量振动方向称为**快轴**，传播较慢的光束的光矢量振动方向称为**慢轴**. 对于正晶体，$v_o > v_e$，$n_o < n_e$，o 光相位超前，光轴方向（e 光的振动方向）为慢轴，垂直于光轴方向（o 光的振动方向）为快轴；对于负晶体，$v_e > v_o$，$n_e < n_o$，e 光相位超前，光轴方向（e 光的振动方向）

为快轴，垂直于光轴方向(o 光的振动方向)为慢轴. 在波晶片上，一般都用符号标明快轴方向.

2. 几种常见的波片

1) 全波片

对于波长为 λ 的单色光，适当选择波片厚度，使波片中的 o 光和 e 光经过波片后产生的光程差为波长的整数倍，即

$$\delta=(n_o-n_e)d=k\lambda \quad (k=\pm1,\pm2,\pm3,\cdots)$$

相应的相位差为

$$\Delta\varphi=\frac{2\pi}{\lambda}(n_o-n_e)d=2k\pi \quad (k=\pm1,\pm2,\pm3,\cdots)$$

这种波片称为**全波片**. 一束偏振光经过全波片时，偏振状态不变.

2) 半波片

对于波长为 λ 的单色光，适当选择波片厚度，使波片中的 o 光和 e 光经过波片后产生的光程差为半波长的奇数倍，即

$$\delta=(n_o-n_e)d=(2k+1)\frac{\lambda}{2} \quad (k=0,\pm1,\pm2,\pm3,\cdots)$$

相应的相位差为

$$\Delta\varphi=\frac{2\pi}{\lambda}(n_o-n_e)d=(2k+1)\pi \quad (k=0,\pm1,\pm2,\pm3,\cdots)$$

这种波片称为**半波片**，或 **1/2 波片**. 一束线偏振光通过半波片后，透射光仍为线偏振光. 若入射时线偏振光的振动面与晶体的主截面之间的夹角为 α，则透射的线偏振光的振动面相对于入射光的振动面转过了 2α 角，如图 7.7.2 所示.

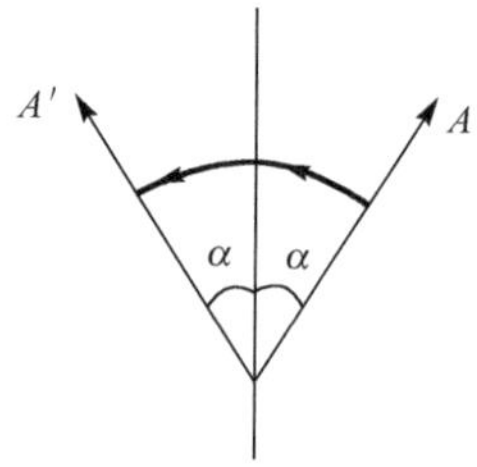

图 7.7.2 半波片使线偏振光振动面转动 2α 角

3) 1/4 波片

对于波长为 λ 的单色光，适当选择波片厚度，使波片中的 o 光和 e 光经过波片

后产生的光程差为 1/4 个波长的奇数倍，即

$$\delta=(n_o-n_e)d=(2k+1)\frac{\lambda}{4}\quad (k=0,\pm 1,\pm 2,\pm 3,\cdots)$$

相应的相位差为

$$\Delta\varphi=\frac{2\pi}{\lambda}(n_o-n_e)d=(2k+1)\frac{\pi}{2}\quad (k=0,\pm 1,\pm 2,\pm 3,\cdots)$$

这种波片称为 **1/4 波片**. 常见的 1/4 波片的最小厚度为

$$d=\frac{\lambda}{4|n_o-n_e|}$$

可见，波片的厚度与波长有关，以方解石为例，对于 $\lambda=590\text{nm}$ 的黄光而言，折射率之差 $n_o-n_e=0.172$，因而其 1/4 波片的最小厚度 $d\approx 8.58\times 10^{-5}\text{cm}$；对于 $\lambda=460\text{nm}$ 的蓝光，$n_o-n_e=0.184$，则 1/4 波片的最小厚度 $d=6.25\times 10^{-5}\text{cm}$. 因为制备这样薄的波片相当困难，实际制作的 1/4 波片厚度均是上述厚度的奇数倍.

7.7.2　圆偏振光和椭圆偏振光的获得

在 7.1 节中讲过，**椭圆(或圆)偏振光可以看作两个频率相等、振动方向相互垂直而且具有确定相位差的线偏振光的合成**. 所以，要获得椭圆(或圆)偏振光，首先必须要有满足这种特性的两束线偏振光. 这样的两束光可以通过波片来实现，因为线偏振光垂直入射在波片上时，分解成的 o 光和 e 光正好满足上述条件，出射的两束光合成的结果，一般是椭圆偏振光，其形状、电矢量的旋转方向由这两束光的相位差和波片的光轴取向决定. 例如，在第一、三象限内振动的线偏振光垂直入射到 1/4 波片上时(以负晶体为例)，振动方向与波片光轴之间的夹角为 α，如图 7.7.3 所示. 其入射线偏振光可表示为

$$\boldsymbol{E}=A_x\cos(\omega t-kz)\boldsymbol{i}+A_y\cos(\omega t-kz)\boldsymbol{j}$$

当 o 光和 e 光经过 1/4 波片后，光矢量的振动为

$$\boldsymbol{E}=A_x\cos(\omega t-kz)\boldsymbol{i}+A_y\cos(\omega t-kz\pm\pi/2)\boldsymbol{j}$$

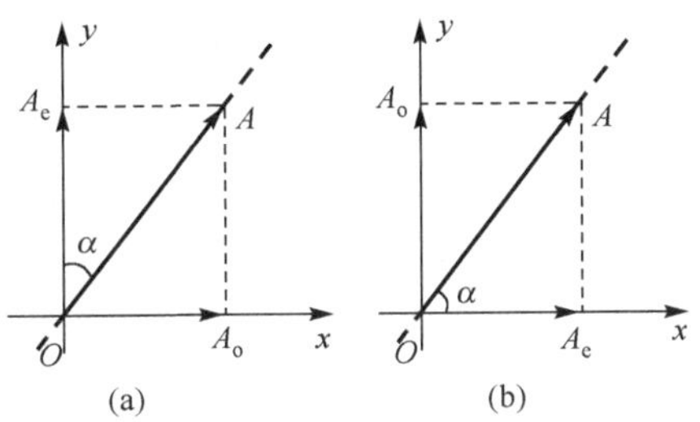

图 7.7.3　线偏振光在晶体中的分解

(1) 若光轴沿 y 轴，则沿 x 轴方向振动的为 o 光，沿 y 轴方向振动的为 e 光，如图 7.7.3(a) 所示. $A_o=A_x=A\sin\alpha$，$A_e=A_y=A\cos\alpha$，此时 $\Delta\varphi=\pi/2$，即 e 光超前 o 光 $\pi/2$ 的相位差 (y 方向超前 x 方向)，射出晶体后的 o 光和 e 光合成为右旋的正椭圆偏振光.

(2) 若光轴沿 x 轴，则沿 x 轴方向振动的为 e 光，沿 y 轴方向振动的为 o 光，

如图 7.7.3(b)所示. $A_e=A_x=A\cos\alpha$，$A_o=A_y=A\sin\alpha$，此时 $\Delta\varphi=-\pi/2$，即 e 光超前 o 光 $\pi/2$ 的相位差(x 方向超前 y 方向)，射出晶体后的 o 光和 e 光合成为左旋的正椭圆偏振光.

(3) 当入射线偏振光的振动方向与 1/4 波片的光轴成 45°时，$A_x=A_y$，$\Delta\varphi=\pm\pi/2$，从波片出射的为右旋(左旋)圆偏振光.

(4) 当入射线偏振光的振动方向平行于 1/4 波片的光轴($\alpha=0°$)或垂直于 1/4 波片的光轴($\alpha=90°$)时，出射光仍为平行或垂直于光轴振动的线偏振光.

(5) 如果 1/4 波片的厚度

$$d=(2k+1)\frac{\lambda}{4(n_o-n_e)}$$

对于负晶体，o 光和 e 光间的相位差为

$$\Delta\varphi=(2k+1)\frac{\pi}{2}$$

则射出晶体后合成波为

$$\boldsymbol{E}=A_x\cos(\omega t-kz)\boldsymbol{i}+A_y\cos[\omega t-kz+(2k+1)\pi/2]\boldsymbol{j}$$

当 k=0, 2, 4,… 时，出射光是右旋椭圆偏振光；当 k=1,3,5,… 时，出射光是左旋椭圆偏振光.

7.7.3 自然光改造成椭圆或圆偏振光

自然光入射到波片上，由于沿各个方向振动的线偏振光之间没有确定的相位关系，它们通过波片后仍然没有确定的相位关系，因而透射光还是自然光.

因此，要使自然光转化为椭圆偏振光，必须先通过起偏器产生线偏振光，然后再垂直入射到波片(半波片和全波片除外)，并取适当的夹角即可. 通常把一个取向恰当的起偏器和一块波片组合在一起，构成**椭圆偏振器**. 自然光通过椭圆偏振器后转化为椭圆偏振光.

同理，要使自然光转化为圆偏振光，也必须先产生线偏振光，然后垂直入射到 1/4 波片，而且起偏器的透振方向与 1/4 波片的光轴成 45°. 通常，把一个透振方向与波片光轴夹角为 45°的偏振片和 1/4 波片的组合称为**圆偏振器**.

例 7.7.1　波长 $\lambda=589.3\text{nm}$ 的一束左旋圆偏振光，垂直入射到 $d=5.141\times10^{-4}\text{cm}$ 的方解石波晶片上，试问透射光具有什么样的偏振态？(对 589.3nm 的光，$n_o=1.658$，$n_e=1.486$)

解　对于入射左旋圆偏振光，有

$$E_x=A\cos(\omega t-kz),\quad E_y=A\cos(\omega t-kz-\pi/2)$$

方解石晶体是负晶体，$v_o < v_e$（$n_o > n_e$），所以构成左旋圆偏振光的两个振动方向相互垂直的线偏振光经波晶片后，产生相位差(e 光超前 o 光)

$$\Delta\varphi = \frac{2\pi}{\lambda}(n_o - n_e)d = \frac{2\pi}{589.3\times10^{-7}}(1.658-1.486)\times5.141\times10^{-4} \approx 3\pi$$

说明波晶片为半波片.

若波晶片光轴为 x，则 E_x(e 光)超前 E_y(o 光)，得

$$E_x = A\cos\omega t$$

$$\begin{aligned} E_y &= A\cos(\omega t - ky - 3\pi - \pi/2) = A\cos(\omega t - ky - 4\pi + \pi/2) \\ &= A\cos(\omega t - ky + \pi/2) \end{aligned}$$

为右旋圆偏振光.

若波晶片光轴为 y 轴，则 E_y 超前 E_x(e 光超前 o 光)，得

$$E_x = A\cos\omega t$$

$$\begin{aligned} E_y &= A\cos(\omega t - ky + 3\pi - \pi/2) = A\cos(\omega t - ky + 2\pi + \pi/2) \\ &= A\cos(\omega t - ky + \pi/2) \end{aligned}$$

也为右旋圆偏振光.

综上所述可见，透射光为右旋圆偏振光，即**半波片可使左旋圆偏振光变为右旋圆偏振光**.

7.8 偏振光的检验

7.8.1 各种偏振光通过 1/4 波片后偏振态的变化

1. 自然光

自然光可以分解为两个振幅相等、振动方向相互垂直、没有固定相位关系的线偏振光，在晶体中可分别对应 o 光和 e 光，当它们经过 1/4 波片后，o 光和 e 光虽然附加了一个 $\pi/2$ 的相位差，但两束光的总相位差还是没有任何固定的关系，所以出射后还是自然光.

2. 部分偏振光

部分偏振光可以分解为两个振幅不等、振动方向相互垂直、没有固定相位关系的线偏振光，在晶体中可分别对应 o 光和 e 光. 经过 1/4 波片后，o 光和 e 光附加了

一个 $\pi/2$ 的相位差，但因为这两束线偏振光之间没有固定的相位关系，所以总的相位差还是没有固定的关系，故出射后还是部分偏振光.

3. 线偏振光

(1) 若入射线偏振光的振动方向与 1/4 波片的光轴平行，则光进入晶体后只有 e 光，没有 o 光，所以出射后还是线偏振光，振动方向仍然平行于晶体光轴.

(2) 若入射线偏振光的振动方向与 1/4 波片的光轴垂直，则光进入晶体后只有 o 光，没有 e 光，所以出射后还是线偏振光，振动方向仍然垂直于晶体光轴.

(3) 若入射线偏振光的振动方向与 1/4 波片的光轴夹角 $\alpha = \pi/4$，则光进入 1/4 波片后分解为振幅相等、振动方向相互垂直、相位差为 0 或者 π 的两束线偏振光，分别对应晶体中的 o 光和 e 光. 经过 1/4 波片后，又附加了一个 $\pi/2$ 的相位差，所以总的相位差为 $\pi/2$ 或 $3\pi/2$，则最后出射的是圆偏振光.

(4) 若入射线偏振光的振动方向与 1/4 波片的光轴夹角为其他角度，则光进入 1/4 波片后分解为振幅不等、振动方向相互垂直、相位差为 0 或者 π 的两束线偏振光，经过 1/4 波片后，也附加了一个 $\pi/2$ 的相位差，所以总的相位差为 $\pi/2$ 或者 $3\pi/2$，则最后出射的是正椭圆偏振光.

4. 圆偏振光

圆偏振光可以看成振动方向相互垂直、频率相同、振幅相等、相位差为 $\pm\pi/2$，沿同一方向传播的两个线偏振光的合成. 经 1/4 波片后，两线偏振光又附加了 $\pm\pi/2$ 的相位差，则总的相位差为 0 或者 $\pm\pi$，所以从 1/4 波片出射后就变成了线偏振光.

5. 椭圆偏振光

椭圆偏振光可以看成振动方向相互垂直、频率相同、相位差为 $\Delta\varphi$、沿同一方向传播的两个线偏振光的合成.

(1) 当椭圆的长轴和短轴分别与 1/4 波片的光轴平行或垂直时，相互垂直的两个线偏振光可以分别看成相位差为 $\pm\pi/2$ 的 o 光和 e 光，经 1/4 波片后又产生 $\pm\pi/2$ 的相位差，则总的相位差为 0 或者 $\pm\pi$，所以出射光就变成了线偏振光.

(2) 当椭圆的长轴和短轴与 1/4 波片的光轴成其他角度时，原来合成椭圆偏振光的两线偏振光之间的相位差不是 $\pm\pi/2$，经过 1/4 波片，总的相位差就不是 0 或者 $\pm\pi$，因此出射光仍然是斜椭圆偏振光.

不同偏振态的光经过 1/4 波片后偏振态的变化详见表 7.8.1.

表 7.8.1 不同偏振态的光经过 1/4 波片后偏振态的变化

入射光的偏振态	1/4 波片的位置	出射光的偏振态
自然光	任何位置	自然光
部分偏振光	任何位置	部分偏振光
线偏振光	1/4 波片光轴方向与线偏振光的振动方向垂直或平行	线偏振光
	1/4 波片光轴方向与线偏振光的振动方向夹角为 45°	圆偏振光
	其他任何位置	正椭圆偏振光
圆偏振光	任何位置	线偏振光
椭圆偏振光	1/4 波片光轴方向与椭圆偏振光的长轴或短轴方向平行	线偏振光
	其他任何位置	斜椭圆偏振光

7.8.2 偏振光的检验方法

人的眼睛并不能直接分辨光的偏振态. 因此，要鉴别其偏振态，必须借助于偏振器件.

当光通过偏振片，并将偏振片以光的传播方向为轴旋转一周时，可以看到，不同偏振态的光，光强变化不同.

(1) 自然光：光强无任何变化.

(2) 部分偏振光：光强有变化，但是没有消光.

(3) 线偏振光：光强出现两次消光、两次最大.

(4) 圆偏振光：光强无任何变化.

(5) 椭圆偏振光：光强有变化，但是没有消光.

可见，用一个偏振片作为检偏器，就可以将线偏振光从五种偏振态的光中区分出来，并将剩余四种偏振态的光分为两组：自然光与圆偏振光为一组；部分偏振光与椭圆偏振光为一组.

那么，如何辨别自然光与圆偏振光、部分偏振光与椭圆偏振光呢？根据已学内容可知，1/4 波片可以将圆偏振光或椭圆偏振光变成线偏振光，然后再用偏振片就可以鉴别. 步骤如表 7.8.2 所示.

表 7.8.2 五种偏振光的鉴别

步骤 1	透射光强	结论 1	步骤 2	透射光强	结论 2
待测平行光垂直入射到检偏器 P，并将 P 绕光的传播方向旋转一周	两次极大、两次消光	线偏振光			
	光强不变	自然光或圆偏振光	在 P 前插入 1/4 波片，再将 P 旋转一周	光强不变	自然光
				两次极大、两次消光	圆偏振光

续表

步骤 1	透射光强	结论 1	步骤 2	透射光强	结论 2
待测平行光垂直入射到检偏器 P，并将 P 绕光的传播方向旋转一周	两次极大、两次极小，没有消光	部分偏振光或椭圆偏振光	在 P 前插入 1/4 波片，波片的光轴方向与步骤 1 中光强最大值方向重合，再将 P 旋转一周	两次极大、两次极小，没有消光	部分偏振光
				两次极大、两次消光	椭圆偏振光

7.8.3　补偿器

波片只能使振动方向相互垂直的两束线偏振光之间产生固定不变的相位差，但是在实际应用中，常常需要具有不同相位差的两束线偏振光. 可以使两束线偏振光之间的相位差任意改变的光学元件称为**补偿器**.

例如，检验椭圆偏振光的方法中，必须事先知道 1/4 波片的光轴方向，才能将椭圆偏振光转变成线偏振光. 而且使 1/4 波片的光轴严格地平行于椭圆偏振光的长轴或短轴，这也是很困难的. 斜椭圆偏振光可以认为是由两个振动方向互相垂直的线偏振光在 $\Delta\varphi \neq \pm\pi/2$ 的情况下合成的，而要使斜椭圆偏振光变成线偏振光，可以使用一个补偿器，使两束线偏振光之间的相位改变量为 $\Delta\varphi'$，当 $\Delta\varphi' + \Delta\varphi = 0$ 或 $\pm\pi$ 时，椭圆偏振光就变成了线偏振光.

常见的补偿器有两种：巴比涅补偿器和索列尔补偿器.

1. 巴比涅补偿器

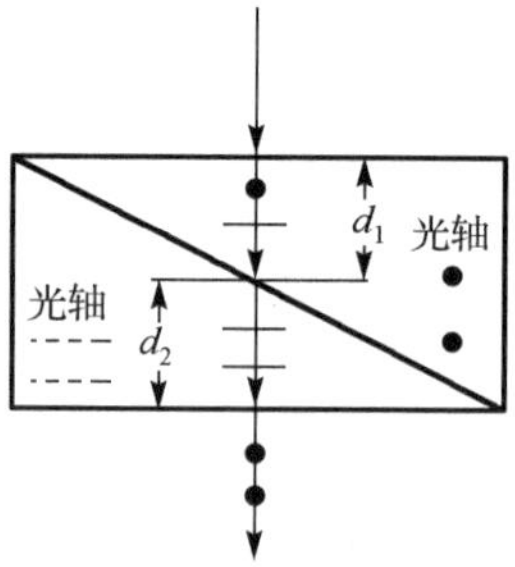

图 7.8.1　巴比涅补偿器

巴比涅补偿器由两个劈形方解石或者石英晶体组成，两个晶体的光轴相互垂直，如图 7.8.1 所示.

当波长为 λ 的单色光垂直入射补偿器后，在第一块晶体内产生传播方向相同、振动方向相互垂直的 o 光和 e 光，并且在传播了 d_1 距离后进入第二块晶体，此时因为晶体的光轴方向发生了变化，则在第二块晶体内 o 光变成了 e 光，e 光变成了 o 光，并且传播 d_2 距离后离开补偿器. 因此，光束通过补偿器后，两垂直光振动之间的相位差为

$$\Delta\varphi = \frac{2\pi}{\lambda}[(n_o - n_e)d_1 + (n_e - n_o)d_2] = \frac{2\pi}{\lambda}(n_o - n_e)(d_1 - d_2)$$

当光在补偿器的不同位置通过时，d_1 和 d_2 不同，这就可以得到不同的相位差. 只有 $d_1 = d_2$ 时，两束光之间才不产生相位差.

巴比涅补偿器的缺点是必须用很窄的光束，因为宽光束的不同部分会产生不同的相位差.

2．索列尔补偿器

为了克服巴比涅补偿器的缺点，设计了索列尔补偿器．如图 7.8.2 所示，它是由两个石英直角劈和一个石英平面薄板组成的．两个石英劈的光轴平行，但石英劈与石英板的光轴方向相互垂直，可以用微动螺钉使上部的石英劈做平行移动．

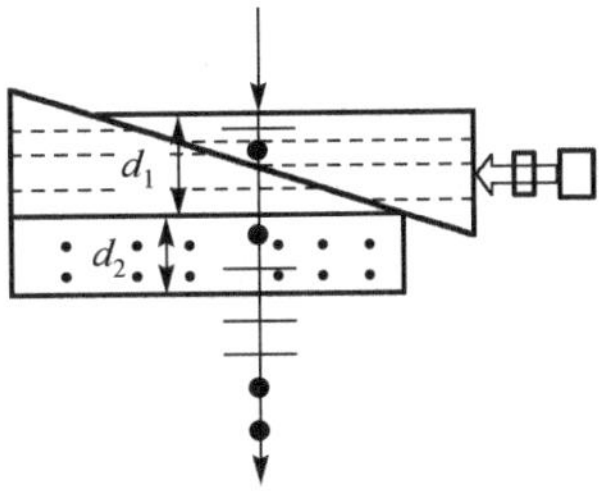

图 7.8.2　索列尔补偿器

当波长为 λ 的单色光垂直入射到补偿器上表面时，在石英劈内产生 o 光和 e 光．当进入石英板后，振动方向垂直于石英劈光轴的 o 光在石英板后变为 e 光，而振动方向平行于石英劈光轴的 e 光进入石英板后变为 o 光，但传播方向均与入射光方向相同．若入射光通过两石英劈的厚度为 d_1，通过石英板的厚度为 d_2，则补偿器对这两束线偏振光产生的相位差为

$$\Delta\varphi=\frac{2\pi}{\lambda}(n_o-n_e)(d_1-d_2)$$

通过微调螺丝移动上部的石英劈，可以使 d_1 连续改变，从而可以使两束光的相位差 $\Delta\varphi$ 连续改变．当石英位置固定时，d_1 和 d_2 在入射面内为确定值，不随位置的改变而改变，因而宽光束通过时，光束的不同部位产生相同的相位差．

7.9　偏振光的干涉及应用

两束光若能产生干涉，必须满足三个条件，即**频率相同、相位差恒定、振动方向相同或具有相同的分量**．而线偏振光经过波片后，分解成 o 光和 e 光，虽然二者频率相同、相位差恒定，但是振动方向相互垂直，所以不能产生干涉，一般情况下合成一束椭圆偏振光．如果我们在波片后再放置一偏振片，就可以使 o 光和 e 光在偏振片的透振方向上产生具有相同振动方向的分量，从而满足干涉条件．由此产生的干涉现象称为**偏振光的干涉**．偏振光的干涉可分为平行偏振光的干涉和会聚偏振光的干涉．

7.9.1　平行偏振光的干涉

1．干涉装置

平行偏振光干涉的实验装置是在两个偏振片 P_1、P_2 之间放置厚度为 d 的波片 C，如图 7.9.1 所示．P_1 把入射自然光变为线偏振光．波片 C 的光轴平行于晶体表面，且与 P_1、P_2 透振方向成一定的夹角，其作用：一是把线偏振光分成振动方向相互垂直的 o 光和 e 光；二是使两线偏振光出射后产生固定的相位差. P_2 的作用是从 o 光和 e 光中取出振动方向与 P_2 透振方向平行的分量，从而获得两束相干光.

该实验装置的干涉图样具有以下特点：

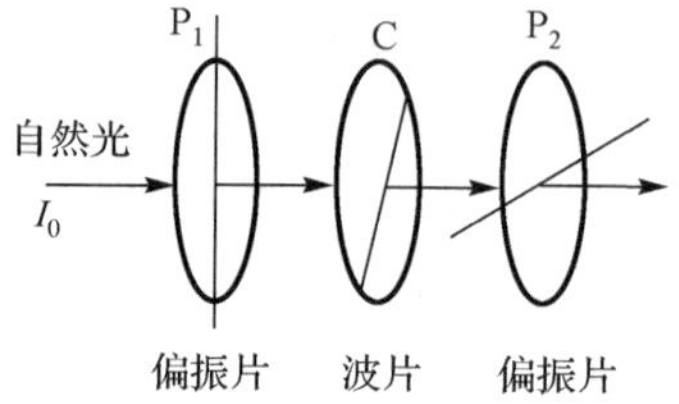

图 7.9.1　偏振光干涉实验装置

(1) 当波片厚度均匀时，若用单色光照射，观察屏上的**干涉光强均匀分布(没有明暗相间的干涉条纹)**，转动任何一个元件都会使屏上的光强发生变化. 若用白光照射，观察屏上有彩色的光斑，转动任何一个元件都会使屏上的颜色发生变化.

(2) 当波片厚度不均匀时，若用单色光照射，则屏上会出现与波片厚度变化规律相同的明暗相间的干涉条纹. 若用白光照射，则屏上会出现彩色图样.

2. 光强分布

前面讲过，两束光相遇产生干涉时，其光强

$$I = A_1^2 + A_2^2 + 2A_1A_2\cos\Delta\varphi$$

式中，A_1、A_2 为两束相干光的振幅；$\Delta\varphi$ 为两束相干光的相位差.

为计算光强，在与波片表面平行的平面上建立 xOy 坐标系. 设波片的光轴方向与 y 轴平行，P_1 的透振方向与 y 轴夹角为 θ，P_2 的透振方向与 y 轴夹角为 α，如图 7.9.2(a) 所示. 自然光经过 P_1 后成为振幅为 A_1 的线偏振光，其振动方向与波片 C 的光轴夹角为 θ，则该线偏振光在波片中分解的 o 光和 e 光的振幅分别为

$$A_o = A_1\sin\theta, \qquad A_e = A_1\cos\theta$$

二者通过 P_2 后，都是只有沿 P_2 透振方向的分量才能通过. 其振幅分别为

$$A_{2o} = A_o\cos(90^\circ - \alpha) = A_1\sin\theta\sin\alpha, \quad A_{2e} = A_e\cos\alpha = A_1\cos\theta\cos\alpha$$

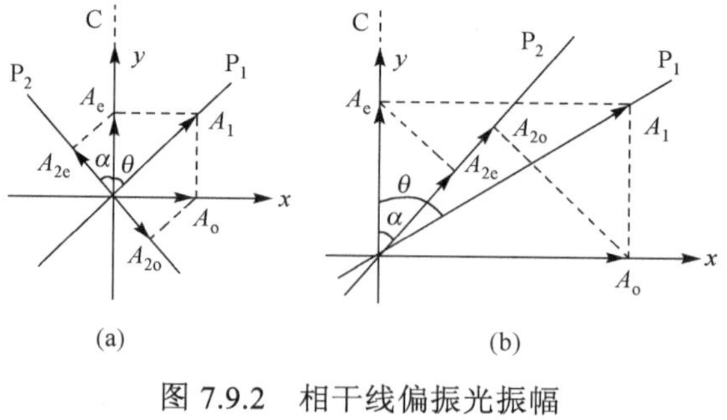

图 7.9.2　相干线偏振光振幅

最后从偏振片 P_2 透射出来的光，其振幅分别是 A_{2o} 和 A_{2e}，这两束光满足相干叠加的条件，从而产生干涉. 下面分析 A_{2o} 和 A_{2e} 之间的相位差 $\Delta\varphi$.

从 P_2 出射时两个分振动的相位差 $\Delta\varphi$ 取决于两个因素：

(1) 由波片引起的相位差

$$\Delta\varphi_c = \frac{2\pi}{\lambda}(n_o - n_e)d$$

(2) 由 A_{2o} 和 A_{2e} 投影引起的附加相位差 $\Delta\varphi_1$.

图 7.9.2(a) 中，P_1 和 P_2 的透振方向在不同象限，o 光和 e 光经过 P_2 投影后，A_{2o} 和 A_{2e} 方向相反，所以会产生一个附加的相位差 π，即 $\Delta\varphi_1 = \pi$. 图 7.9.2(b) 中，P_1 和 P_2 透振方向在同一象限(设波片光轴与 y 轴平行)，则 o 光和 e 光经过 P_2 投影后，A_{2o} 和 A_{2e} 同向，不引入附加相位差，即 $\Delta\varphi_1 = 0$.

所以，透过 P_2 后，A_{2o} 和 A_{2e} 之间的总相位差为

$$\Delta\varphi = \Delta\varphi_c + \Delta\varphi_1 = \frac{2\pi}{\lambda}(n_o - n_e)d + \begin{cases} 0 \\ \pi \end{cases}$$

由此可得干涉光强分布公式

$$\begin{aligned} I &= A_{2o}^2 + A_{2e}^2 + 2A_{2o}A_{2e}\cos\Delta\varphi \\ &= A_1^2\left(\sin^2\theta\sin^2\alpha + \cos^2\theta\cos^2\alpha + \frac{1}{2}\sin 2\alpha\sin 2\theta\cos\Delta\varphi\right) \end{aligned}$$

由此可见，平行偏振光干涉的光强分布与两个偏振片的相对位置(θ,α)及相位差 $\Delta\varphi$ 有关. 当 $\Delta\varphi = (2k+1)\pi (k = 0, 1, 2, \cdots)$ 时，干涉相消；当 $\Delta\varphi = 2k\pi (k = 0, 1, 2, \cdots)$ 时，干涉相长.

下面看几种特殊情况.

(1) 两偏振片的透振方向相互平行，即 $P_1 // P_2$，则 $\alpha = \theta$，$\Delta\varphi_1 = 0$. 此时

$$\Delta\varphi = \Delta\varphi_c = \frac{2\pi}{\lambda}(n_o - n_e)d$$

$$A_{2o} = A_1\sin^2\theta, \quad A_{2e} = A_1\cos^2\theta$$

从 P_2 透射的合光强为

$$\begin{aligned} I_{//} &= A_1^2(\cos^4\theta + \sin^4\theta + 2\sin^2\theta\cos^2\theta\cos\Delta\varphi) \\ &= A_1^2(1 - 2\sin^2\theta\cos^2\theta + 2\sin^2\theta\cos^2\theta\cos\Delta\varphi) \\ &= A_1^2\left(1 - \sin^2 2\theta\sin^2\frac{\Delta\varphi}{2}\right) \end{aligned}$$

若 θ 固定不动：

当 $\Delta\varphi = 2k\pi$ 时，$I_{//} = A_1{}^2 = I_1$，出射光强最大；

当 $\Delta\varphi = (2k+1)\pi$ 时，$I_{//} = I_1(1 - \sin^2 2\theta)$，出射光强最小；

当 $\theta = 45°$ 时， $I_{//} = A_1^2\left(1-\sin^2\dfrac{\Delta\varphi}{2}\right) = \dfrac{A_1^2}{2}(1+\cos\Delta\varphi)$.

(2) 两偏振片的透振方向相互垂直，即 $P_1 \perp P_2$ ，则 $\alpha + \theta = \dfrac{\pi}{2}$ ， $\Delta\varphi_1 = \pi$. 此时

$$\Delta\varphi = \Delta\varphi_c + \pi$$

$$A_{2o} = A_1\cos\theta\sin\theta\text{ ，}\quad A_{2e} = A_1\sin\theta\cos\theta$$

从 P_2 透射的合光强为

$$\begin{aligned} I_{\perp} &= 2A_1^2\sin^2\theta\cos^2\theta(1+\cos\Delta\varphi) \\ &= A_1^2\sin^2 2\theta\cos^2\frac{\Delta\varphi}{2} = A_1^2\sin^2 2\theta\sin^2\frac{\Delta\varphi_c}{2} \end{aligned}$$

若 θ 固定不动：

当 $\Delta\varphi = 2k\pi$ 时， $I_{\perp} = 0$ ，出射光强为零，干涉相消；

当 $\Delta\varphi = (2k+1)\pi$ 时， $I_{\perp} = A_1^2\sin^2 2\theta$ ，出射光强最大，干涉相长.

由于 P_1 和 P_2 相互垂直或平行时，两相干光的相位相差 π ，所以对于给定的晶体波片，若在垂直时出射光为干涉相长，则平行时就为干涉相消，反之亦然；且有 $I_{\perp} + I_{//} = I_1$ ，这两种情况下光强互补.

3. 偏振光的干涉条纹

单色光照射，如果波片厚度均匀，则从波片出射的 o 光和 e 光具有相同的相位差，整个观察屏上呈现均匀的干涉光强分布，没有明暗相间的干涉条纹. 转动任何一个元件，将改变 α 、 θ 值，则引起 A_{2o} 和 A_{2e} 的变化，最终使得整个屏上光强发生变化.

若波片厚度不均匀，如图 7.9.3 所示的尖劈形波片. 由于波片的厚度均匀变化，则得到相位差均匀变化的两束相干光，那么观察屏上得到的就是明暗相间、等间距的干涉条纹. 条纹的取向与棱劈方向平行.

偏振光的干涉图样

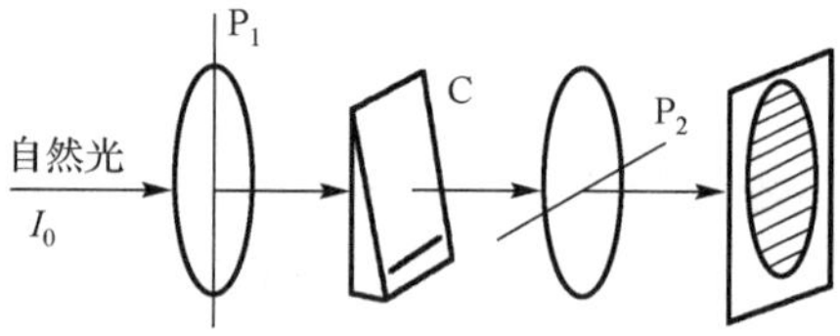

图 7.9.3　尖劈晶片的等厚干涉条纹

例 7.9.1　两个偏振片的透光方向夹角为 60°，将一块 α=0.5°的石英尖劈置于两偏振片之间，其光轴与两偏振片透振方向均成 30°，如例 7.9.1 图所示，用波长 λ=589.3nm 的平行光照射. 已知石英的主折射率 $n_o = 1.5442$ ， $n_e = 1.5533$ ，试求干涉条纹的间距及条纹的可见度.

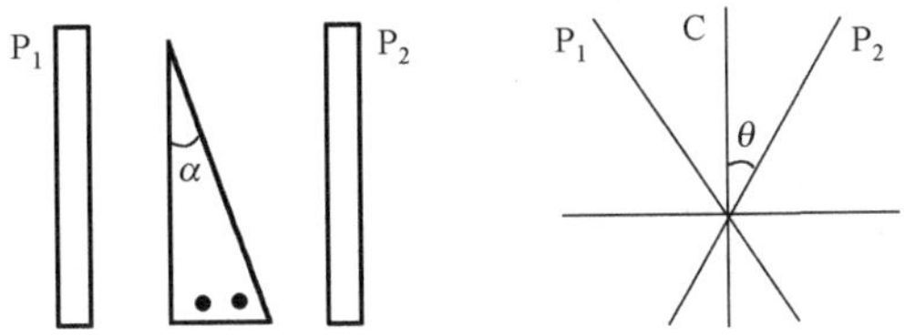

例 7.9.1 图

解　(1) 两束偏振方向相互垂直的偏振光之间的总相位差

$$\Delta\varphi = \frac{2\pi}{\lambda}(n_e - n_o)d + \pi$$

在 $\Delta\varphi = (2k+1)\pi$ 处，将发生干涉相消，出现暗纹，即

$$\Delta\varphi = \frac{2\pi}{\lambda}(n_e - n_o)d + \pi = (2k+1)\pi \quad (k=0, 1, 2, 3, \cdots)$$

对应的光程差为

$$\delta = (n_e - n_o)d + \lambda/2 = (2k+1)\lambda/2 \Rightarrow d = \frac{k\lambda}{n_e - n_o}$$

设石英尖劈厚度为 d 处，到劈尖 O 点的距离为 x，则 $d = \alpha x$，可得第 k 级暗纹到 O 点的距离为

$$x = \frac{k\lambda}{(n_e - n_o)\alpha}$$

而第 k 级与第 $k+1$ 级条纹之间的距离为

$$\Delta x = x_{k+1} - x_k = \frac{\lambda}{(n_e - n_o)\alpha}$$

代入数据得 $\Delta x \approx 7.42\text{mm}$.

(2) 由偏振光干涉的光强分布公式

$$I = A^2(\cos^2\theta\cos^2\varphi + \sin^2\theta\sin^2\varphi + 2\cos\theta\cos\varphi\sin\theta\sin\varphi\cos\Delta\varphi)$$

对本题，$\theta = \varphi = 30°$，其相干光强为

$$I_{\min} = A^2(\cos^2 30°\cos^2 30° + \sin^2 30°\sin^2 30° - 2\cos 30°\cos 30°\sin 30°\sin 30°) = A^2/4$$

$$I_{\max} = A^2(\cos^2 30°\cos^2 30° + \sin^2 30°\sin^2 30° + 2\cos 30°\cos 30°\sin 30°\sin 30°) = A^2$$

因此条纹可见度为

$$V = \frac{I_{\max} - I_{\min}}{I_{\max} + I_{\min}} = \frac{1 - \frac{1}{4}}{1 + \frac{1}{4}} = 0.6$$

4. 显色偏振

白光照射线偏振光干涉装置，若波片厚度均匀，则白光中不同波长的光从波片出射时，其 o 光和 e 光的相位差 $\Delta\varphi_c$ 随波长改变. 所以，有些波长的光干涉相长，另一些波长的光干涉相消，通过 P_2 后，呈现出色彩，不同的波片会出现不同的色彩，转动装置中的任何一个元件，均会改变 α 或 θ，屏上的颜色也会发生变化. 两偏振片 P_1 和 P_2 透振方向相互垂直时出射相干光的颜色与平行时出射相干光的颜色互补，即两种情况下的出射相干光相加为白光. 偏振光干涉时出现色彩的现象称为**显色偏振**，或**色偏振**.

显色偏振是检验双折射现象极为灵敏的方法. 当折射率差值 $(n_o - n_e)$ 很小时，直接观察 o 光和 e 光很难确定是否存在双折射. 但只要把该物质薄片放在两偏振片之间，用白光照射，并转动之，观察是否有彩色出现，即可鉴定是否有双折射.

*7.9.2　会聚偏振光的干涉

会聚偏振光干涉的实验装置如图 7.9.4 所示. 图中 S 是点光源，L_1、L_2、L_3、L_4 是会聚透镜，P_1 和 P_2 是两个正交(透振方向相互垂直)的偏振片，C 是光轴与晶体表面垂直的波片. 点光源 S 位于透镜 L_1 的物方焦点上，其发出的自然光经过 L_1 后变成平行光，再通过 P_1 后变成线偏振光. 短焦距的透镜 L_2 把从 P_1 出射的平行光会聚到波片 C 上，光经 L_3 后又变成平行光投射到 P_2 上，最后由透镜 L_4 会聚在观察屏上. 其干涉图样是一组以透镜光心为中心的明暗相间的同心圆环，环中有与 P_1 透振方向平行及垂直的暗十字图形，如图 7.9.5 所示. 如果 P_1 和 P_2 的透光轴方向相互平行，则与 P_1 透振方向平行及垂直的十字图形是亮的.

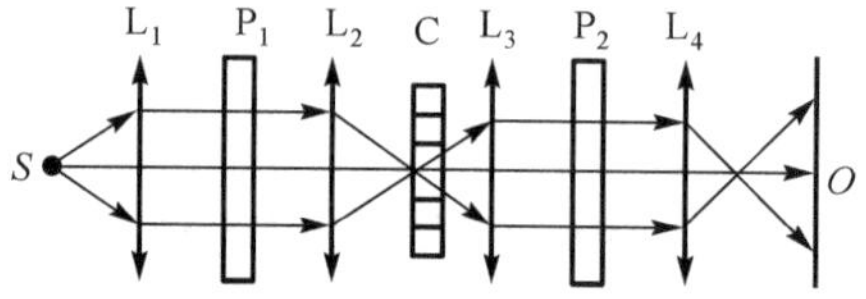

图 7.9.4　会聚偏振光干涉的实验装置

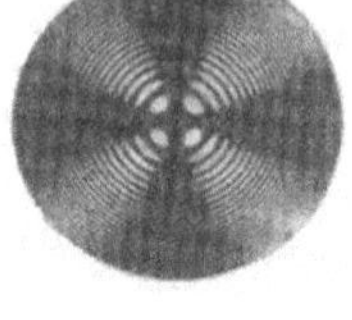
图 7.9.5　会聚偏振光干涉图样

会聚光束的中心光线沿波片 C 光轴方向传播时，不发生双折射，o 光和 e 光的相位差为零，所以出射光还是沿偏振片 P_1 透振方向振动的线偏振光，不能通过偏振片 P_2，故干涉图样中心是暗斑. 其他光线入射时，o 光和 e 光在波片中经过的距离 d 不同，所以产生的相位差也就不同，其相位差会随着光线与波片光轴的夹角 i_2 的增大而增大，如图 7.9.6 所示. 一般情况下，入射角为 i_1 时，$i_{2o} \neq i_{2e}$；但是当会聚光顶角较小时，近似有 $i_{2o} = i_{2e} = i_2$，则 o 光和 e 光经过波片 C 后的相位差为

$$\Delta\varphi=\frac{2\pi}{\lambda}(n_o-n_e)d'=\frac{2\pi}{\lambda}(n_o-n_e)\frac{d}{\cos i_2}$$

所以，对于同一个 i_2，相位差相等，从而对应同一级干涉. 这与等倾干涉圆环十分相似.

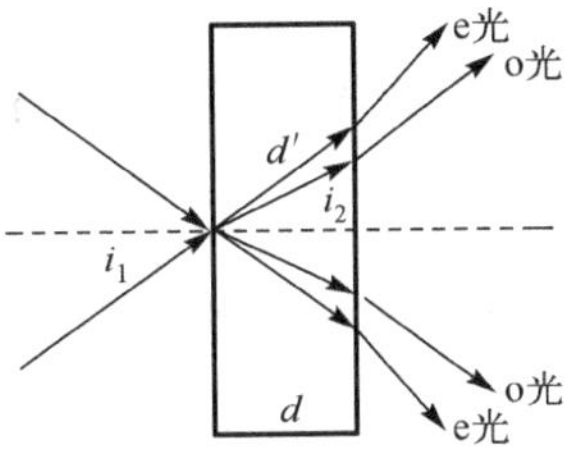

图 7.9.6　o 光与 e 光相位差的变化

会聚偏振光的干涉与等倾干涉的区别在于：明暗相间的圆环上还有十字形的暗斑出现，这是由于发生干涉的两线偏振光的振幅 A_{2o} 和 A_{2e} 均随入射光振动面与波片主截面夹角 θ 的不同而变化.

观察会聚偏振光干涉的方法很多，晶体光轴和偏振器件的取向不同，所得到的干涉图样也千变万化. 目前，用会聚偏振光干涉原理制作的偏光显微镜已广泛应用在矿物学中，根据干涉图样来鉴别矿物标本.

7.10　旋光现象和法拉第效应

7.10.1　旋光现象

当线偏振光沿某些晶体(如石英)光轴方向或通过某种溶液(如蔗糖、酒石酸溶液)传播时，出射光还是线偏振光，只是振动面以光的传播方向为轴发生旋转，这种现象称为**旋光现象**，物质的这种属性称为**旋光性**. 具有旋光性的物质称为**旋光物质**.

图 7.10.1 是研究旋光现象的实验装置，以石英晶体为例，设其光轴垂直于表面，P_1 和 P_2 是两正交的偏振片，二者之间不放石英晶体时，通过 P_2 的光强为零，视场是全暗的. 将石英放入 P_1 和 P_2 之间，则通过 P_2 的光强不为零，旋转 P_2 一定角度后也得到全暗的视场. 这表明从石英晶体透射出的仍然是线偏振光，只是振动面相对于 P_1 的振动方向旋转了一个角度 φ，这个角度称为**旋光度**.

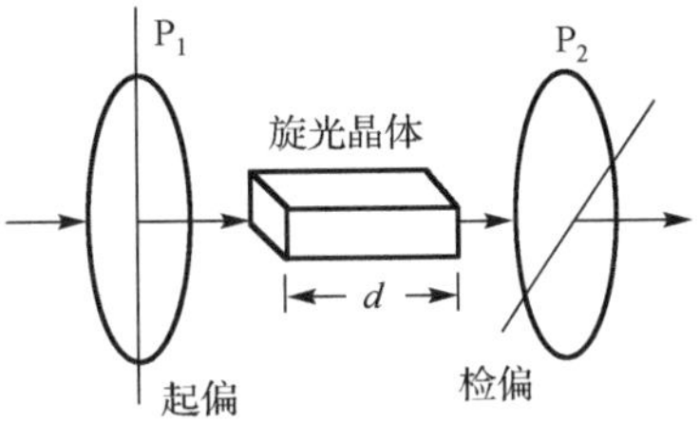

图 7.10.1　石英的旋光现象

实验表明，线偏振光振动面旋转的角度 φ 与光穿过旋光物质的长度 d 成正比，若旋光物质为晶体，则

$$\varphi=\alpha d \tag{7.10.1}$$

若旋光物质为溶液，则

$$\varphi=[\alpha]cd \tag{7.10.2}$$

式(7.10.1)中的 α 为晶体的**旋光率**，单位是(°)/mm，大小等于光通过单位长度物质时振动面转过的角度. 式(7.10.2)中的比例系数 $[\alpha]$ 是溶液的**比旋光率**，单位是

(°)/[dm·(g/mL)]，表示光通过单位浓度、单位长度溶液时，振动面转过的角度.

对于一定厚度的旋光物质，不同波长的偏振光振动面将旋转不同的角度，这种现象称为**旋光色散**. 图 7.10.1 用白光照射时，会出现某些波长的振动面旋转后刚好与偏振片 P_2 的透振方向垂直的情况，从而发生消光现象，所以 P_2 后呈现一定的色彩，转动任何一个装置，P_2 后面的色彩都会发生变化. 利用旋光色散，可以制作滤波器，使白光中的某些波长透射率最大，某些波长透射率为零(消光).

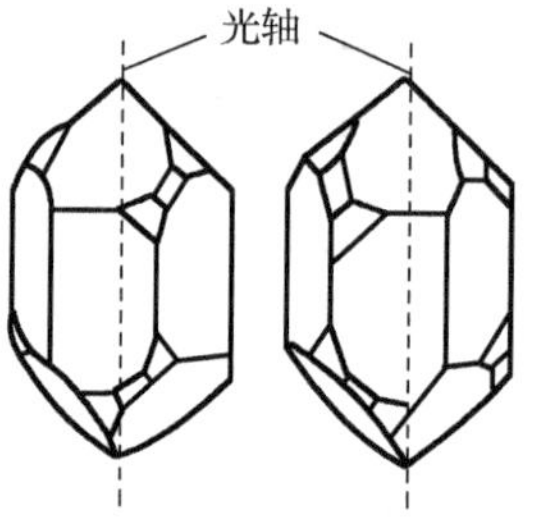

图 7.10.2　左旋和右旋石英晶体

迎着光的传播方向看，振动面沿顺时针方向旋转的物质叫**右旋物质**，振动面沿逆时针方向旋转的物质叫**左旋物质**. 例如，葡萄糖为右旋物质，果糖为左旋物质. 天然的石英晶体有右旋和左旋两类，二者旋光率相等但符号相反，其中一类的分子排列正好是另一类的反射镜像，因而其外形也是镜像对称的，如图 7.10.2 所示.

7.10.2　菲涅耳对旋光性的解释

对于物质的旋光性，菲涅耳给出了一种与实际情况相符合的唯象解释，这种解释没有涉及旋光性的物理机制，但是比较直观，也容易理解. 菲涅耳假设晶体中旋光现象可视为一种特殊的双折射——圆双折射. 他认为，线偏振光可以分解为频率、振幅都相等的左旋和右旋圆偏振光(L 光和 R 光)，传播速度 v_L 和 v_R 相等，折射率 $n_L=\dfrac{c}{v_L}$ 和 $n_R=\dfrac{c}{v_R}$ 也相等. 但在旋光晶体中，L 光和 R 光的传播速度不同，折射率也不同. 右旋晶体中，右旋圆偏振光的传播速度较快，$v_R>v_L$，$n_R<n_L$；左旋晶体中，左旋圆偏振光传播速度较快，$v_L>v_R$，$n_L<n_R$. 根据以上假设，即可直观地解释旋光现象.

左旋圆偏振光和右旋圆偏振光经过厚度为 d 的旋光晶体片后，引起的相位滞后分别为

$$\varphi_L=\frac{2\pi}{\lambda}n_L d\,,\quad \varphi_R=\frac{2\pi}{\lambda}n_R d \tag{7.10.3}$$

注意：圆偏振光的相位即旋转电矢量的角位移，相位滞后即角度倒转.

图 7.10.3(a) 中，设线偏振光的振动面沿竖直方向 OE，初相位为零. 此时它所分解成的左旋圆偏振光和右旋圆偏振光的旋转矢量 $\boldsymbol{E}_L$ 和 $\boldsymbol{E}_R$ 均与入射线偏振光的矢量 $\boldsymbol{E}$ 的方向相同. 因此两圆偏振光经过旋光晶体后，晶体出射面上的旋转矢量 $\boldsymbol{E}_L'$ 和 $\boldsymbol{E}_R'$ 与入射面上的旋转矢量 $\boldsymbol{E}_L$ 和 $\boldsymbol{E}_R$ 相比，分别向右和向左旋转了 φ_L 和 φ_R，

如图 7.10.3(b)所示. $\boldsymbol{E}'_{\mathrm{L}}$ 和 $\boldsymbol{E}'_{\mathrm{R}}$ 合成的矢量 $\boldsymbol{E}'$ 即为出射线偏振光的振动矢量. 可见，出射光的振动面相对于入射光转过了角度 φ. 规定以竖直向上为参考方向，光矢量顺时针旋转时 $\varphi>0$；逆时针旋转时 $\varphi<0$. 所以，由式(7.10.3)可得

$$\varphi=\frac{1}{2}[\varphi_{\mathrm{L}}-\varphi_{\mathrm{R}}]=\frac{\pi}{\lambda}[n_{\mathrm{L}}-n_{\mathrm{R}}]d \qquad (7.10.4)$$

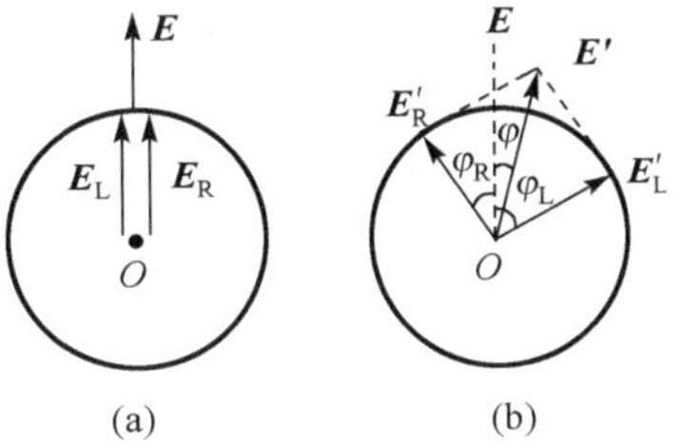

图 7.10.3 旋光性的解释

令 $\alpha=\frac{\pi}{\lambda}[n_{\mathrm{L}}-n_{\mathrm{R}}]$ 为物质的旋光率，可得 $\varphi=\alpha d$.

式(7.10.4)表明偏振光的振动面旋转角度 φ 与通过晶体的长度 d 成正比. 对于左旋物质，$n_{\mathrm{R}}>n_{\mathrm{L}}$，即 $v_{\mathrm{R}}<v_{\mathrm{L}}$，$\varphi<0$，故偏振光的振动面逆时针旋转(即对着光看时，振动面向左旋)；对于右旋物质，$n_{\mathrm{L}}>n_{\mathrm{R}}$，即 $v_{\mathrm{L}}<v_{\mathrm{R}}$，$\varphi>0$，故偏振光的振动面顺时针方向旋转(即对着光看时，振动面向右旋).

7.10.3 法拉第效应

利用人工方法也可以产生旋光性，1846 年，英国物理学家、化学家法拉第(M. Faraday，1791～1867)在研究电磁与光现象之间的联系时发现，当线偏振光穿过介质时，若在介质中沿光的传播方向加一外磁场，就会观察到穿过介质后线偏振光的振动面转过了一个角度，这种现象称为**磁致旋光**，也称为**法拉第效应**，如图 7.10.4 所示.

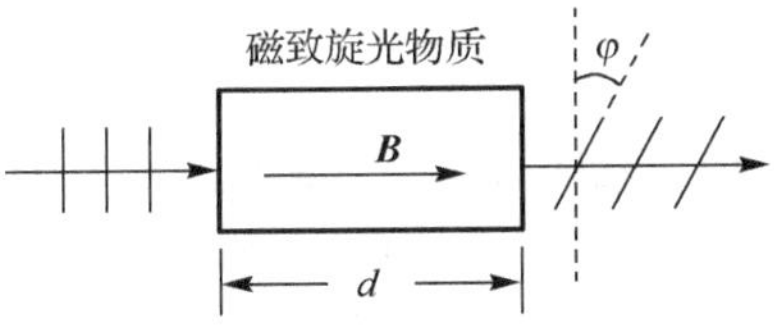

图 7.10.4 磁致旋光现象

法拉第效应有下列规律：

(1) 磁场不强时，线偏振光振动面旋转的角度与光在介质中穿过的路程 d 及介质中磁感应强度在光传播方向上的分量 $\boldsymbol{B}$ 成正比，即

$$\varphi=VBd \qquad (7.10.5)$$

式中，V 是比例常数，称为**韦尔代(Verdet)常数**，由物质和光波长决定，表征物质的磁光特性. 几乎所有物质都存在法拉第效应，但一般都不很显著，V 很小. 需要注意的是，在铁磁或亚铁磁介质中，式(7.10.5)并不成立，因为铁磁介质中存在磁饱和.

(2) 磁致旋光也分左旋和右旋，旋转方向完全由物质本身的性质和磁场的方向决定. 习惯上规定：振动面旋转方向与磁场方向满足右手螺旋关系的称为右旋介质，此时 $V>0$，因此又称为正旋体，顺着磁场方向传播时振动面顺时针转动，逆着磁场方向传播时振动面逆时针转动；振动面旋转方向与磁场方向不满足右手螺旋关系的称为左旋介质，$V<0$，也称为负旋体.

(3) 当物质确定后，法拉第旋转方向仅由磁场方向决定，而与光的传播方向无关，这是法拉第效应与某些物质的固有旋光效应的重要区别. 物质固有旋光效应的旋光方向与光的传播方向有关，顺着光线传播方向观察和逆着光线传播方向观察时，线偏振光振动面的旋转方向是相反的. 所以，当光往返穿过固有旋光特性的物质时，会有一次顺时针方向的旋转，另一次则沿逆时针方向旋转，其结果是使线偏振光的振动面复位. 而法拉第效应则不然，在磁场方向不变的情况下，光波往返穿过磁旋物质时，线偏振光的振动面转过的角度为 2φ .

(4) **韦尔代**常数 V 随光波长改变，即**法拉第效应也有旋光色散**. 一般情况下，磁旋物质的**韦尔代**常数 V 随波长的增加而减小.

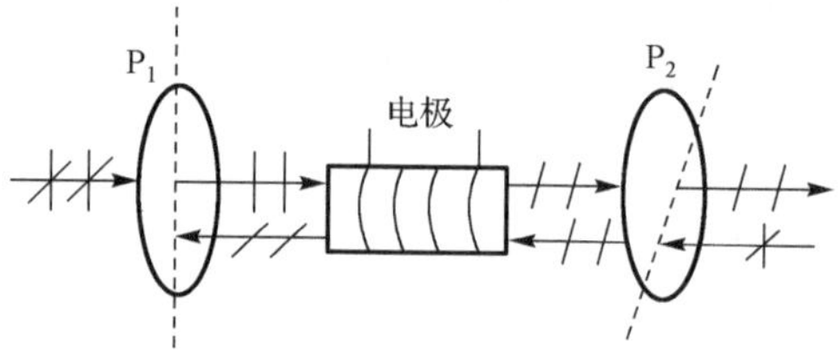

图 7.10.5　法拉第盒光隔离器

激光作为光源时，为了避免各界面上的反射光对激光光源产生干扰，可利用法拉第效应制成光隔离器，只允许光从一个方向通过. 如图 7.10.5 所示，偏振片 P_1 和 P_2 的透光轴方向成 45°，调整线圈中的电流，改变磁感应强度 $\boldsymbol{B}$，使出射光相对于 P_1 的透振方向转过 45°，正好通过 P_2. 其后各界面反射回来逆向传播的光，通过 P_2 后再经过法拉第盒，其振动方向相对于 P_2 的透振方向又转过了 45°，这样往返一周共转过了 90°，即此时线偏振光的振动方向与偏振片 P_1 的透振方向垂直，正好不能通过 P_1，达到了对光的隔离作用.

利用法拉第效应可以制作磁光调制器，实现对光强的调制. 比如在平行放置的偏振片 P_1 和 P_2 之间放置一法拉第盒，对法拉第盒加上恒定磁场和调制磁场后，从 P_1 出来的线偏振光经过法拉第盒后，光矢量的振动方向旋转的角度 θ 将随外加调制信号而变化，从而使这束线偏振光经 P_2 后出射光强随 θ 的变化而变化，即 $I = I_0 \cos^2 \theta$，实现对光强的调制.

7.10.4　液晶

液晶是一种介于各向同性液体和各向异性晶体之间的物质状态. 因此，液晶既具有液体的流动性、黏度、形变等机械性质，又具有晶体的各向异性、电光效应、磁光效应、热效应等物理性质，其光学性质非常特殊，又对电磁场敏感，具有极为重要的实用价值.

液晶是非线性光学材料，具有双折射性质. 双折射现象实质上表示的是液晶中介电常量和折射率的各向异性. 用 $\varepsilon_{//}$ 和 $\varepsilon_{\perp}$ 分别表示沿液晶分子长轴方向和垂直于长轴方向的介电常量，若 $\varepsilon_{//} > \varepsilon_{\perp}$，为正性液晶或 P 型液晶；若 $\varepsilon_{//} < \varepsilon_{\perp}$，为负性液晶或 N 型液晶. 多数液晶只有一个光轴，光线在液晶中沿光轴方向传播时不发生双

折射. 向列相液晶的分子长轴方向就是光轴方向，且 $n_o < n_e$，$\Delta n = n_e - n_o$ 在 0.1～0.3 之间，随材料和温度不同而异. 而方解石晶体的 $\Delta n = -0.172$，石英晶体的 $\Delta n = 0.008$，所以液晶的双折射效应是很显著的.

液晶一般具有抗磁性，其磁化率 χ 也是各向异性的，即平行于分子长轴的磁化率 $\chi_{//}$ 和垂直于分子长轴的磁化率 $\chi_{\perp}$ 不同，均为负值，且 $|\chi_{//}| < |\chi_{\perp}|$，$\Delta\chi = \chi_{//} - \chi_{\perp} \approx 10^7$. 液晶的介电常量和磁化率的各向异性取决于液晶分子的结构、极化率等因素. 当对液晶施加电场或磁场时，**液晶分子容易受外场影响改变取向，导致其光学性质的改变**，这种现象称为液晶的**电光效应**和**磁光效应**.

*7.11　人为双折射

自然界中很多天然晶体是各向异性的，具有双折射性质，也有许多介质是各向同性的，不具有双折射性质. 但是有些各向同性的透明介质(包括固体、液体和气体)在某些外界条件的影响下(如施加一定的压力、外加电场或磁场等)，也会表现出对光具有各向异性，从而发生双折射. 物质在外界条件作用下所具有的这种非永久性的光学各向异性，称为**人为双折射**.

7.11.1　形变引起的双折射——光弹性效应

原本是各向同性的介质，由于发生形变而在介质内部产生应力时，介质就具有了光学各向异性，从而显示出双折射性质，这种现象称为**光弹性效应**或**应力双折射**. 如玻璃或塑料在制作过程中若退火不均匀，就会有局域的内应力“冻结”在里面，引起一定程度的各向异性；即便是各向同性的介质，在外界的局域压力或拉力的作用下，也会出现内应力而引起各向异性，从而产生双折射现象.

光在具有内应力的介质中传播时，发生双折射，产生 o 光和 e 光，对应不同的折射率 n_o 和 n_e，若介质的厚度为 d，则它们从介质中穿出时，便产生了相位差 $\frac{2\pi}{\lambda}(n_o - n_e)d$. 实验研究表明，光弹性效应晶体中因应力而产生的 o 光和 e 光折射率之差 $(n_o - n_e)$ 与应力成正比，若应力为 p，则

$$n_o - n_e = Kp \tag{7.11.1}$$

式中，K 为常量. 通常介质在受到压力时，$n_o - n_e < 0$；在受到拉力时，$n_o - n_e > 0$. 故可取常量 K 为正值，并规定受到压力时 p 为正值，受到拉力时 p 为负值. 因此，光通过厚度为 d 的介质时产生的相位差与此处应力的大小成正比，即

$$\Delta\varphi = \frac{2\pi}{\lambda}(n_o - n_e)d = \frac{2\pi}{\lambda}Kpd \tag{7.11.2}$$

一般来说，不同的位置存在不同的应力，因而产生的相位差也不相同. 如果将存在应力的介质放在正交的偏振片之间观察，将会看到一定的干涉花样. 介质中的应力分布与一定的相位差分布一一对应，而相位差分布又与干涉图样分布对应，所以干涉图样的分布就反映了介质中应力的分布情况. 根据这个原理，光弹性效应可以用来检验透明非晶体中是否存在有害的应力，以及应力的分布情况，这种方法已经成功地运用于光学玻璃的检验中. 光弹性效应也可以应用在工程技术中，来检验厂房、桥梁、水坝、机械零件等物体内部的应力，其方法是将待检验的物体用透明介质材料(如环氧树脂)制成按一定比例缩小的模型，再将待检验模型放置在正交偏振片之间，并对模型按照实际的受力情况施加一定的机械力，于是模型中的应力分布情况就与真实物体的应力分布相似，从而产生线偏振光的干涉，这样就可以通过干涉条纹分布来检验物体内部所受到的应力情况.

7.11.2　电场引起的双折射——电光效应

许多各向同性的介质(如玻璃、树脂、二硫化碳、水等)在外加电场的作用下会产生双折射现象，这种现象称为**电光效应**，也称为**电致双折射**. 电光效应有两种：克尔效应和泡克耳斯效应.

1. *克尔效应*

英国物理学家克尔(J. Kerr，1824～1907)在 1875 年发现，许多各向同性的透明介质(如硝基苯)在电场的作用下具有各向异性，介质具有单轴晶体的特征，其光轴在电场方向上，光在介质中产生双折射，从而出现 o 光和 e 光，且 o 光和 e 光通过介质后所产生的相位差与外加电场强度的二次方成正比，这种电光效应称为**克尔效应**. 图 7.11.1 是克尔效应实验装置. 在一对正交的偏振片 P_1 和 P_2 之间放置一透明玻璃盒，其内充有液体(如硝基苯)，盒内装有一对平行板电极，可分别连接直流高压电源. 一般情况下，外加电场的方向与 P_1 和 P_2 透振方向的夹角均为 45°，这一透明玻璃盒称为**克尔盒**.

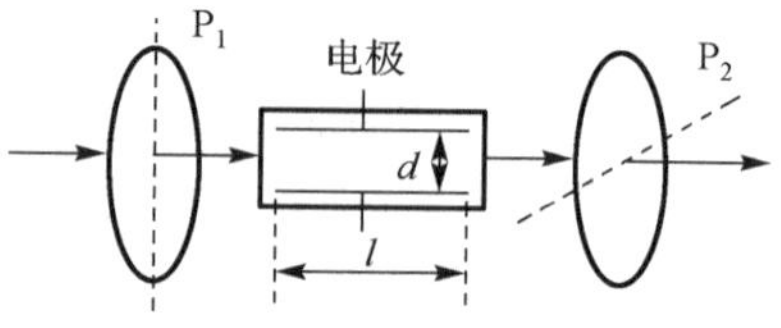

图 7.11.1　克尔效应实验装置

实验发现，当不加外电场时，入射的自然光经 P_1 后变成振动方向平行于 P_1 (垂直于 P_2)透振方向的线偏振光，再经过克尔盒后，从偏振片 P_2 透射的光强为零，即在不加外电场时，自然光不能通过图 7.11.1 所示的系统，这表明此介质没有双折射现象，是各向同性的. 当在克尔盒中的两电极间加上直流高压时，发现在 P_2 后有光输出，这就意味着溶液表现出各向异性，如同单轴晶体那样，其等效光轴沿外加电场方向，入射到克尔盒上的线偏振光被分解成 o 光和 e 光，它们在克尔盒的溶液中

具有不同的折射率 n_o 和 n_e，穿过克尔盒后，o 光和 e 光具有一定的相位差，以至于从克尔盒出来的光一般情况下是椭圆偏振光. 进一步的实验研究表明，沿光轴(电场)方向和垂直于光轴(电场)方向的折射率之差，与电场强度或电压平方成正比，因此**克尔效应**也称为**二次电光效应**. 即

$$n_o - n_e = kE^2 = k\frac{V^2}{d^2} \tag{7.11.3}$$

所以，光从克尔盒出射时，o 光和 e 光由于双折射产生的相位差为

$$\Delta\varphi = \frac{2\pi}{\lambda}(n_o - n_e)l = \frac{2\pi}{\lambda}kE^2 l = \frac{2\pi}{\lambda}kl\frac{V^2}{d^2} \tag{7.11.4}$$

式中，k 为**克尔常数**，它只与液体的种类有关；V 为外加电场的电压；d 为克尔盒两电极之间的距离；l 为光通过克尔盒中电场区的长度.

当加在克尔盒电极上的电压发生变化时，出射 o 光和 e 光的相位差 $\Delta\varphi$ 随之发生相应的变化，从而使透射光的强度也随着变化. 因而，可利用克尔盒对偏振光进行调制，也可做成光开关. 如图 7.11.1 所示，克尔盒未加电场时，在 P_2 后没有光通过，相当于光开关关闭. 加上电压使得 $\Delta\varphi = \pi$ 时(此时克尔盒等效于光轴与 P_1 成45°的一个半波片)，出射偏振光与 P_2 透振方向一致，出射光强达到最大，相当于光开关全开. 令式(7.11.4)中的 $\Delta\varphi = \pi$，可得 $V_{\lambda/2} = d\sqrt{\frac{\lambda}{2kl}}$，称为**半波电压**.

克尔效应最大的优点是无时间延迟，故在克尔盒电极上加调制信号电压，则 P_2 后面的光强信号将相应地变化. 克尔盒的响应时间极短，约为 10^{-9}s. 作为高速光开关，可用于高速摄影、光测距、激光通信等方面.

常用的克尔盒有很多缺点，例如，硝基苯有毒；对其纯度要求很高；携带不方便；等等. 随着激光技术的进一步发展，对电光开关和电光调制器的要求越来越高，克尔盒逐渐被电光晶体所取代.

2. 泡克耳斯效应

1893 年德国物理学家泡克耳斯(Pockels，1865～1913)发现某些单轴晶体在外电场的作用下将变成双轴晶体，这种现象称为**泡克耳斯效应**. 泡克耳斯效应分为两种：一种是外加电场平行于光的传播方向，称为**纵向泡克耳斯效应**；另一种是外加电场垂直于光的传播方向，称为**横向泡克耳斯效应**. 下面以纵向泡克耳斯效应为例来说明它与外加电场的关系. 把磷酸二氢钾晶体(KH_2PO_4，简称 KDP 晶体)放置在两块导电玻璃之间，导电玻璃板构成能产生电场的电容器. 晶体原光轴方向、光束传播方向和外加电场方向三者一致，均在 z 轴方向上，如图 7.11.2 所示.

实验表明，在不加电场时，光在晶体内沿光轴方向传播，不发生双折射，该系

统输出光强为零，说明晶体是单轴晶体. 当沿光的传播方向加几千伏的电压后，在垂直于电场的平面上，存在两个互相垂直的主振动方向，即产生一个新的光轴，它垂直于原来的光轴，单轴晶体变成了双轴晶体. 线偏振光入射到晶体上，在晶体内分解成振动方向平行和垂直于新光轴的两个线偏振光，它们在晶体中的传播方向相同，但折射率不相等，所以传播速度不同. 从晶体出射后，两束线偏振光之间产生一个固定的相位差

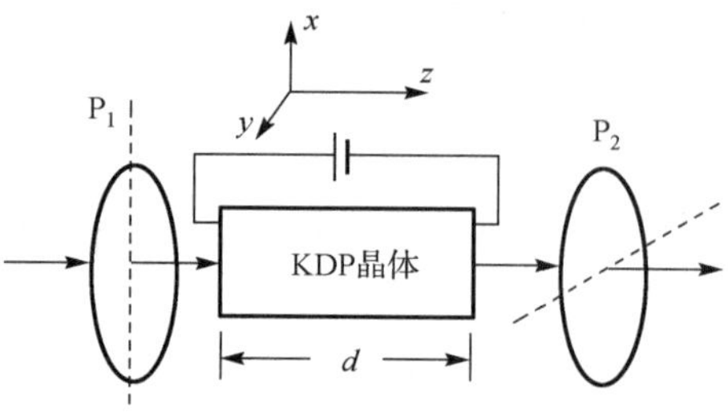

图 7.11.2　泡克耳斯效应实验装置

$$\Delta\varphi=\frac{2\pi}{\lambda}(n_x-n_y)d \tag{7.11.5}$$

式中，d 为光在晶体中传播的距离，即晶体的长度；$\Delta n=n_x-n_y$ 称为**感生折射率差**. 进一步的实验表明，Δn 与电场强度的一次方成正比，故**泡克耳斯效应**也称为**一次电光效应**或**线性电光效应**，即

$$\Delta n=n_x-n_y={n_\text{o}}^2\gamma E \tag{7.11.6}$$

所以

$$\Delta\varphi=\frac{2\pi}{\lambda}(n_x-n_y)d=\frac{2\pi}{\lambda}{n_\text{o}}^2\gamma Ed=\frac{2\pi}{\lambda}{n_\text{o}}^2\gamma V \tag{7.11.7}$$

式中，n_o 是未加电场时 o 光的折射率；E 是外加电场；V 是两电极间所加的电压；γ 是电光系数，是一个与晶体的取向有关的量，单位是 m/V.

利用泡克耳斯效应制成的泡克耳斯盒也可以被用作高速光开关. 在通光孔径相等的情况下，加在晶体上的电压是相应克尔盒的 1/10～3/20，而且 KDP 具有晶体无毒副作用等优点，现用来作为高速光开关代替克尔盒.

7.11.3　科顿-穆顿效应

如果把强磁场作用到透明的液体介质上，液体分子会在磁场的感应下形成一定的规则排列，因而表现出像单轴晶体那样的双折射性质. 这种效应称为**科顿-穆顿(Cotton-Mouton)效应**. 当光沿着垂直于磁场的方向通过液体时，就会分解成两束线偏振光，一束线偏振光的振动方向平行于磁场，另一束线偏振光的振动方向垂直于磁场. 两束线偏振光的折射率之差正比于磁场强度的平方.

*7.12　琼斯矢量和琼斯矩阵

美国科学家琼斯(R. C. Jones)在 1941 年提出了一种用矩阵描述光的偏振态及光

通过偏振器件后偏振态变换的计算方法，这就是琼斯矢量和琼斯矩阵法. 用矩阵描述光的偏振态及其变换，不仅形式简洁，而且便于计算机计算，可以方便地得到光经过由偏振器件组成的复杂系统时出射光的偏振状态.

7.12.1 琼斯矢量

偏振光的一般形态是椭圆偏振光，因为线偏振光和圆偏振光都可以看成是椭圆偏振光的特例，所以我们从椭圆偏振光的矩阵表示法入手. 设椭圆偏振光沿 z 轴传播，其光矢量在 x、y 上的投影分别为

$$E_x = E_{0x}\exp\{-\mathrm{i}(\omega t - kz + \varphi_{0x})\} = E_{0x}\exp\{-\mathrm{i}\omega t\}\exp\{\mathrm{i}\varphi_x\}$$

$$E_y = E_{0y}\exp\{-\mathrm{i}(\omega t - kz + \varphi_{0y})\} = E_{0y}\exp\{-\mathrm{i}\omega t\}\exp\{\mathrm{i}\varphi_y\} \tag{7.12.1}$$

式中，$\varphi_x = kz - \varphi_{0x}$，$\varphi_y = kz - \varphi_{0y}$. 略去公因子 $\exp\{-\mathrm{i}\omega t\}$，并用复数表示为

$$\tilde{E}_x = E_{0x}\exp\{\mathrm{i}\varphi_x\},\quad \tilde{E}_y = E_{0y}\exp\{\mathrm{i}\varphi_y\} \tag{7.12.2}$$

任意状态的偏振光都可以用其光矢量在平面直角坐标系上的两个分量构成一个矩阵来表示. 这个矩阵就是琼斯矩阵，表示为

$$E = \begin{bmatrix} \tilde{E}_x \\ \tilde{E}_y \end{bmatrix} = \begin{bmatrix} E_{0x}\exp\{\mathrm{i}\varphi_x\} \\ E_{0y}\exp\{\mathrm{i}\varphi_y\} \end{bmatrix} \tag{7.12.3}$$

偏振光的强度

$$I = \left|\tilde{E}_x\right|^2 + \left|\tilde{E}_y\right|^2 = \tilde{E}_x\tilde{E}_x^* + \tilde{E}_y\tilde{E}_y^* = E_{0x}^2 + E_{0y}^2 \tag{7.12.4}$$

通常，我们所关心的是相对光强，所以式(7.12.3)除以 $\sqrt{E_{0x}^2 + E_{0y}^2}$，就得到琼斯矢量的归一化形式

$$E = \frac{1}{\sqrt{E_{0x}^2 + E_{0y}^2}}\begin{bmatrix} E_{0x}\exp\{\mathrm{i}\varphi_x\} \\ E_{0y}\exp\{\mathrm{i}\varphi_y\} \end{bmatrix} \tag{7.12.5}$$

我们感兴趣的是两分量之间的相位差 $\varphi = \varphi_y - \varphi_x$ 和振幅比 $E_0 = E_{0y}/E_{0x}$，所以提出所有的公因子，可以得到更简洁的表示法

$$E = E_{0x}\exp\{\mathrm{i}\varphi_x\}\begin{bmatrix} 1 \\ \dfrac{E_{0y}}{E_{0x}}\exp\{\mathrm{i}(\varphi_y - \varphi_x)\} \end{bmatrix} = E_{0x}\exp\{\mathrm{i}\varphi_x\}\begin{bmatrix} 1 \\ E_0\mathrm{e}^{\mathrm{i}\varphi} \end{bmatrix} \tag{7.12.6}$$

7.12.2 琼斯矢量的例子

1. 线偏振光

若光矢量为与 x 轴成 θ 角、振幅为 E_0 的线偏振光，则

$$\tilde{E}_x = E_0 \cos\theta \exp\{i\varphi_x\}, \quad \tilde{E}_y = E_0 \sin\theta \exp\{i\varphi_y\}$$

$$\left|\tilde{E}_x\right|^2 + \left|\tilde{E}_y\right|^2 = E_0^{\ 2}$$

两垂直光振动的相位差为 $\varphi = \varphi_y - \varphi_x = 0$ 或 π，这里设 $\varphi = 0$，即 $\varphi_y = \varphi_x$，则归一化的琼斯矩阵为

$$E = \frac{1}{E_0}\begin{bmatrix} E_0 \cos\theta \exp\{i\varphi_x\} \\ E_0 \sin\theta \exp\{i\varphi_x\} \end{bmatrix} = \exp\{i\varphi_x\}\begin{bmatrix} \cos\theta \\ \sin\theta \end{bmatrix}$$

略去公因子 $\exp\{i\varphi_x\}$，可得

$$E = \begin{bmatrix} \cos\theta \\ \sin\theta \end{bmatrix}$$

(1) 当 $\theta = 0°$ 时，为光矢量沿 x 轴的线偏振光，归一化的琼斯矩阵为 $E = \begin{bmatrix} 1 \\ 0 \end{bmatrix}$.

(2) 当 $\theta = 45°$ 时，为光矢量与 x 轴成 45°的线偏振光，归一化的琼斯矩阵为 $E = \frac{\sqrt{2}}{2}\begin{bmatrix} 1 \\ 1 \end{bmatrix}$.

(3) 当 $\theta = 90°$ 时，为光矢量沿 y 轴的线偏振光，归一化的琼斯矩阵为 $E = \begin{bmatrix} 0 \\ 1 \end{bmatrix}$.

2. 圆偏振光

对圆偏振光

$$E_{0x} = E_{0y} = E_0, \quad \varphi = \varphi_y - \varphi_x = \pm\frac{\pi}{2}$$

(1) 若 $\varphi = \frac{\pi}{2}$，为右旋圆偏振光.

$$\tilde{E}_x = E_0 \exp\{i\varphi_x\}, \quad \tilde{E}_y = E_0 \exp\left\{i\varphi_x - \frac{\pi}{2}\right\}, \quad \left|\tilde{E}_x\right|^2 + \left|\tilde{E}_y\right|^2 = 2E_0^{\ 2}$$

代入归一化的琼斯矩阵并略去公因子 $\exp\{i\varphi_x\}$，可得

$$E=\frac{1}{\sqrt{2}}\begin{bmatrix}1\\-\mathrm{i}\end{bmatrix}$$

其中 $\exp\left\{-\mathrm{i}\frac{\pi}{2}\right\}=-\mathrm{i}$.

(2) 若 $\varphi=-\frac{\pi}{2}$，为左旋圆偏振光，归一化的琼斯矩阵为

$$E=\frac{1}{\sqrt{2}}\begin{bmatrix}1\\\mathrm{i}\end{bmatrix}$$

7.12.3　琼斯表示法的应用

琼斯表示法的应用之一是计算若干给定的偏振光的叠加，如求右旋圆偏振光和左旋圆偏振光的合成，应用琼斯矢量计算可得

$$\frac{1}{\sqrt{2}}\begin{bmatrix}1\\-\mathrm{i}\end{bmatrix}+\frac{1}{\sqrt{2}}\begin{bmatrix}1\\\mathrm{i}\end{bmatrix}=\sqrt{2}\begin{bmatrix}1\\0\end{bmatrix}$$

合成的结果是线偏振光，振动方向沿 x 轴，振幅是圆偏振光振幅的两倍.

琼斯表示法最重要的应用是计算偏振光经过偏振器件后偏振态的变化，偏振器件的特性可以用一个 2×2 矩阵来表示，该矩阵称为偏振器件的琼斯矩阵.

设入射光的琼斯矩阵为 $E=\begin{bmatrix}\tilde{E}_x\\\tilde{E}_y\end{bmatrix}$，经过偏振器件后，出射偏振光的琼斯矩阵为 $E'=\begin{bmatrix}\tilde{E}'_x\\\tilde{E}'_y\end{bmatrix}$. 若其偏振态的变化是线性的，则这个变化可表示为 $E'=AE$，即

$$\begin{bmatrix}\tilde{E}'_x\\\tilde{E}'_y\end{bmatrix}=\begin{bmatrix}a_{11} & a_{12}\\a_{21} & a_{22}\end{bmatrix}\begin{bmatrix}\tilde{E}_x\\\tilde{E}_y\end{bmatrix}$$

式中，$A=\begin{bmatrix}a_{11} & a_{12}\\a_{21} & a_{22}\end{bmatrix}$表示偏振器件的琼斯矩阵. 如果偏振光连续通过几个偏光器件，它们的琼斯矩阵分别为 $A_1, A_2, A_3,\cdots, A_n$，则系统矩阵为 $A=A_n\cdots A_2A_1$，出射光的琼斯矩阵为 $E'=AE=A_n\cdots A_2A_1E$.

下面推算1/4波片的琼斯矩阵. 设1/4波片的快慢轴分别沿 x 轴和 y 轴，它对偏振光的作用是使沿光矢量的 y 分量相对于 x 分量形成 $\frac{\pi}{2}$ 的相位落后. 若入射光的琼斯矩阵为 $\begin{bmatrix}\tilde{E}_x\\\tilde{E}_y\end{bmatrix}$，出射光的琼斯矩阵为 $\begin{bmatrix}\tilde{E}'_x\\\tilde{E}'_y\end{bmatrix}$，则有

$$\tilde{E}_x' = \tilde{E}_x + 0 \cdot \tilde{E}_y, \quad \tilde{E}_y' = \tilde{E}_y \exp\left\{\mathrm{i}\frac{\pi}{2}\right\} = 0 \cdot \tilde{E}_x + \mathrm{i}\tilde{E}_y$$

写成矩阵的形式，得

$$\begin{bmatrix} \tilde{E}_x' \\ \tilde{E}_y' \end{bmatrix} = \begin{bmatrix} 1 & 0 \\ 0 & \mathrm{i} \end{bmatrix} \begin{bmatrix} \tilde{E}_x \\ \tilde{E}_y \end{bmatrix}$$

因此，对于快轴沿 x 轴方向、慢轴沿 y 轴方向的1/4波片的特性可以用下列 2×2 矩阵来表示

$$A = \begin{bmatrix} 1 & 0 \\ 0 & \mathrm{i} \end{bmatrix}$$

如果入射光是线偏振光，它的光矢量相对于 x 轴成45°，即 $E = \begin{bmatrix} \tilde{E}_x \\ \tilde{E}_y \end{bmatrix} = \frac{\sqrt{2}}{2}\begin{bmatrix} 1 \\ 1 \end{bmatrix}$，则

$$\begin{bmatrix} \tilde{E}_x' \\ \tilde{E}_y' \end{bmatrix} = \begin{bmatrix} 1 & 0 \\ 0 & \mathrm{i} \end{bmatrix} \frac{\sqrt{2}}{2} \begin{bmatrix} 1 \\ 1 \end{bmatrix} = \frac{\sqrt{2}}{2} \begin{bmatrix} 1 \\ \mathrm{i} \end{bmatrix}$$

所以出射光为左旋圆偏振光.

用类似的方法可以求得其他偏振器件的琼斯矩阵.

本章小结

1. 光的偏振特性与光的横波性

光的偏振是指光的振动方向相对于传播方向的不对称性，只有横波才有偏振现象. 光的偏振现象从实验上证实了光波是横波.

2. 光的五种偏振态

自然光、部分偏振光、线偏振光(平面偏振光)、圆偏振光、椭圆偏振光.

3. 起偏器、检偏器和马吕斯定律

起偏器和检偏器都是偏振片，只是按作用不同而取不同的名称. 强度为 I_0 的线偏振光入射到检偏器上，透射光强 I 由马吕斯定律确定： $I = I_0 \cos^2\theta$.

4. 产生线偏振光的方法

(1)吸收法：利用二向色性晶体对不同振动方向的光具有选择吸收的特性制成偏

振片，光通过偏振片后获得线偏振光.

(2) 反射法：自然光入射到透明介质表面时，一般情况下反射光和折射光均为部分偏振光. 当入射角为布儒斯特角 i_B 时，反射光为线偏振光，振动方向垂直于入射面；透射光为部分偏振光，振动方向平行于入射面的光占优势. i_B 由布儒斯特定律确定：$i_B = \arctan\dfrac{n_2}{n_1}$.

(3) 多次折射法：光以布儒斯特角入射，经过玻璃片堆后透射光也可以变成线偏振光，振动方向平行于入射面.

(4) 棱镜法：利用双折射晶体制成的偏光棱镜可以获得理想的线偏振光.

5. 圆偏振光的获得

线偏振光的振动方向与 1/4 波片的光轴成 45°时，线偏振光通过 1/4 波片后，变为圆偏振光.

6. 椭圆偏振光的获得

(1) 线偏振光的振动方向与 1/4 波片光轴的夹角为 θ($\theta \neq 0°$、±45°、±90°、±180°)时，通过 1/4 波片后，变为正椭圆偏振光.

(2) 线偏振光的振动方向与一般波片(半波片、全波片除外)光轴的夹角为 θ($\theta \neq 0°$、±90°、±180°)时，通过波片后，为斜椭圆偏振光.

7. 偏振光的光强

(1) 通过偏振片后，自然光光强变为 $I = \dfrac{1}{2}I_0$，线偏振光光强变为 $I = I_0\cos^2\theta$ (马吕斯定律).

(2) 通过双折射晶体后，自然光分解成 o 光和 e 光，其光强为 $I_o = I_e = \dfrac{1}{2}I_0$；线偏振光也分解成 o 光和 e 光，其光强为 $I_o = I_0\sin^2\theta$，$I_e = I_0\cos^2\theta$.

8. 偏振光的检验

1/4 波片和偏振片组成的系统可以检验光的偏振态.

9. 晶体的双折射

(1) 寻常光(o 光)：满足折射定律，沿不同的方向传播时相速度相等，振动方向始终垂直于 o 光的主平面.

(2) 非常光(e 光)：一般不满足折射定律，沿不同的方向传播时，具有不同的相速度，其振动方向平行于 e 光的主平面.

一般情况下，o 光和 e 光的主平面是不重合的，但是当入射面与晶体的主截面重合时(即入射光线在晶体的主截面内)，o 光和 e 光的主平面重合，就是晶体的主截面(也就是入射面)，此时 o 光和 e 光的振动方向相互垂直.

单轴晶体中的波面是双层的：o 光的球形波面和 e 光的旋转椭球波面，两者沿光轴方向相切. 利用惠更斯作图法可以确定晶体中两束折射光线的传播方向.

10. 偏振光的干涉

在两偏光棱镜或偏振片之间放置晶体波片可以观察到偏振光的干涉现象. 确定干涉场的光强分布.

11. 旋光现象

线偏振光沿光轴方向通过某些晶体或液体时，其振动面会发生旋转. 利用旋光现象可以测量旋光溶液的浓度. 旋光现象进一步证明了光的横波性.

思 考 题

7.1 自然光中的振动矢量呈各向同性分布，合成矢量的平均值为零，为什么光强不为零？

7.2 已知光在某界面上能发生全反射，临界角为 45°，为使反射光是线偏振光，入射角应该多大？

7.3 自然光入射到一对正交的偏振片上时光不能通过，如果把第三块偏振片放在它们中间，最后是否有光通过？为什么？

7.4 通过一块方解石晶体观察白纸上的黑字，可看到两个淡灰色的像，其中一个像的位置比另一个像的位置高. 当转动晶体时，一个像不动，另一个像围绕它转动，试解释，哪一个像看起来比较高？

7.5 如思考题 7.5 图所示，当单轴晶体光轴与表面成一定角度时，一束与光轴平行的光入射到晶体表面时是否会发生双折射？

7.6 如思考题 7.6 图所示，如果把方解石分割成厚度相等的 A、B 两块，并移开一定的距离，当自然光经过这两块方解石晶体后有几条光线射出？如果把方解石 B 绕光线转过一个角度，又有几条光线能从 B 射出？

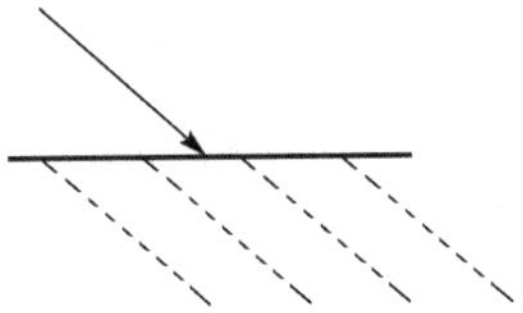

思考题 7.5 图

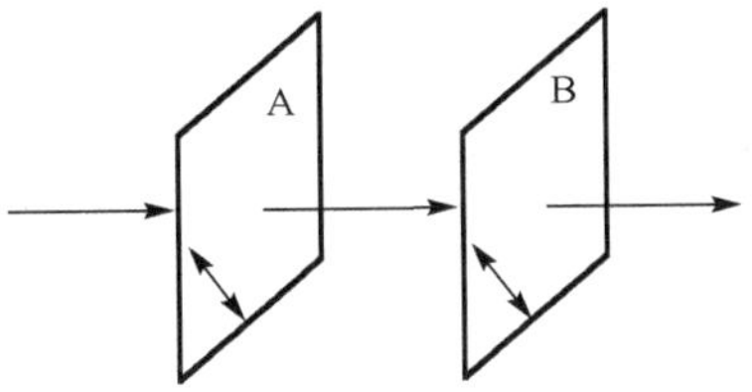

思考题 7.6 图

7.7　有哪些方法可以使线偏振光的振动面旋转 90°？怎样使右旋圆偏振光变成左旋圆偏振光？

7.8　怎样鉴别光的五种偏振态？

7.9　在正交偏振片之间放一 1/4 波片，自然光入射，旋转 1/4 波片时，出射光有何变化？如果有光强极大或消光出现，则 1/4 波片的光轴处于什么位置？

7.10　用什么方法可以区别 1/2 波片和 1/4 波片？

7.11　用两个偏振片和一个白光光源，如何来区分光轴垂直于表面和平行于表面的两块石英晶体？

7.12　自然光和圆偏振光都可以分解为两个振动方向相互垂直、振幅相等的线偏振光，那么两者有何本质区别？同样，椭圆偏振光和部分偏振光有何不同？

7.13　产生线偏振光的方法有哪些？

7.14　一般情况下，晶体中 e 光不遵守折射定律指的是什么？在哪些特殊情况下 e 光也遵守折射定律？

7.15　物质的天然旋光与磁致旋光在现象上有何重大区别？

习　　题

7.1　平行放置的两偏振片，它们的透光轴成 60°，不考虑偏振片对光吸收、散射等损失.

(1) 求自然光垂直入射时，透射光强和入射光强之比；

(2) 若在两偏振片之间再平行插入另一偏振片，其透光轴与前两偏振片透光轴均成 30°，求此时透射光强与入射光强之比.

7.2　在两正交的偏振片之间有一以匀角速度 ω 绕光传播方向旋转的偏振片. 证明：自然光通过这一系统后，透射光强为 $I=\dfrac{I_0}{16}(1-\cos 4\omega t)$.

7.3　光入射到折射率为 1.732 的玻璃上，若反射光是线偏振光，求光在玻璃中的折射角.

7.4　线偏振光以 60°入射到折射率为 1.732 的玻璃上，入射光的振动方向与入射面成 30°，求分界面上反射光的光强占入射光强的百分比.

7.5　玻璃的折射率 n=1.55，一束自然光以 θ 角入射玻璃表面，求 θ 角为多少时，反射光为线偏振光，并证明在下表面反射并经过上表面透射的光也是线偏振光.

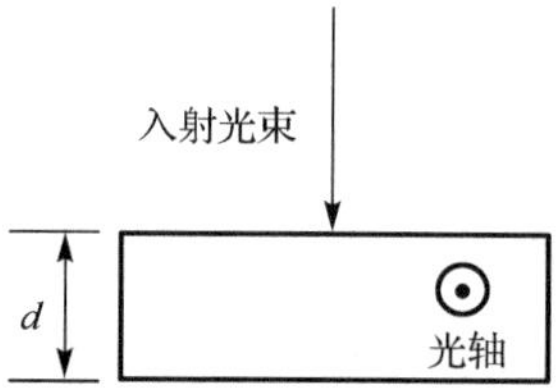

习题 7.6 图

7.6　如习题 7.6 图所示，一振幅为 A 的线偏振光垂直入射到方解石晶体上，其振动方向与晶体主截面成 30°，试计算：

(1) o 光和 e 光从晶体出射后的相对光强；

(2) 若在方解石晶体后放置一个尼科耳棱镜，其主截面与入射光的振动方向成 50°，此时 o 光和 e 光的相对光强.

7.7　波长 λ=589nm 的单色光垂直入射在方解石晶片上，光轴平行于晶片表面. 已知晶片厚度 $d = 0.05$mm，方解石的主折射率 n_o=1.658，n_e =1.486. 求：

(1) o 光和 e 光穿出晶片后的光程差 δ；

(2) o 光和 e 光穿出晶片后的相位差 $\Delta\varphi$；

(3) 如果 o 光和 e 光穿出晶片后产生 90°相位差，则晶片厚度 d 为多少.

7.8　用石英晶体做成钠黄光的 1/4 波片，其光轴平行于晶体表面，试求石英波片的厚度.（石英的 n_o=1.543，n_e=1.552，$\lambda = 589$nm .）

7.9　线偏振光垂直入射一波片，波片光轴和表面平行，透射出的 o 光和 e 光产生了 π 的相位差，求波片厚度. 若出射光为线偏振光，且振动面和入射光的振动面成 90°，则波片应如何放置？（已知 n_o=1.5442，n_e=1.5533，$\lambda = 500$nm .）

7.10　线偏振光垂直入射到一块光轴平行于表面的方解石晶体上，入射光的振动面与晶体主截面的夹角为 30°，方解石晶体的双折射率差 $n_o - n_e = 0.172$.

(1) 求射出晶体后 o 光和 e 光的相对光强之比；

(2) 若对于 $\lambda = 589$nm 的钠黄光而言，晶体是 1/2 波片，则晶体的最小厚度是多少；

(3) 从该 1/2 波片透射出的线偏振光的振动方向相对于入射光的振动方向转过了多少度.

7.11　钠黄光以 60°入射角入射到厚度为 3mm 的方解石晶体上，晶体光轴垂直于入射面，已知钠黄光在方解石晶体中的主折射率 n_o=1.658，n_e=1.486，求 o 光和 e 光从晶体出射时两光束的间距.

7.12　顶角为 50°的等腰三棱镜由单轴晶体制成，晶体光轴垂直于三棱镜的主截面，若 o 光和 e 光的最小偏向角分别为 30.22°和 27.4°，求 o 光和 e 光的主折射率.

7.13　在两正交的尼科耳棱镜 N_1 和 N_2 之间垂直插入一块波片，发现 N_2 后面有光射出. 但当 N_2 绕入射光为轴顺时针转过 20°后，N_2 后的视场全暗. 此时，将波片也顺时针绕入射光转过 20°，N_2 的视场又亮了，问：

(1) 这是什么性质的波片？

(2) N_2 要再转过多大角度，才能使得 N_2 后的视场全暗？

7.14 求圆偏振光在下列情况下的透射光偏振态.

(1) 垂直入射 1/4 波片；

(2) 垂直入射 1/8 波片.

7.15 一束自然光和线偏振光混合的光，当它通过一偏振片时，发现透射光的强度取决于偏振片的取向，其强度最大值是最小值的 5 倍，求入射光中自然光和线偏振光的强度之比.

7.16 一束椭圆偏振光与自然光的混合光沿 z 轴方向传播，通过一个线起偏器. 当起偏器透振方向沿 x 轴方向时，透射强度最大，为 $1.5I_0$；当透振方向沿 y 轴方向时，透射强度最小，为 I_0.

(1) 当透振方向与 x 轴成 θ 角时，透射强度为多少？

(2) 若光束先通过一个 1/4 波片(光轴沿 x 轴方向)，再通过起偏器，发现当起偏器透光轴与 x 轴成 30°时，透过两个元件的光强最大，求该最大值，并确定入射光强中非偏振成分所占比例.

7.17 通过尼科耳棱镜观察椭圆偏振光时，椭圆偏振光强度随尼科耳棱镜的旋转而改变，当强度为极小值时，在尼科耳棱镜前插入一块 1/4 波片，转动 1/4 波片使其光轴平行于检偏器的透振方向，再把检偏器沿顺时针转动 20°就完全消光. 问：

(1) 该椭圆偏振光是右旋还是左旋？

(2) 椭圆的长短轴之比是多少？

7.18 一束单色线偏振光垂直入射到以角速度 ω_0 绕光束传播方向旋转的 1/2 波片上.

(1) 求透射光的偏振态；

(2) 证明透射光的振动矢量以角速度 $2\omega_0$ 旋转.

7.19 一方解石晶体光轴方向平行于晶体表面，厚度为 d=0.0343mm，放在正交的尼科耳棱镜 N_1 和 N_2 之间. 平行光束经 N_1 后垂直入射到晶片上，对钠黄光 $\lambda = 589.3\text{nm}$，n_o=1.658，n_e=1.486. 问透过第二个尼科耳棱镜后，光束发生的干涉是加强还是减弱？若两尼科耳棱镜的主截面相互平行，结果又如何？

7.20 平行单色光照射到杨氏双缝上，在屏幕上得到一组干涉条纹. 若在双缝后放置一偏振片 P，则观察屏上的干涉条纹有何变化？若在一个缝的偏振片后再放置一个 1/2 波片，光轴与偏振片透振方向成 45°，如习题 7.20 图所示，则观察屏上干涉条纹又如何变化？

7.21 如习题 7.21 图所示是一改进的杨氏双缝实验装置. 点光源 Q 发出一波长为 λ、振幅为 A 的单色自然光，S_1 是单缝屏，S_2 是双缝屏，缝间距为 d，缝宽为 a，

且 $d \gg a$. P_1、P_2、P_3 和 P_4 都是偏振片，对于下列几种情况，试描述接收屏 S_3 上干涉图样的变化，计算观察屏上的光强分布.

(1) 移去所有的偏振片；

(2) 移去 P_1，并使 P_2 和 P_3 透振方向正交，P_2 和 P_4 透振方向成 45°；

(3) 移去 P_4，并使 P_2 和 P_3 透振方向正交，P_2 和 P_1 透振方向成 45°；

(4) P_1 和 P_2 透振方向成 45°，P_2 和 P_3 透振方向正交，P_4 和 P_1 透振方向正交.

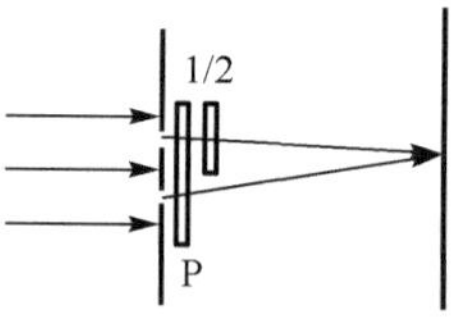

习题 7.20 图

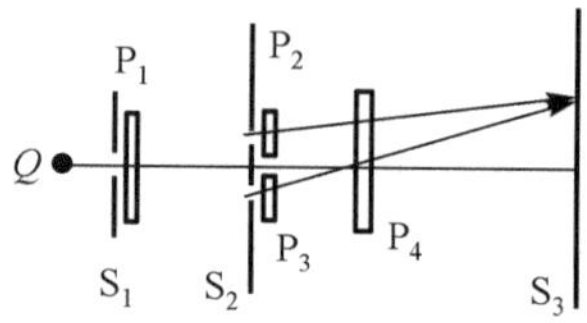

习题 7.21 图

7.22　把凸透镜沿光轴切开为上下两个半透镜，并沿垂直于光轴方向上、下拉开一定距离 $t = 0.1\text{cm}$，点光源 S 发出波长 λ=500nm 的光线照射透镜，在屏上可以观察到干涉条纹. 若点光源和透镜的距离为 a = 300cm，透镜焦距为 50cm，透镜与屏相距 450cm.

(1) 求干涉条纹的间距.

(2) 若在光路中放入两块透振方向互相垂直的偏振片，将观察到什么现象？

7.23　将一石英尖劈置于正交的两偏振片 P_1 和 P_2 之间，劈角为 0.5°，石英的光轴与劈棱平行，其主截面与任一偏振片的透振方向成 45°，平行单色光垂直入射到 P_1 上.

(1) 在 P_2 后观察屏上的干涉图样是何形状？

(2) 计算相邻两暗纹的间距($\lambda = 600\text{nm}$，n_o=1.5442，n_e=1.5533).

(3) 若将劈棱绕入射光方向转过 90°，则 P_2 后观察屏上的干涉图样有什么变化？

7.24　在一对主截面正交的尼科耳棱镜 N_1 和 N_2 之间插入一顶角为 2.75°的石英尖劈，波长为 589.3nm 的钠黄光正入射该装置，石英相对钠黄光的主折射率 n_o=1.544，n_e=1.553，求通过 N_2 后干涉条纹的间距.

7.25　将厚度为 1mm 且沿垂直于光轴方向切出的石英片(即光轴平行于表面)放在两偏振片之间，使从第一个偏振片出射的光垂直照射到石英片上，某一波长的光穿过此石英片后，振动面旋转 20°. 若两偏振片透振方向垂直，则石英片的厚度为多少时：

(1) 该波长的光完全能通过第二个偏振片？

(2) 该波长的光完全不能通过第二个偏振片？

7.26　单色线偏振光垂直入射到最薄的 1/4 石英波片上，若线偏振光的偏振方向和晶体光轴的夹角为 $3\pi/4$，求出射光的偏振态.

7.27　频率相同、初相位均为零的单色左旋和右旋圆偏振光沿同一方向传播，试求下列两种情况下合成光波的偏振态和光强：

(1) 二者的振幅均为 E_0；

(2) 左旋圆偏振光的振幅为 $2E_0$，右旋圆偏振光的振幅为 E_0.

7.28　石英对 509nm 波长光的旋光率为 29.7(°)/mm，这束光的振动面旋转 150° 时，石英片的厚度是多少？

7.29　在一对透振方向平行的偏振片之间插入石英旋光晶体，以阻止 550nm 的黄绿光通过，石英相对该光波的旋光率为 24(°)/mm，求满足要求的石英旋光晶体的最小厚度.

7.30　长度为 20cm 的左旋葡萄糖溶液恰好抵消了最薄的右旋石英晶体的旋光作用，已知葡萄糖溶液的比旋光率为 51.4(°)/[dm·(g/cm^3)]，浓度为 0.3g/cm^3，石英晶体的旋光率为 21.7(°)/mm，求石英的厚度.

7.31　长度为 5cm 的重火石玻璃棒用作光隔离器的元件，已知韦尔代常数为 30rad/(T·m)，求需要施加的磁感应强度.

7.32　试求右旋圆起偏器的琼斯矩阵，并证明左旋圆偏振光不能通过右旋圆起偏器.

第 8 章　光的吸收、散射和色散

光通过介质时会发生变化，主要表现在两个方面：一是光强的变化，光束越深入介质，它的光强将变得越弱，这是由于一部分光被介质吸收(称之为**光的吸收**)，一部分光向各个方向传播(称之为**光的散射**)；二是波速的变化，光在介质中的传播速度小于在真空中的速度，并且光速随波长的变化而变化，这种现象称为**光的色散**.

光的吸收、散射和色散三种现象，都是由光和物质的相互作用引起的，具体地说，是光与原子中的电子相互作用的结果. 对它们进行研究，不仅可以提供多种光学测量的有效手段，而且可以提供关于原子、分子和物质结构方面的信息. 本章主要介绍这三种现象的宏观规律，因光和物质相互作用的理论涉及量子力学和量子电动力学，这里不作详细介绍.

8.1　光 的 吸 收

8.1.1　光的吸收现象

光的强度随光在介质中传播距离的增大而减小的现象称为介质对**光的吸收**.

在一定的波长范围内，若某种介质对于通过它的各种波长的光波都做等量吸收，且吸收甚微，则称该介质对光具有**一般性吸收**(或**普遍吸收**). 光通过一般性吸收的介质时能量减少很小，绝大部分从介质中透过. 因此可以说，介质对于这一范围的光是透明的. 通常所说的透明介质，如空气、纯水、无色玻璃、石英等都是对可见光呈现一般性吸收，可见光通过这些介质后，只是其强度稍微减弱，颜色不改变. 完全没有吸收的绝对透明介质是不存在的.

若物质对某些波长的光比其他波长的光吸收得更强烈，则这种吸收称为**选择吸收**. 对可见光进行选择吸收，白光会变为彩色光，绝大部分物体呈现颜色都是其表面或体内对可见光进行选择吸收的结果. 例如，绿色玻璃是将入射白光中的红、蓝色光吸收掉，只有绿光透过或反射. 带颜色物体一般有体色和表面色的区分. 大多数天然物质如颜料、花等的颜色是光入射到内部相当深处的过程中，由于物体内部成分不同，入射光中的某些波长被选择吸收后，物体呈现未被吸收的光的颜色，这种颜色称为**体色**，呈现体色物体的透射光和反射光的颜色是一样的. 还有一些物质，特别是金属，对某种波长光的反射光特别强烈，于是看到的颜色就是反射光的颜色，其透射光则为该色光的互补色. 例如被黄金薄膜反射的光呈现黄色，而其透射的光则是绿色，这类物体的颜色是由物体表面的选择性反射形成的，所以叫做**表面色**. 被不具有选择性反射表面所反射的白光，仍呈现白色. 例如啤酒的泡沫呈现白色，而啤酒本身却是深黄色.

光谱中的每种颜色都是纯色，但实际上纯色是很少见的，绝大多数物体的颜色通常是混合色，比如高锰酸钾溶液所显示的紫红色是红色、紫色的混合色(令白光透过该溶液并用分光仪检查，可发现该溶液只能透射光谱两端的红色、紫色，而完全吸收可见光谱中部的其他各种色光). 但这与各种颜色的漆或颜料混合后所显示的颜色是不同的. 黄色光的互补色是蓝色光，两者混合后得到白色光，但黄色颜料和蓝色颜料混合却显示绿色. 这是因为蓝色颜料能够全部吸收红、黄各色光，反射蓝、绿各色光；黄色颜料能够全部吸收蓝、紫各色光，反射红、黄、绿各色光. 这两种颜料混合起来只能反射绿色光，故显示绿色.

从广阔的电磁波谱来考虑，普遍吸收的介质是不存在的，在可见光范围内普遍吸收的物质，往往在红外和紫外波段内进行选择吸收，故**选择吸收是光和物质相互作用的普遍规律**.

以空气为例，地球大气对可见光和波长在 300nm 以上的紫外线是透明的，波长短于 300nm 的紫外线将被空气中的臭氧强烈吸收，对于红外线，大气只在某些狭窄的波段内是透明的，这些透明的波段称为“大气窗口”，如图 8.1.1 所示. 这里吸收的主要气体是水蒸气，所以大气的红外窗口与气象条件有密切关系，发射卫星时需要选择合适的气象条件，以便于监测和跟踪卫星.

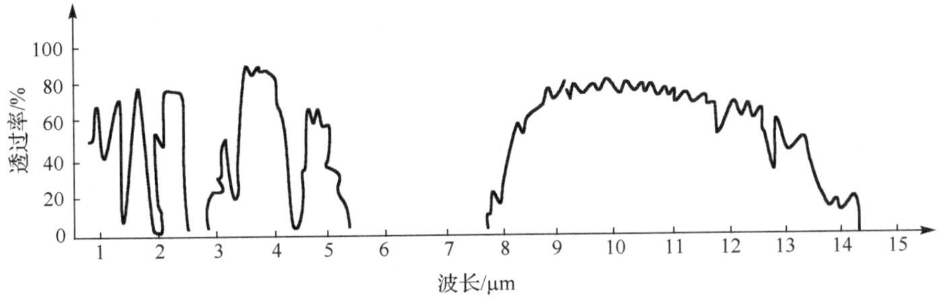

图 8.1.1　“大气窗口”对应的波段

透光元件的光学材料对所用的波段必须是透明的. 由于物质的选择吸收，任何光学材料都有一定的透光极限，波长在透光极限以外的电磁波将被材料强烈吸收. 表 8.1.1 是一些常用光学材料的透光范围.

表 8.1.1　常用光学材料的透光范围

材料	透光范围/nm
冕玻璃	350～2000
火石玻璃	380～2500
石英(SiO_2)	180～4000
萤石(CaF_2)	125～9500
食盐(NaCl)	175～14500
氯化钾(KCl)	180～23000
氟化锂(LiF)	110～7000

8.1.2　吸收光谱

具有连续光谱分布的光源所发出的光，通过有选择吸收的介质后，用光谱仪测量可以得到吸收光谱. 观察物质对光选择吸收的装置如图 8.1.2 所示.

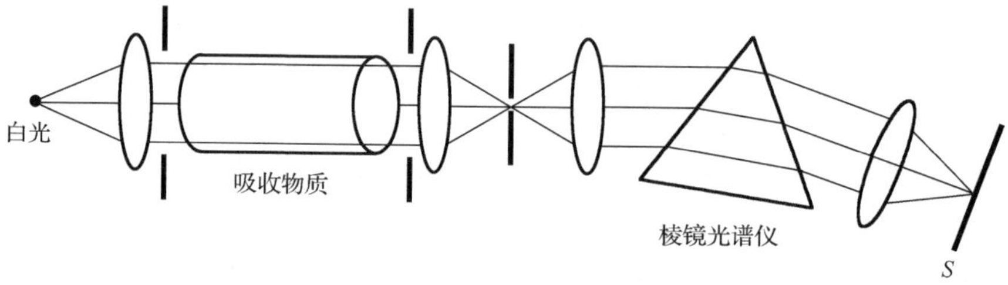

图 8.1.2　选择吸收测试装置

物质的发射光谱有多种：线光谱、带光谱、连续光谱等. 大致说来，原子气体的光谱是线光谱，而分子气体、液体和固体的光谱多是带光谱. 吸收光谱的情况也是如此，值得注意的是，同一物质的发射光谱和吸收光谱之间有相当严格的对应关系. 图 8.1.3 是双酞菁铥在氯仿溶液中(图中虚线 A)及多层 Langmuir-Blodgett 膜(图中实线 B、C)的吸收谱. 由图可知，物质对光的吸收与物质所存在的状态有关.

太阳发射连续光谱，但在其连续光谱上出现许多暗线，这些暗线是原子气体的线状吸收光谱. 19 世纪，夫琅禾费、基尔霍夫和本生等先后研究了这一现象，并分析了这些吸收谱线是处于温度较低的太阳大气中的原子对更加炽烈的内核发射的连续光谱进行选择吸收的结果. 表 8.1.2 列出了太阳光谱的一些吸收谱线，表中字母是夫琅禾费给出吸收线的标志. 将这些吸收谱线的波长与地球上已知物质发射的原子光谱对照，就可以知道太阳表面层中包含哪些化学元素. 现已查明，这些元素主要是氢(体积占 80%)，其次是氦(18%)，此外还有钠、氧、铁、钙等六十多种元素.

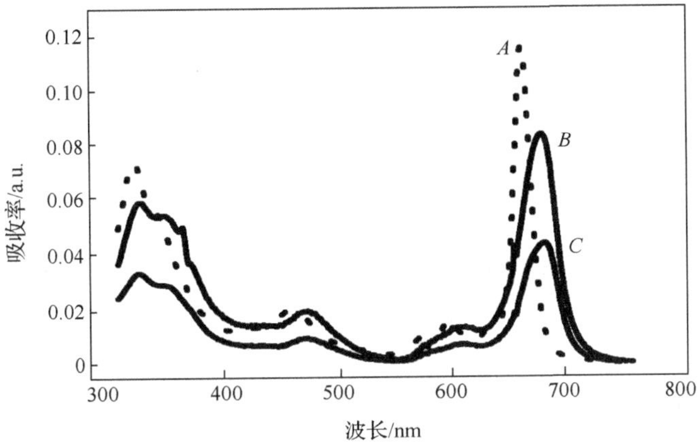

图 8.1.3　双酞菁铥的吸收光谱

表 8.1.2　太阳吸收光谱中较强的夫琅禾费线

符号	波长/nm	吸收元素	符号	波长/nm	吸收元素
A	759.4～762.1	O	b_1	518.362	Mg
B	686.7～688.4	O	F	486.133	H
C	656.282	H	G	430.791	Fe
D_1	589.592	Na	G	430.774	Ca
D_2	588.995	Na	g	422.673	Ca
D_3	587.562	He	H	396.849	Ca
E	526.954	Fe	K	393.368	Ca

由于原子吸收光谱的灵敏度很高，混合物或化合物中极少量原子含量的变化会在光谱中反映出吸收系数很大的改变，历史上曾利用这种方法发现了铯、铷、铊、铟、镓等多种新元素. 近几十年来，原子吸收光谱在化学定量分析中有着广泛的应用.

8.1.3　光的吸收定律

令单色平行光沿 x 轴方向通过均匀介质，如图 8.1.4 所示，设光的强度在经过厚度为 $\mathrm{d}x$ 的一层介质时，强度由 I 减少到 $I-\mathrm{d}I$. 实验表明，在相当宽的光强范围内，减少的光强 $-\mathrm{d}I$ 正比于 I 和 $\mathrm{d}x$ ，即

$$-\mathrm{d}I=\alpha I\mathrm{d}x \quad 或 \quad \frac{\mathrm{d}I}{I}=-\alpha\mathrm{d}x \tag{8.1.1}$$

式中，α 与光强无关，取决于物质的比例系数，称为该物质的**吸收系数**；负号表示当厚度增加（$\mathrm{d}x>0$）时，光强减少（$\mathrm{d}I<0$）. 将式(8.1.1)从 0 到 l 对 x 积分，$\int_{I_0}^{I}\frac{\mathrm{d}I}{I}=$

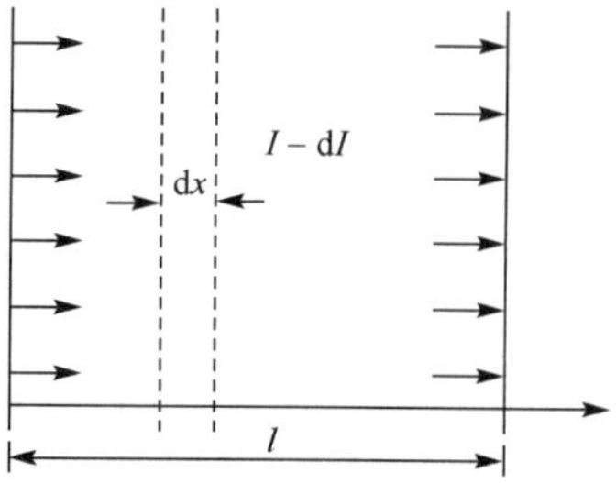

图 8.1.4 光的吸收

$-\alpha\int_0^l \mathrm{d}x$，即 $\ln I - \ln I_0 = -\alpha l$，得出光通过厚度为 l 的介质后的光强为

$$I = I_0 \mathrm{e}^{-\alpha l} \tag{8.1.2}$$

I_0 为 $x=0$ 处的光强，I 为 $x=l$ 处的光强，式(8.1.2)称为**朗伯定律或布格定律**. 它是法国大地测量学家布格(P. Bouguer，1698～1758)在 1729 年发现的，瑞士物理学家、数学家朗伯(J. H. Lambert，1728～1777)在 1760 年重新做了表述. 因α与 I 无关，式(8.1.1)是光强 I 的线性微分方程，故布格尔定律是光的吸收的线性规律，满足这样的规律的吸收称为**线性吸收**.

吸收系数α表征了介质对光吸收能力的大小. α越大，介质对光的吸收就越强. 它是随波长而变化的. 在一般性吸收的波段内，α值很小，是近似与波长无关的常数. 在选择吸收波段内，α很大，且随波长不同而显著变化. 在激光未被发明之前，大量实验证明，这个定律是精确的. 然而激光的出现，使人们能够掌握的光强比原来大了几个乃至十几个数量级，光和物质的非线性相互作用过程显示出来，并成为人们研究的重要领域，在非线性光学领域内，吸收系数α将和其他许多系数(如折射率)一样，依赖于电磁场或光的强度，布格定律不再成立.

实验证明，当光被透明溶剂中溶解的物质所吸收时，吸收系数α与溶液的浓度 c 成正比，即

$$\alpha = Ac$$

式中，A 是一个与浓度无关的常数，取决于吸收物质的特性，这时式(8.1.2)可以写成

$$I = I_0 \mathrm{e}^{-Acl} \tag{8.1.3}$$

称为**比尔定律**. 它表明，被吸收的光能与光路中吸收光的分子数量成正比，此定律只有在每个分子的吸收本领不受周围分子影响时才成立. 当溶液浓度大到足以使分子间的相互作用影响到它们的吸收本领时，比尔定律不再成立. 在比尔定律成立的情况下，通过测定光在溶液中被吸收的比例，根据式(8.1.3)，就可求出溶液的浓度.

例 8.1.1 已知某金属的吸收系数 $\alpha = 1.0\times10^4\ \mathrm{cm}^{-1}$，它厚度为多少时能透过 50%的光？

解 根据朗伯定律，透射光强与入射光强之比为 $\ln\dfrac{I}{I_0} = -\alpha l$，故该金属的厚度为

$$l = \frac{\ln\dfrac{I}{I_0}}{-\alpha} = \frac{\ln 0.5}{-1.0\times10^4} = 6.9\times10^{-5}(\mathrm{cm})$$

此例说明，对于吸收系数很大的物质，如金属、岩石等，只要其厚度足够小，仍能通过较大的光能量而变成半透明体.

8.2 光的散射

光线通过均匀的透明介质(如玻璃、空气、清水)时，从侧面是难以看到光线的.如果介质不均匀，如有悬浮微粒的浑浊液体，便可从侧面清晰地看到光束的轨迹，这是因为介质的不均匀性使光线朝四面八方散射. 一束太阳光射入有烟雾的室内或混浊的水中，从侧面可清晰地看到光束的路径，这是太阳光被空气(或水)中的浮尘散射造成的结果；大雾天能见度低则是由于空气中的液体粒子多而引起的强烈散射，从而造成透射光变弱的结果. 介质中存在的微小粒子或分子对光的作用，使光束偏离原来的传播方向而向四周传播的现象称为**光的散射**.

常见散射现象及其应用

8.2.1 散射的分类

光的散射是光和物质相互作用的一种现象，根据介质中散射光的波长是否变化，可以分为弹性散射和非弹性散射. 如果散射光的波长和入射光的波长相比没有发生变化，则为**弹性散射**，比如**瑞利散射**、**米氏散射**等. 如果在散射过程中，散射光的波长相对于入射光的波长发生了变化，则为**非弹性散射**，比如**拉曼散射**、**布里渊散射**等.

对于弹性散射，一般按散射粒子的大小分为两类：散射粒子的线度在1/10波长以下的称为**瑞利散射**；散射粒子的线度与光波波长同数量级或大于波长的称为**米氏散射**或大粒子散射.

8.2.2 瑞利散射

如果一种介质中悬浮有另一种介质，就形成了**混浊介质**，比如大气中的烟(气体中含有固体微粒)、雾(气体中含有液体微粒)，悬浮液(液体中悬浮着固态微粒)，乳状液(一种液体中悬浮着另一种液体而不能互相溶解，如水中加入几滴牛奶)等都是混浊介质. 光在混浊介质中能产生强烈的散射现象.

早在 1869 年，英国物理学家丁达尔(Tyndall，1820～1893)对混浊介质的散射现象做了大量的实验研究，尤其对于微粒线度小于光波波长(不大于 $\lambda/5$ 或 $\lambda/10$)的混浊介质，从实验中总结出了规律. 在此基础上，英国物理学家瑞利于 1899 年对小粒子散射又进行了研究，因此瑞利散射又称为丁达尔效应. 观察这种散射的实验装置如图 8.2.1 所示，由强光源发出的白光经透镜后变成平行光射入玻璃容器，容器内盛混浊介质，则可从容器侧面看到明显的青蓝色的散射光，而透射光显红色. 进一步研究表明，**散射光的强度与光波波长的四次方成反比**，即

$$I_{(\lambda)} \propto \frac{1}{\lambda^4} \tag{8.2.1}$$

上式称为**瑞利散射定律**.

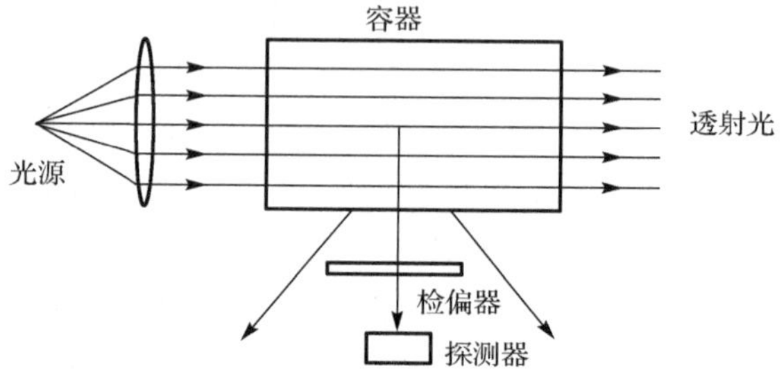

图 8.2.1　散射光的观察装置

根据瑞利散射定律，可以对前面的实验现象作出很好的解释. 假设白光中波长为 720nm 的红光与波长为 440nm 的青蓝光具有相同的强度，由于两种波长之比为 $\lambda_{红}/\lambda_{蓝} \approx 1.64$，所以瑞利散射时，散射光中蓝光的强度与红光强度之比为 $I_{蓝}/I_{红} = (\lambda_{红}/\lambda_{蓝})^4 \approx 7.2$. 可见发生瑞利散射时，散射光中蓝光的强度约为红光强度的 7.2 倍，因此透射光中所含的红光成分就较多，故带红色.

表面上看起来纯净均匀的介质，其分子的热运动使分子密度有涨落而引起的散射，称为**分子散射**. **分子散射也满足瑞利散射定律**.

用瑞利散射理论可以解释许多我们日常生活中熟悉的自然现象，如天空为什么是蓝的？旭日和夕阳为什么是红的？云为什么是白的？等等.

首先，白昼天空之所以是亮的，完全是大气散射阳光的结果. 如果没有大气，即使在白昼，人们仰观天空，也将看到光辉夺目的太阳悬挂在漆黑的背景中. 这景象是宇航员司空见惯了的.

按照瑞利散射定律，由于大气的散射，白光中的短波成分(蓝紫色)散射比长波成分(红黄色)强烈得多(图 8.2.2)，散射光因短波的富集而呈蔚蓝色. 所以每当大雨初霁、玉宇澄清了万里尘埃的时候，天空总是蓝得格外美丽可爱，其道理就在这里.

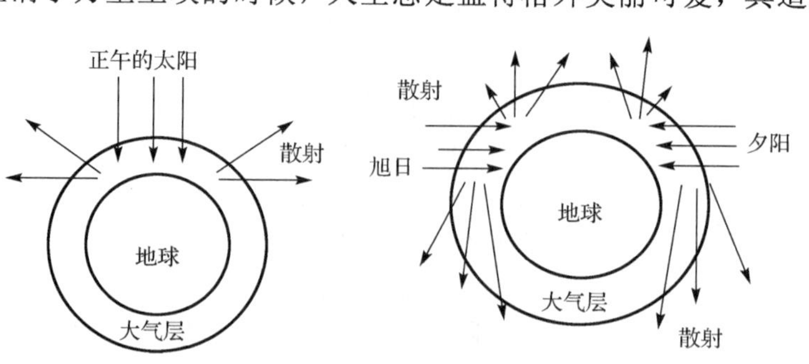

图 8.2.2　大气对太阳光的散射

旭日和夕阳呈红色与天空呈蓝色属于同一类现象，由于白光中的短波成分被更多地散射掉了，在直射的日光中剩余较多的自然是长波成分了. 早晚阳光以很大的倾角穿过大气层，经历大气层的厚度要比中午时大得多，从而大气的散射效应也要强烈得多，这便是旭日初升时颜色显得特别红的原因. 因为红光对散射物的穿透能力比蓝光强，所以通常情况下，危险信号灯、交通禁行灯等采用红色，使有关人员在能见度低的情况下，也能尽早发现并采取措施.

8.2.3　米氏散射

当散射粒子的线度大于十分之一波长，甚至与波长相当时的散射称为**米氏散射（也称大粒子散射）**. 此时瑞利散射定律不再成立，德国物理学家米(G. Mie，1868～1957)和荷兰物理学家德拜(P. J. W. Debye，1884～1966)以球形质点为模型计算了电磁波的散射. 米-德拜的计算表明，只有球半径满足 $a<\dfrac{0.3\lambda}{2\pi}$ 条件时，瑞利散射定律才是正确的. **当散射粒子线度大于入射光波长的十分之一时，散射光的强度与波长的依赖关系不明显**，此时散射光的颜色与入射光相近，白光入射将观察到白色的散射光. 这就是云雾呈白色的缘故. 为什么点燃的香烟冒出蓝色烟，但从口中吐出的烟却是白色的？这因为组成烟的微小碳粒使蓝光散射强烈——瑞利散射，而从口中吐出的烟，由于在其上凝聚了水蒸气，颗粒变大，变为米氏散射，故呈现白色.

当光通过介质时，不仅介质的吸收使透射光强减弱，光的散射也使得射入介质的光强按指数形式衰减，因此，穿过厚度为 l 的介质时透射光强为

$$I=I_0\mathrm{e}^{-(\alpha+\beta)l} \tag{8.2.2}$$

式中，α 为**吸收系数**；β 为**散射系数**；$\alpha+\beta$ 称为**衰减系数**. 在很多情况下，α 和 β 中一个往往比另一个小很多，因而可以忽略其中较小的系数.

8.2.4　散射光强的角分布和偏振态

实验表明，在各向同性介质中散射光的强度随光的传播方向而变化，自然光入射时，散射光强满足

$$I_\theta=I_0(1+\cos^2\theta) \tag{8.2.3}$$

式中，θ 是散射光方向与入射光方向之间的夹角. 散射光强度随 θ 角的变化曲线如图 8.2.3 所示. 可见，散射光强的角分布对于入射光的传播方向是对称的，对于垂直于入射光的传播方向也是对称的.

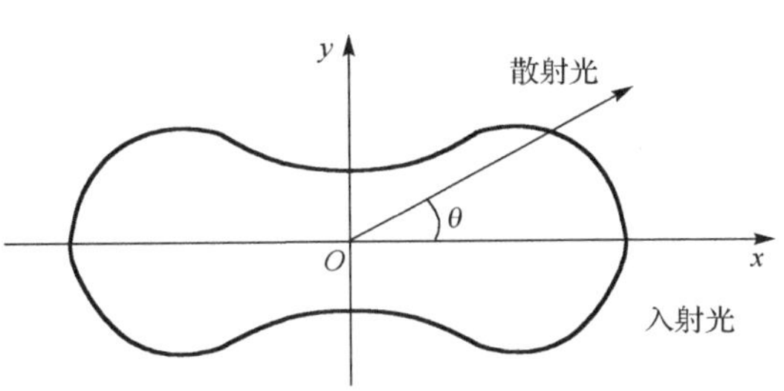

图 8.2.3　散射光强的角分布

若入射光是自然光，沿 z 方向传播，则其电矢量在 xOy 平面内可分解成沿着 x 和 y 方向振动的两个线偏振光，如图 8.2.4(a)所示. 光在各向同性的介质中与粒子 P 相遇时，使 P 做受迫振动而辐射出球面波的振动方向也是沿 x 和 y 方向，各个散射方向上的振幅可看成是以上两个分振动的合成. 显然**正侧方**(沿 x 和 y 轴方向传播)**的散射光是线偏振光；斜侧方**(沿任意 θ 角方向传播)**的散射光是部分偏振光；只有沿入射光**（z 轴）**方向传播的透射光才是自然光**.

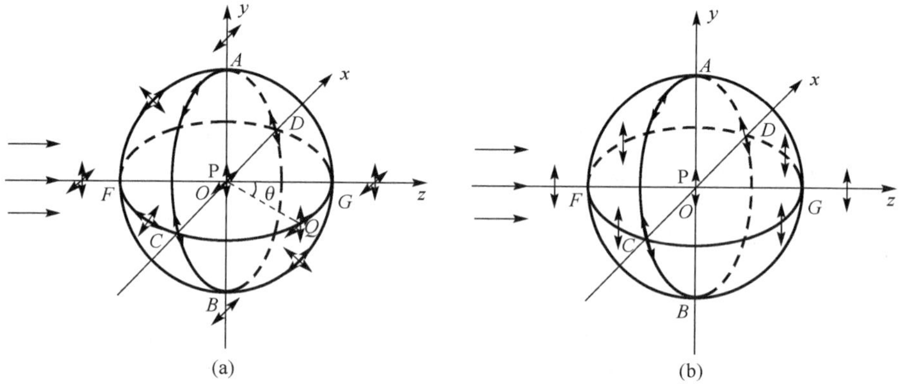

图 8.2.4　散射光的偏振态

若沿 z 方向传播的入射光是线偏振光，且振动方向沿 y 方向，如图 8.2.4(b)所示，当光与粒子 P 相遇时，使 P 做受迫振动所产生做球面次波的电矢量也是平行于 y 轴. 光波是横波，振动方向与传播方向垂直，其在各个方向的振幅应等于最大振幅在相应方向的投影. 因此，在赤道平面上各点的振幅最大，在两极处，振幅等于零. 不在赤道平面的任一点越靠近赤道平面，振幅越大. 如果入射光的矢量 $\boldsymbol{E}$ 为平行于 x 轴的线偏振光，则散射光的振幅情况将图 8.2.4(b)转 90°即可得到.

以上讨论的是各向同性散射介质，如果介质是各向异性的，情况就要复杂得多. 例如，当线偏振光照射某些气体或液体时，从正侧面观察时，散射光变成了部分偏振光(有些情况透射光也变成了部分偏振光). 这种现象称为**退偏振**. 以 I_x 和 I_y 分别表示散射光沿着 x 轴和 y 轴振动的强度，则散射部分偏振光的偏振度为 $P=\left|\dfrac{I_y-I_x}{I_y+I_x}\right|$.

通常又引入退偏振度的概念

$$\Delta=1-P \tag{8.2.4}$$

例如，$H_2:\Delta=1\%$；$N_2:\Delta=4\%$；CS_2 gas$:\Delta=14\%$；$CO_2:\Delta=7\%$；……. 退偏振现象的解释也是瑞利提出的，认为退偏振与散射分子的光学各向异性有关，在这种分子里电极化的方向一般不与光波的电矢量方向相同. 测量退偏振度可以判断分子的各向异性，因此可以用来判断分子的结构.

8.2.5 拉曼散射和布里渊散射

1928 年印度物理学家拉曼(C. V. Raman，1888～1970)在液体和蒸气中发现，散射光中除了与入射光原频率 ν_0 相同的瑞利散射谱线外，还有频率为 $\nu_0 \pm \nu_1$、$\nu_0 \pm \nu_2$ 等散射线存在，这种散射称为**拉曼散射**或**联合散射**. 在同一时期，苏联科学家曼德尔施塔姆(L. Mandelstam，1879～1944)和兰茨贝格(G. Landsberg，1890～1957)在晶体中也发现了散射光波长变化的现象. 拉曼散射要用量子理论才能给出圆满的解释. 拉曼散射是研究分子结构的重要手段，利用这种方法可以确定分子的固有频率，研究分子对称性及分子动力学等问题.

因介质密度起伏产生光频率移动的散射称为**布里渊散射**. 瑞利散射的频移为零，布里渊散射的频移在 ±0.1～1.0cm^{-1}，拉曼散射的频移在 ±100～1000cm^{-1}.

8.3 光 的 色 散

8.3.1 色散现象

光在介质中传播时，介质的折射率随入射光波长而改变的现象称为**色散**. 反映折射率与波长函数关系 $n = f(\lambda)$ 的曲线称为**色散曲线**. 利用三棱镜测量不同波长光的最小偏向角，再根据最小偏向角与材料折射率的关系可得到棱镜材料的色散曲线，图 8.3.1 是可见光范围内几种透明介质的色散曲线. 为了表征介质折射率随波长的变化快慢程度和趋势，定义**介质的折射率对波长的导数为介质的色散率 ν**，即

$$\nu = \frac{\mathrm{d}n}{\mathrm{d}\lambda} = \frac{\mathrm{d}f(\lambda)}{\mathrm{d}\lambda}$$

1. 正常色散

色散率反映的是介质的折射率随波长变化快慢的物理量，从图 8.3.1 可以看出这些介质的色散曲线具有如下特点.

(1) 折射率 n 随波长 λ 的增大而单调下降；

(2) 色散率 $\nu = \mathrm{d}n/\mathrm{d}\lambda$ 随波长 λ 的增大而单调下降；

(3) 在波长 λ 一定时，折射率 n 越大的物质，其色散率 $\mathrm{d}n/\mathrm{d}\lambda$ 也越大.

凡具有上述前两个特点的色散称为**正常色散**. 当白光通过三棱镜发生正常色散时，白光中不仅紫光比红光偏折得厉害，而且在所形成的光谱中，紫端比红端展得更开. 1836 年，法国物理学家柯西(A. L. Cauchy，1789～1857)给出正常色散的折射率随波长变化的经验公式，称为**柯西公式**，即

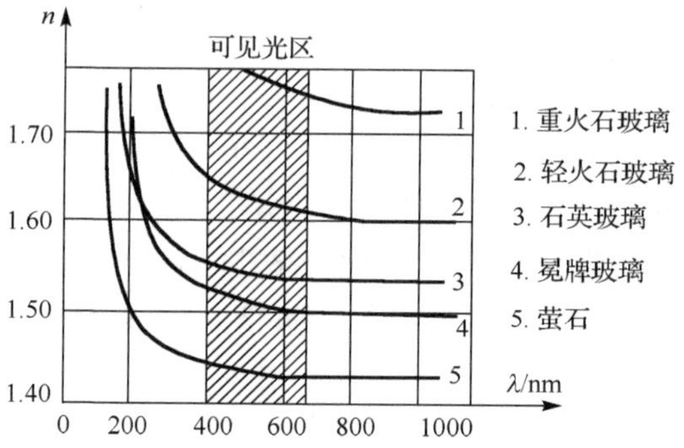

图 8.3.1　几种光学材料的色散曲线

$$n = A + \frac{B}{\lambda^2} + \frac{C}{\lambda^4} \tag{8.3.1}$$

式中，λ 是光在真空中的波长；A、B、C 是与介质有关的常数. 当波长变化范围不大时，柯西公式可只取前两项，即 $n = A + \dfrac{B}{\lambda^2}$，则介质的色散率为

$$v = \frac{dn}{d\lambda} = -\frac{2B}{\lambda^3} \tag{8.3.2}$$

A、B 均为正值，上式表明，折射率和色散率的数值都随波长的增加而减小，当发生正常色散时，介质的色散率小于零.

2. 反常色散

对介质有强烈吸收的波段称为吸收带. 如果将物质折射率的测量范围扩展到存在吸收带的区域，则可发现，在吸收带附近，色散曲线的形状与正常色散曲线大不相同. 图 8.3.2 是石英的色散曲线，在可见光区域内属正常色散，曲线 PQ 满足柯西公式. 当向红外区域延伸并接近吸收带时(图中 R 点)，色散曲线明显偏离正常色散曲线而急剧下降，折射率的变化比柯西公式预示的要快得多. 在吸收带内光非常弱，所以折射率的测量比较困难(测量时需将石英制成薄膜)，在吸收带内的色散曲线如图 8.3.2 中虚线所示. 此段曲线是上升的，这表明吸收带内折射率随波长的增加而增加，即 $dn/d\lambda > 0$，与正常色散相反，故称为**反常色散**. 过了吸收带重新进入透明波段时，曲线又逐渐恢复为正常色散曲线，n 与 λ 的关系重新遵守柯西公式，不过常数 A、B、C 又换为新的数值.

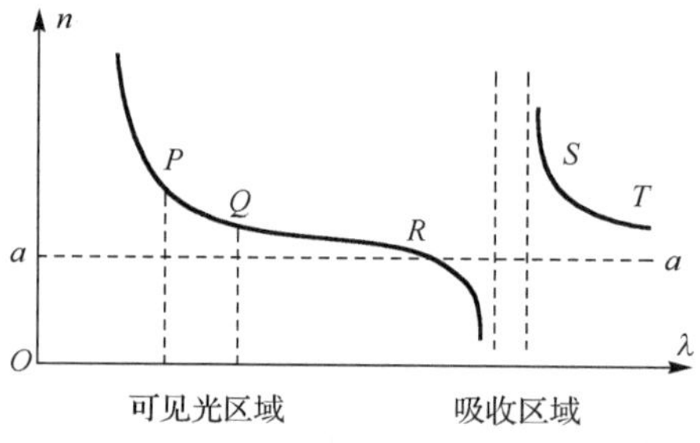

图 8.3.2　红外区域的反常色散

归纳上述实验结果，可得出如下结论：

(1) 在透明波段的色散曲线符合柯西公式，在吸收带内及边缘附近不符合柯西公式.

(2) 在吸收带的两旁区域，不管是否符合柯西公式，总有 $\mathrm{d}n/\mathrm{d}\lambda<0$，属正常色散；而在吸收带内，则有 $\mathrm{d}n/\mathrm{d}\lambda>0$，属反常色散.

应该指出，所谓“反常”只是历史上的原因，现象本身却恰恰揭示了物质在吸收区内普遍遵从的色散规律. 同一物质在其透明波段表现出正常色散，而在吸收带内就表现出反常色散.

8.3.2　色散的观察

1. 正常色散的观察

1672 年牛顿首先利用三棱镜把日光分解为彩色光带，从而观察到色散现象. 此后又用交叉棱镜法将色散过程非常直观地显示出来，其实验装置如图 8.3.3 所示. 光经过透镜 L_1 变为平行光，再经两个棱边互相垂直的三棱镜 P_1、P_2 色散后，由透镜 L_2 会聚在光屏 A 上. 若先不放置棱镜 P_2，则在屏上得到水平方向的彩色光带 ab. 加上棱镜 P_2 后，通过 P_2 色散出来的各色光束还要向下偏折，其偏折程度由 P_2 对各色光的折射率决定. 如果两棱镜的材料相同，在光屏上显现出与 ab 成一倾斜角的直光带 $a'b'$，如果两棱镜的材料不相同，光带 $a'b'$ 将是弯曲的. 此弯曲光带将 P_2 材料的正常色散特性清楚地显示了出来.

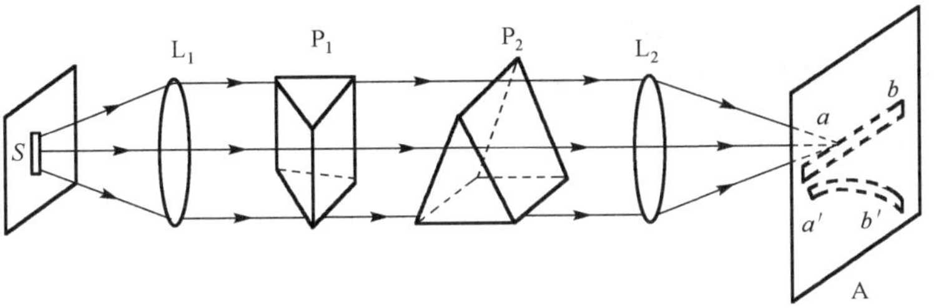

图 8.3.3　交叉棱镜观察色散的装置

2. 反常色散的观察

在金属蒸气中，最容易观察到反常色散. 美国物理学家伍德(R. W. Wood，1868～1955)在 1904 年曾利用交叉棱镜法巧妙地显示出钠蒸气在可见光范围内的反常色散. 实验装置如图 8.3.4 所示，V 由水平钢管制成，两端装有水冷的玻璃窗，沿管底放置一些金属钠，管内抽成真空. 如果在管底加热，金属钠就会蒸发，钠蒸气扩散到管的上部遇冷而凝结，从而在管内形成下部密度大、上部密度小的水平钠蒸气柱，这相当于一厚度自上而下增加、棱边水平且与管轴垂直的棱镜. 一束白光经

水平狭缝 S_1、透镜 L_1 后变为平行光，经“棱镜”V 射出，被透镜 L_2 聚焦在光谱仪的狭缝 S_2 上. 光谱仪由狭缝 S_2，透镜 L_3、L_4 和棱镜 P 组成，P 的棱边是竖直的. 当管 V 未加热时，管内只有均匀气体，光经过时不发生偏折，在光谱仪的焦面上得到一条很窄的水平连续光带. 当加热钠蒸发时，由于管内蒸气的色散作用，不同波长的光发生不同程度的偏折. 钠蒸气对 589nm 和 589.6nm 两种波长的光产生强烈吸收，光带就在该两波长附近表现出特殊的弯曲和断裂，如图 8.3.4 所示.

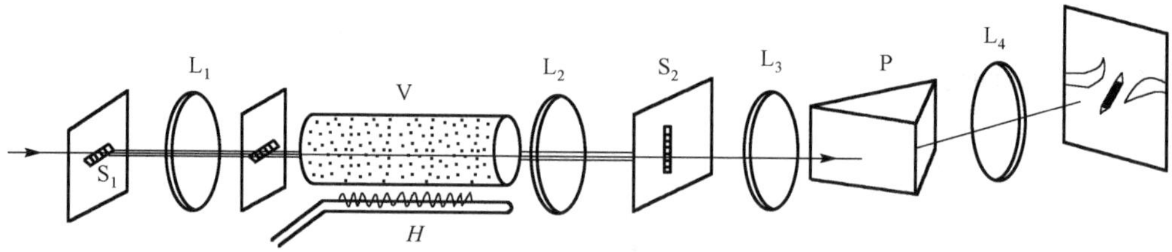

图 8.3.4　观察钠蒸气反常色散的装置

*8.4　光的相速度与群速度

折射率是光在真空中和介质中传播速度的比值（$n=c/v$），通常也可通过折射定律（$n=\sin i_1/\sin i_2$）求得. 用上述两种方法测得的结果对于某些介质是相符的，例如水的折射率是 1.33；但对于某些介质并不相符，例如二硫化碳，用折射定律测得的结果是 1.64，而用实测光速求得的结果是 1.75，这绝不是实验误差所致. 这一矛盾直到瑞利提出“群速度”的概念之后才解决.

8.4.1　相速度

迄今为止，各向同性介质中的光速都指波面(等相位面)传播的速度，即**相速度** v_p，简称**相速**. 按照波动理论，理想的单色平面波表示为 $E=A\cos\omega(t-r/v_p)$，式中，v_p 是单色平面波的相位向前传播的速度，由于相位不变的条件为 $t-r/v_p=$常量，两边微分有 $\mathrm{d}t-\mathrm{d}r/v_p=0$，得

$$v_p=\mathrm{d}r/\mathrm{d}t \tag{8.4.1}$$

单色平面波又可表示为 $E=A\cos(\omega t-kr)$，上式 $\omega=2\pi\nu$，$k=2\pi/\lambda$ 都是不随 t 和 r 改变的量. 因此，相位不变的条件为 $\omega t-kr=$常数，两边微分得 $\omega\,\mathrm{d}t-k\,\mathrm{d}r=0$，即

$$\mathrm{d}r/\mathrm{d}t=v_p=\omega/k=\nu\lambda \tag{8.4.2}$$

式(8.4.2)表示，相速度是严格的单色波所特有的.

8.4.2　群速度

严格的单色光在空间和时间的延续都是无穷无尽的余弦波或正弦波，但这种波是理想的极限情况. 在真空中所有波长的电磁波以同一相速度 c 传播，在色散介质中只有理想的单色波具有单一的相速度. 然而理想的单色波是不存在的，波列并非无限长. 一列有限长的波相当于许多单色波列的叠加，通常把由这样一群单色波组成的波列叫做**脉动**(或**波包**). 如果所有组成脉动的单色波都以同一相速度传播(在无色散介质中)，那么该脉动在传播过程中将永远保持形状不变，整个脉动也永远以这一速度向前传播. 但是除真空以外，介质通常都具有色散，各单色波在色散介质中以不同的相速度传播，由它们叠加而成的脉动在传播过程中将不断改变其形状. 在这种情况下观察脉动时，可选定它上面的某一特殊点，如振幅最大的一点，而用这一点在空间的传播速度代表整个脉动的传播速度. 但由于脉动形状的改变，所选定特殊点的位置也将在脉动范围内不断改变. 因而该点的传播速度不同于任一组成该脉动的单色波的相速度. 按照瑞利的说法，该脉动称为波群，脉动传播的速度称为**群速度**，简称**群速**，以 v_g 表示. 现以一个简化的例子分析这两种速度的关系.

假设脉动由两个频率相近、振幅相等的单色简谐波叠加而成. 其振幅均为 A，频率分别为

$$\omega_1 = \omega_0 + \mathrm{d}\omega, \qquad \omega_2 = \omega_0 - \mathrm{d}\omega$$

波数分别为

$$k_1 = k_0 + \mathrm{d}k, \qquad k_2 = k_0 - \mathrm{d}k$$

则这两列单色光波可分别表示为

$$E_1 = A\cos(\omega_1 t - k_1 r), \quad E_2 = A\cos(\omega_2 t - k_2 r)$$

脉动为两列波之和，即

$$\begin{aligned} E &= E_1 + E_2 = A\cos(\omega_1 t - k_1 r) + A\cos(\omega_2 t - k_2 r) \\ &= 2A\cos\left(\frac{\omega_1 - \omega_2}{2}t - \frac{k_1 - k_2}{2}r\right)\cdot\cos\left(\frac{\omega_1 + \omega_2}{2}t - \frac{k_1 + k_2}{2}r\right) \\ &= 2A\cos(t\cdot\mathrm{d}\omega - r\cdot\mathrm{d}k)\cos(\omega_0 t - k_{0r}) \end{aligned}$$

令 $A_0 = 2A\cos(t\cdot\mathrm{d}\omega - r\cdot\mathrm{d}k)$，则脉动可表示为

$$E = A_0\cos(\omega_0 t - k_0 r) \tag{8.4.3}$$

必须注意，式中 A_0 不是常数，而是随时间和空间在改变，但改变得很缓慢，因 $\mathrm{d}\omega$、$\mathrm{d}k$ 比起 ω_0 和 k_0 都是很小的量(这和频率相近的两振动叠加时形成的拍相类似). 因此，可认为脉动近似是一个振幅缓慢变化的简谐波. 图 8.4.1(a)表示两个单色波的叠加，图 8.4.1(b)表示合振动缓慢的变化，形成一个脉动.

设在该脉动上选择一点(如振幅最大值)M，这一点向前传播的速度就代表脉动的传播速度，即**群速**. 它既是波的一定振幅向前推进的速度，也是在一定条件下运动着的脉动所具有的能量的传播速度. (在脉动形变不大和正常色散介质的条件下，群速度代表脉动所具有的能量传播速度.)

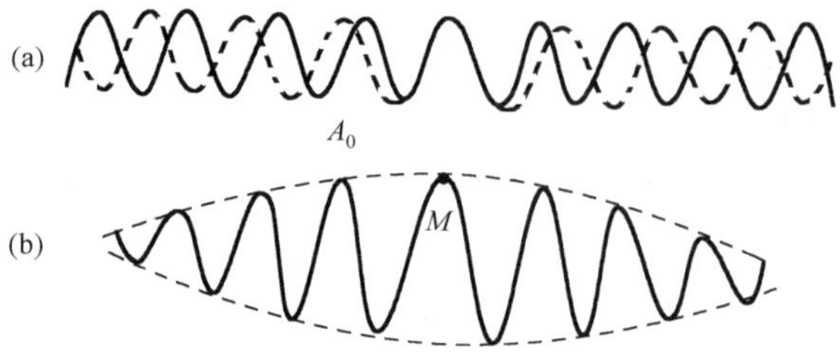

图 8.4.1　两单色波叠加形成的脉动

图 8.4.2 表示频率相近的单色波分别以速度 v_1 和 v_2 沿同一方向传播. 设 $t=t_1$ 时刻，两单色波的波峰重合在 M 点，因而 M 点为脉动的振幅最大值. 在下一时刻 $t=t_2$，由于两单色波的相速度不同，所以原来重合的两单色波的波峰不再重合，而原来不重合的两个波峰在 N 点重合，N 点变成了 $t=t_2$ 时刻合成波的振幅最大点. 当然，在脉动中不选定振幅为最大值的点，也可任选一个指定的合振幅. 由此可见，在色散介质中，脉动传播的群速度可由振幅不变的条件得到. 由式(8.4.3)可知，振幅不变的条件为

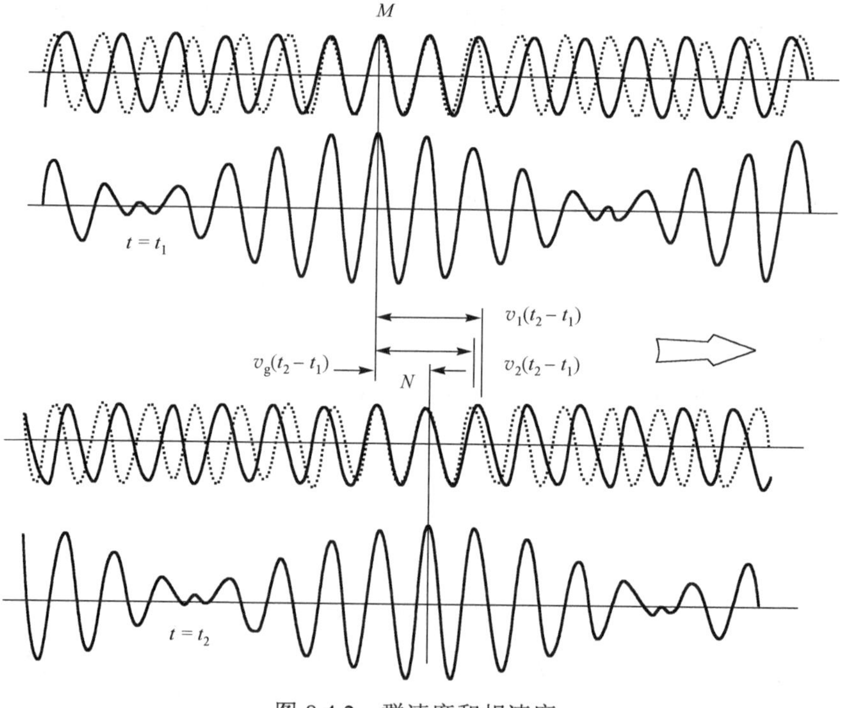

图 8.4.2　群速度和相速度

$$t\mathrm{d}\omega - r\mathrm{d}k = 常量 \tag{8.4.4}$$

因 $\mathrm{d}\omega$、$\mathrm{d}k$ 都是不随 t 和 r 改变的量，微分上式得 $\mathrm{d}\omega\mathrm{d}t-\mathrm{d}k\mathrm{d}r=0$，因此，群速度可表示为

$$v_{\mathrm{g}}=\frac{\mathrm{d}r}{\mathrm{d}t}=\frac{\mathrm{d}\omega}{\mathrm{d}k} \tag{8.4.5}$$

8.4.3　群速度与相速度的关系

由式(8.4.5)可得出群速度和相速度的关系

$$v_{\mathrm{g}}=\frac{\mathrm{d}\omega}{\mathrm{d}k}=\frac{\mathrm{d}(v_{\mathrm{p}}k)}{\mathrm{d}k}=v_{\mathrm{p}}+k\frac{\mathrm{d}v_{\mathrm{p}}}{\mathrm{d}k} \tag{8.4.6}$$

因 $k=\frac{2\pi}{\lambda}$，所以 $\mathrm{d}k=-\frac{2\pi}{\lambda^2}\mathrm{d}\lambda$，$\frac{\mathrm{d}\lambda}{\mathrm{d}k}=-\frac{\lambda^2}{2\pi}$，$\frac{\mathrm{d}v_{\mathrm{p}}}{\mathrm{d}k}=\frac{\mathrm{d}v_{\mathrm{p}}}{\mathrm{d}\lambda}\frac{\mathrm{d}\lambda}{\mathrm{d}k}=-\frac{\lambda^2}{2\pi}\frac{\mathrm{d}v_{\mathrm{p}}}{\mathrm{d}\lambda}$，代入式(8.4.6)可得

$$v_{\mathrm{g}}=v_{\mathrm{p}}-\lambda\frac{\mathrm{d}v_{\mathrm{p}}}{\mathrm{d}\lambda} \tag{8.4.7}$$

此关系式称为**瑞利公式**. 由此可以看出，群速度与相速度的差值与 λ 和 $\mathrm{d}v_{\mathrm{p}}/\mathrm{d}\lambda$ 有关. $\mathrm{d}v_{\mathrm{p}}/\mathrm{d}\lambda$ 表示相速度随波长的变化率. $\mathrm{d}v_{\mathrm{p}}/\mathrm{d}\lambda$ 越大，群速度与相速度的差也越大. 若 $\mathrm{d}v_{\mathrm{p}}/\mathrm{d}\lambda>0$，即波长较长的单色光波比波长较短的单色光波传播速度大(正常色散)，群速度小于相速度；若 $\mathrm{d}v_{\mathrm{p}}/\mathrm{d}\lambda<0$ (反常色散)，群速度大于相速度. 对于无色散介质，$\mathrm{d}v_{\mathrm{p}}/\mathrm{d}\lambda=0$，因而群速度等于相速度. 由于折射率的定义为 $n=c/v$，是相速之比，且随入射光波的波长不同而不同，所以 $\frac{\mathrm{d}v_{\mathrm{p}}}{\mathrm{d}\lambda}$ 与 $\frac{\mathrm{d}n}{\mathrm{d}\lambda}$ 有密切的关系. 只有在色散介质中才必须区分群速度和相速度.

瑞利指出，在测定光速的各种实验方法中，通常用的都是复色光，故在色散介质中测量的都是群速度而不是相速度. 迈克耳孙在水和二硫化碳的实验中测得的是群速度的比值，但在他的测量范围内，水的 $\mathrm{d}v_{\mathrm{p}}/\mathrm{d}\lambda$ 非常小，以致 $v_{\mathrm{p}}=v_{\mathrm{g}}$，所以

$$\frac{c}{v_{\mathrm{g}}}=\frac{c}{v_{\mathrm{p}}}n \tag{8.4.8}$$

在二硫化碳中，$\mathrm{d}v_{\mathrm{p}}/\mathrm{d}\lambda$ 相当大，因而 $v_{\mathrm{g}}<v_{\mathrm{p}}$，用折射定律测得二硫化碳的折射率 1.64 是相速度的比值 c/v_{p}，用测量速度间接计算出来的 1.75 是群速度的比值 c/v_{g}. 精确测量二硫化碳的色散值 $\mathrm{d}v_{\mathrm{p}}/\mathrm{d}\lambda$，证明迈克耳孙测得的速度比值确实相当于瑞利公式所给出的群速度比值.

本章小结

(1) 普通情况下的吸收定律即朗伯定律：$I = I_0 e^{-\alpha l}$；

在溶液中，吸收定律为比尔定律：$I = I_0 e^{-Acl}$；

若考虑到光的散射，则为 $I = I_0 e^{-(\alpha+\beta)l}$.

(2) 物质在它的透明波段表现出正常色散. 当波长变化不大时，描述正常色散规律的柯西公式为 $n = A + \frac{B}{\lambda^2}$，物质的色散率为 $\frac{dn}{d\lambda} = -\frac{2B}{\lambda^3} < 0$.

(3) 物质在其吸收带内表现出反常色散，反常色散的色散率 $\frac{dn}{d\lambda} > 0$.

(4) 在散射微粒线度比光的波长小的情况下，有如下散射规律.

(a) 瑞利散射定律 $I \propto \frac{f(\lambda)}{\lambda^4}$；

(b) 散射光的偏振状态：若入射光是自然光，在与入射光垂直的方向上散射光是线偏振光，在原入射方向上散射光是自然光，在其他方向上散射光是部分偏振光；

(c) 散射光强的角分布为 $I \propto (1 + \cos^2\theta)$.

(5) 光的相速度与群速度的概念，群速度与相速度的关系.

思考题

8.1 光通过介质后强度要减弱，是否完全由介质对光的吸收所致？使透射光减弱的因素中有哪些是遵从指数衰减规律的？

8.2 什么是光的色散现象？何谓正常色散和反常色散？什么情况下出现反常色散？

8.3 根据物质的正常色散曲线，试回答：

(1) 当 λ 增加时，折射率 n 如何变化？

(2) 当 λ 减小时，物质的色散率 $\frac{dn}{d\lambda}$ 如何变化？

(3) 对不同物质，当波长一定时，若折射率增大，则色散率 $\frac{dn}{d\lambda}$ 如何变化？

8.4 为什么大雨后初晴的天空总是格外蓝？而受污染城市的天空却是苍白色？

8.5 为什么点燃的香烟冒出的烟是淡蓝的，而吸烟者口中吐出的烟却呈白色？

8.6 将一块透明塑料板（如直尺或三角板）立放在光滑桌面或玻璃板上，迎着窗口看它的倒影，有时你会在倒影中看到一些彩色条纹，试解释这个现象.

8.7 既然眼睛对黄绿光最为敏感，为什么危险信号又用红光？

8.8 何为光的相速度、群速度？两者的关系是什么？

习　题

8.1　一固体有两个吸收带，宽度都是 30nm. 一带处在蓝光区(450nm 附近)，另一带处在黄光区(580nm 附近)，设第一带吸收系数为 50cm^{-1}，第二带吸收系数为 250cm^{-1}. 试描述白光分别透过 0.1mm 及 5mm 的该物质后在吸收带附近光强分布的概况.

8.2　某玻璃的吸收系数 $\alpha = 10^{-2}\text{cm}^{-1}$，问经过 1cm 厚的玻璃板后，透射光强为原光强的百分之几？

8.3　某介质的吸收系数为 0.32cm^{-1}，当透射光强分别为入射光强的 0.1、0.2、0.5 及 0.8 时，介质的厚度各为多少？

8.4　红光透过 15m 深的海水后，其强度减弱到原来的 25%，求：

(1) 海水对红光的吸收系数；

(2) 光强减弱到 1%时，透过海水的深度.

8.5　一束光通过液体，用尼科耳棱镜正对这束光进行观察. 当尼科耳棱镜主截面竖直时，光强达最大值；当尼科耳棱镜主截面水平时，光强为零. 再从侧面观察其散射光，在尼科耳棱镜主截面为竖直和水平两个位置时，光强之比为 20∶1，计算散射光的退偏振度.

8.6　一种光学玻璃对于波长为 435.8nm 和 546.1nm 两种光的折射率分别为 1.6130 和 1.6026，试应用柯西公式计算这种玻璃对波长为 600nm 的光的折射率 n 及色散率 $\mathrm{d}n/\mathrm{d}\lambda$.

8.7　波长为 690nm 的红光和波长为 430nm 的蓝光强度相同，问在散射光中两者的强度比例是多少？

8.8　设太阳光束由小孔射入暗室，室内的人沿着与光束垂直及 $\theta = 60°$ 方向观察时，见到的散射光强之比是多少？(设符合瑞利散射定律)

8.9　一个顶角为 50°的棱镜由某种玻璃制成，其色散特性可用柯西公式中的常量 A=1.53974，B=$4.5628\times10^3\text{nm}^2$ 来表示. 将棱镜的位置放置得使它对 550nm 的波长产生最小偏向角. 试计算这个棱镜的角色散率.

8.10　某种玻璃在靠近钠光的黄色双谱线($\lambda_1 = 589\text{nm}, \lambda_2 = 589.6\text{nm}$)附近的色散率为 $\mathrm{d}n/\mathrm{d}\lambda = -360\text{cm}^{-1}$，求由此玻璃制成的能分辨钠光双线的三棱镜底边应不小于多少.

8.11　波长为 0.67nm 的 X 射线，由真空入射到某种玻璃时，在掠射角不超过

0.1°的条件下发生全反射. 试计算玻璃对此波长的折射率.

8.12　波长为 0.07nm 的 X 射线，其折射率比 1 小 1.60×10^{-6}，试求全反射时，X 射线的掠射角.

8.13　已知相速 v_p、K 为常量，计算下列情况下的群速.

(1) $v_p = K$，无色散介质，如空气中的声波；

(2) $v_p = K\lambda$；

(3) $v_p = K\sqrt{\lambda}$，重力在水面上所引起的波；

(4) $v_p = K/\sqrt{\lambda}$，在水面上的表面张力波；

(5) $v_p = K/\lambda$，弹性薄片在弯曲时所产生的波.

第 9 章　光的量子性

光的电磁理论揭示了光的电磁波本质，并很好地解释了光的干涉、衍射和偏振等光学现象. 但从 19 世纪末以来，许多重要实验的结果与经典电磁波理论相违背，根本无法用波动理论进行解释，这迫使人们对光的本性做了进一步的探索，从而导致了光的量子性概念的建立和量子理论的发展，使人们对物质微观世界的认识产生了深刻的变化. 本章将通过黑体辐射、光电效应和康普顿效应等在科学史上具有重大意义的实验及基本规律来阐明光的量子性.

9.1　热辐射　基尔霍夫辐射定律

9.1.1　热辐射

物体以电磁波的形式向外发射能量的过程称为**辐射**. 因为辐射要消耗自身的能量，所以要长期维持辐射就必须从外界不断地给物体补充能量. 在辐射过程中，根据物质内部原子或分子是否发生变化，可以将辐射分为两类.

第一类，物体在辐射过程中，不改变原子或分子内部的运动状态，发射的辐射能是由物体中原子、分子的热运动能量转变来的. 这种**由热运动能量而转变为辐射能的过程**称为**热辐射**. 若要维持热辐射，则需要通过加热来维持物体的温度，使辐射能持续不断地进行下去. 实验发现：热辐射的光谱是连续谱，任何物体在任何温度下都能进行热辐射，也能吸收周围物体的热辐射. 物体及其表面性质不同时，其辐射情况也不同，在室温下，大多数物体辐射红外线，随着温度的升高，辐射总功率将增大，辐射功率最大值对应的波长也由长波向短波转移. 比如铁，在室温时发出红外光波，但是当加热到 500℃时，开始辐射暗红色的可见光，随着温度的不断升高，波长较短的辐射逐渐增多，大约升高到 1500℃时，开始发出白光.

热辐射和发光过程

第二类，物体在辐射的过程中，原子或分子内部状态发生了变化. 这种**由原子或分子内部能量转换为辐射能的过程**称为**发光**. 在辐射过程中，物质内部发生化学变化(如燃烧)而引起的发光过程，称为**化学发光**；用外来光或者其他辐射不断地照射物质而引起的发光过程，称为**光致发光**(如荧光、磷光等)；由电场作用而引起的发光过程，称为**电致发光**(如电弧放电、火花放电、辉光放电等)；如果是通过电子轰击而引起固体产生光辐射，则称为**阴极射线发光**.

9.1.2　单色辐出度 辐射出射度 单色吸收比

通常用单色辐出度和辐射出射度这两个概念来定量描述物体热辐射的本领，而为了定量描述物体吸收辐射能的本领，引入了单色吸收比的概念.

1. 单色辐出度

根据实验，当物体的温度一定时，在一定时间内从物体表面一定面积上发射出来的、波长在某一范围的辐射能有一定的量值. 若温度为 T 的物体，从单位面积上发射出来的波长在 λ 到 $\lambda+\mathrm{d}\lambda$ 范围内的辐射功率为 $\mathrm{d}M_{\lambda}(T)$，则 $\mathrm{d}M_{\lambda}(T)$ 与 $\mathrm{d}\lambda$ 之比定义为**单色辐出度**，用 $M(\lambda,T)$ 表示

$$M(\lambda,T)=\frac{\mathrm{d}M_{\lambda}(T)}{\mathrm{d}\lambda} \tag{9.1.1}$$

单色辐出度 $M(\lambda,T)$ 即为单位面积单位波长范围内的辐射功率，是波长和温度的函数，并与物体的性质有关. 其单位为 $\mathrm{W/m^3}$.

2. 辐射出射度

单色辐出度是对某一波长而言的. 从物体表面单位面积上发射的各种波长的总辐射功率称为**辐射出射度**，用 $M(T)$ 表示，显然辐射出射度与单色辐出度的关系为

$$M(T)=\int_0^{\infty}M(\lambda,T)\mathrm{d}\lambda \tag{9.1.2}$$

$M(T)$ 是温度 T 的函数并与物体的性质有关，其单位为 $\mathrm{W/m^2}$.

3. 单色吸收比

若光照射到温度为 T 的物体表面上，波长在 λ 附近的单位波长间隔内的辐射功率为 $\mathrm{d}W_{\lambda}$，而物体吸收同一波长间隔的辐射功率为 $\mathrm{d}W_{\lambda}'$，则定义**单色吸收比**为

$$A(\lambda,T)=\frac{\mathrm{d}W_{\lambda}'}{\mathrm{d}W_{\lambda}} \tag{9.1.3}$$

$A(\lambda,T)$ 是波长和温度的函数，并与物体的性质有关. 因为被照物体表面可能有反射、散射或透射，所以

$$0\leqslant A(\lambda,T)\leqslant 1$$

9.1.3　基尔霍夫辐射定律

如果将温度不同的物体 P_1、P_2、P_3 放在一个理想的、抽空的密闭绝热容器里，则物体之间，以及物体与容器之间只能通过辐射和吸收来交换能量. 若物体在单位时间内辐射的能量比吸收的多，则它的温度就降低，辐射减弱，反之，温度升高，辐射增强.

经过一段时间后，所有物体，包括容器在内都会达到相同的温度，建立热平衡，此时各物体在单位时间内辐射的能量与吸收的能量必然相等(对任何波长都成立)，单色辐出度大的物体，其单色吸收比也一定大，单色辐出度小的物体，其单色吸收比也一定小.

1859 年，基尔霍夫根据热平衡原理得出这样一个定律：**物体的单色辐出度和单色吸收比的比值与物体的性质无关，是波长和温度的普适常量**，称为**基尔霍夫辐射定律**. 若 P_1、P_2、P_3 在热平衡时的单色辐出度和单色吸收比分别为 $M_1(\lambda,T)$、$A_1(\lambda,T)$，$M_2(\lambda,T)$、$A_2(\lambda,T)$，$M_3(\lambda,T)$、$A_3(\lambda,T)$，则基尔霍夫辐射定律可以用下式表示：

$$\frac{M_1(\lambda,T)}{A_1(\lambda,T)}=\frac{M_2(\lambda,T)}{A_2(\lambda,T)}=\frac{M_3(\lambda,T)}{A_3(\lambda,T)}=f(\lambda,T) \tag{9.1.4}$$

根据式(9.1.4)可知：**在热平衡时，凡是强吸收体必然是强辐射源**. 这个结论可由实验证明：把涂有一点煤烟的玻璃棒放在酒精灯的火焰里加热，移出后看到涂有煤烟部分比其他部分更为红亮. 因为煤烟的吸收比玻璃大，所以它的辐射也强.

9.2　黑体及黑体辐射实验定律

9.2.1　黑体

一般物体热辐射的规律非常复杂，为便于研究，引入一个理想模型——黑体. **在任何温度下对任何波长的辐射能全部吸收而不反射的物体称为绝对黑体**，简称**黑体**. 显然黑体的单色吸收比 $A_B(\lambda,T)=1$，与 λ、T 及构成黑体的材料无关.

当黑体与其他物体处于热平衡时，由式(9.1.4)可知，黑体的单色辐出度 $M_B(\lambda,T)$ 等于普适常量. 由于黑体的单色吸收比最大，所以它的单色辐出度也最大. 任何物体的单色辐出度与单色吸收比的比值都等于同一温度下黑体的单色辐出度. 由此可见，黑体的辐射规律反映了所有物体辐射规律的共性.

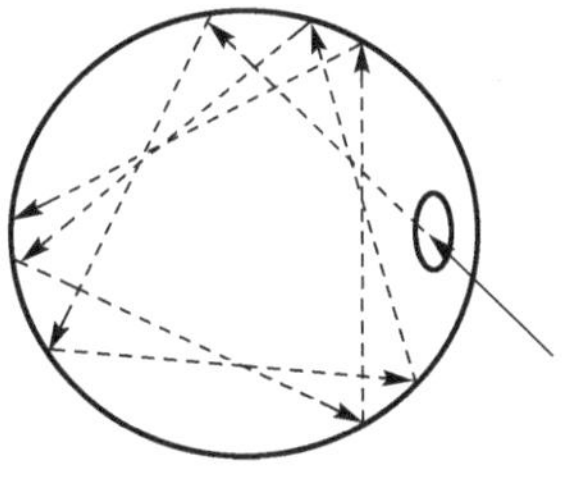

图 9.2.1　黑体模型

绝对黑体在自然界是不存在的，但人们可制造近似于黑体的模型，如图 9.2.1 所示，将内壁涂黑的空腔开一小孔，当光自小孔进入空腔后，在空腔内壁多次反射、吸收，从小孔出射的光极少，对空腔外的观察者来说，带小孔空腔的单色吸收比对任何波长都非常接近于 1，所以可将带小孔的空腔近似看成黑体. 当加热空腔时，腔壁将向腔内发出热辐射，其中一部分从小孔射出，这部分辐射可近似看成黑体辐射.

9.2.2 绝对黑体的辐射实验定律

从基尔霍夫定律知，要了解一物体的热辐射性质，必须知道黑体的辐射出射度，因此确定绝对黑体单色辐出度 $M_B(\lambda,T)$ 曾经是热辐射研究的中心问题.

图 9.2.2 是研究黑体辐射规律的实验装置示意图，其中 A 为陶瓷管，一端封闭，另一端开有一小孔(黑体模型)，通过发热装置使 A 保持在所需的温度 T，从小孔发出的辐射经透镜会聚后射入平行光管 B_1. 从 B_1 出来的平行辐射线通过分光棱镜 P，不同波长的辐射经 P 折射分光，形成波长按角度的分布谱线. 把平行光管 B_2 对准某一方向，则在该方向上具有一定波长的辐射将聚焦在热电偶 C 上，于是就可测出这一波长的辐射功率. 移动平行光管 B_2，在不同位置将接收到不同波长的辐射，因而可以测出在该温度下单色辐出度随波长的变化，如图 9.2.3 所示.

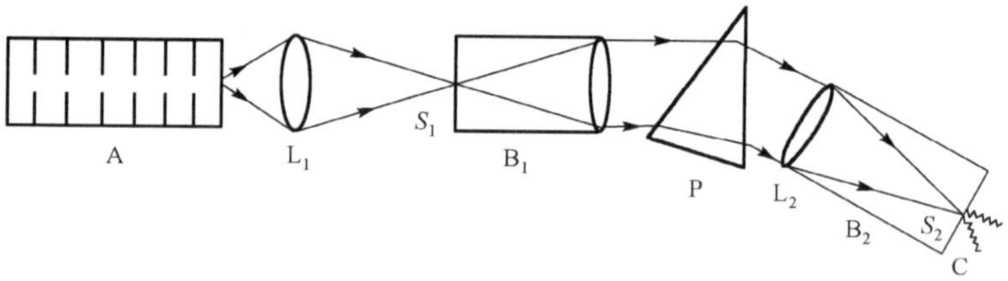

图 9.2.2　黑体辐射实验装置示意图

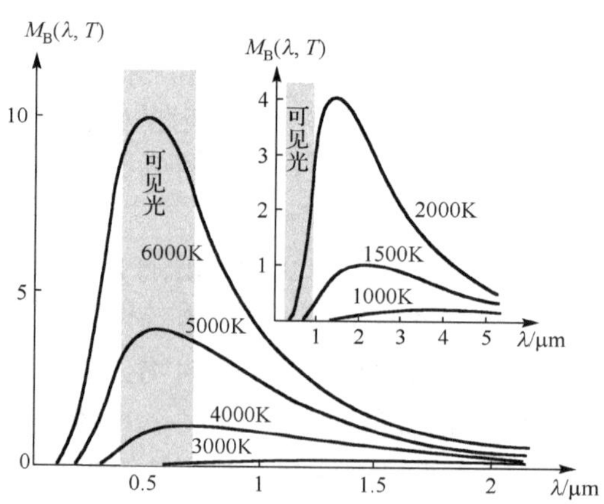

图 9.2.3　$M_B(\lambda,T)$ 随波长和温度变化的曲线

由图 9.2.3 可知，在任何确定的温度下，不同波长的单色辐出度不同，在某一波长 λ_m 处，曲线有极大值，说明黑体的该波长单色辐出度最大，当温度升高时，极大值位置向短波方向移动，同时曲线向上抬高(辐射能量变大)，并且半峰宽变窄. 下面两条黑体辐射实验定律定量描述了上述特征.

1. 斯特藩-玻尔兹曼定律

在图 9.2.3 中，每一条曲线下的面积代表该温度下黑体的辐出度 $M_B(T)=\int_0^{\infty} M_B(\lambda,T)\mathrm{d}\lambda$. 1879 年，斯洛文尼亚物理学家斯特藩(J. Stefan，1835～1893)由实验总结出：**黑体的辐出度与绝对温度的四次方成正比**，即

$$M_B(T)=\sigma T^4 \tag{9.2.1}$$

式中，$\sigma=5.67051\times10^{-8}\mathrm{W/(m^2\cdot K^4)}$. 1884 年，奥地利物理学家玻尔兹曼(L. E. Boltzmann，1844～1906)在热力学的基础上，引进辐射压力的概念，也推导出了式(9.2.1)，因此式(9.2.1)称为**斯特藩-玻尔兹曼定律**. σ 为斯特藩-玻尔兹曼常量.

斯特藩-玻尔兹曼定律表明：随着温度升高，黑体的辐射出射度快速增大.

2. 维恩位移定律

斯特藩-玻尔兹曼定律给出了黑体的辐射出射度与温度的关系，但是并没有给出辐射出射度随波长的变化关系. 1893 年，德国物理学家维恩(W. Wien，1864～1928)根据实验得出结论：**黑体辐射时，单色辐出度的极大值对应的波长与绝对温度成反比**，称为**维恩位移定律**，即

$$\lambda_m\cdot T=b \tag{9.2.2}$$

式中，$b=2.898\times10^{-3}\mathrm{m\cdot K}$. 维恩位移定律表明：**随着温度升高，黑体单色辐出度的极大值向短波方向移动**.

由式(9.2.2)可知：常温下，黑体单色辐出度的极大值在红外区；当 T=3000K 时，$\lambda_m=960\mathrm{nm}$，极大值仍在红外区；当 T=5000K 时，$\lambda_m=570\mathrm{nm}$，则极大值移到可见光的黄绿部分；当温度高于 7200K 时，极大值进入紫外区.

例 9.2.1　在地球大气层外的飞船上对太阳光谱进行测试，发现单色辐出度的极大值在 465nm 处，假定太阳是黑体，试计算其表面温度和辐出度.

解　根据维恩位移定律 $\lambda_m\cdot T=b$ 得知太阳表面温度为

$$T=\frac{b}{\lambda_m}=\frac{2.898\times10^{-3}}{465\times10^{-9}}=6232(\mathrm{K})$$

根据斯特藩-玻尔兹曼定律，太阳的辐出度为

$$M_B(T)=\sigma T^4=5.67051\times10^{-8}\times6232^4=8.553\times10^7(\mathrm{W/m^2})$$

9.3　普朗克公式　能量子

黑体辐射实验定律没有给出黑体单色辐出度 $M_B(\lambda,\ T)$ 随温度的变化关系. 为了从理论上推导出与实验结果相符的 $M_B(\lambda,\ T)$ 函数形式，19 世纪末的许多物理学家付出了巨大努力，得到了一定的研究成果，其中最具代表性的是维恩公式和瑞利-金斯公式.

9.3.1　维恩公式和瑞利-金斯公式

1896 年，维恩根据热力学原理并假设辐射按波长的分布类似于麦克斯韦分子速率分布，在分析实验数据后得到了一个经验公式

$$M_B(\lambda,T)=\frac{C_1}{\lambda^5}\exp\left(-\frac{C_2}{\lambda T}\right)\tag{9.3.1}$$

称为**维恩公式**，式中，C_1、C_2 为常数.

1900 年，英国物理学家瑞利由经典电磁学理论结合统计物理学中的能量按自由度均分原理得到了一个黑体辐射的能谱分布公式，后经英国物理学家、天文学家金斯(J. Jeans，1877～1946)修正，最后的公式表示为

$$M_B(\lambda,T)=2\pi c\frac{kT}{\lambda^4}\tag{9.3.2}$$

此式称**瑞利-金斯**公式，式中，c 为真空中的光速，$k=1.38\times10^{-23}\mathrm{J/K}$ 为**玻尔兹曼常量**.

图 9.3.1 给出了 1600K 温度下黑体辐射的实验曲线以及维恩公式和瑞利-金斯公式的理论曲线.

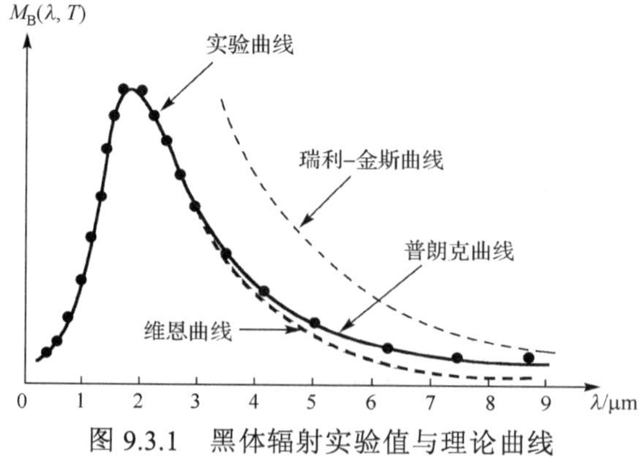

图 9.3.1　黑体辐射实验值与理论曲线

比较图中曲线可知，维恩公式在波长较短时与实验结果相符，在长波段与实验结果产生了明显的偏离. 而瑞利-金斯公式在波长很长时与实验结果相符，但在短波范围与实验结果完全不符合. 由式(9.3.2)，当$\lambda \to 0$时，$M_B(\lambda, T) \to \infty$，这显然是荒谬的，因为任何物体(包括黑体在内)的辐出度都不可能是无限大的. 经典理论和实验结果在短波部分的这一严重分歧，在物理学史上被称为“**紫外灾难**”.

物理学史上的两朵乌云

9.3.2　普朗克公式　能量子

维恩公式在短波段与实验符合较好，而瑞利-金斯公式则在长波段与实验曲线相吻合，这使德国物理学家普朗克(M. Planck，1858～1947)受到很大的启发. 他认为可以把两者结合起来，先找到一个与实验结果相符的经验公式，然后再寻求理论解释.

普朗克依据熵对能量二阶导数的两个极限值(分别由维恩公式和瑞利-公式确定)内推，并用经典的玻尔兹曼统计取代了能量按自由度均分原理，得出了**普朗克公式**

$$M_B(\lambda,T)=\frac{2\pi hc^2}{\lambda^5}\cdot\frac{1}{e^{\frac{hc}{k\lambda T}}-1} \tag{9.3.3}$$

式中，$h=6.62\times10^{-34}\mathrm{J\cdot s}$是与黑体材料、性质和温度都无关的一个普适常量，称为**普朗克常量**. 普朗克公式能够在全波段内与黑体辐射实验结果相符，如图 9.3.1 所示，点线为黑体辐射的实验值，实线是由普朗克公式得到的曲线，两者基本一致.

在长波段，由于λ较大，$e^{\frac{hc}{k\lambda T}}$经级数展开，近似可得$e^{\frac{hc}{k\lambda T}}\approx 1+\frac{hc}{k\lambda T}$，则式(9.3.3)转化为瑞利-金斯公式. 在短波段，由于λ很小，而$e^{\frac{hc}{k\lambda T}}$很大，可以忽略式(9.3.3)分母中的1，就转化为维恩公式.

为了从理论上推导式(9.3.3)，普朗克在涉及黑体表面谐振子的性质时，提出了一个大胆而有争议的假设——能量子假设.

(1) 黑体由许多带电线性谐振子组成. 振子振动时向外辐射电磁波，各振子的频率不同，每一振子发出一种单色辐射，而整个黑体则发出连续辐射.

(2) 谐振子能量是量子化的. 与经典物理中能量变化是连续的概念不同，谐振子的能量只能取某些分立值，这些分立值是某一最小能量单元ε的整数倍，即ε，2ε，3ε，…，$n\varepsilon$，这些允许的能量值称能级，ε称为**能量子**. 所以，振子的能量是不连续的，振子从一个能级跃迁到另一个能级而辐射或吸收电磁波时，能量变化也是不连续的，能量的不连续变化称为**能量量子化**.

(3) 能量子 ε 与谐振子的频率成正比，即 $\varepsilon = h\nu$.

能量子假设与经典的简谐振子模型不一致. 在经典理论中，振子的能量取决于振幅和频率，对于给定频率的谐振子，其能量可以取连续的量值. 而按照普朗克假设，振子的能量是分立的，只能取特定的能量值. 所以当时物理学界对能量子假设并不认同，就连普朗克本人对此也迷惑不解，其后十多年中，他试图将常量 h 纳入经典理论的框架之中，但始终未能如愿. 直到 1905 年，犹太裔物理学家爱因斯坦借助能量子假设，提出了光量子理论，成功地解释了光电效应之后，量子思想才逐渐被人们所接受.

可以证明，维恩公式和瑞利-金斯公式分别是普朗克公式在短波段和长波段的极限情况，也可由普朗克公式导出斯特藩-玻尔兹曼定律和维恩位移定律. 可见，新的量子理论比经典理论更高、更广、更普遍，但也不能以量子理论的正确性全盘否定经典理论，经典理论在自己适用的范围内也是正确的，超出适用范围就要出错，要被新的理论所取代.

普朗克公式和能量子假设，不仅从理论上解决了黑体辐射问题，而且普朗克的能量量子化的新思想对近代物理学的发展具有深远影响，从此开创了一个物理学新领域——量子理论，成为现代量子理论的开端.

9.3.3　黑体辐射的应用——光测高温法

利用黑体辐射定律来测定温度的方法称为**光测高温法**. 对于 2000～3000K 及以上的高温，这几乎是唯一的方法，在近代工业技术中广泛应用. 根据测量高温时所利用的黑体辐射定律不同，光测高温法也不同.

1. 色温法

测量单色辐出度的极大值所对应的波长 λ_m，利用维恩位移定律求得温度的方法称为色温法. 这种方法测得的温度为 $T_{色}$.

2. 亮温法

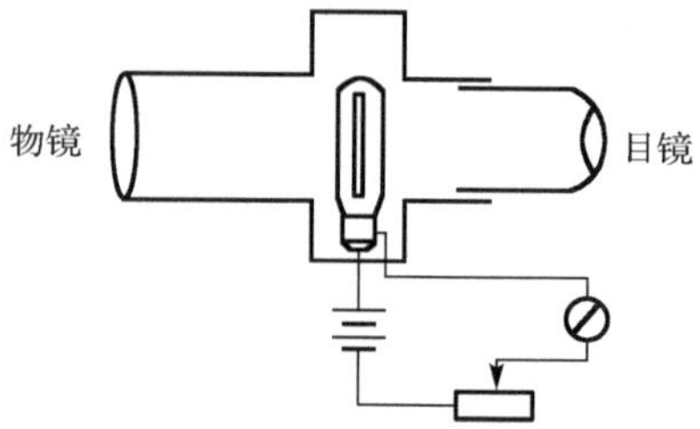

图 9.3.2　消丝高温计

按照黑体辐射定律，温度相同的黑体亮度相同. 当物体在波长 λ 和温度 T 时的光辐射亮度等于某黑体在同一波长下的光谱辐射亮度时，黑体的温度 T 称为物体的温度，记作 $T_{亮}$. 比较亮度的装置如图 9.3.2 所示，将特制的灯丝放在望远镜的像方焦面上，因而它与被测物体的中间像重合. 调节灯丝电流，当其亮度与被测物体的亮度一样时，通过目镜看去，灯丝就从被测物的背景中消失(所以这种装置称为消丝高温计). 电流计的示数可以事先按灯丝的温度校准，这样就可将待测物体的温度直接读出.

3. 辐射温度法

如图 9.3.3 所示，用光具组将辐射体成像于热电偶的感温端，热电偶接收的辐射能正比于像的辐射照度，而像的辐射照度又正比于物的辐射亮度，即辐出度. 根据斯特藩-玻尔兹曼定律，辐出度正比于 T^4. 只要事先经过校准，用此仪器(称辐射高温计)就可测出物体的温度. 用此法测得的温度称为辐射温度 $T_{辐}$.

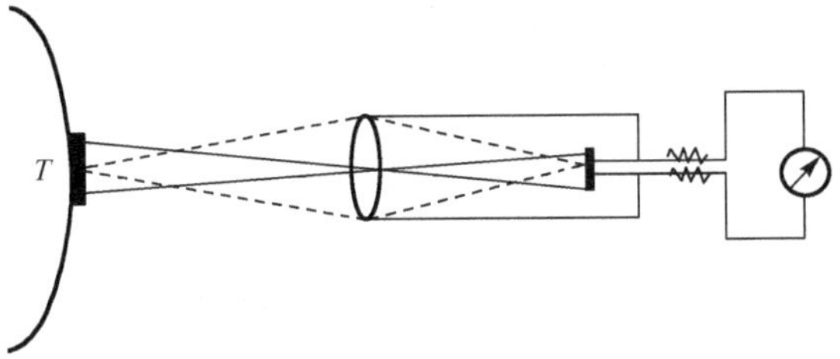

图 9.3.3 辐射高温计

对于绝对黑体，$T_{色} = T_{亮} = T_{辐} = T$ (物体的实际温度)，但被测物并非绝对黑体，往往是 $T_{色} \neq T_{亮} \neq T_{辐} \neq T$，所以无论用上述哪种方法，要得到物体的真实温度 T，都需根据辐射体的性质加以修正.

9.4 光电效应

1887 年，德国物理学家赫兹(H. R. Hertz，1857～1894)在研究电磁波的性质时偶然发现，当光照射在金属表面时，有电子从金属中逸出，这种现象称为**光电效应**，所逸出的电子称为**光电子**. 当时赫兹只是注意到用紫外线照射在电极上时，光电效应比较容易发生，但并不知道这一现象产生的原因，人们用经典电磁学理论无法对实验中得到的结果做出合理的解释. 直到 1905 年，爱因斯坦根据普朗克关于能量量子化的假设，提出了光量子的概念后，才从理论上成功地解释了光电效应现象，爱因斯坦因此获得了 1921 年诺贝尔物理学奖.

9.4.1 光电效应实验装置

图 9.4.1 为光电效应实验装置，S 为抽成真空的玻璃容器，容器内装有阴极 K 和阳极 A，阴极 K 为一金属板，W 为石英窗(石英对紫外线吸收很少)，单色光通过 W 照射到 K 上时，K 便释放出光电子. 如果在 A、K 之间加上电压 U，光电子在加

速电压作用下，从阴极向阳极运动，从而在回路中形成电流(即**光电流**)，A、K 间电压 U 及电流 I 由伏特计和电流计测量.

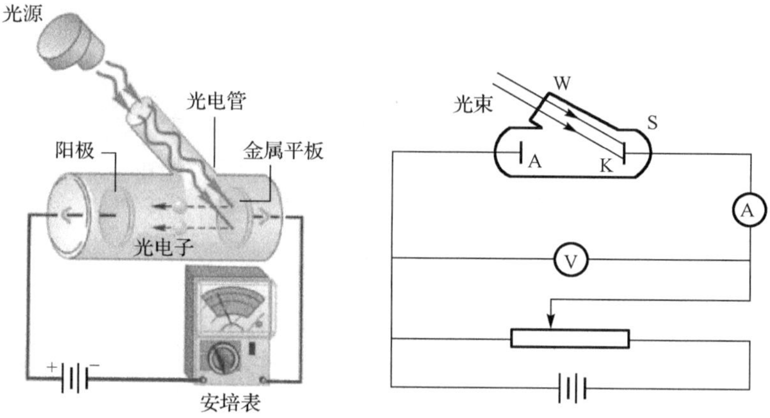

图 9.4.1　光电效应实验装置

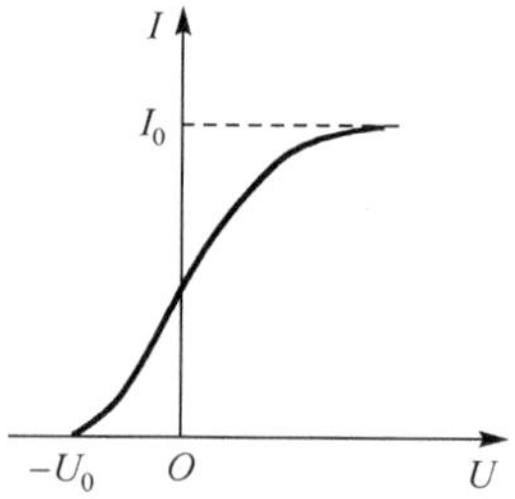

图 9.4.2　光电效应伏安曲线

9.4.2　光电效应的实验规律

实验发现，以一定强度的单色光照射阴极，通过分压器改变 A、K 间电压 U，同时记录电压 U 和电流 I 值，可得图 9.4.2 所示的实验曲线. 由曲线可知，在入射光强一定时，若两极间加正向电压，光电流随电压的增加而增加，并在电压足够大时趋向饱和. 这说明入射光强一定时，单位时间内从阴极逸出的光电子数 n 是一定的，当电压大到足以把产生的光电子全部拉向阳极时，光电流就达到饱和值 I_0，再增加电压时电流不会继续增加. 显然，饱和光电流为

$$I_0 = ne \tag{9.4.1}$$

式中，e 为元电荷.

由图 9.4.2 可知，电压 U 为零时光电流并不为零，这说明光电子从阴极脱出时具有一定的初速度，因而具有初动能. 虽无外电场，部分光电子依靠初动能仍能到达阳极而形成光电流. 当加反向电压时，电场对光电子有阻止作用，只有少量初动能较大的光电子可克服电场阻碍到达阳极而形成光电流. 随反向电压的增大，到达阳极 A 的光电子数减少，光电流也减小. 当反向电压到$-U_0$时，光电流为零，即具有最大初动能的光电子也不能到达阳极. U_0 称为**遏止电压**，显然

$$eU_0 = \frac{1}{2}mv_{\mathrm{m}}^2 \tag{9.4.2}$$

式中，m 为电子质量；v_{m} 为电子的最大初速度. 所以从实验中测出 U_0，就可计算出光电子的最大初动能.

实验时，若以频率相同而光强不同的光照射阴极，可得图 9.4.3 所示的曲线. 若使不同频率的光照射阴极，遏止电压 U_0 和入射光频率 ν 之间的关系如图 9.4.4 所示.

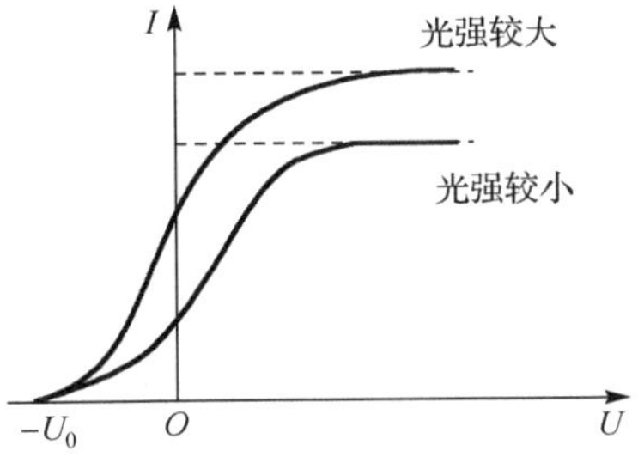

图 9.4.3　不同光强下的伏安特性曲线

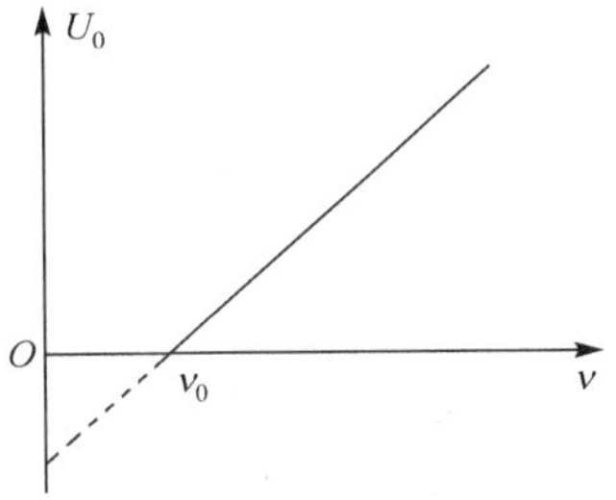

图 9.4.4　入射光频率与遏止电压的关系

分析光电效应实验结果，可得出下述规律.

(1) 饱和电流 I_0 与入射光强成正比，而遏止电压 U_0 与光强无关(图 9.4.3). 式(9.4.1)和式(9.4.2)说明，单位时间内从阴极脱出的光电子数与入射光强成正比，而光子的最大初动能与入射光强无关.

(2) 遏止电压 U_0 与入射光频率 ν 呈线性关系(图 9.4.4). 可以用下式表示：

$$U_0 = k(\nu - \nu_0) \tag{9.4.3}$$

式中，ν_0 为直线在横轴上的截距. 实验发现斜率 k 与阴极材料无关，而 ν_0 与阴极材料有关. 由式(9.4.2)和式(9.4.3)可得

$$\frac{1}{2}mv_{\mathrm{m}}^2 = eU_0 = ek\nu - ek\nu_0 \tag{9.4.4}$$

可见光电子的最大初动能随入射光频率线性改变.

(3) 光电效应存在截止频率 ν_0. 因 $\frac{mv_{\mathrm{m}}^2}{2} \geqslant 0$，由式(9.4.4)知，$\nu \geqslant \nu_0$. 可见，对每一种阴极材料，都存在一个入射光频率 ν_0. 小于 ν_0 的光不论强度多大，照射时间多长，都无光电子发射. 频率 ν_0 称为光电效应的**截止频率**或**频率红限**，红限有时也用波长 λ_0 表示，$\lambda_0 = c/\nu_0$，不同阴极材料的红限不同，表 9.4.1 给出了几种金属的红限值.

表 9.4.1　几种金属的红限值

金属	铯	钾	钠	锂	铍	汞	钨	铁	银	金	铂
红限 λ_0/nm	652	550	540	500	319	275	270	262	260	258	196

(4) 光电效应的弛豫时间非常短. 从光照射阴极到阴极发射出光电子所需的时间称为光电效应的**弛豫时间**. 实验表明，只要入射光频率不低于ν_0，不论光强如何弱，光电效应的弛豫时间不超过10^{-9} s.

9.4.3　光电效应与光的波动论的矛盾

金属内部的电子受原子的束缚，如果电子获得足够的能量，就可以摆脱束缚而逸出金属表面. 从光是电磁波的观点来看，光电子的逸出是由于照射到金属表面的光波强迫金属中的电子振动，使光波的能量转化为电子的能量，于是电子就能摆脱金属的束缚而逸出金属表面. 但是很多实验结果却无法用光的波动理论解释.

(1) 按光的波动理论，入射光强越大，光波的振幅也越大，光波供给电子的能量也越大，电子逸出金属表面后的初动能也应越大，即光电子的最大初动能应随入射光强的增加而增大. 但实验结果证明最大初动能与入射光强无关.

(2) 光的波动理论不能解释光电子的最大初动能与入射光频率的线性关系. 因为按照光的波动理论，当入射光频率与金属中电子固有频率一致时，产生共振，此时光波传给电子的能量最大，电子逸出后的初动能也应最大，当入射光频率为其他值时，电子受迫振动的振幅较小，从入射光中得到的能量较少，光电子的初动能也应较小，因此光电子的最大初动能与入射光频率不应该是线性关系.

(3) 光的波动论不能解释红限的存在. 因为按照光的波动论，光的能流密度正比于振幅的平方，不论入射光频率如何，只要足够强，就能提供电子逸出金属表面所需的能量，即不存在红限问题.

(4) 在光电效应弛豫时间问题上，波动理论解释也陷入了困境. 因为按照光的波动理论，光波能量是连续传递的，金属中的电子从入射光波中获得足够的能量需要一定的时间，并且光越弱，需要的积累时间越长，但实际上光电效应几乎没有弛豫时间.

例如，功率为 1W 的点光源照射 3m 处的金属钾，若光源各方向均匀辐射，金属钾中的电子逸出表面最少需要 2.3eV 的能量. 电子吸收能量的范围为半径等于原子半径($r=5\times10^{-11}$m)的圆面，则电子接收到的功率为

$$P=\frac{1\text{W}}{4\pi\times(3\text{m})^2}\times\pi\times(5\times10^{-11}\text{m})^2=6.94\times10^{-23}\text{W}$$

若电子能全部吸收此能量，则获得 2.3eV 的能量所需时间为

$$\frac{2.3\times1.6\times10^{-19}\text{J}}{7\times10^{-23}\text{W}}=5303\text{s}$$

此即光电效应的弛豫时间，而实验结果表明：从光开始照射阴极 K 到逸出电子，无

论光强如何，只要频率超过红限，光电子几乎是瞬时发射的，并不需要经过一段显著的时间，据现代的测量，此时间不超过10^{-9} s.

由此可见，光的波动理论在光电效应问题上陷入了困境，迫使人们去思索，去创新.

9.5　爱因斯坦光电效应方程　光子

9.5.1　光子——爱因斯坦假说

为了解释光电效应，1905 年爱因斯坦将普朗克的能量子概念加以推广，提出了关于光的本性的光子假说，普朗克把能量量子化的概念只用于谐振子的能量发射或吸收机制上，而仍然认为辐射场是一种电磁波. 而爱因斯坦指出，光不仅具有波动性，也具有粒子性. 光是一粒一粒以光速 c 运动的粒子流，这些光粒子称为**光量子**，简称**光子**. 每个光子的能量为

$$\varepsilon = h\nu \tag{9.5.1}$$

式中，h 是普朗克常量；ν 是光的频率. 不同频率的光其光子能量不同，光子只能整个地被吸收或发射.

9.5.2　爱因斯坦光电效应方程

按照光子假说，当光照射在金属表面时，金属中的自由电子从入射光中吸收一个光子的能量 $h\nu$ (同时吸收两个光子的概率很小)，电子把其中的一部分能量消耗在电子逸出金属表面需要做的功 A 上，另一部分转换成光电子的初动能，按能量守恒有

$$h\nu = \frac{1}{2}mv_0^2 + A \tag{9.5.2}$$

称为**爱因斯坦光电效应方程**. 其中 ν 为入射光频率，v_0 为光子的初速度，A 为光子从金属表面逸出时所做的功.

由于金属内部的电子可处于不同的能量状态，从金属中逸出时所做的功 A 也各不相同. 通常把 A 的最小值 A_0 称为**逸出功**. 对于 $A = A_0$ 的电子来说，逸出后的初动能最大，故上式可表示成

$$h\nu = \frac{1}{2}mv_{\mathrm{m}}^2 + A_0 \tag{9.5.3}$$

9.5.3　爱因斯坦光电效应方程对光电效应实验规律的解释

利用爱因斯坦光电效应方程可以圆满地解释光电效应的实验规律.

(1) 饱和光电流正比于光强，$I_0 \propto E$. 因光强即光的能流密度，也就是单位时间内通过单位垂直截面的光能，故频率为ν的光强为$E = Nh\nu$，其中 N 为单位时间内通过单位垂直面积的光子数. 由式(9.4.1)饱和电流$I_0 \propto n$ （n 为单位时间逸出并到达阳极的光电子数）知，$n \propto N$，$N \propto E$，所以$I_0 \propto E$.

(2) 最大初动能$\frac{1}{2}mv_{\mathrm{m}}^2$与入射光的频率$\nu$呈线性关系. 对于一定的金属，逸出功$A_0$一定，由爱因斯坦光电效应方程容易看出，$\frac{1}{2}mv_{\mathrm{m}}^2$与$\nu$呈线性关系.

(3) 红限存在的解释. 根据爱因斯坦光电效应方程$h\nu = \frac{1}{2}mv_{\mathrm{m}}^2 + A_0$，如果入射光频率过低，以致$h\nu < A_0$，就不会有光电子逸出，即使光强很大，光子数目很多，也不会有光电流. 只有当$\nu \geqslant \frac{A_0}{h}$时，才会产生光电效应，所以红限频率为$\nu_0 = \frac{A_0}{h}$.

(4) 光电效应瞬时性的解释. 当一个光子与一个电子碰撞时，电子立即得到$h\nu$的能量，无须能量的积累时间，故光电效应弛豫时间很短.

爱因斯坦的光子假设和光电效应方程对光电效应的成功解释说明了它的正确性. 但当初人们受经典电磁理论的束缚较严重，实验上又未能获得全面验证，所以爱因斯坦的光子假设和光电效应方程当时并没有立即被人们接受. 直到1916年，密立根精密测定了光电效应中的比例系数，并确定了普朗克常量h，其数值与在热辐射实验中测定的h值一致，爱因斯坦的光子假设和光电效应方程的正确性才被确认.

密立根对爱因斯坦的光子假说曾长期持保守态度，企图通过精密的光电效应实验否定它. 经过十年的艰苦努力，实验结果总是和自己的预料相反，而与爱因斯坦的假设一致. 在事实面前，密立根接受真理，宣布了他的实验结果，爱因斯坦光电效应方程得到了完全证实.

爱因斯坦光电效应方程是根据光子假设和能量守恒与转化定律建立起来的. 它的正确性，既说明了光子假设理论正确，又说明能量守恒与转化定律对微观粒子的相互作用也适用. 光电效应对于确定光的量子性起了决定性的作用.

9.5.4　光电效应的应用

光电效应在农业、工业、科学技术和国防中的应用十分广泛. 例如，作为光电转换器件的光电管就是应用光电效应制成的. 如图 9.5.1 所示，将玻璃泡抽成真空，在内表面涂上光电材料作为阴极，阳极一般做成圆环状. 使用时在两极间加上一定的直流电压，就可把照射在光电阴极上的光信号转换成电信号. 阴极可用多种材料(如钾、银等)制成，以适用于不同波长范围的光. 为提高真空光电管的灵敏度，通常在玻璃泡内充入某种低压惰性气体，光电子在飞向阳极的过程中与气体分子碰撞，使气体电离，这样可增大光电流，从而提高灵敏度. 真空光电管的灵敏度约为 10mA/mW，而充气光电管的灵敏度可提高 6～7 倍.

光电倍增管是灵敏度很高的光电转换器件. 其构造原理如图 9.5.2 所示：在光电管原阴、阳极间，装上多个阴极，分别称为第一阴极、第二阴极等，数目可多达十几个. 当光照射在光电阴极上时，从光电阴极上逸出的电子在加速电场的作用下，以提高的能量打在第一阴极上，可打出几个电子(称次发射)，这些电子在加速电场的作用下打在第二阴极上，可打出更多的电子，如此继续下去，一级级放大，最后阴极收集到的电子数可达光电阴极发出电子数的 10^5～10^8 倍. 因此，光电倍增管的灵敏度比普通光电管高几百万倍，微弱的光照就能产生很大的电流.

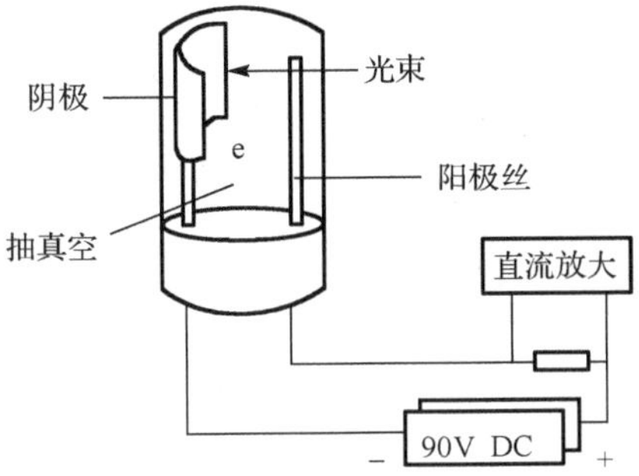

图 9.5.1　真空光电管

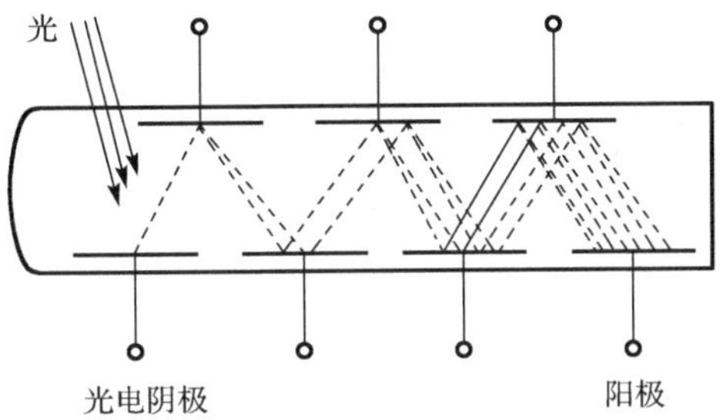

图 9.5.2　光电倍增管

除光电管和光电倍增管外，利用光电效应还可制成多种应用广泛的光电器件，如微光夜视仪，用它可以在夜间看清非常暗淡的物体.

9.6　康普顿效应

1922～1923 年，美国物理学家康普顿(A. H. Compton，1892～1962)研究了 X 射线经过金属、石墨等物质后散射的光谱成分，结果发现谱线中除了与原入射光相同的成分外，还出现了另一些成分，且两者的波长差与散射角有关，它们的强度遵从一定的规律，这种现象被称为**康普顿效应**.

9.6.1　康普顿效应的实验规律

观察康普顿效应的实验装置如图 9.6.1 所示，由 X 射线管发出的波长为 λ_0 的单色光，经光阑 D_1、D_2 后被某散射物质所散射，散射光的波长和强度利用晶体衍射装置和探测器来测量的.

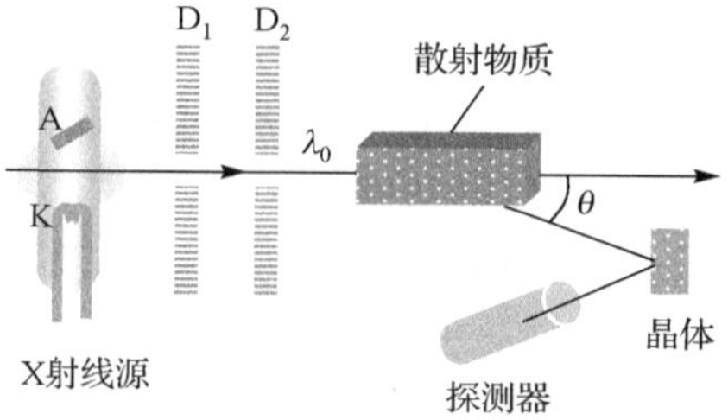

图 9.6.1　康普顿效应实验装置

图 9.6.2 表示康普顿散射与角度的关系，X 射线为 0.0712605nm 的钼谱线，散射物质为石墨．图 9.6.3 是散射角为 90° 时，不同散射物的康普顿散射，X 射线为 0.056267nm 的银谱线．

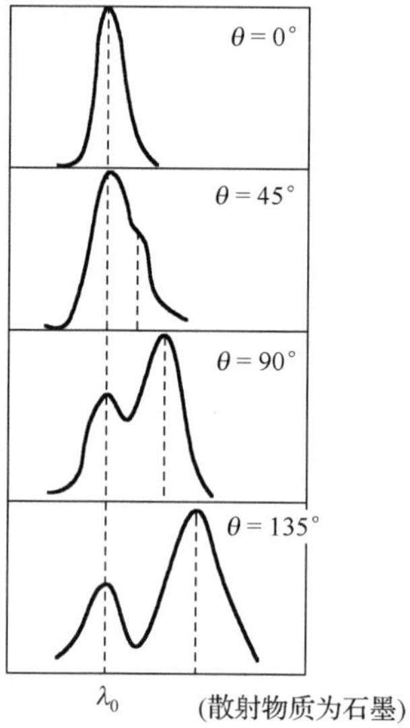

图 9.6.2　康普顿散射与角度的关系

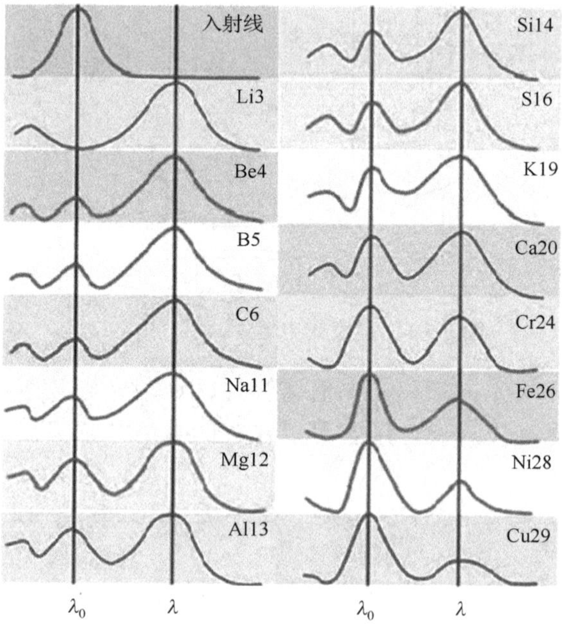

图 9.6.3　康普顿散射与原子序数的关系

由实验结果可知：

(1) 散射光中除了有和入射波长 λ_0 相同的谱线外，还有 $\lambda > \lambda_0$ 的谱线．

(2) 波长改变量 $\Delta\lambda = \lambda - \lambda_0$ 与原入射波长 λ_0 和散射物无关，与散射方向有关，波长的改变量与散射角的关系为

$$\Delta\lambda = \lambda - \lambda_0 = 2\lambda_{\mathrm{C}} \sin^2\frac{\theta}{2} \tag{9.6.1}$$

λ_{C} 为 $\theta = 90°$ 时波长的改变量，经实验测得 $\lambda_{\mathrm{C}} = 2.4263\times10^{-12}\,\mathrm{m}$，称为**康普顿波长**．

(3) 对同一散射物，散射光中波长为 λ_0 的谱线强度随 θ 的增加而减小，波长为 λ 的谱线强度随 θ 的增加而增大.

(4) 对同一散射角，λ_0 的谱线强度随散射物质原子序数的增加而增加，λ 的谱线强度随原子序数的增加而减小.

光的波动论不能很好地解释康普顿效应. 因为按照经典电磁理论解释，当电磁波通过物体时，将引起物体内带电粒子的受迫振动，每个振动着的带电粒子向四周辐射，成为散射光. 从波动的观点来看，带电粒子受迫振动的频率等于入射光的频率，所发射光的波长应与入射光的波长相等. 可见，光的波动理论能够解释波长不变的散射，但不能解释康普顿散射光中波长的增大问题，而光的量子论可很好地解释康普顿效应.

9.6.2　光子理论对康普顿效应的解释

1. 光子的质量和动量

光子具有能量 $h\nu$，因光子的运动速度为 c，所以要用相对论理论讨论光子的质量和动量.

1) 质量-速度关系式

根据相对论，物体质量与速度的关系为

$$m=\frac{m_0}{\sqrt{1-\frac{v^2}{c^2}}} \tag{9.6.2}$$

式中，v 为运动速度；m 为运动质量；m_0 为静止质量. 对于光子，因 $v=c$，但 $m\neq\infty$，所以只有 $m_0=0$，即**光子的静止质量为零**时，式(9.6.2)才能成立.

2) 质量-能量关系式

$$\varepsilon=mc^2 \tag{9.6.3}$$

对光子，能量 $\varepsilon=h\nu$，所以质量为

$$m=\frac{\varepsilon}{c^2}=\frac{h\nu}{c^2} \tag{9.6.4}$$

3) 质量-动量关系式

$$\varepsilon^2=p^2c^2+m_0^2c^4 \tag{9.6.5}$$

对光子，因静止质量为零，所以动量为

$$p=\frac{\varepsilon}{c}=\frac{h\nu}{c}=\frac{h}{\lambda} \tag{9.6.6}$$

2. 光子理论对康普顿效应的解释

如果应用光子的概念，并假设光子和实物粒子一样，能与电子等发生弹性碰撞，那么康普顿效应就能够在理论上得到与实验相符的解释.

(1) 一个光子与散射物质中的一个自由电子或束缚较弱的电子发生碰撞后，光子将沿某一方向散射，这一方向就是康普顿散射方向. 当碰撞时，光子有一部分能量传给电子，散射的光子能量就比入射光子的能量少；因为光子能量与频率之间有 $\varepsilon = h\nu$ 关系，所以散射光频率减小了，即散射光波长增加了.（$\theta\uparrow \to (\lambda-\lambda_0)\uparrow$，可通过式(9.6.1)解释.）

(2) 轻原子中的电子一般束缚较弱，重原子中的电子只有外层电子束缚较弱，内部电子束缚非常强，所以原子量小的物质，康普顿散射较强，而原子量大的物质，康普顿散射较弱.

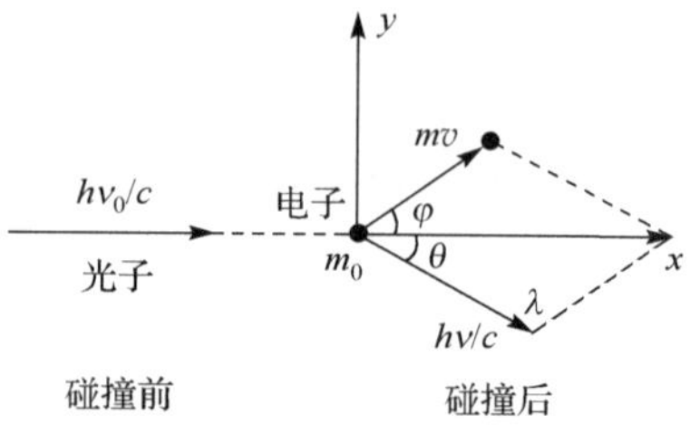

图 9.6.4　康普顿散射光路

根据光子理论，散射是光子与散射物粒子间弹性碰撞的结果，一个光子和一个自由电子做完全弹性碰撞，由于自由电子速率远小于光速，所以可认为碰前电子静止，如图 9.6.4 所示. 设光子频率为 ν_0，沿 x 方向入射，碰撞后光子沿 θ 角方向散射出去，电子则获得了速率 v，并沿与 x 方向夹角为 φ 的方向运动. 因光速很大，所以电子获得的速度也很大，可以与光速比较，此电子称为反冲电子. 碰撞前，电子能量为 m_0c^2，动量为零，入射光子能量为 $h\nu_0$，动量大小为 $h\nu_0/c$，碰撞后，电子能量为 mc^2，动量大小为 mv，散射光子能量为 $h\nu$，动量大小为 $h\nu/c$. 由弹性碰撞前后能量、动量守恒定律得能量守恒公式

$$h\nu_0 + m_0c^2 = h\nu + mc^2 \tag{9.6.7}$$

动量守恒公式

$$\begin{cases} x\text{方向：}\dfrac{h\nu_0}{c} = \dfrac{h\nu}{c}\cos\theta + mv\cos\varphi \\ y\text{方向：}0 = \dfrac{h\nu}{c}\sin\theta - mv\sin\varphi \end{cases} \tag{9.6.8}$$

由式(9.6.8)有

$$\left(\frac{h\nu_0}{c} - \frac{h\nu}{c}\cos\theta\right)^2 = m^2v^2\cos^2\varphi \tag{9.6.9}$$

$$\left(\frac{h\nu}{c}\sin\theta\right)^2 = m^2 v^2 \sin^2\varphi \tag{9.6.10}$$

式(9.6.9)和式(9.6.10)相加得

$$\frac{h^2\nu_0^2}{c^2} - 2h^2\frac{1}{c^2}\nu_0\nu\cos\theta + \frac{h^2\nu^2}{c^2}\cos^2\theta + \frac{h^2\nu^2}{c^2}\sin^2\theta = m^2v^2$$

即

$$mv^2c^2 = h^2\nu^2 + h^2\nu_0^2 - 2h\nu_0\nu\cos\theta \tag{9.6.11}$$

式(9.6.7)可化为

$$mc^2 = h(\nu_0 - \nu) + m_0c^2$$

两边平方，有

$$m^2c^4 = h^2\nu_0^2 + h^2\nu^2 - 2h^2\nu_0\nu + 2h(\nu_0 - \nu)m_0c^2 + m_0^2c^4 \tag{9.6.12}$$

式(9.6.12)和式(9.6.11)相减得

$$m^2c^4\left(1 - \frac{v^2}{c^2}\right) = m_0^2c^4 - 2h^2\nu_0\nu(1-\cos\theta) + 2h(\nu_0 - \nu)m_0c^2 \tag{9.6.13}$$

由于 $m = m_0\Big/\sqrt{1 - v^2/c^2}$，所以式(9.6.13)变为

$$m_0^2c^4 = m_0^2c^4 - 2h^2\nu_0\nu(1-\cos\theta) + 2h(\nu_0 - \nu)m_0c^2$$

即

$$m_0c^2(\nu_0 - \nu) = h\nu_0\nu(1-\cos\theta) \tag{9.6.14}$$

式(9.6.14)除以 $m_0c\nu_0\nu$ 得

$$\frac{c}{\nu} - \frac{c}{\nu_0} = \frac{h}{m_0c}(1-\cos\theta)$$

则 $\Delta\lambda = \lambda - \lambda_0 = \dfrac{h}{m_0c}(1-\cos\theta) = \dfrac{2h}{m_0c}\sin^2\dfrac{\theta}{2}$，即

$$\Delta\lambda = \lambda - \lambda_0 = \frac{2h}{m_0c}\sin^2\frac{\theta}{2} \tag{9.6.15}$$

式(9.6.15)与实验公式在形式上完全一致，并且康普顿波长为

$$\lambda_C = \frac{h}{m_0c} = \frac{6.626\times10^{-34}}{9.109\times10^{-31}\times2.998\times10^{8}} = 2.4263\times10^{-12}(\mathrm{m})$$

与实验值非常吻合. 上式说明，$\theta\uparrow \ \rightarrow \ \Delta\lambda\uparrow$；$\theta$ 相同，λ_0 相同，则 λ 就相同，波长的改变量仅由散射方向决定，与散射物质无关.

康普顿效应的发现，以及理论分析和实验结果的一致，不仅有力证明了光子假设是正确的，并且证实了在微观粒子的相互作用过程中，也严格遵守着能量守恒和动量守恒.

我国著名物理学家吴有训教授 1923 年随康普顿一起从事 X 射线散射光谱的研究，康普顿对吴有训的工作给予了很高的评价. 1923 年 5 月康普顿首次公布了 X 射线散射光谱的实验结果，但因当时著名的实验物理学家，哈佛大学的布里奇曼(P. W. Bridgman，1882～1961)教授没能重复出康普顿的结果而受到质疑，正是吴有训亲自奔赴哈佛，以精巧谙熟的实验技术，在同行面前演示了他们的结果，再加上精辟的理论分析，无可争议地证实了康普顿效应，才使物理学界信服.

9.6.3 康普顿效应与光电效应的关系

康普顿效应和光电效应在物理本质上是相同的，它们研究的都不是整个光束与物体之间的作用，而是个别光子与个别电子之间的相互作用，在这种相互作用过程中都遵循能量守恒定律.

但康普顿效应和光电效应这两种过程的差别表现在以下两个方面.

(1) 光电效应是指金属内电子吸收了光子全部能量而逸出金属表面，电子必须处于原子中的束缚态，遵守能量守恒定律；康普顿效应则是光子与自由电子的弹性碰撞，表现为光子散射和电子在靶内反冲，同时遵守能量守恒定律和动量守恒定律.

(2) 康普顿效应与光电效应中入射光子能量不同. 当光子能量与电子的束缚能同数量级时，主要表现为光电效应. 电子的束缚能一般为几个电子伏特，故入射光波长主要在紫外部分；当光子能量远大于电子的束缚能时，主要表现为康普顿效应，入射光波长越小，光子能量越大，康普顿效应越明显，故入射光波长主要在 X 射线或 γ 射线部分.

光电效应和康普顿效应等实验现象，证实了光子的假设是正确的，光具有粒子性. 但在光的干涉、衍射、偏振等现象中，又明显地表现出光的波动性. 这说明光既有波动性，又有粒子性. 一般来说，光在传输过程中，波动性表现较明显；光和物质作用时，粒子性表现较明显. 光所表现出的这两种性质，反映了光的本性.

例 9.6.1 已知 X 射线的能量为 0.060MeV，受康普顿散射后，求：(1) 在散射角为 $\pi/2$ 方向上，X 射线的波长；(2) 反冲电子的动能.

解 (1) 由 $\varepsilon = h\nu = hc/\lambda$，得入射 X 射线波长为

$$\lambda_0 = \frac{hc}{\varepsilon_0} = \frac{6.62\times10^{-34}\times3\times10^8}{0.06\times10^6\times1.6\times10^{-19}} = 2.07\times10^{-11}(\text{m}) = 0.0207(\text{nm})$$

根据 $\Delta\lambda = \lambda - \lambda_0 = \dfrac{2h}{m_0 c}\sin^2\dfrac{\theta}{2}$，当散射角为 $\pi/2$ 时，有

$$\Delta\lambda = \frac{2\times 6.62\times 10^{-34}}{9.1\times 10^{-31}\times 3\times 10^{8}}\sin^2\frac{\pi}{4} = 2.4\times 10^{-12}(\mathrm{m}) = 0.0024(\mathrm{nm})$$

所以有

$$\lambda = \lambda_0 + \Delta\lambda = 0.0207 + 0.0024 = 0.0231(\mathrm{nm})$$

(2) 据能量守恒定律，反冲电子的动能 E_k 即光子能量的损失，故

$$E_\mathrm{k} = h\upsilon_0 - h\upsilon = 6.62\times 10^{-34}\times 3\times 10^{8}\left(\frac{1}{0.207\times 10^{-10}} - \frac{1}{0.231\times 10^{-10}}\right)$$
$$= 9.97\times 10^{-16}(\mathrm{J}) = 6.23\times 10^{3}(\mathrm{eV})$$

9.7　光的波粒二象性

9.7.1　光的波动性和粒子性

光的干涉、衍射、偏振等现象，说明光在传播过程中具有波动性，而黑体辐射、光电效应、康普顿效应等实验，说明光在与物质相互作用时具有粒子性，因此，光具有波粒二象性. 不能把光的波动性和粒子性看成互相抵触和排斥的两种概念. 事实上，这种二象性是光在不同场合下表现出来的两种同样真实的属性. 在光的传播过程中，光的波动性占优势，因而产生干涉、衍射等现象，必须用波动理论来解释；而在光的辐射、吸收或光与物质相互作用的过程中，光的粒子性占主导地位，因而热辐射、光电效应等现象必须用光的量子理论来解释.

下面两个公式将光的波粒二象性有机地联系在了一起：

$$\varepsilon = h\nu\,,\quad p = \frac{h}{\lambda}$$

能量 ε 和动量 p 是描述粒子特征的物理量，而频率 ν 和波长 λ 是描述波动特征的物理量，光的这两种性质通过普朗克常量 h 定量地联系了起来，由上式可见，对长波和低频的光子，其能量和动量较小，波动性明显(如长波无线电)；对短波和高频的光子，其能量和动量较大，粒子性明显(如 X 射线、γ 射线等).

通过光的衍射实验可进一步理解光的波粒二象性之间的关系. 在光的衍射实验中，若强光入射即单位时间内有很多光子，则照相底片上立即出现衍射花样，显示出光的波动性，这种波动性是否是光子之间相互作用的结果呢?若用弱光入射，光子几乎是一个一个地衍射，照相底片上的感光点，开始时是毫无规则地散布着，随着

时间的延长，感光点数目逐渐增多，最终形成同样的衍射花样. 这说明，波动性不是光子之间相互作用的结果，而是光子本身所具有的属性. 单个光子经什么途径、出现在什么地方、运动轨迹是不确定的，而大量光子的运动表现出规律性，这种规律与波动理论计算的结果相一致. 可见光的波粒二象性可与统计的观点建立联系，大量光子同时通过和一个一个光子通过之间的差别仅在于前者是对空间的统计平均，后者是对时间的统计平均. 在前一种情况下，如果光子在某些地方从空间上看出现得稠密些，那么在后一种情况下，就是在这些地方从时间上看光子出现得频繁些. 光波在某一时刻，在空间某点的强度(振幅绝对值的平方)就是该点找到光子的概率. 光波强度大的地方，每个光子在这里出现的概率也大，因而出现的光子也多；光波强度很小或等于零的地方，光子出现在这里的概率也很小或等于零，因而出现的光子很少或没有光子. 这种统计的观点，统一了粒子概念和波动概念. 一方面光子具有集中的能量、动量、质量，也就是具有粒子性；另一方面它在各处出现，各有一定的概率，由这个概率可以计算出它的空间分布，这种空间分布与波动的概念一致.

9.7.2 实物粒子的波粒二象性

在光的量子理论取得成功之后，面对微观世界中描述实物粒子运动规律所遇到的困难，1923 年，法国物理学家德布罗意考虑到自然界中的许多方面是对称的，可以观察到的宇宙完全是由光和物质构成的，既然光具有波粒二象性，物质或许也具有波粒二象性. 他认为："整个世纪以来，在光学中，比起波的研究方法来，如果说是过于忽视粒子的研究方法的话，那么在实物粒子的理论上，是不是发生了相反的错误，把粒子的图像想得太多，而过分忽视了波的图像呢?"于是在 1924 年，他提出了一个大胆的假设：**不仅辐射具有波粒二象性，一切实物粒子也都具有波粒二象性**. 所谓实物粒子，是指静止质量不为零的微观粒子；而所谓波，不过是指周期性地传播、运动着的场而已. 实物粒子的波称为**德布罗意波**或**物质波**. 若用能量 E 和动量 p 来表征实物粒子的粒子性，用频率 ν 和波长 λ 来表征实物粒子的波动性，则自由空间中运动的实物粒子，与之相联系的是平面波，该平面波的频率和波长由下式确定：

$$\nu = \frac{E}{h}, \qquad \lambda = \frac{h}{p} = \frac{h}{mv}$$

上式称为**德布罗意公式**，其中 m、v 分别是粒子的质量和速度.

德布罗意假设被许多实验所验证，例如，电子的干涉和衍射等现象证实了实物粒子具有波动性.

电子的波粒二象性

不仅光具有波粒二象性，实物粒子也具有波粒二象性，对于这种二象性，必须从统计的观点来认识，它们相联系的都是概率波，但光波和物质波又有本质的不同.

本 章 小 结

1. 基尔霍夫辐射定律

基尔霍夫定律是一切物体在热平衡状态下进行热辐射所遵从的普遍规律.

$$\frac{M_1(\lambda,T)}{A_1(\lambda,T)}=\frac{M_2(\lambda,T)}{A_2(\lambda,T)}=\frac{M_3(\lambda,T)}{A_3(\lambda,T)}=f(\lambda,T)$$

2. 黑体及黑体辐射实验定律

(1) 斯特藩-玻尔兹曼定律：$M_{\mathrm{B}}(T)=\sigma T^4$；

(2) 维恩位移定律：$\lambda_{\mathrm{m}}\cdot T=b$.

3. 普朗克能量子假设和普朗克公式

普朗克公式

$$M_{\mathrm{B}}(\nu,T)=\frac{2\pi hc^2}{\lambda^5}\cdot\frac{1}{\exp^{\frac{hc}{kT\lambda}}-1}$$

经典理论不能说明热辐射问题，而由能量子假设，导出了普朗克公式，使黑体辐射问题得到圆满解决.

4. 光电效应的实验规律

(1) 饱和电流与入射光强成正比，而遏止电压与光强无关.

(2) 遏止电压与入射光频率呈线性关系.

(3) 光电效应存在截止频率.

(4) 光电效应的弛豫时间非常短.

5. 爱因斯坦光电效应方程

$$h\nu=\frac{1}{2}mv_0^2+A$$

6. 康普顿效应的实验规律

(1) 散射光中除了和入射波长 λ_0 相同的谱线外，还有 $\lambda>\lambda_0$ 的谱线.

(2) 波长改变量与原入射波长和散射物无关，与散射方向有关.

(3) 对同一散射物，散射光中波长为 λ_0 的谱线强度随 θ 的增加而减小，波长为 λ 的谱线强度随 θ 的增加而增大.

(4) 对同一散射角，λ_0 的谱线强度随散射物质原子序数的增加而增加，λ 的谱线强度随原子序数的增加而减小.

7. 康普顿效应的量子解释

把康普顿效应看成光子与自由电子碰撞的结果，导出 $\Delta\lambda = \lambda - \lambda_0 = \dfrac{2h}{m_0 c}\sin^2\dfrac{\theta}{2}$，与实验结果相符，可见光子理论成功地解释了实验规律.

8. 光的波粒二象性

光子的能量、动量、质量分别为

$$\varepsilon = h\nu,\quad p = \frac{h}{\lambda},\quad m = \frac{h\nu}{c^2}$$

思　考　题

9.1 炼钢工人通过观察炼钢炉内的颜色就可估计炉内的温度，其根据是什么？

9.2 为什么入射单色光，出射的光电子却有不同的速度？

9.3 为什么说在光电效应中，截止频率的存在是支持光子理论而反对波动理论的？

9.4 在光电效应中，若(1)入射光频率增加一倍，(2)入射光强度增加一倍，按光子理论，这两种情况的结果有何不同？

9.5 可见光是否适宜于观察康普顿效应？为什么？

9.6 光电效应和康普顿效应都包含电子和光子的相互作用，这两个过程有什么不同？

9.7 为什么光电测量对于光电表面性质是很灵敏的？

9.8 对于运动的宏观实物粒子，德布罗意假设 $\lambda = \dfrac{h}{mv}$ 是否适用？为什么我们不考虑它们的波动性？

9.9 对光的波粒二象性你是怎样认识的？

习　题

9.1 用辐射高温计测得炉壁小孔的辐出度是 $22.8\,\mathrm{W/cm^2}$，求炉内温度.

9.2　若测得太阳的 $\lambda_m = 0.55\,\mu m$，北极星的 $\lambda_m = 0.35\,\mu m$，天狼星的 $\lambda_m = 0.29\,\mu m$，把这些星体看作黑体，求其表面温度.

9.3　若黑体加热过程中，单色辐出度的最大值所对应的波长由 0.6μm 变化到 0.4μm，求辐出度增大的倍数.

9.4　热核爆炸中火球的瞬时温度达 10^7K，求：

(1) 辐射最强的波长；

(2) 此波长的光子能量.

9.5　已知从铯表面发射出的光电子的最大动能为 2.0eV，铯的逸出功是 1.9eV，求入射光的波长.

9.6　已知钾的光电效应红限波长为 550nm，若实验中用波长为 480nm 的光照射，求：

(1) 钾的逸出功；

(2) 遏止电压.

9.7　从钠中逸出一个电子至少需要 2.3eV 的能量，若用 400nm 的光照射钠表面，求：

(1) 钠的红限波长；

(2) 出射光电子的最大动能；

(3) 出射光电子的最小动能；

(4) 遏止电压.

9.8　试求下列各种波长下光子的能量、动量和质量：

(1) 无线电短波 $\lambda = 10\,m$；

(2) 红外线 $\lambda = 2.5\,\mu m$；

(3) 可见光 $\lambda = 500\,nm$；

(4) 紫外线 $\lambda = 280\,nm$；

(5) X 射线 $\lambda = 10\,nm$.

9.9　波长为 $\lambda_0 = 7.08\,nm$ 的 X 射线在石蜡上受到康普顿散射，求在 $\pi/2$ 和 π 方向上所散射的 X 射线波长各是多大.

9.10　已知 X 射线光子的能量为 0.6MeV，在康普顿散射后波长变化了 20%，求反冲电子的动能.

9.11　在康普顿散射实验中，入射光子的波长为 0.3nm，反冲电子的速度为光速的 60%，求散射光子的波长及散射角.

第 10 章　激光与非线性光学基础

激光源于英文 laser(light amplification by stimulated emission of radiation 的缩写)一词，即通过受激辐射而产生的光放大，是 20 世纪 60 年代发展起来的一种新型光源. 早在 1917 年，爱因斯坦在辐射理论中就提出了“受激辐射”的概念，1951～1954 年，美国哥伦比亚大学的汤斯(C. H. Townes，1915～2015)及苏联科学家巴索夫(N. G. Basov，1922～2001)和普罗克霍洛夫(A. M. Prokhorov，1916～2002)等分别独立研制了微波激射器，命名为 maser(microwave amplification by stimulated emission of radiation)，1958 年，汤斯和美国科学家肖洛(A. H. Schawlow，1921～1999)提出在一定条件下可将微波激射器推广到光波波段，制成受激辐射光放大器. 1960 年 7 月，美国科学家梅曼(T. H. Maiman，1927～2007)制成了世界上第一台红宝石激光器(ruby laser). 1961 年，我国物理学家邓锡铭(1930～1997)、王之江(1930～)制成了我国第一台红宝石激光器，在 1961 年 11 期《科学通报》上发表了相关论文，称其为“光学量子放大器”. 其后在我国科学家钱学森的建议下，统一翻译为“激光器”.

激光与普通光源相比，具有**单色性好**、**相干性好**、**方向性好**、**亮度高**等优点，是与常见普通光源性质完全不同的一种新光源，普通光源向四面八方辐射，光线分散到 4π sr 的立体角内，而激光可以基本沿某一条直线传播，发散角通常限制在 10^{-6}sr 的立体角内. 尽管激光输出的能量有一定的限度，但它能够在比普通光源小得多的立体角内和很短的时间内将能量输出，所以它的亮度比普通光源要高上百万倍，甚至几十亿倍. 激光的诞生是光学发展史上一个新的里程碑. 经过 60 余年的发展，它已经使光学技术产生了革命性的变化，对光学理论产生了深刻的影响，并带动了全息光学、非线性光学、傅里叶光学、激光光谱学、光通信、光存储、光信息处理等许多新兴学科的发展，推广应用到现代工业、农业、医学、通信、国防和科学技术等各个方面，使得古老的光学焕发出新的青春.

本章将主要介绍激光的基本原理以及激光器的基本结构、种类、应用，并简要讨论非线性光学现象.

10.1　激光形成机理

10.1.1　原子能级及粒子数正常分布

在量子化的原子体系中，原子能量状态 $E_1, E_2, E_3,\cdots$是一系列分立值，原子的每一个能量状态称为原子的一个能级，其中能量最低的称为**基态**，如图 10.1.1 中的 E_1，高于最低能级的其他能级称为**激发态**，如图 10.1.1 中的 E_2、E_3 等.

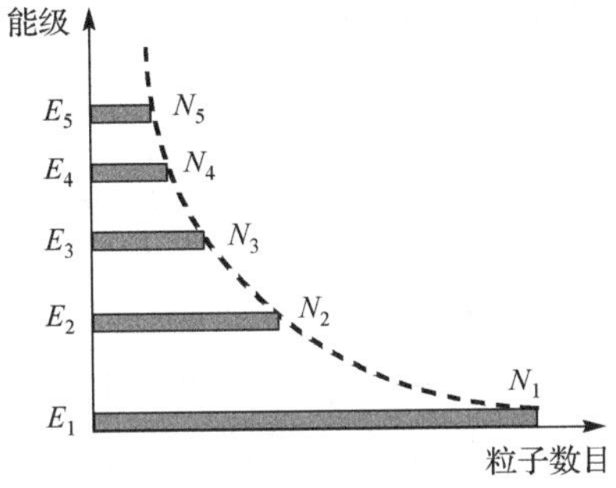

图 10.1.1　原子能级图

一般情况下，原子处于热平衡状态，各能级上的粒子数按玻尔兹曼正则规律分布，如图 10.1.1 所示，即 $N_n \propto \mathrm{e}^{-\frac{E_n}{kT}}$，式中，$E_n$ 为第 n 个原子能级，N_n 为 E_n 能级上的粒子数，T 为原子体系热平衡时的热力学温度，k 为玻尔兹曼常量(1.38×10^{-23}J/K). 也就是说，随着能级的增高，能级上的粒子数按指数规律减少. 比如在室温下，T=300K，$N_2/N_1\approx10^{-21}$，故在室温下绝大部分原子处于基态.

10.1.2　光的自发辐射、受激辐射和受激吸收

按照量子理论，光和物质的相互作用存在自发辐射、受激辐射和受激吸收三种跃迁过程. **普通光源的发光过程主要是自发辐射，而激光的发光过程主要是受激辐射**.

1. 自发辐射

从经典力学来讲，一个物体如果势能很高，它将是不稳定的. 同样，处于激发态的原子也是不稳定的. 如图 10.1.2 所示，处于高能级 E_2 的原子处于不稳定状态，即便是在没有外界影响的情况下，也会自发地跃迁到低能级 E_1 上，并辐射一个频率为 ν 的光子，光子的能量 ε 和频率 ν 满足

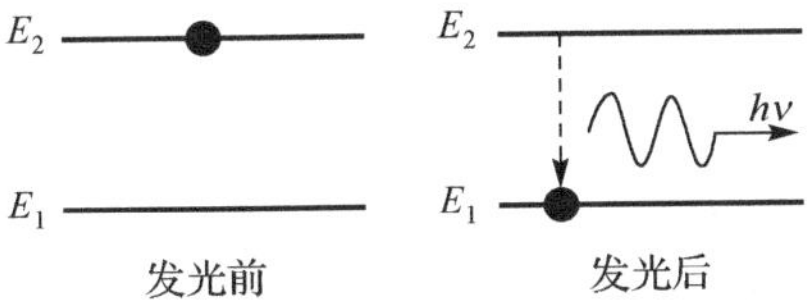

图 10.1.2　自发辐射示意图

$$\varepsilon = h\nu = E_2 - E_1 \tag{10.1.1}$$

$$\nu = (E_2 - E_1)/h \tag{10.1.2}$$

这一过程称为光的**自发辐射**. 自发辐射是一个随机过程，大量处于高能级的粒子，虽然它们都辐射频率为 ν 的光子，但自发辐射发生的时间、辐射光子的初相位、光子的传播方向和光子的振动方向都是随机的，亦即不同原子自发辐射的光子之间或同一原子不同时刻辐射的光子之间没有任何依赖关系，因而自发辐射的光波是非相干的. 白炽灯、日光灯、高压汞灯等发光过程都属于自发辐射.

2. 受激辐射

处于高能级 E_2 的粒子在没有产生自发辐射之前，受到频率 ν 刚好满足 $\nu=(E_2-E_1)/h$ 的外来光子激励时，粒子从高能级 E_2 跃迁到低能级 E_1，并发射一个频率为 ν 的

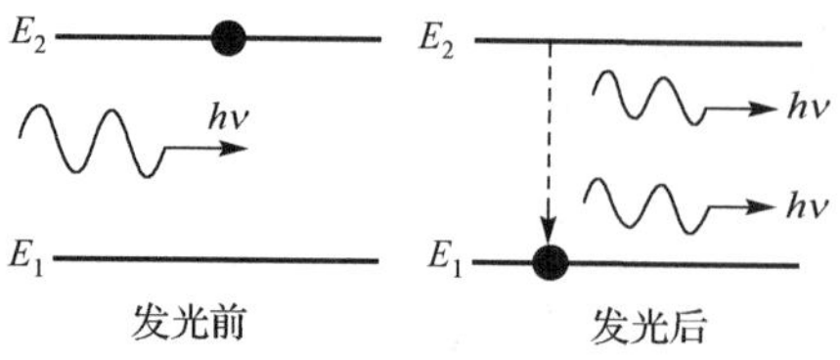

图 10.1.3　受激辐射示意图

光子，这一过程称为**受激辐射**，如图 10.1.3 所示. 与自发辐射不同的是，受激辐射光子的所有特性与入射光子完全一样，不仅有相同的频率，而且还有相同的初相位、相同的传播方向以及相同的振动方向等，所以受激辐射产生的光波是相干的. 在受激辐射过程中，入射一个光子，就可以得到两个性质完全一样的光子，这两个光子又可作为外来光子去激励其他原子产生受激辐射，从而产生四个性质完全相同的光子，如此连锁的激励，就能在一个光子的激励下，获得大量性质完全相同的光子，故受激辐射能产生光放大. 激光主要是受激辐射，它的许多优异性能与受激辐射特点密切相关.

3. 受激吸收

如图 10.1.4 所示，原子处于低能级 E_1 上，如果有一个频率为 $\nu=(E_2-E_1)/h$（即能量为 $E=E_2-E_1$）的光子入射，原子就会吸收入射的光子而跃迁到高能级 E_2 上，这一过程称为**受激吸收**.

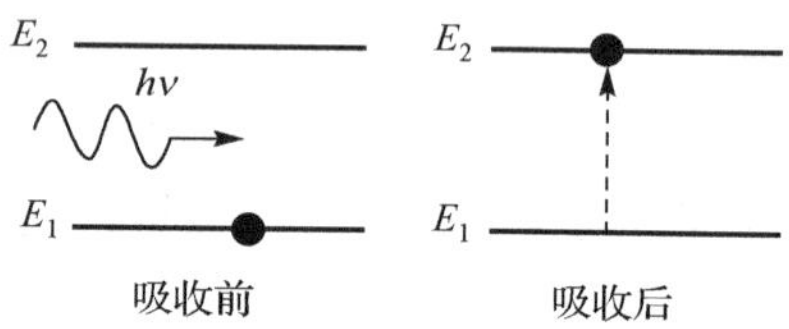

图 10.1.4　受激吸收示意图

10.1.3　爱因斯坦公式

自发辐射过程中，单位时间从高能级 E_2 跃迁到低能级 E_1 的粒子总数 $\mathrm{d}N_{21}/\mathrm{d}t$ 只与初始状态 E_2 上的粒子数 N_2 成正比，而与辐射场无关，比例常数用 A_{21} 表示，即

$$\frac{\mathrm{d}N_{21}}{\mathrm{d}t}=A_{21}N_2 \tag{10.1.3}$$

对于受激吸收过程，单位时间内从低能级 E_1 跃迁到高能级 E_2 的粒子总数 $\mathrm{d}N_{12}/\mathrm{d}t$ 除了与初始状态 E_1 上的粒子数 N_1 有关，还与频率满足 $\nu=(E_2-E_1)/h$ 的外来光子数密度 $u(\nu)$ 成正比，比例常数用 B_{12} 来表示，即

$$\frac{\mathrm{d}N_{12}}{\mathrm{d}t}=B_{12}u(\nu)N_1 \tag{10.1.4}$$

对于受激辐射过程，单位时间内从高能级 E_2 向低能级 E_1 跃迁的粒子总数 $\mathrm{d}N_{21}/\mathrm{d}t$ 除了与初始状态 E_2 上的粒子数 N_2 有关外，还与外来光子数密度 $u(\nu)$ 成正比，比例系数用 B_{21} 来表示，即

$$\frac{\mathrm{d}N_{21}}{\mathrm{d}t}=B_{21}u(\nu)N_2 \tag{10.1.5}$$

式(10.1.3)～式(10.1.5)中的比例常数 A_{21}、B_{12}、B_{21} 统称为**爱因斯坦系数**.

理论计算表明，爱因斯坦系数之间满足

$$B_{12} = B_{21} = B\ (\text{不考虑简并的情况下}) \tag{10.1.6}$$

$$\frac{A_{21}}{B} = \frac{8\pi h\nu^3}{c^3} \tag{10.1.7}$$

式(10.1.6)和式(10.1.7)称为**爱因斯坦公式**. 虽然这两个公式是在热平衡条件下推导出来的，但由于 A_{21}、B_{12}、B_{21} 与分布状态无关，所以也适用于普遍情况.

10.1.4　粒子数反转

综上所述，当光和原子相互作用时，受激吸收、自发辐射和受激辐射三个过程总是同时存在、相互竞争的. 一些处于高能级 E_2 的原子自发地辐射出能量为 $h\nu = E_2 - E_1$ 的光子，这些光子可以作为外来光子激励其他处于高能级 E_2 的原子产生受激辐射. 自发辐射和受激辐射的光子又可以被处于低能级 E_1 的原子吸收，从而向高能级 E_2 跃迁. 自发辐射产生的是非相干光，而受激辐射产生的是相干光，所以要想产生激光，就必须使受激辐射在三个过程中处于主导地位.

当一束频率为 ν 的光通过具有能级 E_2 和 E_1 ($h\nu = E_2 - E_1$) 的介质时，将同时发生受激吸收和受激辐射(此时自发辐射可以近似忽略)，受激吸收使入射光减弱，受激辐射使入射光加强. 若在 $\mathrm{d}t$ 时间内单位体积受激吸收的光子数为 $\mathrm{d}N_{12}$，受激辐射的光子数为 $\mathrm{d}N_{21}$，则由式(10.1.4)和式(10.1.5)有

$$\mathrm{d}N_{12} = B_{12}u(\nu)N_1\mathrm{d}t\,,\quad \mathrm{d}N_{21} = B_{21}u(\nu)N_2\mathrm{d}t$$

所以

$$\frac{\mathrm{d}N_{21}}{\mathrm{d}N_{12}} = \frac{B_{21}u(\nu)N_2\mathrm{d}t}{B_{12}u(\nu)N_1\mathrm{d}t} \propto \frac{N_2}{N_1} \tag{10.1.8}$$

(1) 在正常情况下，原子体系处于热平衡状态，粒子数按玻尔兹曼正则分布，$N_2/N_1 < 1$，高能级 E_2 上的粒子数 N_2 总是小于低能级 E_1 上的粒子数 N_1，此时 $\mathrm{d}N_{12} > \mathrm{d}N_{21}$，即光经过介质传播的过程中，受激吸收的光子数大于受激辐射的光子数，受激吸收占优势，入射光的强度减弱，宏观效果表现为光吸收.

(2) 当 $N_2/N_1 > 1$ 时，高能级 E_2 上的粒子数 N_2 大于低能级 E_1 上的粒子数 N_1，此时 $\mathrm{d}N_{12} < \mathrm{d}N_{21}$，即光经过介质传播的过程中，受激辐射的光子数大于受激吸收的光子数，受激辐射占优势，入射光的强度增加，宏观效果表现为光放大.

由此可见，要实现受激辐射强于受激吸收产生光放大，必须改变 $N_1>N_2$ 的这种原子的正常分布规律，使处于高能级的粒子数 N_2 超过处于低能级的粒子数 N_1，即 $N_2>N_1$. 粒子数的这种反常分布，称为粒子数反转分布，简称**粒子数反转**. 能实现粒子数反转分布的介质称为**激活介质**或**增益介质**. 实现粒子数反转是使受激辐射相对

于受激吸收取得优势地位的唯一办法，是产生激光的前提条件.

由此可见，粒子数反转分布只有在非热平衡状态下才能实现. 可以人为施加一定的能量(如光照、放电等)来激励增益介质，使原子能够从低能级向高能级转化，从而形成粒子数反转.

10.2　激光器的基本结构和工作原理

10.2.1　激光器的基本结构

自从世界上第一台红宝石激光器诞生，至今已 60 余年，世界各国先后研制出上百种类型的激光器，虽然它们的运转方式不尽相同，所发射的激光波长也从真空紫外到远红外波段，但每一种激光器都由工作物质、激励源和谐振腔三部分组成，如图 10.2.1 所示.

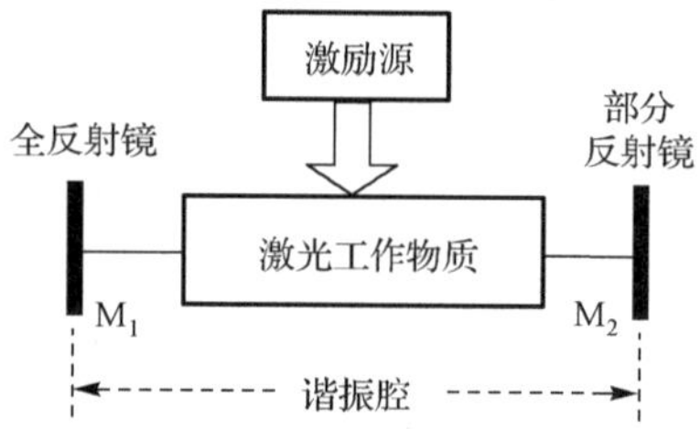

图 10.2.1　激光器的基本结构

1. 工作物质(即增益介质)

工作物质是激光器中产生受激辐射的物质，其作用是使入射光得到放大，是激光器的核心. 对激光工作物质，它必须满足一定的条件：具有一对能产生激光的能级，其中高能级应有足够长的寿命(亚稳态)，以使得粒子被激发到该能级后能停留较长的时间，从而在该能级上积累较多的粒子，与低能级之间形成粒子数反转. 常见的工作物质有固体、气体和液体等，世界上第一台红宝石激光器的工作物质就是固体，常见的 He-Ne 激光器的工作物质就是气体.

2. 激励源

激励源的作用是给工作物质提供能量，使介质中处于基态的粒子获得能量后被“抽运”到高能级的激发态，形成粒子数反转. 激励源通常是电源或者光源，工作物质不同，所采用的激励源也不同，其供给能量的过程称为**光抽运**.

3. 谐振腔

谐振腔是位于激光器两端的一对反射镜，其结构相当于一个法布里-珀罗标准具，如图 10.2.1 所示，其中 M_1 是全反镜，反射率 R 接近 100%，M_2 为部分反射镜，反射率 R 在 80%左右，它可使激光部分反射回去继续振荡，部分透射并输出激光. 由于受激发射的光子是向各个方向发射的，谐振腔的作用就是只让与反射镜轴向平行的光束能在工作物质间来回地反射形成振荡，最后形成稳定的激光输出，凡偏离轴线方向的光束或者直接从侧面逸出腔外，或者经过几次来回反射后从侧面逸出不能形成振荡. 所以谐振腔对光束方向具有选择性，保证了激光器输出的激光束具有极好的方向性. 特定方向的光束在粒子数反转的工作物质中来回传播得到放大，相当于等效延长了增益介质，保证了激光的高亮度. 总之，**光学谐振腔具有产生稳定的光振荡、实现光放大、限制激光的传播方向，以及选频和输出激光的作用**.

10.2.2　工作物质的粒子数反转和增益作用

1. 工作物质的粒子数反转

光抽运可以使粒子从低能级跃迁到高能级. 在两能级系统中，由于发生受激吸收跃迁和受激辐射跃迁的概率相等($B_{12}=B_{21}$)，而达到平衡状态时高低两能级原子数又相等，所以在单位时间内，受激辐射的原子数与受激吸收的原子数相等，这就十分清楚地表明，**在任何两能级系统，外界能源的激励最多使两个能级的原子数相等，并不能实现粒子数反转**. 若在高低能级之间还有一个或多个中间能级(亚稳态能级)，且它们之间满足一定的关系，即可形成三能级系统或四能级系统，这样就能使中间的亚稳态能级和低能级之间实现粒子数反转，从而使受激辐射占优势，实现光放大.

为了说明增益介质形成粒子数反转的物理过程，下面以三能级系统为例做简要描述. 图 10.2.2 为增益介质的三能级图，E_1 为基态，E_2、E_3 为激发态，中间能级 E_2 为亚稳态. 在激励源的作用下，基态 E_1 的粒子被抽运到激发态 E_3 上，E_1 上的粒子数 N_1 随之减少. 但由于 E_3 能级的寿命很短，粒子将很快通过碰撞交出部分能量后以无辐射跃迁的方式转移到亚稳态 E_2 上. E_2 能级的寿命较长，即粒子在 E_2 能级上停留的时间较长，于是在基态粒子数 N_1 减少的同时，E_2 能级上的粒子数不断积累，使得 N_2 随之加大. 当 N_2 大于 N_1 时，就实现了亚稳态 E_2 和基态 E_1 之间的粒子数反转.

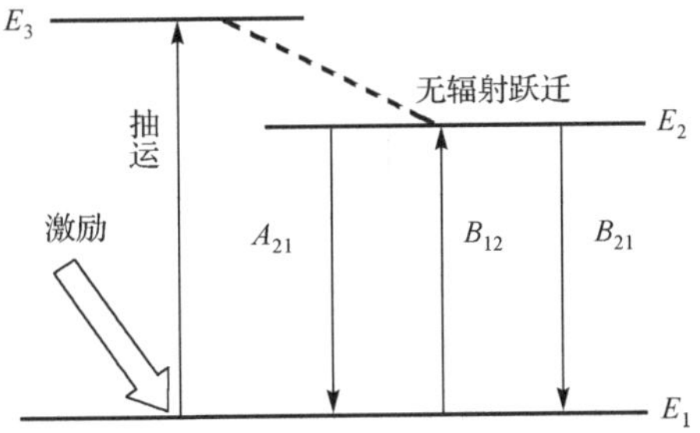

图 10.2.2　三能级增益介质工作模式

总之，要实现粒子数反转，工作物质必须存在亚稳态能级，必须有激励源供给能量，粒子输运的全过程必须是一个循环往复的非平衡过程.

2. 工作物质的增益作用

在增益介质中，个别处于高能级的粒子自发辐射频率为 ν 的光子并跃迁到低能级. 这些自发辐射产生的光子将作为外来入射光在该介质中传播，由于增益介质已实现粒子数反转分布，所以频率为 ν 的光通过该介质后，会引起受激辐射产生光放大，光获得增益，入射光变强. 如果介质对光的放大能力用**增益系数**(简称**增益**) G 来表示，如图 10.2.3 所示，当一束光在介质中传播时，设它在 z 处光强为 I，到达 $z+dz$ 处时，光强变为 $I+dI$，则有

$$dI = GIdz \tag{10.2.1}$$

增益系数 G 可以理解为光在单位距离内光强的增加量. 如果在光的传播过程中增益系数 G 的变化可以忽略，则将上式积分后得

$$I(z) = I_0 e^{Gz} \tag{10.2.2}$$

即 $I(z)$ 将随着传播距离 z 的增加呈指数增长. 式中 I_0 为 $z = 0$ 处的光强.

增益系数 G 的大小与光的频率 ν 和光强 I 都有关系. 典型增益曲线的大致轮廓如图 10.2.4 所示，它随着光的增强而下降. 其原因为：增益系数 G 随粒子数的反转程度 (N_2-N_1) 的增加而上升，在同样的抽运条件下，光强 I 越大，单位时间内从亚稳态向下跃迁的粒子数就越多，从而导致粒子数反转程度减弱，因此增益也随之下降. **增益系数随着光强的增加而减弱的现象**称为**增益饱和**.

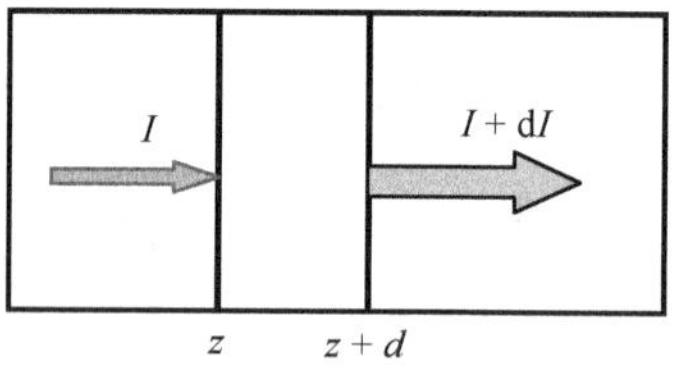

图 10.2.3　介质对光的放大

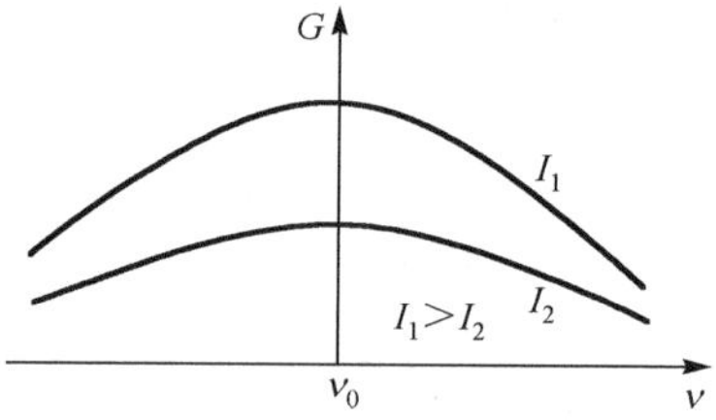

图 10.2.4　增益曲线

10.2.3　光振荡的阈值

有了增益介质和谐振腔，还不一定能产生激光，因为激光在谐振腔内来回反射的过程中，一方面，增益介质使得光得到增益，光强变大；另一方面，光在实现粒子数反转分布的介质中传播时还有各种损耗，只有当因增益放大而增加的光能量除了补偿因损耗而失去的部分还有剩余时，光才能在谐振腔中持续振荡而使得光强逐渐增大，最后有稳定的激光输出. 因此，为了获得激光，必须使增益大于损耗，要求增益系数要大于一个下限值，此下限值即为激光器的阈值，它的数值由各种损耗的大小决定.

1. 激光器的损耗

激光器的损耗是指在激光谐振腔内的光损耗. 这种损耗可以分为两类，第一类

是增益介质(即工作物质)内部的损耗，它与增益介质的长度有关，称为**内部损耗**. 第二类是可以折合到谐振腔镜面上的损耗，称为**镜面损耗**.

1) 内部损耗

在增益介质内部，由于介质成分不均匀、粒子数密度不均匀或者有缺陷等，光波通过时就会发生折射、散射等，使部分光波偏离原来的传播方向，造成光能量的损耗. 增益介质内还会有处于激发态能级上的粒子吸收光能，跃迁到更高的能级上，造成光能量的损失. 因此，光穿过增益介质时，在获得增益的同时，也会因上述损耗的存在而损失光能. 用 $\alpha_{内}$ 表示光通过单位长度介质时光强的相对损耗率，则光在增益介质中其光强的变化规律变为

$$I(z) = I_0 e^{(G-\alpha_{内})z} \tag{10.2.3}$$

2) 镜面损耗

用 r_1、r_2 和 t_1、t_2 分别代表谐振腔反射镜 M_1、M_2 的反射系数和透射系数，当光强为 I 的光波入射到镜面上时，其中 r_1I 部分(或 r_2I)反射回谐振腔继续放大，其余部分对谐振腔来说是损耗，这些损耗包括：由镜面上透射出去作为激光器对外输出的 t_2I ，镜面的散射、吸收，以及光的衍射使光束扩散到反射镜范围以外而造成的损耗，损耗的部分用 $\alpha_1 I$ (或 $\alpha_2 I$)表示，这些损耗统称为**镜面损耗**.

2. 阈值条件

为了确定激光器的阈值条件，我们讨论光在谐振腔内传播一个来回过程中光强的变化. 如图 10.2.5 所示，为了便于说明，将图中来回反射的光束拉开一定的距离.

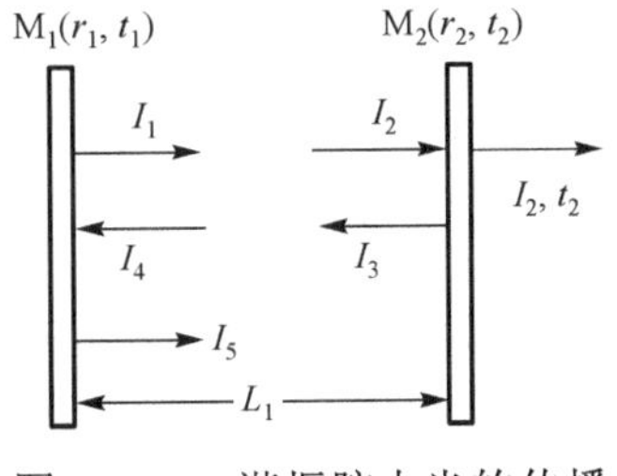

图 10.2.5　谐振腔内光的传播

设工作物质的长度为 L，介质的增益系数为 G，左右端面两个反射镜 M_1、M_2 的反射系数和透射系数分别为 r_1、r_2 和 t_1、t_2. 在 M_1 处的光强为 I_1，经过工作物质到达 M_2 时，光强 $I_2 = I_1 e^{(G-\alpha_{内})L}$ ，$\alpha_{内}$ 为介质内部损耗系数，经 M_2 反射后的光强 $I_3 = r_2 I_2 = r_2 I_1 e^{(G-\alpha_{内})L}$ ，光继续向前传播，到达 M_1 时的光强 $I_4 = I_3 e^{(G-\alpha_{内})L} = r_2 I_1 e^{2(G-\alpha_{内})L}$ ，再经 M_1 反射后的光强 $I_5 = r_1 I_4 = r_1 r_2 I_1 e^{2(G-\alpha_{内})L}$ ，这时光在谐振腔中正好往返一周，结束一个循环. 则循环始、末光强的比值为

$$\frac{I_5}{I_1} = r_1 r_2 e^{2(G-\alpha_{内})L} \tag{10.2.4}$$

若 $r_1 r_2 e^{2(G-\alpha_{内})L} > 1$ ，则 $I_5 > I_1$ ，即光在谐振腔内往返振荡过程中不断增强；若

$r_1r_2e^{2(G-\alpha_{内})L}<1$，则 $I_5<I_1$，即光在谐振腔内往返振荡过程中不断减弱；若 $r_1r_2e^{2(G-\alpha_{内})L}=1$，则 $I_5=I_1$，即光在谐振腔内往返振荡过程中强度维持不变. 所以，实现激光振荡的必要条件为

$$r_1r_2e^{2(G-\alpha_{内})L}\geqslant 1 \tag{10.2.5}$$

对于给定的谐振腔，r_1、r_2 和 L 是固定的，介质的内部损耗系数 $\alpha_{内}$ 也是一定的. 要使上式成立，则必须使增益系数 G 大于某个最低数值 G_m，这个使得式(10.2.5)成立的 G_m 值就是谐振腔的**增益阈值**. 式(10.2.5)称为谐振腔的增益条件. 由此可得到谐振腔的增益阈值为

$$G_m\geqslant \alpha_{内}-\frac{1}{2L}\ln(r_1r_2) \tag{10.2.6}$$

实际上，在 $G>G_m$ 时，随着光强的增大，工作物质的实际增益系数 G 将下降，直到 $G=G_m$ 时，光强达到稳定.

综上所述，形成激光的必要条件有两个：一个是在激光器工作物质内的某些能级间实现粒子数反转分布，另一个就是激光器必须满足阈值条件.

10.2.4　谐振腔的选频作用　激光的纵模

前面从几何光学的角度分析了谐振腔的作用，其不仅能等效延长增益介质，保证输出激光的高亮度，而且还能控制激光的传输方向，保证激光极好的方向性，并且也说明了满足阈值条件的谐振腔能够产生激光的增益，输出激光. 但是，如果再从物理光学的角度作进一步的分析，还能了解谐振腔的另外一个重要作用，即谐振腔对腔内的振荡频率具有选择性，这是保证激光单色性的重要因素之一.

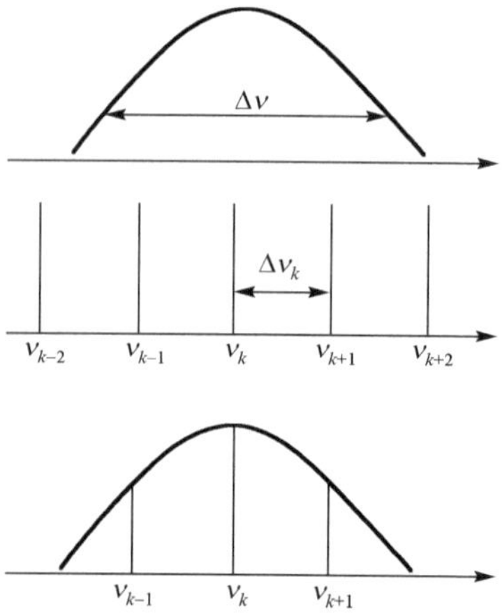

图 10.2.6　激光的纵模

谐振腔由两个反射镜组成，当光在两反射镜之间来回反射时，腔内存在着传播方向相反的相干光波，从而产生干涉. 根据光的干涉条件，只有那些在谐振腔内传播一个来回时光程改变为波长的整数倍，亦即相位改变为 2π 的整数倍的光才能产生干涉相长，从而使得光得到加强，产生谐振，形成激光，这就是谐振条件. 它是形成激光必须满足的一个条件(图 10.2.6). 若谐振腔的长度为 L，腔内介质的折射率为 n，入射光波波长为 λ，根据谐振条件，有

$$2nL=k\lambda \quad 或 \quad \frac{2\pi}{\lambda}2nL=2k\pi \quad (k=1,2,\cdots) \tag{10.2.7}$$

谐振频率为

$$\nu=\frac{c}{\lambda}=\frac{kc}{2nL}\qquad (k=1,2,\cdots)\tag{10.2.8}$$

根据波的叠加原理，由腔内的两反射镜反射而沿相反方向传播的两列波会发生干涉，形成稳定的驻波分布，相邻波节之间的距离为光在介质中波长的一半. 这种光在谐振腔内沿轴向(纵向)形成稳定驻波的振动模式称为**纵模**.

在式(10.2.7)和式(10.2.8)中，由于 k 的取值不止一个，所以在谐振腔中满足谐振条件的频率也不止一个. 而不满足谐振条件的频率，就不能在谐振腔中形成驻波，也就不能形成激光，所以谐振腔的长度 L 对频率具有选择作用.

式(10.2.8)决定了一系列可以在谐振腔中产生振荡的谐振频率 $\nu_1,\nu_2,\nu_3,\cdots$，其中每一个谐振频率都对应着一个纵模，这一系列纵模频率间隔是相等的，这个频率间隔称为**纵模间隔**，用 $\Delta\nu_k$ 表示，即

$$\Delta\nu_k=\frac{c}{2nL}\tag{10.2.9}$$

对式(10.2.7)求微分可得相邻的两个纵模的波长差

$$\Delta\lambda_k=\frac{\lambda^2}{2nL}\tag{10.2.10}$$

根据式(10.2.8)，只要满足谐振条件的光波都可以在谐振腔内形成振荡，但这只是谐振腔允许的频率，并不一定能够形成激光输出. 因为谐振模的纵横间隔 $\Delta\nu_k$ 要比原子自发辐射谱线的频宽 $\Delta\nu$ 窄得多，这些谐振模中只有落在增益介质所发射谱线的线宽范围 $\Delta\nu$ 内，并同时满足增益条件的那些谐振频率，才能形成激光，这些频率称为**纵模频率**. 所以，从激光器输出的光波频率的个数(即纵模数) N 是由增益介质的频宽 $\Delta\nu$ 和纵模间隔 $\Delta\nu_k$ 的比值决定的，即

$$N=\frac{\Delta\nu}{\Delta\nu_k}\tag{10.2.11}$$

这说明增益介质发射的谱线频宽 $\Delta\nu$ 越小，纵模间隔 $\Delta\nu_k$ 越大，激光器可能输出的纵模数 N 就越少. 比如对于输出波长 $\lambda=632.8\text{nm}$，频率 $\nu_0=4.74\times10^{14}\text{Hz}$ 的 He-Ne 激光器，其谱线宽度 $\Delta\nu=1.5\times10^{9}\text{Hz}$，若谐振腔长度为 30cm，内部气体的折射率 $n\approx1$，则由式(10.2.9)可求得其纵模间隔 $\Delta\nu_k=5\times10^{8}\text{Hz}$. 此时激光器能够输出的纵模个数，亦即能够在谐振腔中形成振荡的纵模个数 $N=\dfrac{\Delta\nu}{\Delta\nu_k}=\dfrac{1.5\times10^9}{5\times10^8}=3$. 若将激光器谐振腔的长度改为 10cm，则 $\Delta\nu_k=1.5\times10^{9}\text{Hz}$，此时能够输出的纵模个数 N=1. 即在谐振腔长度为 10cm 的 He-Ne 激光器中，虽然有很多频率的光都满足谐振条件，但

是只有一个频率的光能够形成激光输出. 所以缩短谐振腔长度, 能够使激光器输出单一频率的光.

10.2.5　激光的横模

如果把可见波段的激光照射到光屏上, 仔细观察激光光斑, 就会发现光斑上的光强分布是不均匀的, 不同的激光器输出光斑的光强分布也各不相同, 这就是说, 激光在谐振腔内振荡的过程中, 在与谐振腔轴向垂直的横截面上, 光场形成具有各种不同形式的稳定分布. 这种光场的横向稳定分布称为激光的**横模**.

激光横模形成的主要原因是谐振腔两端反射镜的衍射作用, 因为反射镜的镜面边缘相当于一个光阑, 当光在它上面反射时也发生圆孔衍射效应, 从而使得光的波前发生畸变, 光强分布不再均匀, 其边缘部分的光强减弱了. 这样经过多次衍射后, 光强最终趋于一定的稳定分布状态, 即形成了横模. 图 10.2.7 中的图形就是几种横模. 按其对称性可分为**轴对称横模**和**旋转对称横模**.

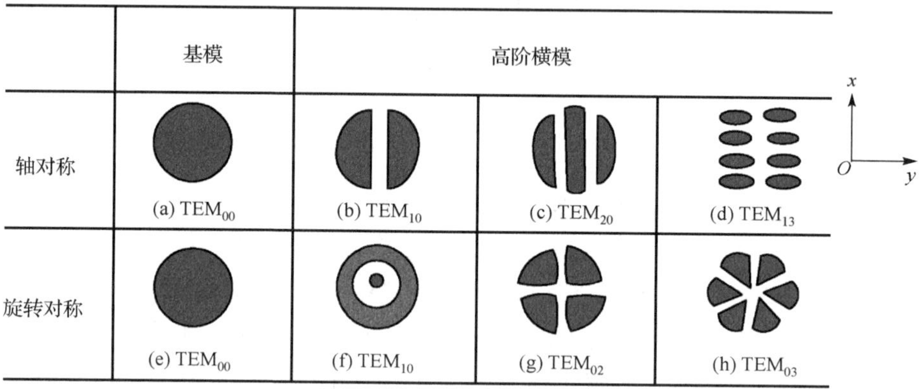

图 10.2.7　激光横模光斑模型

激光的模式一般用 TEM_{mnk} 来表示, 其中 TEM 是电磁波横波的缩写, k 为纵模个数, 而 m、n 则表示横模的特性. 在轴向对称的横模中, m、n 分别表示光束横截面内在 x 方向和 y 方向光强为零的节点数, 即光斑中出现的暗区数目. 比如在 TEM_{00} 基模中, 就没有光强为零的节点, 也就是没有暗斑, 整个光波都是亮的, 而在 TEM_{13} 中, 在 x 方向有一个暗区, 而 y 方向有 3 个暗区; 在旋转对称的横模中, m 表示沿半径方向出现的节点数, 即暗环数, n 表示圆中出现的暗直径条数. 比如 TEM_{03} 中, 有 0 个暗环、3 个暗直径. 基模 TEM_{00} 的激光称为高斯光, 有较好的空间相干性, 是理想的横模.

10.2.6　激光器的分类

激光器及其应用

自从 1960 年世界上第一台激光器诞生以来, 激光器的研制工作取得了辉煌的成就：用来产生受激辐射的增益介质即激光器的工作物质，从开始时的少数几种发展到目前的数百种以上；输出激光的频率从开始时的少数几种，发展到目前从紫外到红外整个光频波段内的数千种；脉冲激光器的输出能量从最初时的几毫焦，发展到目前的几千焦以上；连续激光器的输出功率从最初时的毫瓦，发展到目前的几百万瓦以上. 各种各样的激光器，按照不同的标准，有不同的分类方法.

1. 按工作物质

已发现的激光器工作物质种类很多，总的来说，可以归纳为固体、气体、半导体和液体四大类. 与之相对应的，可以把激光器分为固体激光器、气体激光器、半导体激光器和液体激光器四类.

1) 固体激光器

这类激光器的工作物质为固体. 它采用人工的方法，把能产生受激辐射的金属离子掺入晶体或玻璃基质中而制成. 如世界上的第一台红宝石激光器就是固体激光器，它的工作物质是在 Al_2O_3 中掺杂 0.05%的 Cr_2O_3 拉制而成的人造红宝石.

2) 气体激光器

这类激光器的工作物质是气体，如 He、Ne、CO_2、N_2、H_2 等. He-Ne 激光器、CO_2 激光器等就是这种激光器的典型代表.

3) 半导体激光器

这类激光器的工作物质是半导体材料. 其激励方式主要有：电注入式、光泵式和高能电子束式三种. 在世界上第一台红宝石激光器问世两年后，半导体激光器研制成功，目前，半导体激光器已经进入到大家的日常学习、工作与生活，如激光教鞭、激光扫描、激光打印等.

4) 液体激光器

这类激光器的工作物质是液体，在 1966 年被研制成功. 可供激光器使用的液体主要有两类：有机染料溶液和含有稀土离子的无机化合物溶液.

2. 按运转方式

激光器因其所采用的工作物质及使用目的不同，运转方式也相应有所不同，通常可以分为如下几种.

1) 单脉冲运转激光器

激光器以这种方式运转工作时，其工作物质的激励和相应的激光发射都是以单一脉冲形式进行的. 其特点是可在短时间内施加较强的脉冲，以获得较高程度的粒子数反转，因此可以在较短的时间内获得较强的激光输出. 固体激光器、液体激光器、半导体激光器及气体激光器均可采用这种运转方式. 这种激光器在激光打孔、激光焊接以及激光基本研究中经常使用.

2) 重复脉冲运转激光器

重复脉冲运转激光器输出的是一系列重复激光脉冲. 某些固体激光器、气体激光器和半导体激光器可采用这种工作方式. 这种激光器可提供中等水平的脉冲激光功率和中等水平的脉冲激光能量. 重复脉冲激光器在激光测距、雷达、通信以及激光照排、计量、显示等技术中有重要应用.

3) 连续运转激光器

连续运转激光器工作时，其工作物质的激励和相应的激光输出，在一段较长的时间内均以连续的方式进行. 以连续光源激励的固体激光器，以及以连续电激励的气体激光器和半导体激光器均属于这类器件. 这种激光器在激光通信、多普勒雷达、光学外差、精密测量等应用技术中有着重要的应用价值.

4) Q 调制运转激光器

Q 调制运转激光器是一种用来获得高功率输出的特殊短脉冲激光器. 它是采用所谓的 Q 调制技术，将产生激光脉冲的过程人为地压缩在极短的时间间隔内完成，以获得极高的激光脉冲功率输出. 以这种方式运转时，光开关呈关闭状态而切断腔内的光子往返，不能形成振荡，但粒子因受到激励作用而不断跃迁到高能级，当粒子数反转达到最大时，光开关迅速开启，腔内光子往返回路得以接通，从而可在极短的时间内形成极强的激光脉冲振荡. 这种激光器可提供极高的脉冲激光功率输出，其功率可高达 10^6～10^{12}W，脉冲能量 10^{-2}～10^2J，脉冲持续时间 10^{-10}～10^{-8}s. 还可以采用特殊的技术(锁模和脉冲压缩)，将脉冲持续时间进一步压缩至 10^{-15}～10^{-12}s 量级. 这种激光器在远距离激光测距、雷达、激光核聚变以及一系列强光光学效应研究中有极为重要的应用意义.

3. 按激励方式

1) 光泵浦激光器

光泵浦激光器是一种以光照射方式来给工作物质提供能量产生粒子数反转的激光器. 几乎全部固体激光器和液体激光器都采用这种方式激励. 另外，还有少数气体激光器和半导体单晶激光器也可采用这种光泵浦激励.

2) 电激励激光器

电激励激光器是一种以电能方式使工作物质产生粒子数反转的激光器. 绝大部分气体激光器和半导体激光器采用这种方式激励. 对气体激光器的电激励，可分别采取直流放电、交流放电、脉冲放电和电子束注入等方式；对于半导体激光器，可采用直流或脉冲电注入激励，也可采用高能电子束注入等方式激励.

3) 化学反应激励激光器

化学反应激励激光器是一种利用在工作物质中引发化学反应放出的能量进行激励的激光器. 引发措施可采用光泵引发、放电引发和化学引发等. 氟化氘(DF)是这类激光器的典型代表.

4) 热激励激光器

用高温加热的方式使工作物质处于高能级的粒子数增多，然后，突然降低系统的温度(如采用绝热膨胀过程)，由于工作粒子在高低能级上热弛豫时间不同，所以可形成粒子数反转，产生激光. 气动 CO_2 激光器是基于这种激励方式的典型激光器.

4. 按波段

根据如上所述，激光的工作物质及其激励方式的种类很多，这决定了激光振荡的谱线数目也很多(在数千条以上). 这些谱线较稀疏地分布在电磁波谱的整个光频波段，其中少数振荡谱线可通过一定的方式进行连续变频(改变波长)调谐. 按照激光频率分布范围，可以把激光器分为红外激光器、可见光激光器、紫外激光器和 X 射线激光器.

10.3　激光的特性及应用

10.3.1　激光的特性

由于激光器特有的结构和工作原理，其输出的激光束与普通光源相比，具有方向性好、相干性好、单色性好和亮度高的特性.

1. 方向性

光源发出光束的方向性通常用发射角 2θ 来描述，也可以用光束所占的空间立体角 $\Delta\Omega=(2\theta)^2$ 来描述. 普通光源发射的光束来自自发辐射，总是向四面八方发出光，所以其光束总是在 4π sr 立体角内传播，其方向性很差. 而对于激光器而言，它发出的激光束的发射角可以小到 $2\theta=10^{-3}\,\text{rad}$（$\Delta\Omega=10^{-6}\,\text{sr}$），这是其他任何普通光源无法比拟的.

激光优越的方向性可以用激光光子的模式来解释. 普通光源发射的光为自发辐射的非相干光，其光子分别属于数目众多的不同模式，对应不同的波矢 $\boldsymbol{k}$，也就有不同的传播方向. 而激光器利用谐振腔的作用，将光的模式压缩在只沿谐振腔轴向方向传播的一个或很少的几个模式内，所以输出的激光发射角很小，具有很好的方向性. 实际激光器输出激光由于受到孔径衍射的影响，总是具有一定的发射角，一般情况下，激光器输出激光的发射角接近该激光器出射孔所决定的衍射极限：$2\theta \approx \lambda/d$，式中 λ 是输出激光的波长，d 是激光器输出激光时的出射孔径.

2. 单色性

光的单色性通常用光的频谱分布来描述，线宽是衡量一条谱线单色性好坏的物理量. 从傅里叶变换的观点来看，光波的频谱分布是由光波的衰减引起的，衰减得越快，线宽越大，单色性越差. 对于普通光源，由于存在自发辐射引起的衰减、碰撞衰减、外场作用引起的衰减以及多普勒效应引起的衰减等，其发出的光都有较大的线宽. 比如，普通光源中单色性最好的 Kr^{86} 灯的谱线宽度 $\Delta\nu = 3.8\times10^8\,\text{Hz}$，而激光的谱线宽度 $\Delta\nu \approx 7.5\times10^3\,\text{Hz}$，其线宽比氪灯提高了约 10^5 倍.

激光之所以有这么好的单色性，是由激光器的结构和它的工作原理所决定的. 光在谐振腔中来回振荡的过程中，外部的激励源提供能量，使增益介质始终保持粒子数反转状态,从而使得增益介质对形成振荡的某一个模式的光提供足够多的能量，补偿了这一模式的光在谐振腔中的全部损耗. 所以光在谐振腔内没有损耗，也就可以理解为该谐振腔输出的激光没有衰减，具有无限窄的线宽. 但实际上激光器输出的激光还是具有一定线宽的，因为在激光器中尽管是受激辐射占据绝对优势，但自发辐射是不可避免的. 自发辐射只是平均地向所有模式的光提供能量，因而对于形成激光的某一特定模式的光而言，自发辐射提供的能量是很少的，从而造成了输出的激光具有一定的线宽.

3. 相干性

光的相干性分为时间相干性和空间相干性，时间相干性由光的单色性决定，而空间相干性则由光的方向性决定.

激光具有很好的单色性，所以具有很好的时间相干性. 光的单色性可以用相干长度或相干时间来表示，普通光源辐射的光，其相干长度很短，比如单色性较好的 Kr^{86} 灯在低温下发射的 605.7nm 的红光，其相干长度 $L_c \approx 75\text{cm}$，相干时间 $\tau_c \approx 2.5\times10^{-9}\text{s}$；而普通的 He-Ne 激光器发出的 632.8nm 的激光谱线，其相干长度 $L_c \approx 4\times10^6\text{cm}$，相干时间 $\tau_c \approx 2.5\times10^{-4}\text{s}$，如果是特制的 He-Ne 激光器，其输出的光束相干长度可长达 $2\times10^7\text{km}$.

同样，激光具有很好的方向性，所以激光也具有很好的空间相干性.

4. 亮度

光源的亮度是表征光源特定方向发光能力强弱的一个重要参量. 在与发光表面

垂直的方向上，光源的亮度 $L=\dfrac{\Delta P}{\Delta S\Delta\Omega}$，式中 ΔP 为光源在面积为 ΔS 的发光表面上和 $\Delta\Omega$ 立体角内发出的光功率. 对于激光器而言，ΔP 相当于输出激光的功率，ΔS 为输出激光束的截面积，$\Delta\Omega$ 为激光束的立体发散角.

对于普通光源，由于其发出的光线方向性很差，因而亮度极低. 比如太阳的亮度值 $L\approx 2\times 10^3\ \mathrm{W/(cm^2\cdot sr)}$. 而对于激光器而言，光束的方向性很好，发射角很小，因而具有很好的亮度. 对于一般的气体激光器，$L\approx 10^4\sim 10^8\ \mathrm{W/(cm^2\cdot sr)}$，对于固体激光器，$L\approx 10^7\sim 10^{11}\ \mathrm{W/(cm^2\cdot sr)}$，而对于使用调 Q 技术的固体激光器，$L\approx 10^{12}\sim 10^{17}\ \mathrm{W/(cm^2\cdot sr)}$.

10.3.2　激光的应用

激光技术自问世便引起人们极大的兴趣和高度的重视，迅速在工业、军事、医学、通信和科学研究等各个领域取得了极其广泛的应用.

1. 在工业上的应用

1) 激光加工

利用激光能量在时间和空间上高度集中的特点，把强大的激光通过透镜聚焦于物体上可形成一个面积很小但输出功率极高的光斑，可在短时间内产生几百万摄氏度甚至上千万摄氏度的高温，使被照射区域局部熔化、气化等，因此可对材料进行打孔、焊接、切割、热处理和材料表面改性等工作. 由于激光加工是无接触式的，因而操作简单、无污染、不损伤材料. 例如，激光可在硬度最大的金刚石上打孔，可对厚钢板进行切割.

2) 激光测量(测距、测速)

利用光束往返的时间可以测定目标的距离. 普通的光束光强小、发散角大，如果测量较大的距离，返回的光束就会十分微弱，增加测量难度. 但激光具有的高能量、高方向性，可以使测量变得简单、精确. 例如，用激光测量几千米的距离，误差在毫米量级，而测量地球到月球之间 40 万千米的距离，测量误差也只有 3 米. 如果用激光照射移动的物体，利用反射光的多普勒效应，或利用从运动物体表面散射回来的激光花样的移动，可以确定物体的移动速度.

2. 在医学上的应用

随着激光技术和医学的发展，目前激光已广泛应用于眼科、外科、五官科、肿瘤科、皮肤科等的手术、诊断、理疗和生化研究中. 激光治疗的主要优点是不出血或出血少，而且副作用区域很小，不伤害周围的健康组织. 激光治疗的用途很多，例如，可用激光来做视网膜焊接，虹膜切除，以及白内障、近视治疗等；利用激光能量高度集中的特点，使组织气化蒸发，从而达到分立切割的目的，起到常规外科手术刀的作用；在皮肤科，激光可用来治疗色素病、湿疹、皮炎等从而达到美容的效果.

3. 在军事方面的应用

激光出现后，首先被用于军事目的. 激光在军事领域的应用包括：测距、目标指示和制导、激光通信、光电对抗、激光雷达及战术与战略激光武器等.

1) 激光武器

由于强激光具有很强的烧蚀作用，因而可以破坏制导系统，引爆弹头和毁坏壳体，拦击制导炸弹、导弹、卫星、飞机，以及破坏雷达、通信系统等. 激光武器在其有效射程内命中率极高、破坏力极大，是真正意义上的“杀手锏”. 当激光能量不高时，主要使敌方人员眼睛失明以及使某些光电测量仪器的光敏元件受到破坏或失效. 侦察卫星靠装在其上的各种光电传感器侦察地面目标，如果用激光束照射卫星的光电传感器件，就会使侦察卫星变成“瞎子”. 1997 年，美国就曾使用强大的陆基“中红外高级化学激光器”进行了照射卫星试验.

2) 激光制导

激光制导具有投掷精度高、捕获目标灵活、引导成本低、抗干扰性好、操作简单等优点. 可同时攻击多个目标，即把激光信号经过编码以数个指示器分别控制数枚导弹来打击目标. 为提高激光制导全天候作战能力，各国都在研制先进的激光目标指示器，以保证昼夜作战使用.

3) 激光雷达

与无线电雷达相比，由于激光的发散角小、方向性好，因此其测量精度大幅提高. 其分辨率可达厘米甚至毫米量级，比微波雷达高近 100 倍. 由于同样的原因，激光雷达不存在“盲区”，因此尤其适合对导弹初始阶段的跟踪测量. 但由于大气的影响，目前激光雷达并不适合大范围内搜索，还只能作为无线电雷达的有力补充.

4. 在信息工程中的应用

在信息工程中，激光广泛应用于激光全息照相、激光信息存储、激光通信、激光打印、激光复印、激光印刷、指纹识别、激光图像处理等方面.

1) 激光全息照相

光是电磁波，决定波动特性的参数是振幅和相位. 振幅表示光的强弱，相位表示光在传播中各质点所处的位置及振动方向. 因此光的全部信息可用振幅和相位来表示. 普通照相只记录了光的强度，对相位则不能加以分辨，要记录相位就必须应用光的干涉原理. 把一束具有恒定相位的光束作为参考光束，让它和要求记录的波面发生干涉，然后再把这种相干图像记录下来，这就是全息照片. 用一束单色光照射全息照片，就可以使物体的形象再现出来. 由于普通光源的相干性和强度都不够理想，所以很难实现全息照相，而利用激光进行的摄影既能记录光波振幅的信息，又能记录光波的相位信息，从而实现全息照相. 全息照片记录了物体光波的全部信息，所以再现出来的物体是一个和原来物体一模一样的立体像，观察它和观察实物具有相同的视觉效果. 全息照片的每一部分，不论有多大，总能再现出原来物体的整个图像.

2) 激光信息存储

激光信息存储是利用激光把信息录进光盘的过程. 它先将图像、声音、符号等信号变成一连串的数字信号，然后把它加在激光器的工作电流上，这时激光器发出的激光是一连串的激光脉冲. 脉冲序列的变化规律与数字信号的变化规律相同，反映着所存的信号. 把激光脉冲序列投射在表面涂有介质膜的光盘上，随着光盘的转动和激光沿着圆盘半径慢慢移动，就会在盘上气化出一系列微小的坑，坑底长度和小坑间距随信号而变，即这些小坑携带了所存的信息.

读取信息时，用激光器作为读取头，激光器发出的连续不断的激光沿着光盘半径由里向外移动，随着光盘的旋转，投射在信息小坑上的激光受到小坑的反射，而反射的激光受到小坑变化规律的调制，被光电检测器检测后还原出原来的信息.

3) 激光通信

激光通信首先将语言、文字、图像、数据等各种不同形式的原始信号变成统一的电信号，然后将电信号调制到激光束上，通过光天线发射出来，载着电信号的激光束通过空间传播后由接收机接收并将送来的光信号转换成电信号，最后再把电信号变成原始信号. 激光通信的信道容量大、传送路数多，它至少可以容纳几十亿个通信线路，或者同时传播近一千万套电视节目.

5. *在科学研究中的应用*

在科学研究中，激光应用研究已扩大到电子技术、空间技术、能源和通信技术，以及物理、化学、天文及气象等各个领域.

1) 激光冷却和捕获原子

什么是激光冷却？我们知道，物体的原子总是在不停地做无规则的热运动，原子的运动速度由物体温度高低决定，即原子运动得越激烈，物体温度越高；反之，温度就越低. 所以，只要降低原子运动速度，就能降低物体温度. 激光制冷的原理就是利用大量的光子阻碍原子运动，使其减速，从而降低物体温度.

物理学家一直在追求操作和控制孤立的原子. 要想对其操纵和控制，必须降低原子速度至极低，即将原子冷却，才能将原子约束在某个空闲的小区域内，早在 1975 年，肖洛和汉斯就提出了用两束相互对射的激光冷却中性原子的建议. 1985 年，在贝尔实验室的朱棣文采用六束激光，从上、下、前、后、左、右六个方面对钠原子进行照射，使钠原子陷于光子海洋中，运动不断受到阻碍而减速. 在光束的交汇处，原子-光子不断吸收、发射以及交换能量，处于相互胶着的状态，它们分别做类似于布朗运动的无规则行走，从一处扩散到别处. 这种原子光子的胶着状态称为“光学黏胶”. 实验中，在六束激光交汇处冷却下来的原子团温度约为 240μK，降到了几乎接近绝对零度的低温. 在 20 世纪 90 年代，原子冷却温度达到 10nK 以内.

玻色-爱因斯坦凝聚(Bose-Einstein condensation，BEC)是玻色和爱因斯坦在 1924 年所预言的：原子在接近绝对零度的极低温度下，将凝结在一起形成一种能量最低的既非液态又非固态的新物质. 这一新物质在激光冷却和捕获原子技术中得以实现，从而证实了玻色和爱因斯坦的预言.

2) 激光核聚变

核聚变是指由质量小的原子(主要是指氘或氚)在一定条件下(如超高温和高压)，发生原子核互相聚合作用，生成新的质量更大的原子核，并伴随着巨大能量释放的一种核反应. 核聚变能放出巨大的能量，同时不会产生污染环境的放射性物质，而且所需的原料可以从海水中提取. 经过计算，1L 海水中提取出的氘进行核聚变放出的能量相当于 100L 汽油燃烧释放的能量. 全世界的海水几乎是“取之不尽”的，因此受控核聚变的研究将使人类摆脱能源危机的困扰.

进行核聚变需要的条件非常苛刻，因为核聚变需要在 1 亿摄氏度的高温下才能进行，所以又叫热核反应，此外还有许多难以想象的困难需要去克服. 但人们经过不断研究已取得了可喜的进展. 目前实现受控核聚变的方法主要有磁约束和惯性约束两种方法，即用强大的磁场来约束反应，用强大的激光来加热原子等.

早在 20 世纪 60 年代就提出了激光惯性约束核聚变(Inertial Confinement Fusion，ICF)方法. 惯性约束核聚变是把几毫克氘和氚的混合气体或固体装入直径约几毫米的小球内. 从外面均匀射入激光束或粒子束，球面因吸收能量而向外蒸发，受它的反作用，球面内层向内挤压(反作用力是一种惯性力，靠它约束气体，所以称为惯性约束)，就像喷气飞机气体往后喷而推动飞机往前飞一样，小球内气体受挤压而压力升高，并伴随着温度的急剧升高. 当温度达到所需要的点火温度(大概需要几十亿摄氏度)时，小球内气体便发生爆炸，并产生大量热能. 这种爆炸过程时间很短，只有几个皮秒. 如每秒钟发生三四次这样的爆炸并且连续不断地进行下去，所释放出的能量就相当于百万千瓦级的发电站.

10.4　非线性光学简介

10.4.1　极化强度

当光束在介质中传播时，介质中的电子就会受到光波电场的作用. 在无光波作用时，原子中电子云的负电荷中心与原子核的正电荷中心重合. 而在光波电场的作用下，负电荷中心与正电荷中心会发生一定的位移，不再重合. 这种偏离状态称为**原子的电极化**. 图 10.4.1 说明了这种极化现象. 图 10.4.1(a)表示无光波作用时的情况，正负电荷中心重合，图 10.4.1(b)表示在有光波作用时的情况，原子产生了极化现象. 从图中可以看出，极化原子实际上就是一个电偶极子.

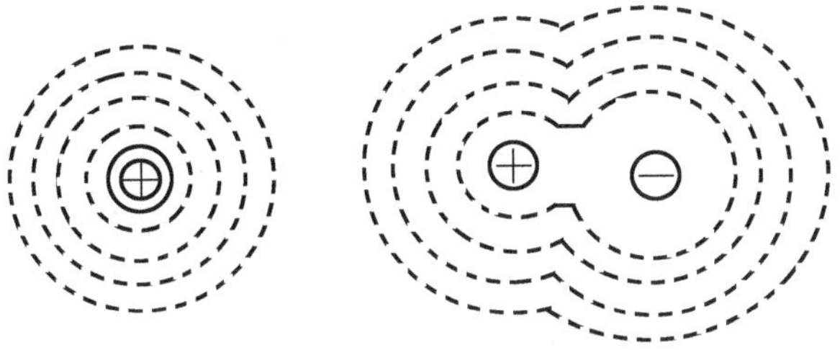

(a) 无光波作用　　(b) 有光波作用

图 10.4.1　原子的电极化

假定光波随时间 t 作正弦变化，即光波电场强度沿着两个相反的方向交替变化，那么，可以想象，电偶极子的负电荷中心将绕正电荷中心做周期振荡. 表征电偶极子的物理量是偶极矩 $p = er$，其中 e 代表负电荷，r 为负电荷中心相对于正电荷的位移. 假定单位体积内有 N 个电偶极子，则这 N 个偶极矩的矢量和，便称为介质的电极化强度或极化强度，以 $\boldsymbol{P}$ 表示. 电极化强度所产生的场叫做极化场，这种极化场也能产生相应频率的光波.

总的来说，当光与介质相互作用时，光场中的电场强度使介质中的原子产生电偶极矩. 由于原子总是大量存在，因此把单位体积中产生的偶极矩相加，就是电极化强度矢量. 电极化强度使一种场源产生极化场，极化场发射出次级电磁辐射. 这就是光场与介质相互作用过程中的微观机理.

10.4.2　非线性光学

激光出现之前，光学基本上研究的是弱光光束在介质中传播、干涉、衍射及偏振等现象，在这些现象中光波满足线性叠加原理，即在真空或介质中，当两列或多列光波相遇时，相遇点的总光强等于各列光波单独存在时在该点引起光强振幅的线性叠加. 线性叠加原理能成立是基于假设介质的折射率是与光强无关的常数，这一假设在光强较弱的时候是成立的. 但是当光强很大时，介质的折射率不再是常数，而是与光强的大小有关，线性叠加原理不再成立，此时光学中的非线性光学现象会十分明显.

在线性光学中，光与物质相互作用时，通常忽略介质对光场响应的非线性部分，认为介质对光的响应是线性的. 介质对光场的响应一般通过极化强度 $\boldsymbol{P}$ 来表示，极化强度 $\boldsymbol{P}$ 与电场强度 $\boldsymbol{E}$ 是线性关系，即

$$\boldsymbol{P}=\varepsilon_0\chi\boldsymbol{E}=\alpha\boldsymbol{E} \tag{10.4.1}$$

式中，χ 为介质的一阶极化率，与外界电场 $\boldsymbol{E}$ 无关；$\alpha=\varepsilon_0\chi$ 称为一阶极化系数，同样与 $\boldsymbol{E}$ 无关. 如果 $\boldsymbol{E}$ 以频率 ω 做简谐变化，则 $\boldsymbol{P}$ 及其产生的次级电磁辐射也以同样的频率 ω 做简谐变化. 次级辐射与入射光波相互叠加的结果，决定了物质对入射光场的反射、折射和散射等现象. 这里，由于次级辐射和入射光波的频率相同，所以光波的单色性不会改变. 当有几种不同频率的光波同时在该物质中传播时，各种频率的光都是线性独立地反射、折射和散射，不会产生新的频率，这就是所说的光的独立性原理.

当光足够强时，介质对光的响应必须同时考虑它的线性部分和非线性部分，极化强度表示为

$$\boldsymbol{P}=\varepsilon_0(\chi^{(1)}\boldsymbol{E}+\chi^{(2)}\boldsymbol{E}^2+\chi^{(3)}\boldsymbol{E}^3+\cdots)=\alpha\boldsymbol{E}+\beta\boldsymbol{E}^2+\gamma\boldsymbol{E}^3+\cdots \tag{10.4.2}$$

式中，$\chi^{(1)}$ 为一阶极化率；$\chi^{(2)}$ 为二阶非线性极化率；$\chi^{(3)}$ 为三阶非线性极化率；等等；α 为一阶极化系数；β 为二阶非线性极化系数；γ 为三阶非线性极化系数；等等；它们都是与介质的性质有关的系数. $\beta,\gamma,\cdots$ 为非线性项的系数，介质光学性质的非线性由它们来决定，其数值越大，介质的非线性越明显. 一般来说，这些极化率或极化系数中的后一项要比前一项小得多，所以在弱光情况下，由于非线性项的系数很小，可以忽略，只考虑线性部分就可以了. 但是对于强光，比如激光，非线性项表现出来的光学性质就很明显了. 一般说来，非线性光学是强光(激光)与物质相互作用的结果.

非线性光学的早期工作可以追溯到 1906 年泡克耳斯效应的发现和 1929 年克尔效应的发现. 但是非线性光学发展成为今天这样一门重要学科，是从激光出现后才开始的. 激光的出现，为光学研究提供了具有高度时间和空间相干性的强光光源，为开展非线性光学研究创造了条件.

自从 1961 年弗兰肯(P. A. Franken)等首次发现光学二次谐波以来，非线性光学的发展大致经历了三个不同的时期. 第一个时期是 1961～1965 年. 这个时期的特点是新的非线性光学效应大量而迅速地出现. 诸如光学谐波、光学和频与差频、光学

参量放大与振荡、多光子吸收、光束自聚焦以及受激光散射等都是这个时期发现的. 第二个时期是1965～1969年. 这个时期一方面还在继续发现一些新的非线性光学效应，如非线性光谱方面的效应、各种瞬态相干效应、光致击穿等；另一方面则主要致力于对已发现的效应进行更深入的了解，以及发展各种非线性光学器件. 第三个时期是 20 世纪 70 年代至今. 这个时期是非线性光学日趋成熟的时期. 其特点是：由以固体非线性效应为主的研究扩展到包括气体、原子蒸气、液体以至液晶的非线性效应的研究；由二阶非线性效应为主的研究发展到三阶、五阶以至更高阶效应的研究；由一般非线性效应发展到共振非线性效应的研究；就时间范畴而言，则由纳秒进入皮秒、飞秒领域. 这些特点都是和激光调谐技术以及超短脉冲激光技术的发展密切相关的.

10.4.3　二阶非线性光学效应

1. 二次谐波产生(SHG)

1961 年，弗兰肯等将 3kW 的红宝石激光器发出 694.3nm 波长的激光束照射到石英晶体上，如图 10.4.2 所示. 从石英晶体中输出的光束中，除了原波长 694.3nm 的谱线外，还发现了波长为 347.15nm 的微弱紫外光谱线，它的频率正好是入射激光频率的两倍，即产生了二次谐波，或称之为光学倍频效应. 它是激光出现后最早被发现的非线性效应.

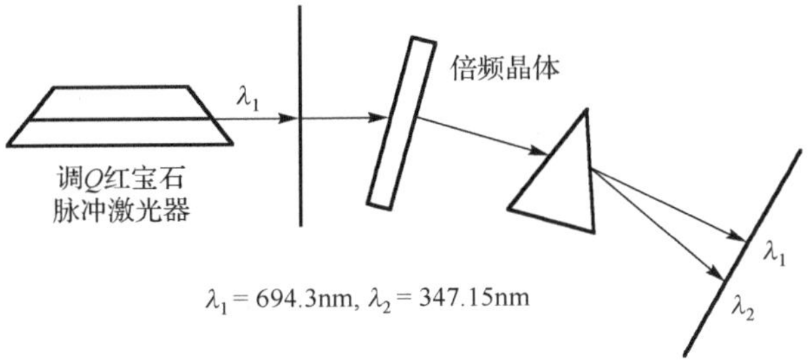

图 10.4.2　光学二倍频效应实验原理图

假设光矢量为 $\boldsymbol{E} = \boldsymbol{E}_0\cos\omega t$ 的平面单色光射入晶体介质，则介质的二阶极化强度

$$\boldsymbol{P}^{(2)} = \varepsilon_0\chi^{(2)}\boldsymbol{E}^2 = \varepsilon_0\chi^{(2)}\boldsymbol{E}_0^2\cos^2\omega t = \frac{\varepsilon_0}{2}\chi^{(2)}\boldsymbol{E}_0^2(1+\cos 2\omega t) \tag{10.4.3}$$

式(10.4.3)右端的第一项为不随时间变化的“直流”项，它表明一束很强的单色平面偏振光穿过一块适当的晶片时，将产生恒定的电极化，即在晶体两表面间形成与入射光强 E_0^2 成正比的电势差，称为**光学整流**. 式中的第二项为频率等于入射光频率两倍的极化场，它将产生次级二次谐波，即**倍频光**.

在弗兰肯等发现倍频效应的实验中，入射光的能量大约只有10^{-8}转换为二次谐波的能量，转换的效率相当低. 这是因为入射光在晶体中传播时，沿途诱发二阶偶极矩作为辐射二次谐波的相干子波源，它们各自发出的二次谐波到达出射面时，可以有各自不同的相位，相互叠加的结果会产生部分甚至是完全的干涉相消. 要使这些二次谐波完全干涉相长，就必须让它们有相同的相位，称为**相位匹配**.

设晶体中基频波和二次谐波的波数分别为k_1和k_2，则有

$$k_1 = 2\pi n_1/\lambda_1, \quad k_2 = 2\pi n_2/\lambda_2 \tag{10.4.4}$$

式中，λ_1、λ_2分别为基频波和二次谐波(倍频波)在真空中的波长；n_1和n_2分别为基频波和二次谐波在晶体中传播方向上的折射率. 理论分析表明，当

$$\Delta k = k_2 - 2k_1 = 0, \quad n_1 = n_2 \tag{10.4.5}$$

时将有最强的倍频光输出. 式(10.4.5)称为**相位匹配条件**或**折射率匹配条件**. 满足此条件时，基频光与倍频光在介质中有相等的传播速度，即$c/n_1 = c/n_2$，于是基频光和它在晶体中各处激发的倍频光传播到出射面时有相同的相位，也就是基频光在不同位置处激发的倍频光传播到出射面时具有相同的相位，因而使得倍频光干涉相长，从而产生最大的倍频光强.

实现相位匹配的方法有多种，例如对于各向异性晶体，在其中沿同一波法线方向传播的两个振动方向相互垂直的光波，其折射率并不相等，但在某些特定方向上，o光和e光折射率可能相同，从而使其基频光和倍频光的相速度相等以实现相位匹配.

光学倍频目前已广泛使用于激光频率转换，例如 1064nm 的红外激光转换成 532nm 的绿色激光. 二次谐波的能量转换效率可达 30%～50%. 常用的倍频晶体材料有：KDP(磷酸二氢钾)、ADP(磷酸二氢铵)、$LiNbO_3$(铌酸锂)、$LiIO_3$(碘酸锂)、$Ba_2NaNb_5O_{15}$(铌酸钡钠)等.

2. 光学混频效应

假设有两束振动方向相同的单色线偏振光，其圆频率分别为ω_1和ω_2，同时入射到非线性介质中时，在介质中得到的光场为$\boldsymbol{E} = \boldsymbol{E}_{01}\cos\omega_1 t + \boldsymbol{E}_{02}\cos\omega_2 t$，则二阶极化强度

$$\begin{aligned}
\boldsymbol{P}^{(2)} &= \varepsilon_0\chi_2(\boldsymbol{E}_{01}\cos\omega_1 t + \boldsymbol{E}_{02}\cos\omega_2 t)^2 \\
&= \varepsilon_0\chi_2(\boldsymbol{E}_{01}^2\cos^2\omega_1 t + \boldsymbol{E}_{02}^2\cos^2\omega_2 t + 2\boldsymbol{E}_{01}\boldsymbol{E}_{02}\cos\omega_1 t\cos\omega_2 t) \\
&= \frac{\varepsilon_0}{2}\chi_2\boldsymbol{E}_{01}^2(1+\cos 2\omega_1 t) + \frac{\varepsilon_0}{2}\chi_2\boldsymbol{E}_{02}^2(1+\cos 2\omega_2 t) \\
&\quad + \varepsilon_0\chi_2\boldsymbol{E}_{01}\boldsymbol{E}_{02}\cos(\omega_1+\omega_2)t + \varepsilon_0\chi_2\boldsymbol{E}_{01}\boldsymbol{E}_{02}\cos(\omega_1-\omega_2)t
\end{aligned}$$

可见，当两列频率不同的光在非线性介质中传播时，除了直流项和 ω_1、ω_2 的倍频成分外，还出现了圆频率为 $\omega_1+\omega_2$ 和 $\omega_1-\omega_2$ 的成分. 也就是说，当两束光波在非线性介质中传播时，将和介质产生相互作用，从而产生频率为两光波之和或之差的光波，这一效应称为**混频效应**. 其中，产生频率 $\omega_1+\omega_2$ 的光波项称为光学**和频效应**，产生频率为 $\omega_1-\omega_2$ 的光波项称为光学**差频效应**. 要想在非线性介质中的众多非线性光学过程中保证和频或差频的产生，也必须要使这些过程满足相位匹配条件，即 $k_1+k_2-k_3=0$. k_1 和 k_2 为两入射光的波数，k_3 为产生和频或差频光的波数.

10.4.4　三阶非线性光学效应

对于三阶非线性光学介质，由于存在 $\chi^{(3)}$，在强光作用下会产生新频率的光. 三阶非线性光学现象有很多种，如三次谐波产生(THG)、双光子吸收、光克尔效应、受激拉曼散射(SRS)、受激布里渊散射(SBS)等.

三次谐波产生如图 10.4.3 所示，频率为 ν 的光子在三阶非线性介质中会混合产生一个频率为 3ν 的光子. 比如波长为 1064nm 的红外激光入射到三阶非线性介质中，会产生波长为 355nm 的紫外线. 其和倍频技术一样，也是一个相干过程.

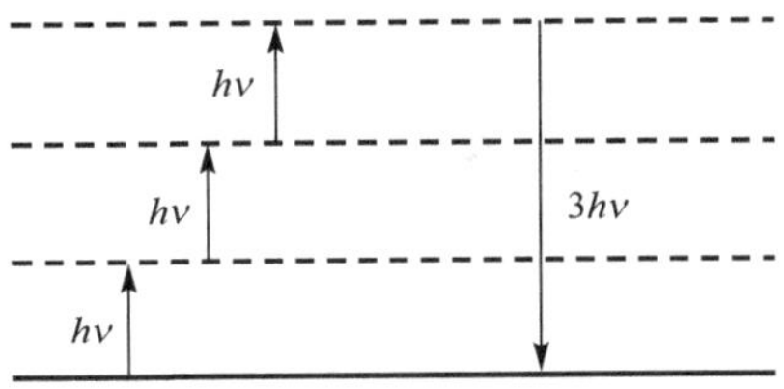

图 10.4.3　三次谐波产生

若光矢量为 $\boldsymbol{E}=\boldsymbol{E}_0\cos\omega t$ 的平面单色光射入晶体介质，则介质的三阶极化强度 $\boldsymbol{P}^{(3)}=\varepsilon_0\chi^{(3)}\boldsymbol{E}^3$.

四波混频是产生三阶非线性光学效应的一个重要实验. 在四波混频中，频率分别为 ω_1、ω_2 和 ω_3 的三个光波在三阶非线性介质中耦合会产生频率为 ω_4 的光波，比如，可以产生和频振荡，即 $\omega_4=\omega_1+\omega_2+\omega_3$. 如果在三个入射波的频率相同($\omega_1=\omega_2=\omega_3=\omega$)的简并场合，将产生三次谐波，$\omega_4=3\omega$. 当然，在四波混频的范围内也存在其他不同的物理过程，比如有 $\omega_4=\omega_1+\omega_2-\omega_3$，$\omega_4=-\omega_1+\omega_2+\omega_3$ 等. 在四波混频过程中，究竟会发生哪些物理过程，取决于相位匹配，实现最佳相位匹配的过程将优先发生. 四波混频可以发生在任何介质中，甚至在液体和气体中也可以发生.

本 章 小 结

1. 光和物质相互作用的三个过程

自发辐射、受激吸收和受激辐射.

2. 激光器的基本结构

主要由工作物质(增益介质)、谐振腔和泵浦源三部分组成. 要产生激光，必须满足：

(1)要有合适能级结构的工作物质，在外界作用下能产生粒子数反转；

(2)要达到阈值条件，即光在谐振腔中能够形成振荡，光的增益大于损耗.

3. 工作物质的增益

$$I(z)=I_0\mathrm{e}^{Gz}.$$

4. 激光的纵模和横模

纵模是指光在谐振腔内沿轴向(纵向)形成稳定驻波的振动模式. 纵模与谐振腔有关. 横模是指光场在与光的传播方向相互垂直的平面内的稳定分布模式.

5. 激光器的特点

方向性好、单色性好、相干性好、亮度高.

6. 二阶非线性光学效应

倍频效应和光学混频效应.

倍频效应的相位匹配条件：$\Delta k=k_2-2k_1=0$.

思 考 题

10.1 受激辐射和自发辐射有什么不同？为什么普通光源中自发辐射占绝对优势？

10.2 怎样实现粒子数反转？

10.3 谐振腔的作用是什么？激光的方向性和单色性好的特点从何而来？

10.4 激光产生的机理是什么？

10.5 为什么会产生增益饱和现象？

10.6 激光器的损耗产生的因素有哪些？

10.7 为何激光具有高的时间相干性和空间相干性？

10.8 具有二能级系统的物质能作为工作介质吗？为什么？

10.9 二阶非线性光学效应有哪些现象？

10.10 什么是相位匹配？为什么要进行相位匹配？

习　　题

10.1　若受激辐射爱因斯坦系数 $B=10^{19}\ \mathrm{m^3/(W\cdot s^3)}$，试计算波长为 6μm、600nm、60nm 时的自发辐射跃迁系数和自发辐射寿命.

10.2　设一个二能级系统的能级差 $E_2-E_1=0.01\mathrm{eV}$（$1.602\times10^{-21}\mathrm{J}$），

(1) 求 $T=10^2\mathrm{K}$、$10^5\mathrm{K}$、$10^8\mathrm{K}$ 时两能级上的粒子数 N_2 与 N_1 的比值；

(2) $N_1=N_2$ 的状态相当于多高的温度？

(3) 粒子数反转的状态相当于怎样的温度？

10.3 热平衡时，原子能级 E_2 的密度为 n_2，下能级 E_1 的密度为 n_1，设 $g_1=g_2$，问：

(1) 当原子跃迁频率为 $\nu=3000\mathrm{MHz}$，$T=300\mathrm{K}$ 时，n_2/n_1 为多少？

(2) 当原子跃迁波长 $\lambda=1\mu\mathrm{m}$，$n_2/n_1=0.1$ 时，温度 T 为多少？

10.4 氩离子激光器输出 488nm 谱线的宽度为 4000MHz，求腔长为 1m 时，光束中含有几个纵波？相邻波长的间隔是多少？

10.5　一氦氖激光器发出波长为 632.8nm 的谱线，该谱线宽度 $\Delta\nu_{\mathrm{H}}=1.5\times10^3\ \mathrm{MHz}$，氦氖激光器的腔长为 30cm，问：

(1) 激光器纵模频率间隔是多少？

(2) 该谱线宽度内包括几个纵模？

(3) 若要用缩短腔长法获得单纵模振荡，则谐振腔腔长最大允许值是多少？

10.6　如果光在增益介质中通过 1m 后，光强增大至两倍，试求介质的增益系数.

10.7　在二阶非线性介质输入端输入 $E(0,t)=E_0\mathrm{e}^{\mathrm{i}\omega t}$ 的平面波作为基频波，求介质中 z 处的二阶非线性极化强度 $\boldsymbol{P}^{(2)}(z,t)$.

参考文献

玻恩 M, 沃耳夫 E. 1978. 光学原理——光的传播、干涉和衍射的电磁理论: 上册. 杨葭荪, 等译校. 北京: 科学出版社

玻恩 M, 沃耳夫 E. 1981. 光学原理——光的传播、干涉和衍射的电磁理论: 下册. 黄乐天, 陈熙谋, 陈秉乾, 译校. 北京: 科学出版社

蔡履中. 2007. 光学. 3 版. 北京：科学出版社

郭光灿, 庄象萱. 1997. 普通物理学教程之四——光学. 北京: 高等教育出版社

郭永康, 朱建华. 2017. 光学. 3 版. 北京: 高等教育出版社

李国华. 1991. 光学. 济南: 山东教育出版社

梁绍荣, 刘昌年, 盛正华. 2005. 普通物理学第四分册 光学. 3 版. 北京: 高等教育出版社

母国光, 战元龄. 1978. 光学. 北京: 人民教育出版社

姚启钧. 2014. 光学教程. 5 版. 北京: 高等教育出版社

叶玉堂, 肖峻, 饶建珍, 等. 2011. 光学教程. 2 版. 北京: 清华大学出版社

游璞, 于国萍. 2003. 光学. 北京：高等教育出版社

章志鸣, 沈元华, 陈惠芬. 1995. 光学. 北京: 高等教育出版社

赵建林. 2006. 光学. 北京: 高等教育出版社

赵凯华. 2004. 新概念物理教程——光学. 北京: 高等教育出版社

赵凯华, 钟锡华. 1984. 光学. 北京: 北京大学出版社

钟锡华. 2003. 现代光学基础. 北京: 北京大学出版社

Born M, Wolf E. 1999. Principles of Optics. 7th ed. Cambridge:Cambridge University Press

Hecht E. 2005. 光学. 4 版. 张存林, 改编. 北京: 高等教育出版社

附　　录

附录 1　国际单位制

	物理量名称	单位名称	单位符号		用其他 SI 单位表示式
			中文	英文	
基本单位	长度	米	米	m	
	质量	千克	千克	kg	
	时间	秒	秒	s	
	电流	安培	安	A	
	热力学温度	开尔文	开	K	
	物质的量	摩尔	摩	mol	
	光强度	坎德拉	坎	cd	
辅助单位	平面角	弧度	弧度	rad	
	立体角	球面度	球面度	sr	
导出单位	面积	平方米	米^2	m^2	
	速度	米每秒	米/秒	m/s	
	加速度	米每二次方秒	米/秒^2	m/s^2	
	密度	千克每立方米	千克/米^3	kg/m^3	
	频率	赫兹	赫	Hz	s^{-1}
	力	牛顿	牛	N	$m·kg/s^2$
	压力、压强、应力	帕斯卡	帕	Pa	N/m^2
	功、能量、热量	焦耳	焦	J	N · m
	功率、辐射通量	瓦特	瓦	W	J/s
	电量、电荷	库仑	库	C	s·A
	电势、电压、电动势	伏特	伏	V	W/A
	电容	法拉	法	F	C/V
	电阻	欧姆	欧	Ω	V/A
	磁通量	韦伯	韦	Wb	V·s
	磁感应强度	特斯拉	特	T	Wb/m^2
	电感	亨利	亨	H	Wb/A
	光通量	流明	流	lm	
	照度	勒克斯	勒	lx	lm/m^2
	黏度	帕斯卡秒	帕·秒	Pa·s	
	表面张力系数	牛顿每米	牛/米	N/m	
	比热容	焦耳每千克开尔文	焦/(千克·开)	J/(kg·K)	
	热导率	瓦特每米开尔文	瓦/(米·开)	W/(m·K)	
	电容率(介电常量)	法拉每米	法/米	F/m	
	磁导率	亨利每米	亨/米	H/m	

附录 2　某些物质的折射率（对 λ_D=589.3nm）

物质名称	折射率	物质名称	折射率	物质名称	折射率
空气	1.0002926	熔凝石英	1.45843	水（20℃）	1.3330
氢气	1.000132	冕牌玻璃 K6	1.51110	乙醇（20℃）	1.3614
氮气	1.000296	冕牌玻璃 K8	1.51590	甲醇（20℃）	1.3288
氧气	1.000271	冕牌玻璃 K9	1.51630	苯（20℃）	1.5011
水蒸气	1.000254	重冕玻璃 ZK6	1.61620	乙醚（20℃）	1.3510
二氧化碳	1.000488	重冕玻璃 ZK8	1.61400	丙酮（20℃）	1.3591
甲烷	1.000444	钡冕玻璃 BaK2	1.53990	二硫化碳（18℃）	1.6255
氯化钠	1.54427	火石玻璃 F8	1.60551	三氯甲烷（20℃）	1.446
氯化钾	1.49044	重火石玻璃 ZF1	1.64750	甘油（20℃）	1.474
萤石	1.43381	钡石玻璃 BaF8	1.62590	加拿大树胶（20℃）	1.530

附录 3　常用光源的谱线波长表

元素	波长/nm	颜色	元素	波长/nm	颜色	元素	波长/nm	颜色
H（氢）	656.28	红	Ne（氖）	650.65	红	Hg（汞）	623.44	橙
	486.13	绿蓝		640.23	橙		579.07	黄
	434.05	蓝		638.30	橙		576.96	黄
	410.17	蓝紫		626.25	橙		546.07	绿
	397.01	蓝紫		621.73	橙		491.06	绿蓝
He（氦）	706.52	红		614.31	橙		435.83	蓝
	667.82	红		588.19	黄		407.78	蓝紫
	587.56	黄		585.25	黄		404.66	蓝紫
	501.57	绿	Na（钠）	589.592	黄	He-Ne 激光	632.8	橙红
	492.19	绿蓝		588.995	黄			
	471.31	蓝						
	447.15	深蓝						
	402.62	紫						
	388.87	紫外						

习题参考答案

第 1 章　几何光学基本原理

1.1　0.94

1.2　$h=1.33h'$

1.3　10cm

1.4　纸面是圆形的，直径为 45.6cm 面积为 1633.1cm^2

1.5　(1) $46°16'$；(2) $53°8'$；(3) $35°34'$

1.6　$s'=-60\text{cm}$，$y'=-25\text{cm}$

1.7　$s'=10.35\text{cm}$，$\beta=0.17$，成一正立缩小的虚像

1.8　$r=-13.85\text{cm}$

1.9　−2.5cm

1.10　−8.54cm

1.11　24cm

1.12　$s'=12\text{cm}$，$y'=-0.1\text{cm}$

1.13　39.12cm

1.14　略

1.15　略

1.16　(1) 15cm；(2) −1.5

1.17　鱼在原处，1.33

1.18　略

1.19　2

1.20　物方焦距−44.8cm，像方焦距 44.8cm

1.21　透镜第一界面左方 4cm 处

1.22　−1cm

1.23　$f_1'=9\text{cm}$，$f_2'=36\text{cm}$

1.24　−14.12cm

1.25　(1) $f'=\frac{2}{3}\text{m}$，$f=-\frac{2}{3}\text{m}$，$p=-0.20\text{m}$，$p'=-0.20\text{m}$；

(2) $s'=-0.118\text{m}$，$\beta=1.18$

1.26　$f'=-40\text{cm}$

1.27　F' 在透镜光心右侧，即水中 19.85cm 处；

F 在透镜光心左侧，即空气中 14.93cm 处

1.28　$f'=1.5\text{cm}$，$f=-1.5\text{cm}$，

$p'=-1\text{cm}$，$p=1\text{cm}$；

$f'=3\text{cm}$，$f=-3\text{cm}$，

$p'=-2\text{cm}$，$p=6\text{cm}$

1.29　$s'=-8\text{cm}$，$\beta=-0.2$，为大小是原物 1/5 的倒立缩小实像

1.30　$x'=2\text{cm}$（$s'=8\text{cm}$）

第 2 章　光度学　光阑和像差

2.1　69.6J

2.2　3.16m

2.3　(1) 3.14W；(2) 8.37×10^{-4} W

2.4　0.13%

2.5　3309lm

2.6　300cd，75lx

2.7　$\sqrt{2}R/2$

2.8　$1.46\times10^5\ \text{cd/m}^2$

2.9　1500lx

2.10　(1) 光阑就是入射光瞳，出射光瞳是光阑对其后透镜所成的像，像位于透镜左侧 3cm 处，孔径为 5cm；(2) 像位

于透镜右侧 5cm

2.11　(1) $s'=8.57\text{cm}$，$y'=-2.14\text{cm}$；

(2) 透镜为有效光阑，也是入射光瞳和出射光瞳，入瞳、出瞳的大小和透镜大小一样，直径都为 6cm.

2.12　(1) 光阑 M 为孔径光阑兼入射光瞳，出射光瞳位于 L 前 8/3cm 处，直径为 8/3cm；

(2) 透镜 L 为孔径光阑，兼入射光瞳和出射光瞳

第 3 章　几何光学仪器原理

3.1　(1) −0.5m；(2) −2m

3.2　$f=-1.665\text{cm}$，$f'=22.2\text{cm}$，$y'=0.29\text{mm}$

3.3　(1) 近点 $f'=1.961\text{cm}$，远点 $f'=1.987\text{cm}$；(2) 300 度

3.4　−600 度

3.5　−50 度

3.6　33.3cm

3.7　(1) −40 度；(2) 300

3.8　(1) −7.14cm；(2) 3.5

3.9　1.8m

3.10　0.8594m

3.11　−800

3.12　$M_{\min}=-50$，$M_{\max}=-842.11$

3.13　物镜−8，目镜 5，总放大本领−40 倍

3.14　−1.125cm

3.15　16cm，4cm

3.16　0.51cm

3.17　(1) 67cm；(2) 33cm

3.18　向画片方向移动 0.0143cm

3.19　20 倍

3.20　17.5cm

3.21　(1) 出瞳位于目镜像方焦点一侧，距离目镜 11.25cm 处，直径为 5mm；

(2) −8；

(3) 入窗在物面处，出窗在像方无穷远处；

(4) 物方视场角 7.15°，像方视场角 53.13°

3.22　260mm；−25

3.23　水中望远镜焦距为 48.4cm，空气中为 12.2cm；放大率为 3.1

3.24　$M=-5$

3.25　(1) 物体放在 F_1 外侧，距离 F_1 −1.063cm 处，$M=-133$；

(2) 移近 0.32mm

3.26　两平凸透镜的距离为 3.33cm，曲率半径分别为 0.8605cm 和 2.5815cm

3.27　$f'=29.45\text{cm}$，$M=8.49$

3.28　$F=8.33$

第 4 章　波动光学的电磁理论基础

4.1　$5.49\times10^{14}\text{Hz}$；

空气中 5461nm，水中 4106nm；

空气层包含 10 个，水中包含 13 个；

空气层 20π，水层 26.6π

4.2　(1) $1\times10^{14}\text{Hz}$，3μm，10V/m，π/6；

(2) z 轴传播，y 轴振动；

(3) $H=-10\sqrt{\dfrac{\varepsilon_0}{\mu_0}}\cos\left[2\pi\times10^{14}\left(t-\dfrac{z}{c}\right)+\dfrac{\pi}{6}\right]$

4.3　(1) $A\mathrm{e}^{-\mathrm{i}(2x-3y+4z)}\mathrm{e}^{\mathrm{i}5t}$，$A\mathrm{e}^{-\mathrm{i}(2x-3y+4z)}$；

(2) $k=\sqrt{29}$， $\cos\theta=\dfrac{2}{\sqrt{29}}$， $\cos\beta=-\dfrac{3}{\sqrt{29}}$， $\cos\gamma=\dfrac{4}{\sqrt{29}}$， $\lambda=\dfrac{2\pi}{\sqrt{29}}\text{cm}$，$v=0.928\text{cm/s}$；

(3) $f_x=\dfrac{1}{\pi},f_y=\dfrac{3}{2\pi},f_z=\dfrac{2}{\pi}$，$d_x=\pi,d_y=\dfrac{2\pi}{3},d_z=\dfrac{\pi}{2}$

4.4 $E(r,t)=A_0\cos\left(\omega t-\dfrac{\sqrt{3}}{2}\cdot\dfrac{2\pi}{\lambda}x\pm\dfrac{1}{2}\cdot\dfrac{2\pi}{\lambda}z+\varphi_0\right)$， $f_x=\dfrac{\sqrt{3}}{2\lambda}$， $f_y=0$， $f_z=\dfrac{1}{2\lambda}$， $d_x=\dfrac{2\lambda}{\sqrt{3}}$， $d_y=\infty$， $d_z=2\lambda$

4.5 $\tilde{E}(x)=A\mathrm{e}^{-\mathrm{i}(kx-\varphi_0)}$

4.6 $\tilde{E}(r)=A\mathrm{e}^{-\mathrm{i}(kx\sin\theta+kz\cos\theta-\varphi_0)}$

4.7 $E_0=1.0\times10^3\text{V/m}$

4.8 $\nu=5\times10^{14}\text{Hz}$， $\lambda=390\text{nm}$，$n=1.54$

4.9 $\tilde{E}(z)=E_0(z)\mathrm{e}^{\mathrm{i}kz}$

4.10 略

4.11 54.74°

4.12 略

4.13 $\rho_p=0$， $\rho_s=14.8\%$，

$\sigma_p=100\%$， $\sigma_s=85.2\%$

4.14 (1) $A'_{p1}=0.1589$，$A'_{s1}=-0.241$；

(2) $A_{p2}=0.7726$， $A_{s2}=0.7596$

4.15 48.17%

4.16 9.4%，17.82%；

用折射率与玻璃接近的介质将它们粘住能有效减小能量损失

4.17 $E'_{p1}=0.148A_{p1}\cos\omega t$

$E'_{s1}=0.227A_{s1}\cos(\omega t+\pi)$

$E_{p2}=0.785A_{p1}\cos\omega t$

$E_{s2}=0.773A_{s1}\cos\omega t$

4.18 沿 $\overrightarrow{OA}$ 方向：

$$E(r,t)=E_0\cos\left[\frac{\sqrt{2}}{2}k(x+y)-\omega t+\varphi_0\right]$$

$$\tilde{E}(r)=E_0\exp\left\{\mathrm{i}\left[\frac{\sqrt{2}}{2}k(x+y)+\varphi_0\right]\right\}$$

$$f_x=\frac{\sqrt{2}k}{4\pi},\quad f_y=\frac{\sqrt{2}k}{4\pi},\quad f_z=0$$

$$d_x=\frac{2\sqrt{2}\pi}{k},d_y=\frac{2\sqrt{2}\pi}{k},d_z=\infty$$

沿 $\overrightarrow{OB}$ 方向：

$$E(r,t)=E_0\cos\left[\frac{\sqrt{2}}{2}k(x+z)-\omega t+\varphi_0\right]$$

$$\tilde{E}(r)=E_0\exp\left\{\mathrm{i}\left[\frac{\sqrt{2}}{2}k(x+z)+\varphi_0\right]\right\}$$

$$f_x=\frac{\sqrt{2}k}{4\pi},\quad f_y=0,\quad f_z=\frac{\sqrt{2}k}{4\pi}$$

$$d_x=\frac{2\sqrt{2}\pi}{k},d_y=\infty,d_z=\frac{2\sqrt{2}\pi}{k}$$

沿 $\overrightarrow{OC}$ 方向：

$$E(r,t)=E_0\cos\left[\frac{\sqrt{3}}{2}k(x+y+z)-\omega t+\varphi_0\right]$$

$$\tilde{E}(r)=E_0\exp\left\{\mathrm{i}\left[\frac{\sqrt{3}}{2}k(x+y+z)+\varphi_0\right]\right\}$$

$$f_x=f_y=f_z=\frac{\sqrt{3}k}{6\pi}$$

$$d_x=d_y=d_z=\frac{2\sqrt{3}\pi}{k}$$

第 5 章　光 的 干 涉

5.1　(1) 1，$\frac{\sqrt{5}}{3}$，$\frac{\sqrt{5}}{3}$；

(2) 1，$\frac{5}{13}$，$\frac{5}{13}$；

(3) $\frac{\sqrt{3}}{2}$，$\frac{\sqrt{15}}{6}$，$\frac{\sqrt{15}}{6}$

5.2　条纹间距为 17.7mm

5.3　$\lambda_1 = 666.7\text{nm}$，$\lambda_2 = 571.4\text{nm}$，$\lambda_3 = 500\text{nm}$，$\lambda_4 = 444.4\text{nm}$，$\lambda_5 = 400\text{nm}$

5.4　(1) 0.134mm；(2) 0.41mm

5.5　0.45mm；条纹整体上移；1.52

5.6　$\lambda_2 = 508.7\text{nm}$

5.7　$\theta = 6°$

5.8　条纹形状为同心圆环，间距为 $\Delta\rho = \frac{a\lambda}{\rho}$

5.9　n=1.00000289

5.10　$a = 0.6\text{mm}$

5.11　屏距透镜 49.5m 时条纹消失；
屏距透镜 24.75m 时条纹数目最大；
条纹数为 59 条

5.12　(1) 1mm；(2) 3

5.13　(1) $8.84\times10^{-3}\text{rad} \approx 30'23''$；
(2) 10.6mm

5.14　(1) 0.1875mm；
(2) 2.3mm；
(3) 12 条

5.15　(1) 略；
(2) 一系列同心半圆；
(3) $\rho_1 = 0.065\text{mm}$，间距 $\Delta\rho = (\sqrt{k+1}-\sqrt{k})\rho_1$

5.16　0.3164mm

5.17　(1) 屏幕上能看到条纹的区域宽度为 72mm；
(2) 此区域共有 121 个条纹

5.18　0.74mm

5.19　$\Delta\lambda = 1.38\times10^{-9}\text{mm}$；$\Delta\nu = 10^9\text{Hz}$；$\Delta t = 10^{-9}\text{s}$

5.20　λ=600nm 和 λ=428.6nm

5.21　7.78×10^{-4}mm

5.22　$d = 5.75\times10^{-5}\text{m}$

5.23　677.4nm、404.6nm，反射最强
508.1nm 透射最强；
反射光干涉相消，透射光干涉相长

5.24　$3.88\times10^{-5}\text{rad} \approx 8'$

5.25　(1) 左薄右厚时，凸起，左厚右薄时，凹陷；(2) 100nm

5.26　(1) $R = 0.684$m；(2) r_3=1mm

5.27　$R = 381$mm

5.28　f=54.3cm

5.29　$R = 0.9988$m；$\lambda' = 697.1$nm

5.30　$r_m = \sqrt{\frac{m\lambda R_1 R_2}{R_1 + R_2}}$

5.31　$\lambda = 628.9\text{nm}$

5.32　0.032μm；量程约 2m

5.33　1211 条

5.34　15.94cm；2.476×10^5 个波长

5.35　5.43μm

5.36　(1) 同心圆环，$r_k = \sqrt{kR\lambda}\,(k = 1, 2, 3,\cdots)$；
(2) 干涉条纹将向中心收缩

5.37　(1) 反射光：$I_1 = 0.04$，$I_2 = 0.0368$，$I_3 = 5.9\times10^{-5}$；
透射光：$I_1' = 0.9216$，$I_2' = 0.00147$，$I_3' = 2.352\times10^{-6}$；
(2) $V = 0.999$；
(3) $V = 0.0797$

5.38　2×10^5

5.39　3.16×10^{-2}rad

第6章 光的衍射

6.1 (1)60；(2) $I_{1.5}=2I_0$

6.2 (1)主焦距0.5m，次焦距0.17m，相应的虚焦距：–0.5m和–0.17m；

(2)增大16倍；

(3)10000倍

6.3 (1) $R_{hk}=\sqrt{k\lambda r_0}=0.141\sqrt{k}\text{cm}$，

k 为奇数时 P 点得最大值，k 为偶数时 P 点得最小值；

(2) $d_1=0.282\text{cm}$

6.4 (1) P 点是亮点；

(2)向前移动0.25m或向后移动0.5m

6.5 (1) $\rho_1=0.566\text{mm}$；

(2)波带片应含半波带数 $k\approx32$，有效面积的半径为 $\rho_{32}=3.2\text{mm}$；

以 $\rho_k=\sqrt{k}\rho_1$，算出 $k=2,3,4,\ \cdots,32$ 时的半径，刻划出相应的同心圆，再将奇数半波带对应的圆环涂黑

6.6 $A=\dfrac{3}{2}A_0$，$I=\dfrac{9}{4}I_0$

6.7 16

6.8 (1)轴上时 $\delta_{\min}=6.71\times10^{-6}\text{rad}$，离轴 θ 时 $\delta\theta_{\min}=6.71\times10^{-6}/\cos\theta\,\text{rad}$；

(2) $y_{\min}=34\mu\text{m}$

6.9 (1)296.7cm；(2)3μm

6.10 3.26mm×9.76mm

6.11 6.7km

6.12 (1) $\delta_{\min}=1.34\times10^{-5}\text{rad}$；

(2) $M=21.7$；

(3) $f'=23\text{mm}$

6.13 孔径20cm的不能分辨，孔径160cm的能分辨

6.14 (1)0.25μm；(2)290；(3)11cm

6.15 (1)N.A.=0.895；(2) $M=388$

6.16 (1)0.287μm；

(2)提高1.7倍；

(3) $M=430$

6.17 12mm

6.18 $x_1=0.018\text{cm}$，$x_2=0.006\text{cm}$

6.19 $\lambda=428.6\text{nm}$

6.20 $x_{1\min}$=0.5461mm，$x_{1\max}$=0.781mm，$x_{3\min}$=1.6383mm

6.21 (1)2.4mm；(2)12mm

6.22 0.2mm，0.05mm

6.23 $\Delta\theta=7'$

6.24 (1)4级；(2)6级

6.25 (1) $D_l=0.2\text{mm/nm}$；

(2) $\Delta\lambda=0.042\text{nm}$；

(3)4级

6.26 (1)0.104rad(或5.96°)；

(2)±3级，共7条；

(3) $1.52\times10^{-5}\text{rad}$(或3.14″)

6.27 0.31(′)/nm，3000

6.28 $5.52\times10^{-3}\text{rad}$(或18′)

6.29 0.168nm

6.30 3.44°

6.31 $\theta=\theta_B:\lambda=600\text{nm}$，$\lambda=400\text{nm}$；

$\theta=0:\lambda=519.5\text{nm}$

6.32

分光性能	分光仪		
	光栅	棱镜	法布里-珀罗标准具
色分辨本领	3×10^4	3.2×10^3	6×10^5
色散本领	2.1(′)/nm	0.33(′)/nm	39(′)/nm
自由光谱范围	一级850～1700nm	不分级别，不受限制	$\lambda=550.0\text{nm}$ 时：0.003nm

第 7 章　光的偏振

7.1　(1) 0.125；(2) 0.28125

7.2　略

7.3　30.17°

7.4　6.25%

7.5　57.17°；证明略

7.6　(1) $I_o : I_e = 1 : 3$；

(2) 若振动面和尼科耳棱镜主截面在晶体主截面两侧，$I_o : I_e = 0.044$；

若振动面和尼科耳主截面在晶体主截面同侧，$I_o : I_e = 10.721$

7.7　(1) 8.6×10^{-3}mm；

(2) 29.2π；

(3) 856.1nm

7.8　$(2k+1)\times1.64\times10^{-2}$mm

7.9　$(2k+1)\times2.75\times10^{-2}$mm

振动面和晶体主截面成 45°角；

7.10　(1) 1∶3；

(2) 1.71×10^{-3}mm；

(3) 60°

7.11　0.315mm

7.12　n_o=1.524，$n_e = 1.4795$

7.13　(1) 1/2 波片；(2) 40°

7.14　(1) 线偏振光；

(2) 椭圆偏振光

7.15　1∶2

7.16　(1) $1.5I_0\cos^2\theta + I_0\sin^2\theta$；

(2) $1.75I_0$，60%

7.17　(1) 右旋；(2) 2.75

7.18　(1) 透射光仍为线偏振光；(2) 略

7.19　尼科耳棱镜垂直放置时，减弱；平行放置时，加强

7.20　条纹位置不变，强度减半；加入 1/2 波片后，非相干叠加

7.21　(1) 相干叠加,有明暗相间的条纹,最小光强为 0，最大光强为 $4A^2$；

(2) 相干叠加，有明暗相间的条纹，最小光强为 0，最大光强为 A^2；

(3) 非相关叠加，无干涉条纹，平均光强为 $0.5A^2$；

(4) 相干叠加，有明暗相间的条纹，最小光强为 0，光最大强为 $0.5A^2$

7.22　(1) 1.625mm；

(2) 不满足相干条件，没有干涉条纹

7.23　(1) 平行于劈棱的直条纹；

(2) 7.56mm；

(3) 条纹间距、形状、光强均不变，只是干涉条纹旋转 90°

7.24　0.682mm

7.25　(1) $(2k+1)\times4.5$mm；

(2) $k\times9$mm

7.26　左旋圆偏振光

7.27　(1) 合成线偏振光，$I = 4E_0^2$；

(2) 左旋椭圆偏振光，$I = 10E_0^2$

7.28　$d = 5.05$mm

7.29　3.75mm

7.30　1.42mm

7.31　0.5236T

7.32　略

第 8 章　光的吸收、散射和色散

8.1　0.1mm：$I_b = 0.606I_0$，$I_y = 0.082I_0$；

5mm：$I_b = 1.39\times10^{-11}I_0 \approx 0$，$I_y = 5.167\times10^{-55}I_0 \approx 0$

两种情况下光的颜色不同；

8.2　99%

8.3 7.2cm，5.03cm，2.17cm，0.7cm

8.4 (1) 0.0924m^{-1}；

(2) 49.8m

8.5 $\Delta = 9.5\%$

8.6 $n = 1.5994$，$\mathrm{d}n/\mathrm{d}\lambda = -5.036\times 10^{-5}\,\text{nm}^{-1}$

8.7 6.63

8.8 $\dfrac{I_{90^\circ}}{I_{60^\circ}} = \dfrac{1+\cos^2 90^\circ}{1+\cos^2 60^\circ} = \dfrac{4}{5}$

8.9 $D = -6.1502\times 10^{-5}\,\text{rad/nm}$

8.10 2.73cm

8.11 $n = 0.999998477 \approx 1$

8.12 $i_{掠} = 0.1025^\circ$

8.13 (1) $v_g = v_p$；(2) $v_g = 0$；

(3) $v_g = \dfrac{1}{2} v_p$；(4) $v_g = \dfrac{3}{2} v_p$；

(5) $v_g = 2v_p$

第 9 章 光的量子性

9.1 1416K

9.2 太阳表面温度 5269K；

北极星表面温度 8280K；

天狼星表面温度 9993K

9.3 5.06 倍

9.4 (1) 0.2898nm；

(2) $6.86\times 10^{-16}\text{J}$

9.5 319nm

9.6 (1) $3.6\times 10^{-19}\text{J}$；

(2) 0.33V

9.7 (1) 540.5nm；

(2) 0.81eV；

(3) 0；

(4) 0.81V

9.8 (1) $1.243\times 10^{-7}\text{eV}$，$6.63\times 10^{-35}\text{kg·m/s}$，$2.21\times 10^{-43}\text{kg}$；

(2) 0.497eV，$2.652\times 10^{-28}\text{kg·m/s}$，$8.84\times 10^{-37}\text{kg}$；

(3) 2.486eV，$1.326\times 10^{-27}\text{kg·m/s}$，$4.42\times 10^{-36}\text{kg}$；

(4) 4.438eV，$2.368\times 10^{-27}\text{kg·m/s}$，$7.89\times 10^{-36}\text{kg}$；

(5) $1.243\times 10^{4}\text{eV}$，$6.63\times 10^{-24}\text{kg·m/s}$，$2.21\times 10^{-32}\text{kg}$

9.9 π/2 方向为 7.08243nm；

π 方向为 7.08486nm

9.10 0.1MeV

9.11 波长为 0.43nm，散射角为 62.34°

第 10 章 激光与非线性光学基础

10.1 $A_{21} = 7.71\times 10^{2}\,\text{s}^{-1}$，$\tau = 1.3\times 10^{-3}\,\text{s}$；$A_{21} = 7.71\times 10^{5}\,\text{s}^{-1}$，$\tau = 1.3\times 10^{-6}\,\text{s}$；$A_{21} = 7.71\times 10^{8}\,\text{s}^{-1}$，$\tau = 1.3\times 10^{-9}\,\text{s}$

10.2 (1) 0.313，0.9988，0.999999；

(2) $T \to \infty$；

(3) 负温度状态

10.3 (1) 1；

(2) $6.26\times 10^{3}\,\text{K}$

10.4 26；$1.2\times 10^{-4}\text{nm}$

10.5 (1) $5\times 10^{8}\,\text{Hz}$；

(2) 3；

(3) 10cm

10.6 0.693m^{-1}

10.7 $\dfrac{\varepsilon_0}{2}\chi^{(2)}\boldsymbol{E}_0{}^2[1+\cos^2(\omega t - kz)]$